DEUTSCHE DEMOKRATISCHE REPUBLIK
DEUTSCHE AKADEMIE DER LANDWIRTSCHAFTSWISSENSCHAFTEN ZU BERLIN
INSTITUT FÜR LANDWIRTSCHAFTLICHE INFORMATION UND DOKUMENTATION

Landwirtschaftliches Zentralblatt

ABTEILUNG I

LANDTECHNIK

SACHREGISTER 1968

AKADEMIE-VERLAG · BERLIN

LZ. I LANDTECHNIK · JG. 1968 · SACHREGISTER · BERLIN · FEBRUAR 1969

LANDWIRTSCHAFTLICHES ZENTRALBLATT

ABTEILUNG LANDTECHNIK

LANDWIRTSCHAFTLICHES ZENTRALBLATT

ABTEILUNG I

LANDTECHNIK

SACHREGISTER

1968

BEARBEITET VON DR. MARGOT LÜPNITZ

Versuchsarbeit

Vervielfältigung nach Computersatz

Herausgeber: Deutsche Demokratische Republik · Deutsche Akademie der Landwirtschaftswissenschaften zu Berlin, Institut für Landwirtschaftliche Information und Dokumentation, 108 Berlin, Krausenstraße 38/39; Fernsprecher: 225161. Chefredakteur: Dr. Werner Kleeberg, 108 Berlin, Krausenstraße 38/39; Fernsprecher: 225161. Redaktion der Abteilung I – Landtechnik: Dr. Joachim Güssefeldt. Verlag: Akademie-Verlag GmbH, 108 Berlin, Leipziger Straße 3–4; Fernsprecher: 220441, Telex-Nr. 112020, Postscheckkonto: Berlin 35021. Bestellnummer dieses Heftes: 1030 I – SR 68. Das Landwirtschaftliche Zentralblatt, Abt. Landtechnik, erscheint jährlich in 9 Heften. Einzelheft 25,– M; einseitig bedruckte Ausgabe 29,– M. Jahresbezugspreis 225,– M; einseitig bedruckte Ausgabe 261,– M. Sonderpreise für die DDR: Einzelheft 20,– M; einseitig bedruckte Ausgabe 24,– M. Jahresbezugspreis 180,– M; einseitig bedruckte Ausgabe 216,– M. Preise einschließlich Register, zuzüglich Porto und Versandkosten. Offsetdruck und buchbinderische Weiterverarbeitung: VEB Druckerei „Thomas Müntzer", 582 Bad Langensalza. Veröffentlicht unter der Lizenznummer 1289 des Presseamtes beim Vorsitzenden des Ministerrates der Deutschen Demokratischen Republik.

V o r w o r t

Das Sachregister für den Jahrgang 1968 wurde vollautomatisch mit Hilfe des Computers National Elliott 503 hergestellt. Als Basis dienten die für die Erarbeitung der 9 Heftregister verwendeten Maschinenlochkarten.

Mit dem vorliegenden Sachregister wurde den Forderungen nach weiterer Rationalisierung der Registerverarbeitung, vor allem Beschleunigung der Herstellung, nachgekommen. Es ist den Bearbeitern bekannt, daß noch nicht alle Probleme der "maschinellen Registerherstellung" gelöst werden konnten. Die gesammelten Erfahrungen werden bei den in der Bearbeitung befindlichen Registern des LZ. berücksichtigt.

Gegenüber konventionellen Formen von Sachregistern ergeben sich folgende Veränderungen:

Beschränkung des Textes auf die 80 Stellen der Maschinenlochkarte. Daher wurden längere Texte in zwei oder mehr Sachverhaltseinheiten zerlegt.

Zeilenweise Einheit von Schlagwort und Kontext, Einschränkung von Durchschuß auf volle Zeilenhöhe bzw. Typenbreite und Beschränkung auf den Punkt als einziges Satzzeichen.

Im Interesse der Lesbarkeit wurden die Heft- und Referatenummern v o r den Text gestellt und bei Schlagwortgruppen das erste Wort oder der erste Teil nicht wiederholt.

Es wurden im erhöhten Maße Abkürzungen angewendet. Zur Erhaltung der Verständlichkeit wurden nur solche Abkürzungen benutzt, die auch sonst häufig im Gebrauch sind. Bei Gefahr der Mehrdeutigkeit wurde nicht gekürzt, insbesondere wurden Artikel nicht gekürzt. Teilweise wurde nach dem Abkürzungspunkt ohne Zwischenraum weitergeschrieben.

Besonderen Dank für die Unterstützung der Entwicklungsarbeit gilt Herrn Diplom-Mathematiker Dr. Müller, Leiter des Rechenzentrums im Institut für Datenverarbeitung Dresden. Herrn Diplom-Mathematiker Peter, Institut für Datenverarbeitung Dresden, danken wir für die Programmierungsarbeiten.

Weiterhin ist Herr Dr. Mater, Leiter der Arbeitsstelle für maschinelle Verarbeitung natürlicher Sprache bei der Deutschen Akademie der Wissenschaften zu Berlin, für die ständige Hilfe zu danken, die einen reibungslosen Übergang von den Lochkartenmaschinen zum Computer ermöglichte.

DEUTSCHE DEMOKRATISCHE REPUBLIK
DEUTSCHE AKADEMIE DER LANDWIRTSCHAFTSWISSENSCHAFTEN ZU BERLIN
INSTITUT FÜR LANDWIRTSCHAFTLICHE INFORMATION UND DOKUMENTATION

Landwirtschaftliches Zentralblatt

ABTEILUNG I

LANDTECHNIK

SACHREGISTER
1968

AKADEMIE-VERLAG · BERLIN

LZ. I LANDTECHNIK · JG. 1968 · SACHREGISTER · BERLIN · FEBRUAR 1969

LANDWIRTSCHAFTLICHES ZENTRALBLATT

ABTEILUNG LANDTECHNIK

DEUTSCHE DEMOKRATISCHE REPUBLIK
DEUTSCHE AKADEMIE DER LANDWIRTSCHAFTSWISSENSCHAFTEN ZU BERLIN
INSTITUT FÜR LANDWIRTSCHAFTLICHE INFORMATION UND DOKUMENTATION

Landwirtschaftliches Zentralblatt

LANDTECHNIK

14. JAHRGANG – 1968

AUTOREN- UND SACHREGISTER 1968

AKADEMIE-VERLAG · BERLIN

LZ. I LANDTECHNIK · JG. 1968 · AUTOREN- UND SACHREGISTER · BERLIN · FEBRUAR 1969

CHEFREDAKTEUR
Dr. Werner Kleeberg

REDAKTION
Dr. Joachim Güssefeldt — Berlin

Seitenzahlen der Hefte

14. Jahrgang 1968

Nr. 1	1 – 164
Nr. 2	165 – 304
Nr. 3	305 – 480
Nr. 4	481 – 678
Nr. 5	679 – 866
Nr. 6	867 – 1032
Nr. 7	1033 – 1172
Nr. 8	1173 – 1356
Nr. 9	1357 – 1432

Inhaltsübersicht

Seite
Autorenregister . . . . A 1 – A 55
Sachregister . . . . S 1 – S 238

Einführung in das Sachregister

Das Sachregister für den Jahrgang 1968 besteht aus alphabetisch angeordneten Sachverhaltseinheiten, d.h. Schlagwörtern mit ergänzendem Kontext. Sie wurden den Referaten, Titeln, Übersetzungsnachweisen, Buchbesprechungen und den bibliographischen Angaben entnommen. Sachlich zusammengehörende Schlagwörter wurden zusammengefaßt (Beispiel: HOCHSILO und FLACHSILO zu 'SILO'). Umfangreiche Schlagwortkomplexe wurden durch Zwischenüberschriften gegliedert, außerdem wurde das sich wiederholende Schlagwort fortgelassen.

Heftnummer und die laufende Nummer von Referat, Titel, Übersetzungsnachweis, Buchbesprechung oder bibliographischer Angabe stehen v o r dem Schlagwort.

(Beispiel:

8 136 RUEBEN VERGLEICH VON DREI PFLEGEVERFAHREN

bedeutet, daß im Heft 8 unter der laufenden Nummer 136 ein Referat mit dieser Thematik zu finden ist).

Abkürzungen entsprechen den üblichen Schreibgepflogenheiten. Häufig angewendet wurden

V. = von, vom
S. = siehe
U. = und

Die Schlagwörter sind untereinander weitgehend durch Hinweise verbunden. Hierfür wurden verschiedene Formen verwendet:

S. (= siehe) weist auf ein Synonym, unter dem der Begriff abgehandelt ist (Beispiel: SCHLEPPER S. TRAKTOR).

S. UNTER und S. DORT bedeuten, daß der Begriff unter dem Hinweis im Sachzusammenhang erfaßt oder mit ihm sachlich verbunden ist (Beispiel: BODENBEARBEITUNG PFLUEGEN S. DORT).

S. AUCH besagt, daß unter dem Hinweis eine engverwandte oder ähnliche Sachverhaltseinheit abgehandelt ist (Beispiel: AUTOMATION S. AUCH REGELTECHNIK).

Berlin im Dezember 1968

6 151 ABBRENNEN DES GRASWUCHSES AUF BOESCHUNGEN MIT FLAMMGERAETEN
8 213 VON KARTOFFELKRAUT MITTELS SPEZIALFLAMMENWERFERN
ABDRIFT S.UNTER SPRITZEN
2 372 ABFALL MUELLVERBRENNUNGSGERAET BARRYWALD L SIEBEN BAUWEISE U.LEISTG.
9 280 ABFALLBESEITIGUNG MUELL KARUSSELLS IN DAENISCHEN HOCHHAEUSERN
ABFERKELBOX S.UNTER SCHWEINESTALL
ABFERKELSTALL S.UNTER SCHWEINESTALL
ABFLAMMEN S.UNTER FLAMMGERAET
6 63 ABGASE KATALYTISCHE NACHVERBRENNUNG BEI DIESELMOTOREN
3 355 ABKALBESTALL MIT 60 PLAETZEN BEWIRTSCHAFTUNG IM SCHICHTSYSTEM
5 710 FUER 28 RINDER MIT BERGERAUM
9 478 STAELLE FUER MILCHVIEHGROSSANLAGEN
ABLADEN S.UNTER ENTLADEN
4 554 ABLUFTSCHACHT DIN 18 910 BLATT 2 ERLAEUTERG.ZU ABLUFTSCHACHTMASSEN
4 555 AUSFUEHRUNGSBEISPIELE FUER ABLUFTSCHAECHTE
2 60 ABRIEB MESSVERFAHREN UND GERAETE
7 114 AM DUENGERKORN BEI VERSCHIEDENEN FOERDERGERAETEN
8 259 ABRIEBFESTIGKEIT BESTIMMUNG AN PELLETS
7 10 ABTASTEN DIREKTE ELEKTRISCHE MESSWERTERFASSUNG
ABTAUEINRICHTUNG F.KUEHLSCHRAENKE S.UNTER GEFRIER U.KUEHLKONSERVIERUNG
1 473 ABWASSER PROBLEME BEI SCHWEINEZUCHTANLAGEN
2 168 DIESELPUMPENAGGREGAT PRUEFBERICHT POTSDAM BORNIM
2 518 BEHANDLUNGSMOEGLICHKEITEN V.ABLAEUFEN AUS RUEBENBLATTSILOS
3 224 HYDRAULISCHE BERECHNUNG VON VENTURIKANAELEN
3 596 BESEITIGUNG IM LANDWIRTSCHAFTLICHEN BETRIEB
3 630 BEHANDLUNGSMOEGLICHKEITEN V.ABLAEUFEN AUS RUEBENBLATTSILOS
4 122 HYGIEN.BESEITIGUNG UND VERWERTUNG V.KLAERSCHLAMM
6 2 ANWENDUNG IN LANDW. PROGNOSTISCHE EINSCHAETZUNG
6 505 BESEITIGUNG BAUTECHNISCHE AUFGABEN IM LAENDLICHEN TIEFBAU
6 507 KLEINKLAERANLAGE AUS FERTIGTEILEN FUER KLEINE LANDGEMEINDEN
9 81 PROBLEME DER RIESELFELDER TAGUNGSBERICHT
3 214 AEGYPTEN REKONSTRUKTION DES OBERAEGYPT.KANALSYSTEMS MIT SOWJ.BAGGERN
5 261 AEHRENHEBER AM MAEHWERK ANALYSE VON KENNGROESSEN
5 270 AEHRENTEILER VERAENDERUNGEN AN DER PARZELLENMAEH U. DRESCHMASCHINE
5 430 AEROPONIC KULTUR V.TOMATEN UNTER NAEHRSTOFFHALT.SPRUEHNEBEL
AEROSOLGENERATOR S.UNTER NEBELN
3 464 AETHYLEN TECHNIK DER KUENSTLICHEN NACHREIFUNG VON TOMATEN
6 536 AGROCHEMISCHES ZENTRUM GEPLANTE ZENTREN IN DER DDR
7 378 ORGANISATION DES PFLANZENSCHUTZES
9 128 OEKON.PROBLEME BEI DER STANDORTFESTLEGUNG
9 129 DESSOW ORG.U.ENTWICKLUNG DER MINERALDUENGUNG
9 329 AKRYL ALS BAUSTOFF FUER GEWAECHSHAEUSER
3 594 AKRYLGLAS EINSATZ IN DER WASSER UND GASINSTALLATION
9 223 AKUSTISCHE IMPULSE AUSNUTZG.ZUR TRENNG.V.KARTOFFELN U.BEIMENGUNGEN
ALLRADTRAKTOR
S.UNTER TRAKTOR
1 406 ALUMINIUM MIT PLASTE UEBERZOGENE ALUMINIUMLEITERN
1 468 LEICHTE SANDWICHKONSTRUKTIONEN FUER DACH UND DECKEN
2 441 UMHUELLUNG VON FORSTLICHEM SAATGUT GEGEN VOGELFRASS
2 492 ANWENDUNG IM LANDWIRTSCHAFTLICHEN BAUWESEN
5 159 FILTER AUS PROFILIERTEN ODER PERFORIERTEN BAENDERN
5 344 HALLENSTAELLE FUER RINDER KUTEL BEI ESSEN
5 665 FOLIEN ALS DAEMM UND SPERRSCHICHTEN FUER HOLZBAUTEN
7 439 VERKLEIDUNG VON SCHWEINESTAELLEN
7 443 BAUELEMENTE FUER OBSTKUEHLLAGERHALLEN
8 120 TANKS UND PIPELINES FUER STICKSTOFFDUENGER
8 370 PFLUECKEIMER MIT BODENENTLEERUNG
8 522 VORTEILE VON ALUMINIUMSTALLDECKEN
9 210 SILOS MIT EIN UND AUSLAGERUNGSTROGKETTENFOERDERUNG
9 329 ALS SPROSSENMATERIAL IM GEWAECHSHAUSBAU
9 435 FORMEN UND ABMESSUNGEN VON BAUELEMENTEN

9 442 ALUMINIUM ALS BAUSTOFF FUER DIE LANDWIRTSCHAFT
9 448 ALS WANDBAUSTOFF IN SCHWED.VORFERTIGUNGSSYSTEM
9 453 LEICHTE DACH U.AUSSENWANDKONSTRUKT.F.EINGESCHOSS.BAUTEN
7 175 AMEISENSAEURE ALS KONSERVIERUNGSMITTEL FUER SILAGE
AMMONIAK S.UNTER DUENGER
AUSBRINGEN S.UNTER DUENGEN
5 212 ZWISCHENLAGERUNG V.WASSERFREIEM AMMONIAK IN DER LANDWIRTSCH.
2 475 AMMONIAKWASSER BEKAEMPFUNG VON NAGETIEREN IN RAUHFUTTERSCHOBERN
ANALOGRECHNER S.UNTER RECHENTECHNIK
ANBINDEHALTUNG VON SAUEN S.UNTER: SCHWEINEHALTUNG; SCHWEINESTALL
ANBINDESTALL S.AUCH STALLFUSSBODEN
ALLGEMEINES
3 605 ODER ANHAENGESTALL TERMINOLOGISCHE PROBLEME
4 586 EIGNUNG FUER EINSTALLUNG VON MILCHKUEHEN
4 588 ANFORDERUNGEN AN MODERNE STALLSYSTEME
7 407 PROJEKTIERUNGSKATALOG LANDWIRTSCHAFTSBAU
9 482 NUTZUNG V.OFFENSTAELLEN IN MITTELGEBIRGSLAGEN
BAUTYPEN BAU
1 489 139 PM PROJEKT MIT V-FOERMIGEN DACHSTUETZEN
1 533 2 STAELLE FUER JE 200 KUEHE MIT ZWISCH.GEBAUT. MILCHHAUS
1 534 FUER 200 MILCHKUEHE VERBESSERTES TYPENPROJEKT
1 535 GRUNDSAETZE FUER STALLBAUTEN
1 538 BETRIEBSWIRTSCHAFTLICHE ASPEKTE
1 542 KOMPAKTER STALL FUER 396 MILCHKUEHE
1 543 4REIHIG MIT KURZSTAND U.STAUKANALENTMISTUNG
1 544 ANLAGE FUER 200 TIERE IN LPG WAGELWITZ
1 545 MEHRGESCHOSSIG FUER MILCHKUEHE KRAKOWER ENTWURF
2 503 UMBAU EINES NIEDERSACHSENHAUSES ZUM ANBINDESTALL
2 503 UMBAU EINES SCHAFSTALLES
2 504 MECHANISIERTER STALL FUER 280 KUEHE IN NORDKASACHSTAN
4 589 UNGARISCHE MILCHVIEHANLAGE MIT 504 PLAETZEN
5 700 MIT BEFAHRB.FUTTERGANG U.MITTELLANGSTAND
5 701 MILCHVIEHANLAGE FUER 200 TIERE HALTUNG AUF EINSTREU
5 702 MILCHVIEHANLAGE FUER 400 TIERE STROHLOSE HALTUNG
6 517 VOLLMECHANISIERTE SOWJETISCHE MASTANLAGEN
6 522 BAULOESUNGEN FUER DIE MILCHVIEHHALTUNG
6 526 GEBAEUDE EINES BULLENMASTBETRIEBES
6 538 ZWEIREIHIG MIT MOBILER FUETTERUNG
7 437 VEREINIG.V.2 4REIHENSTAELL.MIT MELKBLOCK U.FUTTERVERTEI.
8 520 FUER 98 KUEHE MIT KRATZERKETTENENTMISTUNG
9 478 LANDW.ANFORDER.AN BAUL.GESTALTG.V.MILCHVIEHGROSSSTAELLEN
9 479 RATIONALISIERUNG BESTEHENDER STALLANLAGEN
9 481 DOPPELSTALL MIT ZENTRALEM FUTTERGANG
STALLEINRICHTUNG TECHNOLOGIE
1 301 ARBEITS- UND KAPITALBEDARF IM ANBINDE- UND LAUFSTALL
3 356 EINFL.NEUZEITL.PRODUKTIONSVERFAHREN AUF MILCHLEISTG.
7 435 EINSATZ STATIONAERER MECHANISIERUNGSEINRICHTUNGEN
8 245 SELBSTKOSTEN DER MILCH VERGL.MIT LAUFSTALL
8 248 TECHNIK UND ARBEITSWIRTSCHAFT IM SPERRBOXENSTALL
STANDAUSFUEHRUNG ANBINDEVORRICHTUNGEN
1 303 HALSRAHMEN HAENGEKETTEN U. PFOSTENANBINDUNG EINSATZ
1 303 FRESSGITTER IN VERBINDUNG MIT PFOSTENANBINDUNG
1 539 KURZSTAND U. SEINE ANBINDEVORRICHTUNG. TECHN. DATEN
1 540 STANDLAENGE FUER KURZSTAENDE BEI BRAUNVIEH
1 541 RICHTIGE STANDBREITE FUER VERSCHIEDENE RASSEN
1 546 TIER U.FUNKTIONSGERECHTE GITTERBRUECKEN AM KURZSTAND
1 574 GRABNERKETTE ALS ANBINDEVORRICHTUNG ZWECKMAESSIGKEIT
1 574 FLACHSTAHLROSTE ZUM ABDECKEN DER STAUKANAELE
3 604 VERHALTENSUNTERSUCH.AN KUEHEN IN KURZSTAENDEN
4 206 VERHALTENSUNTERSUCH.AN MILCHKUEHEN AUF KURZSTAENDEN
4 207 EINFL.V.STANDLAENGE BEI KOTROSTHALTG.AUF SAUBERK.D.KUEHE
5 345 EINSTALLUNG IM KURZSTAND UND MECH.DER ENTMISTUNG
6 512 HOLZPFLASTERBELAG FUER STAND U.LIEGEPLAETZE
6 513 LIEGEFLAECHEN AUS KUNSTSTOFF
6 521 FUSSBOEDEN AUS KERAMSITASPHALTBETONPLATTEN
6 524 KURZSTAENDE MIT GRABNERKETTEN ODER NYLONBUEGEL

7 406 ANBINDESTALL VERHALTENSBEZOG.SYSTEMATIK DER KURZSTANDARTEN
7 438 KUHHALTUNG IN EINSTREULOSEN ANBINDESTAELLEN
8 247 GRABNER KETTEN UND HALSRAHMEN IN STREULOSEN STAELLEN
8 247 EINSTREULOS MIT GUMMIMATTEN AUS CHLOROPRENKAUTSCHUK
9 230 VORRICHTUNG FUER GRUPPENWEISES AN UND LOSBINDEN
9 418 HALSRAHMEN MIT AUTOMATISCHEM VERSCHLUSS
9 480 STALLBODENBELAG STALLIFLEX FUER STROHLOSE AUFSTALLUNG
STALLKLIMA
1 302 LUFTAUSTAUSCH UEBER AUTOMAT.GESTEUERTE VENTILATOREN
3 603 STALLKLIMAT.UNTERSUCH.B.STAUKANALENTMISTUNG
4 3 MIT KRATZERKETTENENTMISTUNG DUNGGASE
7 435 TIERHYGIEN.U.STALLKLIMAT.PROBLEME IN GROSSANLAGEN
ENTMISTEN
2 346 FALT UND KLAPPSCHIEBERANLAGEN
2 346 RINGKREISFOERDERER FUER ZWEIREIHIGE AUFSTALLUNG
2 504 TSN 3 OA DUNGENTFERNER FUER ANBINDESTAELLE
4 201 MIT STROHUNTERLAGE VORRICHTUNGEN ZUM ENTMISTEN
5 345 EINSTALLUNG IM KURZSTAND UND MECH.DER ENTMISTUNG
5 700 MIT SCHLEPPSCHAUFELENTMISTUNG
6 520 ENTMISTUNGSVERFAHREN IN DER MILCHFARM V.LENIN KOLCHOS
6 538 GUMMIMATTEN IN VERBINDUNG MIT SCHUBSTANGENENTMISTUNG
8 549 KRATZERKETTENENTMISTG.IN DREIHREIH.MILCHVIEHSTALLUMBAU
9 260 FESTMISTVERFAHREN ODER GRENZEN DER FLUESSIGMISTBEREITUNG
ANBINDESTAND FUER SAUEN S.UNTER SCHWEINESTALL: ZUCHTSTAELLE
ANHAENGER S.UNTER TRAKTORANHAENGER; EINACHSANHAENGER
6 184 ANISOTROPIE ERMITTLUNG DER VERTIKALEN UND HORIZONTALEN HAERTE V.BOEDEN
5 25 ANLASSER ANLASSERTEILE AUS PLAST
7 423 ANOBIUM PUNCTATUM HOLZSCHUTZ IM LANDW.BAUEN VERFAHREN UND MITTEL
3 572 ANSTRICH FUER GEBAEUDE VORBEREITUNG UND VERARBEITUNG
4 526 FUER FUSSBOEDEN AUS HARTFASERPLATTEN
4 543 SPRITZGERAET MIT DURCHLAUFERHITZER FUER DACH U.SPERRANSTRICHE
4 615 ALS SAEURESCHUTZ IN SILOS
5 74 HITZEBESTAENDIGE ROSTSCHUTZANSTRICHE VON MOTORTEILEN
5 671 PALETTE FUER DEN TRANSPORT VON OELFARBEN
7 409 CHEMIKALIENBESTAENDIG FUER DIE INNENSEITE V.GAERFUTTERBEHAEL.
3 106 ANTRIEB NEUARTIGES TRAEGHEITSANTRIEBSSYSTEM
ANWELKFUTTER S.UNTER GRUENFUTTER
S.AUCH SILIEREN
APFEL S.AUCH OBST
1 366 PFLUECKEN MITTELS TRAKTORGEZOGENER ARBEITSBUEHNE ZEITSTUDIEN
1 400 BULGARISCHE VIBRATIONSMASCHINE WMBP
1 401 SORTIERMASCHINE DER FA. BARBET MIT SCHWEMMENTLEERUNG
1 401 VORTEILE DES SORTIERENS VOR DER LAGERUNG
2 408 MECHAN.ABRUETTELN DER FRUECHTE IN DEN USA
2 410 HYDROSYSTEM ZUM SORTIEREN UND KALIBRIEREN IN GROSSKISTEN
3 175 ZULAESSIGE SCHWINGUNGSENERGIEN U.STREUUNGEN BEIM TRANSPORT
3 443 MASCHINELLE VEREDLUNG ZUR ANZUCHT VON APFELBAEUMEN
3 461 MECH.KOMPLEXES SYSTEM FUER ERNTE UND AUFBEREITUNG
3 465 SCHWEMMENTLEERUNG VON GROSSKISTEN
4 304 ARBEITSORGANISAT.FRAGEN BEIM EINBRINGEN V.WINTERAEPFELN
4 317 VEREDLUNGSMASCHINEN FUER APFELBAEUME VERSUCHSERGEBNISSE
4 318 VEREDLUNGSMASCHINEN FUER APFELBAEUME VERSUCHSERGEBNISSE
4 322 MECHANISIERUNGSMOEGLICHKEITEN BEI DER ERNTE
4 356 BEZIEH.ZWISCH.OBERFLAECHE U.GEWICHT BEI MCINTOSH AEPFELN
4 364 DOSIERMASCHINE ZUM HERSTELLEN VON GEBINDEN
4 371 KONSERVIERUNG V.AEPFELN UNTER GEREGELTER ATMOSPHAERE
4 376 PALETTISIERUNG IN DER OBSTINDUSTRIE IN SUEDAFRIKA
4 390 FOLIENTRAGTASCHEN FUER APFELPACKUNGEN
4 392 PRODUKTION ERNTE UND AUFBEREITUNG IN ITALIEN
4 396 WASCHEN UND SORTIEREN VOR DER EINLAGERUNG
4 396 FARBVERAENDERUNGEN
4 396 LAGERUNG VERSCHIEDENER SORTEN
5 426 MASCHINELLE VEREDLUNG ZUR ANZUCHT VON BAEUMEN
5 471 MECH.ERNTESYSTEM MIT HYDRAUL.BAUMRUETTLER
5 474 VERPACKUNGSSTRASSE FUER AEPFEL AUF TRAEGERSCHALEN
5 476 BEHANDLUNG VON AEPFELN MIT KUNSTWACHS

5 478 APFEL KAELTETECHNIK FUER LANGFRISTIGE KERNOBSTLAGERUNG
6 370 ERNTERATIONALISIERUNG IN INTENSIVOBSTKULTUREN
6 371 BESCHAEDIGUNG BEI DER MECHANISCHEN ERNTE MIT BAUMSCHUETTLER
6 382 BEDEUTG.DER LUFTZIRKULATION LUEFTUNGSSYSTEME
7 316 MECHANISIERTES ERNTEN IN ENGLAND
7 335 BEKAEMPFUNG DES SCHORFES MIT SPRUEHGERAETEN
8 332 PROBLEME UND TECHNIK DES OBSTBAUES IN DER DDR
8 359 ELASTIZITAETSEIGENSCHAFTEN WAEHREND WACHSTUM UND ENTWICKLUNG
8 368 ERNTE DURCH RUETTELN U.AUFFANGVORRICHT.MASCH.Z.FRUECHTESAMMELN
8 369 ERNTE DURCH SCHUETTELSTANGE MIT HYDRAULIKMOTORANTRIEB
8 373 SELBSTFAHRENDE MASCHINE FUER ERNTE VON TAFELOBST
8 386 ARBEITSORGANISATION BEI VERWENDUNG VON GROSSKISTEN
8 562 BAU VON OBSTLAGERGEBAEUDEN
9 343 MASCHINEN ZUR AUFBEREITUNG IN UNGARN
9 343 LEISTUNG DER KALIBRIERMASCHINE UNIFRUCT.SUPER
4 491 APFELSINE ERNTEMASCHINE DER FA. 1. W. RICHARDSON CO.
7 307 MENSCHLICHER ENERGIEAUFWAND BEIM PFLUECKEN
8 299 ERGEBNISSE DER HALTBARMACHUNG DURCH BESTRAHLUNG
4 350 APRIKOSE VIBRATIONSFREQUENZ VON ERNTEMASCHINEN
8 368 ERNTE DURCH RUETTELN U.AUFFANGVORRICHT.MASCH.Z.FRUECHTESAMM
ARBEITSBUEHNE S.AUCH HEBEBUEHNE
1 378 EINSATZ BEIM MECHANISCHEN BAUMSCHNITT
1 406 SELBSTFAHRBAR TYP GIRAFFE FUER OBSTANLAGEN
4 322 EINSATZ IM OBSTBAU
4 324 ANBAUHEBEBUEHNEN FUER OBSTANLAGEN
4 392 FAHRBARER CARRO ELEVATOR
4 491 HOCHSTAND MIT 4 ARBEITSPLATTFORMEN D.FA.CATTELANI ENESTO
5 435 FUER ERNTE UND SCHNITT IN NIEDERSTAMMANLAGEN
7 270 FUER SCHNITTARBEITEN ENTWICKLUNGSSTAND
7 272 FAHRBAR FUER ERNTE UND SCHNITTARBEITEN IM OBSTBAU
7 317 SELBSTFAHREND FUER NIEDERSTAMMOBSTANLAGEN
7 318 ZUR MECHANISIERUNG DER WEINERNTE
7 325 GERAETEKOMB.ZUM BERGEN U.SORTIEREN VON TOMATEN
9 337 FAHRB.HYDRAUL.HEB U.SENKBARE TAFEL M.GEPOLST.STAEBEN
9 361 SELBSTFAHR.PFLUECKBUEHNE F.HOHE BAUMFORMEN VON TIFONE
9 6 ARBEITSGESCHWINDIGKEIT UNTERSUCH.B.BODENBEAR.MIT UEBER NEUN KM JE STD.
1 11 ARBEITSMEDIZIN ZUSAMMENARBEIT ZWISCH.BIOLOGIE UND TECHNIK
ARBEITSORGANISATION S.UNTER ARBEITSWIRTSCHAFT
6 482 IN SOWJETISCHEN BAUVEREINIGUNGEN
1 26 ARBEITSPHYSIOLOGIE LAGE U.FORM DER BEDIENELEMENTE V.MASCH.EINFL.MENSCH
4 400 PROBL.B.INDUSTRIEMAESS.PROD.METHODEN IM FORST
5 22 VERHALTEN EINIGER KOERPERTEILE B.SCHWING.EINWIRKG.
5 386 GRUNDLAGEN DER MENSCHLICHEN ARBEIT
5 499 ANALYSE DES FORSTWIRTSCH.PRODUKTIONSPROZESSES
5 521 AUDIOMETRISCHE UNTERSUCH.AN FORSTARBEITERN
7 153 SCHWINGUNGEN V.FAHRERSITZ BEIM MAEHDRESCHER
7 307 MENSCHL.ENERGIEAUFWAND B.PFLUECKEN V.APFELSINEN
7 350 FAHRKOMFORT UNTERSUCH.V.FORSTTRAKTOREN IN SCHWEDEN
7 375 PHYSIOLOG.BELASTUNG DER AK BEIM STRASSENBAU
8 406 LEHR U.FORSCH.ARB.DES INST.F.FORSTL.INGENIEURWESEN
8 413 PHYSISCHE U.LAERMBELASTG.AM KMW HACKROTOR
8 483 MENSCHL.BELASTG.D.GROSSMASCH.FUER FORSTSTRASSENBAU
9 307 ERGONOMIE MENSCH UND PRODUKTIVITAET
9 308 ARBEITSVERFAHREN UND ARBEITSPLATZ
9 370 LAERM UND VIBRATION BEI WALDARBEITEN
ARBEITSPLANUNG S.UNTER ARBEITSWIRTSCHAFT
9 92 ARBEITSPRODUKTIVITAET VERWENDG.V.PE ROHREN BEIM BEWAESSERN V.MAIS
9 464 ARBEITSRAUM ANFORDERUNGEN AN MODERNE ARBEITSRAEUME ERLAEUTER.ZUR TGL
ARBEITSSCHUTZ S.AUCH TRAKTOR ARBEITSSCHUTZ UNFALLSCHUTZ
1 129 IM MELIORATIONSWESEN
2 43 ARBEITSSICHERHEIT UND LANDWIRTSCHAFTLICHER TRANSPORT
2 499 BEI LANDWIRTSCHAFTLICHEN PRODUKTIONSBAUTEN
3 490 OBLIGATORISCHE SCHUTZVORRICHT.F.WALDARBEITER NORWEGENS
5 85 LAERMBEKAEMPFUNG IN FAHRERHAEUSERN
5 499 PAUSENLAENGE BEI UNTERSCHIEDL.LAERMBELAESTIGUNGEN
6 53 SCHUTZ UND REGENERATION BEI STRAHLUNGSSCHAEDEN

7 407 ARBEITSSCHUTZ PROJEKTIERUNGSKATALOG LANDWIRTSCHAFTSBAU
8 117 BEIM ARBEITEN MIT AMMONIAKWASSER
8 121 ANI STANDARD FUER WASSERFREIEN AMMONIAK
1 351 ARBEITSTECHNIK GESTALTUNG VON HAUSWIRTSCH.ARBEITSPLATZ UND MITTEL
1 366 PFLUECKEN MITTELS TRAKTORGEZOG.ARBEITSBUEHNE ZEITSTUD.
7 244 UNTERSUCH.V.MONTAGEVERFAHREN IN DER HAUSTECHNIK
9 307 ERGONOMIE MENSCH UND PRODUKTIVITAET
9 308 ARBEITSVERFAHREN UND ARBEITSPLATZ
9 368 KOORDINIER.V.HANDARBEIT.ARBEITSSTUD.M.AUFGENOM.SCHMALF.
9 369 EFFEKTIVE ARBEITSMETHODEN IM BAUERNWALD
9 375 ANALYSE VON TEILZEITSTRUKTUREN
ARBEITSWIRTSCHAFT LANDWIRTSCHAFT
1 27 THEORIE UND BERECHNUNG DES ERNTEPROZESSES
1 28 PROBLEME DER ARBEITSORGANISATION B.KOMPLEXER MECH.
1 537 ASPEKTE BEI PLANUNG VON LANDW.GEBAEUDEN
2 44 KLASSIFIZ.LANDW.TAETIGK.NACH DRINGLICHK.GRAD V.MECH.
2 46 STEIG.V.ARBEITSPRODUKTIVITAET TECHNOLOG.FAKTOREN
2 47 ARBEITSORGANISATION IN DER LANDWIRTSCHAFT
4 77 VERLEGEN 6 M LANGER KUNSTSTOFFROHRE ARBEITSAUFWAND
4 496 PROBLEME VON PFLANZENSCHUTZBRIGADEN
5 363 IN DER HACKFRUCHTMAST
5 385 ENTWICKLUNGSTENDENZEN IN DER LAENDL.HAUSWIRTSCHAFT
5 387 IM LAENDLICHEN HAUSHALT
5 388 METHODEN DER BERATUNG VON BAEUERINNEN
5 406 UEBERLEGUNGEN IM FACHGEBIET WAESCHEPFLEGE
6 299 ARBEITSPLANUNG IN DER LAENDL.HAUSWIRTSCHAFT
6 300 EINGLIEDERUNG DER HAUSWIRTSCHAFT
7 20 AUSNUTZUNG DER ARBEITSZEIT BEI MECH.FELDARBEITEN
7 21 BEDEUTG.V.NORMG.FUER ERHOEH.DER MASCH.PRODUKTIVITAET
7 202 TECHNOLOG.BEURTEILUNGSRAHMEN FUER DIE RINDERHALTUNG
8 248 IM SPERRBOXENSTALL
GARTENBAU
2 20 UNTERSUCH.UEBER EINSATZ VON MASCHINEN IM GARTENBAU
4 304 FRAGEN BEIM EINBRINGEN DES WINTERAPFELS
6 328 ARBEITSZEITAUFWAND BEI JOHANNIS U.STACHELBEEREN
FORSTWIRTSCHAFT
4 402 MULTIMOMENTMETHODE ALS ANALYSENVERFAHREN
5 500 ZEITBEDARFSERMITTLUNG FUER FORSTBETRIEBL.ARBEITEN
5 502 ARBEITSORGANISATION IM FORSTBETRIEB
5 503 BEDEUT.V.WIRKSYST.F.ARBEITSVERFAHREN IM FORSTBETR.
5 507 ARBEITSLEISTUNG VON HOLZFAELLERN ZEITSTUDIEN
8 483 ARBEITSWISSENSCHAFT UNTERSUCHUNGEN BEIM WALDWEGEBAU
4 492 ARBOLIT NEUE STRUKTUR VERSUCHE MIT SORTIERTEN HOLZSPAENEN
7 414 EIN LEICHTBETON MIT HOLZABFAELLEN HERSTELLUNG
9 440 ZUSAMMENSETZUNG UND PRODUKTION IN DER UDSSR
2 320 AREAMETER ZUR VAKUUMFREIEN SERIENBESTIMMG.V.OBERFLAECHENGROESSEN
6 28 ARGON SCHUTZGASSCHWEISSVERFAHREN IN DER LANDTECHNIK
6 395 ARRONDIERUNG DES PRIVATEN WALDBESITZES PROBLEME IN SCHWEDEN
9 435 ASAE JAHRBUCH
1 468 ASBEST LEICHTE SANDWICHKONSTRUKTIONEN FUER DACH UND DECKEN
6 538 WELLASBEST FUER DIE DACHEINDECKUNG
7 412 HOHLBLOCKBAUSTEINE AUS SILIKAT ASBEST
8 527 ENTLADEVORRICHTUNG FUER PLAN UND WELLASBEST
2 491 ASBESTBETON ANWENDUNG BEI MODERNEN BAUVERFAHREN
2 494 TITELDOKUMENTATION
2 509 DACHEINDECKUNG MIT WELLASBESTBETON
9 448 ALS WANDBAUSTOFF IN SCHWED.VORFERTIGUNGSSYSTEM
9 453 LEICHTE DACH U.AUSSENWANDKONSTRUKT.F.EINGESCHOSS.BAUTEN
9 487 KOSTENSENKG.DURCH KOMPL.FERTIGTEILE FUER BOXENLAUFSTAELLE
4 559 ASBESTSCHAUMBETON PLATTEN ANWENDUNG FUER DIE WAERMEDAEMMUNG
4 76 ASBESTZEMENT DRUCKROHRE FUER BEREGNUNGSANLAGEN
6 292 ROHRE FUER DIE GUELLEDRUCKLEITUNG
5 571 ASPE MEHRSAEGEAGGREGATE ZUM EINSCHNEIDEN VON LANGHOLZ
1 547 ASPHALT ALS BODENBELAG FUER LIEGEBOXEN
4 568 ASPHALTMATTEN ALS HOFBEFESTIGUNG
6 503 IM WIRTSCHAFTSWEGEBAU BAUKOSTEN UND UNTERHALTUNGSAUFWAND

8 401 ASPHALT ZUR SPUR UND WEGEBEFESTIGUNG
8 505 ASPIRATIONSMESSER ZUR WASSERMENGENREGELUNG
3 581 ASPIRATIONSPSYCHROMETER ZUR BESTIMMUNG DER REL.LUFTFEUCHTIGKEIT
ASYNCHRONMOTOR S.UNTER ELEKTROMOTOR
5 531 ATRAZIN CHEMISCHE PFLEGEKETTE FUER EICHENKULTUREN
9 416 ATTRAPPE ZUR VERHINDERUNG VON VOGELSCHAEDEN
1 387 AUBERGINE ANBAU UNTER FOLIE IN SIZILIEN
8 410 AUFASTEN WERTSTEIGERUNG DES STAMMHOLZES DURCH SYSTEMAT.AESTUNG
8 411 WERTSTEIGERUNG DES STAMMHOLZES DURCH SYSTEMAT.AESTUNG
8 431 NEUES GERAET UND TECHNOLOGIE DER WERTAESTUNG
AUFFORSTUNG PFLANZEN S.DORT
1 426 FEUCHTER GRENZERTRAGSBOEDEN MECHANISIERUNGSVERFAHREN
2 441 GROSSER FLAECHEN DURCH AUSSAAT AUS FLUGZEUGEN IN DEN USA
3 503 ERGEBNISSE DER ARBEIT MIT BENZINMOTORBOHRERN
4 406 MECHANISIERUNG IN DER SOWJETISCHEN FORSTWIRTSCHAFT
4 416 FORSTL.HANDWERKZEUG VERZEICHNIS DER FAO
4 431 VERSUCHSSTAT.FUER WALDVERJUENGUNG DER SCHWED.FORSTSCHULE
5 507 MECHANISIERUNG DER KULTURARBEITEN
7 351 VON BERGHAENGEN SOWJETISCHER MASCHINENSATZ
8 409 SCHLAGABRAUMBEHANDLUNG VOR DER KULTURBEGRUENDUNG
8 427 WAHL DES PFLANZENABSTANDES
8 428 MASCHINENPRUEFUNG IN FINNLAND
8 429 MASCH.U.ARBEITSTECHNOL.IN DER RSFSR UND IM URAL
8 429 ARBEITSAUFWAND U.KOSTEN BEI VERSCHIED.TECHNOLOGIEN
AUFLADEN VON DIESELMOTOREN S.UNTER DIESELMOTOR
7 394 AUFSAMMELBLASER KEBRO FUER DIE ERNTE VON WELKGRAS
4 137 AUFSAMMELSCHNEIDGEBLAESE ASG 150 EINSATZ ZUR HALB U.DUERRHEUBERGUNG
9 305 AUFTAUEN KLEINAUFTAUGERAET AUFTAUFIX VON DUESTERBERG
AUSBILDUNG ALLGEMEINES
8 405 NIVEAU VERAENDERUNG DURCH AUTOMATISIERG.V.WIRTSCH.
LANDWIRTSCHAFT
2 17 QUALIFIZIER.MOEGLICHKEITEN AN SPEZIALSCHULE GROSSENHAIN
2 18 RAHMENSTUDIENPLAN FUER TECHN.LEITERN FUER LPG
2 19 STUDIENPLAN FUER DIE MEISTERAUSBILDUNG LANDTECHNIK
3 18 ORGANISIERTE WEITERBILDUNG DER AGRARINGENIEURE
3 173 ZUM AGRARFLIEGER IN NEUSEELAND
3 564 STUDENTENHEIM DER LANDW.HOCHSCHULE IN GOEDOELLOE UNGARN
5 6 LANDTECHNISCHE AUSBILDUNG IM AUSLAND
8 283 IN DER LANDWIRTSCHAFTLICHEN HAUSWIRTSCHAFT
8 284 ERFAHRUNGEN AUS HEA AUSBILDUNGSLEHRGAENGEN
9 4 VON LANDWIRTSCHAFTSLEHRERN LANDTECHN.ABSCHNITTE

FORSTWIRTSCHAFT
1 414 FORSTTECHNISCHES KUJBYSEV INST.IN ARCHANGELSK
4 420 IN DER FORSTWIRTSCHAFT BERUECKSICHT.MODERNER TECHNIK
4 421 DER WALDARBEITER IN TROPISCHEN ENTWICKLUNGSLAENDERN
4 422 AUFGABEN EINER WALDARBEITSSCHULE IN DEN ALPEN
4 494 STAND DER FORSTL.AUSBILDUNG IN OESTERREICH U.JUGOSLAWIEN
5 506 FORSTL.STUDIENPROGRAMM FUER OST KANADISCHE VERHAELTNISSE
5 517 DER OESTERREICH.FORSTINGENIEURE TECHN.FACHGEBIETE
5 631 BERICHT VOM XIV. IUFRO KONGRESS MUENCHEN
7 346 VOR U.NACHTEILE DER SPEZIALISIERUNG IN DER FORSTWIRTSCHAFT
8 433 FORTBILDUNGSKURSE AN DER LENINGRADER FORSTTECHN.KIROV AKAD.
8 442 KOMPLEXBRIGADEN FUER FORSTLICHE SPEZIALMASCHINEN
9 367 TAETIGKEIT UND AUFGABEN DER INTERNAT.ARBEITSORGANISAT.IAO
BAUWESEN
5 661 SEMINAR UEBER ZIEGELPRODUKTION
7 405 DER STUDENTEN DES MOSKAUER ARCHITEKTUR INSTITUTS
AUSDUENNEN VON RUEBEN S.UNTER VEREINZELN VON RUEBEN
AUSFORMEN S.UNTER HOLZAUFBEREITUNG
AUSHEBEN VON PFLANZEN S.UNTER BAUMSCHULE
8 242 AUSLAUF SAEUBERN MIT TRAKTORFRONT ODER HECKSCHIEBER
9 478 FUER MILCHVIEHGROSSANLAGEN
AUSSENBELEUCHTUNG S.UNTER BELEUCHTUNG
AUSSENWIRTSCHAFT S.UNTER FELDBAU

AUSSTELLUNG BELGIEN

9 418 UGEXPO IN BRUESSEL WILL ZENTRUM EUROPAS WERDEN

CSSR

1 465 1966 LANDTECHNIK AUF DER HERBSTMESSE IN BRNO CSSR

DAENEMARK

7 395 AGRIMA 67 1. INTERNORDISCHE LANDWIRTSCHAFTSAUSSTELLUNG

DBR

2 319 1967 ACHEMA ANLAGEN FUER MISCHFUTTERINDUSTRIE
2 320 1967 ACHEMA ANLAGEN FUER MISCHFUTTERINDUSTRIE
2 430 TECHNIK AUF DER BUNDESGARTENSCHAU
2 432 1967 NEUE KONZEPTION DER ANUGA
3 482 WEHATE 1967 TECHNIK IM GEWAECHSHAUS
3 483 1967 DUESSELDORFER KUNSTSTOFFMESSE
4 300 1967 INTERNAT.HAUSRAT UND EISENWARENMESSE KOELN
4 301 1967 INTERNAT.HAUSRAT UND EISENWARENMESSE KOELN
4 387 TECHNIK AUF DER BUNDESGARTENSCHU
4 388 INTERESSANTES VON DER KARLSRUHER INDUSTRIE SONDERSCHAU
4 389 1967 NEUHEITEN AUF DER ANUGA
4 389 BLUMENFACHAUSSTELLUNG IN RIJNSBURG
4 393 NEUENTWICKLUNGEN AUF DEN GARTENBAUTAGEN FUENFHAUSEN
4 394 1967 EINDRUECKE VON DER ANNUGA
4 397 NEUHEITEN IN FUENFHAUSEN
6 322 ELEKTROGERAETEANGEBOT AUF DER FRUEHJAHRSMESSE IN KOELN
7 399 LANDTECHNIK AUF DER 50. DLG AUSSTELLUNG
7 409 BAUSTOFFANGEBOT AUF DER BAU 68
7 410 ETERNIT AUF DER BAU 68
8 144 FUTTERERNTEMASCHINEN AUF DER DLG AUSSTELLUNG
8 286 HAUSRAT UND EISENWARENMESSE IN KOELN
8 301 1968 KOELNER FRUEHJAHRSMESSE
8 403 1968 INTHERM
8 509 50. DLG AUSSTELLUNG IN MUENCHEN
8 510 GERAETE AUF DER DLG SCHAU
8 511 LANDTECHNISCHES ANGEBOT AUF DER DLG
8 512 UEBERSICHT UEBER NEUENTWICKLUNGEN AUF DER DLG AUSSTELLUNG
8 513 NEUHEITEN VON DER DLG AUSSTELLUNG
8 521 NACHLESE ZUR BAU 68
9 30 TRAKTOR UND ZUBEHOER AUF DER DLG AUSSTELLUNG
9 31 TRAKTOR UND ZUBEHOER AUF DER DLG AUSSTELLUNG
9 32 TRAKTOR UND ZUBEHOER AUF DER DLG AUSSTELLUNG
9 35 TRAKTORANGEBOT IN MUENCHEN
9 37 EINACHSTRAKTOREN UND MOTORKLEINGERAETE AUF DER DLG SCHAU
9 56 TRANSPORT UND DUENGUNG AUF DER DLG SCHAU
9 71 MASCHINEN FUER DEN KARTOFFELANBAU AUF DER DLG SCHAU
9 100 GERAETE ZUR BODENBEARBEITUNG AUF DER DLG SCHAU
9 295 1968 KOELNER FRUEHJAHRSMESSE KAELTETECHNIK
9 304 INTERNAT.HAUSRAT UND EISENWARENMESSE IN KOELN
9 305 HAUSHALTGERAETE AUF DER HAUSRAT U.EISENWARENMESSE KOELN
9 306 MEILENSTEINE DER HAUSTECHNIK AUF DER DLG SCHAU
9 360 INTERNATIONALE LANDWIRTSCHAFTSSCHAU IN MUENCHEN
9 363 TECHN.BESONDERHEITEN BEIM 10 HOHENHEIMER GARTENBAUTAG
9 366 NEUHEITEN UND VORSCHAU ZUR DLG
9 401 TECHN.NEUERUNGEN AUF DER DLG SCHAU IN MUENCHEN
9 425 NEUHEITEN VON DER DLG AUSSTELLUNG

DDR

1 466 LANDTECHNIK AUF DER AGRA 67
1 579 BAU UND INNENMECHANISIERUNG AUF DER AGRA 67
6 390 IGA 67 MASCHINEN UND GERAETESCHAU
8 494 HOLZBEARBEITUNGSMASCHINEN AUF DER LEIPZIGER MESSE

FRANKREICH

1 408 38. SIMA GERAETE FUER DEN OBSTBAU
1 462 1967 BERICHT UEBER DEN PARISER SALON
2 431 PFLANZENSCHUTZGERAETE FUER WEINBAU AUF DEM LANDMASCH.SALON
3 556 38. INTERNATIONALER LANDMASCHINENSALON
3 557 38. INTERNATIONALER LANDMASCHINENSALON
5 653 39. INTERNATIONALER LANDMASCHINENSALON PARIS

6 466 AUSSTELLUNG 39, LANDMASCHINENSALON IN PARIS
7 396 39, PARISER LANDMASCHINENSALON
7 397 39. PARISER LANDMASCHINENSALON
7 398 1968 INTERNATIONALE PARISER WOCHE
8 502 TENDENZEN L.NEUE MASCH.AUF DEM LANDMASCHINENSALON
8 503 NEUES VOM PARISER LANDMASCHINENSALON
8 504 V.TECHN.KOMITEE DES PARISER SALONS HERAUSGESTELLTE MASCH.
9 422 1968 SIMA PARIS LANDTECHN.ENTWICKLUNGEN
9 423 LANDWIRTSCHAFTSMESSE IN PARIS
9 424 EXPONATE DER INTERNAT.LANDMASCHINENAUSSTELLUNG IN PARIS
GROSSBRITANNIEN
1 407 ROYAL SHOW IN COVENTRY
3 555 NEUHEITEN AUF DER ROYAL SHOW IN COVENTRY
4 274 MILCHWIRTSCHAFTSAUSSTELLUNG IN LONDON
4 506 ROYAL INTERNATIONAL DAIRY SHOW
6 464 ROYAL SMITHFIELD SCHAU
7 391 1967 SMITHFIELD SHOW
7 392 GERAETE AUF DER KOENIGL.SMITHFIELD SCHAU IN ENGLAND
7 393 GERAETE AUF DER ROYAL SMITHFIELD SHOW
7 408 BERICHT VON DER INTERNATIONALEN BAUAUSSTELLUNG
8 506 MASCHINEN AUF DER ROYAL SMITHFIELD SHOW IN LONDON
8 507 HANDELSTAG DER SMITHFIELD AUSSTELLUNG
9 419 SMITHFIELD AUSSTELLUNG
9 420 LANDMASCHINEN AUF DER ROYAL SHOW
ITALIEN
4 392 1967 EUROFRUT IN FERRARA
9 361 INTERNAT.LANDWIRTSCHAFTSMESSE IN VERONA

NIEDERLANDE
1 406 IN BUNNIK UEBERBLICK UEBER TECHN.ENTWICKLUNG IM GARTENBAU
5 654 LANDWIRTSCHAFTSMESSE ZUIDLAARDERMARKT
5 655 LANDWIRTSCHAFTSMESSE ZUIDLAARDERMARKT
5 656 1968 HET LANDBOUWWERKTUIG IN AMSTERDAM
6 465 1968 LANDMASCHINENAUSSTELLUNG IN AMSTERDAM
7 394 1968 LANDBAUWERKZEUG
8 508 1968 DAS LANDWIRTSCHAFTLICHE GERAET
9 421 21. LANDMASCHINENTAG IN LIEMPDE
NORWEGEN
9 399 FORSTGERAETE AUF DER LANDWIRTSCH.AUSSTELLG.IN NORWEGEN
OESTERREICH
4 494 OESTERREICHISCHE HOLZMESSE IN KLAGENFURT

SCHWEDEN
1 463 FORST UND RIESENMASCHINEN AUF DER ELMIA
3 545 FORST UND LANDW.AUSSTELLUNG ELMIA IN JOENKOEPING SCHWEDEN
8 460 TECHNIK IM FORST IN SCHWEDEN
9 400 DER SCHWEDISCHEN FORSTWOCHE
SCHWEIZ
9 362 5.SCHWEIZ.SCHAU F.GARTEN U.OBSTBAU IN OESCHBERG KOPPINGEN
UDSSR
1 464 1966 INTERNAT.LANDMASCHINENAUSSTELLUNG IN MOSKAU
3 492 1966 IN MOSKAU FORSTTRAKTOREN
4 391 FUER LEBENSMITTELVERPACKUNG IN MOSKAU
UNGARN
1 409 1966 IN PISA PLASTANWENDUNG IN DER LANDWIRTSCHAFT
6 538 66. INTERNATIONALE LANDWIRTSCHAFTSAUSSTELLUNG IN BUDAPEST

2 117 AUSTRALIEN FLUGZEUGEINSATZ BEI DER DUENGUNG
7 318 MECHANISIERUNG DER WEINERNTE
9 253 AUSSICHTEN DES RINDERHALTUNGSSYSTEMS IN SOG.FUTTERPARZELL.
9 267 KONSTRUKTIONSAENDERUNGEN BEI MELKMASCHINEN
6 302 AUTOMATIK IN DER KUECHE

AUTOMATION S.AUCH REGELTECHNIK
S.AUCH RINDERFUETTERUNG
1 1 DER LANDWIRTSCHAFT GEGENWAERTIGE PROBLEME
1 49 REGELN DURCH EIN U.AUSSCHALTEN MIT IMPULSKOPPLUNG
1 142 DER OBERFLAECHENBEWAESSERUNG
1 157 KONTROLLE VON ARBEITSGAENGEN BEI BODENBEARBEITUNG
1 414 V.FORST PAPIER ZELLULOSE U.HOLZBEARBEITENDER INDUSTRIE
2 307 DER PRODUKTIONSPROZESSE IN DER TIERZUCHT
2 389 IM ROSENANBAU VERMARKTUNG UEBER COMPUTER
3 7 DER WASSERVERSORGUNG OHNE HOCHBEHAELTER
3 319 VON TROCKNERN IN DER LANDW.PRODUKTION LIT.
5 7 IN DER LANDWIRTSCHAFT SOZIALE AUSWIRKUNGEN
5 21 AUTOMATISIERUNG LANDWIRTSCHAFTLICHER AGGREGATE
5 479 AUTOMATISIERTE VERARBEITUNGSKETTEN B.ERBSEN UND SPINAT
5 497 GRUNDBEGRIFFE DER AUTOMATISIERUNGSTECHNIK
5 497 FORSTWIRTSCHAFT UND AUTOMATISIERUNG
5 534 VON HOLZLAGERPLAETZEN PROJEKT.DURCH DAS GIPROLESTRANS
5 535 IN DER SCHWEDISCHEN FORSTWIRTSCHAFT
6 69 AUTOMATISIEREN DER ARBEIT V.MASCHINEN TRAKTOREN AGGREGATEN
6 70 VON TRAKTOREN TAGUNG
7 9 AUTOMATISIERUNGSAUFGABEN IN DER LANDWIRTSCHAFT
7 10 MESS U.UEBERTRAGUNGSPROBLEME B.AUTOMAT.IN LANDTECHNIK
7 178 BEI DER GETREIDETROCKNUNG
8 11 UEBERTRAGUNGSVERHALTEN V.AUTOMAT.NACHFUEHRREGELKREISEN
8 405 DER HOLZINDUSTRIE VOLKSWIRTSCHAFTLICHE BEDEUTUNG
9 2 BILD EINES VOLLAUTOMAT.LANDW.BETRIEBES DER ZUKUNFT
9 226 VOLLAUTOMATISIERUNG DER INNENWIRTSCHAFT
6 214 AVADEX BW FLUGHAFERBEKAEMPFUNG IN ZUCKERRUEBEN
AXIALGEBLAESE S.AUCH HEUBELUEFTUNG, BELUEFTUNG
1 511 AKUSTISCHE BEURTEILUNG FORMEL VON JUDIN
9 65 ZUM ANBAU AN TRAKTOREN NIAE TEST

5 536 AXT DURCHFORSTUNG AM STEILHANG VERGLEICH VON GERAETEN
5 563 EINSATZ ZUM ENTASTEN

BACKOFEN S.AUCH HERD
6 311 SELBSTREINIGENDE BACKOEFEN AUF DER EDA SCHAU
7 249 ENTWICKLUNG EINES SELBSTREINIG.BACKOFENS
9 294 DOPPELBACKOFEN MIT DUNSTABZUGHAUBE VON NEFF
9 306 EINBAUBACKROEHREN DER FA. NEFF MIT SCHWENKTUEREN
1 354 BAD ELEKTROINSTALLATION VERTEILUNG UND STROMKREISE
6 318 KOMFORT IM BAD
6 319 BADEWANNEN BESONDERER AUSFUEHRUNG
6 320 CAROLA KONVEKTOR BADEWANNE UND HEIZUNG IN EINEM
6 321 ENGLISCHE BADEEINRICHTUNGEN AUS KUNSTSTOFF
9 302 MINDESTWAERMESCHUTZ UND VOLLWAERMESCHUTZ
9 303 KUNSTSTOFFE IN KUECHE BAD UND WC
4 277 BADEOFEN QUALITAETSPRUEFUNG UND WARENKUNDLICHE HINWEISE
5 410 BADEWANNE LUXUS ODER KOSMETISCHE NOTWENDIGKEIT
5 520 BADNITRIEREN STANDZEITVERLAENGERUNG V.HOLZBEARBEITUNGSWERKZEUGEN
1 426 BAGGER EINSATZ GEEIGNETER GERAETE FUER DIE ENTWAESSERUNG
1 578 AUSNUTZUNGSKOEFFIZIENTEN IN FLIEGENDEN BAUKOLONNEN
2 143 LOEFFELBAGGER ONE NINETY V.THOSE TIVERTON
2 143 BAGGER DUMPER TUSKER VON THWAITES ENG. CO.
2 149 ETR 122 EINSATZ BEIM BAU VON BEWAESSERUNGSKANAELEN
2 151 FUER DIE PLASTROHR BZW.PLASTFOLIENDRAENUNG IN DER SU
2 170 SAUGSPUELBAGGER 8 PZU ZM FUER REINIG.V.KANAELEN U.SPEICHERN
3 204 PRUEFUNG DER QUALITAET DER ARBEIT BEIM GRABENBAU
3 207 PRUEF.V.TONROHRVERLEGEEINRICHTG.FUER DRAENGRABENBAGGER
3 227 EINSATZ V.EIMERKETTENBAGGER ETN 171 BEIM WEGEBAU
4 64 ETN 171 DRAENGEFAELLE KONTROLL UND REGISTRIERGERAET
4 68 VON FLEMING UND VON RIDDER
4 540 REPARIEREN VON SCHLAUCHLEITUNGEN
4 541 VERBESSERUNGEN AM BODEN EINES LOEFFELS
5 162 ETC 161 EIGNUNG FUER DRAENARBEITEN

5 168 BAGGER FUER DIE RAEUMUNG VON GRAEBEN
5 168 SCHWIMMENDER SAUGBAGGER BERLIN MIT SAUGDUESE
5 625 AGGREGAT EGT 75 FUER DEN FORSTWEGEBAU
6 144 KM 251 UNIVERSALBAGGER ARBEITSLEISTUNG
6 144 EIMERKETTENBAGGER ETN 171 ARBEITSLEISTUNG
6 144 FRAESRADBAGGER KD 120 UND HOWARD ARBEITSLEISTUNG
6 145 PLASTROHRDRAENUNG MIT DEM GRABENBAGGER ETN 171
6 149 ZUSATZGERAETE ZU SERIENBAGGERN FUER DIE GRABENREINIGUNG
6 152 GRABENZIEHEINRICHTUNG PATENT
6 162 FUER MELIORATIONSARBEITEN BESTAND IN DER SU
6 398 ER 7AM MIT ROTIERENDEM SCHAUFELRAD BEIM FORSTWEGEBAU
6 436 GRANDALL 600 E MIT TELESKOPARTIG AUSFAHRBAREM BAGGERARM
7 82 ETN 142 U.ETN 171 HYDRAULISCHE DRAENGEFAELLESTEUERUNG
7 392 MEHRZWECKANBAUBAGGER FUER KULTUR U.PFLEGEARBEITEN
9 82 DRAENBAGGER DER BRIT.CRANE AND EXCAVATOR CORPORATION LTD.
9 82 ZAPFWELLENGETRIEBENE GRABENBAGGER V.BARFORDS OF BELTON LTD.
9 82 DRAENGRABENBAGGER VON BARTH HOLLAND
9 82 MODELL 9 VON R.I.FLEMING
9 82 DER CLARK INTERNATIONAL MARKETING S.A.
9 82 ANBAULOEFFELBAGGER FUER DEN UNIMOG
9 82 ANBAULOEFFELBAGGER VON BARSYKE LTD.
9 82 ANBAULOEFFELBAGGER VON MASSEY FERGUSON UND F.W.MC.CONNEL
9 82 ANBAULOEFFELBAGGER VON TWOSE UND ERNEST A.WEBB
9 82 GRABENBAGGER DER CUMBRIAN IMPLEMENT CO.LTD.
9 82 GRABENBAGGER VON HOWARD ROTAVATOR
9 82 GRABENBAGGER VON LEEFORD LTD.
9 82 SELBSTFAHRENDE GRABENBAGGER VON JOHN ALLAN U.SONS
9 82 HYDRAULISCHE LOEFFELBAGGER VON FOSTER SALES
9 82 HYDRAULISCHER BAGGER MIT FRAESRAD VON MUIR HILL
9 82 HYDRAULISCHER LOEFFELBAGGER MUSTANG 90 V.PRIESTMAN BROTHERS
9 86 DRAENBAGGER ETN 171 ARBEITSTECHNOL.BEI ROHRVERLEGUNG
9 390 UEBERSICHT UEBER 22 LOEFFELBAGGERTYPEN
9 427 ANBAUGRABENBAGGER
9 428 KETTENFAHRZEUG ZUM AUSBAGGERN VON FLUESSEN UND KANAELEN
9 428 HYDRAUL.SCHUERFKUEBELGERAET ZUM REINIGEN VON GRABENSOHLEN
1 311 BAKTERIEN BAKT.FILTER ZUR GERUCHSBESEITIGUNG BEI DER KOTTROCKNUNG
BALKENMAEHER S.UNTER MAEHEN
2 232 BALLENBINDEGARN RED STAR AUS POLYPROPYLENE NIAE TEST
2 217 BALLENFOERDERER DER FA. GRUSE DLG PRUEFBERICHT
2 244 EINSATZ BEI DER BERGUNG VON MAEHDRUSCHSTROH
1 114 BALLENLADER 471 MIT VERBESSERTER KUPPLUNG VON NEW HOLLAND
3 269 HANDHABUNG DER PRESSHEU UND PRESSSTROHBALLEN
8 241 LPU I FUER AUFSAMMELPRESSE
9 66 BEWERTUNGSKRITERIEN FUER VERGLEICHSPRUEFUNGEN
9 424 ZWEI HYDRAULISCH ARBEITENDE GERAETE
BALLENLADEWAGEN S.AUCH LADEWAGEN
1 226 GUT 2 5 VOM FRUNSEWERK
1 227 MIT SPEZIAL PICK UP FUER DIE STROHBERGUNG
2 245 BALLENSAMMELWAGEN ZUM BERGEN VON STROHBALLEN
4 145 FUER DIE STROHBERGUNG
8 507 BALLENSAMMLER BALLENSAMMEL LADE UND ENTLADEGERAET BOYBALLE
2 102 BALLENSCHLEUDER MIT HYDROSTATISCHEM ANTRIEB
2 244 EINSATZ BEI DER BERGUNG VON MAEHDRUSCHSTROH
4 151 BALLENSCHLITTEN ARBEITSVERFAHREN UND AUFWAND BEI DER STROHERNTE
2 233 BALLENSTAPELMASCHINE SELBSTFAHREND V.BLACKWELDER FUER 56 BALLEN
BALLENVERSCHULUNG S.UNTER BAUMSCHULE: FORSTWIRTSCHAFT
4 151 BALLENWAGEN ARBEITSVERFAHREN UND AUFWAND BEI DER STROHERNTE
8 241 MIT AUFNAHMEVORRICHTUNG
1 225 BALLENWERFER K 490 EINSATZ ZUR STROHBERGUNG
2 244 EINSATZ BEI DER BERGUNG VON MAEHDRUSCHSTROH
3 268 AN DER SAMMELPRESSE K 442
3 269 HANDHABUNG DER PRESSHEU UND PRESSSTROHBALLEN
BANDFOERDERER S.FOERDERBAND
BANDGEFRIERANLAGE S.UNTER GEFRIER UND KUEHLKONSERVIERUNG
BANDRECHWENDER S.UNTER HEUERNTE
BANDSAEGE S.UNTER SAEGE

BANDSPRITZGERAET S.UNTER SPRITZEN
4 559 BASALTFASER ANWENDUNG ZUR WAERMEDAEMMUNG
BAUAUSSTELLUNG S.UNTER AUSSTELLUNG
1 469 BAUDURCHFUEHRUNG PROBLEME DER RATIONAL.B.BAU LANDW.PRODUKTIONSANLAGEN
1 496 KOOPERATIONSSYSTEM FUER LANDW.BAUTEN NETZPLANDIAGRAMM
1 497 NETZWERKDIAGR.FUER MECHANISIERTE BAUKOLONNEN
1 498 WISSENSCH.ARBEITSORGANISATION IN ZBO KUBANGEBIET
1 499 LEITUNGSSTRUKTUR UND ARBEITSORG.DER ZBO
1 500 BESSERE ORGANISATION DER AUSLASTUNG DER BAUTECHNIK
1 501 NEUE ETAPPE IN DER ARBEIT DER ZBO
1 502 ZBO AUFGABENBEREICH DER MECHANISIERUNGSLEITUNG
2 498 BAUKAPAZITAETEN IN DER LANDWIRTSCHAFT DER DDR
3 580 SPEZIALISIERUNG IN ZBO ZUR ERHOEH.DER BAUPRODUKTION
4 527 POLYAETHYLEN BREITFOLIEN ALS WITTERUNGSSCHUTZ
4 545 VERPUTZEN VON GEBAEUDEN AUS GIPS
4 546 BEDEUTG.V.KOOPERATIONSVERBAENDEN FUER LANDW.BAU
4 547 BAUABWICKLG.B.LANDW.AUSSIEDLG.NACH NETZPLANTECHNIK
4 548 ZEITFAKTOR BEI DURCHSETZG.V.KOMB.U.KOMPAKTEM BAUEN
5 672 PLANUNGSARBEIT GENOSSENSCH.BAUORGANISATIONEN
5 673 DISPATCHERORGANISATION AUF LAENDL.BAUSTELLEN
5 674 TECHNOL.SPEZIAL.V.ARBEITSPROZESSEN IM MONTAGEBAU
5 724 ARBEITSORGANISATION IM GETREIDESPEICHERBAU
6 480 BETONIERARBEITEN AN SPEICHERN B.NIEDRIG.TEMP.
6 481 INDUSTRIALISIERUNG DES BAUWESENS IN DER RSFSR
6 482 NEUE FORMEN DER ARBEITSORGANISATION
6 483 PROGRAMM DER OMSKER BAUVEREINIGUNG FUER NEULANDGEBIET
6 485 PRODUKTION DES BETONWERKES ROKITNO
6 486 MASSNAHMEN ZUR ERHOEHG.DER ARBEITSPRODUKTIVITAET
6 487 OPT.PRODUKT.KAPAZITAETEN DER BAUSTOFFINDUSTR.UKRAINE
6 488 MATERIELLE VERANTWORTG.B.PROJEKTIER.U.AUSFUEHRUNG
6 489 PROBLEME IN ERDBEBENGEFAEHRDETEN LAENDL.RAYONEN
8 529 SCHEMATA FUER DIE AUFSTELLUNG DES KRANS
8 530 WERKSTATT FUER GLASERARBEITEN
8 531 UEBERTRAGEN VON HOEHENMARKEN VON UNTEN NACH OBEN
8 533 AUFSCHWEISSBARE DACHBELAEGE ARBEITSWEISE
9 461 URSACHEN V.NICHTERFUELL.DER PLAENE IN BAUVEREIN.SU
9 462 NEUE LEITUNGSMETHODEN IM LBK FRANKFURT ODER
7 406 BAUFORSCHUNG INSTITUT FUER LANDWIRTSCHAFTL.BAUFORSCHUNG DER DBR
BAUHYGIENE BELEUCHTUNG S.DORT
WAERMESCHUTZ S.DORT
S.AUCH SCHALLSCHUTZ
S.AUCH STALLKLIMA
LUEFTUNG S.DORT
4 525 WAENDE AUS GASBETONBLOECKEN FEUCHTIGKEITSPROBLEME
6 491 BAUPHYSIKALISCHE SCHUTZMASSNAHMEN SCHALLSCHUTZ TGL 10687
BAUINVESTITION S.UNTER BAUKOSTEN
BAUKONSTRUKTION
ALLGEMEINES
1 468 NEUE AUFGABEN DER ARCHITEKTEN IM LAENDL.BAUWESEN
1 469 PROBL.DER RATIONALIS.B.BAU LANDW.PRODUKTIONSANLAGEN
3 574 NEUES LANDWIRTSCHAFTSPLANBAUSYSTEM
6 488 MAT.VERANTWORTG.FUER MANGELHAFTE KONSTRUKT.ARBEITEN
9 431 WISSENSCHAFTL.TECHN.ENTWICKLG.IM LANDWIRTSCHAFTSBAU
9 432 MODERNE TENDENZEN IN BELGIEN
GEBAEUDETYPEN
1 481 ANLAGEN MIT KOMPAKTER ZUORDNUNG
1 481 KONSTRUKTIVE PROBLEME BEI LANDW.BAUTEN
1 553 BAUTEN FUER SCHWEINEHALTUNG INTERNAT.TENDENZEN
3 611 SCHWEINESTALL BETONKONSTRUKT.MIT LUFTHEIZ.SYSTEM
6 535 PROJEKTE FUER KONSERVENFABRIKEN IN DER UKR.SSR
6 538 GETYPTE GEBAEUDEHUELLEN MIT DACHKONSTRUKT.AUS STAHL
6 538 GETYPTE GEBAEUDEHUELLEN MIT STUETZENKONSTRUK.AUS STAHL
9 431 KOMPAKTBAUTEN UND GESCHOSSBAUTEN
9 431 PAVILLON U.GROSSFLAECH.BAUTEN MIT KOMPAKT.ZUORDNUNG
9 447 ENTWICKLUNGSSTAND IM LEICHTBAU
9 454 LEICHTMETALLKONSTRUKTIONEN IN DER CSSR

9 455 BAUKONSTRUKTION STAHLLEICHTKONSTRUKTIONEN FUER LANDW,PRODUKTIONSBAUTEN
9 456 PRODUKTIONSPROGRAMM VEB WALZWERK HETTSTEDT
9 457 PRODUKTIONSPROGRAMM VEB STAHLBAU PLAUEN
9 458 TRAGLUFTKONSTRUKTIONEN FUNKTIONELLE EIGENSCHAFTEN

KONSTRUKTIONS UND BAUELEMENTE

1 468 SCHALEN UND FALTWERKE AUS LEICHTBETON
1 468 SCHALENKONSTRUKT.AUS GLASFASERVERSTAERKTEM POLYESTER
1 468 STABNETZTRAGWERKE MIT FOLIEN ODER PLASTABDECKUNG
1 473 ENTWICKLUNG EINHEITLICHER TRAEGERKONSTRUKTIONEN
1 481 STAHLBETONSKELETTMONTAGE UND STUETZENRIEGELKONSTRUK.
1 481 STABNETZTRAGWERKE FUER KOMPAKTBAUTEN
1 481 KOMPAKTBAU MASTENBAUWEISE HP SCHALEN U.TROGFALTE
1 482 INDUSTRIELLE KONSTRUKT.LAENDL.BAUTEN
1 483 UNIVERSALSKELETT JJ IOZ I FUER BAUTEN DER TIERZUCHT
1 491 VORGEFERTIGTE HYPERBOLOID PARABELSCHALEN
1 493 FASERBAUTAFELN IN VORGEFERTIGTEN GEBAEUDEN
1 565 ANLAGE FUER 40000 LEGEHENNEN
1 567 GESCHOSSBAUTEN FUER ENTENZUCHT
1 579 BAU UND INNENMECHANIS.AUF DER AGRA 67
4 521 HOLZBALKENDECKEN FUER DEN STALLBAU
4 535 PLATTEN AUS FLACHSABFAELLEN
4 536 DECKENKONSTRUKTION AUF DER GRUNDLAGE VON DELTA BALKEN
4 537 EINSATZ V.AUSSCHUSSDRAENROHREN FUER BAU V.DECKEN
5 665 AUS HOLZ GEFERTIGTE GEBAEUDE KONSTRUKT.U.KOSTEN
6 473 GASSILIKATPLATTEN MIT DAEMMSCHICHT FUER WARMDAECHER
6 476 BALKEN V.ZWOELF M SPANNWEITE U.PLATTEN AUS SPANNBETON
7 410 ETERNIT COLOBEST FASSADENPLATTEN
7 410 ETERNITTAFELN FUER EINSCHALIGE MEHRSCHICHT.FERTIGTEILE
7 419 GEKLEBTE HOLZFACHWERKKONSTRUKTIONEN
8 522 VORTEILE VON ALUMINIUMSTALLDECKEN
8 525 PLATTEN AUS DUENNER STAHLBETONHUELLE U.MIT FUELLSTOFF
8 525 ZEMENTGEBUND.HOLZWOLLEPLATTEN FIBROLIT F.WAND U.DACH
8 532 GEKLEBTE HOLZBINDER FUER GESCHLOSSENE KALTBAUTEN
9 431 STUETZEN RIEGEL KONSTRUKTION
9 449 ENTWICKLUNGSTENDENZEN VON RAUMTRAGWERKEN
9 450 MONTAGEFAEH.DECKE RAHMENLEICHTBAUELEMENTE SYST.GLAGIT
9 453 LEICHTE DACH U.AUSSENWANDKONSTR.F.EINGESCHOSS.BAUTEN
9 486 WANDVERKLEID.U.SCHAUMPLASTGEDAEMM.FASSADENELEMENTE
9 500 BATTERIESTALL FUER 1000 HENNEN EINBAU IN STALLSCHEUNE

FERTIGTEILE

2 489 BAUEN MIT VORGEFERTIGTEN TEILEN AUS HOLZ
3 598 INDUSTRIELL VORGEFERTIGTER BAUERNHOF IN PRESBERG
4 532 ALFA LAVAL GEBAEUDESYSTEM F.RINDER U.SCHWEINESTAELLE
4 533 MONTAGEBAU BEI LANDW.PRODUKTIONSBAUTEN IN NIEDERLANDEN
4 534 SELBSTVERANKERTE FORTLAUFEND GEDAEMMTE TAFELWAND
4 602 GEBAEUDESYSTEM AUS HOLZPLATTEN
5 662 GFP IN LICHTDURCHLAESSIGEN KONSTRUKTIONEN
6 470 VORGEFERTIGTE WANDPLATTEN ANSTELLE V.ZIEGELMAUERWERK
6 475 VORFERTIGUNG V.HOLZBAUTEILEN FUER WIRTSCH.GEBAEUDE
7 420 VORFERTIG.V.HOLZBAUELEMENTEN DER FA.STOCKBUILDINGS
9 232 INNENAUSBAU FUER BODENFUETTERUNG
9 433 ENTWICKLUNG LEICHTER EINBAUELEMENTE FUER INNENAUSBAU
9 433 FERTIGBAU VORSCHLAEGE F.RATIONALIS.IM LANDW.BAUWESEN
9 437 INDUSTRIELLE VERSORGUNGSBASIS F.GENOSSENSCH.BAUORG.
9 448 EINFACHES SCHWEDISCHES VORFERTIGUNGSSYSTEM
9 477 VORFERTIGUNG DER BAUELEMENTE FUER RINDERSTAELLE
9 496 SCHLUESSELFERTIG GELIEFERTE SCHWEINEMAESTEREIEN

GRUENDUNG FUNDAMENT

1 484 VERFORM.NIEDRIGER GEBAEUDE AUF TIEF GEFRORENEN BOEDEN
1 485 FUNDAMENTE AUS KURZPFAEHLEN MIT INDUSTR,GEFERT.TEILEN
1 487 STUETZENEINSPAN.IM BAUGRUND DURCH BOHRPFAHLGRUENDUNG
3 575 MASTENFUNDAMENTE FUER DIE GRUENDUNG LANDW.BAUTEN
3 576 MASTEN ODER PFEILERGRUENDUNG BERECH.V.STABILITAET
5 666 BERUECKSICHTIGUNG SETZUNGSEMPFINDLICHER BOEDEN
5 666 GELENKIG GELAG.KONSTRUKT.V.GROSSPLATTENWOHNGEBAEUDEN
5 667 EINFLUSS DER MECHANIK DES BAUGRUNDES AUF GRUENDUNG

Nr.	Stichwort	Titel
6 478	BAUKONSTRUKTION	UNTERSCH.DER DYNAMISCHEN EIGENSCHAFTEN V.FUNDAMENTEN
6 481		MASTENGRUENDUNG STATT MONOLITH.U.BRUCHSTEINFUNDAMENTE
7 421		PFAHLGRUENDG.U.STREIFENFUNDAMENT AUS BRUCHSTEINBETON
	DACHKONSTRUKTION	DACHBAUELEMENTE
1 468		STAHLLEICHT UND HOLZKLEBEKONSTRUKTIONEN
1 488		ZULAESSIGE SCHNEEBELASTG.V.DACHKONSTRUKTIONEN
1 489		GEBAEUDETYPEN MIT V FOERMIGEN DACHSTUETZEN
1 490		DURCHLUEFTETE EINDECKUNGEN V.BAUTEN FUER TIERHALTUNG
1 533		15 M HP SCHALEN FUER DACHKONSTRUKTION V.RINDERSTAELLEN
1 534		DACHKONSTRUKT.MIT PARALLELGURTBINDERN F.ANBINDESTALL
1 542		SHEDDACHKONSTRUKTION FUER ANBINDESTALL
1 543		PULTDACHKONSTRUKTION AUS GELEIMTEN HOLZPARALLELBINDERN
2 495		DACHKONSTRUKTIONEN LANDW.BAUTEN MIT 12 M SPANNWEITE
2 509		DACHEINDECKUNG MIT WELLASBESTBETON
3 569		INDUSTRIELL VORGEFERTIGTE DACHPLATTEN FUER WARMBAUTEN
3 580		WERK ZUR HERSTELLUNG VON DACHKONSTRUKTIONEN
4 538		LEICHTBAUDAECHER NUR BIS ZU 300 M UEBER NN ZULAESSIG
4 539		VERFORMUNG VON FLACHDACHBINDERN
6 477		TECHNOL.VORFERTIG.WAERMEGEDAEMMTER DACHPLATTEN
7 410		BERLINGER WELLE UND DACHPLATTE TYP EUROPA AUS ETERNIT
7 419		STANDARD.DACHBINDER U.HYPERBOL.PARABOL.HOLZSCHALEN
8 523		DACHPLATTEN AUS HOLZABFAELLEN FERTIGUNGSTECHNOLOGIE
8 524		STAHLBLECHE FUER BEDACHUNGEN MIT PVC BESCHICHTUNG
9 423		ONDULINE WELLPLATTEN ZUR DACHEINDECKUNG
9 451		LEICHTE STAHLBETONDACHPLATTEN KONSTRUKT.U.VERWENDG.
9 452		LEICHTE DACHEINDECKUNGEN FUER KALT U.WARMBAUTEN
2 484	BAUKOSTEN	RUECKGANG LANDWIRTSCH.BAUPREISE IN DER DBR
2 486		OEKONOMIK DES LANDWIRTSCHAFTLICHEN BAUWESENS
3 573		OEKONOMISCHER NUTZEFFEKT U.TECHN.OEKON.NACHKALKULATION
4 511		BAUPREISE AUF DEM LANDW.BAUSEKTOR IN DER DBR
4 512		RUECKLAEUFIGE PREISE IM LANDWIRTSCHAFTSBAU DER DBR
4 531		URSACHEN FUER HOHE KOSTEN IM LANDWIRTSCHAFTSBAU DER DBR
5 663		1955! .1964 NUTZEFFEKT LANDW.BAUINVESTITIONEN IM KR.BERNAU
5 664		1955! .1964 NUTZEFFEKT LANDW.BAUINVESTITIONEN IM KR.BERNAU
6 18		V.KARTOFFELLAGERRAEUMEN AUS VORGEFERTIGTEN BAUELEMENTEN
6 530		VON GEFLUEGELFABRIKEN WEGE ZUR SENKUNG
7 404		RUECKGANG LANDW.BAUINVESTITIONEN IN DER DBR
7 422		INDEX FUER WIRTSCHAFTSBAUTEN IN DER NORWEG.LANDWIRTSCHAFT
8 144		ERSPARNIS DURCH GROESSERE FLACH UND HOCHBEHAELTER
8 249		FUER SCHWEINEZUCHT UND MASTSTAELLE IN SCHWEDEN
8 516		1968 FOLGERG.FUER DAS LAENDL.BAUEN AUS DEM GRUENEN BERICHT
8 518		MOEGLICHKEITEN DER SENKUNG IN DER SCHWEIZ
9 430		INVESTITIONSPOLITIK IN LANDW.UND NAHRUNGSGUETERWIRTSCHAFT
9 434		UMSATZSTEIGERUNG IM LANDWIRTSCHAFTLICHEN BAUEN IN DER DBR
9 436		ERMITTLUNG VOM UMBAUTEM RAUM UND AUFMASSEN
9 485		INVESTITIONSAUFWENDUNGEN FUER DEN MELKSTAND
9 487		KOSTENSENKUNG DURCH KOMPL.FERTIGTEILE FUER BOXENLAUFSTAELLE
9 495		SCHWEINEMASTSTALL IN VORGESCHNITTENER HOLZBAUWEISE
	BAUMASCHINEN	STEINBRECHER S.DORT
		KOMPRESSOR S.DORT
		S.AUCH BODENBEWEGUNG
		S.AUCH FORSTSTRASSEN
		WALZEN S.DORT
		BAGGER S.DORT
		DUMPER S.DORT
1 485		S 878 PFAHLRAMME FUER PFAHLGRUENDUNGEN
1 486		SA 12 DIESELRAMME FUER PFAHLGRUENDUNGEN
1 486		FUNDAMENTPFAEHLE AUS STAHLBETON FUER EINGESCHOSS.GEBAEUDE
1 494		KRAN MIT HYDRAULISCHEM ANTRIEB AUF BELARUS TRAKTOR
1 495		TELESKOPARTIGER AUSLEGER ZUM AUTOKRAN K 51
1 500		BESSERE ORGANISATION DER AUSLASTUNG
1 578		TYPENPROJEKT FUER REPARATURSTUETZPUNKTE
2 465		WIRKUNGSWEISE V.VERDICHTUNGSGERAETEN IM ERDBAU
2 496		LANDWIRTSCHAFTLICHE BAUMECHANIK
3 578		MOERTEL UND BETONMISCHANLAGEN
3 579		VORRICHTG.ZUR REINIG.DER SCHALUNG V.TYPENBAUELEMENTEN

4 540 BAUMASCHINEN MODERNISIERUNG DER MOERTELPUMPE S 251
4 540 GERAET ZUM REINIGEN VON GLAS NACH VERPUTZARBEITEN
4 541 HERSTELLUNG EINER LEHMKNETMASCHINE FUER ZIEGELEIEN
4 541 BOHRGERAET FUER OEFFNUNGEN IN BETON
4 541 SCHLEIFMASCHINE FUER DAS SCHNEIDEN VON PRESSEN
4 541 DRUCKMESSER FUER DEN DRUCKBEHAELTER V.MOERTELPUMPEN
4 541 GERAET ZUM AUSFUELLEN VON RISSEN IM BETON
4 542 HALBAUTOMATISCHE APPARATUR ZUM SCHWEISSEN V.ARMATUREN
4 543 SPRITZGERAET MIT DURCHLAUFERHITZER F.DACH U.SPERRANSTRICH
4 544 MASCHINELLES PUTZEN
5 626 15 T ATHEY HECKKIPPER
5 627 UEBERSCHWERES PLANIERSCHILD FUER KETTENTRAKTOR CATERPILLA
5 668 ZUR MECHANISIERUNG DER MONTAGEARBEITEN
5 669 MASCH.ZUM HERSTELLEN PORCESER BLOECKE FUER KELLERWAENDE
5 673 DISPATCHERORGANISATION AUF LAENDLICHEN BAUSTELLEN
6 479 BETONMISCHER MIT VERBRENNUNGSMOTOR
8 18 VORTEILE DER ZENTRALEN ERSATZTEILVERSORGUNG
8 527 ENTLADEVORRICHTUNG FUER PLAN UND WELLASBEST
8 529 AUSWECHSELBARER TURMKRAN ZUM KRANKRAFTWAGEN
9 402 BAU UND ZUGMASCH.AUF DER W.HANNOVER MESSE
9 402 NEUERUNGEN AM MBU GRADER
9 428 ERDBOHRER FUER TRAKTORANBAU
9 437 INDUSTRIELLE VERSORGUNGSBASIS F.GENOSSENSCH.BAUORGANIS.
9 459 MASCHINENAUSFALLZEITEN IN BAUVEREINIGUNGEN DER UKR.SSR
9 460 GRENZWERTE FUER DIE LAERMIMMISSION
BAUMRUETTLER S.UNTER OBST: ERNTE
BAUMSCHUETTLER S.UNTER OBST: ERNTE
BAUMSCHULE HINWEISE
S.AUCH JUNGPFLANZENANZUCHT
VEREDLUNGSMASCHINE S.DORT
PFLANZEN S.DORT · SAEEN S.DORT

GARTENBAU
2 378 EINSATZ VON VIERRADTRAKTOREN UND GERAETETRAEGERN
6 363 ANBAURODEPFLUG VPN 2
7 276 RODEPFLUEGE MIT RUETTELEINRICHTUNG
7 276 MECHANISIERUNG V.BODENVORBEREITUNG BODENPFLEGE UND RODEN
7 276 SEILZUGGERAETE FUER EINE SELEKTIVE RODUNG
7 342 EINSATZ VON GERAETETRAEGERN IN DER CSSR
8 326 CHEMISCHE UNKRAUTBEKAEMPFUNG
FORSTWIRTSCHAFT
2 436 EINSATZ DES GERAETETRAEGERS RS 09
2 437 BEDEUTUNG DER BODENTEXTUR FUER DIE MECHANISIERUNG
2 438 BALLENVERSCHULUNG BEI SOMMERVERSCHULUNG
2 438 EINSATZ DES BAUERSCHEN KULTIVATORS ZUM WURZELSCHNITT
4 411 AUSHEBEPFLUG NVS I 2.M TECHN.DATEN U.EINSATZBERICHT
4 426 AUSLASTUNG DES GERAETETRAEGERS RS 09
5 507 MECHANISIERUNG DER KULTURARBEITEN
5 524 ENTWICKLUNGSTENDENZEN BEIM KULTURBETRIEB
5 526 MODERNE METHODEN ZUR ANPFLANZUNG VON FORSTPFLANZEN
5 565 VERWENDUNG VON ENTRINDUNGSABFAELLEN IN FORSTBAUMSCHULEN
7 352 AUSHEBEPFLUG FUER GROSSE PFLANZEN
8 420 NEUER TRAKTOR UND KULTIVATOR
8 421 TECHN.U.WIRTSCHAFTLICHE ASPEKTE IN GROSSKAEMPEN
9 5 SPEZIALSPRUEHER FUER FORSTBAUMSCHULEN
BAUMWEISES RUECKEN S.UNTER HOLZRUECKEN UND BRINGEN
2 207 BAUMWOLLE MAX.ZULAESSIGE ARBEITSBREITE EINER HACKMASCHINE
3 213 FURCHENBEWAESSERUNG MIT SCHLAEUCHEN
4 2 ANBAU UND MECHANISIERUNG ENTWICKLUNGSTENDENZEN
4 499 OTN 8 16 KOMBINIERTES STAEUBE UND SPRITZGERAET
5 252 ANTS 2.4 HAECKSELGERAET BESTIMM.DER OPT.DREHZAHL
5 339 WIRKSAME TROCKNUNGSANLAGE
6 196 MASCH.ZUM AUSBRINGEN V.PETROLEUMEMULSIONEN BEI AUSSAAT
6 440 GERAET ZUM AUSBRINGEN VON KONTAKTINSEKTIZIDEN AUF PFLANZEN
6 463 MECH.V.ZUBEREITUNG U.EINBRINGUNG INSEKTIZIDER GRANULATE
7 27 STATIST.KENNGROESSEN DES FEINPROFILS EINES BAUMWOLLFELDES

7 388 BAUMWOLLE SCHAEDLINGSBEKAEMPF.MIT MALATHION ULV VERFAHR.DURCH FLUGZEUG
8 210 TAETIGKEIT EINER ZAHNRADBANDERNTEMASCHINE
9 146 BEWERTUNG DER LENKBARKEIT VON HACKMASCHINEN
BAUORGANISATION S.UNTER BAUDURCHFUEHRUNG
BAUPLANUNG S,AUCH DORFPLANUNG
S.AUCH GEBIETSPLANUNG
2 488 PROJEKTIER.MIT HILFE V.REGRESSIONSANALYSEN
3 563 MITTELFRISTIGE BEDARFSPLANUNG FUER DIE BAUWIRTSCHAFT
4 213 STALLPLANUNG U.ARBEITSVERFAHREN OPT.BEI MILCHVIEHHALTUNG
4 507 IN DER DDR LANDBAUORDNUNG VOM MAI 1967
4 508 PROJEKTIERUNGSKATALOG FUER DEN LANDWIRTSCHAFTSBAU
4 516 TYPENPROJEKTE FUER LANDW.PRODUKTIONSBAUTEN IN DER SU
4 520 PROJEKTIEREN LAENDLICHER PRODUKTIONSBAUTEN
4 587 ABSTIMMUNG MIT MECHANISIERUNG BEI RINDERSTAELLEN
4 609 PROGRESSIVE PROJEKTE FUER DEN BAU VON GETREIDESPEICHERN
5 517 AUSBILDUNG DER OESTERREICHISCHEN FORSTINGENIEURE
5 672 PLANUNGSARBEIT GENOSSENSCH.BAUORGANISATIONEN
5 688 LANDZETTEL METHODE FUER PROJEKTIERUNG LAENDL.WOHNUNGEN
5 692 PROJEKT.V.ANLAGEN ZUR INDUSTRIEMAESS.TIER.PRODUKTION
6 467 PROJEKTIERUNGSKATALOG LANDWIRTSCHAFTSBAU
6 488 MATERIELLE VERANTWORTUNG FUER MANGELHAFTE PROJEKTIER.ARBEIT
6 501 LANDSCHAFTS U.GRUENPLANUNG ALS BEITRAG ZUR DORFERNEUERUNG
6 508 PLANUNG UND GESTALTUNG LAENDL.EINKAUFSZENTREN
7 407 PROJEKTIERUNGSKATALOG LANDWIRTSCHAFTSBAU
7 433 TIERKOERPERBESEITIGUNGSANSTALTEN IN DER DDR
8 347 UND BEMESSUNG DES TRAGWERKES VON GEWAECHSHAEUSERN
8 520 PROJEKTBEARBEITUNG MIT PROJEKTIERUNGSKATALOG LANDW.BAU
9 433 FERTIGBAU VORSCHLAEGE F.RATIONALIS.IM LANDW.BAUWESEN
9 461 URSACHEN V.NICHTERFUELL.DER PLAENE IN BAUVEREINIG.DER SU
9 462 NEUE LEITUNGSMETHODEN IM LBK FRANKFURT ODER
9 472 PERSPEKTIVPROJEKTE F.LAENDL.KINDERGAERTEN U.SAEUGLINGSHEIME
9 476 BETRIEBSWIRTSCHAFTLICHE GEDANKEN ZUM BAU VON RINDERSTAELLEN
BAUSTOFF STAHL S.DORT
BETON S.DORT
PVC S.DORT
MINERALWOLLE S.DORT
SILIKALZIT S.DORT
PORENANHYDRIT S.DORT
DACHPAPPE S.DORT
GLASFASER S.DORT
SILIKAT S.DORT
SCHLACKENWOLLE S.DORT
MOERTEL S.DORT
BITUMEN S.DORT
SCHILF S.DORT
S,AUCH KUNSTSTOFF
S.AUCH WAERMESCHUTZ
KAMILIT S.DORT
ARBOLIT S.DORT
ETERNIT S.DORT
KAMILITWOLLE S.DORT
ZIEGEL S.DORT
GASSILIKAT S.DORT
FIBROLIT S.DORT
ASPHALT S.DORT
SCHAUMGLAS S.DORT
PLASTMOERTEL S.DORT
ALUMINIUM S.DORT
THERMOGLASIN S.DORT
STEKLOPROFILIT S.DORT
LEHM S,DORT
GIPS S,DORT
GLAS S,DORT
HOLZ S,DORT
KERAMSIT S.DORT
FLACHSSCHAEBE S.DORT

BAUSTOFF POLYESTER S.DORT
ZEMENT S.DORT
ASBEST S.DORT
ASBESTBETON S.DORT
BASALTFASER S.DORT
ASBESTSCHAUMBETON S.DORT
SILANWOLLE S.DORT
1 469 PROBLEME DER RATIONALISIERUNG B.BAU LANDW.PRODUKTIONSANLAGEN
1 474 BESSERE NUTZUNG VON INDUSTRIEABFAELLEN
1 477 ISOPLASTIC DACHHAUT AUF DER BASIS NEOPREN HYPALEN
1 478 WIRKSAME WAERMEDAEMMSTOFFE AUS KIESELGUR
1 579 BAU UND INNENMECHANISIERUNG AUF DER AGRA 67
2 502 BESTIMMUNG VON WAERMEUEBERGANGSKOEFFIZIENTEN
4 529 BAUPLATTEN MIT KAPILLARKERNEN AUS POLYSTYROL
4 530 EINSATZ V.PLASTE IM UNGAR.LANDWIRTSCHAFTSBAU
4 535 PLATTEN AUS FLACHSABFAELLEN
5 628 MATERIAL FUER SCHUTZZAEUNE IN DER FORSTWIRTSCHAFT
5 660 INDUSTRIE IM KIEVER GEBIET
6 473 VERWENDUNG LEICHTER BAUSTOFFE BEIM STALLBAU
6 487 OPTIMALE PRODUKTIONSKAPAZITAETEN DER INDUSTRIE DER UKRAINE
7 4 LANDWIRTSCHAFTLICHE STOFF UND MASCHINENKUNDE
7 366 RINDE ALS ROHSTOFF FUER BAUPLATTEN
7 408 FLEXIBLES PLASTIKMATERIAL VYNEX B
7 409 STREICH SPRITZ U.SPACHTELBARE DICHTUNGSSTOFFE
7 409 ANGEBOT AUF DER BAU 68
7 411 VEDAPOR BITUMENDACHBAHNEN MIT DAEMMSCHICHT AUS STYROPOR
8 521 ENTWICKLUNG VOM EINZELBAUSTOFF ZU VERBUNDBAUSTOFFEN
9 431 EINSATZ NEUER EFFEKTIVER BAUSTOFFE
9 437 INDUSTRIELLE VERSORGUNGSBASIS FUER GENOSSENSCH.BAUORGANIS.
9 441 ENTWICKLUNG METALLBESCHICHTETER BAUPLATTEN
9 444 AUS ABGAENGEN D.ERZAUFBEREIT.KOMBINATE ALS FEINZUSCHLAGSTOFF
9 463 SCHALLDAEMMUNG IN GEBAEUDEN
9 500 VERWENDUNG IM BATTERIESTALL FUER 1000 HENNEN
5 660 BAUTECHNIK ENTWICKLUNG DER GENOSSENSCH.BAUORG.IM KIEVER GEBIET
7 444 VERSORGUNGSBASIS FUER GENOSS.BAUORGANISATION BAUPROJEKT
8 567 AUFBAU EINER MATERIELLTECHNISCHEN VERSORGUNGSBASIS
9 436 ERMITTLUNG VON UMBAUTEM RAUM UND AUFMASSEN
BAUTENSCHUTZ HOLZSCHUTZ S.DORT
SCHALLSCHUTZ S.DORT
1 476 FLUATE ALS BAUTENSCHUTZSTOFFE FUER BETON
BAUVEREINIGUNG S.UNTER BAUDURCHFUEHRUNG
BAUWEISE
ALLGEMEINES
1 468 ENTWICKLUNG V.LEICHT UND ANDEREN BAUWEISEN BIS 1980
1 469 PROBLEME DER RATIONALISIERUNG B.BAU LANDW.PRODUKTIONSANLAGEN
1 481 PAVILLONBAUTEN WANDBAUWEISEN UND SKELETTBAUWEISEN
2 509 UNGAR.SCHWEINEMASTSTAELLE IN MASTENBAUWEISE
3 586 GASBETON PLATTENBAUWEISE UND BAUTENSCHUTZ
3 617 GEFLUEGELFABRIK IN ROSSOS UMBAU IM TAKTVERFAHREN
3 621 GETREIDEGROSSSILOS IN MONOLITHISCHER BAUWEISE
8 532 MERKMALE UND VORTEILE DER HOLZKLEBEBAUWEISE
9 431 LEICHTBAU UND MASTENBAUWEISE
9 447 EINGESCHOSSIGE BAUTEN IN MASTENBAUWEISE
9 491 V.RINDERMASTSTAELLEN FUER VOLLSPALTENBODENHALTUNG
MONTAGE UND FERTIGBAUWEISE
1 499 UEBERGANG ZUR MONTAGEBAUWEISE
1 553 SKELETTMONTAGEBAUWEISEN MIT TRAGENDEN SKELETTEN
2 497 EINFUEHRG.V.MEHRZWECK SKELETTMONTAGEBAUWEISE IN UNGARN
3 608 KAELBERSTALL IN STAHLBETONSKELETT MONTAGEBAUWEISE
3 622 GETREIDESILO KOMB.ZWISCH.MONOLITHISCHER U.MONTAGEBAUWEISE
5 723 SPEICHER IN MONTAGEBAUWEISE
6 481 MASTENBAUWEISE V.STAELLEN AUS VORGEFERT.LEICHTKONSTRUKTIONEN
8 517 FERTIGTEILBAUWEISE IM LANDWIRTSCHAFTSBAU IN TIROL
8 519 VORAUSSETZUNGEN EINER RATIONELLEN MONTAGEBAUWEISE
8 525 MONTAGEBAU MIT LEISTUNGSFAEHIGEN BAUSTOFFEN
8 560 GENOSSENSCH.LAGERHAUS IN VOLLMONTAGEBAUWEISE

1 468 BAUWESEN NEÜE AUFGABEN DER ARCHITEKTEN IM LAENDL.BAUWESEN
1 470 EINFL.DER KOOPERATION IN DER LANDWIRTSCHAFT
1 473 FORSCHUNG IM ÜNGARISCHEN BAUWISSENSCHAFTLICHEN INSTITUT
2 483 REDUZIERUNG DER LN DURCH INDUSTRIE U.BAUMASSNAHMEN IN DER DDR
2 485 HAUPTRICHTUNGEN IM ÜNGARISCHEN LANDWIRTSCHAFTSBAU
2 486 OEKONOMIK DES LANDWIRTSCHAFTLICHEN BAUWESENS
3 562 1964 BIS 66 LANDW.BAUTAETIGKEIT IN DER DDR
3 605 SPRACHVERWIRRUNG IM LANDWIRTSCHAFTLICHEN BAUWESEN
3 637 JUBILAEUMSAUSSTELLUNG LAENDL.BAUWESEN IN DER UDSSR
4 509 BAUBEDARF IN DER OESTERREICHISCHEN LANDWIRTSCHAFT
4 510 RUECKLAEUFIGE TENDENZ DER LANDW.BAUTAETIGKEIT IN DER DDR
4 511 AUFTRAGSRUECKGANG AUF DEM LANDW.BAUMARKT IN DER DDR
4 513 ABNAHME DER LN DURCH BAUMASSNAHMEN IN DER DDR
4 514 ENTWICKLUNG DES LANDW.BAUWESENS IN DER UDSSR
4 515 ENTWICKLUNG DES LAENDLICHEN BAUWESENS IN DER UDSSR
5 658 INDUSTRIALISIERUNG DES LANDWIRTSCHAFTSBAUES IN UNGARN
6 467 PROJEKTIERUNGSKATALOG LANDWIRTSCHAFTSBAU
9 430 INVESTITIONSPOLITIK IN LANDW.UND NAHRUNGSGUETERWIRTSCHAFT
9 431 WISSENSCHAFTLICH TECHN.ENTWICKLUNG IM LANDWIRTSCHAFTSBAU
9 433 FERTIGBAU VORSCHLAEGE FUER RATIONALISIER.IM LANDW.BAUWESEN
9 434 UMSATZSTEIGERUNG IM LANDWIRTSCHAFTLICHEN BAUEN IN DER DDR
9 435 HANDBUCH IN FORM VON TAB.
2 288 BECHERFOERDERER NPK I FUER GETREIDE
6 514 BECHERWERK MIT KUEBELN FUER DEN TRANSPORT VON KARTOFFELN UND RUEBEN
9 154 ZUR SENKRECHTFOERDERUNG VON HAECKSELGUT
BEERENOBST S.AUCH OBST
JOHANNISBEERE S.DORT
8 371 MECHANISIERUNG DER ERNTE V.STEIN- U.STRAUCHBEERENOBST
9 5 ENTWICKLUNG VON PFLANZENSCHUTZANLAGEN
BEETPFLUG S.UNTER PFLUEGEN
5 300 BEGASEN SOWJETISCHES GERAET FUER TEEKULTUREN
9 356 SCHWEFELVERDAMPFER PRUEFBERICHT POTSDAM BORNIM
BEHAELTER S.AUCH VERPACKUNG
CONTAINER S.DORT
GROSSKISTE S.DORT
MILCHTANK S.DORT
1 176 SAUG- UND DRUCKFASS AGW 20 PRUEFBERICHT WIESELBURG
1 177 ECKART SERVANT VAKUUMFASS PRUEFBERICHT WIESELBURG
1 244 PFLANZKARTOFFELVERLADUNG IN GROSSRAUMNETZEN OEKON
1 397 AUS POLYESTER FUER ERNTE U.TRANSPORT PFLANZL.PRODUKTE
5 19 THYRATRONGERAETE FUER DAS REGELN VON FLUESSIGK.NIVEAU
5 138 ERHOEH.DER DAUERSCHWINGFESTIGKEIT V.BEHAELTERANHAENGERN
5 233 V 22 SAUG UND DRUCKFASS PRUEFBERICHT WIESELBURG
5 384 FUER DEN TRANSPORT VON MILCH
5 532 FUER UNGEBUBNDELTES DUENNHOLZ
5 556 AGGREGATE FUER DIE GRUPPENENTASTUNG TECHN.DATEN
5 590 FUER SCHUETTGUT FUER TRAKTOREN
5 671 FUER DEN TRANSPORT VON SAUERSTOFFFLASCHEN
7 114 SCHRAEGBODENBEHAELTER MIT EINSEIT.AUSLAUF FUER DUENGER
7 119 SAUG UND DRUCKFASS V 22 S PRUEFBERICHT WIESELBURG
7 195 GERAET ZUM AUTOMAT.FUELLEN VON KARTOFFELKISTEN
7 201 FUER DEN INNERBETRIEBLICHEN GRUENFUTTERTRANSPORT
7 217 ZUM LAGERN UND VERTEILEN VON SCHWEINEFUTTER
7 328 ABMESSUNGEN VON STAPELKISTEN
8 30 KLAERUNG DER DRUCKVERHAELTNISSE IN LAGERNDEN HAUFWERKEN
8 69 HOLZTRANSPORTBEHAELTER FUER GETREIDE KARTOFFELN U.AE.
8 113 BRUEHEBEHAELTER AUS KUNSTSTOFF
8 120 ALUMINIUMTANKS FUER STICKSTOFFDUENGER
8 257 SPEZIELLE TRANSPORTWAGEN FUER MISCHFUTTERMITTEL
8 370 PFLÜRCKEIMER MIT BODENENTLEERUNG
8 390 VERKUERZUNG DER FUELLZEIT DURCH BRUEHEHOCHBEHAELTER
8 508 KARTOFFELVERLADEBEHAELTER VON HERKULUS
8 521 TREVIRA ZUM BAU VON GROSSRAUMBEHAELTERN
8 528 SOWJET.GERAETE ZUM BEREITEN U.TRANSPORT V.MOERTEL U.BETON
8 530 SPEZIALTRANSPORTBEHAELTER FUER ZUGESCHNITTENES GLAS
8 565 FUER DIE GUELLELAGERUNG

9 16 BEHAELTER VERHALTEN VON ROH GEMUSTEN KARTOFFELN BEI LAGERUNG
9 344 FUER DIE MASCHINELLE TOMATENERNTE
1 286 BEIZEN K 619 KOMBINIERTER BEIZER ARBEITSQUALITAET
1 287 K 619 KOMBINIERTER BEIZER
2 281 STATION ZUR HEISSWASSERBEHANDLUNG VON SAATGUT
3 554 GERAETE ZUM DESINFIZIEREN VON SAATGUT
4 186 PST 0.5 HEISSWASSERBEIZANLAGE
4 499 GERAET PSS 3 0 PRUEFERGEBNISSE
4 505 PSS 3 EIN NEUES GERAET
5 314 VERFAHREN UND ANLAGEN FUER SAATGUT
6 448 MASCHINEN PC 10 UND PUS 10 FUER GETREIDE
6 461 2 GERAETE FUER DIE FEUCHTBEIZUNG
6 462 BEIZGERAET PC 100 F
7 377 ARBEITSVERFAHREN UND RATIONELLER MASCHINENEINSATZ
7 396 SAATGUTBEIZER
8 84 AUFBEREITUNG VON RUEBENSAATGUT
8 501 VERZEICH.AMTL.GEPRUEFTER U.ANERKANNTER GERAETE
8 501 VERZEICH.AMTL.GEPRUEFTER U.ANERKANNTER GETREIDEBEIZMITTEL
BELADEN S.UNTER LADEN
HOLZVERLADEN S.DORT
1 512 BELEUCHTUNG EINFLUSS DER FENSTER AUF TAGESBELICHTUNG DER STAELLE
4 279 VON WOHNRAEUMEN
5 19 THYRATRONGERAETE FUER DIE REGELUNG
5 70 LICHT UND STRAHLUNGSQUELLEN IN DER LANDWIRTSCHAFT
5 683 FUNKTION DES FENSTERS UND DES LICHTHOFES
5 684 LICHTBEDARF IN LANDWIRTSCH.PRODUKTIONSBAUTEN
6 55 LICHTBEDARF IN BAUTEN DER TIERHALTUNG
9 23 AUSSENBELEUCHTUNG AUF DER FARM
9 500 BATTERIESTALL FUER 1000 HENNEN
BELGIEN AUSSTELLUNG S.DORT
6 39 LOHNBETRIEBE
7 277 UMFANG DES UNTERGLASANBAUES
9 1 ENTWICKLUNG DER LANDTECHNIK SEIT 1945
9 22 ELEKTRIFIZIERUNG DER LANDWIRTSCHAFTSBETRIEBE
9 432 TENDENZEN BEI LANDWIRTSCH.PRODUKTIONSBAUTEN
BELUEFTUNG VON GETREIDE S.UNTER GETREIDE
S.AUCH LUEFTUNG
HEUBELUEFTUNG S.DORT
3 313 TRAKTORGETRIEBENES ALLZWECKGEBLAESE NIAE TEST
3 314 HEIZ U.BELUEFTUNGSAGGREGAT FUER WARMLUFTANLAGEN PRUEFB.
4 170 BERECH.DER VERDUNST.KUEHLG.FEUCHTER GUETER MIT AUSSENLUFT
4 172 ERMITTLUNG DER LUFTVERTEILUNG IN PERFORIERTEN ROHREN
5 302 MESS.AN LANDW.ANLAGEN MITTELS RADIOAKTIVER NUKLIDE
5 303 HEIZ U.BELUEFTUNGSAGGREGAT HVL PRUEFBER.WIESELBURG
5 304 HEIZ U.BELUEFTUNGSAGGREGAT CASCADE 50 PRUEFB.WIESELBURG
5 305 COOPER AEROFLO TRAKTORANBAULUEFTER NIAE TEST
5 306 SIMPLEX TRACTON TRAKTORANBAULUEFTER NIAE TEST
5 307 NU WAY BENSON TRACTAFAN TRAKTORANBAULUEFTER NIAE TEST
5 330 EIN U.AUSLAGERUNG IM KARTOFFELLAGERHAUS
7 3 LANDMASCHINENLEHRE BD. 11
7 168 BKN 404 E AXIALVENTILATOR PRUEFBERICHT WIESELBURG
7 182 VC 250.000 WE HEIZ U.BELUEFTG.AGGREGAT PRUEFBKWIESELBGD
7 183 VC 150.000 WE HEIZ U.BELUEFTG.AGGREGAT PRUEFBKWIESELBGD
7 192 VON GROSSKISTENLAGERHAEUSERN FUER KARTOFFELN
7 194 SYSTEM FUER KARTOFFEL U.GEMUESELAGER REGELUNG
7 200 LAGERUNG VON RUEBEN BEI BELUEFTUNG
8 1 TRANSPORTTROMMEL ZUM BELUEFTEN NEBEN DER ERNTEMASCHINE
9 16 VON HEU UND RUEBENSTAPELN BESTIMMUNG MIT RADIONUKLIDEN
9 178 ANLAGEN ZUR TROCKNUNG DER MAISKOLBEN
9 199 GEBLAESE LAW TYP RF 10 MIT OELHEIZUNG PRUEFBERICHT
9 200 GEBLAESE LAW TYP RP I UND RP 2 FUER PROPAN PRUEFBERICHT
9 201 TECHNOLOGIE DER BELUEFTUNGSTROCKNUNG
1 577 BENZIN EINFLUSS AUF DAS ERHAERTEN VON BETON
5 388 BERATUNG IM LAENDLICHEN HAUSHALT
5 392 WANDERBERATUNGSEINRICHT.FUER ELEKTRO HAUSHALTGERAETE
6 21 EINSATZ VON LANDWIRTSCH.INGENIEUREN IN ENTWICKLUNGSLAENDERN

6 22 BERATUNG LANDW.INGENIEURE ZUR ENTWICKLUNG DER LANDW.IM SUDAN
6 394 AUFGABEN DER SEKT.SAEGE U.HOLZBEARBEITUNGSINDUSTRIE DER SU
8 282 DER BAEUERIN IN DER NEUORIENTIERUNG V.LANDWIRTSCHAFT
BEREGNUNG
S.AUCH BEWAESSERUNG
1 150 PERROT HANDBUCH DER BEREGNUNGSTECHNIK ZWEITE AUFLAGE
ALLGEMEINES
6 155 BERECHNUNG DER TROPFENPARAMETER
6 504 BEDARF V.LANDWIRTSCH.AN TIEFBAULEISTUNGEN IN DER DDR
8 3 EINFL.V.WASSERQUALITAET AUF PFLANZENWACHSTUM UND ERTRAG
8 3 EINFLUSS AUF DAS MIKROKLIMA
9 81 AUFTREFFWIRKUNG VON SYSTEMEN
9 81 AENDERUNGEN DES MIKROKLIMAS DURCH VERSPRUEHEN VON WASSER
9 314 TENSIOMETER ZUM BESTIMM.DES ZEITPUNKTES IM FELDGEMUESEBAU
VERFAHREN
2 162 VORRICHTUNG MIT ROTIERENDER SCHEIBE ZUM NACHAHMEN V.REGEN
2 172 WIRTSCHAFTLICHKEIT
3 216 ARBEITSAUFWAND BEI VERSCHIEDENEN SYSTEMEN
3 433 AUSPFLANZEN UND BEWAESSERUNG VON FREILANDTOMATEN
3 477 EINSATZ IM OBSTBAULICHEN PFLANZENSCHUTZ
4 71 ENTWICKLUNGEN AUF DEM GEBIET DER SPRUEHBEWAESSERUNG
4 322 SPAETFROSTBEREGNUNG MIT SCHWACHREGNERN
5 177 UNTERSUCHUNG DES ARBEITSBEDARFES EINIGER ANLAGEN
5 420 TECHNOLOGIE IM FELDGEMUESEBAU
5 486 EINSATZ IM OBSTBAULICHEN PFLANZENSCHUTZ
5 488 A.S FROSTSCHUTZ
6 336 ENTEISEN UND AUFBEREITUNG VON WASSER
7 84 ENTWICKLUNG DER TECHNIK IN ISRAEL
7 385 ANWEND.V.SPRITZBALKEN B.NIEDRIGEN KULTUREN TECHNOLOGIE
ANLAGEN
1 136 WEITSTRAHLREGNER DDN 70 TECHNISCHE DATEN
1 137 REGNER MIT AUTOM.EINSTELL.V.NEIG.WINKEL NACH WINDGESCHWIND.
1 138 GRENZVERSCHLEISS DER REGNERDUESEN
1 145 WASSERBERECH.BEI PROJEKTIERUNG V.ANLAGEN
1 152 PROJEKT.U.EINSATZ V.HALBSTAT.ANLAGE AUF LPG
2 5 GERAETE 1967 DAS GRUENE BUCH SOMMERAUSGABE
2 160 VERVOLLKOMMNUNG DER MASCHINE DDA 100 M
2 161 ZULAESSIGE INTENSITAET DER BEREGNUNG DATEN SOWJ.MASCH.
2 168 DIESELPUMPENAGGREGAT PRUEFBERICHT POTSDAM BORNIM
2 173 HYDROLOGISCHE GRUNDLAGEN VON ANLAGEN
2 175 HYDRAUL.PROBLEME DER AUTOMAT.V.PUMPWERKEN
3 66 PRUEFSTAENDE UND VORRICHTUNGEN FUER SCHNELLPRUEFUNGEN
3 213 MASCHINE DDA 100M WEITSTRAHLREGNER MARIZA 31
3 213 ROLLFLUEGEL KDT 25 MITTELSTARKREGNER UDS 25
3 213 STATIONAERE HALBAUTOMATISCHE ANLAGE IM KOLCHOS LENIN
3 213 WEITSTRAHLREGNER DDN BEWEGL.PUMPE SNR 0 0
3 425 AUTOMATISCHE SYSTEME FUER RASEN
3 557 ANLAGEN MIT GLEICHMAESSIGER WASSERVERTEILUNG
3 557 BEREGNUNGSWAGEN VON AG RAIN INC. ILLINOIS
4 69 UEBERBLICK UEBER TECHNIK U.ANLAGEN IN DER UDSSR
4 70 MIT NATUERLICHEM DRUCK ARBEITENDE STATIONAERE ANLAGEN
4 73 DREHSTRAHLREGNER P7 TECHNISCHE DATEN
4 74 ABNUTZUNG DER SPRUEHDUESEN AUF BEREGNUNGSMASCHINEN
4 78 WERTBESTIMMUNG VON FLUSS UND DRUCKREGLERN
4 79 INTEGRIERENDES FLUSSMESSGERAET
4 83 SNP 75 100 FAHRBARE PUMPSTATION MIT AUTOMAT.KONTROLLEINRICH.
4 85 AUSNUTZUNG DER PUMPANLAGE FORMELN ZUR BERECHNUNG
5 170 ZUSATZVORRICHTG.ZUR DDA 100M FUER BEREGNEN AUS HYDRANTEN
5 171 VERSCHLEISS DER STRAHLABLENKAUFSAETZE V.WASSERAUSFLUSSSTUTZE
5 172 DDN 70 WEITSTRAHLREGNER BERECH.DES ARBEITSREGIMES
5 173 DDN 45 WEITSTRAHLREGNER MIT ZERLEGBAREN SCHLAUCHLEITUNGEN
5 179 KLEINSPEICHER ZUR BEREITSTELLUNG VON WASSER
5 182 ABMESSUNG VON ANLAGEN ERFAHRUNGEN IN FRANKREICH
5 183 STEUERUNG UND EINSATZLENKUNG VON ANLAGEN
6 153 AUTOMATISCHE ANLAGE FUER 150 HEKTAR MOLD.SSR
6 154 REGNER MIT ROT.KEGEL FUER BEREGNEN STEILER HAENGE UNTERSUCH.

6 159 BEREGNUNG EINSATZMOEGLICHK.ROLL.REGNERFLUEGEL IN GROSSANLAGE FRIEMAR
6 337 ANLAGE PDU FUER MEHRJAEHRIGE PFLANZUNGEN
7 83 PROJEKTIERUNG UND REGELUNG VON ANLAGEN
7 85 UDS 25 MITTELSTRAHLREGNER
7 85 KDT 25M FAHRBARE ROHRANLAGE MIT MITTELSTRAHLREGNER
7 85 PROGRAMMGESTEUERTE ANLAGE DES INSTITUTS GIPROVODCHOZ
7 85 REGNER DDA 100M MIT BEREGNUNGSROHRTRAGFACHWERK
7 85 WEITSTRAHLREGNER DDN 70 UND MARICA 31
7 86 PDU 50 HALBSTATIONAERE ANLAGE
7 87 DDA 58 WEITSTRAHLBEREGNUNGSAGGREGAT
7 400 WEIT UND MITTELSTRAHLREGNER ENTWICKLUNG IN DER SU
8 92 EINFL.V.ANLAGETYP AUF ARBEITS UND KOSTENAUFWAND
8 93 DREHSTRAHLREGNER ZUR GRUENLANDBEREGNUNG ERFAHRUNGSBERICHT
8 94 SELBSTFAHRENDES SYSTEM FUER BEGRENZTE WASSERVORRAETE
8 95 U 64 DREHSTRAHLREGNER PRUEFBERICHT POTSDAM BORNIM
8 96 VERGLEICH VON VERFAHREN BEI GROSSFLAECHENBEREGNUNG
8 504 EINSPEISVORRICHTUNG ONIA FUER FLUESSIGDUENGER
8 505 ASPIRATIONSMESSER ZUR WASSERMENGENREGELUNG
9 5 EINFL.V.ARBEITSDRUCK U.ABSTAND ZWISCH.REGNERN AUF VERTEILG.
9 90 SCHNECKENPUMPEN
9 91 SYSTEME BETRIEBSKOSTEN UND ARBEITSAUFWAND
9 94 WIRKUNG ERHOEHTER LUFTFEUCHTE AUF DIESELMOTOREN
ROHRLEITUNGEN SCHLAEUCHE
1 139 AUSWAHL DES DMR.VON ABZWEIGLEITUNGEN
1 149 KUNSTSTOFFSCHNELLKUPPLUNGSROHRE DLG PRUEFBERICHT
1 408 VERLEGEN VON ROHREN BZW.SCHLAEUCHEN AUS PLAST
4 72 ENTWURF DES ROHRLEITUNGSSYSTEMS FUER BEREGNUNGSPROJEKTE
4 75 PROJEKTIERUNG DES ROHRLEITUNGSNETZES
4 76 ETERNIT DRUCKROHRE FUER STATIONAERE NETZE
4 77 VERLEGEN 6 M LANGER KUNSTSTOFFROHRE ARBEITSAUFWAND
5 180 HYDRAULISCHE UNTERSUCHUNG DES BEWAESSERUNGSSCHLAUCHES
6 158 VERMIND.HYDRAUL.STOESSE BEI VERZWEIG.ROHRLEITUNGEN
9 90 DYNALEN KUNSTSTOFFROHRE MIT SYMMETRISCHEN SCHNELLKUPPLUNGEN
9 90 WEITERENTWICKLUNG VON ROHR SCHLAUCH KOMBINATIONEN
9 90 EINSPUELSTANDROHRE UND STANDORTKUPPLUNGEN
5 624 BEREGNUNGSDUENGUNG DUENGERINJEKTOR FERT 0 JECT MODELL U PRUEFBERICHT
7 261 IN DER GPG BERLIN TREPTOW
BEREIFUNG S.AUCH TRAKTOR: RAEDER BEREIFUNG FAHRMECHANIK
1 83 SEITENKRAEFTE AN GELENKTEN REIFEN IN LOCKEREM BODEN
2 110 EINFL.V.KLAPPGREIFER AUF ZUGKRAFT U.BODENHAFTUNG
3 155 HOCHSTOLLENREIFEN EINSATZERFAHRUNGEN IN DEN NIEDERLANDEN
3 157 REIFEN MIT SYMMETR.U.UNSYMMETR.PROFIL FAHRVERHALTEN
5 83 REIFEN FUER SELBSTFAHRENDE LANDMASCHINEN
6 95 FUER LKW BEI TRANSPORTEINSATZ IN DER LANDWIRTSCHAFT
7 54 BESTIMMUNG DER OPTIMALEN NUTZUNGSDAUER VON KFZ REIFEN
7 55 VORTEILE UND EIGENSCHAFTEN DER TERRAREIFEN
BERGERAUM HOLZLAGER S.DORT
HEULAGER S.DORT
S.AUCH LAGERBAUTEN
1 514 ALTBAUSUBSTANZ UND DORFPLANUNG
1 533 FUER MILCHVIEHKOMPLEX IN DUMMERSTORF
1 547 FUER RAUHFUTTER FUER MILCHVIEHANLAGE WAGELWITZ
4 607 STAPELHOEHE FUER ERNTEGUETER ERFAHRUNGSBERICHT
5 710 DIREKT AN DEN ABKALBESTALL ANGEBAUT
9 478 FUER MILCHVIEHGROSSANLAGEN
9 481 ZUORDNUNG ZUM ANBINDESTALL
8 278 BERIESELUNGSKUEHLER MIT ROHRSCHLEIFE ZUM MILCHKUEHLEN
6 445 BESEN FAHRBAHNUNTERHALTUNG MIT DEM CLAASSENSCHEN MASCHINENBESEN
BESONNUNG FENSTER S.DORT
6 494 SONNENSCHUTZGLAESER ZUR VERGLASUNG V.GEBAEUDEN U.FAHRZEUGEN
6 495 REFLEKTIERENDES GLAS IN DER ARCHITEKTUR
BESTELLUNG SAEEN S.DORT
S.AUCH BODENBEARBEITUNG
PFLANZEN S.DORT
1 4 ENGL.FACHBUCH UEBER LANDMASCHINEN
1 178 MAISANBAUVERFAHREN ZUR EINDAEMMUNG DER BODENEROSION

3 229 BESTELLUNG FLACHSTREIFENBEARBEITUNG BEI DER SAATBETTVORBEREITUNG

4 41 ABMESS.U.AUSWIRKUNGEN V.TRAKTORSPUREN B.VERSCHIED.BEREIFG.

6 165 MOEGLICHKEITEN ZUR RATIONALISIERUNG DER BODENBEARBEITUNG

6 166 FRUEHJAHRSBESTELLUNG MIT DLG ANERKANNTEN MASCHINEN

6 172 KOMBINATION FUER DIE SAATBETTBEREITUNG

7 122 DLG ANERKANNTE MASCHINEN UND GERAETE

7 123 AUFGABEN UND LOESUNGEN IN DER BESTELLTECHNIK

7 266 ARBEITSVERFAHREN IM FELDGEMUESEBAU TECHNOL.MUSTERKARTEN

8 125 BETRACHTUNGEN UEBER AKTUELLE FRAGEN

9 3 ZAPFWELLENANGETRIEBENE BESTELLGERAETE

9 363 AUTODUX ANBAUVIELFACHGERAET

BESTRAHLUNG S.AUCH BESONNUNG

IONISIERENDE STRAHLEN S.DORT

6 18 ZUR KEIMHEMMUNG VON KARTOFFELN

6 383 HALTBARMACH.V.GARTENBAUERZEUGNISSEN STAND DER TECHNIK

8 299 VON LEBENSMITTELN

9 297 GERAET V.AEG TELEFUNKEN MIT HOCHLEISTUNGSROENTGENROEHREN

BETON

S.AUCH STAHLBETON

ARBOLIT S.DORT

ASBESTBETON S.DORT

1 474 LEICHTBETONPLATTEN AUS SCHLACKENBIMSBETON

1 475 INDUSTRIELLE HERSTELLUNG V.MOERTEL UND LIEFERBETON

1 476 FLUATE ALS BAUTENSCHUTZSTOFFE

1 480 GIPSSAEGEMEHLBETON

1 482 KERAMSITBETONPLATTEN MIT HOLZBEWEHRUNG

1 486 FUNDAMENTPFAEHLE AUS STAHLBETON FUER EINGESCHOSSIGE GEBAEUDE

1 490 PLATTE AUS KERAMSITBETON

1 524 BEFESTIGUNGEN FUER LANDW.STRASSEN U.PLAETZE TGL

1 565 GASBETONELEMENTE ALS WANDPLATTEN IM HUEHNERSTALL

1 577 ZUM BAU VON BEHAELTERN FUER ERDOELERZEUGNISSE

2 165 ROHRE FUER HOCH U.NIEDERDRUCKBEWAESSERUNGSSYSTEME

2 493 GASBETON TITELDOKUMENTATION

3 210 BEFESTIGUNG DER GRABENSOHLEN MIT FERTIGTEILEN

3 218 VERWENDUNG VON BETONROHREN BEI OBERFLAECHENBEWAESSERUNG

3 221 ZWECKMAESS.ENTFERNUNG F.TRANSPORT V.FERTIGTEILEN MIT LKW

3 567 FEUCHTIGKEITSVERHALTEN V.GASBETON IN LANDW.PRODUKTIONSBAUTEN

3 568 BESTIMMUNG DER EIGENSCHAFTEN VON ERDSILIKATBETONEN

3 577 GERAET ZUR BESTIMMUNG DER FESTIGKEIT FEUCHTEN BETONS

3 578 MOERTEL UND BETONMISCHANLAGEN

3 586 GASBETON PLATTENBAUWEISE UND BAUTENSCHUTZ

3 587 WAERMEUEBERTRAGUNG DURCH KONVEKTION BEI BETONSTEINEN

3 601 FUSSBOEDEN AUS BITUMEN STABILISIERTEM ERDBETON

3 608 STALLAUSSEN UND INNENWAENDE AUS GASSILIKATBETONBLOECKEN

3 629 SAUERSTOFFDURCHLAESSIGKEIT VON SILOWANDSEGMENTEN

4 525 WAENDE AUS GASBETONBLOECKEN FEUCHTIGKEITSPROBLEME

4 534 SELBSTVERANKERTE FORTLAUFEND GEDAEMMTE TAFELWAND

4 541 GERAET ZUM AUSFUELLEN VON RISSEN

4 615 ALS BAUSTOFF FUER GAERFUTTERBEHAELTER

5 163 FERTIGTEILE FUER MELIORATIONSARBEITEN

5 368 BERECHNUNG V.ROHRLEITUNGEN FUER DEN STALLMISTTRANSPORT

5 491 ALS BAUSTOFF IM GAERTNERISCHEN WEGEBAU

5 669 MASCH.ZUM HERSTELLEN POROESER BLOECKE FUER KELLERWAENDE

6 439 ZEITSTUDIEN BEIM BETONWEGEBAU

6 440 GLEITSCHALUNGSFERTIGER FUER SCHWARZDECKEN SUPER 100 H

6 471 BERECH.DER ZUSAMMENSETZUNG HOCHFESTER U.NORMALER BETONE

6 472 NICHTAUTOKLAV BEHANDELTER PORENBETON

6 476 BALKEN MIT ZWOELF M SPANNWEITE U.PLATTEN AUS SPANNBETON

6 480 BETONIER.DES ARBEITSTURMES V.GETREIDESPEICHERN B.NIEDRIG.TEMP.

6 485 BETONWERK DER GENOSSENSCH.BAUORGANISATION IN ROKITNO

6 497 UNTERSUCHUNG VON FENSTERKONSTRUKTIONEN FUER STALLBAUTEN

6 537 KORROSION DURCH AMMONIAKALISCHE AMMONIUMNITRATLOESUNGEN

6 538 STAHLBETON ALS BAUSTOFF FUER LANDW.PRODUKTIONSBAUTEN IN UNGARN

7 88 ARMIERUNG MIT GLASFASERPLASTDRAEHTEN FUER HALBSCHALEN

7 413 FLUGASCHE FUER PORENBETON

7 421 PFAHLGRUENDUNG U.STREIFENFUNDAMENT AUS BRUCHSTEINBETON VERGL.

8 224 BETON HOCHSILO DES LIW NAUEN AUS BETONFORMSTEINEN
8 401 ZUR SPUR UND WEGEBEFESTIGUNG
8 521 NEUE BAUSTOFFE MIT GERING.MASSE U.BESS.WAERMEWERT
8 528 SOWJET.GERAETE ZUM BEREITEN UND TRANSPORT
8 544 LANDWIRTSCHAFTSWEGE MIT BETONBELAG IM KANTON VAUD SCHWEIZ
9 85 ERPROBUNG VON DRAENROHREN AUS POROESEM BETON
9 437 INDUSTRIELLE VERSORGUNGSBASIS FUER GENOSSENSCH.BAUORGANIS.
9 439 ERDSILIKATBETON ZUSAMMENSETZUNG UND EIGENSCHAFTEN
9 444 ABGAENGE DER ERZAUFBEREITUNG
9 475 NORMBLATTENTWURF FUER SPALTENBOEDEN
9 488 TRENNWAENDE FUER LIEGEBUCHTEN IN MILCHVIEHLAUFSTAELLEN

BETRIEBSGEBAEUDE S.UNTER GEBAEUDE
9 6 BETRIEBSMITTEL NORMATIVE FUER KONSTRUKTION VORBEREITUNG UND BAU
BETRIEBSWIRTSCHAFT S.AUCH FELDWIRTSCHAFT
ALLGEMEINES
6 38 ENTWICKLUNG V.PRODUKTIONSVERFAHREN IN DER LANDW.
6 434 TAGUNG DER LANDWIRTSCHAFTSKAMMER WESTFALEN LIPPE
9 476 GEDANKEN ZUM BAU VON RINDERSTAELLEN
BETRIEBSORGANISATION
2 53 EINFL.V.SCHLAGGROESSE U. FORM AUF ARBEITSZEITBEDARF
2 54 ORGANIS.U.WIRTSCH.PROBL.GENOSSENSCH.MASCH.VERWENDG.
3 55 ORGANIS.V.TRAKTOR.LANDMASCH.ARBEIT MIT KOORDINATEN
3 56 STRUKTUR V.MASCH.PARK F.BODENGRUNDBEARBEITUNG
3 60 PFERD U.TRAKTOR IN EINZELBAEUERL.BETRIEBEN IN POLEN
8 3 BETRIEBSFUEHRUNGSSYSTEM FUER DIE VIEHWIRTSCHAFT
8 21 VERSUCHSBETRIEB WAIBOER HOEVE MILLINGEN NIEDERLAND.
8 303 VERGLEICH V.GARTENBAUBETRIEBEN IM RAUM MUENCHEN
9 303 VERGLEICH V.GARTENBAUBETRIEBEN IM RAUM MUENCHEN
8 437 MECH.V.HOLZERNTE AUSWIRK.AUF ORG.V.FORSTBETRIEB
9 12 KOSTEN ARBEITS UND MASCHINENPLANUNG
KOSTEN
2 48 EINFL.V.NUTZUNGSDAUER U.AUSNUTZUNG AUF MASCH.KOSTEN
2 177 KOSTEN DES PFLUEGENS IM ARBEITSWIRTSCH.OPTIMUM .
3 54 OEKONOM.PROBL.DES TECHN.FORTSCHRITTES IN DER LANDW.
3 58 BERECHNUNG DER FELDARBEITEN IN PFLUEGEINHEITEN
5 265 EINSATZKOSTEN VON MAEHDRESCHERN
5 413 ANWENDUNG DER BMSR TECHNIK IM GARTENBAU
7 8 AUFWENDUNGEN FUER DIE LANDW.FORSCHUNG IN UNGARN
MECHANISIERUNG
1 4 FRAGEN DES MASCHINENEINSATZES
1 29 SCHICHTNORM FUER BERECHN.V.MASCH.TRAKTORENPARK
1 30 UMRECH.V.TRAKTORARBEITEN AUF VERRECHNUNGSHEKTAR
1 31 TRAKTORANZAHL IN KOMPLEX MECHANISIERTEN BETRIEBEN
1 538 ASPEKTE DES ANBINDESTALLES
2 45 BESTIMM.ZUKUENFTIG.MECH.BEDUERFN.IN LANDW.BETRIEB
2 49 FORTRAN PROGR.ZUM BESTIMM.DER FARMAUSSTATTUNG
2 50 KENNZIFFERN ZUM BESTIMM.DES MECHANISIER.GRADES
2 51 BEWERTUNG DES MECHANIS.GRADES IN LANDW.BETRIEBEN
3 60 PFERD U.TRAKTOR IN EINZELBAEUERL.BETRIEBEN IN POLEN
3 62 INDUSTRIEMAESS.PROD.IM FELDBAU AK BEDARF U.KOSTEN
3 93 ENERGIEVERBRAUCH U.OEKON.KENNZIFFERN DER PRODUK.
4 305 WIRTSCHAFTLICHKEIT DER MECH.IM GARTENBAU
5 48 KOMPLEXE MECH.IN LANDW.GROSSBETRIEBEN POLENS
5 48 AUSWAHL DER OPTIMALEN MASCHINENKAPAZITAET
5 49 MECH.IN DER FELDWIRTSCHAFT DER LPG LEMNITZTAL
5 53 PLANUNG V.MASCH.U.TRAKTORENBEDARF
5 54 ZUSAMMENSETZUNG V.MASCH.TRAKTORENPARK MATH.OPTIMIE.
5 510 GRUNDFRAGEN DER FORSTL.MECHANISIERUNG
5 511 VORBEREITUNG FUER MASCHINENEINSAETZE
5 512 MOEGLICHK.VORAUSSETZG.U.GRENZEN V.FORST.MECHANIS.
5 513 RATIONALIS.IM PRAKTISCHEN FORSTBETRIEB IN HESSEN
5 515 MESSUNG DES RATIONALISIERUNGSERFOLGES
6 37 WIRTSCHAFTL.GEBRAUCHSWERT VON LANDMASCHINEN
6 277 FRAGEN DER BODEN UND KAEFIGHALTUNG
7 22 ENTWICKLG.V.TECHNOL.B.SPEZ.U.KONZENTR.DER PRODUKT.

8 19 BETRIEBSWIRTSCHAFT ZWECKMAESSIGK.DER ANSCHAFF.TYPENUNGLEICHER MASCH.
8 19 ZWECKMAESSIGK.DER ANSCHAFF.TYPENUNGLEICHER MASCH.
8 409 VERBESSERUNG V.WIRTSCHAFTLICHK.IM FORSTBETRIEB
9 309 ORG.PLANUNG U.ABRECHNUNG DES MASCHINENEINSATZES
6 42 BETRIEBSZEITMESSER TEMPUR ED 3 PRUEFBERICHT ULTUNA
BEWAESSERUNG
S.AUCH BEREGNUNG
S.AUCH BRUNNEN
IM GEWAECHSHAUS S.UNTER GEWAECHSHAUS
2 149 BAU VON KANAELEN MIT BAGGER ETR 122
2 150 BEI KANAELEN STABILITAET
ALLGEMEINES
1 143 IN DER LANDWIRTSCHAFT GROSSBRITANNIENS
1 153 FRAGEN DER BEWAESSERUNGSWIRTSCHAFT IN DER UDSSR
3 213 INTERNAT.SYMPOSIUM UEBER MECHANIS.IN TIRASPOL
6 22 AUFGABEN DES LANDW.INGENIEURS IM SUDAN
6 326 VERWENDUNG VON PLASTWERKSTOFFEN IN FRANKREICH
6 334 VERWENDUNG VON PLASTFOLIEN IN RUMAENIEN
6 504 BEDARF V.LANDWIRTSCH.AN TIEFBAULEISTUNGEN IN DER DBR
7 90 BESTIMMEN DES WASSERABFLUSSES AUS EINZUGSGEBIETEN
8 3 UNTERSUCHUNGEN UEBER DAS ERFORDERLICHE GEFAELLE
9 81 TAGUNG IN CHATTANOOGA TENNESSEE
9 81 UMWELTEINFLUESSE AUF DIE BIOLOGISCHEN SPEZIES
9 81 UMWELTEINFLUESSE IM ZENTRALEN TAL VON ARIZONA
9 313 STEUERUNGSSYSTEM FUER EINEN WASSERTURM
VERFAHREN
1 146 UNTERSUCHUNG DER REIHEN UND FURCHENBEWAESSERUNG
1 147 WASSERBEWEGUNG IN FURCHEN UND STREIFEN
3 213 FURCHENBEWAESSERUNG BEI BAUMWOLLE MIT SCHLAEUCHEN
3 433 AUSPFLANZEN UND BEWAESSERUNG VON FREILANDTOMATEN
4 62 VERSICKERN IN DRAENROHRE BEI FURCHENBEWAESSERUNG
4 81 ANALYSE DES NUTZEFFEKTES BEI OBERFLAECHENBEWAESSERUNG
4 82 OEKONOMISCHE BEWAESSERUNG DURCH DAS SOG.MAD VERFAHREN
5 169 SYSTEM FUER DIREKTE BEWAESSERUNG DER WURZELREGION
5 184 WEITERENTWICKLUNG DER UNTERFLURBEWAESSERUNG
7 84 ENTWICKLUNG DER TECHNIK IN ISRAEL
8 316 VON GEMUESE IN KALIFORNIEN UND ARIZONA
9 81 V.HUEGEL.GELAENDE MIT AUFBEREITETEN STAEDT.ABWAESSERN
9 134 VORRICHT.FUER SAEMASCH.ZUM ZIEHEN V.BEWAESSERG.FURCHEN
ANLAGEN
1 140 ANBAUVORRICHTUNG FUER MECHANIS.UNTERGRUNDBEWAESSERUNG
1 141 HERSTELLEN VON UNTERGRUNDBEWAESSERUNGSSYSTEMEN
1 142 ABSPERRVORRICHTUNGEN ARBEITSWEISE U.AUTOMAT.REGULIERUNG
1 143 WASSERBEDARF BEMESSUNG VON SPEICHERANLAGEN
1 144 OEKONOM.UND TECHN.LOESUNGEN V.SYSTEMEN
1 148 GROESSE DER V.EINER PUMPSTATION VERSORGTEN FLAECHE
1 151 GESCHLOSSENE SYSTEME
1 408 HYDRAULISCHE DOSIERPUMPE ZUM DUENGEREINMISCHEN
2 169 AUTOMAT.GRABENBEWAESSER.SYSTEME KONTROLLVORRICHTUNGEN
2 170 SAUGSPUELBAGGER 8 PZU ZM FUER REINIG.V.KANAELEN U.SPEICHE
2 171 MODERNE SYSTEME RUMAENISCHES FACHBUCH
2 174 PLANUNG DES WASSERBEDARFS FUER ANLAGEN
2 302 BETRIEB DER PUMPEN IN DEN NACHTSTUNDEN
3 221 ZWECKMAESS.ENTFERNUNG F.TRANSPORT V.FERTIGTEILEN MIT LKW
3 222 NEUE PROJEKTE ZUR BEWAESSERUNG VON REIS
3 422 ANLAGEN EINSATZ IM GARTENBAU DER DBR
3 556 ANLAGEN AUF DEM 38. INTERNAT.LANDMASCHINENSALON
4 84 SNP 500 10 AUF SCHLITTEN MONTIERTE PUMPSTATION
4 91 AUTOMAT.WASSERTEILER U. MESSER BERECHNUNG
5 174 MESSEN DES AUSGEBRACHTEN WASSERS B.ROHRLEITG.BEWAESS.
5 178 SYSTEM VON TISZALOEK VORBEREITUNG DES GELAENDES
5 181 PLANIERSCHILD TPN 4 ZUM EINEBNEN V.BEWAESSERUNGSFLAECHEN
6 338 KOMBINIERTE ROHR UND FURCHENBERIESELUNG IM OBSTBAU
7 85 MARICA 45 WASSERPUMPE AUF EINACHSANHAENGER
7 85 FAHRBARE DIESELWASSERPUMPEN
7 85 VORRICHTUNG PSN 165 AUSSTELLUNGSBERICHT

7 85 BEWAESSERUNG GERAETESATZ KPU AUSSTELLUNGSBERICHT
7 400 PUMPEN ENTWICKLUNG IN DER SU
9 93 PAS 3 TRANSPORTABLER HEBER FUER DEN TRAKTOR MTZ
9 95 DIESELPUMPENAGGREGAT 08 35 G AM 01
9 96 BEWEGLICHE PUMPSTATION SNP 500 10
ROHRLEITUNGEN SCHLAEUCHE
2 29 MITTELS PLASTIKROHREN GESCHLOSSENE U.OFFENE RESERVOIRS
2 145 VERWENDUNG VON KUNSTSTOFFROHREN
2 146 HYDRAULISCHE BERECHNUNG VON KAPRONSCHLAEUCHEN
2 163 ZUSAMMENSCHIEBBARER UND FLEXIBLER HARMONIKA SIPHON
2 164 NEUER BEWAESSERUNGSSIPHON TECHN.DATEN
2 165 MATERIAL BAU U.FUNKTION V.ROHRLEITUNGEN
2 166 KUNSTSTOFFROHRE FRANZ.NORMEN FUER HERSTELLUNG U.VERLEG.
2 167 GEKRUEMMTE ROHRE AUS POLYAETHYLEN
3 217 TELESKOPHYDRANT FUER ERDLEITUNGEN
3 218 VERWENDG.V.BETONROHREN BEI OBERFLAECHENBEWAESSERUNG
3 219 NOMOGRAPH.BERECHNUNG V.ROHRLEITUNGEN AUS HARTPLASTEN
4 87 HYDRAULISCHE WIDERSTAENDE IN ROHRLEITUNGEN
4 89 BERECH.V.HYDRAUL.DRUCK IN DRUCKROHREN V.PUMPSTATIONEN
4 90 HYDRAUL.UNTERSUCH.DER SIPHONANLAGEN V.PUMPSTATIONEN
5 180 HYDRAULISCHE UNTERSUCHUNG DES BEWAESSERUNGSSCHLAUCHES
9 92 VERWENDUNG V.PE ROHREN BEIM BEWAESSERN V.KOERNERMAIS
9 97 VERSUCHSHERSTELLUNG VON NIEDERDRUCK STAHLBETONROHREN
KANAL GRABEN
3 214 REKONSTRUKT.DES OBERAEGYPT.KANALSYSTEMS MIT SOWJ.BAGGERN
3 220 EINSTELLUNG DER SEGMENTVERSCHLUSSAUTOMATEN MIT SCHWIMMER
4 56 TIEFER EINGESCHNITTENE GRAEBEN
4 80 STAHLBETONFERTIGTEILKONSTRUKT.BEI KANAELEN IN SIBIRIEN
4 88 SYSTEM DER HYDRAUL.SELBSTREGULIERUNG IN KANAELEN
5 154 MECHANISIERUNG DER HERSTELLUNG VON GRAEBEN
5 175 SCHWANK.CHARAKTERISTIKA DURCH ABLEIT.SYSTEM V.ABFLUSSRATE
5 176 BESTIMMUNG DER GRUNDSTRUKTUR DES ABLEITUNGSSYSTEMS
6 156 BULG.TYPENPROJEKT FUER STAHLBETONRINNEN AUF STUETZEN
6 157 AUTOMAT FUER WASSERSTANDSREGELG.IN HALBSCHALENZULEITERN
7 88 ARMIERG.MIT GLASFASERPLASTDRAEHTEN FUER BETONHALBSCHALEN
7 89 DEFORMAT.V.HALBSCHALENZULEITERN DURCH TEMP.SCHWANKUNGEN
9 89 KRAUTMAEHEN AN KANAELEN LEISTUNG UND KOSTEN
9 16 BEWEGUNG UNTERSUCHUNGEN MIT RADIOAKTIV MARKIERTEN STOFFEN
5 442 BEWITTERUNG VERHALTEN VON PLASTFOLIEN
7 313 BIBLIOGRAPHIE UEBER VEROEFFENTLICHUNGEN ZUM THEMA OBSTERNTE
6 429 BINDEN KONSTRUKTION VON FLOSSBINDEMASCHINEN
8 331 ARBEITEN MIT EINER KRANZBINDEMASCHINE
9 423 BINSEN HYDRAULISCHES MAEHWERK ZUM UNTERWASSERMAEHEN
6 517 BIOGAS SCHWEMMENTMISTUNGSANLAGEN MIT BIOGASGENERATOREN
6 15 BIOGRAPHIE VASILIJ PROCHOROVIC GORJACKIN
7 7 WISSENSCHAFTLICHES VERFAHREN V. V.P. GORJACKIN
5 568 BIRKE SCHWANKUNGEN DER RINDENMASSE IN FINNLAND
5 571 MEHRSAEGEAGGREGATE ZUM EINSCHNEIDEN VON LANGHOLZ
4 318 BIRNE MASCHINELLE VEREDLUNG ANWACHSERGEBNIS UND WUCHSLEISTUNGEN
4 322 MECHANISIERUNGSMOEGLICHKEITEN BEI DER ERNTE
4 392 PRODUKTION ERNTE UND AUFBEREITUNG IN ITALIEN
5 478 KAELTETECHNIK FUER LANGFRISTIGE KERNOBSTLAGERUNG
8 368 KEINE MOEGLICHKEIT FUER EINE MECH.ERNTE
8 373 SELBSTFAHRENDE MASCHINE FUER ERNTE VON TAFELOBST
1 492 BITUMEN BITUMENKERAMSITPLATTEN FUER KUHSTAELLE
3 601 FUSSBOEDEN AUS BITUMEN STABILISIERTEM ERDBETON
4 583 BITUMINOESE STALLFUSSBODENBELAEGE
5 491 ALS BAUSTOFF IM GAERTNERISCHEN WEGEBAU
6 481 KALTBITUMEN KUKKERSITMASTIX FUER WEICHDAECHER
7 411 VEDAPOR DACHBAHNEN MIT WAERMEDAEMMSCHICHT AUS STYROPOR
7 415 ANLAGE FUER DIE HERSTELLUNG VON KALTBITUMENMASTIX
7 416 KUKKERSITBITUMENMASTIX FUER DIE EINDECKUNG V.PAPPDAECHERN
7 428 WAERMEDAEMMSCHICHT AUS BITUMENPERLIT FUER FERNHEIZUNGSLEITG.
2 474 BLATTLAUS FAENGE EINER ENGLISCHEN SAUGFALLE
8 398 BEKAEMPFUNG IM HOPFENBAU AUFWANDMENGEN
8 399 SPRITZPLAN FUER HOPFEN

9 415 BLATTLAUS ANWEND.SYSTEM.BLATTLAUSTOET.GRANULATE IM PFLANZKARTOFFELBAU
4 343 BLAUBEERE ERNTEMASCHINE MIT VIBRATOR IN FORM EINES FINGERRADES
BLOCKSPEICHERHEIZUNG S.UNTER HEIZUNG VON WOHNRAEUMEN
3 417 BLUMENKOHL GEFRIERTROCKNUNG
3 454 PROBLEME DER MECHANISIERTEN ERNTE
5 464 ARBEITSTECHNIK U.ZEITAUFWAND BEI DER AUFBEREITUNG
9 323 PRODUKTIONSVERFAHREN DES ANBAUS TECHNOLOG.MUSTERKARTEN
9 346 E 914 I UNIVERSALTRANSPORTGERAET FUER GEMUESEERNTE
2 408 BLUMENZWIEBEL SPEZIALRODESCHARE FUER DIE ERNTE
4 349 VORFUEHRUNG VON ERNTEMASCHINEN IN SOMMELSDIJK
8 367 ZWEITER PROTOTYP EINER VOLLAUTOMAT.GLADIOLENERNTEMASCH.
BMSR-TECHNIK S.UNTER REGELTECHNIK
BOCKKRAN S.UNTER KRAN
1 43 BODEN SONDE FUER FESTIGKEITSBESTIMMUNG VON BODENPROFILEN
2 20 UNTERSUCHUNGEN UEBER VERDICHTUNGEN DES ACKERBODENS
2 29 STRUKTURVERAFND.DURCH UNTERGEARBEITETE PLASTIKMATERIALIEN
2 55 BODENPRUEFBAHN MIT DATENGEWINNUNGS UND VERARBEITUNGSANLAGE
2 67 MECHANISCHES BOHRGERAET FUER BODENKARTIERUNGEN
2 112 VERFORMUNG UEBERFEUCHTER BOEDEN DURCH GLEISKETTEN V.ERNTEMASCH.
3 76 TECHNISCHE BESCHREIBUNG EINER ZERLEGBAREN BODENSONDE
3 79 SPANNUNGSRELAXATION IM ACKERBODEN
3 80 DRUCKFESTIGKEIT V.ERDKLUTEN B.UNTERSCHIEDL.FEUCHTE U.DICHTE
3 81 TRIAXIALMESSUNGEN VON SCHERSPANNUNGEN UND BODENVERDICHTUNG
3 82 EINFLUSS DER TEILCHENRAUHHEIT AUF DIE BODENEROSION
3 150 EINFL.V.FAHRWERK EINES RADTRAKTORS AUF DIE VERDICHTUNG
3 232 BEDEUTUNG DES BODENWIDERSTANDES BEIM PFLUEGEN
4 5 DICHTEMESSGERAET ZUR BESTIMMUNG VON VERDICHTUNGEN
4 41 ABMESS.U.AUSWIRKUNGEN V.TRAKTORSPUREN B.VERSCHIED.BEREIFUNG
4 250 FILTERWIRKUNG BEI VERREGNUNG VON FLUESSIGMIST
5 64 GERAETE FUER DAS BESTIMM.DER KENNWERTE V.BODENSCHUBDIAGRAMMEN
5 115 KENNWERTE FUER WECHSELWIRKUNG ZWISCHEN RAD UND BODEN
5 160 MELIORATIONSSYSTEM U.MASCHINENEINSATZ AUF TORFBOEDEN
5 193 ZERKRUEMELUNG DURCH SCHNEIDEN
5 223 VORRICHTG.ZUR BODENVERBESSERUNG AUF PSEUDOGLEYSTANDORTEN
5 504 INTERNAT.SYSTEM DER GELAENDEKLASSIFIZIERUNG ENTWURF
6 45 MESSEN VON BODENDICHTEPROBEN
6 46 STATIST.VERFAHREN ZUR BEWERTUNG V.SPUR U.BODENFEINPROFIL
6 105 VERHALTEN UNTER STARREN RAEDERN
6 106 VORRICHTUNGEN ZUR PRUEFUNG UNTER WIEDERHOLTEN RADLASTEN
6 168 BEWEGUNGEN RUND UM BEARBEITUNGSWERKZEUGE UNTERSUCHUNGEN
6 184 ERMITTLUNG DER VERTIKALEN UND HORIZONTALEN HAERTE
7 27 STATIST.KENNGROESSEN DES FEINPROFILS EINES BAUMWOLLFELDES
7 28 FELDGERAET ZUM GLEICHZEIT.MESSEN V.REIBUNGSWINKEL U.KOHAESION
7 57 ROLLREIBUNG BEI DER RADBEWEGUNG AUF VERDICHTBAREM BODEN
7 59 VERTEIL.TANGENT.BODENREAKTIONSKRAEFTE UEBER GLEISKETTENLAENGE
7 60 ERRECHNUNG BODENMECH.EIGENSCHAFTEN AUS DER ZUGKENNLINIE
8 11 ABHAENGIGKEIT DER BODENKRAEFTE V.HAUPTEINFLUSSGROESSEN
8 24 ERDBOHRER FUER ENTNAHME VON BODENPROBEN
8 26 EINFL.V.BODENFEUCHTE AUF SPEZIFISCHEN BODENWIDERSTAND
8 27 EINFL.V.VERFORM.DURCH ROLL.RAD AUF MECH.EIGENSCHAFTEN
8 27 ABHAENGIGKEIT MECHANISCHER EIGENSCHAFTEN VON DER DICHTE
8 62 EINFL.V.REIFENLUFTDRUCK AUF ROLLWIDERSTAND UND SPURBILDUNG
9 17 TRAEGHEITSERSCHEINUNGEN BEI BESTIMMUNG DER BODENKRAEFTE
9 18 BESTIMMUNG DER TEILCHENBEWEGUNG IM ZWEIDIMENIONALEN BRUCH
9 19 AUFBAU UND FUNKTION EINER ELEKTRONISCHEN BODENSONDE
9 401 HYGRO MULL AUFSCHAEUMGERAETE ZUR BODENVERBESSERUNG
6 492 BODENABKUEHLUNGSSONDE BESTIMMUNG DES WAERMEENTZUGES IN STALLBAUTEN
BODENBEARBEITUNG HINWEISE
EGGEN S.DORT
FRAESEN S.DORT
GRUBBERN S.DORT
PFLUEGEN S.DORT
UNTERGRUNDLOCKERUNG S.DORT
S.AUCH KRUEMLER
WALZEN S.DORT
SPATENMASCHINE S.DORT

BODENBEARBEITUNG ROTIERENDE BODENBEARBEITUNG S.DORT

ALLGEMEINES

1 4 ENGL.FACHBUCH UEBER LANDMASCHINEN
3 75 INTEGRATOR ZUR MESSUNG V.ARBEITSTIEFE U.STRECKE
3 109 TRAKTORENENTWICKLUNG IN DER SU
4 2 VERFAHREN U.MECHANISIERUNG ENTWICKLUNGSTENDENZEN
4 406 MECHANISIERUNG IN DER SOWJETISCHEN FORSTWIRTSCHAFT
5 191 MASCH.PRODUKTION IM FUENFJAHRPLAN DER UDSSR
6 22 AUFGABEN DES LANDW.INGENIEURS IM SUDAN
6 171 PROBLEME DER MECHANISIERUNG THEORIE V.GORJACKIN
7 4 LANDWIRTSCHAFTLICHE STOFF UND MASCHINENKUNDE
7 101 GORJACKINS THEORIE DER ACKERGERAETE
9 101 BODEN UND WERKZEUG NOTWENDIGK.EINER BODENBEARBEITG.
9 315 ALS GRUNDLAGE FUER WIRTSCHAFTLICHE OBSTKULTUREN
9 364 1967 INTERNAT.KONGRESS Z.M.DES GARTENBAUES KECSKEMET

UNTERSUCHUNGEN

5 190 REGRESSIONSGLEICH.FUER DEN VORGANG DER BODENABSCHERG.
9 6 UNTERSUCH.MIT ARBEITSGESCHWIND.UEBER NEUN KM JE STD.

VERFAHREN

1 157 AUTOMAT.KONTROLLE VON ARBEITSGAENGEN
2 140 ZUCKERRUEBENANBAU IN DAMM UND IN FLACHKULTUR
2 440 VERFAHREN
3 83 SYMMETRISCHER DREIDIMENSIONALER BODENBRUCH
3 228 MIT VIBRIERENDEN GERAETEN VERRING.V.ZUGKRAFTAUFWAND
3 230 FRAGEN IN KOOPERATIONSGEMEINSCHAFTEN
5 205 FLACHE BEARBEITUNG ODER PFLUEGEN
5 421 MECHANISIERUNG IM GEMUESEBAU UNTER GLAS
6 6 MECHANISIERUNG IN TROCKENGEBIETEN
6 165 MOEGLICHKEITEN ZUR RATIONALISIERUNG
6 167 GROESSERE ARBEITSBREITE ODER HOEHERE ARBEITSGESCHW.
6 399 BIOLOG.BODENVERBESS.WIRKENDE UNTERBAUMASSNAHMEN
7 74 BEIM KARTOFFELANBAU IN ENGLAND
7 98 AK BEDARF U.DUENGEMITTELVERBR.BEI MINIMUMBEARBEITUNG
7 98 BODENSCHAEDIGUNGEN DURCH VERDICHTUNG
7 98 BODENSCHUETZENDE VERFAHREN
7 112 KRUEMELN DES BODENS MIT EINEM FLACHEN KEIL
7 266 ARBEITSVERFAH.IM FELDGEMUESEBAU TECHNOL.MUSTERKARTEN
7 267 IM FELDGEMUESEANBAU
8 127 DIREKTE AUSSAAT MIT MINIMUM AN BODENBEARBEITUNG

MASCHINEN GERAETE

1 422 KEILFOERM.GERAET KP 1.2 ZUM ENTFERNEN DER BODENDECKE
3 3 MASCHINENSYSTEM IN DEN MITGLIEDSTAATEN DES RGW
3 56 STRUKTUR DES MASCHINENPARKES KENNWERTE
3 66 STAND FUER BESCHLEUNIGTE VERSCHLEISSBESTIM.B.GERAETEN
3 66 PRUEFSTAENDE U.VORRICHTG.FUER SCHNELLPRUEFUNGEN
3 231 GERAETE U.WERKZEUGE ZUR SAATBETTBEREITUNG
3 556 GERAETE AUF DEM 38. INTERNAT.LANDMASCHINENSALON
3 560 GERAETE AUF DEM MARKT DER SKANDINAVISCHEN LAENDER
4 406 SCHEIBENLOCKERUNGSGERAET RLD 2
5 192 MASCHINEN
5 196 TRAKTORGERAETE FUER DIE SAATBETTVORBEREITUNG
5 492 MASCH.SCHAU AUF DEM WEIHENSTEPHANER GEMUESEBAUTAG
5 528 MECHANISIERUNG BEI FORSTKULTUREN FORTSCHRITTSBERICHT
5 654 GERAETE AUF DER LANDBAUBOERSE ZUIDLAREN
6 133 EINSATZGRENZEN FUER MASCH.U.GERAETE IN HANGLAGEN
6 172 KOMBINATIONEN FUER DIE SAATBETTBEREITUNG
6 323 MECHANISIERUNGSGRAD IM NIEDERLAEND.GARTENBAU
6 339 ERFAHRUNGEN MIT SPATENMASCHINEN IN GEWAECHSHAEUSERN
7 78 UNIVERSALMASCH.FUER AUSSAAT PFLEGE U.BODENBEARBEITG.
7 97 UNTERSUCHUNG DER WIRKSAMKEIT VON ARBEITSGERAETEN
7 99 ERHOEH.V.PRODUKTIVITAET V.LANDMASCH. TRAKTORAGGREG.
7 102 BEURTEILUNG VON KOMBINATIONEN
7 103 SPEZIALGERAETE FUER MINIMUMBODENBEARBEITUNG
7 397 KUPPLUNGS UND ZUGVORRICHTUNG
8 1 ENTWURF EINER UNIVERSALMASCH.FUER ALLE FELDARBEITEN
8 98 HERSTELLERLISTE V.BEARBEITG.GERAETEN MIT TECHN.DATEN

8 102 BODENBEARBEITUNG GERAETE U.MASCH.EIGNUNG U.WIRTSCHAFTLICHKEIT
8 510 GERAETE AUF DER DLG SCHAU
8 511 LANDTECHNISCHES ANGEBOT AUF DER DLG
9 3 ZAPFWELLENANGETRIEBENE BESTELLGERAETE
9 100 RAU ROTEX SYSTEM FUER MIN MALBEARBEITUNG
9 100 GERAETE AUF DER DLG SCHAU
9 360 ARBEITSBLOCK DES GUTBROD GARTENBOY
BAUGRUPPEN BAUTEILE
4 113 MIT HILFE EINES VIBRIERENDEN KEILS
5 194 BEWEG.GESCHWINDIGK.U.VERSCHLEISS EINES KEILES IM BODE
6 168 BODENBEWEGUNGEN RUND UM BEARBEIT.WERKZEUGE UNTERSUCH.
6 169 BERECH.V.SCHLAGWERKZEUGEN FUER BEARB.HARTER BOEDEN
6 170 UNTERSUCH.V.MODELLBEZIEHUNGEN BEI WERKZEUGEN
7 100 ERMITTL.RAEUML.WIRKENDER KRAEFTE AN EINEM WERKZEUG
7 113 BODENVERFORMG.MIT SCHWING.U.NICHT SCHWING.KEIL
1 374 BODENBEDECKEN VERSUCHE MIT PLASTFOLIE BEI DER KULTUR DER ERDBEERE
1 386 MIT FOLIE MASCHINELL VOM TRAKTOR AUSGELEGT
2 29 MIT PERFORIERTEN PLASTIKFOLIEN
3 434 IM GARTENBAU MIT POLYAETHYLENFOLIE
3 435 MIT KUNSTSTOFFOLIE
6 346 MIT TRANSPARENTEN POLYAETHYLENFOLIEN BEI ERDBEEREN
7 273 BEI ERDBEEREN IM GEBIET VON CHEDDAR SOMERSET
2 471 BODENBEGIFTEN D D BODENBEGASUNGSMITTEL GEGEN NEMATODEN
2 472 WIRKUNG V.BODENBEGASUNG AUF RUEBENWACHSTUM
4 498 INJEKTOREN ZUM EINBRINGEN VON BEGASUNGSMITTELN
4 498 ZUSATZGERAET PFH 2 ZUM PFLUG
4 499 VORRICHTUNG FUER DEN WEINBAU FPC
6 448 GERAETE ZUR BODENBEGASUNG IM WEINBAU
7 338 FAHRBARE MASCHINE FUER DIE METHYLBROMIDAUSBRINGUNG
1 155 BODENBEWEGUNG BERECH.MECHANISIERTER ARBEITEN BEIM TERRASSENBAU
1 156 PROJEKTIERUNG DER HAUPTPLANIERARBEITEN
2 5 GERAETE 1967 DAS GRUENE BUCH SOMMERAUSGABE
2 144 HECKLADER PE 0 8 FUER LADE UND ERDARBEITEN
8 489 VORTEILE DER ELEKTR.ZUENDUNG BEI SPRENGARBEITEN
9 389 STRASSENPLANIERSCHILDE TECHN.DATEN UND PREISE
3 481 BODENDESINFEKTION MITTELS DAMPF VERGLEICH V.ZWEI VERFAHREN
4 383 RATIONALIS.DER BODENDAEMPFUNG IM SOZ.GROSSBETRIEB
4 387 DAEMPFGERAETE FUER DIE FOLIENFLAECHENDAEMPFUNG
S.AUCH ERDSTERILISATION
BODENEROSION S.UNTER EROSION
5 214 BODENFRUCHTBARKEIT MASSNAHMEN ZUR HEBUNG IM AGROCHEM.ZENTR.SCHAFSTAEDT
5 224 INDUSTRIEMAESS.AUSBRING.V.CA U.GRUNDDUENGER
BODENFUETTERUNG S.UNTER SCHWEINEFUETTERUNG
BODENHEIZUNG IM GEWAECHSHAUS S.UNTER GEWAECHSHAUS: HEIZUNG
2 395 METHODEN DER ELEKTROHEIZUNG IN FRUEHBEETEN IN POLEN
8 356 VERSUCHSANLAGE MIT POLYAETHYLENROHREN
7 93 BODENHOBEL FUER DEN STRASSENBAU
7 8 BODENKUNDE AUFWENDUNGEN FUER DIE LANDW.FORSCHUNG IN UNGARN
BODENMELIORATION S.UNTER MELIORATION
4 14 BODENRINNE UEBERLEGUNGEN BEIM AUFBAU
BODENSTABILISIERUNG S.UNTER FORSTWEGE
S.UNTER WEGEBAU
2 462 IM FORSTLICHEN STRASSENBAU
3 211 BOESCHUNGSHOBEL FUER DAS ABGLEICHEN VON BOESCHUNGEN
BOESCHUNGSMAEHER S.AUCH GRABENRAEUMUNG
2 159 E 147 ANHAENGEMAEHMASCHINE ZUM BOESCHUNGSMAEHEN
4 68 WIBO 11 MIT GEBOGENEM MAEHBALKEN U.GEBOGENER HARKE
4 68 VON VICON STEENBERGEN HYDRAULISCH VERSTELLBAR
5 166 VORFUEHRUNG NEUER MASCHINEN IN DEN NIEDERLANDEN
9 89 KOK 5,8 ARBEITSLEISTUNG UND KOSTEN
1 223 BOHNE VERLUSTSENKUNG BEIM MAEHDRUSCH VON ACKERBOHNEN
1 259 MASCHINENERNTE DER HALBKLETTERBOHNEN
1 387 ANBAU UNTER FOLIE IN SIZILIEN
2 408 EINSATZ VON ERNTEMASCHINEN
3 322 STROH EINFLUSS VON ZERKLEINERUNG AUF MISCHSILAGEQUALITAET
3 434 BODENABDECKUNG MIT FOLIE

3 356 BOHNE EISLEBENER BUSCHBOHNENSCHNEIDGERAET ARBEITSWEISE
3 456 BUSCHBOHNENDRUSCHVORSATZ NACH ENGLER
4 347 ZWEIPHASENERNTE ZUR SAATGUTGEWINNUNG
5 321 TROCKNEN IN DURCH VIBRATION GELOCKERTER SCHICHT
5 462 MECHANISIERUNG DER ERNTE IN DEN USA
5 466 ERNTE VON GRUENEN BOHNEN IN GROSSBRITANNIEN
5 467 PRUEFUNGSERGEBNISSE VON ERNTEMASCHINEN IN BULGARIEN
6 50 BESTIM.V.DURCHLAESSIGKEIT DER SCHALEN FUER INFRAROTSTRAHLEN
6 198 PFLANZENBAULICHE PROBLEME BEI DER SAATTECHNIK
6 324 PRODUKTIONSKETTE FUER GEMUESEBOHNEN NETZWERKDIAGRAMM
6 368 RUMAEN.MASCHINE FUER ERNTE VON BUSCHBOHNEN
6 369 STANGENGRUBBER FUER DIE ERNTE KINEMATIK
6 384 STERIFLAMME VERFAHREN FUER DAS STERILISIEREN VON DOSEN
7 308 PFLUECKMASCHINE MIT VERSTELLBARER KAEMMTROMMEL PATENT
8 130 REIBUNGSSAEGERAET FUER ZUCHTGAERTEN
8 360 ENTWICKLUNG EINREIHIGER BUSCHBOHNENERNTEMASCHINEN
8 361 ERNTEMASCHINEN SIMPLEX MATHER UND PLATT
9 1 MECHANISIERUNG DER ERNTE IN BELGIEN
9 20 REFLEXIONSVERMOEGEN VON VERSCHIEDENEN SORTEN
9 322 PRODUKTIONSVERFAHREN DES GEMUESEBOHNENANBAUS
9 335 ERNTE VON GEMUESEBOHNEN MIT BUNKERMASCHINEN
9 423 PFLUECKMASCHINE AUF DEM LANDMASCHINENSALON IN PARIS
2 67 BOHREN MECHANISCHES BOHRGERAET FUER BODENKARTIERUNGEN
3 199 VOR UND NACHTEILE DER SCHLAG UND DREHBOHRER
3 503 BODENVORBEREITUNG MIT BENZINMOTORBOHRERN
3 560 TRAGBARE BODENBRECH UND BOHRMASCHINE HYDROSTAR
4 86 SCHNELLBOHREN VON BRUNNEN MIT ROTORSAUGSPUELBOHRERN
5 433 SELBSTHERSTELLB.HECKANBAUBOHRGERAET ZUM SETZEN V.PFAEHLEN
7 91 SEILSCHLAGBOHRGERAET BUG 100 FUER BRUNNENBOHRUNGEN
BOHRPFAHLGRUENDUNG S.UNTER BAUKONSTRUKTION
7 418 BONGOSSIHOLZ ALS BAUSTOFF FUER SPALTENBOEDEN
9 428 BOOT MIT MESSERBALKEN ZUM SCHNEIDEN VON ROHR
6 431 BORKENKAEFER BEKAEMPFUNG MITTELS HUBSCHRAUBER
5 646 BOTRYTIS FABAE FUNGITOXISCHE WIRKUNG VON SPRITZBELAEGEN
3 293 BOXENFUELLER VORFUEHRUNG VON TRANSPORTGERAETEN FUER KARTOFFELN
BOXENLIEGESTALL S.UNTER LAUFSTALL
9 219 BOXENSTAPLER MIT GROSSEM SCHWENKBEREICH
BOXPALETTE S.UNTER PALETTE
BRANDSCHUTZ IM WALD S.UNTER WALDBRAND
1 503 NORMEN UND VORSCHRIFTEN FUER DIE DORFPLANUNG
3 52 ANALYSE DER TRAKTORUNFAELLE IM BEZIRK SUHL
4 562 BRANDVERHALTEN VON KUNSTSTOFFEN
7 64 WASSERBOMBER ZUR BEKAEMPFUNG VON BRAENDEN
7 407 PROJEKTIERUNGSKATALOG LANDWIRTSCHAFTSBAU
1 357 BRATEN MIT POLYTETRAFLUORAETHYLEN BESCHICHTETE PFANNE
BREITSAAT S.UNTER SAEEN
1 108 BREMSE EINFLUSS V.GESCHWINDIGKEIT AUF DIE BREMSWEGLAENGE
5 60 FUER MOTORPRUEFUNG UNTER GELAENDEBEDINGUNGEN
5 139 DRUCKLUFTBREMSANLAGE DES ANHAENGERS
8 419 ZWEIKREISDRUCKLUFTBREMSEN FUER LKW SCANIA
S.AUCH TRAKTOR
3 147 UNTERSUCHUNG DER SCHEIBENBREMSEN VON TRAKTOREN
9 30 SCHEIBENBREMSEN AUF DER DLG SCHAU
8 255 BRIKETTIEREN MISCH UND BRIKETTIERANLAGE IN KOMPAKTER BAUEINHEIT
VON HEU S.UNTER HEUPRESSLINGE
6 286 BROILERFUETTERUNG TROCKENFUTTERVERTEILG.MIT MEHRSTOECK.FUTTERAUTOMATEN
BROILERSTALL S.UNTER HUEHNERSTALL
2 408 BROMBEERE MECHAN.ABRUETTELN DER FRUECHTE IN DEN USA
5 317 BRUECKE EINSATZ VON FERTIGTEILEN IM FORSTLICHEN BRUECKENBAU
8 491 BAUKASTENSYSTEM FUER ERRICHTUNG VON BRUECKENBAUTEN
8 492 BRUECKENTRAGWERKE AUS STAHLBETONFERTIGTEILEN
9 398 KONSTRUKTION ALS VORGEFERTIGTEN STAHLBETONTEILEN
BRUECKENKRAN S.UNTER KRAN
4 86 BRUNNEN SCHNELLBOHREN MIT ROTORSAUGSPUELBOHRERN
5 355 MECHANISIERTE REINIGUNG VON WEIDESCHACHTBRUNNEN
7 91 ERFAHRUNGEN MIT DER BOHRANLAGE BUG 100

7 92 BRUNNEN METHODE DES EINBRINGENS VON POLYAETHYLENROHREN
6 279 BRUTANLAGE ELEKTROAUSBLESTUNG DER BRUT U.AUFZUCHTSRAEUME FUER KUEKEN
8 241 BRUTAPPARAT UNIVERSAL 50
9 241 AUSBRUETEN UND HALTUNG DER KUEKEN IN DRAHTKAEFIGEN
5 543 BUCHE UNTERSUCHUNG UEBER DEN SORTENANTEIL BEI BUCHENHOLZ
5 567 EINFLUESSE AUF DEN SPEZIF.WIDERSTAND BEIM ENTRINDEN
1 285 BUCHWEIZEN SICHTUNG IN WASSER
4 296 BUEGELN ERLAEUTERUNG DER INTERNATIONALEN SYMBOLE
4 299 TEST MIT 22 BUEGELMASCHINEN
4 301 MASCHINEN AUF DER HAUSRAT UND EISENWARENMESSE KOELN
5 386 BENOETIGTER ENERGIEAUFWAND DES MENSCHEN
5 406 ARBEITSWIRTSCHAFTLICHE UEBERLEGUNGEN
5 407 ZEITBEDARF VERGLEICH V.REGLER UND DAMPFBUEGELEISEN
5 411 B 600 STANDBUEGELMASCHINE VON MIELE
5 411 BM 55T TISCHBUEGLER VON BOSCH
6 322 TISCHBUEGLER KLAPPMODELL VON W. CORDES
7 252 B 850 MIELE BUEGELMASCHINE DLG PRUEFBERICHT
8 295 REGELBARE DAMPFBUEGELEISEN
9 298 MIELE BUEGELZENTRUM MIT BUEGELAUTOMAT B 600
9 298 LEICHTBUEGELEISEN V.PHILIPS M.HARTALU.SOHLE M.TEFLONBESCHICH.
9 306 WOHNRAUM MODELL DES SIEMENS HEIMBLEGLERS
9 306 BUEGELZENTRUM V.MIELE MIT EINGEBALTER BUEGELMASCHINE
BUEGELSAEGE S.UNTER SAEGE
BUENDELN VON HOLZ S.UNTER HOLZAUFBEREITUNG
5 277 MASCH.FUER AUFSAMMELN UND BUENDELN V.ROHLEIN
8 12 BUERSTEN ZUR MECH.HALMGUTAUFBEREITG. EINFL.AUF TROCKNUNGSGESCHWINDIG.
1 93 BULGARIEN 11. AGRARFLUGKONFERENZ
3 213 MECHANISIERUNG DER BEWAESSERUNG LANDWIRTSCH.KULTUREN
5 1 STAND DES LANDMASCHINENBAUES
5 12 BULLETIN ZUR UNTERSTUETZUNG DER LANDW.PRAXIS
5 429 TECHNOLOGIE DES FRUEHTOMATENANBAUES IM FREILAND
1 155 BULLDOZER TECHNOLOGIE DES TERRASSENBAUES
1 463 MIT 300 PS DIESELELEKTRISCH
3 113 HAUPTCHARAKTERISTIKA EINES ZUKUNFTBULLDOZERS
3 545 AUF DER ELMIA IN SCHWEDEN
6 162 FUER MELIORATIONSARBEITEN BESTAND IN DER SU
7 93 FUER DEN STRASSENBAU
8 408 EINSATZ ZUM STAPELN VON FLOESSHOLZ
8 433 IN DER ASSR KOMI
9 397 UEBERSICHT UEBER TECHN.DATEN VON 19 TYPEN
BUNKERKOEPFRODER S.UNTER RUEBEN: VOLLERNTE
BUNKERZIEHMASCHINE S.UNTER RUEBEN: ERNTE
BUSCHBOHNE S.UNTER BOHNE
6 162 BUSCHSCHNEIDER FUER MELIORATIONSARBEITEN BESTAND IN DER SU
9 211 BUTYL ALS BAUSTOFF FUER SILOS FUER GETREIDESILIERUNG
9 217 ALS BAUSTOFF FUER SILOS FUER GETREIDESILIERUNG
9 503 TRAGLUFTZELT FUER DIE GETREIDELAGERUNG
7 184 BUTYLEN LAGERUNG VON FEUCHTGETREIDE IN BUTYLENBEHAELTER
7 387 BUTYLESTER OHNE EMULGATOR GERAET FUER ZUBEREITUNG V.SPRITZBRUEHE

1 377 CHAMPIGNON SPICK UND MISCHMASCHINE FUER BEETE
1 405 BAU VON STANDARDHAEUSERN IN HOLLAND
3 417 GEFRIERTROCKNUNG
4 315 MASCHINE ZUM RUETTELN VON MIST
4 386 NEUES GEBAEUDE FUER FORSCHUNG BEI DARLINGTON
8 328 MYCOTRON FUER KLIMATISCHE VERSUCHE
8 329 ERMITTLG.DER AUS DECKERDE VERDAMPFENDEN WASSERMENGE
8 330 KLIMAANLAGE NACH DEM INDUKTIONSPRINZIP
3 12 CHEMISIERUNG VORAUSSETZG.FUER MECHANIS.IN DER LANDWIRTSCHAFT
8 4 DER LANDWIRTSCHAFT IN DER DDR
2 408 CHICOREE SPEZIALRODESCHARE FUER DIE ERNTE
5 465 KRAUTSCHLAEGER FUER DIE ERNTE
6 18 CHIPS HERSTELLUNGSVERFAHREN ENTWICKLUNG BZW.QUALITAETSVERBESSERUNG
7 186 HERSTELLUNG MIT HILFE VON MIKROWELLEN
8 247 CHLOROPRENKAUTSCHUK GUMMIMATTEN FUER STREULOSE AUFSTALLUNG

2 472 CHLORPIKRIN WIRKUNG V.BODENBEGASUNG AUF RUEBENWACHSTUM
8 161 CHOPPER LEISTUNG BEI VERSCHIEDENEN HANGNEIGUNGEN
4 263 CHROMNICKELSTAHL ALS WERKSTOFF FUER MILCHLEITUNGEN
3 440 CHRYSANTHEME ELEKTROTECHN.HINWEISE ZUR LANGTAGSBEHANDLUNG
7 269 EINRICHTUNGEN ZUR KONTROLLE DER TAGESLAENGE
5 439 CLADOSPORIUM FULVUM BEI TOMATEN IM GEWAECHSHAUS EINFL.V.KLIMAFAKT.
2 389 COMPUTER EINSATZ BEI DER VERMARKTUNG VON ROSEN
3 467 SYSTEM FUER WIEGEN SORTIEREN U.VERLADEN VON MELONEN
4 60 LOESUNGEN FUER DRAENAGE VON HUEGLIGEM GELAENDE
5 45 ANWENDUNGSBEREICH IN DER TIERISCHEN PRODUKTION
5 694 EINSATZMOEGLICHKEITEN IN DER VIEHWIRTSCHAFT
5 712 STEUERUNG EINES RINDERMELK UND FUETTERUNGSSYSTEMS
6 327 MECHANISIERUNG DER VEILINGVERWALTUNG
1 231 CONTAINER FUER KORNTRANSPORT B.GETREIDEERNTE ZEIT U.ARBEITSAUFWAND
1 321 FUER DEN TRANSPORT VON MISCHFUTTER
2 371 TRANSPORT VON LEBENSMITTELN IM KUEHLCONTAINER
5 671 FUER DEN TRANSPORT VON HEIZKOERPERN
8 382 EINSATZ BEIM RATIONELLEN OBSTTRANSPORT
5 727 COPILITPROFILGLAS VERWENDG.FUER KARTOFFELLAGER U.VORKEIMHALLEN
CORNPICKER S.UNTER MAIS
CPM CRIDICAL PAOH MEOHOD
7 367 NETZWERKPLANUNG BEI FORSTLICHEN INVESTITIONSVORHABEN
1 516 CSSR BAULICHE UMGESTALTUNG DER DOERFER
3 213 MECHANISIERUNG DER BEWAESSERUNG LANDWIRTSCH.KULTUREN
3 559 NEUES AUS DER LANDMASCHINENINDUSTRIE
5 1 STAND DES LANDMASCHINENBAUES
5 7 SOZIALE AUSWIRKUNGEN DER WISS.TECHN.REVOLUTION
5 8 INSTITUT FUER LANDTECHNIK IN REPY BEI PRAG
5 310 EINLAGERUNG VON SILIERGUT IN HOCH UND FLACHSILOS
6 355 ANWENDUNG VON PLASTWERKSTOFFEN IN DER LANDWIRTSCHAFT
6 447 KOMBINATSBILDUNG BEI HOLZBE UND VERARBEITUNG
7 342 MECHANISIERUNG DER ARBEITEN IN DER FORSTWIRTSCHAFT
8 382 TRANSPORT DES OBSTES AUS DEN OBSTPLANTAGEN
8 432 MECHANISIERUNG DER HOLZAUFBEREITUNG
9 454 LEICHTMETALLKONSTRUKTIONEN

DACH S.UNTER BAUKONSTRUKTION
DACHEINDECKUNG BITUMEN S.DORT
S.AUCH BAUKONSTRUKTION
DACHFENSTER S.UNTER FENSTER
5 671 DACHPAPPE PALETTE FUER DEN PAKETTRANSPORT
9 446 SCHUTZ BITUMINIERTER DACHPAPPEN GEG.MIKROBIOG.KORROSION
DACHPLATTE S.AUCH BAUKONSTRUKTION
8 523 AUS HOLZABFAELLEN FERTIGUNGSTECHNOLOGIE
2 393 DACHWASCHWAGEN DURANA SYSTEM HOLTKAMP FUER GEWAECHSHAEUSER
DAECHERTROCKNER S.UNTER GETREIDE: TROCKNUNGSANLAGEN
DAEMPFEN VON KARTOFFELN S.UNTER FUTTERZUBEREITUNG
VON ERDE S.UNTER ERDSTERILISATION
VON FUTTERMITTELN S.UNTER FUTTERZUBEREITUNG
3 63 DAENEMARK STAATL.GERAETEPRUEFANSTALT IN BYGHOLM
3 352 GROSSE MILCHVIEHHERDEN
6 4 MECHANISIERUNG DER LANDWIRTSCHAFT
7 277 UMFANG DES UNTERGLASANBAUES
2 140 DAMMKULTUR ZUCKERRUEBENANBAU IN DAMM UND IN FLACHKULTUR
5 244 DAMMSTRIEGEL FUER KARTOFFELPFLEGEARBEITEN
6 68 DAMPF ERZEUGUNG VERWENDUNG VON FLUESSIGGAS
DAMPFBUEGELEISEN S.UNTER BUEGELN
DAMPFDESINFEKTION S.UNTER DESINFEKTION
3 357 DAMPFKESSEL KV 200 EINSATZ FUER DIE LAUFSTALLMECHANISIERUNG
DBR AUSSTELLUNG S.DORT
TAGUNG S.DORT
1 64 VERGLEICH DER TRAKTORENBESTAENDE U.IHRER AUSNUTZUNG
2 484 RUECKGANG LANDWIRTSCHAFTLICHER BAUPREISE
3 56 MITTELFRISTIGE BEDARFSPLANUNG FUER DIE BAUWIRTSCHAFT
3 56 1967 ABSATZ DER ZEMENTWERKE

3 597 DBR UEBERALTERUNG LANDWIRTSCH.WOHNGEBAEUDE
4 510 RUECKLAEUFIGE TENDENZ DER LANDW.BAUTAETIGKEIT
4 511 AUFTRAGSRUECKGANG AUF DEM LANDW.BAUMARKT
4 512 RUECKLAEUFIGE PREISE IM LANDWIRTSCHAFTSBAU
4 513 ABNAHME DER LN DURCH BAUMASSNAHMEN
4 531 URSACHEN FUER DIE HOHEN KOSTEN IM LANDWIRTSCHAFTSBAU
4 572 WOHNUNGSBAUPOLITIK FUER DAS LAND
5 56 KONZENTRATION IM LANDMASCHINEN PRUEFWESEN
5 82 1960 .1964 TRAKTORENPRODUKTION
5 512 MOEGLICHKEITEN VORAUSSETZUNGEN U.GRENZEN DER FORST.MECHANISIERUNG
5 513 RATIONALISIERUNG IM PRAKTISCHEN FORSTBETRIEB IN HESSEN
5 514 PROGNOSE DER ENTWICKLUNGSTENDENZEN FORSTL.MECHANISIERUNG
5 686 RAUMORDNUNG UND BAULEITPLANUNG IM LAENDLICHEN RAUM
6 116 SITUATION DER AGRARLUFTFAHRT
7 277 UMFANG DES UNTERGLASANBAUES
7 404 RUECKGANG LANDW.BAUINVESTITIONEN
7 406 INSTITUT FUER LANDWIRTSCHAFTLICHE BAUFORSCHUNG
8 43 TENDENZEN AUF DEM TRAKTORMARKT
8 332 PROBLEME UND TECHNIK DES OBSTBAUES
8 410 FINANZIELLE BEWERTUNG DER WOHLFAHRTSWIRKUNG DES WALDES
8 411 FINANZIELLE BEWERTUNG DER WOHLFAHRTSWIRKUNG DES WALDES
8 516 FOLGERUNGEN FUER DAS LAENDL.BAUEN AUS DEM GRUENEN BERICHT
8 546 WOHNUNGSBESTAND IN DER DBR UND IN WESTBERLIN
9 278 GUETEZEICHEN K VOM RAL FUER KUNSTSTOFFERZEUGNISSE
9 434 UMSATZSTEIGERUNG IM LANDWIRTSCHAFTLICHEN BAUEN
9 460 GESETZ ZUM SCHUTZ GEGEN BAULAERM
DDR AUSSTELLUNG S.DORT
1 64 VERGLEICH DER TRAKTORENBESTAENDE U.IHRER AUSNUTZUNG
1 90 AKTUELLE FRAGEN DES AGRARFLUGWESENS
1 513 SOZIALISTISCHE ENTWICKLUNG UND BAUL.UMGESTALTUNG DER DOERFER
2 6 15 JAHRE ENTWICKLUNG SOZIALISTISCHER LANDWIRTSCHAFTSBETRIEBE
2 7 LANDTECHNIK AUFGABEN AUS DER SICHT DES VII. PARTEITAGES DER SED
2 9 LANDMASCHINENINDUSTRIE IM SPIEGEL UNGARISCHER ANFORDERUNGEN
2 12 ERFAHRUNG BEIM EINSATZ DER LANDW.TECHNIK
2 13 KENNZIFFERN DER ENTWICKLUNG DER LANDWIRTSCHAFT
2 116 ENTWICKLUNG DES AGRARFLUGES BIS 1970
2 461 INVENTUR DES FORSTLICH GENUTZTEN ABFUHRNETZES
2 483 REDUZIERUNG DER LN DURCH INDUSTRIE UND BAUMASSNAHMEN
2 498 BAUKAPAZITAETEN DER LANDWIRTSCHAFT
3 52 ANALYSE DER TRAKTORUNFAELLE IM BEZIRK SUHL
3 235 1967 X. DDR MEISTERSCHAFT IM PFLUEGEN
3 562 1964 BIS 66 LANDWIRTSCHAFTLICHE BAUTAETIGKEIT
4 260 INDUSTRIEMAESSIGE PRODUKTION VON MILCH LITERATUR
4 408 AUFGABEN DER FORSTWIRTSCH.NACH DEM VII. PARTEITAG DER SED
4 507 LANDBAUORDNUNG VOM MAI 1967
4 546 BEDEUTUNG VON KOOPERATIONSVERBAENDEN FUER LANDWIRTSCHAFTSBAU
5 1 STAND DES LANDMASCHINENBAUES
5 550 II.LAENDERVERGLEICHSKAMPF DER MOTORSAEGENFUEHRER
5 634 KOOPERAT.EINSATZ DER PFLANZENSCHUTZTECHNIK
6 20 ERPROBUNG VON LANDMASCHINEN UND TRAKTOREN
6 20 ORDNUNG UEBER DEN ABLAUF VON FORSCHUNGSARBEITEN
6 449 EINSATZ V.PFLANZENSCHUTZMASCHINEN IN DEN BEZ.ERFURT UND GERA
6 536 AUFBAU VON AGROCHEMISCHEN ZENTREN
7 403 PERSPEKTIVE DER LAND U.NAHRUNGSGUETERWIRTSCHAFT
7 430 LAENDL.SIEDLUNGSSCHWERPUNKT BERLSTEDT BEBAUUNGSPLAN
7 433 PROJEKTIERUNG VON TIERKOERPERBESEITIGUNGSANSTALTEN
8 4 CHEMISIERUNG DER LANDWIRTSCHAFT
8 217 ENTWICKLUNG DER HEISSLUFTTROCKNUNG LANDW.ERZEUGNISSE
8 495 FORMEN DER KOOPERATION IM PFLANZENSCHUTZ
9 67 OEKON.UND TECHN.ASPEKTE DER GETREIDEPRODUKTION
9 99 MELIORATION VON FELDSOELLEN IN DEN NORDBEZIRKEN
9 430 INVESTITIONSPOLITIK IN DER LANDW.UND NAHRUNGSGUETERWIRTSCHAFT
9 433 FERTIGBAU VORSCHLAEGE FUER RATIONALISIERG.IM LANDW.BAUWESEN
9 449 ENTWICKLUNGSTENDENZEN VON RAUMTRAGWERKEN
9 462 NEUE LEITUNGSMETHODEN IM LBK FRANKFURT ODER
DECKENHEIZUNG S.UNTER HEIZUNG VON WOHNRAEUMEN

DECKENKONSTRUKTION S.UNTER BAUKONSTRUKTION
DESINFEKTION VON MELKANLAGEN S.UNTER MELKEN
6 298 VON MILCHFERNLEITUNGEN VORSCHRIFT
7 222 VON KUNSTSTOFFOBERFLAECHEN IN DER MILCHWIRTSCHAFT
7 236 PROBLEME BEI MILCHTANKS IN INDIEN
7 237 UNTERSUCH.BER.UEBER KOMB.REINIGUNGS U.DESINFEKT.MITTEL
7 238 DAMPFDESINFEKTION EINES TANDEMMELKSTANDES
7 239 EINFL.V.DAMPFDESINFEKT.AUF EIGENSCHAFTEN V.ZITZENGUMMIS
7 240 UNTERSUCHUNGSBERICHT UEBER DAS MITTEL DESOFIX Z VIER
7 241 V.MILCHROHRLEITUNGEN MIT SCHWAMMGUMMIKOERPER
7 241 VON MILCHROHRLEITUNGEN MIT P 3 ASEPTO ON
9 233 IN DER WOLLSCHAFHALTUNG ARBEITSAUFWAND
98 VON MILCHFERNLEITUNGEN VORSCHRIFT
DIBBELSAAT VON MAIS S.UNTER MAIS
8 23 DICHTE BESTIMMUNG DES DICHTESPEKTRUMS VON GETREIDEKOERNERN
7 10 DICKENMESSUNG OPTISCHE FUEHLER ZUR SCHICHTDICKENMESSUNG
DICKQUELLE S.UNTER QUELLE
9 223 DIELEKTRIZITAETSKONSTANTE AUSNUTZ.Z.TRENN.V.KARTOFFELN U.BEIMENGUNGEN
5 633 DIENSTLEISTUNG IM PFLANZENSCHUTZ
6 299 UEBERNAHME BESTIM.HAUSWIRTSCHAFTL.ARBEITEN
6 300 UEBERNAHME BESTIM.HAUSWIRTSCHAFTL.ARBEITEN
6 508 DIENSTLEISTUNGSBETRIEB FUER LAENDLICHE GEBIETE BAUPLANUNG
3 590 DIENSTLEISTUNGSKOMBINAT AUF DEM DORF
DIESELMOTOR HINWEISE
S.AUCH TRAKTOR: MOTOR

BAUARTEN TYPEN
4 32 SMD 14 U.SMD 60 ENTWICKLUNG UND HOCHZUECHTUNG
5 78 VTZ VERBESSERUNG DER KENNWERTE
7 40 TYPEN FUER TRAKTOREN ENTWICKLUNGSTENDENZEN
7 44 MOTOREN MIT WIRBELKAMMER U.DIREKTEINSPRITZUNG
7 45 DER BAUREIHE FL 912 MIT DIREKTEINSPRITZUNG U.LUFTKUEHLG.
7 47 MIT 220 PS MIT TURBOKOMPRESSOR U.WASSERKUEHLUNG
8 509 NEUE LUFT UND WASSERGEKUEHLTE DIESELMOTOREN
9 28 D 48PL UMBAU ZUM GASMOTOR KENNWERTE
9 96 AM 01 FUER PUMPSTATION
BAUGRUPPEN BAUTEILE
1 55 VENTILSPIEL
7 32 SELBSTTAETIG ARBEITENDES WARNGERAET FAIL PROOF
7 36 BESTIM.DES DUESENDHR.V.GESCHLOSSENEN EINSPRITZDUESENKOERP
7 37 UNGETEIL.BRENNKAMMER EINFL.V.VERDICHT.AUF ANLASSEIGENSCH.
9 24 ERHOEHTE LEISTUNG DURCH VORVERDICHTUNGSTURBINE
9 25 ARBEIT DES D 50 MIT TURBOAUFLADUNG
9 43 VERAENDERUNGEN AN KONVENT.DIESELMOTOREN NACHTEILE
BETRIEB UNTERSUCHUNG PRUEFUNG
1 62 ZUSAMMENSTELLUNG VON BERECHNUNGSBEISPIELEN
1 511 GERAEUSCHABSTRAHLUNG VON AXIALEN KUEHLGEBLAESEN
3 105 D37E MIT TURBOAUFLADUNG UNTERSUCHUNG
4 20 VERWENDUNG LEICHT ENTFLAMMBARER ANLASSKRAFTSTOFFE
5 72 EINFL.V.OELZENTRIFUGEN AUF ABSCHEIDEN VON ZUSAETZEN
5 75 D37M WAERMEUNTERSUCHUNGEN AM ZYLINDERKOPF
5 76 EINFLUESSE AUF DRUCK IN DEN LAGERN
5 77 D 108 VERKUERZUNG DER AUSPUFFLEITUNGEN
6 61 SMD 15K AUTOMAT.REGELN DER KRAFTSTOFFZUFUHR IM MOTOR
6 62 AUTOMAT.REGELN DER DREHZAHL BEI BELASTUNGSSCHWANKUNGEN
6 63 VERFAHRENSTECHNIK DER KATALYTISCHEN NACHVERBRENNUNG
6 64 VERFAHREN ZUM PRUEFEN UNTER FELDBEDINGUNGEN
6 65 LEISTUNGSSTEIG.EINES LUFTGEKUEHLT.MOTORS DURCH AUFLADUNG
6 66 BESTIMMUNG DER DAUER DER KRAFTSTOFFEINSPRITZUNG
7 34 D 50 EINFL.V.ARBEITSBEDINGUNGEN DES MOTORS AUF VERSCHLEISS
7 35 SMD 14 EINFL.V.GEGENDRUCK B.AUSLASSEN AUF KENNGROESSEN
7 35 SMD 14 EINFL.V.UNTERDRUCK BEIM ANSAUGEN AUF KENNGROESSEN
8 40 EINFL.V.TURBOAUFLADUNG AUF WAERMESPANNUNGEN IM KOLBEN
9 26 EINFL.V.SCHIEFSTELL.V.ZYLINDER U.KOLBENACHSEN MECH.VERLUS
9 27 MIT EINKAMMERBRENNRAUM CNIDI ANLASSEIGENSCHAFTEN
2 101 ANLASSEN BEI NIEDRIGER TEMPERATUR

9 94 DIESELMOTOR AUF BEREGNUNGSMASCH. WIRKUNG ERHOEHT.LUFTFEUCHTE
WARTUNG INSTANDSETZUNG
8 39 SCHADVERHUET.DURCH KAVITATIONSEROSION IN EINSPRITZLEITG.
DIESELPUMPE S.UNTER BEWAESSERUNG
1 486 DIESELRAMME SA 12 FUER PFAHLGRUENDUNGEN
DIFFERENTIALSPERRE S.UNTER TRAKTOR: KRAFTUEBERTRAGUNG
9 170 DINKEL ERNTE MIT DEM MAEHDRESCHER IN DER SCHWEIZ
5 539 DISCULA PINICOLA VERHUETUNG EINES BLAEUEBEFALLES BEI KIEFERNHOLZ
5 673 DISPATCHER ORGANISATION AUF LAENDLICHEN BAUSTELLEN
DOKUMENTATION S.AUCH INFORMATION
2 21 AUTOMATISIERUNG DER RECHERCHE V.WISS.TECHN.LITERATUR
2 22 INFORMATIONSANALYSE SEKUNDAERINFORMATION
5 9 RAT DES INTERNAT.ZENTRUMS FUER INFORMAT.IN LANDW.
5 10 AUSWAHL V.ARTIKELN MIT LANDW.THEMATIK AUS ZEITSCHRIFTEN
5 11 KRITERIEN DER LIT.AUSWAHL IN POLEN
5 12 BULG.BULLETIN ZUR UNTERSTUETZUNG DER LANDW.PRAXIS
5 15 REFERATEORG.F.INFORMAT.AUSLAEND.LESER UEB.UNGAR.LANDW.
DOPPELMESSERMAEHBALKEN S.UNTER MAEHEN
DOPPELROTORHEUWENDER S.UNTER HEUERNTE
DOPPELSCHEIBENEGGE S.UNTER EGGEN
DORFPLANUNG S.AUCH GEHOEFTPLANUNG
S.AUCH WOHNHAUS
1 470 EINFL.DER KOOPERATION IN DER LANDWIRTSCHAFT
1 503 BRANDSCHUTZNORMEN UND VORSCHRIFTEN
1 513 SOZIALIST.ENTWICKLUNG U.BAUL.UMGESTALTUNG DER DOERFER
1 514 VON PRETZSCHENDORF UND ROETHENBACH ALTBAUNUTZUNG
1 515 NEUE METHODE ZUR RATIONALISIERUNG
1 516 AUFGABEN BEI DER BAULICHEN UMGESTALTUNG IN DER CSSR
1 517 BEISPIEL EINER GEMEINSCHAFTSARBEIT
1 518 PLANUNG V.LM UND AUSBAU V.GEHOEFTEN IN THUERINGEN
1 519 GENERALBEBAUUNGSPLAN FUER SOWCHOSE ZAPRUDNOWSKIJ
1 520 WETTBEWERBSPROJEKTE FUER PLANUNG UND BEBAUUNG
1 579 BAU UND INNENMECHANISIERUNG AUF DER AGRA 67
3 590 KODAKI NEUES GESICHT EINES ALTEN DORFES
3 591 STAEDTISCHER KOMFORT IN DER SOWCHOSE VOLGO DON
3 592 STADT UND DORFERNEUERUNG IN DER PRAXIS
4 517 PROJEKTIERUNG DER DOERFER DES WOLGAGEBIETES
4 564 LAENDLICHE BAUTEN IM DORFGEBIET
4 564 MODERNE GEHOEFTFORMEN NEUER LANDWIRTSCH.BETRIEBE
4 566 VERAENDERUNGEN IN LANDW.BAUSUBSTANZ IN HEDERSLEBEN
4 575 PROBLEME DER UMGESTALTUNG LAENDL.WOHNGEBIETE IN DER SU
6 498 GESTALTUNGSFRAGEN BEI DER DORFERNEUERUNG
6 499 MUSTERSIEDLUNG EINER SOWCHOSE
6 500 UMGESTALTUNG IN DER ARCHITEKTUR DES UKRAINISCHEN DORFES
6 501 LANDSCHAFTS U.GRUENPLANUNG ALS BEITRAG ZUR DORFERNEUERUNG
7 405 STUDIENAUFGABEN MOSKAUER ARCHITEKTURSTUDENTEN
7 429 PROJEKTIER.V.SIEDLUNGEN LANDW.GROSSBETRIEBE IN DER UDSSR
7 430 LAENDL.SIEDLUNGSSCHWERPUNKT BERLSTEDT BEBAUUNGSPLAN
8 542 UMGESTALTUNG DES LAENDL.SIEDLUNGSNETZES IN DER UDSSR
9 469 LANDWIRTSCHAFTLICHE GEBAEUDEINSTALLATION
DOSIEREN S.AUCH RINDERFUETTERUNG
S.AUCH SCHWEINEFUETTERUNG
2 320 RILLENDREHTELLERDOSIERGERAET FUER MISCHFUTTERINDUSTRIE
4 48 NTV 2,5 GROSSRAUMANHAENGER MIT DOSIERVORRICHTUNG
4 246 FLUESSIGER FUTTERMISCHUNGEN
4 274 ELEKTRON.DOSIERSYSTEM FUER KRAFTFUTTER IM MELKSTAND
7 191 ANLAGEN FUER KLEINVERPACKUNG V.SPEISEKARTOFFELN
7 195 GERAET ZUM AUTOMAT.FUELLEN VON KARTOFFELKISTEN
8 73 DOSIERGERAETE FUER LADEWAGENGUT
8 151 ZUFUEHRUNG DES LADEWAGENGUTES ZUM HAECKSLER
8 226 ZUGABE V.SILIER UND FUETT.ZUSAETZEN PRUEFG.V.DOSIEREN
8 266 VON KRAFTFUTTERGABEN IM MELKSTAND
8 505 FUTTERDOSIER UND VERTEILGERAET
8 528 SOWJET.GERAETE ZUM BEREITEN UND TRANSPORT V.MOERTEL U.BETON
9 153 UNTERS.V.DOSIERSYSTEMEN FUER FEINGRANULIERTE HERBIZIDE
9 156 ENTWICKLUNG MECH.ABLADE UND DOSIEREINRICHTUNGEN

9 226 DOSIEREN DER FUTTERRATION FEHLERGRENZE
9 282 CHEMIKALIENDOSIERUNG BEI DER WASSERAUFBEREITUNG
5 362 DOSIERER FUER GRUNDFUTTER IN DER RINDERFUETTERUNG
5 359 DOSIERFOERDERER DODS 7 FUER DIE RINDERFUETTERUNG
DRAENAGE HINWEISE
S.AUCH BAGGER
ALLGEMEINES
1 5 LANDWIRTSCH.NUTZFLAECHEN FORSCHUNGSBERICHT
2 143 12. NATIONALE FRUEHJAHRSAUSSTELLUNG IN ENGLAND
2 157 MODELLVERSUCHE ZUR ERFORSCHUNG DER FLUSSBETTFORMUNG
4 59 KONTROLLE UND UNTERHALT VON DRAENANLAGEN
4 60 IN HUEGLIGEM GELAENDE BERECHNUNG MIT COMPUTER
4 62 ZUSAMMENHANG VON BEWAESSERUNG UND DRAENUNG AUF SALZBOEDEN
6 22 AUFGABEN DES LANDW.INGENIEURS IM SUDAN
6 326 VERWENDUNG VON PLASTWERKSTOFFEN IN FRANKREICH
8 3 UNTERSUCHUNGEN UEBER DAS ERFORDERLICHE GEFAELLE
9 81 EINFL.V.UNDURCHLAESSIGEN SCHICHTEN AUF HOEHE DES WASSERSPIEG.
9 81 TAGUNG IN CHATTANOOGA TENNESSEE
9 81 VERBIND.SCHLUESSEL ZUM DRAENAGEPROGR.V.LANDSTRASSEN U.LANDW.
9 315 ALS GRUNDLAGE FUER WIRTSCHAFTLICHE OBSTKULTUREN
VERFAHREN
1 135 DURCHFLUSSWIDERSTANDSKOEFFIZIENT IN ZUWACHSENDEN KANAELEN
2 154 RATIONALISIERUNG DER DRAENTECHNOLOGIE MIT ETN 171
3 208 KUNSTSTOFFDRAENAGE IN LITAUEN
6 145 TECHN.U.OEKONOM.VORTEILE DER PVP UND PVC DRAENUNG
6 146 VERGLEICH DER GRABENLOS.PLASTROHR MIT DER TONROHRDRAENUNG
8 422 VON FLACHMOOREN IM GEBIET TOMSK
ANLAGEN DRAENIERMASCHINEN
1 132 LASERSTRAHL ZUR KONTROLLE DER ROHRTIEFE BEI DRAENMASCHINEN
1 406 NEU ENTWICKELTE MASCHINEN FUER OBSTANLAGEN
2 143 OPTISCHES GEFAELLESTEUERUNGSSYSTEM V.RANK PULLIN CONTROLS
2 143 V.NIAE ENTWICKELTES OPTISCHES GEFAELLESTEUERUNGSSYSTEM
2 143 FUNK GESTEUERTER MAULWURFDRAENPFLUG BADGER MINOR
2 143 FLEXPIPES FUER GRABENLOSES VERLEGEN FLEXIBLER PLASTROHRE
2 143 ANHAENGEMAULWURFDRAENPFLUG VON THORNTON U.GARNETT
2 151 DRAENMASCH.FUER PLASTROHR BZW.PLASTFOLIENDRAENUNG IN DER SU
2 154 GRABENFRAESE 589000 NEUE UMSCHLAGTECHNOL.FUER ROHRE
2 156 ANHAENGEDRAENMASCHINE MED I FUER PE ROHRE TECHN.DATEN
2 156 ANHAENGEDRAENMASCHINE MED I FUER PVC FOLIENROHRE TECHN.DATEN
3 207 PRUEF.V.TONROHRVERLEGEEINRICHTG.FUER DRAENGRABENBAGGER
4 61 UNTERSUCH.DER ARBEITSWERKZEUGE V.MAULWURFPFLUEGEN
4 63 SELBSTTAETIGE TIEFENREGELUNG AN DRAENMASCH. DREI VERFAHREN
4 64 DRAENGEFAELLE KONTROLL U.REGISTRIERGERAET F.BAGGER ETN 171
4 427 MASCH.MK 1,2 FUER TROCKENLEGEN U.ERSCHLIESS.V.SUEMPFEN
5 156 DRAENMASCHINEN GEFAELLESTEUERUNG MIT LASERSTRAHLEN
5 157 INFELDPFLUG UND BEAUCHAMP PFLUG
5 157 DRAENFRAESE MED 0 FUER SCHMALE RILLEN
5 157 MAULWURFPFLUG KN 1200
5 160 MASCHINENEINSATZ AUF TORFBOEDEN
5 161 B 750 DRAENPFLUG ERGEBNISSE DER PRUEFUNGEN
5 162 BAGGER ETC 161 EIGNUNG FUER DRAENARBEITEN
5 163 BETONFERTIGTEILE FUER MELIORATIONSARBEITEN
5 164 REKONSTRUKTION UND MODERNISIERUNG AELTERER ENTWAESS.SYSTEME
6 144 KM 251 UNIVERSALBAGGER ARBEITSLEISTUNG
6 144 EIMERKETTENBAGGER ETN 171 ARBEITSLEISTUNG
6 144 MECHANISIERUNG DER ARBEITEN IN POLEN
6 144 FRAESRADBAGGER KD 120 UND HOWARD ARBEITSLEISTUNG
6 145 PLASTROHRDRAENUNG MIT DEM GRABENBAGGER ETN 171
6 147 NEUE MASCHINEN ZUR VERLEGUNG VON PLASTIKDRAENROHREN
6 148 VORRICHTUNG ZUM EINZUG EINES MAULWURFSPFLUGES IN DEN BODEN
7 80 OPTIMALE GESCHWINDIGK.V.DRAENMASCH.MED I MIT SCHNECKENFRAESE
7 81 JUGOSL.MAULWURFDRAENGERAET FVD
7 81 TIEFLOCKERER ZUM AUSZIEHEN DER LUEFTUNGSDRAENE
7 82 HYDRAUL.GEFAELLESTEUERUNGSSYSTEM FUER DRAENGRABENBAGGER
7 393 GRABENFRAESE FUER DRAENAGEROHRE
8 2 MASCHINEN ANFORDERUNGEN DER LOHNBETRIEBE

8 87 DRAENAGE EINSATZ V.FRAESKETTENBAGGER U.DRAENPFLUEGEN IN DER DBR
8 88 SYSTEME IN REISFELDERN UNTERSUCHUNGEN VON PUMPEN
8 89 HYDRAUL.BEWEGUNGEN IN KANAELEN AUF REISFELDERN
8 315 EINBAU EINES SYSTEMS IN GROESSERER TIEFE
9 81 MESSUNGEN DES FLUSSES IN OFFENEN KANAELEN MIT TAINTER WEHREN
9 82 PFLUG FUER GRABENLOSES VERLEGEN V.PLASTROHREN VON HUDSWELL
9 82 UEBERBLICK UEBER MASCHINEN UND GERAETE MIT TECHN.DATEN
9 82 DRAENMASCHINEN DER J.A.CUTHBERTSON LTD.
9 82 MAULWURFDRAENMASCH.TYP VISCOUNT MK.111 VON BROWNS
9 82 MAULWURFDRAENMASCHINEN VON BLANCH LELY LTD.
9 82 MAULWURFSPFLUG DER CRITCHLEY BROS. LTD.
9 83 MASCHINEN ZUM VERLEGEN V.DRAENROHREN AUS KUNSTSTOFF
9 83 DRAENMASCH.MIT LICHTSTRAHLGESTEUERTER ARBEITSTIEFE U.RICHTG.
9 86 DRAENBAGGER ETN 171 ARBEITSTECHNOL.BEI ROHRVERLEGUNG
GRABENBAU
2 156 MK 1 8 P ANHAENGEGRABENFRAESE MIT KONISCHER FRAESE
2 156 MASCHINEN FUER BAU UND REPARATUR V.SYSTEMEN
3 205 BAU VON GRAEBEN MIT DEM GRABENPFLUG D 20 B
3 206 BAU VON DRAENSAMMLERAUSMUENDUNGEN IN DER BJEOLRUSS.SSR
3 210 BEFESTIGUNG DER GRABENSOHLEN MIT FERTIGTEILEN
4 57 MASCHINEN FUER DAS GRABENZIEHEN MIT AUTOMAT.REGELUNG
5 155 ROT.ARBEITSWERKZEUGE ZUM AUSHEBEN VON GRAEBEN
6 144 VERFUELLEN V.GRAEBEN MIT PLANIERRAUPEN
6 144 VERFUELLEN V.GRAEBEN MIT RADTRAKTOREN MIT SCHIEBESCHILD
6 144 DRAENPFLUEGE SP 2 A UND PD 1 ARBEITSLEISTUNG
6 152 GRABENFRAESEINRICHTUNG INSBES.FUER MOBILKRAENE PATENT
7 81 GRABENPFLUG PROLETAR ZUM ZIEHEN OFFENER SAUGGRAEBEN
7 353 GRABENFRAESEN FUER DIE WALDENTWAESSERUNG
8 422 GRABENPFLUG FUER MIT BUSCHWALD BESTANDENE MOORE
ROHRDRAENE
1 134 POLARIS.ANTIKORROSIONSSCHUTZ VON DRAENANLAGEN
2 29 MITTELS PLASTIKROHREN GESCHLOSSENE U.OFFENE RESERVOIRS
2 145 VERWENDUNG VON KUNSTSTOFFROHREN
2 151 MASCHINEN FUER PLASTROHRDRAENUNG UEBERFEUCHTER BOEDEN IN SU
2 152 VORKOMMEN VON DEFORMATIONEN BEI PLASTDRAENROHREN
2 153 KUNSTSTOFFE ALS ROHR UND FILTERMATERIAL
2 154 TRANSPORT U.UMSCHLAGTECHNOL.V.TONDRAENROHREN MIT BOXPALETTEN
2 155 HALTBARKEIT VON TONDRAENROHREN IN AGGRESSIVEM MILIEU
3 209 METHODISCHER VERGLEICH NEUARTIGER DRAENFILTERSTOFFE
4 58 DRAENANLAGEN ROEHRENDMR. ABDECKUNGSMATERIAL UND KOSTEN
4 65 POROESE DRAENROHRE AUS PLASTMOERTEL
4 66 FORMEL FUER FALLENDEN WASSERSPIEGEL ZWISCH.ZWEI DRAENROHREN
4 67 AUS PVC GEFERTIGTE MUFFEN FUER TONDRAENROHRE
4 93 EINSATZ VON STYROMULL ALS FILTERMATERIAL FUER DRAENROHRE
5 156 VERSUCHE MIT GLATTWANDIGEN UND GERIFFELTEN PLASTROHREN
5 157 ENTWICKLUNGSTENDENZEN BEI MECH.VERLEGUNG V.PLASTDRAENROHREN
5 158 EINRICHTG.ZUR INSTANDHALTUNG VON ROHRDRAENANLAGEN
5 158 AUFLOESEN DER OXIDE IN DEN ROHREN MIT SCHWEFELDIOXID
5 159 FILTER AUS PROFILIERTEN ODER PERFORIERTEN BAENDERN
5 165 PLASTDRAENAGE FACHBUCH
8 87 TONDRAENROHRE FUER SAMMLER
8 87 EINSATZ VON KUNSTSTOFFDRAENROHREN IN DER DBR
8 87 TAL FUER GLATTE UND GEWELLTE DRAENROHRE AUS PVC HART
8 90 EINTRITTSWIDERSTAND VON PLASTDRAENROEHREN
8 91 HYDRAULISCHER WIDERSTAND VON DRAENROEHREN
9 84 PRUEF.V.POLYAETHYLENROHRLEITUNGEN B.UNTERIRD.VERLEGUNG
9 85 ERPROBUNG VON DRAENROHREN AUS POROESEM BETON
9 86 PALETTENUMSCHLAG VON DRAENROHREN
9 87 SPUELGERAET D 910 M.SUCHGERAET Z.ORTEN V.TRASSEN U.VERSTOPFG.
9 316 TECHN.AUSRUESTG.ZUR DRUCKWASSERSPUELUNG V.DRAENROHREN
9 317 DRAENSPUELUNG IM NIEDERELBISCHEN OBSTBAU
9 428 TON UND KUNSTSTOFFROHRE
DRAENFRAESE S.UNTER DRAENAGE
DRAENPFLUG S.UNTER DRAENAGE
DRAENSPUELGERAET S.UNTER DRAENAGE
8 333 DRAHTGEFLECHT FUER EINZAEUNUNG KORROSIONSBESTAENDIGKEIT

8 467 DRAHTSEIL VERLAENGERUNG DER GEBRAUCHSFAEHIGKEIT
8 468 EINFACHE VORRICHTUNGEN ZUR PFLEGE
9 385 NORWEGISCHE STANDARDS
7 25 DREHMOMENT LEISTUNGSBEDARF AN ZAPFWELLENANGETRIEB.ANBAUGERAETEN
DREHMOMENTVERSTAERKER S.UNTER TRAKTOR: KRAFTUEBERTRAGUNG
DREHMOMENTWANDLER S.AUCH TRAKTOR: MOTOR
1 78 TRAKTOR MIT HYDRAULISCHEM DREHMOMENTWANDLER
9 44 GTR 21 U.MOTOR KENNLINIENANPASSG.MIT ANALOGRECHNER
DREHPFLUG S.UNTER PFLUEGEN
DREHSTRAHLREGNER S.UNTER BEREGNUNG
7 253 DREHTISCH ZUR RATIONALISIERUNG VON SORTIERARBEITEN IM GARTENBAU
DREIPUNKTKUPPLUNG S.UNTER TRAKTOR: TRAKTORGERAETE ANBAUVORRICHTINGEN
DRESCHEN
ALLGEMEINES
7 3 LANDMASCHINENLEHRE BD.11
VERFAHREN
2 218 THEORET.ANALYSE DES ZENTRIFUGALEN DRESCH U.TRENNVORGANGES
4 155 DRUSCH VON MAIS DURCH SCHLAGEINWIRKUNG
5 278 ENTWICKLUNGSTENDENZEN BEI DER MECHANIS.DES FLACHSDRUSCHES
6 251 TECHNOLOGIE DER REISERNTE IN MITTELASIEN
7 157 SCHWINGUNGEN DER MAISKOERNER BEIM SCHLAGDRUSCH
8 12 RECHNER.ERFASS.V.ARBEITSVORGAENGEN B.SCHLAGLEIST.DRESCHEINR
MASCHINEN
2 62 UNIVERSALPRUEFSTAND FUER DEN DRESCHSATZ
3 259 DURCHSATZ DER STIFTENDRESCHMASCHINE MZC 4A
3 280 AEHRENAUSDRUSCH MIT SAMENREINIGUNGSMASCHINE OWP 20
4 5 VERSUCHE MIT DRESCHKOMBINES IN HUEGLIGEM GELAENDE
5 276 LEISTUNGSKENNWERTE V.LEINDRESCHMASCH.B.VERSCHIED.DURCHSATZ
5 280 WERTUNG VON DRESCHMASCHINEN FUER GRUENE ERBSEN
5 466 SELBSTFAHRENDE GRUENERBSENDRESCHER EINSATZ IN GROSSBRITANNIE
6 238 FLACHSAUFNAHME UND DRESCHMASCHINE LMN 1
6 238 FLACHSAUFNAHME UND DRESCHMASCHINE LMN 1
7 165 RIZINUSDRESCHMASCHINE
BAUGRUPPEN BAUTEILE
1 200 ARBEIT VON SCHLAGLEISTEN UND STIFTENDRESCHTROMMELN
1 224 SPANNUNGSPRUEF.AM RAHMEN DER DRESCHMASCH.MCC 10A
2 220 KENNWERTE EINES ROTIERENDEN STROHSCHUETTLERS
5 251 UNTERSUCHUNG VON DRESCHTROMMELKENNWERTEN
5 253 KONSTRUKTION DER SIEBE VON ROTIERENDEN STROHSCHUETTLERN
7 134 THEORIE DER DRESCHTROMMEL V.V.P.GORJACKIN
8 202 STROHSCHUETTLER MIT LAENGSTEILUNG PATENT
DRESCHTROMMEL S.UNTER DRESCHEN
DRIFTSPRUEHEN S.UNTER SPRUEHEN
DRILLMASCHINE FUER DUENGER S.UNTER DUENGEN
FUER SAATGUT S.UNTER SAEEN
DRUCKBESTIMMUNG S.UNTER MESSEN
5 111 DRUCKLUFTBREMSANLAGE IN TRAKTOREN
5 139 DES ANHAENGERS
S.AUCH BREMSE
6 17 DRUCKSTEMPELGERAET TRAKTORREIFENUNTERSUCHUNGEN IN DER BODENRINNE
DRUCKWASSERSPUELUNG S.UNTER DRAENAGE
DUENGEN HINWEISE
GUELLE S.DORT
S.AUCH BEREGNUNGSDUENGUNG
NAEHRLOESUNG S.UNTER HYDROPONIK
STALLMISTSTREUER S.DORT
AUSBRINGEN ORGANISCHER DUENGEMITTEL
3 248 VERGLEICH V.VERFAHREN FUER EINBRINGEN ORG.DUENGER
9 130 NEUE MASCHINEN ZUM AUSBRINGEN ORGANISCHEN DUENGERS
9 259 VERFAHRENSTECHN.UEBERLEGUNGEN ZUR HOFDUENGERWIRTSCHAFT
AUSBRINGEN MINERALISCHER DUENGEMITTEL
ALLGEMEINES
1 4 ENGL.FACHBUCH UEBER LANDMASCHINEN
1 424 NOTWENDIGKEIT IN DER FORSTWIRTSCHAFT
3 500 LUFTBILDER ZUM BESTIMM.V.DUENGERERGEBNISSEN IM FORST
4 2 VERFAHREN UND MECHANISIERUNG ENTWICKLUNGSTENDENZEN

6 22 DUENGEN AUFGABEN DES LANDW.INGENIEURS IM SUDAN
6 536 AUFBAU VON AGROCHEMISCHEN ZENTREN IN DER DDR
7 4 LANDWIRTSCHAFTLICHE STOFF UND MASCHINENKUNDE
8 116 OPTIMIERUNG DES AUSBRINGENS VON DUENGER UND PESTIZIDEN
9 116 1968 FRUEHJAHRSTAGUNG DES NIAE UEBER DUENGEMITTELANWENDUNG
9 129 ORG.U.ENTWICKLUNG IM AGROCHEMISCHEN ZENTRUM DESSOW

VERFAHREN
2 119 LUFTKISSENFAHRZEUG ZUM AUSBRINGEN AUF NASSEN FELDERN
2 190 ERMITTL.DER GENAUIGKEIT DER DUENGERVERTEILUNG
3 244 EINFL.V.STREUGENAUIGKEIT AUF DEN PFLANZENERTRAG VERSUCHE
4 115 DUENGERPLAZIERUNG VOR UND NACHTEILE V.VIER METHODEN
5 213 NEUE VERFAHREN DER STICKSTOFFAUSBRINGUNG IM FRUEHJAHR
5 525 AUSBRINGMETHODEN U.KOSTEN IN DER BRIT.FORSTWIRTSCHAFT
6 187 MIT HILFE SELBSTENTLADENDER LKW
6 188 TECHNOLOGIE DER EINBRINGUNG ZU KARTOFFELN
6 189 SPEZIALVORRICHTUNG FUER UNTERSUCHG.DES TIEFEN EINBRINGENS
6 404 SYSTEMAT.WALDDUENGUNG IN EINEM SCHWED.FORSTGROSSBETRIEB
7 1 METHODEN UND AUSRUESTUNGEN FUER DIE DUENGEREINBRINGUNG
7 116 OPTIMALES VERHAELTNIS ZWISCH.TRANSPORTMITTELN U.DUENGERSTREUER
7 117 KOSTEN BEI DER LOSEDUENGERKETTE
7 259 ARBEITSBEDARF VERSCHIEDENER VERFAHREN IM WEINBAU
7 266 ARBEITSVERFAHREN IM FELDGEMUESEBAU TECHNOL.MUSTERKARTEN
7 267 UND BODENBEARBEITUNG IM FELDGEMUESEANBAU
8 424 SCHWENOWER STREUVERFAHREN TECHNIK LEISTUNG UND KOSTEN
9 126 HOEHERER KORNERTRAG DURCH TIEF EINGEDRILLTEN DUENGER
9 127 TIEF EINGEDRILLTER DUENGER VERSUCHE IN NORFALK

DUENGERSTREUER BAUARTEN TYPEN
1 170 JUKO 15 DUENGERDRILLMASCHINE PRUEFBERICHT ULTUNA
2 383 STREUMASCH.FUER ORGANISCHE U.MINERALDUENGER IM WEINBAU
3 242 BERECHNUNG DER OPTIMALEN TRAGFAEHIGKEIT VON STREUERN
3 243 STREUER L.F. 12 VON JOHN DEERE NIAE TEST
3 558 STREUER FRANZOESISCHE GERAETELISTE MIT TECHN.DATEN
4 116 EINFL.V.GRANULATGROESSE AUF DUENGERFLUSS B.BUNKERENTLEERUNG
4 117 UNTERSUCH.V.STREUGLEICHMAESSIGKEIT NEUES MESSVERFAHREN
5 80 HYDROMOTOR FUER DUENGERSTREUER
5 209 ENTWICKLUNG DER PRODUKTION VON DUENGERSTREUERN IN DER SU
5 209 DUENGERDRILLVORRICHTUNGEN AN SAE UND HACKMASCHINEN
5 213 UEBERGABEVORRICHTUNG ZUR SCHNELLBELADUNG DER DUENGERSTREUER
5 216 TECHN.WEITERENTWICKLUNG DER DUENGERSTREUER
5 216 TIEFENDUENGEGERAET
5 223 STREUER MIT ENDLOSEM FOERDERBAND PATENT
5 223 PATENTE ZUM THEMA BODENDUENGUNG
5 227 ANFORDERUNGEN AN DIE STREUGENAUIGKEIT VON DUENGERSTREUERN
6 132 VOM IMA GEPRUEFTE DUENGERSTREUER
6 133 EINSATZGRENZEN FUER MASCHINEN UND GERAETE IN HANGLAGEN
6 187 STREUER RUM 3 UND RKM 500M
6 190 STREUER RT 2H MIT KETTENFOERDERER TECHNISCHE DATEN
6 194 BESONDERHEITEN DER DUENGERSTREUER IN DEN USA
7 116 STREUER RU 4 10 ZUM DUENGEN UNTER U.ZWISCHEN OBSTBAEUMEN
7 116 STREUER STN 2.5 UND STS 2.8 FUER TRAKTORANBAU
7 116 RKM 500M GUMMIRINGSTREUVORRICHTUNG
8 2 STREUER ANFORDERUNGEN DER LOHNBETRIEBE
8 112 EINFLUESSE AUF AUSBRINGMENGE UND VERTEILUNGSGUETE
8 115 STREUER D 4 U.D 032 MIT AUFBAUDUENGERBEHAELTER FUER LKW
8 122 RU 5 UNIVERSALSTREUER V.AGROSTROJ VEB PELHRIMOV
8 335 STREUER VICON EINSATZ IM WEINBAU
8 509 GROSSFLAECHENSTREUER
8 514 STREUER AUF DEM FRANZ.MARKT GERAETELISTE
9 56 MASCHINEN AUF DER DLG SCHAU
9 61 STREUER RAUCH FUER VERSUCHSFELDER
9 65 LF 12 ANHAENGESTREUER VON JOHN DEERE NIAE TEST
9 66 BEWERTUNGSKRITERIEN FUER VERGLEICHSPRUEFUNGEN

GERAETEKOMBINATIONEN
2 198 MASCHINENKOMBINATION GSD 1 4
2 199 VEREINHEITL.V.SAEMASCH.U.KULTIVATOREN MIT DUENGERVERTEILERN
3 249 II SEKX 230 KOMBINIERTE ANHAENGEDRILLMASCHINE EXPORT

3 429 DUENGEN UNTERGRUNDLOCKERER MIT DUENGERKASTEN FUER OBSTANLAGEN
5 222 DUENGERLEITVORRICHTG.AUS PLAST FUER HACK U.KOPFDUENGEMASCH.
6 143 KR 2A GRUBBER HACK UND DUENGEMASCHINE
6 189 UNTERSUCHUNGEN AM PFLUG MIT DUENGERSTREUVORRICHTUNG
7 78 UNIVERSALMASCHINEN FUER AUSSAAT PFLEGE U.BODENBEARBEITUNG
7 122 REIHENDUENGERSTREUER FUER EINZELKORNSAEMASCHINEN
7 395 DUENGEREGGE IN KOMBINATION MIT SAEMASCHINE
8 126 SPEZIALRAHMEN FUER KOMBINATION V.DUENGERSTREUER U.SAEMASCHINE
8 335 AUF UNTERGRUNDLOCKERER FA 3 2 MONTIERTER TIEFDUENGERSTREUER
9 127 MASCH.F.RAEUML.GETRENN.AB.GLEICHZEIT.AUSBRING.V.SAAT U.DUENGER
9 401 HYGRO MULL AUFSCHAEUMGERAETE ZUR BODENVERBESSERUNG
9 419 KOMB.DRILL U.DUENGESTREUMASCH.V.WESTERN MACHINERY U.EQUIPMENT
SCHLEUDERSTREUER
1 171 ZENTRIFUGALAUFSATTELDUENGERSTREUER KOMETA TNZ FUENFZEHN
1 463 ZENTRIFUGALSTREUER AUS DAENEMARK AUF DER ELMIA
2 27 DUENGERVERTEILG.V.SCHLEUDERSTREUERN FLUSSDIAGR.U.ALGOLPROGR.
2 102 HYDROSTAT.ANTRIEB V.WURFORGANEN IN SCHLEUDERSTREUERN
2 189 BERECH.FUER KONSTRUKTION VON SCHLEUDERSTREUERN
2 390 MASCHINE RCW 2 MIT SCHLEUDERSCHEIBE
2 482 I T KREISELSTREUER MIT GEBRAUCHTEN PKW REIFEN
4 114 MISCHEFFEKT UND BEHAELTERINHALT BEI SCHLEUDERSTREUERN
5 211 LKW W 50 MIT SCHLEUDERSTREUAUFSATZ
5 214 LKW W 50 MIT STREUAUFSATZ FUER PK VORRATSDUENGUNG
5 217 AUSFUEHRUNG U.ARBEIT V.SCHLEUDERSTREUERN FUER TRAKTORANHAENGER
5 218 UNTERSUCH.DER DUENGERVERTEILUNG MIT SCHLEUDERGERAETEN
5 219 STREUER MIT HORIZONTALER ROTATIONSACHSE DUENGERBEWEGUNG
5 220 PENDELDUENGERSTREUER STANDARD DLG PRUEFBERICHT
5 221 PENDELDUENGERSTREUER PENTON DLG PRUEFBERICHT
5 225 UNTERSUCH.DER DUENGERVERTEILUNG MIT DER SCHLEUDERSCHEIBE
6 195 DLG ANERKANNTE SCHLEUDERSTREUER
7 72 PENDELSTREUER FUER STREUBREITEN BIS ZU 10 M
7 115 SCHLEUDERSTREUER PRUEFUNG V.STREUGENAUIGK.U.MENGENSTREUE
7 116 ANBAUSTREUER RLM 3 MIT FOERDERBAND UND 2 STREUSCHEIBEN
7 259 KREISEL U.PENDELDUENGERSTREUER F.AUSBRINGUNG VON GRANULATEN
7 399 ENTWICKLUNG ZU GROSSFLAECHENSTREUERN BEI SCHLEUDERSTREUERN
8 110 ENTWICKLUNGSTENDENZEN BEI SCHLEUDERSTREUERN
8 111 STREUBILD UND ARBEITSBREITE DES SCHLEUDERSTREUERS
8 113 SCHLEUDERSTREUER UND KASTENSTREUER
8 114 STREUER HANSEAT MIT 2 STREUTELLERN V.HARDER PRUEFBERICHT
8 318 ANBAUSCHLEUDERSTREUER ROTINA 700 PRUEFBER.WAGENINGEN
8 424 STREUER D 020 VON DER FA. LAUBE FUER FORSTDUENGUNG
8 509 ANBAUSCHLEUDERSTREUER AUF DER DLG SCHAU IN MUENCHEN
8 510 SCHLEUDERSTREUER AUF DER DLG SCHAU
9 65 ANBAUSCHLEUDERSTREUER V.BJERKES MASKINFABRIK NIAE TEST
9 122 GRUPPENPRUEFUNG VON SCHLEUDER UND PENDELSTREUERN
9 123 SCHLEUDERSTREUER EBERHARDT TYP WIESEL 2 PRUEFBERICHT
9 124 BESTIMMUNG DER WURFLEISTENHOEHE VON SCHLEUDERSTREUERN
9 125 WAHL DER STELLE FUER DUENGERZUFUHR AUF SCHLEUDERSCHEIBE
9 428 ROTATIONSVERTEILER VON HOWARD
TELLERSTREUER
2 390 SAXONIA MIT STREUTELLERN
AUSBRINGEN FLUESSIGER DUENGEMITTEL
1 169 BESTIMMEN DER B.DUENGERDRILLEN ERZIELTEN GLEICHMAESSIGKEIT
3 216 EINSATZ VON BEREGNUNGSANLAGEN
3 246 MASCHINEN FUER FLUESSIGE DUENGER MIT NIEDRIGEM DAMPFDRUCK
3 247 EXPLOSIONSGEFAHR BEI VERWENDUNG VON FLUESSIGDUENGER
5 424 DUENGERINJEKTOR FERT O JECT MODELL U PRUEFBER.WIESELBURG
6 193 GRUENDE FUER DIE FLUESSIGKEITSDUENGUNG
6 340 FLUESSIGDUENGUNG IM TOPFPFLANZENBAU
7 260 EINBRING.V.FLUESSIGDUENGER UNTER DRUCK MIT UNTERGRUNDLOCKERER
7 385 ANWENDUNG V.SPRITZBALKEN B.NIEDRIGEN KULTUREN TECHNOLOGIE
8 118 ERFAHRUNGEN BEI VERWENDUNG VON FLUESSIGDUENGERN
8 319 INJEKTOR FERT O JECT MODELL U ZUR FLUESSIGDUENGUNG PRUEFUNG
8 504 EINSPEISVORRICHT.ONIA FUER FLUESSIGDUENGER IN BEREG.ANLAGEN
8 504 SPRUEHEINRICHT.FUER FLUESSIGDUENGER ZUM JAUCHEVERTEILER JURDYC
9 91 DUENGERVERREGNUNG MIT SELBSTFAHRENDEN ANLAGEN

DUENGEN KALKDUENGUNG

2 191 ZU EINEM SELBSTFAHRENDEN KALKSTREUER UMGEBAUTER TRAKTOR
5 211 AUSBRING.V.KALK MIT KOMB.TRANSPORT U.STREUFAHRZEUGEN
5 224 BEDEUTUNG DER INDUSTRIEMAESS.AUSBRING.V.KALK U.GRUNDDUENGER
7 19 KALKSPRENG.ALS AUSBRINGVERFAHREN AUF NICHTTRAKT.GAENG.FLAECHEN
7 19 HOEHERE ARBEITSPRODUKTIVITAET DURCH SPRENGEN
8 115 TECHNOL.MASCHINENKETTE FUER DAS KALKSTREUEN

AMMONIAKDUENGUNG

1 99 MECH.KETTE DER NH3 FLUESSIGDUENGUNG VERTEILBEREICH LEUNA WERKE
4 53 GERAET ZUM AUSBRINGEN VON WASSERFREIEM AMMONIAK
4 118 KONSTRUKTION EINES GIESSWAGENS FUER AMMONIAKATE
4 498 GAN 8 UND GAN 15 UNIVERSAL HERBIZID AMMONIAK MASCHINEN
4 498 MIT AMMONIAKWASSER ZUSATZGERAET ZUM PFLUG
5 215 TECHN.EINRICHTG.ZUM DUENGEN MIT WASSERFREIEM AMMONIAK
6 191 MIT AMMONIAK IN DEN NIEDERLANDEN
6 192 EINBRINGUNG V.FLUESS.AMMONIAK IN DEN NIEDERLANDEN
6 464 NEUE PUMPE BEI AMMONIAKINJEKTOREN V.FENET
8 117 MASCHINEN FUER DAS EINBRINGEN VON AMMONIAKWASSER
8 118 SKH 270 AUFBAUGERAET FUER GERAETETRAEGER U.HACKMASCH.FUER NH 3
8 119 SCHLAEUCHE FUER WASSERFREIEN AMMONIAK ANI STANDARDS
8 393 VERREGNUNG V.HARNSTOFF U.KALKSALPETER IN OBSTANLAGEN
9 100 PFLUG GRUBBER ODER SCHEIBENEGGE MIT AMMONIAKDUESEN
9 117 AMMONIAKTRANSPORT UND AUSBRINGUNG IN DEN NIEDERLANDEN
9 118 VERGLEICH DER FLUESSIGEN U.FESTEN STICKSTOFFDUENGUNG
9 119 GERAETE ZUM EINBRINGEN VON AMMONIAK
9 120 MAV 4.2 MASCHINE ZUM EINBRINGEN VON AMMONIAKWASSER
9 121 MIT FLUESSIGEM AMMONIAK VERFAHREN IN ENGLAND
9 134 KOMB.V.SAEMASCH.MIT HERBIZID U.AMMONIAKWASSERSPRITZMASCHINEN

FLUGZEUGEINSATZ

1 92 BELADUNG DES FLUGZEUGES MIT DUENGER
1 95 EINSATZ VON FLUGZEUGEN
2 116 ENTWICKLUNG DES AGRARFLUGES BIS 1970 IN DER DDR
2 117 UEBERBLICK ZUM FLUGZEUGEINSATZ IN VERSCHIED.LAENDERN
3 171 HARNSTOFFSPRITZUNG MIT FLUGZEUGEN KOSTEN
3 241 VORTEILE DES AUSBRINGENS DURCH FLUGZEUGE OEKON.KENNZIFFERN
3 245 FLUGZEUGEINSATZ FACHBEREICHSTANDARD LANDW.TGL
3 501 STREUGLEICHMAESSIGKEIT BEI WALDDUENGUNG V.FLUGZEUG AUS
3 502 FLUGZEUG PILATUS PORTET URBO PROP FUER WALDDUENGUNG
4 127 STREUTELLER ZUR AUSSAAT MITTELS FLUGZEUG
4 429 2 DUENGUNGSVERFAHREN FUER DIE CALLAIR A 9
4 430 ERRICHTUNG EINES FLUGPLATZNETZES FUER DIE WALDDUENGUNG
5 214 FLUGZEUGEINSATZ FUER DIE KOPFDUENGUNG
7 63 GRANULATSTREUEINRICHTUNG ROTIERENDER VERTEILERSCHEIBEN
8 66 PREISE FUER DUENGERSTREUEN U.HARNSTOFFSPRITZEN MIT FLUGZEUGEN

DUENGER MINERALDUENGER

1 92 BELADUNG DES FLUGZEUGES
1 172 DUENGERMUEHLE D 052 MIT HOHER LEISTUNG
2 192 SCHUETTGUTKETTE BEI DUENGER
3 4 MATRIZE FUER TRANSPORT LADEN UND EINBRINGEN
5 209 NEUER SOWJETISCHER DUENGERLADER
5 210 MOEGLICHKEITEN DER FOERDERUNG MIT SCHNECKENFOERDERERN
5 216 UMFUELLEINRICHTUNGEN UNTER DER NUTZUNG DER SCHWERKRAFT
5 223 MASCHINE ZUM ZERKLEINERN VON MINERALDUENGER PATENT
5 226 SELBSTKOSTEN B.ZWISCHENBETRIEBL.TRANSPORT FEST.MINERALDUENGER
6 186 VERSCHLEISS VON STAHL U.POLYMEREN DECKSCHICHTEN
6 326 PLASTSTOFFE ZUR VERPACKUNG IN FRANKREICH
7 67 GERAETE FUER BELADEN VON FLUGZEUGEN MIT DUENGEMITTELN
7 114 ZWEISEITENKIPPER FUER DEN TRANSPORT
7 114 UNTERSUCH.ERGEBNISSE UEBER AUSBAU DER LOSEN DUENGERKETTE
7 116 TRANSPORT UND VERLADEVORRICHTUNG FUER LKW
7 117 KOSTEN BEI DER LOSEDUENGERKETTE
8 4 CHEMISIERUNG DER LANDWIRTSCHAFT IN DER DDR
8 76 BAENDER FUER TRANSPORT LANDW.PRODUKTE AUF DEM HOF
8 117 TRANSPORT UND LAGERUNG VON AMMONIAKWASSER
8 121 ANI STANDARD FUER WASSERFREIEN AMMONIAK

9 56 DUENGER AUSBAU DER LOSEN DUENGERKETTE
DUENGERDRILLMASCHINE S.UNTER DUENGEN
5 424 DUENGERINJEKTOR FERT O JECT MODELL U PRUEFBERICHT WIESELBURG
2 188 DUENGERLAGER MIT MECHANISCHEN FOERDERANLAGEN
2 188 MIT VOLLAUTOMAT.PNEUMAT.FOERDERSYSTEMEN
2 513 UNIFIZIERUNG IM POLN.LANDWIRTSCHAFTSBAU
3 636 IN LEICHTBAUKONSTRUKT.MIT PNEUMAT.UMSCHLAGSSYSTEMEN
5 212 ZWISCHENLAGERUNG V.WASSERFREIEM AMMONIAK IN DER LANDW.
5 215 STAHLDRUCKTANKS ODER NORMALE TANKS FUER AMMONIAK
6 187 MECHANISIERUNGSMITTEL FUER DIE UMSCHLAGSARBEITEN
6 193 TANK FUER ZWISCHENLAGERUNG FLUESSIGER DUENGEMITTEL
6 536 AUFBAU VON AGROCHEMISCHEN ZENTREN IN DER DDR
6 537 BETONKORROSION DURCH AMMONIAKALISCHE AMMONIUMNITRATLOES.
7 114 UNTERSUCH.V.FOERDERGERAETEN FUER DEN LOSETRANSPORT
7 403 IN AGROCHEM.ZENTREN TENDENZEN IN DER DDR
8 77 BERECHNUNG U.INBETRIEBNAHME VON ELEKTROZUGKRANBAHNEN
8 78 BERECHNUNG U.INBETRIEBNAHME VON ELEKTROZUGKRANBAHNEN
8 115 STAHLBETONLAGER IN DER CSSR
8 120 AMER.UMSCHLAGSPUNKT FUER WASSERFR.NH3 U.FLUESS.N DUENGER
9 56 HOFLAGERSILOS UND FOERDERANLAGEN
1 172 DUENGERMUEHLE D 052 MIT HOHER LEISTUNG
DUENGERSTREUER S.UNTER DUENGEN

DUERRHEU ERNTE S.UNTER HEUERNTE
DUESE FUER SPRITZGERAETE S.UNTER SPRITZEN
1 463 DUMPER BELAZ 540 MIT 375 PS
2 143 BAGGER DUMPER TUSKER VON THWAITES ENG. CO.
3 545 AUF DER ELMIA IN SCHWEDEN
5 626 15 T ATHEY HECKKIPPER
9 394 TECHN.DATEN VON DREI TYPEN
DUNG... S.AUCH ENTMISTEN
S.STALLMIST...
DUNKELSTALL S.UNTER SCHWEINESTALL: MASTSTAELLE
8 278 DURCHFLUSSKUEHLER ZUM MILCHKUEHLEN
2 320 DURCHFLUSSREGLER REGLER DER MENGENSTROEME KONSTANT HAELT
DURCHFORSTUNG S.AUCH HOLZFAELLEN
1 419 SPEZ.MASCH.DJATEL I FUER PFLEGEHIEBE IN JUNGBESTAENDEN
3 497 HOLZRUECKEN MIT TRAKTOREN EFFEKTIVITAET
3 498 EINSATZ DES KETTENTRAKTORS T 54 L
3 506 EINSATZ KLEINER SPEZIALTRAKTOREN IN NORWEGEN
4 406 MECHANISIERUNG IN DER SOWJETISCHEN FORSTWIRTSCHAFT
4 415 GEWINNUNG DES DUENNEN MATERIALS
4 432 ANLAGE V.BESTAENDEN MIT DICHTEM RUECKEWEGENETZ
4 432 VERFAHREN FUER PLENTERHIEBE MIT STEHFAELLUNG
4 465 DAS RUECKEN VON DURCHFORSTUNGSMATERIAL
5 530 MASCHINE KFO EIGNUNGSBEREICH
5 532 DUENNHOLZBEREITSTELLUNG IN DER SR RUMAENIEN
5 536 AM STEILHANG VERGLEICH VON GERAETEN
5 538 ZEITAUFWAND BEI KIEFERNJUNGBESTAENDEN
5 593 WAHL DES EINSCHLAGSVERFAHRENS
5 630 RUECKEN VON SCHICHTHOLZBUENDELN MIT TRAKTOREN
5 631 BERICHT VOM XIV. IUFRO KONGRESS MUENCHEN
6 405 SPANLOS.SCHNEIDVERFAHREN FUER FAELLEN V.SCHWACHHOLZ
7 343 ENTWICKLUNGSTENDENZEN IN DER UDSSR
8 439 MECHANISIERUNG IN 10...20 JAHREN
7 24 DYNAMOMETER MOBILES DYNAMOMETER ZUR PRUEFUNG V.TRAKTOREN U.MOTOREN

EDV S.UNTER RECHENTECHNIK
EGGEN ALLGEMEINES
6 167 GROESSERE ARBEITSBREITE ODER HOEHERE ARBEITSGESCHWINDIGKEIT
EINSATZ
1 190 TECHNOLOGIE FUER MECHANISIERUNG DER MAISPFLEGE
1 196 NETZEGGEN ZUR UNKRAUTBEKAEMPFUNG IN RUEBEN
7 123 KREISELPFLUG KOMB.MIT KRUMENPACKER U.WAELZEGGE FUER BESTELLUNG

9 106 EGGEN SPATENWAELZ U.ROLLSPATENEGGEN FUER DIE STROHEINARBEITUNG
9 132 MECHANISIERUNG DER GETREIDEBESTELLUNG
BAUARTEN TYPEN
4 53 DOPPELSCHEIBENEGGE FUER DIE STOPPELBEARBEITUNG
4 53 SPATENROLLEGGE FUER DIE STOPPELBEARBEITUNG
4 112 RUETTELEGGEN TECHNISCHE MOEGLICHKEITEN TYPENUEBERSICHT
5 207 SPATENROLLEGGE HANKMO 66 DLG PRUEFBERICHT
5 208 CRAMER ZAHNKRUEMLER DLG PRUEFBERICHT
5 244 SCHNELLHAEUFLER HAEUFLERSTRIEGEL UND DAMMSTRIEGEL
7 72 SCHWINGEGGE MIT ZAPFWELLENANTRIEB
7 102 WAELZEGGE UND SCHOTTLOEFFELEGGE
7 102 FLACHSTABWAELZEGGE UND WENDELSTABWAELZEGGE
7 103 SPEZIALGERAETE FUER DIE MINIMUMBODENBEARBEITUNG
7 395 PLANTAGENEGGE MIT VERSTELLBARER ARBEITSBREITE
8 98 HERSTELLERLISTE VON BODENBEARBEITUNGSGERAETEN MIT TECHN.DATEN
8 109 ERFAHRUNGEN MIT DER RUETTELEGGE POWER HARROW V.VICON
8 514 1968 GERAETELISTE IN FRANKREICH GEHANDELTER TYPEN
9 61 FUER ARBEITEN IM VERSUCHSWESEN
9 71 RUETTELEGGE MIT HAEUFLERN DER FA.KRONE
9 73 NETZEGGEN UND ROTATIONSHACKEN FUER DIE RUEBENPFLEGE
9 100 RUETTELEGGEN MIT 2...4 BALKEN
9 100 DREIWELLIGE SPATENWAELZEGGEN
9 100 ZINKENEGGEN MIT WAELZEGGEN GEKOPPELT
9 114 EIGNUNG UND WIRTSCHAFTLICHKEIT MODERNER GERAETE
9 115 ZINKENEGGE PRELA TYP SH 5 PRUEFBERICHT ULTUNA
SCHEIBENEGGEN
3 557 SCHEIBENEGGE MIT GUMMIREIFEN ZWISCHEN DEN EGGENZUEGEN
4 131 ARBEIT V.SCHEIBEN MIT RADIAL GERICHTETEN ZINKEN
5 189 PRODUKTION VON SCHEIBENEGGEN IN DER SU
5 197 KRAFTMESSWAGEN FUER UNTERSUCH.V.SCHEIBENSCHAELPFLUG U. EGGE
6 162 SCHEIBENEGGEN
7 46 EINSATZPRUEFUNG DES TRAKTORS ZT 300
7 47 FLAECHENLEISTUNGEN MIT DEM ALLRADTRAKTOR K 700
7 396 SCHEIBENEGGE MIT UNABHAENGIG GELAGERTEN SCHEIBEN
8 335 WEINBAUSCHEIBENEGGE SZT
8 460 FORSTEGGE VON VALMET MIT KONISCHEN GEZACKTEN SCHEIBEN
9 113 BD 2.2 SCHEIBENEGGE EINSATZ ZUR SAATBETTBEREITUNG
9 426 ALS SCHEIBENEGGE ODER KULTIVATOR EINSETZBARER ARBEITSBALKEN
GERAETEKOMBINATIONEN
2 198 KOMB.AUS ANHAENGEPFLUG SCHEIBENEGGE RINGELWALZE U.DRILLMASCH.
2 198 MASCHINENKOMBINATION GSD 1 4
5 422 MIT SCHEIBENEGGE KOMB.GRUBBER FUER OBSTANLAGEN
5 494 MASCHINENSYSTEM FUER OBSTPLANTAGEN
5 656 KOMB.VON RUETTELEGGE UND DRILLMASCHINE
5 656 KOMB.VON RUETTELEGGE UND KARTOFFELLEGEMASCHINE
6 134 WAELZEGGEN IN KOMB.MIT GRUBBER UND RUETTELEGGEN
7 108 KOMBIGERAET MIT GEZACKTEN SCHEIBEN KRUEMELWALZE UND EGGE
7 395 DUENGEREGGE IN KOMBINATION MIT SAEMASCHINE
9 99 GERAETE FUER AMMONIAKDUESEN FUER FLUESSIGDUENGUNG
5 531 EICHE PFLEGEKETTE MIT HERBIZIDEN FUER EICHENKULTUREN
5 567 EINFLUESSE AUF DEN SPEZIFISCHEN WIDERSTAND BEIM ENTRINDEN
7 418 ALS BAUSTOFF FUER STALLBAUTEN
4 411 EICHEL SAEGERAET SZN 1 TECHN.DATEN U.EINSATZBERICHT
1 349 EIER VERPACKUNGSVORRICHTUNG FUER DAS EINLEGEN IN KARTONS
1 350 SORTIER UND VERPACKUNGSANLAGEN VOM TYP SKODA
1 565 MECHANISCHES SAMMELBAND
1 566 EINSAMMELN MIT FOERDERBAENDERN
2 307 EINSAMMELN MECHANISIERUNG UND AUTOMATION FORSCHUNGSPROBLEME
4 218 AUTOMATISCHE EIERSAMMELEINRICHTUNG
4 218 SAMMELBAENDER MIT HEBEVORRICHTUNG
6 276 WASCH SORTIER UND VERPACKUNGSMASCHINEN
8 253 SAMMELN EINRICHTUNG PKS FUER KOMPLEXE MECHANISIERUNG
8 299 ABTOETUNG DER SALMONELLEN DURCH BESTRAHLUNG
9 293 KUEHLLAGERUNG IM ERZEUGERBETRIEB
8 370 EIMER PFLUECKEIMER MIT BODENENTLEERUNG
EIMERKETTENBAGGER S.UNTER BAGGER

EIMERMELKANLAGE S.UNTER MELKEN
9 358 EIMERSPRITZE REKORD 60 PRUEFBERICHT POTSDAM BORNIM
EINACHSANHAENGER S.AUCH KIPPER
S.AUCH LADEWAGEN
1 106 TIEFGANGLADEWAGEN LITTLE FARMER
1 107 TEK 4 H MIT HYDRAULISCHER KIPPEINRICHTUNG
1 122 EINSATZ ZUM KARTOFFELTRANSPORT
2 457 RADOLFZELL EINSATZ FUER DIE SCHICHTHOLZBUENDELUNG
2 457 KOENIGSEGGWALD EINSATZ FUER DIE SCHICHTHOLZBUENDELG.
3 178 NTV 2.5 GROSSRAUMANHAENGER MIT DOSIERVORRICHTUNG
3 180 LEICHTBAUGESTALTUNG EINES 8 MP ANHAENGERS
3 531 MIT RADDREHGESTELL ZUM HOLZTRANSPORT
4 48 NTV 2.5 GROSSRAUMANHAENGER MIT DOSIERVORRICHTUNG
4 140 ENTLADEWAGEN MIT VERTEILERHASPEL F.GRUENMAISTRANSPORT
6 119 KIPPANHAENGER TEK 4
6 372 FUER DEN ABTRANSPORT DER TRAUBEN
6 424 ARBEITSVERSUCHE MIT DEM SPANTRANSPORTWAGEN LT 7
7 68 FUER DEN OBSTTRANSPORT
9 3 MIT TANDEMACHSE
9 56 FUER HOHE NUTZLASTEN MIT TANDEMACHSE
9 58 FUER HOHE NUTZLASTEN MIT TANDEMACHSE
9 177 EINSATZ FUER DEN SACKLOSEN KOERNERTRANSPORT
9 204 THK 4.H KIPPENHAENGER EINLAG.LEISTUNG B.SILIERGUT
1 65 EINACHSTRAKTOR BUCHER K 55 PRUEFBERICHT WIESELBURG
2 375 1700 D AGRIA PRUEFBERICHT WIESELBURG
2 376 TYPEN FUER BODENBEARBEITUNG U.TRANSPORTE IM GARTENBAU
2 377 2800 D AGRIA PRUEFBERICHT WIESELBURG
3 422 EINSATZ IM GARTENBAU DER DBR
3 558 FRANZOESISCHE GERAETELISTE MIT TECHN.DATEN
3 559 TJ 5 FUER GAERTNER UND OBSTZUECHTER
4 24 ENTWICKLUNGSTENDENZEN UND ANBAUGERAETE
4 309 UND KLEINMOTORGERAETE EINSATZBEREICH
4 310 HONDA F 60 NIAE TEST
4 387 TECHNIK AUF DER BUNDESGARTENSCHAU
5 416 HONDA F 60 NIAE TEST
5 417 MERRY TILLER TITAN NIAE TEST
5 492 MASCHINENSCHAU AUF DEM WEIHENSTEPHANER GEMUESEBAUTAG
5 493 EINSATZBEREICH IM GARTENBAU
6 180 HONDA F 190 MIT WINKELDREHPFLUG U.FRAESE PRUEFBER.
7 38 AM 80 AEBI PRUEFBERICHT WIESELBURG
7 39 K 4 BUCHER PRUEFBERICHT WIESELBURG
7 255 DZIK 2 AUS DER VR POLEN
7 276 EINSATZ IN BAUMSCHULEN
8 141 ZUR MECHANISIERUNG DER OESTERREICH.HANGBETRIEBE
8 242 EINSATZ ZUM ENTMISTEN
8 306 BUCHER K 54 PRUEFBERICHT VOLLEBEKK
8 514 1968 GERAETELISTE IN FRANKREICH GEHANDELTER TYPEN
9 37 UND MOTORKLEINGERAETE AUF DER DLG SCHAU
9 423 TENDENZEN AUF DEM LANDMASCHINENSALON IN PARIS
7 12 EINHEITEN UND GROESSENARTEN DER NATURWISSENSCHAFTEN
EINMANNMOTORKETTENSAEGE S.UNTER MOTORSAEGE
EINRADHACKE S.UNTER HACKEN
EINSCHIENENHAENGEBAHN S.UNTER HAENGEBAHN
EINSCHNEIDEN VON HOLZ S.UNTER HOLZAUFBEREITUNG
6 57 EINSPRITZDUESE EINFLUSS DES SPIELS AUF DIE KRAFTSTOFFZERSTAEUBUNG
EINSPRITZVENTIL S.UNTER MOTOR
EINSTELLRAUM GARAGE S.DORT
1 576 NUTZEN V.LANDMASCHINEN UND GERAETEHALLEN
2 513 UNIFIZIERUNG IM POLN.LANDWIRTSCHAFTSBAU
8 559 MEHRZWECKSCHEUNEN FUER DEN LANDW.BETRIEB
8 566 MASCHINENSCHUPPEN IN EIGENMONTAGE
9 436 ERMITTLUNG VON UMBAUTEM RAUM UND AUFMASSEN
9 454 LEICHTMETALLKONSTRUKTIONEN IN DER CSSR
4 252 EINSTREU VORRICHTUNG FUER DAS EINSTREUEN VON HAECKSELSTROH
5 347 SAEGESPAENE ALS EINSTREU FUER SAUENBUCHTEN
9 233 IN DER WOLLSCHAFHALTUNG ARBEITSAUFWAND

1 301 EINSTREUEN ARBEITS U.KAPITALBEDARF IM ANBINDE UND LAUFSTALL
EINTOPFEN S.UNTER JUNGPFLANZENANZUCHT
9 363 EINTOPFMASCHINE PLANTER UND MINITOPFER
2 367 EINWEGTELLER MELITTA EINWEGTELLER ERSPART SPUELEN
EINZELKORNSAAT S.UNTER SAEEN
VON RUEBEN S.AUCH RUEBEN
7 30 EINZIEHEN LANDW.GUETER ZWISCHEN SCHNEIDEN ODER WALZEN
3 489 EISENBAHN SCHWEISSEN VON SCHMALSPURSCHIENEN
5 384 TRANSPORT VON MILCH
2 11 ELEKTRIFIZIERUNG DER LANDWIRTSCHAFT IN DER UDSSR
3 95 DER LANDWIRTSCHAFT TEMPO IN DER UDSSR
3 96 DER LANDWIRTSCHAFT IN DER UDSSR SEIT OKT.REVOL.
5 69 DER LANDWIRTSCHAFT IN INDIEN
6 51 DIESELELEKTRISCHE KRAFTZENTRALEN FUER DIE LANDW.
9 2 ALLER LANDW.MASCHINEN PROGNOSE
9 22 DER LANDWIRTSCHAFTSBETRIEBE IN BELGIEN
3 423 ELEKTRISCHE LEITFAEHIGKEIT BESTIMM.DER FROSTRESISTENZ V.WEINREBEN
6 219 ELEKTROANTRIEB FUER GRASMAEHER
ELEKTRODENWARMWASSERBEREITER S.UNTER WARMWASSERVERSORGUNG
ELEKTROENERGIE
ALLGEMEINES
1 46 VERBRAUCH IN LPG MIT PROD.RICHTUNG TIERZUCHT
1 47 IN DER RINDERFARM
1 48 ELEKTROSICHERHEIT BEI ERHOEHTER FREQUENZ
1 519 GENERALBEBAUUNGSPLAN FUER EINE SOWCHOSE
2 79 ROLLE IN DER LANDWIRTSCHAFT
2 302 BEDARF BEI MECHANISIERUNG DER VIEHHALTUNG IN UNGARN
2 307 GRUNDLAGE FUER KOMPLEXE MECHANISIERUNG DER TIERHALTUNG
3 7 OPTIMIERUNG DER ELEKTRISCHEN STROMVERSORGUNG
3 103 ZUR TROCKNUNG UND WAERMEERZEUG.IN DER LANDWIRTSCH.
5 343 BEEINFLUSSUNG UND SCHAEDIGUNG DES TIERKOERPERS
6 393 VERSORGUNG DER FORSTINDUSTRIEBETRIEBE IN DER SU
7 4 LANDWIRTSCHAFTLICHE STOFF UND MASCHINENKUNDE
8 32 KENNWERTE DER VERWENDUNG FUER HEIZZWECKE
9 5 ANWENDUNG IN DER LANDWIRTSCHAFT IN NORWEGEN
ANLAGEN UND BAUTEILE
1 523 FLIESSFERTIGUNG BEIM VERLEGEN VON UEBERLANDLEITUNGEN
3 94 VERSORGUNG LAENDL.GEBIETE NIEDERSPANNUNGSNETZ
3 97 PROJEKTIERUNGSVERFAHREN BEI DER VERSORGUNG
5 45 PROJEKTIEREN LAENDL.VERSORGUNGSNETZE OPTIMIERG.MIT EDVA
6 276 VERWENDUNG IN GEFLUEGELGROSSANLAGE V.YEISER
6 393 DIESELELEKTR.STATIONEN FUER DIE SELBSTERZEUGUNG
8 1 PROGRAMMIERTE ENERGIEZENTRALE FUER ALLE AUSSENARBEITEN
8 290 EINFL.V.ELEKTROHEIZUNG AUF KOSTEN DER ELEKTR.VERSORG.
2 80 ELEKTROGENERATOR BATTERIESYSTEM ALS ENERGIEQUELLE FUER LANDW.GERAETE
3 98 MASCH.SAETZE MIT VERBRENNUNGSMOTOR ALS STROMERZEUGER
4 277 ELEKTROGERAETE QUALITAETSPRUEFUNG UND WARENKUNDLICHE HINWEISE
ELEKTROHERD S.UNTER HERD
1 354 ELEKTROINSTALLATION ARCHITEKT U.ELEKTRIKER PLANEN GEMEINSAM
7 407 PROJEKTIERUNGSKATALOG LANDWIRTSCHAFTSBAU
9 276 IN DEN KUECHEN
7 17 ELEKTROLYTE ZUR REPARATUR V.MASCH.TEILEN MITTELS VERCHROMUNG
1 317 ELEKTROMOTOR FUTTERMUEHLE DKU M OPTIMALE DATEN DES ELEKTROANTRIEBES
3 99 TEMPERATURVERAENDERUNGEN IN ELEKTRISCHEN MASCHINEN
3 100 ERWAERMUNG VON ASYNCHRONMOTOREN MOTORSCHUTZ
3 101 TECHN.OEKON.BEGRUENDUNG DER WAHL DES MOTORSCHUTZES
3 185 FUER LANDWIRTSCH.STETIGFOERDERER BELASTG.DES ANTRIEBES
3 332 KUEHLUNG BEIM TROCKNEN VON MAISKOLBEN
4 18 EINACHSIGES CHASSIS MIT PHASENUMWANDLER UND ANLASSER
4 18 EINFLUSS VON PHASENUMWANDLERN AUF DEN WIRKUNGSGRAD
5 584 LEISTUNGSBEDARF V.KREISSAEGEAGGREG.ZUM HOLZEINSCHNEIDEN
6 54 RELAISSCHALTUNG FUER FERNBEDIENUNG KONTAKTGEBER
6 279 AUSRUESTUNG DER BRUT UND AUFZUCHTSRAEUME FUER KUEKEN
8 538 FUER BELUEFTUNGSSYSTEM MIT GLEICHMAESS.FRISCHLUFTVERTEIL.
1 51 ELEKTRONIK WARN UND ABSTELLANLAGEN DER FANAL ELEKTRONIK
1 219 ELEKTRONISCHE VERLUSTKONTROLLE AM MAEHDRESCHER

2 78 ELEKTRONIK VERWENDUNG VON KUNSTSTOFFEN
4 5 EINDRINGEN IN DEN LANDWIRTSCH.MASCHINENBAU
6 24 ELEKTRONISCHE ANLAGEN FUER DIE TEMPERATURREGELUNG
6 207 ELEKTRON.GERAET FUER KONTROLLE DER DRILLMASCHINENARBEIT
6 297 ELEKTRONISCHER MILCHFLUSSMESSER ESM 1
9 19 AUFBAU UND FUNKTION EINER ELEKTRONISCHEN BODENSONDE
9 150 ELEKTRON.AUSDUENNGERAET AH 68 VON STANHAY
4 417 ELEKTROSAEGE EPC 3
5 645 ELEKTROSTATISCHES AUFLADEN DES FLUESSIGK.STRAHLS DURCH INDUKTION
2 77 ELEKTROTECHNIK ELEKTRISCHE ISOLIERUNG DURCH KUNSTSTOFFE
ELEKTROWAERME S.AUCH HEIZUNG VON WOHNRAEUMEN
3 102 ZENTR.KONTROLLE UND STEUERUNG V.AUTOMAT.HEIZGERAETEN
3 103 NUTZG.V.ELEKTROENERGIE IN DER LANDWIRTSCHAFT
3 558 ELEKTROWEIDEZAUN FRANZOESISCHE GERAETELISTE MIT TECHN.DATEN
4 214 ELEKTROZAUN E2 111 FUER KONDENSATORBETRIEB
4 214 NACH INDUKTIONSPRINZIP AUF BASIS V.FAHRZEUGLICHTMASCHINEN
8 252 VARIANTEN DES ELEKTRISCHEN WEIDEZAUNES
9 235 AUFBAU UND FUNKTION
9 236 WEIDEZAUNPRUEF.ZP I DES VEB MEININGER ELEKTROGERAETEWERKES
8 77 ELEKTROZUG BERECHNUNG UND INBETRIEBNAHME V.ELEKTROZUGKRANBAHNEN
8 78 BERECHNUNG UND INBETRIEBNAHME VON ELEKTROZUGKRANBAHNEN
2 273 ELEVATOR EINSATZ BEI DER BEREITUNG VON GRASSILAGE
7 114 EIGNUNG FUER DEN TRANSPORT VON MINERALDUENGER
8 3 WIRKUNGSGRAD U.LEISTUNGSBEDARF V.SENKRECHTELEVATOREN
9 177 EINSATZ FUER DEN TRANSPORT VON GETREIDEKOERNERN
9 216 FUER DEN GETREIDETRANSPORT IN EINER LAGERZENTRALE
9 222 ZUM KARTOFFELTRANSPORT VON DER ABSIEB ZUR SORTIERANLAGE
8 219 EMISSION SCHWEFELDIOXID AUSSTOSS LANDWIRTSCH.TROCKNUNGSANLAGEN
9 423 ENDIVIE ERNTEMASCHINE AUF DEM LANDMASCHINENSALON IN PARIS
ENERGIE ELEKTROENERGIE S.DORT
1 60 REGELTECHNIK FUER STOERUNGSFREIE FUNKTION DER TRAEGER
6 52 OPT.EINSATZ V.ENERGIEQUELLEN B.LANDW.ARBEITEN FORTSCHRITTSBE.
7 4 LANDWIRTSCHAFTLICHE STOFF UND MASCHINENKUNDE
8 1 PROGRAMMIERTE ENERGIEZENTRALE FUER ALLE AUSSENARBEITEN
9 478 ANLAGEN FUER MILCHVIEHGROSSSTAELLE
ENTASTEN S.AUCH AUFASTEN
VON STAEMMEN S.UNTER HOLZAUFBEREITUNG
ENTBLATTEN VON RUEBEN S.UNTER RUEBEN
6 336 ENTEISEN UND AUFBEREITUNG VON WASSER FUER DIE BEREGNUNG
1 567 ENTENSTALL GESCHOSSBAUTEN IM VEB BINNENFISCHEREI POTSDAM
3 600 KOMBINAT SEDDIN ZUR AUFZUCHT V.JAEHRL.I MILL.ENTEN
6 531 JAGOTINSKER MASTANLAGE FUER EINE MILLION ENTEN JAEHRLICH
ENTKRAUTUNG VON WASSERLAEUFEN S.UNTER GRABENRAEUMUNG
ENTLADEN S.AUCH LADEN
VON HOLZ S.UNTER HOLZVERLADEN
1 225 UND EINLAGERN VON HOCHDRUCKBALLEN
2 288 MASCH.KOMPLEX FUER BE U.ENTLADEARBEITEN AUF DEM DRESCHBODEN
2 321 TECHN.EINRICHTUNGEN FUER FUTTERABLADEN UND EINLAGERN
3 194 ABLADEWURFGEBLAESE FUER GEHAECKSELTEN SILOMAIS
5 258 ANLAGEN ZUM ABLADEN V.HAECKSEL DIREKT IN FUTTERGEBLAESE
7 156 MECH.DER BE UND ENTLADEARBEITEN VON KOERNERN
7 327 LEISTG.U.KOSTEN V.TRAUBENTRANSPORT U.ABLADEVERFAHREN
7 358 ENTLADEVORRICHTUNG RRU 10M
8 75 LADEMASCHINE T 335 V.VEB LANDMASCH.BAU FALKENSEE
8 225 VON HAECKSELGUT MIT SELBSTENTLADEANHAENGER
8 527 ENTLADEVORRICHTUNG FUER PLAN UND WELLASBEST
9 59 MECHANISMEN FUER KREIDE U.SALZ ALS EISENBAHNWAGGONS
9 156 ENTWICKLUNG MECH.ABLADE UND DOSIEREINRICHTUNGEN
9 421 TRANSPORTEURE ALS VERBINDG.ZWISCH.LADEWAGEN U.FOERDEREINRICH
4 418 ENTLOHNUNG DER MASCHINENARBEIT IN DER FORSTWIRTSCHAFT
5 501 VON ARBEITEN IM FORSTL.HAUUNGSBETRIEB IN FINNLAND
5 631 BERICHT VOM XIV. IUFRO KONGRESS MUENCHEN
ENTMISTEN S.AUCH GUELLE
ALLGEMEINES
2 302 ELEKTROENERGIEBEDARF
7 3 LANDMASCHINENLEHRE BD. 11

7 407	ENTMISTEN	PROJEKTIERUNGSKATALOG LANDWIRTSCHAFTSBAU
9 258		DUNGBESEITIGUNG VOR VERGROESSERUNG DES VIEHBESTANDES KLAEREN
9 258		BERECHNUNG DER LAGERKAPAZITAET FUER TIERISCHE AUSSCHEIDG.
	RINDERSTALL	
1 301		ARBEITS U.KAPITALBEDARF IM ANBINDE UND LAUFSTALL
1 535		FEST UND FLUESSIGMISTVERFAHREN IN RINDERSTAELLEN
1 535		PROBLEME IM LAUFSTALL
1 575		EINFLUSS DER ENTMISTUNGSART AUF DIE STALLUFT
2 346		FEST U.FLUESSIGMISTKETTEN FUER RINDERSTAELLE
2 504		TSN 3 0A DUNGENTFERNER FUER ANBINDESTAELLE
3 603		STALLKLIMAT.UNTERSUCH.B.STAUKANALENTMISTUNG
4 201		VORRICHTUNGEN FUER DEN ANBINDESTALL
4 585		VON LAUFSTAELLEN UNTER FLUR
4 586		VERFAHREN UND ANLAGEN FUER ANBINDE UND LAUFSTALL
4 616		PHYSIKALISCHE EIGENSCHAFTEN DES DUNGS IM LAUFSTALL
5 344		MIT DEM FRONTLADER IM KUTEL BEI ESSEN
5 345		EINSTALLUNG IM KURZSTAND UND MECH.DER ENTMISTUNG
5 696		MASCHINENSYSTEME FUER STANDARDVERFAHREN
5 704		DES LAUFPLATZES BEIM OFFENEN LAUFSTALL
5 705		IM LAUFSTALL MIT TIEFSTREU BOXENAUFSTALLUNG
6 520		VERFAHREN IN DER MILCHFARM V.LENIN KOLCHOS NOWOMOSKOVSKY
7 221		PRUEFUNG VON ANLAGEN IN RINDERSTAELLEN
7 437		MECHANISIERUNG IN DEN MILCHVIEHFARMEN DER CSSR
8 275		SYSTEME FUER MILCHVIEHLAUFSTAELLE OEKONOM.EINSCHAETZUNG
	SCHWEINESTALL	
2 310		MECHANISIERUNG IN SCHWEINESTAELLEN
3 362		MECHANISIERUNGSGRAD IN DER SCHWEINEPRODUKTION DER SU
3 364		VOLLAUTOMATISCHE ANLAGE FUER SCHWEINESTAELLE
4 598		TECHNISCHE EINRICHTUNGEN FUER ZUCHTSTAELLE
8 249		UNTERFLURENTMISTUNG IN SCHWED.SCHWEINEMASTANLAGEN
	GEFLUEGELSTALL	
1 310		HUEHNERSTALL PROBLEME DER KOTBESEITIG.KOTTROCKNUNGSANLAGE
4 215		AUF HUEHNERFARM JUZNYJ
6 291		VERFAHREN BEI BODEN UND KAEFIGHALTUNG
6 532		NEUE AUSRUESTUNGEN FUER PUTENFARMEN
8 253		EINRICHTUNG FKS FUER KOMPLEXE MECHANIS.IN HUEHNERSTAELLEN
9 234		KOMPLEXE EINRICHTUNG FUER MUTTERTIERHERDE VON PUTEN
	VERFAHREN	
2 307		MECHANISIERUNG UND AUTOMATION FORSCHUNGSPROBLEME
4 201		ARBEITSAUFWAND UND MECHANISIERUNGSVERFAHREN
4 253		DUNGBESEITIGUNG U.LAGERUNG KAPITALBEDARF U.KOSTEN
4 590		ARBEITSAUFWAND FUER REINIGUNG VON LAUF UND LIEGEFLAECHEN
5 369		FLIESSSYSTEM DER DUNGENTFERNUNG UND AUFBEREITG. KOSTEN
5 371		KENNZAHLEN FUER KOTRAEUMUNG AUF BEFESTIGTEN FLAECHEN
6 515		BAUKONFERENZ UEBER PROBLEME GROSSER TIERBESTAENDE
6 517		IN SOWJETISCHEN RINDER UND SCHWEINEMASTANLAGEN
9 233		IN DER WOLLSCHAFHALTUNG ARBEITSAUFWAND
9 259		VERFAHRENSTECHN.UEBERLEGUNGEN ZUR HOFDUENGERWIRTSCHAFT
9 260		FESTMISTVERFAHREN ODER GRENZEN DER FLUESSIGMISTBEREITUNG
9 264		VON RINDVIEH UND SCHWEINESTAELLEN
	FLUESSIGMISTVERFAHREN	
1 332		TECHNOLOGIE FUER SAMMLUNG UND NUTZUNG V.FLUESSIGDUENGER
1 543		STAUKANALENTMISTUNG IM ANBINDESTALL
1 547		TREIBMISTVERFAHREN IN BOXENSTAELLEN FUER MILCHVIEH
1 548		MECHANISCHER SCHRAPPER UNTER SPALTENBODEN
1 574		ERFAHRUNG B.BAU V.STAUKANALENTMISTUNGSANLAGEN
2 66		GUELLEGESCHWINDIGKEIT IN SCHWEMMENTMISTUNGSANLAGEN
2 346		BEI GITTERROST BZW.SPALTENBODENAUFSTALLUNG
2 348		WAHL DER ANLAGEN FUER GROSSRAEUMIGE STAELLE
2 509		SCHWEMMENTMISTUNG IN UNGAR.SCHWEINEMASTSTAELLEN
3 361		SCHWEINESTALL AUSSCHWEMMEN DES MISTGANGES MIT WASSER
3 599		SCHWEMMENTMISTUNGSANLAGE FUER SCHWEINEMAST
4 217		ANWEND.V.GRUNDSAETZEN DER BEWEGUNGSOEKONOMIK IM GEFLUEGELSTA
4 218		SCHIEBER U.TREIBMISTVERFAHREN FUER STUFEN U.FLACHDACHKAEFIG
4 248		VERGLEICH.UNTERSUCH.UEBER FLUESSIGENTMISTUNG IN LAUFSTAELLEN
4 250		KOTAUSBRINGUNG AUS SCHWEINESTAELLEN

4 251 ENTMISTEN KLOPAPIERVERFAHREN ODER MISTSCHIEBER FUER LEGEBATTERIEN
4 251 HALBAUTOMATISCHE MISTSCHIEBER FUER STUFENKAEFIGE
4 587 FLUESSIGMISTANLAGEN ANFORDERG.AN GEBAEUDEGESTALTUNG
4 606 TIEFKELLER GRUBEN TREIBMIST ODER GUELLEENTMISTUNG
6 523 FLUESSIGMISTBEREITUNG IN RINDERLAUFSTALLANLAGEN
8 21 TREIBMISTSYSTEM IM NIEDERLAENDISCHEN VERSUCHSBETRIEB
9 231 TEILSPALTENBODEN MIT SCHWEMMENTMISTUNG IM SCHWEINESTALL
9 262 ARBEITSAUFWAND BEIM FLUESSIGMISTVERFAHREN
9 263 GESCHLOSS.SCHWEMMENTMISTUNGSSYSTEM IN SCHWEINEMASTANLAGEN
9 500 MITTELS ENDLOSEM PLASTIKBAND MIT SCHABEBLECH U.TRANSP.KARRE
SCHLEPPSCHAUFEL
1 331 BEFESTIGTER FLAECHEN MIT SCHLEPPSCHAUFELN
1 565 SCHLEPPSCHAUFELENTMISTUNG IM KOTBUNKER
4 203 SCHLEPPSCHAUFELANLAGE FUER RINDERSTAELLE PATENT
4 208 SLOV 130 SCHLEPPSCHAUFELN FUER SCHWEINESTAELLE
5 700 SCHLEPPSCHAUFELENTMISTUNG IM ANBINDESTALL
6 271 SCHLEPPSCHAUFELANLAGE TSN 3B MIT PNEUMAT.FOERDERUNG
6 292 SCHLEPPSCHAUFELANLAGE FUER GUELLEFOERDERUNG
6 538 MIT SCHLEPPSCHAUFEL IM ANBINDESTALL
8 274 T 841 AUTOMAT.SCHLEPPSCHAUFELANLAGE PRUEFB.POTSDAM BORNIM
9 237 SCHLEPPSCHAUFELENTMISTUNGSANLAGE FUER HUEHNERGROSSSTAELLE
SCHUBSTANGE
1 302 SCHUBSTANGENENTMISTUNG UNTER DEM SPALTENBODEN
1 554 SCHUBSTANGEN SCHRAPPER UND FRONTLADERENTMISTUNG
6 290 SCHUBSTANGEN ODER KRATZERKETTENANLAGEN IN MILCHVIEHSTAELLEN
7 219 SCHUBSTANGENANLAGE FUER KOTRINNEN IN ESTN.MILCHVIEHFARMEN
8 241 TS 30 SCHUBSTANGENANLAGE
KRATZERKETTE
1 304 MIT KRATZERKETTENFOERDERER IN SCHWEINEMASTSTAELLEN
3 185 KRATZERKETTENENTMISTER BELASTUNG DES ANTRIEBES
3 399 KRATZERKETTENANLAGE TSN 3 0 UNTERSUCHUNGSERGEBNISSE
4 247 KETTENVORSPANNUNG IN KRATZERKETTENANLAGEN
8 549 KRATZERKETTENENTMISTUNG IN DREIHREIH.MILCHVIEHSTALLUMBAU
TRAKTOREINSATZ
1 302 TK 120 MB DUNGTRAKTOR MIT WINDE
1 542 MIT SCHIEBESCHILD IM ANBINDESTALL
7 439 VON SCHWEINESTALL MIT DEM FRONTLADER
8 21 TRAKTOR MIT FRONTSCHILD BETONMISTFILTER FRONTLADER
8 242 MITTELS FRONTLADER BAULICHE VORAUSSETZUNGEN
8 548 EINES KUHSTALLES DURCH TRAKTOR MIT SCHIEBESCHILD
SONSTIGE ANLAGEN
1 302 TK 120 SCHLITTENTYP FUER MILCHVIEHSTAELLE
2 346 SEILZUG UND FRONTLADERENTMISTUNG
4 203 VORRICHTUNG ZUM DUNGTRANSPORT IN FOERDERRINNE PATENT
4 249 MIT FALTSCHIEBER IN RINDER SCHWEINE U.HUEHNERSTAELLEN
4 585 SCHRAPPERSYSTEM FUER ALFA LAVAL LAUFSTALL
5 142 UNSTETIGLADER ZUM ENTMISTEN VON TIEFLAUFSTAELLEN
6 127 VON SCHAFSTAELLEN MIT KRAENEN
7 219 MIT SEILSCHRAPPER IN ESTN.MILCHVIEHFARMEN
7 220 ANLAGE VON ALFA LAVAL MIT V FOERMIGEN RAEUMSCHAREN
8 21 SCHUBSCHAUFEL IM NIEDERLAENDISCHEN VERSUCHSBETRIEB
8 553 KETTENENTMISTER FUER SCHWEINEMASTSTALL
8 557 V.JUNGGEFLUEGELSTAELLEN MIT SCHRAPPERKETTEN
9 261 BETRIEB UND BAU DES PNEUMATISCHEN DUNGFOERDERERS TSN 2
ENTNEHMEN VON SILAGE
1 302 TA 2 5 DOSIERWAGEN ZUM VERTEILEN V.SILOFUTTER
1 302 FRAESE UTSZ 140 ZUM AUSBRINGEN DER SILAGE
1 323 OBENENTNAHMEFRAESEN FUER TURMSILOS LEISTUNGSSTEIGERUNG
1 538 OBENENTNAHME U.UNTENENTNAHMEFRAESEN WIRTSCHAFTLICHKEIT
1 547 AUS HARVESTORESILOS MIT UNTENFRAESEN
2 321 ARBEITSQUALITAET V.ENTNAHMEFRAESEN B.MAIS UND GRASSILAGE
2 330 FRAESWERKZEUGE ZUR KARTOFFELSILAGEENTNAHME AUS FLACHBEHAELT.
3 192 BESCHICKUNGS UND ENTNAHMEGERAETE FUER TURMSILOS
3 358 ENTNAHMELEISTUNG AMERIKANISCHER KETTENFRAESEN
3 358 TECHNISCHE HILFSMITTEL BEI WINTERFUETTERUNG V.RINDVIEH
3 358 MOTORSTICHSAEGEN ZUM VORSCHNEID.DER SILAGE IN FLACHSILOS

3 358 ENTNEHMEN UNTERSUCHUNG DES EINSATZES V.OBEN U.UNTENFRAESEN
3 389 AUTOMATISIERUNG DER SILAGEENTNAHME AUS HOCHSILOS
4 3 UND FUTTERVERTEILUNG MIT MOBILEN U.STAT.ANLAGEN
4 179 SILOWIRTSCHAFT IN OESTERREICH
4 230 OBEN U.UNTENFRAESE GREIFER FRONTLADER U.FLACHSILOFRAESEN
4 231 DOSIERUNG V.GAER U.GRUENFUTTER MITTELS FRAESEINRICHTUNGEN
4 233 AUS HOCHSILOS IN ENGLAND VERFAHREN
4 234 MIT GREIFER FRONTLADER UNTEN ODER OBENFRAESEN
4 238 MIT SCHIENENGREIFERN DREH ODER PORTALKRANGREIFERN
4 238 AUS FLACHSILOS MIT FRONT DREIPUNKT ODER GREIFERLADERN
4 238 AUS HOCHSILOS MIT OBEN ODER UNTENFRAESEN
4 238 AUS HOCHSILOS MIT TELESKOP SAUGGEBLAESE
5 308 VSH 6 ENTNAHMEVORRICHTUNGEN FUER HOCHBEHAELTER
5 309 NEUE SILOMEHRZWECKFRAESE
5 356 UNTERSUCH.VERSCHIED.SYSTEME FUER HOCH UND FLACHSILOS
5 357 VON GAERHEU AUS HOCHSILOS
5 358 AUS HOCHSILOS MIT OBENENTNAHMEFRAESEN
6 255 ANLAGEN FUER DIE ENTNAHME VON SILAGE AUS HOCHSILOS
6 255 MECHANISCHE ENTNAHMEVORRICHTUNGEN FUER FAHRSILOS
6 256 OBENENTNAHMEFRAESEN ZUR GAERHEUENTNAHME
6 281 BERECH.V.KONSTRUKTIONS U.BETRIEBSDATEN DER FRAESTROMMEL
6 516 OBEN UND UNTENFRAESEN FUER KURZHAECKSEL
7 136 GERAETE FUER FLACH UND HOCHSILOS
7 166 FAHRBARE SILOFRAESE PATENT
7 218 OBENENTNAHMEANLAGE MIT RECHENFRAESE
8 220 ENTNAHMEGERAETE HERSTELLERLISTE
8 224 VSH 7.2 OBENENTNAHMEFRAESE FUER HOCHSILOS ENTNAHMELEISTUNG
8 242 AUS DEM FLACHSILO MIT TRAKTOR UND FRONTLADER
8 246 FRONTLADER UND FUTTERWAGEN BEI FLACHBEHAELTERN
8 246 OBENFRAESE UND FUTTERSCHNECKE BEI HOCHBEHAELTERN
8 254 STEUERUNGSSYSTEM ZUM ERREICH.V.KONSTANT.SILAGESTROM
8 262 ARBEITSERSPARNIS U.MECH.KOSTEN BEI SILAGEFUETTERUNG
8 506 UNTENENTNAHMEGERAET V.ROYTHORPE COPSTORES MIT ROT.SCHNECKEN
8 511 SILOFRAESEN AUF DER DLG SCHAU
8 514 FRAESEN AUF DEM FRANZ.MARKT GERAETELISTE
9 166 FRAESEN VON UNSINN EICHER UND STRAUTMANN
9 205 AUS HOHEN FAHRSILOS MECHANISIERUNG
9 226 MIT OBEN ODER UNTENENTNAHMEVORRICHTUNGEN
9 227 VERBESSERUNG VON OBEN UND UNTENENTNAHMEFRAESEN
9 242 VERFAHREN B.GROSSVOLUMIG.BETONHOCHSILOS IM LVG DUMMERSTORF
9 254 MECHANISIERUNG IN DEN USA
9 505 VORRICHT.FUER MECH.BESCHICKEN V.FLACHSILOS U.MASCH.ENTNAHME
ENTRINDEN S.AUCH RINDE
VON HOLZ S.UNTER HOLZAUFBEREITUNG
8 425 ENTRINDUNGSABFAELLE INDUSTRIEMAESSIGE KOMPOSTIERUNG
4 301 ENTSAFTER SUPER VIER VON STULZ
6 2 ENTSALZUNG VON SEEWASSER
ENTWAESSERUNG S.DRAENAGE
6 21 ENTWICKLUNGSLAENDER EINSATZ VON LANDWIRTSCHAFTSINGENIEUREN
3 594 EPOXYDHARZ EINSATZ IN DER WASSER UND GASINSTALLATION
6 47 UNTERSUCHUNG DER REIBUNGSZAHLEN VON SAFTFUTTER
6 186 ALS DECKSCHICHT FUER STAHL VERSCHLEISS IN MINERALDUENGER
7 15 KUNSTSTOFFKOMPLEX NSM GOSNITI FUER REPARATUREN
1 221 ERBSE ERFAHRUNGEN BEIM MAEHDRUSCH VON KOERNERERBSEN
1 222 ERFAHRUNGEN BEIM MAEHDRUSCH VON FUTTERERBSEN
1 371 SPEZIALERNTEMASCHINEN UND ARBEITSTECHNOLOGIE IN DER SU
1 462 SCHWADMAEHER FUER DREIPUNKTHECKANBAU
2 204 EINZELKORNLEGEMASCHINE FUER SOMMERWICKEN UND ERBSEN
2 265 FAHRBARE ERNTEMASCHINE
2 266 ARBEITSNORMEN FUER DIE ERNTE MIT SCHWADMAEHER U.MAEHDRESCHER
3 387 ARBEITSAUFWAND FUER DAS SCHROTEN MIT DER SCHROTMUEHLE DKU M
3 457 SELBSTFAHRENDE ERBSENDRESCHMASCHINE 6005 V.BRUESER
3 458 ERNTE MIT FAHRBAREN ERBSENDRESCHMASCHINEN
5 279 AUFNAHME U.RAUFVORRICHTUNGEN FUER MAEH U. SCHWADDRUSCH
5 280 WERTUNG VON DRESCHMASCHINEN FUER GRUENE ERBSEN
5 321 TROCKNEN IN DURCH VIBRATION GELOCKERTER SCHICHT

5 462 ERBSE MECHANISIERUNG DER ERNTE IN DEN USA
5 466 ERNTE UND AUFBEREITUNG V.GEMUESEERBSEN IN GROSSBRITANNIEN
5 479 AUTOMATISIERTE VERARBEITUNGSKETTEN
6 50 BESTIM.V.DURCHLAESSIGKEIT DER SCHALEN FUER INFRAROTSTRAHLEN
6 198 PFLANZENBAULICHE PROBLEME BEI DER SAATTECHNIK
6 384 STERIFLAMME VERFAHREN FUER DAS STERILISIEREN VON DOSEN
7 177 PARZELLENERBSENMISCHER
7 180 VERLAUF DES TROCKNENS IN MAISKAMMERTROCKNERN
7 400 ERNTEMASCHINEN ENTWICKLUNG IN DER SU
8 130 REIBUNGSSAEGERAET FUER ZUCHTGAERTEN
8 360 FELDDRESCHER FUER DIE GEMUESEERBSENERNTE
8 361 GEMUESEERBSENERNTEMASCHINE AMELIORAIR
8 380 GEMUESEERBSEN SORT. TECHN.LOESUNG DER DRUSCHERBSENKONTROLLE
9 1 MECHANISIERUNG DER ERNTE IN BELGIEN
9 20 REFLEXIONSVERMOEGEN VON VERSCHIEDENEN SORTEN
9 423 DRESCHMASCHINE AUF DEM LANDMASCHINENSALON IN PARIS
6 478 ERDBEBEN UNTERSUCH.DER DYNAMISCHEN EIGENSCHAFTEN V.FUNDAMENTEN
6 489 PROBLEME V.BAUAUSFUEHRUNG IN ERDBEBENGEFAEHR.LAENDL.RAYONEN
1 374 ERDBEERE VERSUCHE MIT PLASTFOLIE BEI DER KULTUR
1 387 ANBAU UNTER FOLIE IN SIZILIEN
3 434 BODENABDECKUNG MIT FOLIE
3 625 LAGERUNG NACH DER ERNTE
4 312 MECHANISIERUNG DES ANBAUES
4 312 ENTRANKEN MIT EINER RANKENSENSE
4 313 MECHANISIERUNG DES ANBAUES
4 343 PNEUMATISCHE ERNTEMASCHINE
4 343 AUFBAU EINER ERNTEMASCHINE
4 351 EINFL.V.ERNTEMECHANISIERUNG AUF BEERENOBSTANBAU
4 365 VERPACKUNG KUEHLUNG UND VERSAND VON PFLANZEN
4 396 SORTENEIGNUNG FUER VERSCHIEDENE KONSERVIERUNGSVERFAHREN
5 436 MECHANISIERUNGSMOEGLICHKEITEN IM GROSSFLAECHIGEN ANBAU
5 468 MECH.ERNTEMASCHINE DER UNIV.VON ARKANSAS
5 477 MATERIALIEN FUER KLEINVERPACKUNGSBEHAELTER
6 346 ANBAU IN KALIFORNIEN
6 347 EINSATZ EINER PLASTIKAUSLEGEMASCHINE
7 273 ANBAU U.BODENBEDECKUNG IM GEBIET CHEDDAR SOMERSET
7 289 PLASTGEWAECHSHAEUSER FUER EINE INTENSIVE PRODUKTION IN JAPAN
7 314 ARBEITSSTUDIEN BEI DER ERNTE
9 354 SPRITZMASCHINEN
2 67 ERDBOHRER MECHANISCHES BOHRGERAET FUER BODENKARTIERUNGEN
2 68 ZUR BESTIMMUNG DER BODENDICHTE
8 24 FUER ENTNAHME VON BODENPROBEN
9 428 FUER TRAKTORANBAU
ERDDAEMPFUNG S.UNTER ERDSTERILISATION
3 304 ERDNUSS NEUE MASCHINEN FUER ANBAU UND ERNTE
4 343 ERNTEMASCHINE MIT ROTIERENDEN KOPF
9 134 ZUSATZVORRICHTUNGEN FUER AUSSAAT MIT MAISSAEMASCHINEN
ERDSILIKATBETON S.UNTER BETON
2 476 ERDSTERILISATION OELGEFEUERTE ERDDAEMPFANLAGE REKORD PRUEF.ANERKENNG.
3 422 EINSATZ IM GARTENBAU DER DBR
5 489 DAEMPFGERAET AUS ENGLAND
5 490 DOSIERGERAET HERMANN MEYER ZUR BODENENTSEUCHUNG
6 68 VERWENDUNG VON FLUESSIGGAS FUER ERDDAEMPFUNG
7 337 DAEMPFGERAET MIT KONTAKT FLAMMVERFAHREN
7 339 BODENDAEMPFUNG IM ZIERPFLANZENBAU
7 262 ERDTOPFPRESSE VON WINEL MIT HOHER LEISTUNG
9 318 IG 9M KONSTRUKTION UND LEISTUNG
5 499 ERGOLOGIE DER PRODUKTIONSPROZESSE IN DER FORSTWIRTSCHAFT
1 11 ERGONOMIE MENSCH TECHN.EINRICHTUNG ARBEITSAUFGABE
5 631 BERICHT VOM XIV. IUFRO KONGRESS MUENCHEN
9 307 MENSCH UND PRODUKTIVITAET
1 27 ERNTE THEORIE UND BERECHNUNG DES ERNTEPROZESSES
2 408 MECHANISIERUNG IM GARTENBAU
3 255 ERFAHRUNGEN UEBER DIE TECHNISCHEN VORAUSSETZUNGEN
6 22 AUFGABEN DES LANDW.INGENIEURS IM SUDAN
7 9 AUTOMATISIERUNG PHYSIKALISCH TECHNOLOGISCHER PROZESSE

7 130 ERNTE KOMPLEXEINSATZ DER ERNTETECHNIK
7 131 INTERNATIONALES KOLLOQUIUM UEBER DIE HAECKSELERNTE
7 3 ERNTEAUFBEREITUNG LANDMASCHINENLEHRE BD. 11
1 198 ERNTEMASCHINE QUALITAETSVERBESSERUNG BEI MESSERKLINGEN
2 112 VERFORMUNG UEBERFEUCHTER BOEDEN DURCH GLEISKETTEN
2 113 GELAENDEGAENGIGK.V.AGGREGATEN AUF UEBERFEUCHTEM BODEN
2 267 ZUVERLAESSIGKEIT U.LEBENSDAUER V.SELBSTFAHR.KETTENKOMB.
3 254 1967 BETREUUNG DER IM KOMPLEX EINGESETZTEN MASCHINEN
3 556 VERWENDUNG VON PLASTSTOFFEN FUER ARBEITSTEILE
5 31 TECHNOLOGIE DER FERTIGUNG VON MESSERKLINGEN
5 254 FEDERZINKENSCHWINGUNGEN AN DEN RAUFTROMMELN
6 133 EINSATZGRENZEN FUER MASCH.UND GERAETE IN HANGLAGEN
8 1 TRANSPORTTROMMEL ZUM BELUEFTEN NEBEN DER ERNTEMASCHINE
8 1 ENTWURF EINER UNIVERSALMASCHINE FUER ALLE FELDARBEITEN
8 511 LANDTECHNISCHES ANGEBOT AUF DER DLG
4 136 AUTOMATISCHES REGELN DES DURCHSATZES
7 3 LANDMASCHINENLEHRE BD.11
1 159 EROSION EROSIONSVERHINDERNDES PFLUEGEN AUF HAENGEN
1 178 MAISANBAUVERFAHREN ZUR EINDAEMMUNG DER BODENEROSION
4 95 EINFL.V.REGENSCHAUER AUF WASSERFLUSS IN FLACHER RINNE
5 186 PRUEFUNG V.MASCH.ZUR VERHINDERUNG V.BODENEROSION
6 6 SCHUTZ DES BODENS IN TROCKENGEBIETEN
5 44 ERSATZTEIL VORAUSSETZUNGEN FUER DAS SENKEN DES VERBRAUCHES
ERSATZTEILVERSORGUNG S.UNTER INSTANDSETZUNG
7 175 ESSIGSAEURE ALS KONSERVIERUNGSMITTEL FUER SILAGE
ETAGENHEIZUNG S.UNTER HEIZUNG VON WOHNRAEUMEN
4 387 ETAGENWAGEN DER GEBR. VOM BRAUCKE KG.
7 253 ZUM TRANSPORT VON KISTEN
4 76 ETERNIT DRUCKROHRE FUER BEREGNUNGSANLAGEN
7 204 STALL MIT EINZELFRESSSTAENDEN FUER SAUEN
7 410 AUF DER BAU 68
2 10 EUROPA ENTWICKLUNGSTENDENZEN IN SUED UND MITTELEUROPA
2 13 KENNZIFFERN DER ENTWICKLUNG DER LANDWIRTSCHAFT
2 208 ENTWICKLUNGSGESCHICHTE DER HANDHACKEN IN MITTELEUROPA
1 337 EUTER STIMULATOR ZUM MECHANISCHEN ANREGEN DER MILCHABGABE
4 506 AUTOMATISCHE WASCH UND REINIGUNGSGERAETE
EXAKTFELDHAECKSLER S.UNTER FELDHAECKSLER
1 11 EXOSKELETT VERSTAERK.DER ENERGET.ARBEITSLEISTUNG V.MENSCHEN

9 504 FABRIK ZUR HERSTELLUNG VON MISCHFUTTER
9 400 FAELLKEIL HYDRAULISCHER FAELLKEIL DES HUSQVARNA WERKES
FAHRERKABINE S.UNTER TRAKTOR: ZUBEHOER
FAHRERSITZ FUER TRAKTOREN S.UNTER TRAKTOR: ZUBEHOER
FAHRSILO S.UNTER SILO
5 116 FAHRWIDERSTAND BERECHNUNG DES TRAKTOR FAHRWIDERSTANDES
3 106 FAHRZEUG NEUARTIGES TRAEGHEITSANTRIEBSSYSTEM
3 136 MIT SCHWIMMFAEHIGEN SCHRAUBENROTOREN MODELLVERSUCHE
6 494 SONNENSCHUTZGLAESER ZUR VERGLASUNG
7 4 LANDWIRTSCHAFTLICHE STOFF UND MASCHINENKUNDE
7 26 MECHANISCHE VORRICHTUNGEN FUER MESSEN VON WEGSTRECKEN
8 511 LANDTECHNISCHES ANGEBOT AUF DER DLG SCHAU
7 389 FALLE INSEKTENFALLE MIT MEHREREN PVC BEHAELTERN
3 91 FALLOUT SCHUTZ GEGEN RADIOAKTIVEN NIEDERSCHLAG IN DER LANDWIRTSCH.
3 92 SCHUTZ GEG.RADIOAKTIVEN NIEDERSCHLAG IN DER LANDWIRTSCH.
8 481 FALLSCHIRMSPRINGER EINSATZ IM WALDBRANDSCHUTZ IN DER SU
4 249 FALTSCHIEBER DUNGBESEITIGUNG AUS RINDER SCHWEINE U.HUEHNERSTAELLEN
4 274 FANGBOXE KONSTRUKTION FUER LAUFSTAELLE V.GASCOIGNES
5 619 FANGRECHEN AUFFANGEN DES FLOESSHOLZES ZUSAMMEN MIT DEM EIS
5 516 FAO INTERNAT.KATALOG FUER FORSTL.INSTRUMENTE U.HANDGERAETE
5 23 FARBE BEDEUTUNG BEI DER AEUSSEREN GESTALTUNG DER TRAKTOREN
5 42 FARBGEBUNG VON LANDMASCHINEN ALS MASSNAHME VORBEUG.INSTANDHALTG.
FASERPFLANZE FLACHS S.DORT
HANF S.DORT
7 357 FASERPLATTE GEWINNUNG VON DUENNHOLZ FUER PRODUKTION IN POLEN
FASS S.UNTER BEHAELTER

3 402 FASSWAGEN FUER DIE SCHWEMMENTMISTUNG
5 26 FEDER KORROSIONSSCHUTZ VON STAHLFEDERN

4 423 FEILBOCK DOLMAR MIT SCHAERFWINKELDREIECK
5 546 MIT SCHAERFWINKELDREIECK PRUEFURTEILE DES FPA
4 423 FEILHALTER ERGEBNISSE V.FORSTTECHN.PRUEFUNG
5 546 PRUEFURTEILE DES FORSTLICHEN PRUEFAUSSCHUSSES
5 259 FEIMENSETZER VERGLEICH VON ERNTEMASCHINENSYSTEMEN
2 53 FELDBAU EINFL.V.SCHLAGGROESSE U. FORM AUF ARBEITSZEITBEDARF
3 58 BERECHNUNG DER FELDARBEITEN IN PFLUEGEINHEITEN
3 111 SPEZ.KRAFTSTOFFVERBRAUCH U.GRUNDKENNZIFFERN F.ARBEITSARTEN
7 20 AUSNUTZUNG DER ARBEITSZEIT BEI MECH.FELDARBEITEN
7 21 BEDEUTUNG V.NORMUNG FUER ERHOEHUNG DER MASCH.PRODUKTIVITAET
8 1 PROGRAMMIERTE ENERGIEZENTRALE FUER ALLE AUSSENARBEITEN
9 3 TECHN.TENDENZEN IN DER MECHANIS.DER AUSSENWIRTSCHAFT
FELDHAECKSLER HINWEISE
SCHLEGELERNTER S.DORT
ALLGEMEINES
3 192 HAECKSELWIRTSCHAFT IN DER FRANZOES.LANDWIRTSCHAFT
7 145 OEKONOMISCHE PROBLEME DER HAECKSELFUTTERERNTE
8 144 DURCHSATZERHOEHUNG UND EXTREM KURZE HAECKSELLAENGEN
9 5 ERMITTLUNG DES LEISTUNGSBEDARFES
EINSATZ
1 206 MAISERNTE MIT EINEM MAISGEBISS
1 225 EINSATZ ZUR STROHBERGUNG
1 249 EINSATZ ZUR RUEBENBLATTERNTE AUS LAENGSSCHWADEN
3 194 SILOMAISERNTE MIT SCHEIBENRAD ODER TROMMELHAECKSLER
3 264 EXAKTHAECKSLER MIT MAISGEBISS FUER DIE MAISERNTE
3 279 KOERNERBESCHAEDIGUNG BEIM GETREIDEHAECKSELN
3 295 EINSATZ ZUM ENTBLATTEN VON FUTTERRUEBEN
4 11 ERFAHRUNGEN MIT EINSATZ SCHWERER TRAKTOREN
4 136 DURCHSATZREGELUNG DURCH AENDERUNG V.FAHRGESCHWINDIGKEIT
4 137 E 066 EINSATZ ZUR HALB UND DUERRHEUBERGUNG
4 140 EINSATZ FUER DIE ERNTE VON SILOMAIS
5 259 VERGLEICH VON ERNTEMASCHINENSYSTEMEN
5 272 FELDHAECKSELDRUSCHVERFAHREN BEI GETREIDEERNTE AM HANG
5 703 EINSATZ FUER DIE GRUENFUTTERERNTE
6 221 HALMFUTTERERNTE IN DER DDR
6 235 EINSATZ BEI DER GETREIDEERNTE IN DER CSSR
7 71 EINSATZGRENZEN AM HANG
7 137 HEU U.GRUENFUTTERERNTE MIT DLG ANERKANNTEN MASCHINEN
7 141 VERGL.V.VARIANTEN DES FELDHAECKSLEREINWAGENBETRIEBES
7 141 EXAKTFELDHAECKSLER ALS SCHLUESSELMASCH.F.SCHUETTGUTBETR.
7 143 E 066 IB EIGNUNG ZUM HAECKSELN VON WELKGUT
7 155 VERFAHREN BEI DER GETREIDEERNTE AM HANG
8 145 SCHEIBENRAD U.TROMMELHAECKSLER FUER DIE FUTTERERNTE
8 161 LEISTUNGSDATEN AUS DER FUTTERERNTE
8 183 E 066 EINSATZ FUER DIE STROHBERGUNG
8 187 E 066 EINSATZ ZUR STROHBERGUNG
8 190 E 066 EINSATZ ZUR STROHBERGUNG
8 205 EINSATZ FUER DIE STROHBERGUNG
9 3 FUER DIE FUTTERGEWINNUNG
9 63 E 066 1 EINSATZ FUER ANWELKGUT
9 64 GEWINNUNG VON ANWELKFUTTER IM LVG DUMMERSTORF
9 157 TECHNOLOGISCHE ANFORDERUNGEN AN DIE WELKGUTERNTE
9 172 E 066 EINSATZ ZUR STROHBERGUNG
9 176 ERNTE VON GETREIDE PROBLEM DER KORNTRENNUNG
BAUARTEN TYPEN
1 208 SCHEIBENRADHAECKSLER MOGUL MH 14 PRUEFBER.WIESELBURG
1 209 SCHEIBENRADHAECKSLER FHR PRUEFBERICHT WIESELBURG
1 313 EP C 2 FUER FUTTERBERGUNG IN DER WUESTE
2 225 SCHEIBENRADHAECKSLER UNIVERSAL 1I MR FH PRUEFB.WIESELBG.
2 267 KSG 2 6 SELBSTFAHRENDER KETTENFELDHAECKSLER
3 559 TROMMELMAEHHAECKSLER SRUB 183
4 141 SELBSTFAHRFUTTERERNTER FUER VERSUCHSPARZELLEN
6 121 SPEISER HAECKSELLADEWAGEN MIT TROMMELHAECKSLER

6 121 FELDHAECKSLER HAECKSELWAGEN VON MENGELE MIT SCHEIBENRADHAECKSLER
6 223 FUTTERERNTER NEW HOLLAND 717 MIT ROTIER.SCHNEIDKOPF
7 136 FUER DIE GRUENGUTGEWINNUNG ZUM SILIEREN
7 142 ANBAUTROMMELEXAKTHAECKSLER DER QUERFLUSSBAUART FHW
7 142 VOR U.NACHTEILE V.TROMMEL UND SCHEIBENRAD
7 394 FUER DIE MAISERNTE JAGUAR SPEISER JOHN DEERE
7 399 EXAKTFELDHAECKSLER AUF DER DLG AUSSTELLUNG
8 142 ZUR BEWAELTIGUNG DER FUTTERERNTE
8 151 DREIPUNKTANBAUHAECKSLER MIT AUTOMATIKWAGEN
8 514 1968 GERAETELISTE IN FRANKREICH GEHANDELTER TYPEN
9 66 BEWERTUNGSKRITERIEN FUER VERGLEICHSPRUEFUNGEN
9 154 MIT MAISGEBISS U.ANBAUMAISFELDHAECKSLER
9 156 SPEZIALANBAUMAISHAECKSLER DER FA. KEMPER
9 163 DLG ANERKANNTE HAECKSLER
BAUGRUPPEN BAUTEILE
1 207 MIT ZUSATZVORRICHTUNG FUER DIE MAISERNTE
3 260 ERHOEHUNG DER VERSCHLEISSFESTIGK.V.HAECKSLERMESSERN
5 255 ERHOEHUNG DER ZUVERLAESSIGKEIT DES ANTRIEBES
5 311 UNTERSUCHUNGSERGEBNISSE VON HAECKSELTROMMELN
7 140 UNTERSUCH.V.MATERIALFOERDERG.IN U.NACH SCHNEIDWURFTROMM.
7 140 ERMITTL.V.BELASTUNGSWERTEN V.TROMMELEXAKTHAECKSLERORGAN.
7 142 MAISMAEHVORSATZ FUER TROMMELHAECKSLER FHW
7 144 UNTERSUCH.AN DEN TROMMELMESSERN DER SILOKOMBINE
8 202 KUPPLUNGSEINRICHTUNG AN SELBSTFAHR.MASCHINEN PATENT
FELDSPRITZGERAET S.UNTER SPRITZEN
FELDVERSUCH S.UNTER VERSUCHSFELDER
5 50 FELDWIRTSCHAFT ABLAUF U.KAPAZITAETSPLANUNG MIT HILFE V.NETZWERKPLANUNG
5 51 EINFL.V.MECH.AUF ARBEITSAUFWAND U.KOSTEN
5 52 OPTIMALE PLANUNG DES MASCHINENEINSATZES
6 3 MASCHINENSYSTEM FUER DAS JAHR 1980
FENSTER
7 426 AUS GLASFASERVERSTAERKTEM POLYESTER
1 512 EINFLUSS AUF TAGESBELICHTUNG DER STAELLE
1 555 GROESSE DER FLAECHE BEI ZUCHTSCHWEINESTAELLEN
5 683 FUNKTION IM LANDWIRTSCHAFTLICHEN BAUWESEN
6 496 SCHALENPROFILE AUS GLAKRESIT FUER DIE FENSTERPRODUKTION
6 497 KONSTRUKTIONEN AUS HOLZ BETON STAHL UND PLASTEN
7 408 DACHFENSTER U.OBERLICHTER AUS GLASFASERVERSTAERKT.PLAST
7 420 VORGEFERTIGTE BAUELEMENTE DER FA. STOCKBUILDINGS
8 541 AUS MEHREREN RAHMEN BESTEHENDE FENSTERFLUEGEL
FERKELSTALL S.UNTER SCHWEINESTALL
FERNHEIZUNG S.UNTER HEIZUNG VON WOHNRAEUMEN
5 673 FERNSCHREIBER DISPATCHERORGANISATION AUF LAENDLICHEN BAUSTELLEN
5 158 FERNSEHEN BESTIMMUNG VON BESCHAEDIGUNGEN BEI DRAENANLAGEN
1 13 FERNSTEUERUNG UND SERVOMECHANISMEN WIRKUNGSWEISE
FERTIGHAUS S.UNTER WOHNHAUS
FERTIGTEILBAUWEISE S.UNTER BAUWEISE
S.AUCH BAUKONSTRUKTION
1 22 FESTSCHMIERSTOFF ZUR VERSCHLEISSMINDERUNG BEI MASCHINEN
3 581 FEUCHTEGEBER MIT ELEKTRISCHEM WIDERSTANDSTHERMOMETER
FEUCHTEMESSUNG BEI GETREIDE S.UNTER GETREIDE
7 10 DIREKTE ELEKTRISCHE MESSWERTERFASSUNG
7 359 VERFAHREN FUER HOLZ
7 360 VERMESS.V.INDUSTR.HOLZ MASSENERMITTLG.U.HOLZFEUCHTETEST
8 25 METHODEN ZUM BESTIMM.DER LUFTFEUCHTIGKEIT
8 234 VON KOERNERN UND SAMEN GERAETE
8 304 MESSINSTRUMENTE FUER KUEHL GASZELLEN
8 539 BEI BAUTEN ZUM BESTIMM.V.FEUCHTEGEHALT U.VERTEILUNG
8 540 BEI BAUTEN ZUM BESTIMM.V.FEUCHTEGEHALT U.VERTEILUNG
8 555 IM GEFLUEGELAUFZUCHTHAUS MIT KUENSTLICHER HEIZUNG
9 14 EINFACHSCHREIBER DER ZWEI WERTE REGISTRIEREN KANN
5 460 FEUCHTEREGELGERAET FUER DEN GARTENBAU
5 675 FEUCHTIGKEITSSCHUTZ SPERR UND DAEMMSCHICHTEN IN STALLGEBAEUDEN
5 623 FEUERLOESCHBOMBE ZUR WALDBRANDBEKAEMPFUNG
5 622 FEUERWACHTURM TYP B ST STANDARDISIERUNG
4 435 FIBROLIT NEUES HERSTELLUNGSVERFAHREN

8 525 FIBROLIT ZEMENTGEBUNDENE HOLZWOLLEPLATTEN FUER WAENDE UND DAECHER
8 526 FUNDAMENTE AUS DURCH HITZE VERFESTIGTEN BODEN
3 310 FICHTE HERSTELLEN VON NADELMEHL ALS FUTTERBESTANDTEIL
4 446 BAUMEIGENSCHAFTEN UND ENTASTUNGSZEIT
4 482 MECHANISIERUNG DER AUSFORMUNG AUF AUSFORMUNGSPLAETZEN
4 490 GERAETE FUER DAS SAMMELN VON ERHAERTETEM HARZ
5 536 BAUMFAELLUNG BEI DURCHFORSTUNG UNTER GEBIRGSBEDINGUNGEN
5 560 ENERGIEVERBRAUCH BEIM ENTASTEN IN BEHAELTERANLAGE MEDVED
5 562 KENNDATEN DES SCHNEIDPROZESSES BEIM ENTASTEN
5 563 ENTASTUNGSQUALITAET UND AUFARBEITUNGSLEISTUNG
5 565 KOMPOSTGEWINNUNG AUS RINDE
5 567 EINFLUESSE AUF DEN SPEZIFISCHEN WIDERSTAND BEIM ENTRINDEN
5 568 SCHWANKUNGEN DER RINDENMASSE IN FINNLAND
5 571 MEHRSAEGEAGGREGATE ZUM EINSCHNEIDEN VON LANGHOLZ
6 400 MASCHINE FUER DAS REINIGEN UND SICHTEN VON SAATGUT
7 373 HANDAERDSOLGENERATOREN ZUM AUSLICHTEN V.NADELHOLZ
7 418 ALS BAUSTOFF FUER STALLBAUTEN
8 427 WAHL DES PFLANZENABSTANDES BEI AUFFORSTUNGEN
1 51 FILTER LAGENUNEMPFINDL.FILTER MIT VERSCHMUTZUNGSANZEIGE
5 159 AUS PROFILIERTEN BAENDERN FUER ENTWAESSERUNGSANLAGEN
6 58 ZEITABSTAENDE FUER AUSWECHSELN V.KRAFTSTOFF FEINFILTERN
6 366 ENTEISEN UND AUFBEREITUNG VON WASSER FUER BEREGNUNG
6 492 FILZ VERWENDUNG FUER STALLBODENPLATTEN WAERMEENTZUGSBESTIMMUNG
FINGERRECHEN S.UNTER MAEHDRESCHER
2 117 FINNLAND FLUGZEUGEINSATZ BEI DER DUENGUNG
3 487 ENTWICKLUNG DER FINN.FORSTWIRTSCHAFT BIS 2000
4 570 FERTIGHAUSINDUSTRIE
5 501 ENTLOHNUNG V.ARBEITEN IM FORSTL.HAUUNGSBETRIEB
6 312 FISCH IRREVERSIBLE VERAENDERUNGEN BEI GEFRIERLAG.V.FISCHFLEISCH
8 299 VERLAENGERUNG DER LAGERZEIT DURCH BESTRAHLUNG
FISCHGRAETENMELKSTAND S.UNTER MELKSTAND
FLACHMOOR S.UNTER MOOR
1 2 FLACHS MECHANISIERUNG UND VERVOLLKOMMNUNG DER ERNTE
2 278 ELEKTROMAGNETISCHER SAATGUTREINIGER ASE IM
2 300 ANLAGE ZUM TROCKNEN V.MIT MAEHDRESCHERN GEERNTETEM FLACHSLEIN
3 284 BINDEVORRICHTUNGEN AN ERNTEMASCHINEN VERGLEICH
3 329 REINIGUNGSMASCHINEN FUER SAMEN
4 535 PLATTEN AUS FLACHSABFAELLEN
5 65 REIBZAHLEN DES ROHLEINS UND DES LEINSTROHS
5 275 SOWJET.MASCH.FUER AUSSAAT ERNTE UND AUFBEREITUNG
5 276 LEISTUNGSKENNWERTE DER DRESCHMASCH.B,VERSCHIED.DURCHSATZ
5 277 MASCH.FUER AUFSAMMELN UND BUENDELN V.ROHLEIN
5 277 NEUE SOWJET.MASCHINEN FUER DEN FLACHSANBAU
5 278 ENTWICKLUNGSTENDENZEN BEI DER MECHANIS.DES DRUSCHES
5 337 MASCHINE VR 12 FUER DAS RIFFELN UND REINIGEN DER SAMENKAPSELN
6 18 BEARBEITUNG FORSCHUNGSARBEITEN IM IBVL
6 238 ARBEIT V.ERNTEMASCHINEN IN DER UKRAINISCHEN SSR
6 239 RATIONALIS.DER TRADITION.AUFBEREITUNG IN DEN NIEDERLANDEN
7 400 ERNTEMASCHINEN ENTWICKLUNG IN DER SU
9 183 RAUFMASCHINE MIT VORRICHTUNG ZUM BILDEN VON HOCKEN
8 498 AVIOCHEMISCHE UNKRAUTBEKAEMPFUNG
FLACHSILO S.UNTER SILO S.UNTER SILIEREN
FLACHSORTIERER S.UNTER KARTOFFELI SORTIEREN
2 490 FLACHSSCHAEBE FUER WAERMEDAEMMUNG VON KALT UND WARMDAECHER
FLACHSTABWAELZEGGE S.UNTER EGGEN
FLACHSTRAHLDUESE S.UNTER SPRITZEN
1 421 FLAECHENABRAEUMEN GERAETE ZUR JUNGWUCHSBESEITIG. SCHNEIDVORRICHTUNG
2 176 RODEGERAET V.TYP H ZUM RODEN V.GEBUESCH
2 212 SPRITZGERAET F.AUSBRING.V.HERBIZID.GEG.STRAUCHBEWUCH
4 97 URBARMACHUNG MIT GESTRUEPP BEWACHS.MOORE TECHNOL.
5 527 UEBERSCHWERE WALZE Z.VERNICHT.V.SCHLAGFLAECHENABRAUM
5 527 UEBERSCHWERE WALZE ZUR VERNICHTG.V.UNTERWUCHS
5 547 PSC 3 REISIGSAMMLER ARBEITSLEISTUNG
6 161 METHODEN DER GESTRUEPPVERNICHTUNG
6 409 GERAET V.LETOURNEAU ZUM EINEBNEN GERAEUM,FLAECHEN
7 354 NEUER SPEZIALKETTENTRAKTOR FUER SCHLAGREINIGUNG

8 409 FLAECHENABRAEUMEN SCHLAGABRAUMBEHANDLUNG VOR DER KULTURBEGRUENDUNG
8 504 BAUMSTUMPFFRAESE STUMPF MASTER
9 372 MOEGLICHKEITEN DER SCHLAGABRAUMBEHANDLUNG
9 403 SCHLAGABRAUMBEHANDLUNG TAGUNGSBERICHT
4 53 FLAMMENWERFER GERAET FUER DIE STOPPELBEARBEITUNG
8 213 VORTEILE DES TOTBRENNENS VON KARTOFFELKRAUT
9 152 FUER DIE UNKRAUTBEKAEMPFUNG
9 372 VERBRENNEN VON SCHLAGABRAUM WALDBRANDGEFAHR
4 134 FLAMMGERAET ZUR UNKRAUTBEKAEMPFUNG
6 151 ABFLAMMEN DES GRASWUCHSES AUF BOESCHUNGEN
7 390 ABFLAMMEN DER LUZERNESCHLAEGE GEGEN LUZERNERUESSELKAEFER
3 357 FLASCHENDAEMPFER PF 1
5 703 FLASCHENFUELLEINRICHTUNG FUER VORZUGSMILCH
5 391 FLASCHENKNACKER VOM PLASTIKWERK J. BUCHSTEINER GINGEN
3 417 FLEISCH ABTOETUNG V.FINNEN U.TRICHINEN MIT IONIS.STRAHLEN
6 312 IRREVERSIBLE VERAENDERUNGEN BEI GEFRIERLAG.V.FISCHFLEISCH
8 299 FLEISCHWAREN VERLAENGERUNG DER LAGERZEIT DURCH BESTRAHLUNG
FLOESSEN VON HOLZ S.UNTER HOLZTRANSPORT
FLOESSHOLZ S.UNTER HOLZTRANSPORT
1 476 FLUATE ALS BAUTENSCHUTZSTOFFE FUER BETON
FLUESSIGDUENGUNG S.UNTER DUENGEN
S.AUCH BEREGNUNGSDUENGUNG
FLUESSIGGAS S.UNTER GAS
2 61 FLUESSIGKEIT DIFFERENTIALNIEDERDRUCKMESSUNGEN
5 19 FLUESSIGKEITSNIVEAU THYRATRONGERAETE FUER DIE REGELUNG
2 25 FLUESSIGKEITSREGELUNG THEORET.ANGABEN U.LEISTUNGSFAEHIGK.V.GERAETEN
FLUESSIGMIST S.GUELLE FLUESSIGMIST
7 413 FLUGASCHE FUER PORENBETON
6 448 FLUGBRAND GERAET ZUR HEISSWASSERBEHANDLUNG VON SAATGUT
6 214 FLUGHAFER BEKAEMPFUNG IN ZUCKERRUEBEN
9 20 REFLEXIONSVERMOEGEN VON VERSCHIEDENEN SORTEN
4 430 FLUGPLATZ ERRICHTUNG EINES NETZES FUER DIE WALDDUENGUNG
FLUGZEUG
ALLGEMEINES
1 93 11. AGRARFLUGKONFERENZ
3 173 AUSBILDUNG ZUM AGRARFLIEGER IN NEUSEELAND
5 127 SYMPOSIUM UEBER DEN AGRARFLUG IN LONDON
7 3 IN DER LANDWIRTSCHAFT LANDMASCHINENLEHRE BD. 11
7 63 1967 BERICHT UEBER DEN AGRARFLUG IN JAPAN
8 404 NEUHEITEN AUF DEM GEBIET DES AGRARFLUGES
BAUARTEN TYPEN
6 118 Z 37 EINMOTORIGER FREITRAGENDER TIEFDECKER
7 64 WASSERBOMBER ZUR BEKAEMPFUNG VON BRAENDEN
7 65 TURBO PORTER PC 6 B LANDWIRTSCHAFTSFLUGZEUG TECHN.DATEN
EINSATZ
1 90 EINSATZ IN DER LANDWIRTSCHAFT DER DDR
1 91 1965 UNFALLURSACHEN BEIM EINSATZ IN DEN USA
1 452 STAND DER HOLZBEFOERDERUNG AUF DEM LUFTWEGE
2 118 EINSATZ IN DER LAND UND FORSTWIRTSCHAFT FACHBUCH
2 158 CHEM.GRABENENTKRAUTUNG MIT HELIKOPTER
2 441 ZUM AUSBRINGEN VON FORSTSAMEN IN DEN USA
3 171 LEISTG.U.KOSTEN IN LAND UND FORSTWIRTSCHAFT
3 172 WIRTSCHAFTSFLUG ENTWICKLG.U.EINSATZBEREICHE IN DER SU
3 172 VORTEIL DES HUBSCHRAUBEREINSATZES GEGENUEBER STARRFLUEGLER
4 498 AZU 45 TRAKTORGEKOPPELTES FUELLGERAET
5 126 AGRARFLUG IN INDIEN
5 128 EINSATZ IN DER LANDWIRTSCHAFT RAHMENVORSCHRIFTEN
5 507 HUBSCHRAUBER ZUM HOLZRUECKEN
6 2 EINSATZ VON HUBSCHRAUBERN FUER TRANSPORTE
6 116 AGRARLUFTFAHRT SITUATION IN DER DBR
7 66 HUBSCHRAUBER BELL MIT SPRENGVORRICH.ZUR STAUBBEKAEMPFUNG
8 65 WIRTSCHAFTLICHKEIT DES EINSATZES U.EINSATZUMFANG IN DER WELT
8 67 EINSATZ BEI LANDWIRTSCHAFTLICHEN ARBEITEN IN DER UDSSR
8 481 VERBESS.V.FALLSCHIRM FEUERWEHRDIENST DES WALDBRANDSCHUTZES
9 53 HUBSCHRAUBEREINSATZ ZUR CHEM.GRABENENTKRAUTUNG
SAEEN

4 127 FLUGZEUG STREUTELLER ZUR AUSSAAT VON KOERNIGEM SAATGUT
DUENGEN
1 92 BELADUNG MIT DUENGER
2 116 ENTWICKLUNG DES AGRARFLUGES BIS 1970 IN DER DDR
2 117 UEBERBLICK UEBER EINSATZ ZUR DUENGUNG
3 241 VORTEILE DES DUENGERAUSBRINGENS OEKON.KENNZIFFERN
3 245 AUSBRINGEN FESTER DUENGEMITTEL FACHBEREICHSTANDARD TGL
3 501 ERMITTL.STREULUNGSGLEICHMAESSIGKEIT BEI WALDDUENGUNG
3 502 PILATUS PORTEE TURBO PROP FUER WALDDUENGUNG
4 429 2 DUENGUNGSVERFAHREN FUER DIE CALLAIR A 9
4 430 ERRICHTUNG EINES FLUGPLATZNETZES FUER DIE WALDDUENGUNG
5 214 Z 37 FUER KOPFDUENGUNG UND PFLANZENSCHUTZ
5 525 DUENGEN IN DER BRITISCHEN FORSTWIRTSCHAFT
6 404 WALDDUENGUNG MITTELS KLEINER FLUGZEUGE IN SCHWEDEN
7 63 GRANULATSTREUEINRICHTUNG ROTIERENDER VERTEILERSCHEIBEN
7 67 GERAETE FUER BELADEN VON FLUGZEUGEN MIT DUENGEMITTELN
8 66 DURCHSCHNITTSPREISE FUER DUENGERSTREUEN U.HARNSTOFFSPRITZEN
PFLANZENSCHUTZ
1 95 EINSATZ FUER PFLANZENSCHUTZ UND DUENGUNG
1 456 BELADEGERAET AZU FUER WIRTSCHAFTSFLUGZEUGE
1 460 AUSBRINGEN VON INSEKTIZIDEN FACHBEREICHSTANDARD
3 171 SPRUEHEN IM ACKER UND GARTENBAU KOSTEN
3 172 SPRITZEN U.STAEUBEN MIT HUBSCHRAUBER MI 6
3 478 EINSATZ ZUR SCHAEDLINGSBEKAEMPFUNG IM WEINBAU
3 480 SCHUTZ VON KULTUREN GEGEN FROST DURCH HUBSCHRAUBER
3 550 KLEINFLUGZEUG U.HELIKOPTER ZUR HEUSCHRECKENBEKAEMPFG.KOSTEN
3 551 PHYTOPHTHORABEKAEMPFUNG BEI KARTOFFELN
4 501 EINSATZ IN LANDW. TECHN.NORMEN GUETEVORSCHRIFTEN
4 504 Z.Z.VORHANDENE STREUVORRICHTUNGEN
5 126 EINSATZ VON STARRFLUEGLERN ZUR HEUSCHRECKENBEKAEMPFUNG
5 651 AUSRUESTUNG U.CHEMIKALIEN FUER PFLANZENSCHUTZ
5 652 HUBSCHRAUBER ZUR GELBROSTBEKAEMPFUNG IN GETREIDE
6 2 HUBSCHRAUBER MIT PROGRAMMIERUNGSEINRICHTUNG
6 117 HUBSCHRAUBER U.STARRFLUEGLER FUER PFLANZENSCHUTZ IM WEINBAU
6 118 Z 37 LEISTUNG BEIM SPRITZEN UND SPRUEHEN
6 431 HUBSCHRAUBER ZUR BEKAEMPFUNG VON BORKENKAEFER
6 448 AUSRUESTUNGEN FUER DEN PFLANZENSCHUTZ IN DER UDSSR
6 454 FUNGIZIDANWENDUNG GEGEN KARTOFFELKRAUTFAEULE VERSUCHE
7 128 AUSBRINGEN HERBIZIDER MIKROGRANULATE
7 383 PROBLEME ZWISCHEN DER TECHNIK UND PFLANZENSCHUTZ
7 388 EINSATZ MIT MALATHION IM ULV VERFAHREN GEG.BAUMWOLLSCHAEDL.
8 65 VERFAHRENSKOSTEN FUER SPRUEHVERFAHREN
8 66 DURCHSCHNITTSPREISE FUER DAS SPRUEHEN
8 67 AUSBRINGUNG VON HERBIZIDEN BEI GETREIDE
8 395 HUBSCHRAUBEREINSATZ ZUR SCHAEDLINGSBEKAEMPFUNG IM WEINBAU
9 53 AUSBRINGUNG VON DIKOTEX MIT DER AN 2
9 53 BEKAEMPFUNG DER CERCOSPORA IN ZUCKERRUEBEN
9 355 HUBSCHRAUBEREINSATZ ZUM PFLANZENSCHUTZ IM WEINBAU
9 223 FLUORESZENZ AUSNUTZUNG ZUR TRENNUNG VON KARTOFFELN UND BEIMENGUNGEN
9 428 FLUSS KETTENFAHRZEUG ZUM AUSBAGGERN
2 418 FOERDERBAHN ZUR ABNAHME DES SORTIERGUTES BEI OBSTSORTIERMASCHINEN
1 92 FOERDERBAND BELADUNG DES FLUGZEUGES MIT DUENGER
1 112 TCM PROBELAUFTECHNIK UND IHR BETRIEB
1 122 SYSTEM STOF 30 ZUM VERLADEN VON KARTOFFELN
1 296 MECH.BESCHICKEN U.ENTLEEREN VON LAGERSILOS
1 328 GUMMIBAND FUER DEN FUTTERTRANSPORT
1 566 ZUM EINSAMMELN VON EIERN
1 569 TRANSPORTBAENDER FUER GETREIDEBE U.ENTLADUNGSARBEITEN
2 273 VORRATSFOERDERBAND EINSATZ BEI DER BEREITG.V.GRASSILAGE
3 188 ANTRIEBSLEISTUNG UND FOERDERLEISTUNG
3 194 EINSATZ ZUM ABLADEN VON SCHWEREN MAISHAECKSEL
3 257 MITNEHMEN V.HALMGUT DURCH ZINKEN V.AUFNAHMEVORRICHTUNGEN
3 264 EINSATZ ZUM FOERDERN VON SILOMAIS
3 293 VORFUEHRUNG VON TRANSPORTGERAETEN FUER KARTOFFELN
4 49 WEITERFOERDERN VON ERNTEGUT AUF DEM HOF
4 239 ENDLOS MIT KLAPPGREIFERN FUER RINDERFUETTERUNG

5 326 FOERDERBAND KENNWERTE EINES SELBSTFAHRENDEN KRATZBANDAUFGEBERS
5 469 SELBSTFAHREND FUER DIE ERNTE VON HIMBEEREN
5 474 VERPACKUNGSSTRASSE FUER AEPFEL AUF TRAEGERSCHALEN
6 256 DOP 8 ZUR BESCHICKUNG VON GAERHEUSILOS
6 270 ZUM VERLADEN VON GETREIDE IN TRANSPORTMITTEL
7 67 GERAETE FUER BELADEN VON FLUGZEUGEN MIT DUENGEMITTELN
7 114 EIGNUNG FUER DEN TRANSPORT VON MINERALDUENGER
7 135 ZUR HEUVERTEILUNG IM LAGER
7 195 GERAET ZUM AUTOMAT.FUELLEN VON KARTOFFELKISTEN
7 392 VIBRATIONSFOERDERER FUER KARTOFFELN UND GETREIDE
8 76 BAENDER FUER TRANSPORT LANDW.PRODUKTE AUF DEM HOF
8 115 GUMMIFOERDERBAND FUER MINERALDUENGER
8 144 FUER DIE HOCHSILOFUELLUNG
8 151 FUER HAECKSELGUTTRANSPORT IN HOCHSILOS
8 205 T 224 1 EINSATZ FUER DIE STROHBERGUNG
8 206 HALMGUTFOERDERUNG MIT SCHNELLAUFENDEN FOERDERBAENDERN
8 243 FUER DEN SILAGETRANSPORT
8 361 ALS TRANSPORTEINRICHTUNG FUER GEMUESEERNTEMASCHINEN
8 363 MIT SCHAUMGUMMIAUFLAGE IN DER KOPFKOHLERNTEMASCHINE
8 473 TRANSPORTABLES SCHRAPPFOERDERBAND FUER HOLZSPAENE
9 63 FB 82 1 EINSATZ FUER ANWELKGUT
9 177 EINSATZ FUER DEN TRANSPORT VON GETREIDEKOERNERN
9 196 FUER DEN TRANSPORT VON BALLEN
9 210 ZUM KOERNERTRANSPORT IN GETREIDEAUFBEREITUNGSANLAGEN
9 219 FUER LAGERUNG UND AUFBEREITUNG VON KARTOFFELN
9 227 FUER DIE FUTTERVERTEILUNG IM STALL
9 234 BESEITIGEN DER FUTTERRESTE U.EIERTRANSPORT B.PUTENHALTUNG
FOERDERGEBLAESE S.AUCH WURFGEBLAESE
1 297 3 KOERNERGEBLAESE DES VEB PETKUS
2 20 UNTERSUCH.UEBER FOERDERHOEHEN VON WURFGEBLAESEN
3 187 TYPENTABELLE VON GEBLAESEN ZUR SILOBESCHICKUNG
3 188 FOERDERN OHNE U.MIT SCHNEIDEN FOERDERLEISTUNGEN
3 189 PHASENDIAGRAMM DER PNEUMATISCHEN FOERDERUNG
3 194 ABLADEWURFGEBLAESE FUER GEHAECKSELTEN SILOMAIS
3 336 FUER KOERNERGUT DRUCKVERLUSTE IN ROHRBOGEN
4 49 WEITERFOERDERN VON ERNTEGUT AUF DEM HOF
4 587 ANFORDERUNGEN AN GEBAEUDEGESTALTUNG
5 144 GLEICHUNGEN FUER DRUCK UND FOERDERMENGE
5 145 ELEKTR.DRUCKMESS.BEI DER PNEUMAT.FOERDERUNG
5 146 IN GETREIDEVERARBEITUNGSBETRIEBEN
5 258 FUER DEN TRANSPORT VON HAECKSELGUT
5 313 FUER HEU MIT GERINGEM LEISTUNGSBEDARF
6 256 SMPU 80 ZUR BESCHICKUNG VON GAERHEUSILOS
7 201 SCHUETTTRICHTER ZUR BESCHICKUNG MIT GRUENFUTTER
7 394 KERRO AUFSAMMELBLASER FUER DIE ERNTE VON WELKGRAS
7 394 DOSIEREINRICHTUNGEN FUER HEUGEBLAESE
7 401 V.IMA GEPRUEFTE U.ANERKANNTE HEU U.GARBENGEBLAESE
8 183 FG 25 C EINSATZ FUER HAECKSELGUT
8 205 EINSATZ FUER DIE STROHBERGUNG
8 225 EINLAGERUNG VON SILIERGUT IN HOCHSILOS
8 228 FUER HEUTRANSPORT VOM LAGER ZUM FUETTERUNGSORT
9 63 FG 35 2 EINSATZ FUER ANWELKGUT
9 172 STROHTRANSPORT MIT DEM NEMA GEBLAESE G 3 U.EG 35
9 177 EINSATZ FUER DEN TRANSPORT VON GETREIDEKOERNERN
9 196 TELESKOPSAUGGEBLAESE FUER DEN GRUENFUTTERTRANSPORT
9 218 KOERNERGEBLAESE T 502 V.VEB PETKUS PRUEFB.POTSDAM
9 242 FUNKTIONSTUECHTIGKEIT BEI DER HOCHSILOBESCHICKUNG
9 427 ZAPFWELLENANGETRIEBENES GEBLAESE
FOERDERN SCHNECKENFOERDERER S.DORT
FOERDERBAND S.DORT
FOERDERGEBLAESE S.DORT
S.AUCH LADEN TRANSPORT
ELEVATOR S.DORT
2 188 PNEUMAT.ANLAGEN FUER VOLLAUTOMAT.DUENGERLAGER
2 289 DODS 7 VORRATSFOERDERER PRUEFBERICHT POTSDAM BORNIM
3 189 PHASENDIAGRAMM DER PNEUMATISCHEN FOERDERUNG

3 190 FOERDERN GASTERSTAEDTSCHER BEIWERT BEI PNEUMATISCHER FOERDERUNG
3 436 TZK 30 BESCHICKUNGS BZW.ANNAHMEFOERDERER
3 558 FRANZOESISCHE GERAETELISTE MIT TECHN.DATEN
4 17 EINFLUESSE AUF TEILCHEN WAEHREND DES FREIEN FALLS IM ROHR
4 375 EINRICHTUNGEN FUER PFIRSICHPACKHAEUSER
5 143 GAMO STEILFOERDERER TYP GS MIT FANGGESTELL DLG PRUEFBERICHT
5 327 FOERDERROHR MAX.BELASTUNG DES LUFTSTROMES MIT SCHUETTGUT
7 114 UNTERSUCH.ERGEBNISSE UEBER AUSBAU DER LOSEN DUENGERKETTE
7 396 PRESSBALLENFOERDERANLAGE
7 399 GERAETE AUF DER DLG AUSSTELLUNG
8 77 BERECHNUNG UND INBETRIEBNAHME VON ELEKTROZUGKRANBAHNEN
8 78 BERECHNUNG UND INBETRIEBNAHME VON ELEKTROZUGKRANBAHNEN
8 142 GERAETE ZUR BEWAELTIGUNG DER FUTTERERNTE
8 183 GERAETE FUER PRESSBALLEN
9 427 MECHANISCHE FOERDERANLAGE FUER VIEHFUTTER
2 216 FLIESSARTEN DES GETREIDES IN GENEIGTEN KANAELEN
FOERDERSCHNECKE FUER GETREIDE S.UNTER GETREIDE: TRANSPORT
S.SCHNECKENFOERDERER
1 328 ZUR FUTTERVERTEILUNG IN ANBINDESTAELLEN
FOLIE EINSATZ IM GEWAECHSHAUSBAU S.UNTER GEWAECHSHAUS
1 292 FREILAGERUNG VON GETREIDE UNTER FOLIEPLANEN
1 374 VERSUCHE MIT PLASTFOLIE BEI DER KULTUR DER ERDBEERE
1 383 VERAENDERG.DER LICHTQUALITAET DURCH GEFAERBTE FOLIEN
1 384 ERGEBNISSE VON PLASTFOLIENVERWITTERUNGSVERSUCHEN
1 386 PLASTFOLIEN ZUR VERFRUEHUNG UND BEI DER BEDECKUNG
2 322 SILIEREN V.FEUCHTGETREIDE IN GASDICHT.STAHL U.BUTYLFOLIESILOS
3 31 KUNSTSTOFF LEXIKON
3 323 ALS ABDECKUNG BEI DER SILAGEBEREITUNG
3 434 KUNSTSTOFFOLIE ALS BODENBEDECKUNG IM GARTENBAU
3 435 KUNSTSTOFFOLIE ZUR BODENBEDECKUNG
3 452 AUSKLEIDUNG V.OELTANKS AUS EINWANDIGEM STAHL
4 389 MIT SILIKONARTIGEM BELAG GEGEN KONDENSTROPFENBILDUNG
4 390 TRAGTASCHEN FUER APFELPACKUNGEN
4 391 PERFORATION MIT GAMMASTRAHLEN
4 527 POLYAETHYLEN BREITFOLIEN ALS WITTERUNGSSCHUTZ
5 414 RELATIVE DURCHLAESSIGKEIT VON PLASTFILMEN FUER WASSERDAMPF U.CO2
5 431 BEDECKUNG DER SPARGELDAEMME MIT TRANSPARENTER FOLIE
5 442 BEWITTERUNGSVERHALTEN VON PLASTFOLIEN
5 445 SCHWEISSGERAET FUER POLYAETHYLENFOLIE
5 474 SCHRUMPFFOLIE FUER DIE VERPACKUNG VON AEPFELN
6 326 VERWENDUNG VON PLASTWERKSTOFFEN IN FRANKREICH
6 334 PLASTFOLIEN BEIM BAU V.GEMUESEPRODUKTIONSSTAETTEN IN RUMAENIEN
6 347 EINSATZ EINER PLASTIKAUSLEGEMASCHINE IM ERDBEERANBAU
6 355 ANWENDUNG VON PLASTWERKSTOFFEN IN DER LANDWIRTSCHAFT DER CSSR
8 227 FUER DIE VAKUUMSILIERUNG
9 196 AUSKLEIDUNG VON HOCHSILOS MIT SCHLAEUCHEN AUS PVC
9 196 ABDECKUNG VON FREIGAERHAUFEN UND BALLENMIETEN
4 363 FOLIENBEUTEL VERPACKUNG U.TRANSPORT GARTENBAULICHER ERZEUGNISSE
4 365 VERPACKUNG KUEHLUNG UND VERSAND VON ERDBEERPFLANZEN
1 386 FOLIENTUNNEL TYP NANTAIS FUER DIE VERFRUEHUNG
4 329 FOLIENZELT TEMPERATURBEDINGUNGEN UNTER VERSCHIED.PLASTFOLIEN
6 355 TRANSPORTABLE KONSTRUKTIONEN IN DER CSSR
8 235 AUS POLYAETHYLEN FUER DIE GETREIDETROCKNUNG
8 348 KONSTRUKTION AUFBAU UND ABBAU
8 349 ZELTE MIT FESTEM GERIPPE OD.AUFHAENGESEILNETZWERKKONSTRUKT.
8 350 BAU VON PLASTFOLIENZELTEN ODER GEWAECHSHAEUSERN
8 385 TUNNELFOERMIGE UEBERDRUCKZELTE FUER GASLAGERUNG VON OBST
4 561 FORMALDEHYDACETON SCHAEUME EIGENSCH.U.EINSATZ ZUR WAERMEDAEMMUNG
1 456 FORMGESTALTUNG BEI PFLANZENSCHUTZMASCHINEN
FORSCHUNG BAUFORSCHUNG S.DORT
1 5 RIJKSSTATION VOOR BOERDERIJBOUWKUNDE LEMBERGE GENT
1 50 TECHN.ENTWICKLUNGSSTELLE F.WANKEL IN LINDAU
1 414 FORSTTECHNISCHES KUJBYSEV INST.IN ARCHANGELSK
1 471 INGENIEURBUEROS FUER AUFBAU KOMPLEXER LANDW.ANLAGEN
1 473 IM UNGARISCHEN BAUWISSENSCHAFTLICHEN INSTITUT
2 90 1966 TAETIGKEITSBERICHT DER BUNDESVERSUCHS U.PRUEF.ANST.

2 373 FORSCHUNG 1965 GARTENBAULICHE UNTERSUCHUNGEN JAHRESBER,NIEDERLANDE
2 433 IM FORSTWESEN ANWENDUNG DER NETZPLANTECHNIK
3 19 79. JAHRESBERICHT DER NEW YORKER HOCHSCHULE FUER LANDW.
3 20 85. JAHRESBERICHT 1966 NEW YORK STATE AGRIC.EXPER.STAT.
4 3 1966 1967 JAHRESBERICHT
4 4 BEARBEITUNG V.FORSCHUNGS UND ENTWICKLUNGSTHEMEN METHODIK
4 396 1966 JAHRESBERICHT INST.HORTICULT.PRODUCE WAGENINGEN
5 7 SOZIALE AUSWIRKUNGEN DER WISS.TECHN.REVOLUTION
5 8 INSTITUT FUER LANDTECHNIK IN REPY BEI PRAG
5 14 EINFUEHRUNG V.FORSCHUNGSERGEBNISSEN IN DIE PRAXIS
5 189 VERVOLLKOMMNUNG VON BODENBEARBEITUNGSMASCHINEN
5 507 BETRIEBSTECHN.ABT.AM FORSTFORSCHUNGSINST.NORWEGEN AUFGABEN
6 19 LAND UND FORSTWIRTSCHAFTLICHE VORHABEN IN OESTERREICH
6 20 ORDNUNG UEBER DEN ABLAUF V.FORSCHUNGSARBEITEN IN DER DDR
6 35 TECHNOLOG.BEURTEILG.RAHMEN ZUR SYSTEMAT.V.UNTERSUCH.ERGEBN.
6 324 PRODUKTIONSKETTE FUER GEMUESEBOHNEN NETZWERKDIAGRAMM
7 8 ORGANISIERUNG DER LANDWIRTSCHAFTLICHEN FORSCHUNG IN UNGARN
7 345 ANFORDERUNGEN AN DIE FORSTFORSCHUNG
8 3 UNTERSUCHUNGEN AUF DER PRUEFSTATION IN SUEDDAKOTA
8 11 1966 INST.FUER LANDTECHN.GRUNDLAGENFORSCHUNG JAHRESBERICHT
8 12 1966 INSTITUT FUER LANDMASCHINENFORSCHUNG JAHRESBERICHT
8 406 LEHR U.FORSCHUNGSARBEIT DES INST.FUER FORSTL.INGENIEURWESEN
8 438 SCHWED.STUDIEN UEBER FAELLUNGSMETHODEN
8 439 AN DER FORSTHOCHSCHULE SCHWEDENS
9 5 1967 JAHRESBERICHT LANDBRUKSTEKN.INST.VOLLEBEKK
9 6 1966 KURZBERICHTE UEBER ABGESCHLOSSENE ARBEITEN
9 431 WISSENSCHAFTL.TECHN.ENTWICKLUNG IM LANDWIRTSCHAFTSBAU
9 435 JAHRBUCH DER ASAE
9 462 NEUE LEITUNGSMETHODEN IM LBK FRANKFURT ODER
5 498 FORSTINDUSTRIE DER UDSSR
5 534 FORSTL.PROJEKTIERUNG HAUPTINST.GIPROLESTRANS IN UDSSR
6 393 ENERGIEVERSORGUNG DER BETRIEBE IN DER SU
FORSTKULTIVATOR S.UNTER GRUBBERN
2 434 FORSTMASCHINEN EINSATZ TECHN.GRUNDLAGEN U.WIRTSCH.VORAUSSETZUNGEN
2 440 ZUR UNTERSTUETZUNG VON NATURVERJUENGUNGEN
7 347 GRUNDSAETZE DER PROJEKTIERUNG
7 348 ENTWICKLUNG BIS 1970 IN POLEN
8 406 LEHR U.FORSCH.ARBEIT DES INST.F.FORSTL.INGENIEURWESEN
8 414 GEGENWARTSPROBLEME DER FORSTTECHNISCHEN PRUEFUNG
FORSTPFLUG S.UNTER PFLUEGEN
6 400 FORSTSAMEN MASCHINE FUER REINIGEN UND SICHTEN V.NADELHOELZERSAATGUT
FORSTSTRASSEN HINWEISE
S.AUCH FORSTWEGE WEGEBAU
ALLGEMEINES
2 461 INVENTUR DES ABFUHRNETZES IN DER DDR
4 401 ANFORDERG.MOD.TECHNIK AN WALD U.BESTANDESERSCHLIESSG.
7 375 PHYSIOLOG.BELASTUNG DER AK BEIM BAU
8 483 ARBEITSWISSENSCH.UNTERSUCHUNGEN BEIM WALDWEGEBAU
PLANUNG
5 534 FORSTL.PROJEKTIERUNG HAUPTINST.GIPROLESTRANS IN UDSSR
8 484 VERFAHREN ZUM BESTIM.DER FAHRBAHNSTRUKTUR
8 488 KENNZAHLEN FUER DIE ERFORDERLICHE WEGEDICHTE
9 369 ORGANISIERUNG VON BAUARBEITEN AUF GENOSSENSCH.GRUNDLAGE
BAUWEISEN BAU
1 453 BANDARTIGE GLEISARTIGE VERFESTIGUNG MIT VIBROCEMMETHODE
2 462 UEBERSICHT MECHAN.U.CHEM.BODENSTABILISIERUNG
2 464 FAHRBAHNBEFESTIGUNG BEI BODENFROST
5 507 BAU VON AUTOSTRASSEN IN NORWEGEN
6 443 ARBEITSVERFAHREN UND BAUMASCH.FUER BODENSTABILISIERUNG
8 482 TEER SAND DECKEN FUER HOLZTRANSPORTSTRASSEN
BAUMASCHINEN
2 465 WIRKUNGSWEISE V.VERDICHTUNGSGERAETEN IM ERDBAU
4 417 GERAET DUP 2M ZUM VERLEGEN VON STRASSENDECKPLATTEN
4 434 PLATTENLEGER DUP 2M AUF BASIS EINES LKW
4 434 STRASSENBAUAGGREGAT KBK 100
6 398 SCHAUFELVERTEILER ZUM AUFSCHUETTEN DES STRASSENKOERPERS

9 389 FORSTSTRASSEN STRASSENPLANIERSCHILDE TECHN.DATEN UND PREISE
9 392 KOMBINATIONSAUSRUESTG.F.LEICHTERE STRASSENBAUARBEITEN
9 393 TECHN.ANGABEN UEBER ACHT VIBRATIONSSTRASSENWALZEN
9 395 UEBERSICHT UEBER 22 FAHRBARE KOMPRESSOREN
9 396 STEINBRECHER TECHN.DATEN VON ZWEI TYPEN
9 397 BULLDOZER UEBERSICHT UEBER TECHN.DATEN VON 19 TYPEN
INSTANDHALTUNG
3 542 INSTANDHALTUNG DER FAHRBAHN MIT BITUMENDECKE
3 543 SCHNEEFRAESEN DES TYPS VIKING SECHS MODELLE
6 445 FAHRBAHNUNTERHALTG.MIT DEM CLAASSENSCHEN MASCHINENBESEN
8 485 ORGANISATION DES UNTERHALTES IM STADTWALD WINTERTHUR
8 486 AUSFUEHRG.U.ORGANIS.DES UNTERHALTES IM KANTON SCHWYZ
8 487 ORGANISATION DES UNTERHALTES IN DER SCHWEIZ
FORSTSTREIFENPFLUG S.UNTER PFLUEGEN
FORSTTECHNIK S.AUCH FORSTWIRTSCHAFT
3 486 NEUE FORSTTECHNISCHE TERMINOLOGIE
FORSTWEGE HINWEISE
S.AUCH FORSTSTRASSEN
ALLGEMEINES
2 461 INVENTUR DES ABFUHRNETZES IN DER DDR
4 401 ANFORDERG.MOT.TECHNIK AN WALD UND BESTANDESERSCHLIESSUNG
6 434 BESSERER HOLZTRANSPORT DURCH BESS.WEGEAUFSCHLUSS TAG.BERICHT
6 435 HOEHERE WEGEDICHTE UND MODERNE RUECKETRAKTOREN
8 406 LEHR U.FORSCHUNGSARBEIT DES INST.FUER FORSTL.INGENIEURWESEN
8 409 WECHSELWIRKUNG ZWISCHEN HOLZERNTE UND WEGEBAU
9 403 WECHSELWIRKUNG ZWISCHEN HOLZERNTE UND WEGEBAU
PLANUNG
5 592 PLANUNG UND OPTIMIERUNG DES WEGENETZES
8 490 EMPFOHLENE WEGEDICHTEN FUER BERG U.FLACHLAND IN OESTERREICH
8 490 EMPFOHLENE WEGEDICHTEN FUER HUEGELLAND IN OESTERREICH
9 386 BERUECKSICHTIGUNG V.KNICKTRAKTORRUECKUNG U.MECH.ENTRINDUNG
BAUWEISEN BAU
1 414 BETTUNG V.EISENBETONPLATTEN HYDROTHERM.BEDINGUNGEN
4 461 KOSTEN V.BAU UND INSTANDHALTUNG DER RUECKEWEGE
4 493 BESTIMMUNGSGROESSEN FUER AUSWAHL V.BEFESTIGUNGSVERFAHREN
5 624 GEOMETRISCHE ELEMENTE
6 434 KALK SPLITT STABILISIERUNGSVERFAHREN
6 438 BODENSTABILISIERUNG IN HEILSBRONN VERSUCHSSTRECKEN
6 439 ZEITSTUDIEN BEIM BETONWEGEBAU
6 442 ERFAHR.B.NEUBAU U.WEGUNTERHALTUNG MIT STABILISIER.VERFAHREN
7 376 KOMPLEXE MECHANISIERUNG VON BAUARBEITEN
8 489 VORTEILE DER ELEKTR.ZUENDUNG BEI SPRENGARBEITEN
BAUMASCHINEN
3 492 1966 FORSTTRAKTOREN AUF DER AUSSTELLUNG IN MOSKAU
4 417 AGGREGAT KBK 100 FUER VORBEREITUNGSARBEITEN
5 625 EGT 75 BAGGERAGGREGAT
6 398 BAGGER ER 7AM MIT ROTIERENDEM SCHAUFELRAD
6 433 PRUEFUNG DES WEGEBAUAGGREGATES KBK 100
6 436 WEGEBAU MIT DEM GRADALL MEHRZWECKTELESKOPBAGGER
6 437 ANLAGE VON 2.5 M BREITEN LAGERSTREIFEN MIT PLANIERRAUPE
6 440 GLEITSCHALUNGSFERTIGER FUER SCHWARZDECKEN SUPER 100 H
6 444 PRUEFUNG VON DREI TYPEN DES FREMA TELLERRUETTLERS
INSTANDHALTUNG
6 445 FAHRBAHNUNTERHALTUNG MIT DEM CLAASSENSCHEN MASCHINENBESEN
FORSTWIRTSCHAFT AUSBILDUNG S.DORT
1 413 SIMPLEXMETHODE BEI DER PRODUKTIONSPLANUNG
2 447 BEDINGUNGEN DIE DIE MECHANISIERUNG BEEINFLUSSEN
3 544 IM INNEREN VON PERU
4 398 LEITUNGSKOSTEN INDUSTRIEMAESSIGER PRODUKTION
4 400 EINFUEHRUNG INDUSTRIEMAESS.PRODUKTIONSMETHODEN
4 404 ARBEIT DES INGENIEURBUEROS DER VVB FORSTW.POTSDAM
4 405 ENTWICKLUNG V.KOOPERATIONSBEZIEH.IM BETREUUNGSWALD
4 408 AUFGABEN IN DER DDR NACH DEM VII.PARTEITAG DER SED
4 409 VORAUSSETZG.FUER KOMPLEXE SOZIALIST.RATIONALISIERUNG
4 410 DURCHSETZUNG DER KOMPLEXEN SOZIALIST.RATIONALISIERUNG
4 411 ENTWICKLUNG DER MECHANISIERUNG WAEHREND D.SOWJETMACHT

4 412 FORSTWIRTSCHAFT 1965...1970 MECHANISIERUNG IM GEBIET KRASNOJARSK
4 413 FLUKTUATION DER AK IN DER PROVINZ VAERMLAND
4 415 ENTWICKLG.V.GRUENDUNG DER IUFRO BIS ZUR GEGENWART
4 418 ENTLOHNUNG DER MASCHINENARBEIT IN DER FORSTWIRTSCH.
4 419 KOMPLEXE MECHANISIERUNG WIRKSYSTEME
4 494 UND HOLZINDUSTRIE IN DER SOWJETUNION
4 494 UND HOLZINDUSTRIE IN OESTERREICH
5 497 UND AUTOMATISIERUNG
5 510 GRUNDFRAGEN DER FORSTL.MECHANISIERUNG
5 512 MOEGLICHKEITEN VORAUSSETZUNGEN UND GRENZEN DER MECH.
5 514 PROGNOSE DER ENTWICKLUNGSTENDENZEN FORSTL.MECHANISIER.
7 8 AUFWENDUNGEN FUER DIE LANDW.FORSCHUNG IN UNGARN
7 340 NTO U.OEKONOM.REFORM IM FORSTKOMBINAT MAIKOP RSFSR
7 341 FORSCHUNGSARBEITEN DER NTO LETTLANDS
7 342 MECHANISIERUNG DER ARBEITEN IN DER CSSR
7 343 ENTWICKLUNGSTENDENZEN IN DER UDSSR
7 345 ANFORDERUNGEN AN DIE FORSTFORSCHUNG
7 358 ENTWICKLUNG IN DER SU SEIT BEGRUENDUNG DER SOWJETMACHT
8 410 FINANZIELLE BEWERTG.DER WOHLFAHRTSWIRKG.DES WALDES
8 411 FINANZIELLE BEWERTG.DER WOHLFAHRTSWIRKG.DES WALDES
9 367 TAETIGK.U.AUFGABEN DER INTERNAT.ARBEITSORG.IAO

FRAESEN HINWEISE
FUER DIE SILAGEENTNAHME S.UNTER ENTNEHMEN VON SILAGE
KABELFRAESE S.DORT
DRAENFRAESEN S.UNTER DRAENAGE
GRABENFRAESE S.DORT

ALLGEMEINES
3 543 SCHNEEFRAESEN DES TYPS VIKING SECHS MODELLE
6 167 GROESSERE ARBEITSBREITE ODER HOEHERE ARBEITSGESCHWINDIGKEIT

EINSATZ
2 440 IN ALTHOLZBESTAENDEN ZUR NATURVERJUENGUNG
4 100 ARBEITSLEISTUNG BEI EINSATZ IM REISANBAU
4 110 MOEGLICHKEIT VON VEREINFACHUNGEN BEI DER BODENBEARBEITUNG
5 166 FRAESE DER FA. DE VAVEE ZUR ALSHUBVERTEILUNG
8 101 BODENBEARBEITUNG MIT STARKEN TRAKTOREN
9 144 PFLEGE VON KARTOFFELN MIT BODENFRAESEN ARBEITSERGEBNISSE

BODENFRAESEN
2 187 WIRKUNGSWEISE DER STARREN GEWINKELTEN MESSER
2 390 MR ZUM EINARBEITEN VON GRUENDUENGUNGSPFLANZEN
3 427 HACKFRAESE R 3 DER FA. BRUMI PRUEFBER.ITT WAGENINGEN
3 437 BODENFRAESE FLS 2.7 FUER UNKRAUTVERNICHTUNG IN MOEHREN
4 97 ANBAUFRAESE MPG 1.7 ZUM EINFRAESEN V.GESTRUEPP
4 109 BMU 70 ANBAUBODENFRAESE MASCHINENPRUEFBERICHT ULTUNA
5 494 ZUM BEARBEITEN DER ZWISCHENRAEUME ZWISCHEN DEN BAEUMEN
5 656 REIHENFRAESE FUER KARTOFFELDAEMME VON STRUIK
6 160 MPG 1.7 ANHAENGEFRAESE ZUR OEDLANDKULTIVIERUNG
6 162 UND MOORPFLUEGE BESTAND IN DER SU
6 180 EINACHSTRAKTOR HONDA MIT WINKELDREHPFLUG U.FRAESE PRUEFBER.
6 185 MIT VERTIKALER DREHACHSE FUER HARTE SCHWERE BOEDEN
7 276 EINSATZ IN BAUMSCHULEN
8 335 BODENFRAESE FLF 1.1 EINSATZ IM WEINBAU
9 61 FRAESE FUER ARBEITEN IM VERSUCHSWESEN
9 100 MIT SCHALTGETRIEBE
9 100 HOWARD FRAESE MIT ZAHNRADANTRIEB
9 102 FRAESE V.LELY FUER DIE VERBESSERUNG VON GRUENLAND
9 106 GERAETE FUER DIE STROHEINARBEITUNG
9 112 WEGE ZUR HERABSETZUNG DES ENERGIEVERBRAUCHS

GERAETEKOMBINATIONEN
2 198 MASCHINENKOMBINATION GSD 1 4
2 198 KOMBINATION VON FRAESMASCHINE UND DRILLMASCHINE
3 229 FLACHSTREIFENBEARBEITUNG BEI DER SAATBETTVORBEREITUNG
4 101 EINSATZ VON ANHAENGE ANBAU ODER AUFSATTELPFLUGFRAESEN
4 314 GERAET FUER BEARBEITUNG ZWISCHEN DEN OBSTBAUMREIHEN
5 492 KLEINSTHACKFRAESEN AUF DEM WEIHENSTEPHANER GEMUESEBAUTAG
7 123 KOMBINATION V.SAEMASCHINE U.FRAESE FUER DIE BESTELLUNG
9 132 PNEUMATISCHES BREITSAATGERAET MIT FRAESE

FRAESRADBAGGER S.UNTER BAGGER
FRAESSAAT S.UNTER SAEEN
FRANKREICH AUSSTELLUNG S.DORT
1 386 PLASTFOLIEN ZUR VERFRUEHUNG UND BEI DER BEDECKUNG
4 283 WIRTSCHAFTL.VERGLEICH V.HEIZUNGSANLAGEN FUER WOHNBAUTEN
5 82 1960: ,1964 TRAKTORENPRODUKTION
5 450 ANWENDUNG VON POLYAETHYLENFOLIEN
7 277 UMFANG DES UNTERGLASANBAUES
7 318 MECHANISIERUNG DER WEINERNTE
8 46 TECHNISCH OEKONOMISCHE PROBLEME BEI GROSSEN RADTRAKTOREN
8 369 ERTRAEGE BEI AEPFELN BIRNEN UND PFIRSICHEN
9 178 ERNTE UND KONSERVIERUNG VON KOERNERMAIS
9 496 SCHLUESSELFERTIG GELIEFERTE SCHWEINEMAESTEREIEN
FRONTLADER S.UNTER TRAKTOR: TRAKTORLADER
EINSATZ ZUM ENTMISTEN S.UNTER ENTMISTEN
FRONTSCHWADER S.UNTER HEUERNTE
2 428 FROSTSCHUTZ STAND DER SPAETFROSTBEKAEMPFUNG IN DER CHAMPAGNE
2 429 MIT STEINKOHLE
3 216 EINSATZ VON BEREGNUNGSANLAGEN
3 480 DURCH UEBERFLIEGEN MIT HUBSCHRAUBERN
4 322 LUFTERHITZG.LUFTMISCHG.U.SPAETFROSTBEREGNUNG IM OBSTBAU
4 381 MOEGLICHKEITEN DER DIREKTEN SPAETFROSTBEKAEMPFUNG
4 382 ANLAGE MIT TRANSPORTABLEN LUFTERHITZERN F.FREILANDPFLANZEN
5 488 BEREGNUNG
5 474 FRUCHTSCHALE FUER DIE VERPACKUNG VON OBST
5 475 FUER DIE VERPACKUNG VON OBST
FRUEHBEET S.AUCH FOLIENTUNNEL
S.AUCH FOLIENZELT
1 384 ERGEBNISSE VON PLASTFOLIENVERWITTERUNGSVERSUCHEN
1 573 VERSORGUNG MIT WAERME UND WASSER VON TROCKNUNGSANLAGE
2 395 HEIZUNG MIT WIDERSTANDSDRAEHTEN ODER ELEKTRODENHEIZUNG
3 422 TECHN.EINRICHTG.DES ZIERPFLANZENBAUES IN DER DDR
6 334 VERWENDUNG VON PLASTFOLIEN IN RUMAENIEN
7 283 UNTERSUCHUNG DER ERWAERMUNG MIT EINEM ELEKTRISCHEN MODELL
7 400 MASCHINEN FUER ANBAU UND PFLEGE DER KULTUREN
8 353 ERFAHRUNGEN MIT ELEKTRISCH BEHEIZTEN FRUEHBEETEN
1 249 FUDERLADER EINSATZ ZUR RUEBENBLATTERNTE ALS LAENGSSCHWADEN
7 137 HEU UND GRUENFUTTERERNTE MIT DLG ANERKANNTEN MASCHINEN
FUEHRUNG S.LEITUNG
2 320 FUELLSTAND MESS UND ZAEHLGERAETE
1 40 FUELLSTANDHOEHENANZEIGER FUER SCHUETTGUT
9 246 FUELLSTANDSMESSER ELEKTRONISCH FUER SCHWEINEFUTTERVERTEILER
FUETTERN HINWEISE
GAENSEFUETTERUNG S.DORT
GEFLUEGELFUETTERUNG S.DORT
KAELBERFUETTERUNG S.DORT
BROILERFUETTERUNG S.DORT
HUEHNERFUETTERUNG S.DORT
SCHAFFUETTERUNG S.DORT
SCHWEINEFUETTERUNG S.DORT
KUEKENFUETTERUNG S.DORT
RINDERFUETTERUNG S.DORT
ALLGEMEINES
3 270 ARBEITS UND ZUGKRAFTBEDARF BEI DER ANFUHR VON RAUHFUTTER
7 3 LANDMASCHINENLEHRE BD. 11
VERFAHREN
2 302 FUTTERZUFUHR UND VERTEILUNG
2 307 MECHANISIERUNG UND AUTOMATION FORSCHUNGSPROBLEME
3 7 OPTIMIERUNG DER AUTOMATISCHEN FUTTERVERTEILUNG
4 201 ARBEITSAUFWAND UND MECHANISIERUNGSVERFAHREN
4 246 DOSIEREN FLUESSIGER FUTTERMISCHUNGEN
7 9 AUTOMATISIERUNG BIOLOGISCH TECHNOLOGISCHER PROZESSE
7 393 MECHANISIERUNG GERAETE AUF DER SMITHFIELD SHOW
9 226 DOSIEREN DER FUTTERRATION FEHLERGRENZE
9 248 AUTOMAT.FUTTERVORBEREITUNG UND VERTEILUNG IN DEN USA
9 249 MECHANISIERUNG IN WESTDEUTSCHLAND

FUETTERN ANLAGEN
1 326 PRUEFUNG VON FAHRBAREN FUTTERVERTEILERN
3 185 LEISTUNGEN DER ELEKTROMOTORE FUER STETIGFOERDERER
3 192 FUTTERWAGEN MIT ROLLBODEN ODER SEITLICHEM ENTLADEN
3 376 FUTTERWAGEN 65MX ALLESMISCHER V.GEHL NIAE TEST
4 203 VORRICHT.ZUR VERTEIL.V.FLIESSFAEH.FUTTER IN DEN TROG PATENT
4 203 FUTTERTISCH FUER GROSSSTAELLE PATENT
4 587 STAT.VERTEILER ANFORDERUNGEN AN GEBAEUDEGESTALTUNG
6 516 SELBSTFUETTERUNG IN MASTBESTAENDEN
7 68 FUTTERVERTEILANHAENGER ENTWICKLUNG IN UNGARN
8 72 FUTTERVERTEILUNGSWAGEN
8 504 FUTTERVERTEILER ROCHE
8 504 FUTTERVERTEILUNGSWAGEN BOVI REFLEX
8 505 FUTTERDOSIER UND VERTEILGERAET
8 506 AUTOMAT.WIEGEEINRICHTUNG ZUR REGISTRIER.DES FUTTERVERBRAUCHES
9 58 SPEZIALFUETTERUNGSWAGEN ANGEBOT IN DER DBR
9 227 BANDFOERDERER FUER DIE FUTTERVERTEILUNG IM STALL
FUNDAMENT S.UNTER BAUKONSTRUKTION
7 386 FUNGIZID BEHANDLUNG VON KARTOFFELKNOLLEN MIT SPRITZGERAET GAN
5 497 FUNK FERNBEDIENUNG MITTELS FUNKSTEUERUNG BEIM HOLZRUECKEN
5 509 FERNGESTEUERTE SEPSON WINDE AUS SCHWEDEN
5 673 DISPATCHERORGANISATION AUF LAENDLICHEN BAUSTELLEN
3 71 FUNKGERAET ACHTKANAL FUNKMESSANLAGE
9 428 FAHRZEUGFUNKAUSRUESTUNG
3 104 FUNKSPRECHGERAET SYSTEME IN AUSTRALIEN
8 502 ZUR VERBINDG.ZWISCH.MASCH.AUF DEM FELD U.DEM BETRIEB
4 19 FUNKVERKEHR ANLAGEN UND SYSTEME FUER DIE LANDWIRTSCH.DER NIEDERLANDE
FURCHENBEWAESSERUNG S.UNTER BEWAESSERUNG
FUSSBODEN PFLEGE S.UNTER RAUMPFLEGE
4 526 AUS HARTFASERPLATTEN SPEZIALANSTRICH
4 560 DAEMMPLATTEN UND HOLZSPANBETON
9 435 AUSBILDUNG IN MELKSTAELLEN
FUSSBODENFUETTERUNG S.UNTER SCHWEINEFUETTERUNG
1 551 FUSSBODENHEIZUNG EINBAU IN MELKSTAENDE
1 554 IN FERKELSTAELLEN
3 357 IN LAUFSTALLBOXEN FUER MILCHVIEH
3 361 IM SCHWEINESTALL
3 367 IN AUFZUCHT UND ABFERKELSTAELLEN
3 408 BEHEIZUNG VON MELKSTAENDEN
4 287 VOR UND NACHTEILE DER ELEKTROFUSSBODENHEIZUNG
4 288 EIGNUNG FUER WOHNRAUMHEIZUNG BERECHNUNGSBEISPIEL
5 347 MIT INFRAROTLAMPEN IN FERKELBUCHTEN
5 394 WEITERENTWICKLUNG IM RAHMEN DER HAUSTECHNIK
5 715 ELEKTR.BEI FERKELLIEGEFLAECHEN
7 204 ABFERKELBUCHTEN MIT FUSSBODENHEIZPLATTEN
7 205 FERKELAUFZUCHT MIT ELEKTRISCH ERWAERMTEN BODENPLATTEN
7 206 ELEKTRISCHE BEHEIZUNG IN KUEKENSTAELLEN
7 440 ZUR BEHEIZUNG VON FERKELBUCHTEN
3 393 FUTTERBAND INSTALLATION IN EINEM FRIESENSTALL
FUTTERBAU S.AUCH GRUENFUTTER HEUERNTE
4 11 ERFAHRUNGEN MIT EINSATZ SCHWERER TRAKTOREN
6 135 MECHANISIERUNG AUF HAENGIGEM GELAENDE
6 136 INDUSTRIEMAESSIGE PRODUKTION
FUTTERERNTER S.UNTER GRUENFUTTER
FUTTERHAUS S.AUCH FUTTERZUBEREITUNG
6 531 FUER VOLLMECH.BROILERMASTANLAGE
9 498 ZIEGELGEBAEUDE FUER BEREITUNG V.RINDER U.SCHWEINEFUTTER
1 304 FUTTERKUECHE FUER EINE VOLLMECHANISIERTE SCHWEINEMASTFARM
2 323 FUER SCHWEINE AUSRUESTUNGEN UND ANORDNUNGEN
2 324 ARBEITSABLAUF IN VOLLMECH.FUTTERKUECHE FUER SCHWEINE
3 362 MAJAK 6 FUER MASTSCHWEINEHALTUNG
7 71 FUTTERLADER EINSATZGRENZEN AM HANG
FUTTERMITTEL S.AUCH MISCHFUTTER
1 97 VERLADEN UND TRANSPORT V.LOSEM U.GESACKTEM MISCHFUTTER
1 321 TRANSPORT IN LOSER FORM
1 325 KONSTRUKTION VON FUTTERMITTELWERKEN

2 319 FUTTERMITTEL 1967 ACHEMA ANLAGEN FUER MISCHFUTTERINDUSTRIE
2 320 1967 ACHEMA ANLAGEN FUER MISCHFUTTERINDUSTRIE
2 331 FUTTERTRANSPORTSYSTEM VOM HAUPT ZU DEN NEBENSILOS
2 334 PHYSIKAL.EIGENSCHAFTEN FLIESSFAEHIGER FUTTERMISCHUNGEN
3 377 BEHAELTER FUER DIE FLIESSENDE FUTTERBEREITUNG
3 378 EIGENSCHAFTEN FEUCHTER FUTTERGEMISCHE FUER GEFLUEGEL
3 380 GRUNDVERFAHREN DER PELLETISIERUNG
3 383 BESTIMMUNG DER MISCHQUALITAET B.KRAFTFUTTERMISCHUNGEN
4 236 BERECHNUNG DES FLIESSWIDERSTANDES IN ROHRLEITUNGEN
6 47 UNTERSUCHUNG DER REIBUNGSZAHLEN VON SAFTFUTTER
7 29 VERRING.V.REIBWERT V.SAFTFUTTER AUF FESTER UNTERLAGE
7 207 BESTIM.DER VISKOSITAET FLIESSFAEHIGER FUTTERMISCHUNGEN
7 210 EINFL.AUF PRESSBARKEIT V.GRUNDSTOFFEN U.MISCHFUTTERMITTEL
7 210 EINFLUESSE AUF DIE PRESSBARKEIT
7 215 VERHALTEN FLIESSFAEH.SCHWEINEFUTTERMISCHG.IN ROHRLEITG.
7 216 UNTERSUCHG.V.FOERDERROHREN FUER FLIESSFAEHIGES FUTTER
8 258 PNEUMATISCHER TRANSPORT HALBFLUESSIGER FUTTERMITTEL
9 427 MECHANISCHE FOERDERANLAGE
1 570 FUTTERMITTELWERK REKONSTRUKTION IM GEBIET KUJBYSEV
4 611 TECHNISCHER FORTSCHRITT BEI PROJEKTIERUNG
FUTTERMUEHLE S.UNTER FUTTERZUBEREITUNG
FUTTERRUEBE S.UNTER RUEBEN
4 203 FUTTERTISCH FUER GROSSSTAELLE PATENT
4 239 AUF SCHIENEN FAHRBAR FUER ANBINDESTALLE
FUTTERTROG S.UNTER HUEHNERFUETTERUNG
FUTTERVERTEILUNG S.UNTER FUETTERN
FUTTERVERTEILUNGSWAGEN S.UNTER RINDERFUETTERUNG
S.UNTER SCHWEINEFUETTERUNG
FUTTERZUBEREITUNG S.AUCH HEUMEHL
S.AUCH MISCHFUTTER

ALLGEMEINES
7 3 LANDMASCHINENLEHRE BD. II
7 4 LANDWIRTSCHAFTLICHE STOFF UND MASCHINENKUNDE
9 478 RAEUME FUER MILCHVIEHGROSSANLAGEN
VERFAHREN
2 302 MIT NACHTSTROM ELEKTROENERGIEBEDARF
3 381 IN SCHWEINEMASTANLAGEN B.FEUCHTKRUEMELIG.FUETT.
6 142 VERARBEITUNG V.ZUCKERRUEBEN FUER FUTTERZWECKE
8 267 IN EINEM KAELBERMASTBETRIEB
9 248 AUTOMAT.FUTTERVORBEREITUNG U.VERTEILUNG IN DEN USA
9 254 FUER MASTRINDER MECHANISIERUNG IN DEN USA
KOMBINIERTE ANLAGEN
1 114 FAHRBARE MUEHLE KOMB.MIT MISCHER V.NEW HOLLAND
1 570 REKONSTRUKTION V.FUTTERMITTELWERKEN IM GEB.KUJBYSEV
2 310 EINRICHTUNGEN FUER MISCH UND SAFTFUTTER
2 310 FUER SCHWEINE KOMPLEXE MASCHINENSAETZE
2 323 FUTTERKUECHE FUER SCHWEINE AUSRUESTUNGEN
2 324 ARBEITSABLAUF IN VOLLMECH.FUTTERKUECHE FUER SCHWEINE
2 328 FUTTERHAUS L 212 U.KOMB.DAEMPF U.AUFBEREIT.ANLAGE
2 332 TECHN.EINRICHTUNGEN FUER FLIESSFAEHIGES FUTTER
2 337 UND VERTEILUNG PUMPFAEHIGER FUTTERMISCHUNGEN
2 341 FLIESSFAEHIG.FUTTERMISCHUNGEN DREI SYSTEME
2 342 EINSATZ MOBILER U.STATIONAERER EINRICHTUNGEN
3 359 TECHN.ENTWICKLUNG EINER ANLAGE FUER DIE RINDERMAST
3 362 FUTTERKUECHE MAJAK 6 FUER MASTSCHWEINEHALTUNG
3 377 BEHAELTER FUER DIE FLIESSENDE FUTTERBEREITUNG
4 223 ANLAGEN FUER DIE BEREITUNG VON FUTTERMISCHUNGEN
5 351 AUTOMATISCHE MAHL UND MISCHANLAGEN
5 364 ANLAGE FUER BREIIGES SCHWEINEFUTTER
6 276 E MOTOREN ZUR FUTTERHERSTELLUNG FUER GEFLUEGEL
6 280 ANLAGE ZUR AUFBEREITUNG VON STROH
6 288 AGGREGAT ABM 0.4 ZUR HERSTELLG.V.NADELVITAMINMEHL
6 531 FUTTERHAUS FUER VOLLMECH.BROILERMASTANLAGE
8 255 MISCH U.BRIKETTIERANLAGE IN KOMPAKTER BAUEINHEIT
8 268 ZENTRUM FUER RINDER U.SCHWEINEMASTBETRIEB

8 271 FUTTERZUBEREITUNG STAHLBAU MIT HOCHGELAG.STAHLBLECHSILOS F.KRAFTFUTTER
8 271 ANLAGE FUER TROCKENFUTTERPRODUKTION FUER MASTRINDER
8 271 ANLAGE FUER TROCKENFUTTERPRODUKTION FUER SCHWEINE
9 421 MAHL UND MISCHEINRICHTUNG FUER KRAFTFUTTER
9 498 MECHANISIERTES FUTTERHAUS F.RINDER U.SCHWEINEFUTTER
9 504 FABRIK ZUR HERSTELLUNG VON MISCHFUTTER

ZERKLEINERN
1 316 GRUNDLAGEN DES MAHLENS IM GESCHLOSSENEN KREISLAUF
1 317 FUTTERMUEHLE DKU M OPT.DATEN DES ELEKTROANTRIEBES
1 318 BESTIMMUNG DER GROESSENVERTEILG.V.GEMAHL.GETREIDE
1 318 HAMMERMUEHLE ENERGIEAUFWAND FUER DAS MAHLEN
1 319 ERFORSCH.V.ZERREIBUNGSVORGANG IN HAMMERMUEHLEN
2 74 UNTERSUCH.V.ENERGIEBEDARF BEIM ZERKLEINERN
2 320 SCHRAEGLEISTEN TURBO F.UNIVERSAL U.PRALLTELLERMUEHLE
2 320 ULTRAPLEXQUERSTROMMUEHLE U.SIPLEX QUERSTROMSICHTMUEH
2 322 HAMMERMUEHLE MIT NACHGEORD.WALZENMUEHLE F.GETREIDE
2 326 ERFAHRUNGEN MIT HOFEIGENEN MAHL UND MISCHANLAGEN
3 359 HAMMER WALZEN U.STEINMUEHLEN LEISTUNG
3 382 ZERKLEINERG.U.DOSIERG.NACH GERADLINIGKEITSPRINZIP
3 384 SCHROTEN VON GERSTE IN DER HAMMERMUEHLE DKU M
3 385 ZERKLEINERN V.GERSTEN U.MAISSILAGE MIT WALZENMUEHLEN
3 386 ZERKLEINERUNG VON GETREIDE UND MAISSILAGEN
3 387 ARBEITSAUFWAND FUER DAS ERBSENSCHROTEN MIT DKU M
3 388 MECHANISCHER RUEBENHAECKSLER H 108 1 4 JEMIO
4 225 UNTERSUCH.DES SCHNEIDENS V.SAFTFUTTER M.SEGMENTMESSE
4 226 AUTOMAT.V.SCHROTANLAGEN M.HILFE V.SCHUETTGUTSCHALTER
4 227 HAMMERMUEHLEN ZUM ZERKLEINERN V.WURZELFRUECHTEN
4 228 MASCHINEN FUER ZERKLEINERUNG VON KOERNERSILAGE
5 351 HAMMERMUEHLE MIT EINGEBAUTEM GEBLAESE
5 352 FUELLKLAPPE FUER DURCHSATZREGELUNG B.HAMMERMUEHLEN
6 287 STAHLSCHEIBENMUEHLEN U.WALZENMUEHLEN F.KOERNERSILAGE
6 514 SCHROTMUEHLE DKU 1.0 ELEKTRO U.TRAKTORANTRIEB
7 196 SILAGELADEGERAET PSN I F.ZERKL.V.WURZELFRUECHTEN
7 208 UNIVERSALFUTTERMUEHLE DKU 1.0
7 209 HAMMERMUEHLE MDM 2.0 A MOSKVICKA
9 212 SICHERHEITSMAGNET AM EINLAUFKANAL ZUR GETREIDEMUEHLE
9 227 KONTINUIERL.ARBEITENDE SCHROTAUFBEREITUNGSANLAGEN
9 244 ZUSATZEINRICHT.AM STREUER ISU 4 ZUM HACKFRUCHTZERKL.

MISCHEN
1 314 MISCHLEISTUNGSUEBERPRUEFUNGEN AN MISCHERN
1 315 FUTTERMISCHANLAGE FUER LANDWIRTSCH.VIEHSTAELLE
2 319 1967 ACHEMA ANLAGEN FUER MISCHFUTTERINDUSTRIE
2 320 1967 ACHEMA ANLAGEN FUER MISCHFUTTERINDUSTRIE
2 325 RADIOAKT.NUKLIDE Z.BESTIMM.V.HOMOGENIS.V.FUTTERGEMIS
3 359 VERTIKAL U.HORIZONTALMISCHER LEISTG.U.ENERGIEBEDARF
3 376 FUTTERWAGEN 65MX ALLESMISCHER V.GEHL NIAE TEST
3 379 GEWICHTSDOSIERVORRICHT.F.BEREITEN V.KRAFTFUTTER
3 383 BESTIMMG.DER MISCHQUALIT.B.KRAFTFUTTERMISCHUNGEN
4 208 SCHNECKENMISCHER STK MIT INTERMITT.BETRIEB
4 224 FREI UND ZWANGSMISCHER FUER KRAFTFUTTER
4 240 SELBSTFUETTERUNG BEI LAUFSTALLHALTUNG
5 351 SCHNECKENMISCHER MIT VERTIKALER SCHNECKE
9 255 AUFBAU EINER KONTINUIERL.ARBEITENDEN MISCHANLAGE
9 418 GERAETEANGEBOT AUF DER UGEXPO

DAEMPFEN
1 320 KESSELSTEINFREIER BETRIEB VON DAEMPFMASCHINEN
2 310 DAEMPF UND ZERKLEINERUNGSANLAGEN FUER KARTOFFELN
2 327 STAT.DAEMPFANLAGEN FUER FUTTER U.ABFALLKARTOFFELN
2 329 STAT.DAEMPFANLAGE WENDISCH PRIBORN KENNZAHLEN
2 337 DAEMPFMASCHINEN F 404 FUER KARTOFFELN
3 359 DAMPFBEHANDLUNG DES GETREIDES
4 229 WAERMEAUFNAHME DER KARTOFFELN BEIM DAEMPFEN
5 353 ERHOEH.DER LEISTUNG DURCH KURZDAEMPFEN V.KARTOFFELN
6 514 KN 3 KARTOFFELDAEMPFER MIT MASCHINELLEM ANTRIEB
9 16 VERWEILZEIT V.RADIONUKLIDEN IN KARTOFFELDAEMPFERN

9 220 FUTTERZUBEREITUNG VERSUCHE UEBER LUFTKUEHLG.GEDAEMPFT.KARTOFFELN
9 245 ELEKTRO KIPPDAEMPFER PGE 100 FUER KARTOFFELN

TRANSPORT
1 321 MISCHFUTTERTRANSPORT IN LOSER FORM
2 331 FUTTERTRANSPORTSYSTEM VOM HAUPT ZU DEN NEBENSILOS
3 359 ELEVATOREN LEISTUNG U.ENERGIEBEDARF

1 92 GABELSTAPLER BELADUNG DES FLUGZEUGES MIT DUENGER
1 368 TRANSPORT IM GEMUESEBAU UNTER GLAS
2 135 TRANSPORT VON KARTOFFELKISTEN
2 412 ZUM ABLADEN DES ANGELIEFERTEN OBSTES
3 461 EINSATZ ZUM LADEN VON OBSTKISTEN
3 521 MECH.MITTEL F.LADE U.TRANSPORTARBEITEN IN HOLZLAGERN
4 478 VALMET DIESELGABELSTAPLER FUER DIE HOLZINDUSTRIE
5 630 VERLADEN VON SCHICHTHOLZ AUF LKW
7 392 SEITEN U.NEIGUNGSVERSTELLBARER STAPLER FUER ZUGMASCH.
7 393 AUF DER SMITHFIELD SHOW
7 397 MIT DREI METER HUBHOEHE
8 307 FUER PALETTENTRANSPORT VON OBST
8 366 EINSATZ BEIM TOMATENTRANSPORT
9 219 EINSATZ IN KARTOFFELLAGER UND AUFBEREITUNGSRAEUMEN
9 427 MIT 1 MP TRAGFAEHIGKEIT
9 427 SEITEN UND NEIGUNGSVERSTELLBARER STAPLER
GABELWENDER S.UNTER HEUERNTE
5 365 GAENSEFUETTERUNG FLEISCHQUALITAET VON GAENSEN DURCH NUDELN
4 245 STOPFMASCHINEN FUER DIE GAENSEMAST IN UNGARN
GAENSEFUSSSCHARE S.UNTER HACKEN,S.UNTER GRUBBERN
GAERFUTTER S.SILAGE
GAERFUTTERBEHAELTER S.SILO
GAERHEUSILO S.UNTER SILO
7 34 GAMMASPEKTROMETER MESSEN DES VERSCHLEISSES VON KOLBENRINGEN
7 34 MESSEN DES VERSCHLEISSES VON LAGERSCHALEN
3 86 GAMMASTRAHLEN DICHTEMESS.V.SILAGE IN FAHRSILOS MIT GAMMASTREUSONDE
3 195 AUSNUTZUNG ZUR STEIN UND KLUTENTRENNUNG V.KARTOFFELN

1 503 GARAGE ABSTAENDE DER BRANDWAENDE BAUVORSCHRIFTEN
1 519 GENERALBEBAUUNGSPLAN FUER EINE SOWCHOSE
2 513 UNIFIZIERUNG IM POLN.LANDWIRTSCHAFTSBAU
4 435 AUS EINEM HARMONIKAFOERMIG AUSZIEHBAREN BESPANNTEN GERIPPE
4 617 SCHEIBENBAU FUER KLEINBAUWERKE SF UNIVERSAL GARAGE
6 484 LEISTUNGEN DER BERDJANSKER GENOSSENSCH.BAUORGANISATION
5 437 GARTENANLAGE GROSSMASCH.FUER GARTEN U.LANDSCHAFTSBAU SAMMLUNG
6 353 RATIONELLE RASENPFLEGE IN OEFFENTLICHEN GRUENANLAGEN
1 5 GARTENBAU TECHNIK FORSCHUNGSBERICHT
1 365 METHODIK FUER BESTIMM.DES MECHANISIERUNGSGRADES
1 370 MECHANISIERUNG DER GARTENKULTUREN IN BALATONBOGLAR
2 20 ARBEITSWIRTSCH.UNTERSUCH.UEBER EINSATZ VON MASCHINEN
4 305 WIRTSCHAFTLICHKEIT DER MECHANISIERUNG
5 496 TECHNIK IN ISRAEL PRUEFBERICHT ITT WAGENINGEN
6 332 RECHENTECHNIK BEI ABRECHNUNG UND ANALYSE SOZ.BETRIEBE
6 333 ANWENDUNG DER EDV BEI AUSWERTUNG V.GAERTN.SPEZIALBETRIEBEN
6 335 ENTWICKLUNGSSTAND DER TECHNIK IN WESTEUROPA
7 8 AUFWENDUNGEN FUER DIE LANDW.FORSCHUNG IN UNGARN
7 253 VEREINFACHUNG DES INNERBETRIEBLICHEN TRANSPORTES
GAS ARGON S.DORT
2 317 AUTOMATISIERUNG DER STEUERUNG VON GASBRENNERN
2 364 GASBEFEUERTE ETAGENHEIZUNGEN
2 428 PROPANGASBRENNER ZUR SPAETFROSTBEKAEMPFUNG IM WEINBAU
3 414 EINSATZ IN DER LAENDL.HAUSWIRTSCHAFT
5 396 PRUEFUNG VON GAS OEL UND KOHLEBEFEUERTEN ZIMMEROEFEN
5 457 STEUERGERAET FUER PROPANGASBRENNER FUER CO2 DUENGUNG PRUEFBER.
6 68 VERWENDUNG V.FLUESSIGGAS IN DER LANDWIRTSCH.U.IN GAERTNEREIEN
6 393 VERFAHREN DER ERZEUGUNG AUS HOLZ
7 246 BEHEIZUNG VON ZENTRALHEIZUNGSANLAGEN MIT ERDGAS

7 296 GAS EINSATZMOEGLICHKEITEN V.GASSTRAHLERN IM UNTERGLASGEMUESEBAU
7 297 EINSATZMOEGLICHKEITEN VON GASSTRAHLERHEIZUNG IM GEMUESEBAU
7 300 BEHEIZUNG VON GEWAECHSHAEUSERN AUS PLASTFOLIE
7 302 VERGLEICH DER HEIZKOSTEN IM GEWAECHSHAUS B.ERDGAS U.SCHWEROEL
7 339 ERDGASANWENDUNG IM ZIERPFLANZENBAU
9 29 FLUESSIGGAS ALS HEIZENERGIE FUER LANDW.TROCKNUNGSANLAGEN
9 285 FLUESSIGGAS IN HAUS UND HOF
9 306 SPEZIALKESSEL FUER KOHLE UND GASBEFEUERUNG
GASBETON S.UNTER BETON
GASLAGERUNG VON OBST S.UNTER OBST: LAGERUNG
6 473 GASSILIKAT DAEMMSCHICHT FUER WARMDAECHER
6 538 GASSILIKATBETONWERK FUER DIE HERSTELL.V.AUSSENWANDELEMENTEN
GASSILIKATBETON S.UNTER BETON
4 569 GASTSTAETTE KOMMUNALGEBAEUDE FUER KOLCHOS UND SOWCHOSSIEDLUNGEN
6 508 FUER LAENDLICHE GEBIETE BAUPLANUNG
GEBAEUDE STALL S.DORT
WOHNHAUS S.DORT
LAGERBAUTEN S.DORT
SPEICHER S.DORT
GESELLSCHAFTSBAUTEN S.DORT
SILO S.DORT
3 561 PROBLEME DER KONTROLLIERTEN UMWELT
4 516 TYPENPROJEKTE FUER LANDW.PRODUKTIONSBAUTEN IN DER SU
5 665 AUS HOLZ GEFERTIGTE GEBAEUDE KONSTRUKTION UND KOSTEN
5 729 BETRIEBSGEBAEUDE FUER LOHNBETRIEBE
7 407 PROJEKTIERUNGSKATALOG LANDWIRTSCHAFTSBAU
8 518 ERFAHRUNGEN MIT NORMBAUTEN FUER DIE LANDW.IN DER SCHWEIZ
9 435 ZENTRALER BERICHT UEBER LANDWIRTSCHAFTLICHE BAUTEN
9 455 STAHLLEICHTKONSTRUKTIONEN FUER LANDW.PRODUKTIONSBAUTEN
9 469 LANDWIRTSCHAFTLICHE GEBAEUDEINSTALLATION
3 589 GEBIETSPLANUNG RAUMORDNUNG U.BAULEITPLANG.IM LAENDL.RAUM
5 686 RAUMORDNUNG UND BAULEITPLANUNG IM LAENDL.RAUM
9 98 PRINZIPIEN DES BAUENS IN DER LANDWIRTSCHAFT
GEBLAESE FOERDERGEBLAESE S.DORT
S.AUCH BELUEFTUNG
9 65 AXIALGEBLAESE ZUM ANBAU AN TRAKTOREN NIAE TEST
3 264 GEBLAESEHAECKSLER EINSATZ ZUM FOERDERN VON SILOMAIS
8 220 STATIONAERE HAECKSLER HERSTELLERLISTE
8 220 BLOWER 26 VON NEW HOLLAND
8 514 1968 GERAETELISTE IN FRANKREICH GEHANDELTER TYPEN
2 307 GEFLUEGELFUETTERUNG MECHANISIERUNG U.AUTOMATION FORSCHUNGSPROBLEME
2 344 AUTOMATISCHE FUTTERVERTEILUNGSANLAGE FUER DIE MAST
4 216 PROBL.DER MECH.FUTTERVERTEILG.B.INTENSIVHALTUNG
4 243 KUT 3 0 FUTTERVERTEILER FOERDERLEISTG,U.AUSGABE
6 514 FUTTERTROEGE HANDHABUNG U.EINSATZMOEGLICHKEITEN
1 312 GEFLUEGELHALTUNG MECH.DER ARBEITSPROZESSE IN GROSSEN FARMEN
1 471 INGENIEURBUEROS FUER AUFBAU KOMPLEXER ANLAGEN
4 5 S.AUCH HUEHNERHALTUNG
4 216 MECHANISIERUNG DER INTENSIVGEFLUEGELHALTUNG
4 218 TECHNISCHE HILFSMITTEL
4 219 DLG GEPRUEFTE GERAETE
4 245 STOPFMASCHINEN FUER DIE GAENSEMAST IN UNGARN
6 275 GRENZEN DER TECHNISIERUNG
6 531 ENTWICKLUNG IN DER UKRAIN.SSR
9 507 GEFLUEGELKOT HOCHTEMPERATUROFEN FUER DIE TROCKNUNG
GEFLUEGELSTALL HINWEISE
S.AUCH ENTENSTALL
S.AUCH HUEHNERSTALL
S.AUCH PUTENSTALL
KUEKENSTALL S.DORT
ALLGEMEINES
1 468 NEUE AUFGABEN DER ARCHITEKTEN IM LAENDL.BAUWESEN
BAUTYPEN BAU
1 482 IN STAHLBETONMONTAGEBAUWEISE
4 520 BAUPLAENE DES SOWJET.INST.FUER PROJEKTIERUNG
4 602 KOMPL.VORGEFERTIGTE GEBAEUDESYSTEME AUS HOLZPLATTEN

4 603 GEFLUEGELSTALL ENTWICKLG.INDUSTRIEMAESS.GEFLUEGELPROD.ANLAGEN
5 665 AUS HOLZ GEFERTIGTE GEBAEUDE KONSTRUKTION U.KOSTEN
5 692 PROJEKTIERUNG VON GROSSANLAGEN IN RUMAENIEN
6 481 MASTENBAUWEISE AUS VORGEFERT.LEICHTKONSTRUKTIONEN
6 538 TYPEN ALF DER AUSSTELLUNG IN UNGARN
7 420 DER FA.STOCKBUILDINGS AUS VORGEFERTIGT.HOLZBAUELEMENTEN
8 556 UNGAR.VERGLEICHSUNTERSUCHUNG VON GEFLUEGELHAEUSERN
9 499 PROJEKTE FUER SUEDLICHE GEGENDEN DER SU
STALLEINRICHTUNG TECHNOLOGIE
2 318 BESCHREIBUNG VON ANLAGEN UND EINRICHTUNGEN
4 217 ANWENDUNG DER GRUNDSAETZE EINER BEWEGUNGSOEKONOMIK
6 273 PROGRAMMSTEUERKASTEN FUER MASTANLAGEN U.GEFLUEGELSTALL
STALLKLIMA
1 506 KLIMATISIER.V.VIEH U.GEFLUEGELSTAELLEN FORTSCHRITTSBE.
1 561 ANWENDUNG VON LUEFTUNGSSYSTEMEN
3 374 PROJEKTIERUNG VON VENTILATIONSANLAGEN
3 375 VENTILATION IM SOMMER PROJEKTIERG.V.ANLAGEN
4 550 KLIMAGERAET MIT EINEM OELOFEN GEKOPPELT
9 467 LUEFTUNG
ENTMISTEN
2 348 WAHL DER ENTMISTUNGSANLAGEN FUER GROSSRAUMSTAELLE
2 512 GEFLUEGELVERARBEITUNG KUEHLLAGER AUS VORGEFERTIGTEN TEILEN
GEFRIER- UND KUEHLKONSERVIERUNG

UEBERSICHTEN
6 383 HALTBARMACH.V.GARTENBAUERZEUGNISSEN STAND DER TECHNIK
8 292 LEBENSMITTELVERARBEITUNG IM HAUSHALT
9 295 1968 KOELNER FRUEHJAHRSMESSE KAELTETECHNIK
TECHNIK
2 368 BEDEUTUNG DER KAELTE IN DER LEBENSMITTEL U.KLIMATECHNIK
2 369 ERHALTUNG LEICHT VERDERBLICHER LEBENSMITTEL
2 420 TIEFGEFRIEREN UND GEFRIERTROCKNUNG VON OBST UND GEMUESE
5 402 ANALYTISCHE BEHANDLUNG VON GEFRIERVORGAENGEN
6 312 IRREVERSIBLE VERAENDERUNGEN BEI GEFRIERLAG.V.FISCHFLEISCH
8 305 WAERMEENTWICKLUNG U.UEBERTRAGUNG B.ABKUEHLEN V.KIRSCHEN
KUEHLSCHRANK
1 352 KUEHLSCHRAENKE MIT KLEINEREN AUSMASSEN
1 360 ISOLIERSTOFF HARTMOLTOPREN FUER HAUSHALTKUEHLSCHRAENKE
4 300 RAUMSPARENDE LOESUNGEN BEI KUEHLSCHRAENKEN
5 404 KUEHLSCHRANK DER BAUKNECHT MINOR KUECHE
5 405 TRICITY POLARFROST KUEHLSCHRANK MIT DEFROSTER EINRICHTUNG
7 251 KENNZEICH.DER ERREICHB.KUEHLTEMP.IM GEFRIERFACH V.KUEHLSCHRANK
8 298 CYCLAMATIC ABTAUEINRICHTUNG IM FRIGIDAIRE KUEHLSCHRANK
9 276 KRAFTEINSPARUNG HOCHGESTELLTE BZW.GEHAENGTE KUEHLSCHRAENKE
9 291 KOMPLETTE KLEINSTKUECHENEINRICHTUNG MIT KUEHLSCHRANK
9 294 KUEHLAUTOMATEN MIT VOLLAUTOMATISCHER ABTAUVORRICHTUNG
9 294 AEG TISCHKUEHLSCHRANK SANTO JUNIOR
9 295 ABSORPTIONSKUEHLSCHRANK DER SCHWEIZER FA. SIBIR
9 296 400 LITER VERTIKALKUEHLSCHRANK V.UPO LTD. LONDON
TIEFKUEHLANLAGEN
2 369 TIEFKUEHLWIRTSCHAFT IN DER DDR
2 370 PLATTENGEFRIERER GEFRIERZELLEN MIT HORDENWAGEN
2 370 GEFRIERTUNNELANLAGEN WENDEL ODER DRAHTGURTFOERDERER
2 370 VERFAHREN U.ANLAGEN ZUR HERSTELLUNG V.GEFRIERKONSERVEN
2 370 LUFTKISSENKUEHLUNG UND TAUCHGEFRIEREN
2 420 LEWIS BANDGEFRIERANLAGEN MINITUNNEL U.UNITUNNEL
3 418 BBC GEFRIERTRUHE GT 380 S PRUEFBERICHT WIESELBURG
4 300 GERAETE AUF DER HAUSRAT UND EISENWARENMESSE KOELN
4 301 AUTOMATIK 30 U.40 GEFRIERTRUHEN VON LINDE
5 403 KUEHLAUTOMATEN VON BOSCH UND SIEMENS
5 403 GERAETEWAHL FUER WIRTSCHAFTL.GEFRIEREN
5 404 KUEHLTRUHE MIT GEFRIERZEITAUTOMATIK VON LINDE
6 313 ERFAHRUNGEN BEI DLG PRUEFUNGEN VON GEFRIERTRUHEN
6 314 GT 345 GEFRIERTRUHE DLG PRUEFBERICHT
9 294 LINDE AUTOMATIC KUEHLTRUHE MIT GEFRIERZEITAUTOMATIK
9 295 GEFRIERAUTOMAT NOVOFROST VON BBC

9 295 GEFRIER-GT 320 GEFRIERTRUHE VON BOSCH
9 304 KUEHLAUTOMAT SGL 270 VON BOSCH
9 304 HEIMGEFRIERER MIT GEFRIERZEIT AUTOMATIK
KOMBINIERTE GERAETE
9 304 150 L KUEHLSCHRANK MIT 50 L GEFRIERBOX
SONSTIGE GERAETE
2 370 KAELTESPEICHER MIT EUTEKT.KUEHLUNG FUER KUEHLKOSTTRANSPORT
2 370 KOMPRESS.KAELTEMASCH.TROCKENEIS FLUESSIGGAS F.KUEHLKOSTTRANSP.
2 420 GEFRIERTROCKNUNG VON OBST UND GEMUESE
3 417 V.KRABBEN CHAMPIGNON BLUMENKOHL SPARGEL MILCH
GEFRIERTRUHE S.UNTER GEFRIER UND KUEHLKONSERVIERUNG
GEGENSTROMTROCKNUNGSANLAGEN S.UNTER TROCKNUNG
GEHOEFTPLANUNG S.AUCH DORFPLANUNG
1 518 PLANUNG V.UM UND AUSBAU V.GEHOEFTEN IN THUERINGEN
3 598 INDUSTRIELL VORGEFERTIGTER BAUERNHOF IN PRESBERG
3 599 SOWCHOSE BELAJA DACA
4 565 EXPERIMENTALBAU DER SOWCHOSE SARJA KOMMUNISMA
4 580 FUER UND WIDER DEN ZWISCHENBAU AM AUSSIEDLERGEHOEFT
6 509 ARCHITEKTENWETTBEWERB FUER EINEN AUSSIEDLERHOF
9 473 SCHWEIZER NORMSCHEUNE T 110 SYSTEM LEHMANN
5 504 GELAENDE INTERNAT.SYSTEM DER GELAENDEKLASSIFIZIERUNG ENTWURF
GELENKKREISSAEGE S.UNTER KREISSAEGE
6 90 GELENKWELLE ZWISCH.TRAKTOR U.MASCH. BERECH.DES KARDANFEHLERS
6 94 ZUR DEMONSTRATION DER BEWEGUNGSVERHAELTNISSE
7 13 VON LANDWIRTSCHAFTLICHEN GERAETEN STANDARDISIERUNG
GEMUESE HINWEISE
PILZE S.DORT
BOHNE S.DORT
ERBSE S.DORT
GURKE S.DORT
LAUCH S.DORT
SALAT S.DORT
KOHLRABI S.DORT
ROTE BEETE S.DORT
PORREE S.DORT
MELONE S.DORT
MOEHRE S.DORT
TOMATE S.DORT
ZWIEBEL S.DORT
SPARGEL S.DORT
ERDBEERE S.DORT
TREIBGEMUESEBAU S.UNTER GEWAECHSHAUS
AUBERGINE S.DORT
S.AUCH JUNGPFLANZENANZUCHT
S.AUCH VERPACKUNG
ENDIVIE S.DORT
CHAMPIGNON S.DORT
KUERBIS S.DORT
PAPRIKA S.DORT
ROSENKOHL S.DORT
PASTINAKE S.DORT
BLUMENKOHL S.DORT
CHICOREE S.DORT
SELLERIE S.DORT
KOHL S.DORT
SPINAT S.DORT
KAROTTE S.DORT
ALLGEMEINES
1 371 ENTWICKLUNG UND DEN STAND DES SOWJET.GEMUESEBAUS
2 381 INDUSTRIEMAESSIGE PRODUKTION VERMARKTUNG U.ABSATZ LPG 1.MAI
3 3 MASCHINENSYSTEM IN DEN MITGLIEDSTAATEN DES RGW
3 424 INDUSTRIEMAESSIGE PRODUKTIONSMETHODE IM FELDGEMUESEBAU
3 485 1967 WEIHENSTEPHANER GEMUESEBAUTAG
4 311 MECHANISIERUNG DES FELDGEMUESEBAUES
5 492 1967 WEIHENSTEPHANER GEMUESEBAUTAG
6 330 WIRTSCHAFTLICHKEIT V.MASCH.EINSATZ IM FELDGEMUESEBAU

6 334 GEMUESE PLASTFOLIEN BEIM BAU VON PRODUKTIONSSTAETTEN IN RUMAENIEN
6 355 ANWENDUNG VON PLASTWERKSTOFFEN IN DER LANDWIRTSCHAFT DER CSSR
7 257 GESELLSCHAFTL.ORGANIS.DER PRODUKTION EINFL.AUF MECH.
7 308 PATENTE FUER GEMUESE UND OBSTBAU
8 316 DICHTANBAU IN KALIFORNIEN UND ARIZONA
9 310 F 230 GT GERAETETRAEGER TEST MIT ZUSATZGERAETEN IM BEETANBAU
9 365 MECHANISIERUNG IM FELDGEMUESEBAU IN SCHWEDEN

SAEEN BESTELLUNG

3 431 KOMBINIERTE SAEMASCHINE NACH DEM MODELL PROF. KAZAROW
4 126 EINZELKORNDRILLMASCHINE FUER DIE SAATGUTZUECHTUNG
5 235 PRODUKTION VON DRILLMASCHINEN IN DER SU
5 243 MANUELLES U.MASCH.PFLANZEN KOSTEN UND ARBEITSAUFWAND
5 427 LEISTUNGSBESTIMMENDE FAKTOREN BEI MASCHINELLER PFLANZUNG
6 341 SAEMASCHINE NACH DEM UNTERDRUCKPRINZIP
6 342 LABOR UND FELDVERSUCHE MIT SCHUBRADSAEGERAETEN
6 343 MECHANISIERUNG DER AUSSAAT IM GARTENBAU
7 122 DLG ANERKANNTE MASCHINEN FUER DIE AUSSAAT
7 266 BODENBEARB.DUENG.U.SAATBETTVORBEREIT.TECHNOL.MUSTERKARTEN
7 267 DUENGUNG UND BODENBEARBEITUNG IM FELDGEMUESEANBAU
8 322 KOMB.BEETSAEMASCHINE FUER BREITSAAT V.FEINSAEMEREIEN U.MULCHEN
9 319 WASSERROHRER FUER SETZLINGE AUF AUEBOEDEN
9 365 BAUPRINZIPIEN VON EINZELKORNSAEMASCHINEN FUER GEMUESE

BEREGNUNG PFLEGE PFLANZENSCHUTZ

1 371 FERTIGUNG 10 VERSCHIEDENER SAEMASCHINEN IN DER SU
1 373 LOEFFELRADSAEGERAET FUER SAEMASCHINEN
1 375 RUECKENSPRITZE FUER GENAUE DOSIERUNG VON HERBIZIDEN
1 376 AGGREGAT ZUM BEETFORMEN UND GLEICHZEITIGEN PFLANZEN
1 387 ANWENDUNG VON PLASTFOLIEN IM GEMUESEBAU SIZILIENS
2 378 EINSATZ VON VIERRADTRAKTOREN UND GERAETETRAEGERN
2 380 MECHANISIERUNG DES ANBAUES
2 384 OPTIMALE VERTEILUNG DER SAMEN WAHRSCHEINLICHKEITSRECHNUNG
2 424 BRUEHEAUFWANDMENGEN FUER DIE VERSCHIEDENEN KULTUREN TABELLE
2 424 SPRITZ UND SPRUEHGERAETE FUER DEN FREILANDANBAU
5 420 TECHNOLOGIE DER BEREGNUNG IM FELDGEMUESEBAU
9 314 TENSIOMETER ZUR BESTIMMUNG DES BEREGNUNGSZEITPUNKTES

ERNTE

1 393 ZUSATZMESSKOPF ZUM REIFETESTER NACH SCHNEIDER
1 407 ERNTEMASCHINE FUER WURZELGEMUESE
1 407 UNIVERSALERNTER DES NIAE FUER MEHRERE GEMUESEARTEN
3 436 ERNTEMASCHINEN UKS I BZW. KBS I FUER WURZELGEMUESE
3 454 MECHANISIERTE ERNTE
3 454 UNIVERSALERNTEMASCHINE VOM NIAE FUER WURZELGEMUESE
3 555 UNIVERSALERNTEMASCHINE VOM NIAE
5 462 MECHANISIERUNG DER ERNTE IN DEN USA
5 463 UNIVERSELLE ERNTEMASCHINE VOM NIAE FUER DREIPUNKTANBAU
5 466 ERNTE UND AUFBEREITUNG IN GROSSBRITANNIEN
6 335 FORTSCHRITTE BEI DER ERNTEMECHANISIERUNG IN DEN USA
6 390 MECH.DER ERNTE IM FREILAND MASCHINEN DER DDR
7 309 ERNTEGERAETE FUER DEN FREILANDGEMUESEBAU
8 361 UEBERBLICK UEBER DIE MECHANISIERTE ERNTE
9 332 REDUZIERUNG V.BESCHAEDIGUNGEN BEI DER ERNTE
9 346 E 914 I UNIVERSALTRANSPORTGERAET FUER GEMUESEERNTE

AUFBEREITUNG VERPACKUNG

2 420 TIEFGEFRIEREN UND GEFRIERTROCKNUNG
2 423 VERARBEITUNG
3 436 MPK 6 0 AUFBEREITUNGSPUNKT
3 463 KISTENFUELLUNG ELEKTRON.REGELUNG DER FALLHOEHE
3 484 TAG DER PALETTIERUNG IN DER SCHWEIZ
4 308 GENAUIGKEITSPRUEFUNG VON KALIBRIERMASCHINEN
4 360 ENTWICKLUNG VON MASCHINENREIHEN ZUR AUFBEREITUNG
4 364 VERPACKUNG TECHNOLOGIE UND MASCHINENKONSTRUKTION
4 396 SORTENEIGNUNG FUER VERSCHIEDENE KONSERVIERUNGSVERFAHREN
4 396 VORVERPACKUNG VERSCHIEDENER ARTEN
5 464 ARBEITSTECHNIK UND ZEITAUFWAND BEI DER AUFBEREITUNG
5 481 1967 TROCKNUNGSINDUSTRIE
6 326 PLASTSTOFFE ZUR VERPACKUNG IN FRANKREICH

6 379 GEMUESE VERPACKUNGSMASCHINE FILUTEX RENTABILITAETSGRENZE
6 379 EINSATZ V.VERPACKUNGSMASCH.IN KOOPERATIONSGEMEINSCHAFTEN
6 384 STERIFLAMME VERFAHREN FUER DAS STERILISIEREN VON DOSEN
6 390 SORTIEREN U.MARKTFAEHIG AUFBEREITEN MASCHINEN DER DDR
6 391 5. INTERNATIONALER KONSERVEN KONGRESS IN WIEN
6 535 PROJEKTE FUER KONSERVENFABRIKEN IN DER UKRAINISCHEN SSR
7 323 PROBLEME UND AUFGABEN BEI DER VERMARKTUNG
7 326 UEBERSICHT UEBER EINHEITSVERPACKUNGEN
8 383 NORMUNG DER VERPACKUNG FUER GARTENBAUERZEUGNISSE
8 384 NORMUNG DER VERPACKUNG BESTREBUNGEN DER OECD
9 332 SORTIERUNG NACH GROESSE AUSSEHEN SOWIE REIFEGRAD
9 345 VERPACKUNG IN STYROPORSTEIGEN ABSATZUNTERSUCHUNGEN
TRANSPORT
3 436 TZK 30 BESCHICKUNGS BZW.ANNAHMEFOERDERER
3 454 TRANSPORT V.ERNTEGUT AUF KIPPERN UND IN KISTEN
6 325 VERFORMUNG DES FRUCHTFLEISCHES BEIM TRANSPORT
LAGERUNG
1 471 LAGER INGENIEURBUEROS FUER AUFBAU KOMPLEXER ANLAGEN
4 370 ERZEUGER VON GEREGELTER ATMOSPHAERE FUER LAGERUNG
6 383 HALTBARMACH.V.GARTENBAUERZEUGNISSEN STAND DER TECHNIK
7 194 TEMPERATUR UND FEUCHTEREGELSYSTEM FUER LAGER
8 299 ERGEBNISSE DER HALTBARMACHUNG DURCH BESTRAHLUNG
9 293 KUEHLLAGERUNG IM ERZEUGERBETRIEB
GENERATOR ELEKTROGENERATOR S.DORT
3 491 HOLZGASGENERATOREN GESCHICHTL.ENTWICKLUNG IN DER SU
5 589 G 214A I FUER GLEICHSTROM FUER TRAKTOREN
6 51 DIESELELEKTRISCHE KRAFTZENTRALEN FUER DIE LANDWIRTSCHAFT
6 393 DIESELELEKTRISCHE STATIONEN FUER FORSTINDUSTRIEBETRIEBE
GERAETEKOMBINATION S.AUCH DUENGEN
S.AUCH EGGEN
S.AUCH GRUBBERN
S.AUCH HACKEN
S.AUCH PFLUEGEN
S.AUCH SAEEN
2 198 AUSSICHTEN FUER DEN EINSATZ KOMBINIERTER MASCHINEN
4 55 KOPPLUNGSWAGEN VARIANTE 1I U.111 FORSCH.BERICHT
9 41 BASIEREND AUF EINEM KETTENTRAKTOR
9 363 AUTODUX ANBAUVIELFACHGERAET
GERAETETRAEGER S.AUCH MASCHINENTRAEGER
1 32 SCHNELLPRUEFUNG AUF PRUEFSTATION IN ODESSA
2 99 SS 22 SELBSTFAHRENDER PORTALGERAETETRAEGER
2 110 EINFLUSS V.KLAPPGREIFER AUF ZUGKRAFT U.BODENHAFTUNG
2 378 PROBLEM DES EINSATZES IN SONDERKULTUREN
2 436 RS 09 MIT ANBAUGERAETEN EINSATZ IN FORSTBAUMSCHULEN
2 481 MIT FRONTANTRIEB UND HINTERRADSTEUERUNG
3 6 LANDW.MASCH.SYSTEM BASIEREND AUF GERAETETRAEGER
3 66 SS 22 ELEKTR.PRUEFSTAND FUER LANDWIRTSCH.MASCHINEN
3 126 GEDANKEN ZUR ENTWICKLUNG
4 426 RS 09 AUSLASTUNG IN DER FORSTBAUMSCHULE
5 429 SS 22 EINSATZ ZUM TOMATENANBAU IN BULGARIEN
5 492 MASCHINENSCHAU AUF DEM WEIHENSTEPHANER GEMUESEBAUTAG
6 83 T 16M TECHN.DATEN U.EINSATZGEBIET
7 42 HAUPTKENNGROESSEN DER ZUVERLAESSIGKEIT
7 276 EINSATZ IN BAUMSCHULEN
7 342 EINSATZ IN FORSTBAUMSCHULEN
8 24 ERDBOHRER ALS ANBAUGERAET
8 366 RS 09 EINSATZ ZUR TOMATENERNTE
9 31 MIT LIEGENDEM MOTOR AUF DER DLG SCHAU
9 32 MIT UNTERFLURMOTOR
9 310 F 230 GT V.FENDT TEST M.ZUSATZGERAETEN IM GEMUESEANBAU
9 346 E 914 I UNIVERSALTRANSPORTGERAET FUER GEMUESEERNTE
GERAEUSCH
S.LAERM
3 279 GERSTE KOERNERBESCHAEDIGUNG BEIM GETREIDEHAECKSELN
3 384 MAHLVORGANG BEIM SCHROTEN IN DER HAMMERMUEHLE DKU M
3 385 ZERKLEINERN VON SILAGE MIT WALZENMUEHLEN

3 386 GERSTE ZERKLEINERUNG VON KOERNERSILAGE
5 264 VERFAHRENSKOSTEN BEI KOMPLEXEINSATZ DER ERNTETECHNIK
6 50 BESTIM.V.DURCHLAESSIGKEIT DER SCHALEN FUER INFRAROTSTRAHLEN
6 448 GERAET ZUR HEISSWASSERBEHANDLUNG GEGEN FLUGBRAND
7 180 VERLAUF DES TROCKNENS IN MAISKAMMERTROCKNERN
8 29 DURCHFLUSSMENGE DURCH OEFFNUNGEN IN SCHRAEGEN WAENDEN
8 30 KLAERUNG DER DRUCKVERHAELTNISSE IN LAGERNDEN HAUFWERKEN
9 20 REFLEXIONSVERMOEGEN VON VERSCHIEDENEN SORTEN
9 120 ERNTE MIT DEM MAEHDRESCHER IN DER SCHWEIZ
1 311 GERUCHSBESEITIGUNG BEI KOTTROCKNUNG IN ABLEGEBETRIEBEN
1 56 GESCHICHTE TRAKTORENBAU IN DER SU NACH DER OKTOBERREVOLUTION
1 472 UNGAR.DORFMUSEUM 1. ETHNOGRAPHISCHE FREILICHTSAMMLUNG
2 14 STAND DER LANDMASCH.INDUSTRIE KANADAS VOR 100 JAHREN
2 15 CHRONIK DES LANDMASCHINENBAUS
2 16 EIN LANDTECHNISCHES MUSEUM
2 208 ENTWICKLUNGSGESCHICHTE DER HANDHACKEN IN MITTELEUROPA
2 487 LAENDL.BAUWEISE IM 15.U.16.JAHRH.IM SCHELDE MAAS RHEINGEB.
3 131 UEBERBLICK UEBER DIE KRAFTUEBERTRAGUNG BEI LANDMASCHINEN
3 234 HISTORISCHE PFLUEGE DER HOHENHEIMER SAMMLUNG KATALOG
5 92 ENTWICKLUNGSGESCHICHTE DES LANDWIRTSCHAFTLICHEN TRAKTORS
8 9 W. I. LENIN UEBER MECH.DER SOZIALISTISCHEN LANDWIRTSCHAFT
9 103 UEBERBLICK UEBER DIE HISTORISCHE ENTWICKLG.DES PFLUGES
1 352 GESCHIRRSPUELEN MIT KLEINEREN AUSMASSEN
1 358 GESCHIRRSPUELMASCHINEN MARKTUEBERSICHT IN DER DDR
1 359 MASCH.PHYSIKAL.PRINZIPIEN U.KONSTRUKT.GESICHTSPUNKTE
4 300 RAUMSPARENDE LOESUNGEN BEI SPUELZENTREN
4 301 AUTOMATEN AUF DER HAUSRAT U.EISENWARENMESSE KOELN
5 399 AUTO JET GESCHIRRSPUELER
5 400 MEDIZINISCHES UEBER GESCHIRRSPUELEN
8 296 SPUELMASCH.PRUEFB.V.NIEDERLAEND.VERBRAUCHERVERBAND
9 291 KOMPLETTE KLEINSTKUECHENEINRICHTUNG MIT KUEHLSCHRANK
9 294 BAUKNECHT AUTOMAT GS 50 U.SPUELZENTRUM VON SIEMENS
GESCHOSSBAUTEN S.UNTER BAUKONSTRUKTION
9 80 GESCHWINDIGKEIT EINFL.V.ERHOEHUNG AUF FESTIGKEIT VON LANDMASCHINEN
1 528 GESELLSCHAFTSBAUTEN NEUE TYPENPROJEKTE
6 161 GESTRUEPPVERNICHTUNG METHODEN
3 52 GESUNDHEITSSCHUTZ ANALYSE DER TRAKTORUNFAELLE IM BEZIRK SUHL
GETREIDE HINWEISE
SCHWADMAEHER S.DORT
S.AUCH SAATGUT
DRESCHEN S.DORT
BEIZEN S.DORT
MAEHDRESCHER S.DORT MAEHEN S.DORT SAEEN S.DORT
FUTTERZUBEREITUNG S.DORT
MAIS S.DORT
ALLGEMEINES
1 41 ELEKTR.KAPAZITAET V.SONDEN FUER MESSEN DER KORNFEUCHTE
1 116 MECHANISIERUNG DES ANBAUES IN HANGGEBIETEN
2 70 BESTIMMUNG DER MECHANISCHEN EIGENSCHAFTEN
2 132 INDUSTRIEMAESSIGE PRODUKTION
3 3 MASCHINENSYSTEM IN DEN MITGLIEDSTAATEN DES RGW
3 88 MESS.V.ELASTIZITAETSMODUL U.REIBUNGSKOEFF.V.WEIZENHALM
5 68 DOSIEREINRICHTUNG STUFENLOSE REGELUNG DER UMDREHUNGSZAHL
6 50 BESTIM.V.DURCHLAESSIGKEIT DER SCHALEN FUER INFRAROTSTRAHLEN
8 23 BESTIMMUNG DES DICHTESPEKTRUMS VON KOERNERN
8 234 APPARATE ZUR FEUCHTEMESSUNG VON KOERNERN UND SAMEN
8 501 VERZEICHN.AMTL.GEPRUEFT.U.ANERKANNT.BEIZMITTEL U.GERAETE
8 509 DURCHLAUFWAAGEN AUF DER DLG SCHAU IN MUENCHEN
9 67 AUFGABEN DES ENDPRODUZENTEN IN DER GETREIDEWIRTSCHAFT
9 67 INDUSTRIEMAESSIGE PRODUKTION IN DER DDR
ANBAU
4 1 ANBAU MECH.IN DER SU SEIT DER OKTOBERREVOLUTION
4 11 ERFAHRUNGEN MIT EINSATZ SCHWERER TRAKTOREN
6 139 INDUSTRIEMAESSIGE PRODUKTION MASCHINENSYSTEME
7 4 LANDWIRTSCHAFTLICHE STOFF UND MASCHINENKUNDE
8 82 KOMPLEXE LEITUNG DER GETREIDEWIRTSCHAFT IM KREIS SOEMMERDA

9 68 GETREIDE MECHANISIERUNG DES ANBAUES
9 121 DUENGUNG MIT FLUESSIGEM AMMONIAK
9 127 TIEF EINGEDRILLTER DUENGER VERSUCHE IN NORFALK
SAEEN BESTELLUNG
3 250 GLEICHSTAND DRILL U.BREITSAAT FLAECHENMAESS.KORNVERTEIL.
4 123 MECHANISIERUNG DER AUSSAAT
5 235 PRODUKTION VON DRILLMASCHINEN IN DER SU
5 236 DRILLMASCHINE ISARIA SUPER UNIVERSAL FUER DREIPUNKTANBAU
7 124 HOEHERE ERTRAEGE DURCH BREITSAAT
7 124 WEGE ZUR ERHOEH.V.FLAECHENLEISTG.BEI AUSSAAT
8 125 HOEH.GESCHWINDIGK.U.ENGERE DRILLREIHEN BEI DER AUSSAAT
8 129 VARIABLE RIEMENSCHEIBE ZUM REGELN DER SAATREIHENLAENGE
8 505 KONTINUIERLICHE AUSFLUSSREGELVORRICHT.FUER DRILLMASCHINEN
9 69 ZNU 4 ANBAUDRILLMASCHINE
9 132 PNEUMATISCHES BREITSAATGERAET MIT FRAESE
9 132 MECHANISIERUNG DER BESTELLUNG
PFLEGE PFLANZENSCHUTZ
3 172 AUSBRINGEN V.HERBIZIDEN MIT HUBSCHRAUBERN
5 652 SABITHANE ZUR GELBROSTBEKAEMPFUNG
7 128 ANWENDUNG HERBIZIDER MIKROGRANULATE
8 67 AUSBRINGUNG VON HERBIZIDEN MIT FLUGZEUGEN
8 140 ANWENDUNG VON HERBIZIDEN KOMB.MIT MECH.PFLEGE
9 53 AUSBRINGUNG VON DIKOTEX MIT DER AN 2
9 406 CHEMISCHE UNKRAUTBEKAEMPFUNG
ERNTE
1 2 ENTWICKLUNG VON FLIESSVERFAHREN BEI DER ERNTE
1 216 KOMPLEXEINSATZ DER TECHNIK IN DER ERNTE
1 218 KORNVERLUSTE BEI DER ZWEIPHASENERNTE
2 71 REIBUNG BIEGUNG U.SCHNEIDEN V.WEIZENHALMEN
2 131 KOMPLEXEINSATZ DER TECHNIK IN DER ERNTE
2 133 ERNTEVERFAHREN B.KOERNERFRUECHTEN IN GEBIRGSGEGENDEN
2 243 ERHOEHUNG DER VOLUMENMASSE DES HAECKSELGUTES
3 271 AUFLOCKERUNG VON SCHWADEN
3 272 MECHANISIERTE ERNTE
3 273 PRUEFUNG VON MASCHINENSYSTEMEN FUER DIE ERNTE
3 274 MAEHMASCHINE FUER HANDBETRIEB FUER INDISCHE VERHAELTNISSE
3 279 UNTERSUCH.UEBER KOERNERBESCHAEDIGUNG BEIM HAECKSELN
4 51 MASCHINENKOMPLEXE FUER DIE VOLLMECHANISIERTE ERNTE
4 145 ERNTE 1967 IN DEN NIEDERLANDEN
5 249 OPT.GESCHWIND.U.VORWAERTSBEWEG.V.SCHWADAUFSAMMELTROMMEL
5 260 ARBEIT DES MAEHMASCH.SCHNEIDWERKES BEI HOH.GESCHWINDIGKEITEN
5 264 1967 KOMPLEXEINSATZ DER ERNTETECHNIK
5 272 FELDHAECKSELDRUSCHVERFAHREN BEI ERNTE AM HANG
6 227 MECHANISIERUNGSTENDENZEN BEI DER ERNTE IN POLEN
6 235 FELDHAECKSLEREINSATZ BEI DER ERNTE IN DER CSSR
7 151 NETZWERKPLANUNG BEI DER ERNTE
7 154 EFFEKTIVITAET DER MECHANISIERTEN ERNTE
7 155 FELDHAECKSELVERFAHREN BEI DER ERNTE AM HANG
8 182 ENTWICKLUNG DES MASCHINENSYSTEMS FUER DIE ERNTE
8 204 TECHNOLOGIE DER DREIPHASENERNTE IN DER UDSSR
8 510 ERNTE GERAETE AUF DER DLG SCHAU
9 67 PLANUNG UND LEITUNG DER ERNTE MIT HILFE DER NETZWERKTECHNIK
9 69 NEUE MASCHINEN FUER DIE ERNTE
9 167 EINREIHIGE ERNTEMASCHINE FUER VERSUCHSFELDER
9 168 MECHANISIERUNG DER WEIZENERNTE
9 170 NEUZEITLICHE ERNTE IN DER SCHWEIZ
9 176 FELDHAECKSLERERNTE PROBLEM DER KORNTRENNUNG
REINIGEN SORTIEREN
1 279 ZSM 50 SOWJETISCHE REINIGUNGSANLAGE
1 279 EKONOM 50 GEBLAESETRENNANLAGE
1 280 K 522 U.K 523 MAEHDRUSCHNACHREINIGER PRUEFUNG
1 281 ARBEITSBEDING.FUER HOECHSTLEISTUNGEN BEI SAATGUTAUFBEREITERN
1 282 MASCH.ZUR LABORMAESSIGEN SAATGUTAUFBEREITUNG VOM VEB PETKUS
1 569 TRANSPORTABL.ANLAGEN ZUR REINIGUNG UND TROCKNUNG
2 276 SAATREINIGUNGS UND TROCKNUNGSANLAGE PETKUS
2 280 ARBEIT EINES VERTIKAL SCHWINGENDEN ZYLINDERTRIEURS

2 515 GETREIDE KOMBINIERTE REINIGUNGS UND SORTIERANLAGE FERTIGUNGSLINIE
3 325 INDUSTRIALISIERUNG DER AUFBEREITUNG IM SOWCHOS ZVENIGORODSKI.
3 326 REINIGUNGS UND SORTIERMASCHINEN UEBERSICHT
3 328 REINIGUNG PROJEKTE FUER MASCHINELLE AUSSTATTUNG
3 329 NACH DER REIBUNG SICHTENDE SAATGUTBEREITER ARBEITSWEISE
3 620 KOMB.REINIGUNGS TROCKNUNGS U.SORTIERANLAGE
4 184 REINIGUNGSANLAGE FUER UEBERDACHTEN DRESCHPLATZ
4 185 CROPCLEANER PSA 800 VORREINIGER V.LINDE PRUEFBERICHT ULTUNA
5 315 STATIST.MODELLIEREN VON AUFBEREITUNGSBETRIEBEN
5 318 BESTIMMUNG DER SICHTGUETE BEI DER SCHUETTGUTSICHTUNG
5 319 ANWENDBARKEIT V.PNEUMAT.KORNTRENNUNGSEINRICHTUNGEN
5 328 MATHEMAT.MODELL EINES FLIESSBANDES FUER AUFBEREITUNG
6 259 SYSTEME FUER DAS STEUERN VON REINIGUNGSANLAGEN
6 260 SICHTEN VON ELEKTROSTAT.FELD MIT U.OHNE SPRUEHENTLADUNG
6 260 SICHTGUETESTEIGERUNG DURCH ZUSAMMENSETZEN DER SICHTANLAGEN
9 6 ARBEITSWEISE NEUER TRENNELEMENTE FUER MAEHDRUSCHNACHREINIGER
9 69 ZAR 5 U.ZAV 40 REINIGUNGSANLAGE
9 210 LEISTUNGSSTARKE MASCHINEN U.AGGREGATE BEIM ENDPRODUZENTEN
9 213 K 522 MAEHDRUSCHNACHREINIGER V.VEB PETKUS PRUEFB.POTSDAM
9 214 STATISTISCHE UNTERSUCHUNG DER FLIESSENDEN AUFBEREITUNG
TROCKNUNG VERFAHREN
1 288 RENTABILITAET V.TROCKNUNG IN LANDW.BETRIEBEN
1 289 FEUCHTIGKEITSMESSUNG AUF GRUND DER ELEKTR.LEITFAEHIGKEIT
1 294 VERBRAUCH AN ELEKTROENERGIE IM SILOSPEICHER
3 334 ZULAESSIGE SAATGUTERWAERMUNG BEI DER HEISSLUFTTROCKNUNG
4 190 EINKANALTROCKNUNG BLACKBURN REINTHORPE SYSTEM
5 320 ARBEITEN GORJACKINS AUF DEM GEBIET DER TROCKNUNG
5 321 EINFLUSS DER VIBRATION BEIM TROCKNEN AUF QUALITAET
5 322 AKTUELLE FRAGEN DER TROCKNUNG
7 3 TROCKNUNG LANDMASCHINENLEHRE BD. 11
7 179 BEHAELTERTROCKNUNG WAERME U.STOFFAUSTAUSCHGLEICHUNGEN
8 217 ENTWICKLUNG DER HEISSLUFTTROCKNUNG IN DER DDR
8 229 BESONDERHEITEN DER WARMLUFTSATZTROCKNUNG
8 234 TROCKNUNG U.LAGERUNG V.MAEHDRUSCHGETREIDE IN DEN NIEDERLANDEN
8 235 TROCKNUNG IN EINEM FOLIENZELT
TROCKNUNGSANLAGEN
1 278 ERGEBNISSE DER PRUEFUNG VON TROCKNUNGSANLAGEN
1 279 ZSPZ 8 GROSSRAUMTROCKNER
1 291 STATIONAERER HOHER SOWJET.SCHACHTTROCKNER
1 568 UMBAU DER TROCKNUNGSANLAGE SSL VISCHOM
1 573 MECHANISIERTER TROCKNUNGSANLAGEKOMPLEX
2 282 DAECHERSCHACHTTROCKNER WAERMETECHNISCHE UNTERSUCHUNGEN
2 284 REGELUNG EINES TROCKNERS BASIEREND AUF BESTIMM.V.ABLUFTTEMP.
2 285 UEBERWACHUNGSSYSTEM ZUR KONTROLLE VON TROCKNUNGSANLAGEN
2 286 DYNAM.PROGRAMMIERMETHODE DER LUFTZUTEILG.IM TROCKNER
3 325 BLOCKSCHALTBILD EINER AUTOMATISCHEN TROCKNERREGELUNG
4 177 AWM 04 SOWJETISCHER EINFRUCHTTROMMELTROCKNER
4 187 SILOTROCKNER VERSUCHSERGEBNISSE PRAKT.ERFAHRUNGEN
4 188 ZENTRALROHRSILO MIT WARMLUFTHEIZAGGREGAT
4 189 BERICHT UEBER DEN GROESSTEN TROCKNER ENGLANDS
4 192 TROCKNUNGSVORGANG IN SCHACHTTROCKNERN DIFFERENTIALGLEICH.
4 193 WARMLUFTSATZTROCKNER BISO DLG PRUEFBERICHT
4 194 WARMLUFTSATZTROCKNER TELMA DLG PRUEFBERICHT
4 195 WARMLUFTSATZTROCKNER TORNADO DLG PRUEFBERICHT
6 68 VERWENDUNG VON FLUESSIGGAS IN TROCKENANLAGEN
6 259 SYSTEME FUER DAS STEUERN VON TROCKNUNGSANLAGEN
6 261 FLUID BED DURCHLAUFTROCKNER NIAE TEST
6 266 AVM 0.4 FUTTERGETREIDETROCKNUNGSANLAGE
6 333 PLANUNG UND BAU VON TROCKNUNGSANLAGEN
7 178 AUTOM.UEBERWACHUNGSSYSTEM FUER EINE TROCKNUNGSANLAGE
7 393 TROCKNUNG UND SPEICHERUNG AUSSTELLUNGSKOMPLEX
7 396 KOERNERTROCKNUNGSANLAGE
8 218 TROMMELTROCKNUNGSANLAGE MGF AUS DER VR UNGARN
8 230 TROCKNUNGSEINHEITEN ZUR VERWENDUNG IN STANDARDSILOS
8 231 TROCKNUNGSLEISTUNG VERSCHIEDENER SYSTEME
8 232 EINFLUESSE AUF DIE LEISTUNG EINES TROCKNERS

8 233 GETREIDE TROCKNER KONSKILDE PRUEFBERICHT VOLLEBEKK
8 509 TROCKNER AUF DLG SCHAU IN MUENCHEN
8 510 TROCKNUNG EXPONATE AUF DER DLG SCHAU
8 514 TROCKNER AUF DEM FRANZ.MARKT GERAETELISTE
9 194 TYPENTABELLE WARMLUFTSATZTROCKNER
9 195 ERFAHRUNGEN MIT NEUEN UNGARISCHEN TROCKNERN
9 210 FLACHBAUKOMPAKTKOERNERTROCKNER
9 468 TROCKNUNG TRANSPORTABLE LUFTERHITZER MIT OELFEUERUNG
BELUEFTUNGSTROCKNUNG
1 288 SILOS FUER BELUEFTUNG MIT KALTLUFT KOSTEN
1 289 TROCKENSILO MIT GEBLAESE DER FA. LISTER
1 462 60 T ZENTRALROHRSILO MIT AUTOM.BEWEGTEN LUFTBEGRENZUNGSKOLBEN
2 283 SAATGUTTROCKNUNG DURCH AKTIVE BELUEFTUNG
3 330 ENTWICKLUNG V.BELUEFTUNGSSILOS MIT GROSSEN SCHUETTHOEHEN
3 331 DRUCKSCHWANKUNGEN IN SEITENZWEIGEN VON BELUEFTUNGSROHREN
3 333 BELUEFTUNGSTROCKNUNG
4 3 AGGREGATE FUER WARMLUFTERZEUGUNG BEI BELUEFTUNG
6 262 VOLLELEKTR.GEBLAESEHEIZAGGREGAT HERING SLA 4 L DLG PRUEFBER.
6 263 VOLLELEKTR.GEBLAESEHEIZAGGREGAT HERING SLA 5 L DLG PRUEFBER.
6 264 VOLLELEKTR.GEBLAESEHEIZAGGREGAT HERING SLA 5 L DLG PRUEFBER.
6 265 STEUEREINRICHTUNG FUER BELUEFTUNGSANLAGEN
6 267 TROCKNUNGSSYSTEME FUER RINDERMASTKOMBINATE
6 533 PLANUNG UND BAU VON FLACHBELUEFTUNGSANLAGEN
7 166 BELUEFTUNGSSILO ZUM TROCKNEN UND LAGERN PATENT
7 181 VERGLEICH ZAPFWELLENGETRIEB.BELUEFTUNGSGEBLAESE FUER SILOS
7 182 VC 250.000 WE HEIZ U.BELUEFTUNGSAGGREGAT PRUEFBKW1ESELBGD
7 183 VC 150.000 WE HEIZ U.BELUEFTUNGSAGGREGAT PRUEFBKW1ESELBGD
7 192 GEBAEUDE ZUR TROCKNUNG UND LAGERUNG IN GROSSKISTEN
7 396 LAGERSILOS AUS STAHLBLECHELEMENTEN MIT BELUEFTUNGSAGGREGAT
8 231 LEISTUNG VON BELUEFTUNGSANLAGEN
8 507 GEBLAESE VENTACROPS SIXTY VON ENTECON LTD.
9 210 ZWISCHENLAGER MIT KALTBELUEFTUNG
9 226 KALTBELUEFTUNG
9 419 TRAKTORBETRIEBENES GEBLAESE VON WOODS
KUEHLUNG
4 182 KUEHLLAGER ZUR LAGERUNG FEUCHTEN GETREIDES
4 183 SILOKUEHLUNG HALLENKUEHLUNG ODER DURCHLAUFKUEHLUNG
4 196 KALTBELUEFTUNG THERMODYNAMISCHE GLEICHUNGEN
6 268 KUEHLEN NACH DEM TROCKNEN
8 236 ANLAGE FUER DAS KUEHLEN V.GETREIDE ZWECKS LAENGERER LAGERUNG
9 68 MIT 18 PROZENT WASSERGEHALT KUEHLKONSERVIERUNG
9 293 KOERNERKUEHLSAETZE FUER FEUCHTES GETREIDE
LAGERUNG
1 288 RENTABILITAET V.LAGERUNG IN LANDW.BETRIEBEN
1 292 FREILAGERUNG UNTER FOLIEPLANEN
1 293 HERMETISCH GESCHLOSSENE SILOS ZUR FEUCHTGETREIDELAGERUNG
1 294 AUFWENDUNG FUER LAGERARBEITEN IN POLN.VERSUCHSBETRIEB
1 295 LAGERSILO ZUM AUFSTELLEN IM FREIEN
1 296 MECH.BESCHICKEN U.ENTLEEREN VON LAGERSILOS
1 482 SPEICHER IN STAHLBETONMONTAGEBAUWEISE
1 569 TYPISIERTE FLAECHEN FUER PROVISORISCHE LAGERUNG
2 72 WAERMELEITFAEHIGKEIT BEI LAGERUNG IN SCHICHT
2 478 BESTRAHLUNGSGERAET ZUR INSEKTENBEKAEMPFUNG
2 479 BESTRAHLUNGSGERAET ZUR INSEKTENBEKAEMPFUNG
2 514 NEUE KONSTRUKTION FUER STAHLBETONFERTIGTEILSILOS
3 325 SILO FUER GEREINIGTES SAATGUT UND FOERDEREINRICHTUNGEN
3 328 LOESUNGEN FUER DIE MECHANISIERUNG VON LAGERN
3 558 SILOS FRANZOESISCHE GERAETELISTE MIT TECHN.DATEN
3 621 ERRICHTUNG VON GROSSILOS IN MONOLITHISCHER BAUWEISE
3 622 BAU VON GROSSSILOS AUS STAHLBETONFERTIGTEILEN
3 623 PROBLEME UND TENDENZEN DES SILOBAUES IN DER SU
3 624 PROBLEME UND TENDENZEN DES SILOBAUES IN DER SU
4 197 LAGERVERHALTEN IN SILOZELLEN MIT UNGEDAEMMTEN AUSSENWAENDEN
4 520 SPEICHER BAUPLAENE DES SOWJET.INST.FUER PROJEKTIERUNG
4 608 SILO S 200 FUER DIE LAGERUNG
4 609 PROGRESSIVE PROJEKTE FUER DEN BAU VON SPEICHERN

4 610 GETRFIDE BAU VON SPEICHERN IN DER UDSSR
5 324 AUFBEREITUNG BERECH.V.FLIESSSTRASSENZWISCHENLAGERN
5 325 TS VERLUSTE U.QUALITAETSVERAEND.B.LAGERUNG MIT BELUEFTUNG
5 723 TYPENPROJEKT EINES SPEICHERS IN MONTAGEBAUWEISE
5 724 ARBEITSORGANISATION IM SPEICHERBAU
6 18 AUFBEREITUNG UND LAGERUNG
6 269 LAGERUNG UNTER PLASTFOLIEN MIT UNTERDRUCK
6 480 BETONIERUNG DES ARBEITSTURMES V.SPEICHERN B.NIEDRIG.TEMP.
6 533 PLANUNG UND BAU VON SILOANLAGEN
7 1 LAGERUNG V.FEUCHTGETREIDE IN LUFTUNDURCHLAESS.LAGERRAEUMEN
7 166 SILO FUER VERSCHIEDENE SAATGUTSORTEN PATENT
7 175 CHEM.KONSERVIERUNG V.FEUCHTGETREIDE MIT PROPIONSAEURE
7 184 INSEKTENBEKAEMPFUNG MIT CHEMISCHEN MITTELN
7 184 LAGERUNG V.FEUCHTGETREIDE IN LUFTDICHTEN STAHLSILOS
7 184 LAGERUNG VON FEUCHTGETREIDE IN BUTYLENBEHAELTER
7 185 SACKLOSE LAGERUNG BILDBERICHT
7 395 SILO AUF LEICHT MONTIERBAREM RAHMENWERK
7 423 AUSSENBEHANDLUNG VON SILOS MIT HOLZSCHUETZENDEN FARBLASUREN
8 235 BENOETIGTE LAGERKAPAZITAET IN LPG
8 271 LAGERUNG FUER FUTTERZWECKE IN METALLSILOS
8 299 BESEITIGUNG VON SCHAEDLINGEN DURCH BESTRAHLUNG
8 514 KOERNERSILOS AUF DEM FRANZ.MARKT GERAETELISTE
8 561 WANDDRUECKE IN SILOS MESSERGEBNISSE
9 210 ALUMINIUMSILOS MIT EIN U.AUSLAGERUNGSTROGKETTENFOERDERUNG
9 216 ENTWURF FUER EINE LAGERZENTRALE VERSCHIED.SILOANORDNUNGEN
9 297 INAKTIVIERUNG VON SCHAEDLINGEN DURCH BESTRAHLUNG
9 427 TROCKEN UND SPEICHERSILOS
9 454 LEICHTMETALLKONSTRUKTIONEN IN DER CSSR
9 503 SILOS AUS BUTYL
9 504 SPEICHER FUER DIE EINLAGERUNG IM MISCHFUTTERWERK
SILIEREN
2 275 SILIEREN UND AUFBEREITUNG ERNTEFRISCHER KOERNER
2 322 SILIEREN V.FEUCHTGETR.IN GASDICHT.STAHL U.BUTYLFOLIESILOS
6 287 SILIEREN AUFBEREITEN U.FUETTERN ERNTEFRISCHER KOERNER
9 211 SILIEREN GANZER KOERNER IN LUFTDICHTEN BUTYL OD.STAHLSILOS
9 [illegible]7 KONSERVIERUNG ERNTEFRISCHER KOERNER IN STAHL OD.BUTYLSILOS
9 227 FOLIENSILOS FUER DIE KONSERVIERUNG ERNTEFRISCHER KOERNER
TRANSPORT
1 109 EINACHSIGER KIPPER MMZ 812 FUER DEN TRANSPORT
1 231 VERGLEICH 10 UNTERSCHIEDLICHER TRANSPORTEINHEITEN
1 296 MECH.BESCHICKEN U.ENTLEEREN VON LAGERSILOS
1 569 TRANSPORTBAENDER FUER GETREIDEBE U.ENTLADUNGSARBEITEN
2 120 SELBSTFAHRENDER TRANSPORTWAGEN FUER DIE ERNTE
2 216 FLIESSARTEN IN GENEIGTEN KANAELEN
2 246 FOERDERSCHNECKEN FOERDERKETTEN ELEVATOREN U.GROSSRAUMFAHRZ.
2 246 HANTIERUNGSVERFAHREN MIT LOSEM SAATGUT
2 288 MASCH.KOMPLEX FUER BE U.ENTLADEARBEITEN AUF DEM DRESCHBODEN
2 289 DODS 7 VORRATSFOERDERER PRUEFBERICHT POTSDAM BORNIM
3 190 GASTERSTAEDTSCHER BEIWERT BEI PNEUMATISCHER FOERDERUNG
3 281 RATIONELLER KOERNERTRANSPORT AB MAEHDRESCHER
3 336 DRUCKVERLUSTE IN ROHRBOGEN VON FOERDERGEBLAESELEITUNGEN
4 152 LOSER SAATGUTTRANSPORT VOM SPEICHER ZUM FELD
4 191 TROCKNUNGSVERSUCHE MIT EINEM RIESELSCHACHTTROCKNER
5 146 PNEUMAT.TRANSPORTMITTEL IN VERARBEITUNGSBETRIEBEN
5 326 KENNWERTE EINES SELBSTFAHRENDEN KRATZBANDAUFGEBERS
5 327 FOERDERROHR MAX.BELASTUNG DES LUFTSTROMES MIT SCHUETTGUT
6 270 MECHANISIERUNG DES VERLADENS TRANSPORTMITTEL
7 156 MECH.DER BE UND ENTLADEARBEITEN VON KOERNERN
7 156 WAGGONENTLADEVORRICHTUNG UVZ 2 ODER TMZ
7 156 KIPPVORRICHTUNGEN ZUM ENTLADEN V.SATTELSCHLEPPERN UND LKW
7 201 FOERDERSCHNECKE MIT TROG
7 392 SELBSTAUFNEHMENDER VIBRATIONSBANDFOERDERER
7 396 KOERNERSAMMELWAGEN MIT ENTLADEVORRICHTUNG
8 69 NEUER HOLZTRANSPORTBEHAELTER
8 205 KOERNERTRANSPORT BEIM KOMPLEXEINSATZ DER MAEHDRESCHER E 512
9 177 ANLAGEN FUER DEN LOSETRANSPORT ZUM SPEICHER

9 177 GETREIDE TRANSPORTFAHRZEUGE FUER SACKLOSEN KOERNERTRANSPORT
9 210 W 50 LAS K SATTELAUFLIEGER FUER TRANSPORT V.LOSEM GETREIDE
9 218 KOERNERGEBLAESE T 502 V.VEB PETKUS PRUEFBERICHT POTSDAM
9 427 SELBSTAUFNEHMENDES VIBRATIONSBAND
GETRIEBE S.AUCH TRAKTOR: KRAFTUEBERTRAGUNG
1 75 656ER MODELL VON IH MIT HYDROSTATISCHEM GETRIEBE
1 76 UNTER LAST SCHALTBARE FRONTTRIEBACHSE FUER TRAKTOREN
1 77 MASSNAHMEN ZUR ERHOEHUNG DER STAUBDICHTHEIT
1 77 ERHOEHUNG DER ZUVERLAESSIGKEIT VON TRAKTORGETRIEBEN
1 80 DES TRAKTORS C4K B
2 34 DER MAEHDRESCHER SK DREI UND SK VIER REPARATURSTAND
3 132 BETRIEBSKENNWERTE V.TRAKTOREN MIT MODERNEN GETRIEBEN
3 134 UNTERSUCH.UNTER LAST SCHALTBARER GETRIEBE B.VIERRADANTRIEB
3 223 ZUVERLAESSIGK.DES UNTERSETZUNGSGETRIEBES V.REGNER DDN 70
5 106 UNTERSUCH.UNTER LAST SCHALTBARER GETRIEBE B.VIERRADANTRIEB
5 107 SYMMETRISCHES SELBSTSPERRENDES AUSGLEICHGETRIEBE
5 108 ERHOEHUNG DER NUTZUNGSDAUER VON PLANETENGETRIEBEN
5 653 REGELGETRIEBE FUER SAEMASCHINEN
6 17 VERHALTEN UNTER LAST SCHALTBAR.U.STUFENLOSER GETRIEBE
6 88 PRODUKTIVITAET VON TRAKTOREN MIT MODERNEN GETRIEBEN
6 89 GUT ABGESTUFTES 10 GANGGETRIEBE FUER LANDW.TRAKTOREN
6 91 KOLLOQUIUM GETRIEBETECHNIK
6 92 SELECT O SPEED VON FORD
6 93 PRUEFSTAENDE FUER TRAKTORENGETRIEBE
7 40 DREHMOMENTWANDLER UND AUTOMATISCHE GETRIEBEVORWAHL
7 50 KRIECHGANGGETRIEBE MIT RUECKWAERTSSCHALTUNG
7 51 EINFL.STRENGER PROBSTE AUF DIE ARBEIT
7 58 EINSCHLAGWINKEL V.TRAKTORVORDERRAEDERN B.AUSSCHALTEN V.SPERR.
7 398 DAUERWECHSELGETRIEBE FUER SAEMASCHINEN SOMECA
8 2 STUFENLOSE GETRIEBE
8 56 FRANZ.NEUHEIT IM GETRIEBEBAU
8 57 VERLUSTLEISTG.U.WIRKUNGSGRADE B.MECH.U.HYDROSTAT.GETRIEBE
8 505 HYDROSTAT.GETRIEBE FUER GESCHWINDIGKEITEN BIS 14 KM JE H
9 30 MIT UMKEHREFFEKT
9 31 MIT UMKEHREFFEKT U.LASTSCHALTGETRIEBE
9 44 ANGLEICHEN DER KENNLINIEN VON MOTOR UND DREHMOMENTWANDLER
9 47 AUFBAU UND FUNKTION EINES HYDROSTATISCHEN ANTRIEBES
9 48 ANWENDUNG HYDROSTATISCHER GETRIEBE VOR UND NACHTEILE
9 52 LADEGERAETE MIT 2 SCHUBKOLBENZYLINDERN FUER LASTHUB
9 100 FRAESEN MIT SCHALTGETRIEBE
9 418 HYDROMATIC GETRIEBE VON IHC
9 429 TRIEBWERKE U.GETRIEBE DLG ANERKANNT
GEWAECHSHAUS HINWEISE
S.AUCH FRUEHBEET
FOLIENZELT S.DORT
ALLGEMEINES
3 562 1964 BIS 66 LANDW.BAUTAETIGKEIT IN DER DDR
5 690 STANDORTBESTIMMUNG IN STAEDT.RANDGEBIETEN
7 277 HISTORISCHE ENTWICKLUNG U.UNTERGLASBAU IN EUROP.LAENDERN
7 278 BESTIM.DER MITTLEREN UND MAX.WINDLASTBEIWERTE
7 423 SPEZIALGARTENBAUSALZE FUER DEN HOLZSCHUTZ
8 340 ERMITTLUNG DER WINDLASTEN MESSTECHN.GRUNDLAGEN
8 341 ERMITTLUNG DER WINDLASTEN DRUCKVERTEILUNG AM MODELL
BAUWEISEN BAU
1 385 MIT STARRER PVC BEDACHUNG ANBAUERGEBNISSE
1 386 PVC UND POLYAETHYLENFOLIE ALS ERSATZ FUER GLAS
1 387 POLYAETHYLENFOLIENDAECHER EIGNUNG IM GEMUESEBAU
1 388 RIESENKALTHAEUSER AUS PLASTE IM SUBTROPISCHEN KLIMA
1 389 MIT DOPPELWANDG.POLYAETHYLEN IN FRANKREICH
1 405 BAU VON CHAMIGNONHAEUSERN IN HOLLAND
1 468 SCHALENKONSTRUKT.AUS GLASFASERVERSTAERKTEM POLYESTER
1 468 STABNETZTRAGWERKE MIT FOLIEN ODER PLASTABDECKUNG
1 481 KONSTRUKT.AUS GLASFASERVERSTAERKTEN POLYESTERSCHALEN
2 29 ERSATZ DES GLASES DURCH PLASTSTOFFE
2 396 R S KUNSTSTOFF GEWAECHSHAUS AUS FERTIGTEILEN
2 397 STABNETZWERKGEWAECHSHAUS MIT FOLIENEINDECKG.NUTZBARKEIT

2	398	GEWAECHSHAUS	DAS DEUTSCHE NORM GEWAECHSHAUS
2	399		WEG ZUM NORMHAUS WEG DES NORMHAUSES
2	430		EUNORMA DER FA.GABLER MIT FILIGRANARTIGER BINDERKONSTRUK.
3	444		DEUTSCHES NORM GEWAECHSHAUS REALITAET ODER UTOPIE
3	445		TYPEN AUF DER BUNDESGARTENSCHAU
3	446		FOLIENHAUS IN SELBSTBAUWEISE
3	599		KOMBINAT MIT 85 GEWAECHSHAEUSERN
4	330		AUS TRANSPARENTEM GLASFASERKUNSTSTOFF
4	331		STAT.KONSTRUKT.KENNWERTE V.PLASTFOLIENHAEUSERN
4	332		ZUSAMMENSCHIEBBARE USKO FOLIENHAEUSER AUS FINNLAND
4	333		HAEUSER VOM NIEDERRHEIN IM BAUKASTENSTIL
4	334		TURMGEWAECHSHAUS IN WISSENSCHAFTLICHER ERPROBUNG
4	335		MODERNE ZIERPFLANZENGAERTNEREI IN HERTFORDSHIRE
4	431		VOLLAUTOMATISIERTE HAEUSER FUER AUFZUCHT V.FORSTPFLANZEN
4	579		BEMESSUNG DER TRAGKONSTRUKTION
5	443		ENTWICKLUNG U.ANFORDERUNGEN AN GFP WERKSTOFFE
5	447		BIS 1970 GEPLANTE PLASTFOLIENHAEUSER
5	448		AUS GLASFASERVERSTAERKT.POLYESTERFERTIGTEILEN GROSSVERSUCH
5	449		FILCLAIR FOLIENHAEUSER IN VAIHINGEN
5	450		ANWENDUNG VON POLYAETHYLENFOLIEN IN FRANKREICH
5	450		ZUSAETZLICHE PLASTHUELLEN UEBER GLASHAEUSER
5	492		ORIENTIERUNG AUF DAS NORMGEWAECHSHAUS IN DER DBR
5	496		FOLIENGEWAECHSHAEUSER IN ISRAEL
5	668		MONTAGE DES STAHLRAHMENS
6	326		VERWENDUNG VON PLASTWERKSTOFFEN IN FRANKREICH
6	334		VERWENDUNG VON PLASTFOLIEN IN RUMAENIEN
6	354		AUS FREITRAG.GLASFASERVERSTAERKT.POLYESTERSCHALEN UNTERS.
6	356		VERSCHIED.TYPEN UND NORMGEWAECHSHAUS FUER GEMUESE
6	357		KOSTEN VON KONSTRUKTIONEN U.PRODUKTIONSWEISEN
7	268		TECHN.ENTWICKLUNG IM ZIERPFLANZENBAU
7	279		GRUNDLAGEN VON KONSTRUKTION PLANUNG UND KOSTEN
7	281		BEDEUTUNG V.KUNSTSTOFFEN IM GEWAECHSHAUSBAU
7	282		ANWENDUNG VON GLASFASERVERSTAERKTEN POLYESTERN
7	284		UNTERSUCH.AN VIER TYPEN FUER DEN TOMATENANBAU
7	285		DAS TURMGEWAECHSHAUS IN BETRIEBSWIRTSCHAFTLICHER SICHT
7	287		KONSTRUKT.TECHN.AUSRUESTG.U.NUTZG.V.PLASTFOLIENHAEUSERN
7	288		KONSTRUKTION EINES HAUSES AUS POLYAETHYLENFOLIE
7	289		TRANSPORTABLE FOLIENGEWAECHSHAEUSER IN JAPAN
7	292		EINFL.DER KONSTRUKTION AUF WACHSTUMSFAKTOREN
8	342		ENTWICKLUNGEN IM GEWAECHSHAUSBAU
8	343		TEIL III. GRUNDLAGEN KONSTRUKTION PLANUNG UND KOSTEN
8	344		TEIL IV. GRUNDLAGEN KONSTRUKTION PLANUNG UND KOSTEN
8	346		EINSATZ VON LICHTSTABILISIERTEN S PVC EXTRUDERPLATTEN
8	347		PLANUNG UND BEMESSUNG DES TRAGWERKES
8	348		TECHNOLOG.EMPFEHLUNGEN ZUM AUFBAU V.PLASTFOLIENHAEUSERN
8	349		VEGETATIONSHALLEN AUS FESTEN KUNSTSTOFFEN
8	349		FOLIENGEWAECHSHAEUSER ZUM TREIBEN VON FRUEHGEMUESE
8	350		BAU VON PLASTFOLIENZELTEN ODER GEWAECHSHAEUSERN
9	329		TRADITION UND NEUERUNGEN IM SCHWED.GEWAECHSHAUSBAU
9	329		VOR UND NACHTEILE DES TURMGEWAECHSHAUSES
9	363		PEVECLAIR KUNSTSTOFFWELLPLATTEN ZUR ABDECKUNG
9	363		FOLIENHAEUSER U.LEICHTBAUHALLEN MIT NEUART.KONSTRUKTION
9	502		VERWENDUNG VON TRAGLUFTHALLEN
		EINRICHTUNG BETRIEB	
1	368		TRANSPORT IM GEMUESEBAU UNTER GLAS
1	369		MECHANISIERUNG DES ERDETRANSPORTES
2	376		EINSATZ VON EINACHSTRAKTOREN
2	393		VOLLAUTOMAT.DURANA DACHWASCHWAGEN SYSTEM HOLTKAMP
2	394		MECHANISCHE GLASREINIGUNG
2	400		FUER TOPFPFLANZEN WAHL DER INNENEINRICHTUNG
2	410		MZG 0 55 MUSTER FUER EINE LEICHTHAENGEBAHN
2	430		PFLANZENROTORSYSTEM ENGLERT
3	422		TECHN.EINRICHTG.DES ZIERPFLANZENBAUES IN DER DBR
3	426		SPITMASCHINE ZUR BODENBEARBEITUNG
3	447		MINIKULI FUER DEN BETRIEB VON HOCHDRUCKSCHLAEUCHEN
3	474		PFLANZENSCHUTZ MIT SWINGFOGNEBEL

```
3 475 GEWAECHSHAUS ERFAHRUNGEN MIT DEM SWINGFOG GERAET
4 320              ERFAHRUNGEN MIT SALATPFLANZWAGEN
4 336              BEGASUNG MIT KOHLENDIOXID
4 341              WARMLUFTKANONEN ZUR KOHLENDIOXIDBEGASUNG
4 342              AUFBAU EINES NOTSTROMAGGREGATES
4 388              ROELLCHEN  UND ROLLENBAHNEN GREENHOUSELIFTS
5 416              VERWENDBARKEIT DES HONDA EINACHSTRAKTORS
5 421              MECH.DER BODENBEARBEITUNG IM GEMUESEBAU UNTER GLAS
5 451              NUTZUNG DES KALTHAUSES UEBER DAS GANZE JAHR
6 339              ERFAHRUNGEN MIT SPATENMASCHINEN
7 253              VEREINFACHUNG DES INNERBETRIEBLICHEN TRANSPORTES
7 263              SAEGERAET FUER SAATBEETE ODER ANZUCHTGEFAESSE
7 280              MANGELHAFTES RATIONALISIEREN BEIM BETRIEB
7 339              TURMGEWAECHSHAUS  PFLANZENROTORSYSTEM IM ZIERPFLANZENBAU
7 400              MASCHINEN FUER ANBAU UND PFLEGE DER KULTUREN
8  54              KLEINTRAKTOR T 4 K 10 DES AGROSTROJ PROSTEJO  CSSR
8 349              INNENVERKLEIDUNG MIT POLYAETHYLENFOLIEN
8 351              ANWENDUNG DER KOHLENDIOXIDBEGASUNG
8 352              BRENNER FUER ERDGAS ZUR KOHLENDIOXIDERZEUGUNG
9 356              SCHWEFELVERDAMPFER  PRUEFBERICHT POTSDAM BORNIM
9 363              LIFTTYPEN U.SCHNITTBLUMENSCHIFF ZUR TRANSPORTMECHANIS
                 KLIMA
5 438              WAERMEHAUSHALT UND KLIMASTEUERUNG
5 439              BEZIEH.ZWISCH.KLIMA U.LUFTFEUCHTIGKIET IN PLASTHAEUSERN
5 452              OPTIMIERUNG DES KLIMAS
5 495              BAUWEISE UND KLIMAANLAGEN IN DEN USA
7 290              UNTERSUCH.V.LUFTFEUCHTIGK.IN POLYAETHYLENGEWAECHSHAEUSERN
7 291              KLIMAMESS.IN GEKUEHLTEN HAEUSERN IM ZIERPFLANZENANBAU
7 294              KLIMATISIERUNG DER GEWAECHSHAEUSER
                 LUEFTUNG
2 430              TYP 200 22 DER FA.HENSSLER MIT ZAHNSTANGENLUEFTUNG
3 451              UNTERSUCH.V.LUFTAUSTAUSCH IN UNGELUEFT.GEWAECHSHAEUSERN
5 446              TECHN.FRAGEN DES BAUS VON TRAGLUFTGEWAECHSHAEUSERN
5 446              LUEFTUNG MIT AXIALLUEFTERN IN TRAGLUFTHAEUSERN
5 449              VENTILATORLUEFTUNG IM FOLIENHAUS
9  16              BELUEFTUNG  BESTIMMUNG MIT RADIONUKLIDEN
9 363              FOLIENHAEUSER MIT AUTOMATISCHEN ZENTRAL.LUEFTUNGSANLAGEN
                 KUEHLUNG
2 430              VOLLAUTOMATISCHE KUEHLANLAGE  MATTENKUEHLUNG
3 445              MATTENKUEHLUNG MIT AUSSENLAEUFERMOTOR
4 337              KUEHLUNG MIT HILFE EINER DACHBEREGNUNG
5 452              KUEHLEN DURCH ZERSTAEUBEN VON WASSER
7 291              MEHRSCHIFFIGE BLOECKE MIT MATTENKUEHLUNG  KLIMAMESS.
7 339              MATTEN  UND SPRUEHKUEHLUNG  DACHBESPRUEHUNG
                 BELICHTUNG
1 383              VERAENDERG.DER LICHTQUALITAET DURCH GEFAERBTE FOLIEN
3 440              TECHN.EINRICHTG.FUER LANGTAGSBEHANDLUNG V.ZIERPFLANZEN
4 328              NEUE ANSICHTEN UEBER LICHTTRANSMISSION
5 441              LICHT U.WAERMETECHN.EIGENSCH.V.STOFFEN ZUR ABDECKUNG
5 458              LICHTQUELLEN FUER DIE PFLANZENBESTRAHLUNG
7 295              EINSATZ DER ZUSATZBELEUCHTUNG
8 310              ZUSATZBELICHTUNG VON JUNGPFLANZEN
8 321              AUTOMATISIERUNG DER ZUSATZBELICHTUNG V.JUNGPFLANZEN
8 345              LICHT  U.WAERMEDURCHGANG V.GLAS UND PVC PLATTEN
9 330              HOCHFREQUENZANLAGEN ZUR ZUSATZBELICHTUNG V.JUNGPFLANZEN
                 SCHATTIERUNG
3 482              VOLLAUTOMATISCHE VERDUNKELUNGSEINRICHTUNGEN
4 335              VERDUNKELUNGSEINRICHTUNG FUER CHRYSANTHEMENKULTUREN
5 438              REGELBARE SCHATTIERUNG
6 358              INNEN  ODER AUSSENSCHATTIERUNG
6 359              INNENSCHATTIERUNG VON KRAEHE UND WOEHR
7 269              EINRICHT.ZUR KONTROLLE DER TAGESLAENGE B.CHRYSANTHEMEN
                 HEIZUNG
1 387              TEMPERATURVERHAELTNISSE IN FOLIENGEWAECHSHAEUSERN
1 390              AUTOMATISCHES BEHEIZUNGS  UND BELUEFTUNGSSYSTEM
1 473              WIRTSCHAFTLICHE BEHEIZUNGSMOEGLICHKEITEN
```

2	401	GEWAECHSHAUS	EINFL.V.BODENTEMP.AUF WAERMEABGABE ODER AUFNAHME D.BODENS
2	402		ELEKTRISCHE HEIZUNG MIT NICHTISOL.STAHLDRAHT
2	403		BEHANDLUNG V.STAHLHEIZKESSELN VOR INBETRIEBNAHME B.BETRIE
2	404		TECHN.MOEGLICHKEITEN FUER DIE TEMPERATURREGELUNG
2	405		TECHN.LOESUNGEN DER TEMPERATURREGELUNG
2	406		REGELN UND MESSEN DER TEMPERATUR
3	453		KONSTANTTEMPERATURSYSTEM FUER PHYTOTRONE
3	482		LUFTHEIZER MIT KOHLENDIOXIDDOSIERUNG
4	338		HEIZUNG ERFURT INTERNAT.GARTENBAUAUSSTELLUNG
4	339		UMSTELLEN V.HEIZUNGSANLAGEN V.FESTEN AUF FLUESSIGE STOFFE
4	340		LUFTHEIZUNGSSYSTEM FUER DEN GEMUESEBAU UNTER GLAS
4	341		ANWENDUNG VON LUFTHEIZERN
4	342		BRENNSTOFFWAHL UND BRENNSTOFFLAGERUNG
4	387		DREIZUGWARMWASSERKESSEL DER FA. MOESCHLE
4	388		NEUE DREIZUGKESSEL
4	388		VOLLAUTOMATISCHE KLIMAANLAGE DER FA. HOMBACH
5	440		EINFL.AUF TEMP.IN LUFTBEHEIZT.MEHRZWECKHAEUSERN
5	444		TEMP.IN UNGEHEIZ.MIT POLYAETHYLENFOLIEN BEDECKT.HAEUSERN
5	449		FOLIENHAUS MIT WARMLUFTERHITZERN
5	454		REGELUNG INNENTEMP. STOERGROESSENAUSSCHALTUNG
5	455		UNTERSUCH.DER UNSTETIGEN RAUMTEMP.REGELUNG
5	456		UNTERSUCH.DER UNSTETIGEN RAUMTEMPERATURREGELUNG
6	360		DANFOSS AUTOMATISCHES ZUGREGULIERUNGSARRANGEMENT
7	268		KOMBINATION VON LUFTHEIZUNG UND ROHRHEIZUNG
7	286		INSTALL.EINER VERROLLBAREN LUFTHEIZUNG IN ROLLHAEUSERN
7	288		ELEKTROBEHEIZUNG IN EINEM HAUS AUS POLYAETHYLENFOLIE
7	296		EINSATZMOEGLICHKEITEN V.GASSTRAHLERN IM GEMUESEBAU
7	297		EINSATZMOEGLICHKEITEN V.GASSTRAHLERHEIZUNG IM GEMUESEBAU
7	298		UEBERBLICK UEBER OELBEHEIZTE LUFTERHITZER IN NIEDERLANDEN
7	299		VERLEGEN V.BODENHEIZUNG AUS POLYAETHYLEN MIT KABELFRAESE
7	300		GASHEIZANLAGE FUER EIN GEWAECHSHAUS AUS PLASTFOLIE
7	301		ELEKTROBEHEIZUNG EINES PLASTFOLIENHAUSES
7	302		VERGLEICH DER HEIZKOSTEN BEI ERDGAS UND SCHWEROEL
7	303		UMSTELL.V.HEIZUNGSANLAGEN V.FESTEN AUF FLUESS.BRENNSTOFFE
7	339		BODENHEIZUNG IM ZIERPFLANZENBAU
7	339		ERDGASANWENDUNG IM ZIERPFLANZENBAU
8	352		ZAHL U.ANORDNUNG DER HEIZUNGSROHRE
8	354		GROSSRAUMGEWAECHSHAUS MIT KOMB.ROHR LUFT HEIZUNG
8	355		BEHEIZG.DURCH ASPHALTBETONPLATTEN MIT ELEKTR.HEIZDRAEHTEN
8	356		VERSUCHSANLAGE FUER BODENBEHEIZG.MIT POLYAETHYLENROHREN
9	329		WAERMEVERBRAUCH IN FOLIENHAEUSERN UND UNTER GLAS
9	331		PROBLEME DER HEIZOELLAGERUNG
9	468		TRANSPORTABLE LUFTERHITZER MIT OELFEUERUNG
		BEWAESSERUNG	
1	391		VOLLAUTOMAT.REGULIEREN V.BEWAESSERUNGSANLAGEN
1	392		NORWEGISCHES BEWAESSERUNGSSYSTEM
2	407		SCHLAUCHBEFESTIGUNG MINIKULI FUER VEREINFACHTES GIESSEN
3	482		VOLLAUTOMATISCHE BEREGNUNGSANLAGEN
4	335		AUTOMATISCHE BEREGNUNGSANLAGEN
4	388		BEWAESSERUNGSAUTOMATEN V.GULDEMOND MIT PROGRAMMVORWAHL
5	430		AEROPONIC KULTUR V.TOMATEN UNTER NAEHRSTOFFHALT.NEBEL
5	460		NEUES FEUCHTEREGELGERAET FUER STECKLINGSVERMEHRUNG
5	461		GERAET ZUR ERWAERMUNG DES GIESSWASSERS
6	361		KULIMAT ZUR BEREGNUNG VON OBEN UND UNTEN
6	361		AZALEENGIESSWAGEN
6	361		BEWAESSERUNGSMETHODEN
7	305		WASSERGESAETTIGTE SANDSCHICHT ZUR TOPFPFLANZENBEWAESS.
7	306		TROEPFCHENBEWAESSERUNGSANLAGE TAKELEY NIAE TEST
7	339		BEREGNUNGSAUTOMATEN IM ZIERPFLANZENBAU
8	357		SANDANSTAUBEWAESSERUNG ERFAHRUNGEN AUS ZWEI BETRIEBEN
8	358		GIESS UND SPRITZWASSERERWAERMER THERMOLUX
9	365		AUTOMAT.BEWAESSERUNG UND BEIMISCHUNG V.DUENGERLOESUNGEN
		REGELTECHNIK	
2	404		ERFASSUNG UND REGULIERUNG DES KLIMAS
2	405		REGELTECHNIK TECHNISCHE LOESUNGEN
2	406		REGELUNG DES KLIMAS

3 445 GEWAECHSHAUS STURMUEBERWACHUNGSANLAGE AUFBAU DER REGELTECHNIK
3 448 ANWENDUNG V,STEUER UND REGELTECHNIK IM GEMUESEBAU
3 449 ENTWICKLG.V.MESS STEUERUNGS U.REGELUNGSTECHNIK
3 450 ENTWICKLUNGSTENDENZEN BEI ANWENDUNG DER BMSR TECHNIK
3 482 REGELAPPARATE ZUR HEIZUNG UND LUEFTUNG
4 342 MOEGLICHKEITEN DER HEIZUNGSREGELUNG
4 388 DREIWEGEMOTORVENTIL MIT RAUMFUEHLER DER FA, BAELZ
5 413 EINSATZ EINER TEMP.REGELANLAGE OEKON.NUTZEFFEKT
5 453 FORDERUNGEN AN DIE BMSR TECHNIK BEI KLIMAREGELUNG
5 454 TEMPERATURREGELUNG UND STOERGROESSENAUSSCHALTUNG
5 455 UNTERSUCH.DER UNSTETIGEN RAUMTEMP.REGELUNG
5 456 UNTERSUCH,DER UNSTETIGEN RAUMTEMPERATURREGELUNG
5 457 STEUERGERAET F.PROPANGASBRENNER F.CO2 DUENG. PRUEFBER.
5 459 ERFAHRUNGEN MIT EINER TEMPERATURREGELANLAGE
7 292 TECHN,GRUNDLAGEN DER LICHTABHAENGIGEN TEMPERATURREGELUNG
7 293 TECHN.GRUNDLAGEN DER LICHTABHAENGIGEN TEMPERATURREGELUNG
7 304 AUFBAU EINER ZENTRALEN BMSR ANLAGE IN DER GPG BLN-TREPTOW
7 339 TEMPERATURREGELUNG IN ABHAENGIGKEIT VOM LICHT
3 509 GEWINNUNG TRANSPORT UND AUFBEREITUNG VON DUENNHOLZ
2 427 GIESSEN MIT TERRASYTAM GEGEN INSEKTEN IN HOPFENKULTUREN
3 479 SPRITZEN U.SPRUEHEN ZUR INSEKTENBEKAEMPFUNG VERGLEICH
9 357 AUSBRINGEN VON GIESSMITTELN IN HOPFENANLAGEN
4 118 GIESSWAGEN FUER AMMONIAKATE KONSTRUKTION UND TECHN.DATEN
4 545 GIPS VERPUTZEN VON GEBAEUDEN AUS GIPS
9 450 MONTAGEFAEHIGE DECKE RAHMENLEICHTBAUELEMENTE SYSTEM GLAGIT
9 363 GITTERGEWEBE BINA SCHATTENGEWEBE
2 408 GLADIOLE SPEZIALRODESCHARE FUER DIE ERNTE
8 367 ZWEITER PROTOTYP EINER VOLLAUTOMATISCHEN ERNTEMASCHINE
6 496 GLAKRESIT SCHALENPROFILE FUER DIE FENSTERPRODUKTION
GLAS COPILITPROFILGLAS S.DORT
2 394 MECHANISCHE REINIGUNG
2 430 THERMEX MEHRSCHICHTEN VERBUNDGLAS
4 265 ALS WERKSTOFF FUER MILCHLEITUNGEN
4 540 GERAET ZUM REINIGEN NACH VERPUTZARBEITEN
5 389 HAUSHALTWAREN QUALITAETSPRUEFUNG UND WARENKUNDE
6 494 SONNENSCHUTZGLAESER ZUR VERGLASUNG V.GEBAEUDEN U.FAHRZEUGEN
6 495 REFLEKTIERENDES GLAS IN DER ARCHITEKTUR
8 345 LICHT U.WAERMEDURCHGANG VON GARTENGLAS
8 530 WERKSTATT FUER GLASERARBEITEN
4 559 GLASFASER ANWENDUNG ZUR WAERMEDAEMMUNG
5 665 ALS DAEMM UND SPERRSCHICHTEN FUER HOLZBAUTEN
7 88 ARMIERUNG MIT GLASFASERPLASTDRAEHTEN FUER BETONHALBSCHALEN
7 199 GERAET ZUM MECH.VERLEGEN VON ABDECKMATTEN AUF MIETEN
GLASFASERVERSTAERKTE POLYESTER S.UNTER POLYESTER

2 183 GLASWOLLE ANWENDUNG ALS FILTERMATERIAL IN DER DRAENTECHNIK
GLEISBAND S.UNTER TRAKTOR; ENTWICKLUNG KONSTRUKTION
GLEISKETTE S.UNTER KETTENTRAKTOR
3 26 GLEITLAGER WARTUNGSFREIE GLEITLAGER VON LANDMASCHINEN
3 27 VERWENDEN VON SCHWIMMENDEN POLYAMID BUCHSEN
3 40 PLASTSTOFFE FUER DIE WIEDERHERSTELLUNG
7 369 GLEITREIBUNG BEIM HOLZ BERECH.U.BEDEUTUNG FUER RIESENBAU
9 23 GLUEHLAMPE ZUR AUSSENBELEUCHTUNG AUF DER FARM
5 320 GORJACKIN ARBEITEN AUF DEM GEBIET DER GETREIDETROCKNUNG
6 15 VASILIJ PROCHOROVIC BIOGRAPHIE
6 16 V.P. VERFAHREN DER UNTERSUCHUNG VON LANDMASCHINEN
6 171 V.P. THEORIE DER ACKERGERAETE
7 7 V.P. WISSENSCHAFTLICHE VERFAHREN
7 101 THEORIE DER ACKERGERAETE
7 132 V.P.THEORIE DES SCHNEIDENS MIT EINER SCHNEIDE
7 134 V.P. THEORIE DER DRESCHTROMMEL
8 10 V. P. WISSENSCHAFTLICHE ARBEITSMETHODE
5 386 GRABEN BENOETIGTER ENERGIEAUFWAND DES MENSCHEN
GRABENBAGGER S.UNTER BAGGER

GRABENBAU S.AUCH BAGGER
S.AUCH BEWAESSERUNG
S.AUCH DRAENAGE
1 131 TECHNOLOGIE DER GRABENHERSTELLUNG MITTELS PLANIERRAUPEN
2 109 TRAKTOR T 100MB MIT ANGEBAUTER GRABENFRAESE GELAENDEGAENGIGK
3 204 PRUEFUNG DER QUALITAET DER BAGGERARBEIT
3 205 MIT DEM GRABENPFLUG D 20 B
3 210 BEFESTIGUNG DER GRABENSOHLEN MIT FERTIGTEILEN
4 57 MASCHINEN FUER DAS GRABENZIEHEN MIT AUTOMAT.REGELUNG
4 80 STAHLBETONFERTIGTEILE FUER BEWAESSERUNGSKANAELE
5 625 EGT 75 BAGGERAGGREGAT
6 152 GRABENFRAESEEINRICHTUNG INSBES.FUER MOBILKRAENE PATENT
6 152 GRABENZIEHEINRICHTUNG FUER BAGGER PATENT
6 156 BULG.TYPENPROJEKT FUER STAHLBETONRINNEN AUF STUETZEN
6 162 GRABENPFLUEGE BESTAND IN DER SU
6 398 GRABENBAGGER ER 7AM
7 19 HOEHERE ARBEITSPRODUKTIVITAET DURCH SPRENGEN
7 79 FRONT HECKLADER ZUM AUSHEBEN VON GRAEBEN
7 79 HYDRAUL.GERAET POCLAIN GC S AUF KETTENFAHRGESTELL
7 88 ARMIERG.MIT GLASFASERPLASTDRAEHTEN FUER BETONHALBSCHALEN
7 93 GRABENZIEHPFLUG KM 1400 FUER DEN STRASSENBAU
8 506 HYDRAULISCHE ANBAUGERAETE VON DAVID BROWN
GRABENENTKRAUTUNG S.UNTER GRABENRAEUMUNG
7 353 GRABENFRAESE FUER DIE WALDENTWAESSERUNG
9 371 KO PÖ ERFAHRUNGEN BEIM EINSATZ IN NORWEGEN
9 402 EINSATZ VON LASER ZUR FUEHRUNG GFP 3 V.EBERHARDT
GRABENPFLUG S.AUCH GRABENBAU
5 167 D 267A EINSATZ FUER DIE GRABENRAEUMUNG
7 81 PROLETAR ZUM ZIEHEN OFFENER SAUGGRAEBEN
GRABENRAEUMUNG S.AUCH BOESCHUNGSMAEHER
2 156 RAEUMMASCH.RK 0 FUER DEN TRAKTOR B 75 LEISTUNG
2 158 CHEM.ENTKRAUTUNG MIT HELIKOPTER ABDRIFT B.INVERTEMULSIO
2 159 E 147 ANHAENGEMAEHMASCHINE ZUM BOESCHUNGSMAEHEN
2 170 SAUGSPUELBAGGER 8 PZU ZM F.REINIG.V.KANAELEN U.SPEICHER
3 211 BOESCHUNGSHOBEL FUER DAS ABGLEICHEN VON BOESCHUNGEN
3 212 EINSATZERFAHRUNGEN MIT DER GRABENRAEUMMASCHINE B 771
4 68 MAEH U.SCHLAGBOOTE BOESCHUNGSMAEHER BAGGER VORFUEHR.
5 126 ENTKRAUTUNG VON WASSERLAEUFEN MIT FLUGZEUGEN
5 154 VON BEWAESSERUNGS UND BINNENWASSERGRAEBEN
5 166 VORFUEHRUNG NEUER MASCHINEN IN DEN NIEDERLANDEN
5 167 D 267 A GRABENPFLUG EINSATZERFAHRUNGEN
5 168 E 147 ANBAUMAEHER FUER GERAETETRAEGER
5 168 CHM C70 GRABENREINIGER U. ZIEHER FUER ZETOR SUPER
5 168 SPEZIALREINIGER CMS 120
5 168 SCHWIMMENDER SAUGBAGGER BERLIN MIT SAUGDUESE
5 168 GRABENBAGGER FUER BEFESTIGTE GRAEBEN
5 168 SCHWENKREINIGER CMI 120
6 149 ZUSATZGERAETE ZU SERIENBAGGERN IN LITAUEN
6 150 FKM 2 MASCHINE MIT HYDRAUL.SCHWENKBAREM FRAESRAD
6 151 KOMBINATION V.MECHAN.UND CHEM.ENTKRAUTUNG
6 152 GRABENRAEUMMASCHINE PATENT
6 152 GRABENREINIGER FUER GRABENRAEUMMASCHINEN PATENT
6 152 STEUEREINRICHTUNG FUER RAEUMMASCHINEN PATENT
6 162 MASCHINENBESTAND IN DER UDSSR
6 434 VOLLMECHANISIERT TAGUNGSBERICHT
7 393 HYDRAULIKGRABENRAEUMER
9 53 HUBSCHRAUBEREINSATZ ZUR CHEM.GRABENENTKRAUTUNG
9 88 GRABENREINIGER D 490 M MIT FRAESSCHEIBE U.KRATZKETTE
9 89 KRAUTMAEHEN AN BEWAESSERUNGSKANAELEN LEISTG.U.KOSTEN
9 423 HYDRAUL.MAEHWERK Z.UNTERWASSERMAEHEN V.BINSEN U.SCHILF
9 428 HYDRAUL.SCHUERFKUEBELGERAET ZUM REINIGEN V.GRABENSOHLEN
GRABENREINIGER S.UNTER GRABENRAEUMUNG
9 402 GRADER NEUERUNGEN AM MBU GRADER
6 214 GRAMMOXONE FLUGHAFERBEKAEMPFUNG IN ZUCKERRUEBEN
4 116 GRANULAT EINFL.V.GROESSE AUF DUENGERFLUSS BEI BUNKERENTLEERUNG

6 463 GRANULAT MECH.V.ZUBEREIT.U.EINBRINGUNG INSEKTIZIDER GRANULATE
7 128 ANWENDUNG HERBIZIDER MIKROGRANULATE IN GETREIDE
7 211 EINFL.V.WALZENABSTAND AUF PRODUKTION DER MISCHFUTTERPRESSE
7 336 AUSBRING.V.INSEKTIZIDGRANULATEN MIT RUECKENTRAGB.GERAETEN
7 383 ANWENDUNG IM PFLANZENSCHUTZ TECHNISCHE PROBLEME
9 153 UNTERS.V.DOSIERSYSTEMEN FUER FEINGRANULIERTE HERBIZIDE
9 415 ANWEND.SYSTEM.BLATTLAUSTOET.GRANULATE IM PFLANZKARTOFFELBAU
2 283 GRAS SAATGUTTROCKNUNG DURCH AKTIVE BELUEFTUNG
5 236 DRILLMASCHINE ISARIA SUPER UNIVERSAL FUER DREIPUNKTANBAU
6 341 SAEMASCHINE NACH DEM UNTERDRUCKPRINZIP
6 342 LABOR UND FELDVERSUCHE MIT SCHUBRADSAEGERAETEN
8 28 BESTIMMUNG DER INNEREN REIBUNGSZAHL VON SAMEN
9 157 TECHNOLOGISCHE ANFORDERUNGEN AN DIE WELKGUTERNTE
GRASMAEHER S.UNTER MAEHEN
GRASSILAGE S.UNTER SILAGE
GRASZETTER S.UNTER HEUERNTE
5 171 GRAUGUSS VERSCHLEISSFESTIGKEIT DER STRAHLABLENKER BEI REGNER
8 76 GREIFER ANLAGEN FUER DEN HOFTRANSPORT LANDW.PRODUKTE
8 472 FUER DUENNHOLZ
9 196 FUER DEN GRUENFUTTERTRANSPORT
9 196 FUER DEN TRANSPORT VON BALLEN
2 108 GREIFERRAD HYDRAUL.GESTEUERTE GREIFERRAEDER FUER HANGARBEITEN
GREIFLADER S.AUCH HOLZVERLADEN
3 404 VERRINGERUNG DES ENERGIEAUFWANDES BEI DER ARBEIT
3 486 NEUE FORSTTECHNISCHE TERMINOLOGIE
3 536 TECHNISCHE DATEN VON ACHT TYPEN
9 399 HYDRAULISCHER GREIFLADER WAERTSILA
1 351 GRIFF AUSGESTALTUNG AN MOEBELN UND GERAETEN
1 357 GRILLEN EINRICHTUNGEN IN ELEKTROHERDEN UND EINZELGERAETEN
4 300 GERAETE AUF DER HAUSRAT UND EISENWARENMESSE KOELN
2 60 GROESSENVERTEILUNG MESSVERFAHREN UND GERAETE
GROSSBRITANNIEN AUSSTELLUNG S.DORT
2 5 1967 DAS GRUENE BUCH SOMMERAUSGABE
2 117 FLUGZEUGEINSATZ BEI DER DUENGUNG
4 284 HEIZUNGS UND KLIMATECHNIK
5 397 WERBUNG U.BERATUNG FUER ELEKTROWAERME IN ENGLAND
5 466 ERNTE UND AUFBEREITUNG VON GEMUESE
5 508 ENTWICKLUNG DER HOLZNUTZUNG IN SCHOTTLAND
7 74 KARTOFFELANBAUVERFAHREN IN ENGLAND
7 190 FERTIGVERPACK.V.PFLANZKARTOFFELN F.KLEINSTVERBRAUCHER
7 316 MECH.ERNTEN VON AEPFELN UND PFLAUMEN IN ENGLAND
9 191 MECHANISIERUNG DER ZUCKERRUEBENERNTE
9 427 UEBERSICHT UEBER NEUE MASCHINEN UND GERAETE
9 460 GRENZWERTE FUER DIE LAERMIMMISSION IN ENGLAND
4 363 GROSSGEBINDE VERPACKUNG UND TRANSPORT GARTENBAULICHER ERZEUGNISSE
GROSSKISTE S.AUCH BEHAELTER
S.AUCH CONTAINER
2 135 TRANSPORT MIT FRONT HECK ODER GABELSTAPLERN
3 471 FUER KERNOBST ERFAHRUNGEN BEIM EINSATZ
4 350 SPEZIALFAHRZEUGE FUER TRANSPORT IM OBSTBAU
4 357 SCHWEMMENTLEERUNG VON OBSTKISTEN
4 377 RATIONALISIERUNG DES TRANSPORTES IM HOLLAEND.OBSTBAU
7 192 BELUEFTUNG V.GROSSKISTENLAGERHAEUSERN FUER KARTOFFELN
8 309 HUBMASTE FUER TRAKTOREN FUER TRANSPORT IM OBSTBAU
8 368 EINSATZ IN INTENSIVEN KERNOBSTANLAGEN
8 374 ERNTEAUFWAND B.PFLUECK U.TRANSPORTBEHAELTER FUER KERNOBST
8 385 FUER GASLAGERUNG VON AEPFELN IN TRAGLUFTZELTEN
8 386 ARBEITSORGANISATION BEI VERWENDUNG ZUR OBSTERNTE
8 387 EINSATZ IM OBSTBAU
GROSSRAUMANHAENGER S.UNTER EINACHSANHAENGER
S.UNTER HAECKSELWAGEN
GRUBBERN ALLGEMEINES
1 423 KULTIVATOR KRT 3 FUER GEBIRGSHAENGE

4 1 PRODUKTION V.MASCH.IN DER SU SEIT DER OKTOBERREVOLUTION
6 5 MASCHINENBESTAND IN DER ITALIENISCHEN LANDWIRTSCHAFT

GRUBBERN EINSATZ
2 440 LOCKERN UND MULTIVIEREN IN ALTHOLZBESTAENDEN
3 112 EINSATZ V.MASCH.TRAKTOR.SCHNELLAGGREG.IN WALDSTEPPENZONE
3 428 VERHINDERN V.ABRUTSCHEN DES WEINBERG GRUBBERS AM HANG
7 46 EINSATZPRUEFUNG DES TRAKTORS ZT 300
7 47 FLAECHENLEISTUNGEN MIT DEM ALLRADTRAKTOR K 700
7 74 KARTOFFELPFLEGE MIT FEDERZAHNGRUBBER OHNE HERBIZIDE
7 75 FEINGRUBBER UND KOMBIKRUEMLER FUER SAATBETTVORBEREITUNG
8 430 DLKN 6 8 SCHEIBENKULTIVATOR ERHOEH.DER EINSATZZEIT
9 132 MECHANISIERUNG DER GETREIDEBESTELLUNG
BAUARTEN TYPEN
3 438 KULTIVATOREN FUER DIE ZWIEBELPFLEGE
4 93 DEMONSTRATION AUF SEELAND
4 153 TYP KRN 4.2 EINSATZ ZUR MAISPFLEGE
4 411 KRT 3 KULTIVATOR TERRASSENLOCKERER TECHN.DATEN
4 428 DLKN 6 8 KULTIVATOR FUER UNGERODETE SCHLAGFLAECHEN
7 99 KONSTRUKTIONSVORSCHLAG FUER GRUBBER MIT ARBEITSBREITENREGELG.
7 103 SPEZIALGERAETE FUER DIE MINIMUMBODENBEARBEITUNG
7 356 ROTATIONSKULTIVATOR KRL I ZUR FORSTKULTURPFLEGE
7 356 ANHAENGEGERAET ZUM GRUBBERN KRN 2.8 ZUR FORSTKULTURPFLEGE
7 391 UEBERSCHWERE KULTIVATOREN AUF DER SMITHFIELD SHOW
8 98 HERSTELLERLISTE V.BODENBEARBEITUNGSGERAETEN MIT TECHN.DATEN
8 420 KVP 2.8 KULTIVATOR FUER FORSTBAUMSCHULEN
8 423 KLN 6 NEUARTIGER FORSTKULTIVATOR TECHN.DATEN U.LEISTUNG
8 506 KULTIVATOR VON PIERCE MIT VIBRIERENDEN ZINKEN
8 514 1968 GERAETELISTE IN FRANKREICH GEHANDELTER TYPEN
9 80 KPG 4 FESTIGKEIT BEI ERHOEHTEN GESCHWINDIGKEITEN
9 100 SCHWINGENDER GRUBBER MIT ZAPFWELLENANTRIEB V.HOES
9 100 VERBESSERUNGEN BEI FEINGRUBBERN
9 426 ALS SCHEIBENEGGE ODER KULTIVATOR EINSETZBARER ARBEITSBALKEN
GERAETEKOMBINATIONEN
2 198 DRILLREIHENLOSE SAEMASCHINEN MIT KOMB.GRUBBER U.SAESCHAREN
2 199 VEREINHEITL.V.SAEMASCH.U.KULTIVATOREN MIT DUENGERVERTEILERN
4 314 GERAET FUER BEARBEITUNG ZWISCHEN DEN OBSTBAUMREIHEN
5 235 ENTWICKLUNG KOMB.GRUBBER U.DRILLMASCHINEN IN DER SU
5 422 MIT SCHEIBENEGGE KOMB.GRUBBER FUER OBSTANLAGEN
5 494 MASCHINENSYSTEM FUER OBSTPLANTAGEN
6 134 WAELZEGGEN IN KOMB.MIT GRUBBER UND RUETTELEGGEN
6 143 KR 2A GRUBBER HACK UND DUENGEMASCHINE
7 78 KAUS 4.2 UNIVERSALGRUBBER
7 396 GERAETE AUS RUETTELGERAET TIEF U.FEINGRUBBER CROSKILL WALZE
8 117 GERAETE ZUM AUSBRINGEN VON AMMONIAK UND HERBIZIDEN
9 99 GERAETE FUER AMMONIAKDUESEN FUER FLUESSIGDUENGUNG
9 114 VIBRIERZINKENKULTIVATOREN IN KOMB.MIT DRAHTWALZEN
9 424 MASCH.FUER GLEICHZEIT.DRILLEN U.KULTIVIEREN V.HOWARD ROTAVAT.
BAUGRUPPEN BAUTEILE
1 166 BESTIMMUNG DES ZUGWIDERSTANDES VON ZINKEN
1 167 UNTERSUCHUNG EINES SCHWINGENDEN GRUBBERSCHARS
1 168 MARSK STIG SPIRAL FRUEHJAHRSZINKEN PRUEFBER.WIESELBURG
2 209 BESTIMMUNG DES ENERGIEVERBRAUCHES VON HAEUFELKOERPERN
3 239 ZUGWIDERSTAND EINES GAENSEFUSSSCHARES VERSUCHE
3 240 BODENWIDERSTAND GEGEN BEWEGUNG V.ZINKEN UNTERSUCHUNG
4 111 BODENWIDERSTAND ZINKENARTIGER BODENWERKZEUGE
5 206 UNTERSUCHUNG SCHWINGENDER ARBEITSWERKZEUGE
7 110 ERMITTLUNG OPTIMALER PARAMETER SCHWING.ARBEITSWERKZEUGE
9 506 GRUBE MEHRZWECKGRUBEN PROJEKTE FUER HANDMONTAGE
6 415 GRUBENHOLZ RATIONALISIERUNG DER LAGERPLAETZE
6 501 GRUENANLAGE LANDSCHAFTS U.GRUENPLANUNG ALS BEITRAG ZUR DORFERNEUERG.
8 339 ANLAGE UND BEWIRTSCHAFTUNG VON RASENFLAECHEN
7 259 GRUENDUENGUNG ZUFUHR ORGANISCHER SUBSTANZ IM WEINBERG
GRUENDUNG VON BAUTEN S.UNTER BAUKONSTRUKTION
7 106 GRUENDUNG DUENGEREINLEGER FUER DAS EINARBEITEN
7 2 GRUENES BUCH 1968 WINTERAUSGABE
GRUENFUTTER HINWEISE
FELDHAECKSLER S.DORT SCHLEGELERNTER S.DORT
S.AUCH FUTTERBAU

GRUENFUTTER S,AUCH LADEWAGEN
S,AUCH LUZERNE
S.AUCH SILO
MAEHEN S.DORT
SILIEREN S.DORT
FUTTERZUBEREITUNG S.DORT
ALLGEMEINES
1 44 REIBUNGSKOEFFIZIENT DER LUZERNEHAECKSELMASSE
3 87 PHYSIKAL.MECH.EIGENSCHAFTEN DES HAECKSELS
7 29 VERRING.V.REIBWERT V.SAFTFUTTER AUF FESTER UNTERLAGE
ANBAU
2 129 INDUSTRIEMAESSIGE FUTTERPRODUKTION U.GRUENLANDBEWIRTSCH.
ERNTE
1 115 FUTTERKETTEN IN DER SILOWIRTSCHAFT
1 313 MASCHINEN FUER DIE FUTTERBERGUNG IN DER WUESTE
2 121 LADEMEISTER HS 3 LADEWAGEN MIT UND OHNE SCHNEIDWERK
2 122 LADEWAGEN KOELA EAS 31 MIT SCHNEIDWERK DLG PRUEFBERICHT
2 269 TECHN.UNGELOESTE PROBLEME DER ARBEITSKETTE FUTTERERNTE
3 179 BERGUNG MIT EINACHSIGEM LADEWAGEN FUER HANGLAGEN
3 192 ERNTEVERFAHREN IN FRANKREICH
5 362 EINHEITLICHE ERNTETECHNOLOGIE
6 123 ERNTE MIT LADEWAGEN
6 124 ERNTE MIT LADEWAGEN
6 221 ERNTE IM HAECKSELGUTVERFAHREN IN DER DDR
7 4 ERNTE LANDWIRTSCHAFTLICHE STOFF UND MASCHINENKUNDE
7 137 ERNTE MIT DLG ANERKANNTEN MASCHINEN
7 141 BERGUNG MIT LADEWAGEN
7 145 OEKONOMISCHE PROBLEME DER HAECKSELFUTTERERNTE
7 201 FUTTERERNTER ZUR MAHD UND ZUR EVTL.HAECKSELUNG
8 144 FUTTERERNTEMASCHINEN AUF DER DLG AUSSTELLUNG
8 161 LEISTUNG EINES CHOPPERS BEI VERSCHIED.HANGNEIGUNGEN
8 161 LEISTUNGSDATEN BEIM EINSATZ VON FELDHAECKSLERN
8 221 QUETSCHEN DES GRASES VOR DER TROCKNUNG
8 226 ZUGABE V.SILIER UND FUETT.ZUSAETZEN PRUEFG.V.DOSIEREN
9 63 RADRECHWENDER E 247 UND E 249 FUER ANWELKGUT
9 63 RUETTELZETTER E 251 FUER ANWELKGUT
9 64 GEWINNUNG VON ANWELKFUTTER IM LVG DUMMERSTORF
9 154 MASCHINEN UND GERAETE FUER DIE FUTTERERNTE
9 156 ERFAHRUNGEN U.ENTWICKLUNGEN IN DER HALMFUTTERGEWINNUNG
9 157 TECHNOLOGISCHE ANFORDERUNGEN AN DIE WELKGUTERNTE
9 159 MECHANISIERUNG DER FUTTERERNTE
9 196 ERNTE UND KONSERVIERUNG
9 202 EINFLUSS DER MECH.AUFBEREITUNG AUF DIE SILIERFAEHIGKEIT
9 420 ERNTEMASCHINE MIT EINER SELBSTSCHAERF.SCHNEIDEVORRICHTUNG
9 428 FUTTERERNTER VON TAARUP
TRANSPORT
1 462 AUTOMATISCHE ABSAUGVORRICHTUNG
2 321 TECHN.EINRICHTUNGEN FUER FUTTERABLADEN UND EINLAGERN
3 186 ANALYSE DER ARBEITSWEISE VON FOERDERSCHNECKEN
6 18 TROCKNUNG FORSCHUNGSARBEITEN IM IBVL
6 119 GESTALTUNG DES FRISCH UND TROCKENGUTTRANSPORTES
7 201 SCHUETTTRICHTER ZUR BESCHICKUNG DES GEBLAESES
7 394 KEBRO AUFSAMMELBLASER FUER DIE ERNTE VON WELKGRAS
8 76 BAENDER FUER TRANSPORT LANDW. PRODUKTE AUF DEM HOF
8 79 VERWENDUNG VON LADEWAGEN FUER DIE BERGUNG
9 154 BECHERWERK ZUR SENKRECHTFOERDERUNG VON HAECKSELGUT
TROCKNUNG
1 275 TROCKNUNG LITERATURANGABEN
1 276 VOLLMECHANISIERUNG DER HEUMEHLPRODUKTION
3 318 WAERMETECHN.UNTERS.EINER TROMMELTROCKNERSTANDARDANLAGE
4 174 PRODUKTION V.LUZERNEMEHL IN EINEM HEISSLUFTTROCKNER
4 175 ERZEUGUNG VON LUZERNEMEHL AUF DEM TROCKNER VSPP 1
4 176 TROMMELTROCKENANLAGE ZUR ERZEUGUNG VON HEUMEHL
4 177 AWM 04 SOWJETISCHER EINFRUCHTTROMMELTROCKNER
7 73 ERRICHTUNG VON ZWILLINGSTROCKNERN FUER TROCKENGRUENGUT
7 167 TECHNOLOGIE DER LUZERNETROCKNUNG IN PRESSBALLEN

7 396 GRUENFUTTER MEHRETAGEN TROCKNERANLAGE
7 403 ANLAGEN MIT TROMMELTROCKNER
8 217 ENTWICKLUNG DER HEISSLUFTTROCKNUNG IN DER DDR
8 218 TROMMELTROCKNUNGSANLAGE MGF AUS DER VR UNGARN
8 256 MIKROKOMBINAT ZUR PRODUKTION VON LUZERNEMEHL
8 514 TROCKNER AUF DEM FRANZ.MARKT GERAETELISTE
9 156 TROCKNUNG VON HALMFUTTER MIT WARMLUFT
9 198 PROBLEME BEIM TROCKNEN VON HAECKSEL
SONSTIGE AUFBEREITUNG
1 300 PELLETISIERUNG UND BRIKETTIERUNG
3 188 ALS SCHEIBENRADHAECKSLER GEBALTE STANDHAECKSLER
9 227 KONSERVIERUNG AUFBEREITUNG UND FUTTERVERTEILUNG
2 20 GRUENLAND PROGRAMMIERUNG VON ACKERGRUENLANDBETRIEBEN
2 129 INDUSTRIEMAESSIGE BEWIRTSCHAFTUNG
2 176 RODEGERAET VOM TYP H ZUM RODEN VON GEBUESCH
4 125 STREIFENNACHSAEEINRICHTUNG FUER DREIPUNKTANBAU
6 136 INDUSTRIEMAESSIGE PRODUKTION U.BEWIRTSCHAFTUNG
6 182 UNTERSUCHUNGEN MIT PLASTBESCHICHT.STREICHBLECHEN B.UMBRUCH
6 183 PPL 340 GRUENLANDPFLUG UNTERSUCH.AM PROTOTYP
8 20 LINEARE PROGRAMMIERUNG FUER WEIDEWIRTSCHAFT
8 80 NUTZUNG U.WEIDEKOMBINAT FACHBEREICH STANDARD
8 93 BEREGNUNG MIT DREHSTRAHLREGNERN ERFAHRUNGSBERICHT
9 65 MASCH.FUER WIESEN UND WEIDEBEWIRTSCHAFTUNG PRUEFB.DES NIAE
9 66 MASCHINENKETTE ZUR BEWIRTSCHAFTUNG VERGLEICHSPRUEFUNG
9 102 BODENFRAESE V.LELY FUER DIE VERBESSERUNG
9 121 DUENGUNG MIT FLUESSIGEM AMMONIAK
3 192 GRUENMEHL INDUSTRIELLE ANLAGEN ZUR TROCKNUNG UND VERARBEITUNG
GRUPPENSELBSTTRAENKE S.UNTER TRAENKEN
GUELLE FLUESSIGMIST

ALLGEMEINES
1 334 BESTE EIGENSCHAFTEN UND ERTRAGSWIRKUNG VON FLUESSIGMIST
2 66 MESS.V.GESCHWINDIGKEIT IN SCHWEMMENTMISTUNGSANLAGEN
4 121 ZWECKMAESSIGE VERFAHREN DER VERWERTUNG
8 124 1967 TAGUNG FUER GUELLEWIRTSCHAFT IN LYON
9 259 VERFAHRENSTECHN.UEBERLEGUNGEN ZUR HOFDUENGERWIRTSCHAFT
9 260 FESTMISTVERFAHREN ODER GRENZEN DER FLUESSIGMISTBEREITUNG
LAGERUNG UND AUFBEREITUNG
1 332 TECHNOLOGIE FUER SAMMLUNG UND NUTZUNG V.FLUESSIGDUENGER
1 333 RUEHREN UND HOMOGENISIEREN DES FLUESSIGMISTES
1 334 GROESSE VON SPEICHERRAUM FUER FLUESSIGMIST
1 575 EINFLUSS V.ENTMISTUNGSART AUF STALLUFT UND N VERLUSTE
2 346 TRAKTORANGETRIEBENE SCHRAUBENRUEHRWERKE
2 346 IN VOR UND HAUPTGRUBE UNTERTEILTE HOCHBEHAELTER
3 400 RICHTLINIEN FUER DEN BAU VON DUNGGRUBEN
3 401 HYDRAUL.STRAHLAPPARAT ZUR HOMOGENISIERUNG DER GUELLE
3 401 HYDRAUL.STRAHLAPPARAT ZUR SCHWIMMDECKENZERSTOERUNG
4 258 UNTERSUCH.AN KREUZBALKENRUEHRWERKEN B.HOMOGENIS.V.RINDERGUELLE
5 345 GEWINNUNG IM RINDERSTALL MIT KURZSTAENDEN
5 369 VERBESSERUNG DES BAUS VON DUNGGRUBEN
5 370 MIXER REKORDMIX PRUEFBERICHT WIESELBURG
7 118 DAS UMPUMPVERFAHREN MIT LAGERUNG IN OFFENEN BEHAELTERN
7 401 MIXER U.ZENTRIFUGALPUMPE V.IMA GEPRUEFT UND ANERKANNT
8 124 BAUMATERIALIEN FUER GRUBEN UND LAGERBEHAELTER
8 511 SILOS AUF DER DLG SCHAU
8 565 BEHAELTER FUER DIE LAGERUNG
9 5 UNTERSUCH.AN MISCHEINRICHTUNGEN UND MISCHMETHODEN
FOERDERUNG
1 333 VERSUCHE MIT SCHNECKENFOERDERERN
1 333 EINSATZ DER GEBRAEUCHLICHSTEN FOERDERPUMPEN
2 194 TRAKTORGETRIEBENES FOERDERGERAET ZUM ENTLEEREN V.GRUBEN
4 248 KONSISTENZFAKTOR U.LEISTUNGEN DER PUMP U.RUEHRGERAETE
4 250 KOLBENPUMPEN FUER DIE FOERDERUNG
4 254 WRIGHT RAIN FARM FLOW SYSTEM ZUM AUSBRINGEN NIAE TEST
4 255 PUMPE MORTENSEN 50 NIAE TEST
4 256 TRAKTORANBAUPUMPE RESON P.U.1 NIAE TEST

5 228 GUELLE BOETTNER DICKSTOFFPUMPE FUER DAS FUELLEN V.TANKWAGEN
5 368 BERECHNUNG DER ROHRLEITUNGEN FUER DEN TRANSPORT
5 372 HD 80 STATIONAERE FLUESSIGMISTPUMPE DLG PRUEFBERICHT
6 290 TRANSPORT IN ROHREN MIT DRUCKLUFT
6 292 PNEUMATISCHE ANLAGE FUER TRANSPORT VOM STALL ZUR GUELLEGRUBE
9 16 BEWEGUNG BESTIMMUNG MIT RADIONUKLIDEN
AUSBRINGUNG
1 174 FORDERUNGEN AN PUMPE V.VAKUUMTANKWAGEN
1 175 PUMPENTANKWAGEN BSA RK 1001 DLG PRUEFBERICHT
1 176 SAUG UND DRUCKFASS AGW 20 PRUEFBERICHT WIESELBURG
1 177 ECKART SERVANT VAKUUMFASS PRUEFBERICHT WIESELBURG
1 332 TRANSPORT UND EINARBEITUNG IN DEN BODEN
1 333 KOMPRESSORTANKWAGEN PUMPTANKWAGEN UND SCHLEUDERFASS
1 574 STALL DIREKT MIT DER VERREGNUNGSANLAGE GEKOPPELT
2 194 VERTEILVORRICHTG.FUER KOTSCHLAMM MIT DRUCKLUFTGETRIEB.TANKS
2 197 SAUG UND DRUCKFASS PRUEFBERICHT WIESELBURG
2 346 FOERDERPUMPEN BAUART ALFA UND REHAM
2 346 VERTEILEN MIT SCHLEUDERFASS VAKUUMFASSKOMBINATIONSFAHRZEUG
3 402 PUMPEN UND FASSWAGEN FUER DIE SCHWEMMENTMISTUNG
3 558 FAHRZEUGE FRANZOESISCHE GERAETELISTE MIT TECHN.DATEN
4 120 DURCHFLUSSMENGE UND NIEDERSCHLAGSVERTEILUNG BEI AUSBRINGUNG
5 228 KOMPLEXER EINSATZ VON TANKWAGEN IN KOOPERATION
5 229 TANKFAHRZEUGE ZUM AUSBRINGEN VON DICKGUELLE
5 230 ARBEITSWEISE UND EIGENSCHAFTEN DER PUMPTANKWAGEN
5 232 WRIGHT RAIN VIELZWECK TANKWAGEN NIAE TEST
5 233 V 22 SAUG UND DRUCKFASS PRUEFBERICHT WIESELBURG
5 345 WAGEN ZUM AUSBRINGEN AUF DAS FELD
7 118 KOMPRESSOR UND PUMPTANKWAGEN FUER DAS AUSBRINGEN
7 119 SAUG UND DRUCKFASS V 22 S PRUEFBERICHT WIESELBURG
7 120 FLUESSIGMISTPUMPTANKWAGEN TIGER PRUEFBERICHT WIESELBURG
7 394 EINRICHTG.ZUM KOPPELN V.SCHLAUCH U.VAKUUMTANKWAGEN LELY
8 72 TANKWAGEN ZUR FLUESSIGMISTAUSBRINGUNG
8 123 VERTEILUNGSWAGEN AUF DEM FRANZ.MARKT
8 514 VERTEILER AUF DEM FRANZ.MARKT GERAETELISTE
9 421 VAKUUMTANKWAGEN MIT ZAPFWELLENANGETRIEB.PUMPE
1 547 GUMMI ALS BODENBELAG FUER LIEGEBOXEN
5 29 ANWENDUNG BEI LANDMASCHINEN UND LANDW.ANLAGEN
5 65 REIBZAHLEN DES ROHLEINS UND DES LEINSTROHS
5 171 VERSCHLEISSFESTIGKEIT DER STRAHLABLENKER BEI REGNER
5 349 MILCHKUHHALTUNG AUF GUMMIMATTEN IN BOXENLIEGESTAELLEN
5 389 HAUSHALTWAREN GLALITAETSPRUEFUNG U.WARENKUNDE
5 574 FOERDERORGANE MIT GUMMIBELAG HAFTUNG VON HOLZ
6 492 VERWENDUNG FUER STALLBODENPLATTEN WAERMEENTZUGSBESTIMMUNG
6 538 GUMMIMATTE IN VERBINDUNG MIT SCHUBSTANGENENTMISTUNG IM ANBINDESTALL
7 438 FUER STAENDE IN EINSTREULOSEN ANBINDESTAELLEN
8 247 AUS CHLOROPRENKAUTSCHUK FUER STREULOSE AUFSTALLUNG
2 465 GUMMIRADWALZE FUER DIE BODENVERDICHTUNG
1 371 GURKE SPEZIALERNTEMASCHINEN U.ARBEITSTECHNOLOGIE IN DER SU
1 395 3 ERNTEMASCHINEN AUS DEN USA
2 410 TREIBGURKENERNTE EINMANNARBEIT DURCH LEICHTHAENGEBAHN
3 434 BODENABDECKUNG MIT FOLIE
3 439 VOLLMECH.ANBAUVERFAHREN UNTER VERWENDUNG V.HERBIZIDEN
4 343 ERNTEMASCHINE DIE IN ZWEI STUFEN ARBEITET
4 345 ERNTEMASCHINE MIT MESSERSCHNEIDESYSTEM FA. BLACKWELDER MFG.
4 362 MASCH.VST 1 E ZUM AUSWASCHEN UND SCHLEIFEN VON SAMEN
5 447 ANBAU IN FOLIENGEWAECHSHAEUSERN
7 296 ERTRAGSAUSFAELLE BEI GASSTRAHLERHEIZUNG UNTER GLAS
7 297 ERTRAGSAUSFAELLE BEI GASSTRAHLERHEIZUNG UNTER GLAS
7 324 MOEGLICHKEITEN DER MASCHINELLEN SORTIERUNG
7 400 MASCHINEN FUER DIE SAMENGEWINNUNG
8 321 AUTOMAT.ZUSATZBELICHTUNG VON JUNGPFLANZEN
8 361 AUFBAU UND WIRKUNGSWEISE VON ERNTEMASCHINEN
9 346 E 914 UNIVERSALTRANSPORTGERAET FUER GEMUESEERNTE
9 6 GUSS ERPROBUNG VON VERSCHLEISSFESTEM GUSS FUER DRILLSCHARSPITZEN

4 300 HAARTROCKNER AUF DER HAUSRAT UND EISENWARENMESSE KOELN
8 295 LEISTUNGSAUFNAHME ELEKTRISCHER TROCKNER
HACKEN VON HOLZ S.UNTER HOLZAUFBEREITUNG
2 208 ENTWICKLUNGSGESCHICHTE DER HANDHACKEN IN MITTELEUROPA
EINSATZ
1 125 TECHNOL.BETRACHTUNG V.VERFAHREN DER RUEBENBESTELLUNG U.PFLEGE
4 53 EINSPARUNG DES STEUERMANNES BEI DER RUEBENHACKE
HACKMASCHINEN HACKGERAETE
1 191 HACKMASCHINE KRN 4 2 KONSTRUKTIVE VERBESSERUNGEN
1 192 ANBAUHACKGERAET ZUM T4K 10
1 463 50 CM BREITE SELBSTFAHRENDE SCHLAGHACKE
2 207 MAX.ZULAESSIGE ARBEITSBREITE EINER BAUMWOLLHACKMASCHINE
2 387 AGRIA MOTORHACKE TYP 4000 6000 PRUEFBERICHT WIESELBURG
3 557 ROTIERENDE HACKMASCHINEN PULVIBROYEUR VICON
3 558 MOTORHACKEN FRANZOESISCHE GERAETELISTE MIT TECHN.DATEN
4 1 PRODUKTION V.MASCH.IN DER SU SEIT DER OKTOBERREVOLUTION
4 309 EINRADHACKEN MIT ANGETRIEB.VORLAUF TRIEBRADLOSE MOTORHACKEN
5 494 HACKMASCHINE MIT HYDRAUL.AUSSCHWENKBAREN HACKMESSERN
6 5 MASCHINENBESTAND IN DER ITALIENISCHEN LANDWIRTSCHAFT
6 134 TRAKTORANBAUHACKEN NORMUNG DER WERKZEUGSCHIENEN
6 211 VEREINHEITLICHTE SOWJET.ROTATIONSHACKMASCHINEN
7 276 PFLANZMASCHINEN EINSATZ IN BAUMSCHULEN
8 2 SELBSTFAHREND ANFORDERUNGEN DER LOHNBETRIEBE
8 302 MOTORHACKEN AUS DEN USA UND JAPAN
8 314 MOTORHACKEN AUF DEM FRANZ.MARKT GERAETELISTE
9 61 HACKRAHMEN FUER ARBEITEN IM VERSUCHSWESEN
9 146 BEWERTUNG DER LENKBARKEIT VON BAUMWOLLHACKMASCHINEN
9 148 ARBEITSERGEBNISSE VON SIEBEN HACKMASCHINEN
9 363 R 4 EINE EINRAEDRIGE TRIEBWERKHACKE
9 418 EINMANNFRONTHACKE
GERAETEKOMBINATIONEN
5 209 DUENGERDRILLVORRICHTUNGEN AN SAE UND HACKMASCHINEN
5 222 DUENGERLEITVORRICHTG.AUS PLAST FUER HACK U.KOPFDUENGEMASCH.
6 143 KR 2A GRUBBER HACK UND DUENGEMASCHINE
8 117 GERAETE ZUM AUSBRINGEN VON AMMONIAK UND HERBIZIDEN
BAUGRUPPEN BAUTEILE
1 193 VERRINGERUNG DER VERSTOPFUNGSGEFAHR BEI HACKSCHAREN
2 388 VON ZITRUSKULTUREN VERVOLLKOMMNETES ARBEITSWERKZEUG
5 206 UNTERSUCHUNG SCHWINGENDER ARBEITSWERKZEUGE
6 212 WAHL DES SPREIZWINKELS VON GAENSEFUSSSCHAREN
9 145 ZWECKMAESSIGER SATZ VON HACKMESSERN FUER DIE MAISPFLEGE

3 427 HACKFRAESE R 3 DER FA. BRUMI PRUEFBERICHT ITT WAGENINGEN
HACKFRUCHTMAST S.UNTER SCHWEINEFUETTERUNG
HACKFRUECHTE KARTOFFEL S.DORT
RUEBEN S.DORT
5 283 MECHANISIERTE BEARBEITUNG
6 134 MASCHINEN FUER BESTELLUNG UND PFLEGE
7 197 MAMMUTPUMPEN ZUR SCHMUTZWASSERBEWAELTIGUNG IN WASCHANLAGE
8 211 SATTELGERAET ROULET MINI FUER DIE ERNTE PRUEFB.VOLLEBEKK
8 212 SATTELGERAET THYREGOD FUER DIE ERNTE PRUEFB.VOLLEBEKK
8 510 ERNTE GERAETE AUF DER DLG SCHAU
1 393 ZUSATZMESSKOPF ZUM REIFETESTER NACH SCHNEIDER
HACKMASCHINE S.UNTER HACKEN
FUER HOLZ S.UNTER HOLZAUFBEREITUNG
HACKSCHNITZEL HERSTELLUNG S.UNTER HOLZAUFBEREITUNG: ZERKLEINERN
5 569 HYDRAULISCHER TRANSPORT IN ROHRLEITUNGEN
1 44 HAECKSEL REIBUNGSKOEFFIZIENT DER LUZERNEHAECKSELMASSE
2 243 ERHOEHUNG DER VOLUMENMASSE DES GUTES BEI DER ERNTE
2 321 TECHN.EINRICHTUNGEN FUER FUTTERABLADEN UND EINLAGERN
5 258 BEDEUTUNG DES TRANSPORTES BEI DER ERNTE VON HAECKSELGUT
6 236 TRANSPORT UND LAGERUNG VON HAECKSELSTROH
9 16 GESCHWINDIGKEITSMESS.BEIM PNEUMATISCHEN TRANSPORT
9 154 BECHERWERK ZUR SENKRECHTFOERDERUNG VON HAECKSELGUT
9 198 PROBLEME BEI DER VERTEILUNG ZUR TROCKNUNG

5 272 HAECKSELDRUSCH FELDHAECKSELDRUSCHVERFAHREN BEI GETREIDEERNTE AM HANG
9 176 PRUEFUNG DER KORNTRENNANLAGEN VUZT UND OZH 5
9 176 PRUEFUNG DER TANDEMANLAGE MAR 90
HAECKSELLADEWAGEN S.UNTER LADEWAGEN
HAECKSELN FELDHAECKSLER S.DORT
SCHLEGELERNTER S.DORT
S.AUCH HAECKSLER
3 196 FUER PROBENZERKLEINERUNG BEI GRUENLANDVERSUCHEN
3 279 KOERNERBESCHAEDIGUNG BEIM GETREIDEHAECKSELN
4 3 HERSTELLUNG VON EXAKTHAECKSEL
7 131 INTERNATIONALES KOLLOQUIUM UEBER DIE HAECKSELERNTE
7 169 VORAUSSETZUNGEN FUER EINEN HEUTURMBETRIEB
HAECKSELWAGEN S.AUCH LADEWAGEN
S.AUCH TRAKTORANHAENGER
1 207 SELBSTENTLADENDE WAGEN FUER SILOMAISTRANSPORT
3 177 D 2I GROSSRAUMANHAENGER MIT HAECKSELAUFBAUTEN
6 119 ANHAENGER FUER DEN HAECKSELGUTTRANSPORT
6 121 VON MENGELE MIT EINEM SCHEIBENRADHAECKSLER
9 63 SCHWERHAECKSELAUFBAU SHA 5 FUER ANWELKGUT
HAECKSLER S.AUCH FELDHAECKSLER S.AUCH SCHLEGELERNTER
2 274 STANDHAECKSLER SILOMAT 2000 PRUEFBERICHT WIESELBURG
1 199 ERHOEH.DER VERSCHLEISSFESTIGKEIT VON MESSERKLINGEN
1 313 DP O 2 FUER FUTTERBERGUNG IN DER WUESTE
3 188 ALS SCHEIBENRADHAECKSLER GEBAUTE STANDHAECKSLER
3 261 RSR 3 5 MC BESTIMM.V.ENERGIE FUER ZERKLEINERN V.GRUENGUT
3 273 PRUEFUNG VON MASCHINENSYSTEMEN FUER DIE GETREIDEERNTE
3 357 SILOHAECKSLER PSN I U.PSN IM
5 252 ANTS 2.4 BESTIM.DER OPT.DREHZAHL DER ARBEITSWERKZEUGE
5 259 VERGLEICH VON ERNTEMASCHINENSYSTEMEN
5 311 UNTERSUCHUNGSERGEBNISSE VON HAECKSELTROMMELN
5 312 LABORSTENGELHAECKSLER
6 220 EINFL.V.MESSERGESTALTUNG AUF ENERGIEBILANZ V.SCHEIBENHAECKS.
6 222 TROMMELHAECKSLER PZ CYKLON 4 PRUEFBERICHT ULTUNA
6 348 MULCHHAECKSLER B 506 ZUR SCHNITTHOLZBESEITIGUNG
9 106 ANBAUHAECKSLER AM MAEHDRESCHER LEISTUNGSBEDARF
9 421 FUER DAS HAECKSELN UND VERTEILEN V.STROH AUS DEM SCHWAD
2 410 HAENGEBAHN MUSTER EINER LEICHTHAENGEBAHN FUER GEWAECHSHAEUSER
4 234 EINSATZ FUER DEN FUTTERTRANSPORT
5 369 EINSCHIENENHAENGEBAHN FUER DEN STALLMISTTRANSPORT
8 264 FOERDERER FUER RAUHFUTTER UND SILAGE
HAENGEKETTENANBINDUNG S.UNTER ANBINDESTALL
HAENGEZAUN S.UNTER ZAUN
2 60 HAERTE MESSVERFAHREN UND GERAETE
1 190 HAEUFELN TECHNOLOGIE FUER MECHANISIERUNG DER MAISPFLEGE
2 209 BESTIMMUNG DES ENERGIEVERBRAUCHES VON HAEUFELKOERPERN
5 244 SCHNELLHAEUFLER HAEUFLERSTRIEGEL UND DAMMSTRIEGEL
8 136 ANHAEUFELN VON ZUCKERRUEBEN MIT SPEZIALSCHAREN
9 147 KARTOFFELHAEUFELGERAET VON STANDEN AND SONS
5 244 HAEUFLERSTRIEGEL FUER KARTOFFELPFLEGEARBEITEN
3 386 HAFER ZERKLEINERUNG VON KOERNERSILAGE
5 264 VERFAHRENSKOSTEN BEI KOMPLEXEINSATZ DER ERNTETECHNIK
8 400 HAGELABWEHR RAKETENVERSUCH IM HOPFENBAUGEBIET HALLERTAU
HALBHEUERNTE S.UNTER HEUERNTE
S.AUCH SILO
BEREITUNG S.UNTER SILIEREN
5 308 ERFAHRUNGEN MIT HALBHEUHOCHBEHAELTERN MARYSON
9 456 HALLE PRODUKTIONSPROGRAMM VEB WALZWERK HETTSTEDT
9 457 PRODUKTIONSPROGRAMM VEB STAHLBAU PLAUEN
3 88 HALM MESS.V.ELASTIZITAETSMODUL U.REIBUNGSKOEFF.V.WEIZENHALM
5 247 BIEGUNG BEIM SCHNITT OHNE GEGENSCHNEIDE
9 20 HALMFRUECHTE REFLEXION DER SAMENKOERNER IM SICHTBAREN SPEKTRUM
9 202 HALMFUTTER EINFLUSS DER MECH.AUFBEREITUNG AUF DIE SILIERFAEHIGKEIT
HALMQUETSCHER S.UNTER HEUERNTE
HALSRAHMENANBINDUNG S.UNTER ANBINDESTALL
HAMMERMUEHLE S.AUCH FUTTERZUBEREITUNG

3 384 HAMMERMUEHLE DKU M MAHLVORGANG BEIM SCHROTEN VON GERSTE
3 386 ZERKLEINERUNG VON GETREIDE UND MAISSILAGEN
3 387 DKU M ARBEITSAUFWAND FUER DAS ERBSENSCHROTEN
4 227 EIGNUNG FUER DAS ZERKLEINERN VON WURZELFRUECHTEN
4 228 FUER DIE ZERKLEINERUNG VON KOERNERSILAGE
5 351 MIT EINGEBAUTEM GEBLAESE
5 352 FUELLKLAPPE FUER DIE DURCHSATZREGELUNG
7 209 KDM 2.0 A MOSKVICKA
8 511 LANDTECHNISCHES ANGEBOT AUF DER DLG
9 417 HAMSTER BEKAEMPFUNG DER HAMSTERPLAGE
5 666 HANDBUCH FUER PROJEKTIERUNG VON GRUENDUNGEN UND FUNDAMENTEN
9 435 UEBER ALUMINIUM FORMEN UND ABMESSUNGEN V.BAUELEMENTEN
9 435 FUER DAS LAENDLICHE BAUWESEN IN FORM VON TAB.
9 184 HANF MECHANISIERUNG DER ERNTE
HANGLAGE S.AUCH TERRASSIERUNG
HOLZRUECKEN S.DORT
ALLGEMEINES
4 60 DRAENAGE IN HUEGLIGEM GELAENDE BERECHNUNG MIT COMPUTER
5 504 INTERNAT.SYSTEM DER GELAENDEKLASSIFIZIERUNG ENTWURF
5 505 FORSTL.BETRIEBSPROBLEME IN STEILEN GEBIRGSREGIONEN JAPANS
5 591 MODERNE HOLZRUECKUNGSVERFAHREN IM GEBIRGE
5 631 HOLZERNTE BERICHT VOM XIV. IUFRO KONGRESS MUENCHEN
8 280 MILCHTRANSPORT IN PE ROHRLEITUNGEN IN UNEBENEM GELAENDE
8 462 HOLZGEWINNUNG IN GEBIRGSREVIEREN TECHNOLOGISCHE SCHEMATA
9 473 SCHWEIZER NORMSCHEUNE T 110 SYSTEM LEHMANN
TRAKTOR
1 70 KETTENTRAKTOR FUER DEN GEBIRGSACKERBAU
1 85 ABDRIFT DES KETTENTRAKTORS IN DER SCHICHTLINIE
1 417 ZWEIMOTOR.TRAKTOR AUS ZWEI NEBENEINANDER LIEG.HAELFTEN
2 108 SEITLICHES ABGLEITEN LANDW.AGGREGATE B.ARBEITEN AM QUERHANG
3 149 THEORETISCH ZULAESSIGE SCHRAEGLAGE VON TRAKTOREN
3 163 LENKUNG DES TRAKTORS AM HANG
4 38 STABILITAET DER CSSR ZUGMASCHINEN
4 464 TRAKTOR PEKAZETT UF 260 FUER FORSTARBEITEN AM STEILHANG
5 117 EINFL.DER HANGNEIGUNG AUF TRAKTORFAHRBAHN IN SCHICHTLINIE
5 121 WASSERWAAGE ALS HILFSMITTEL FUER FAHRT IN SCHICHTLINIE
5 416 PRUEFUNG DES HONDA EINACHSTRAKTORS
5 595 EIGNUNG VON RAD RUECKETRAKTOREN FUER EINSATZ AN STEILHAENGEN
6 79 ZETOR 5647 GEBIRGSTRAKTOR TECHNISCHE DATEN
6 100 VERHALTEN EINES TRAKTORS MATHEMATISCHE FORMELN
6 101 BERGBAEUERL.FAHRZEUGE VORFUEHRUNG UND UNTERSUCHUNG
9 42 TRANSPORTFAHRZEUGE FUER DEN BERGBAUERN
MASCHINEN GERAETE
1 116 MECHANISIERUNG DES GETREIDEANBAUES IN HANGGEBIETEN
1 155 BERECHNUNG MECHANISIERTER ARBEITEN BEIM TERRASSENBAU
1 159 EROSIONSVERHINDERNDES PFLUEGEN AUF HAENGEN
1 160 PROJEKTIERUNG V.PFLUGSTREICHBLECHEN FUER HANGLAGEN
1 187 EINFL.HOH.DRILLGESCHWINDIGK.U.HANGNEIGUNG AUF AUSSAATGUETE
1 423 KULTIVATOR KRT 3 FUER GEBIRGSHAENGE
2 133 ERNTEVERFAHREN B.KOERNERFRUECHTEN IN GEBIRGSGEGENDEN
2 236 MAEHDRESCHER MS 5 DER FA. JF FABRIKEN DLG PRUEFBERICHT
2 237 MAEHDRESCHER M 88 VON FAHR DLG PRUEFBERICHT
3 179 EINACHSIGER GROSSRAUMLADEWAGEN SVN PRUEFERGEBNISSE
3 277 NEIGUNGSMESSER FUER AUTOMAT.HANGAUSGLEICH V.MAEHDRESCHERN
3 428 VERHINDERN V.ABRUTSCHEN DES WEINBERG GRUBBERS AM HANG
4 5 VERSUCHE MIT DRESCHKOMBINES IN HUEGLIGEM GELAENDE
4 78 WERTBESTIMMG.V.FLUSS UND DRUCKREGLERN BEI BEREGNUNG
4 106 ARBEITSQUALITAET EINIGER PFLUEGE BEIM HANGPFLUEGEN
4 309 MOTORMAEHER FUER KLEINE FLAECHEN UND STEILHAENGE
5 140 TRANSPORTER MOTRAC T 4 PRUEFBERICHT IMA BRUGG
5 141 TRANSPORTER TIGER 4 RS PRUEFBERICHT IMA BRUGG
5 153 ANBAUMASCHINEN FUER HANG UND SALZBODENFLAECHEN
5 263 SOWJETISCHE MAEHDRESCHER
5 272 FELDHAECKSELDRUSCHVERFAHREN BEI GETREIDEERNTE AM HANG
5 300 PRODUKTION VON MASCH.FUER TEEANBAU IN DER SU
6 5 TECHN.UND OEKON.LANDWIRTSCHAFTSERGEBNISSE IN ITALIEN

6 124 HANGLAGE SELBSTFAHRENDE LADEWAGEN
6 133 EINSATZGRENZEN MODERNER LANDMASCHINEN AUF HANGFLAECHEN
6 135 MECHANISIERUNG VON FUTTERBAU AUF HAENGIGEM GELAENDE
6 154 REGNER MIT ROT.KEGEL FUER BEREGNEN STEILER HAENGE UNTERSUCHE
6 226 FUTTERBERGUNG IM HANGGELAENDE
7 71 MECH.IN OESTER.HANG UND BERGBAUERNBETRIEBEN
7 89 DEFORMAT.V.HALBSCHALENZULEITERN DURCH TEMP.SCHWANKUNGEN
7 104 BEET WINKEL WECHSEL UND DREHPFLUG EINSATZBEREICH
7 108 KEHRPFLUG MIT ANHAENG.AUSSERHALB V.KETTENTRAKTORLAENGSACHSE
7 155 FELDHAECKSELVERFAHREN BEI DER GETREIDEERNTE AM HANG
7 351 MASCHINENSATZ FUER DIE AUFFORSTUNG VON BERGHAENGEN
7 355 FORSTPFLANZMASCHINE FUER EINSATZ AUF TERRASSEN U.HAENGEN
8 113 KASTENSTREUER FUER DUENGUNG
8 141 MECHANISIERUNG DER BERGBAUERNBETRIEBE IN OESTERREICH
8 161 LEISTUNG EINES CHOPPERS BEI VERSCHIED.HANGNEIGUNGEN
8 188 MAEHDRESCHER E 512 KOERNERVERLUSTERMITTLUNGEN
8 426 WINTERPFLANZUNG VON KRIMKIEFERN AUF BERGHAENGEN
9 5 PRUEFUNG VON ZUGMASCHINEN UND WINDEN IN NORWEGEN
9 5 PFLANZENSCHUTZGERAETE FUER OBSTPLANTAGEN
4 253 HARN ANFALL BEI DEN EINZELNEN NUTZTIERARTEN
4 526 HARTFASERPLATTE ALS BAUSTOFF FUER FUSSBOEDEN SPEZIALANSTRICH
4 490 HARZ GERAETE FUER DAS SAMMELN V.ERHAERTETEM FICHTENHARZ U.KIEFERNHARZ
4 490 GERAETE ZUM REINIGEN VON LACHTEN
5 620 VERWENDUNG EINES POLN.REIZMITTELS BEI DER HARZG.
7 133 HASPEL MEHRZWECKHASPEL MIT TASTVORRICHTUNG
2 215 HYDRAULISCHE STEUERUNG AUF DER MAEHMASCHINE ZVN 10
8 30 HAUFWERK KLAERUNG DER DRUCKVERHAELTNISSE IN LAGERNDEN HAUFWERKEN
9 277 HAUSARBEITSRAUM VERWENDUNG UND EINRICHTUNG
7 423 HAUSBOCK HOLZSCHUTZ IM LANDWIRTSCH.BAUEN VERFAHREN UND MITTEL
3 421 HAUSHALTGERAETE ELEKTRISCHE HAUSGERAETE LITERATURUEBERSICHT
4 277 QUALITAETSPRUEFUNG UND WARENKUNDLICHE HINWEISE
5 389 HAUSHALTWAREN QUALITAETSPRUEFUNG U.WARENKUNDE
5 392 WANDERBERATUNGSEINRICHT.FUER ELEKTRO HAUSHALTGERAETE
6 301 HEM.V.FORTSCHRITT DURCH UEBERHOLTE VERKAUFSMETHODEN
8 292 FUER LEBENSMITTELVERARBEITUNG SICHERHEITSBESTIMMUNGEN
8 295 KLEINE ELEKTROGERAETE
8 297 NORMMASSE FESTGELEGT AUF DER SITZUNG DER IEG IN PRAG
9 305 AUF DER HAUSRAT UND EISENWARENMESSE IN KOELN
5 389 HAUSHALTWAREN QUALITAETSPRUEFUNG UND WARENKUNDLICHE HINWEISE
7 423 HAUSSCHWAMM HOLZSCHUTZ IM LANDW.BAUEN VERFAHREN UND MITTEL
5 394 HAUSTECHNIK LEHRGEGENSTAND AN TECHN.HOCHSCHULEN
6 303 IM SPIEGEL DER PATENTE
7 244 VERWENDG.VORGEFERT.LEITUNGSTEILE B.MONTAGE VON NASSROHREN
8 302 HEUTE UND MORGEN TAGUNG
9 279 VORGEFERTIGTE HAUSTECHNISCHE ANLAGEN
9 306 AUF DER DLG SCHAU
1 351 HAUSWIRTSCHAFT GESTALTUNG VON ARBEITSPLATZ UND ARBEITSMITTEL
5 385 ENTWICKLUNGSTENDENZEN BERUECKSICHTIG.DER ARBEITSWIRT.
5 387 ARBEITSWIRTSCHAFT IM LAENDL.HAUSHALT
5 388 METHODEN DER BERATUNG V.BAEUERINNEN
6 299 ARBEITSPLANUNG IN DER LAENDL.HAUSWIRTSCHAFT
6 300 ARBEITSWIRTSCH.EINGLIEDERUNG IN FAMILIENBETRIEBEN
8 283 BERUFSAUSBILDUNG IN DER DBR
8 284 ERFAHRUNGEN AUS HEA AUSBILDUNGSLEHRGAENGEN
HEBEBUEHNE S.AUCH ARBEITSBUEHNE
2 288 GAP 20 LKW HEBEBUEHNE
4 387 HEBEKARRE MIT KETTENANTRIEB
HEBER S.UNTER BEWAESSERUNG
4 479 HEBEZEUG UND KRAENE IN DER HOLZWIRTSCHAFT
6 162 TL DT 54 A ZUM VERLEGEN VON GROSSEN BETONROHREN
8 77 BERECHNUNG UND INBETRIEBNAHME VON ELEKTROZUGKRANBAHNEN
8 78 BERECHNUNG UND INBETRIEBNAHME VON ELEKTROZUGKRANBAHNEN
2 143 HECKENSCHNEIDER HYDRAULISCH ANGETRIEBENER HECKENSCHNEIDER V.TWOSE
7 271 FAHRBARE KALIFORNISCHE MASCHINE
9 428 VORRICHTUNG FUER TRAKTORANBAU
HECKLADER S.AUCH TRAKTOR: TRAKTORLADER

2 144 HECKLADER PE O 8 FUER LADE UND ERDARBEITEN
4 300 HEIMSONNE AUF DER HAUSRAT UND EISENWARENMESSE KOELN
5 409 HEISSLUFTTROCKNER HYGIENISCH BAKTERIOLOGISCHE UNTERSUCHUNGEN
HEISSWASSERBEIZANLAGE S.UNTER BEIZEN
HEIZKESSEL S.UNTER KESSEL
5 671 HEIZKOERPER CONTAINER FUER DEN TRANSPORT
HEIZUNG VON WOHNRAEUMEN
3 7 BERECHNUNG EINER NICHTREGELBAREN LUFTHEIZUNG
4 280 WAHL DES HEIZUNGSSYSTEMS FUER LANDHAUSHALT
4 281 7. ITALIENISCHER HEIZUNGS UND LUEFTUNGSKONGRESS
4 282 4. INTERNAT.KONGRESS FUER HEIZUNG U.KLIMATISIERUNG IN PARIS
4 292 TECHNIK IN UNGARN
4 293 WAERMEVERBRAUCH VON WOHNHAEUSERN
ANLAGEN
3 416 AUTOMATISCHE REGLER FUER KOKSKESSEL
3 588 RAUMTEMPERATURREGELUNG BEI OELGEFEUERTER HEIZUNG
4 283 WIRTSCHAFTLICHER VERGLEICH V.HEIZSYSTEMEN IN FRANKREICH
4 284 HEIZUNGS UND KLIMATECHNIK IN GROSSBRITANNIEN
4 286 HEIZUNGSTECHNIK IN SCHWEDEN
5 396 PRUEFUNG VON GAS OEL UND KOHLEBEFEUERTEN ZIMMEROEFEN
6 309 REGELSYSTEME FUER ELEKTRISCHE U.ELEKTROPNEUMATISCHE SYSTEME
7 246 ANSCHAFFUNGSKOSTEN VON KOHLE OEL GAS BEFEUERTEN OEFEN
7 247 ANLAGE UND BETRIEBSKOSTEN V.FEUER U.WASSERLUFTHEIZUNG
7 427 UMLUFTHEIZUNG FUER EINGESCHOSSIGE WOHNHAEUSER
7 428 KANALLOSE VERLEGUNG VON FERNHEIZUNGSLEITUNGEN
8 287 ELEKTR.REGELUNGSSYSTEME FUER HEIZUNGS UND KLIMATECHNIK
9 306 SPEZIALKESSEL FUER KOHLE UND GASBEFEUERUNG
ELEKTRISCHE HEIZUNG
1 49 REGELN DURCH EIN U.AUSSCHALTEN MIT IMPULSKOPPLUNG
1 355 NACHTSTROMSPEICHERHEIZUNG IN GEGENWART UND ZUKUNFT
1 356 PRINZIP DER WAERMEPUMPE ALS GANZJAHRESKLIMAGERAET
2 361 ELEKTR.SPEICHEROEFEN IN WOHNBAUTEN VOR UND NACHTEILE
2 362 AUFBAU UND REGELTECHNIK BEI ELEKTR.SPEICHEROEFEN
2 363 DECKENHEIZUNG IN MIETWOHNUNGEN IN CAMBRIDGE
3 415 EIN ARCHITEKT UEBER ELEKTRISCHES HEIZEN
4 285 ELEKTRISCHE STRAHLUNGSHEIZUNG IN NORWEGEN
4 287 NACHTSTROMSPEICHERHEIZUNG HEIZTECHN.U.WAERMEPHYSIOL.BEWERTG.
4 288 NACHTSTROMSPEICHERHEIZUNG HEIZTECHN.U.WAERMEPHYSIOL.BEWERTG.
4 289 WITTERUNGSABHAENG.AUFLADESTEUERUNG F.ELEKTROSPEICHERHEIZUNGEN
4 290 WAERMESPEICHEROEFEN ELEKTRON.AUFLADEAUTOMATIK MIT FROSTSCHUTZ
4 291 WARMWASSERZENTRALHEIZUNG MIT ELEKTROSPEICHERBLOCK
4 300 WAERMESPEICHEROEFEN FUER NACHT BZW.SCHWACHLASTSTROM
4 300 GERAETE AUF DER HAUSRAT UND EISENWARENMESSE KOELN
5 394 KRITISCHE BETRACHTUNGEN ZUR ELEKTR.RAUMHEIZUNG
5 395 AUFBAU UND ARBEITSWEISE ELEKTR.SPEICHERHEIZGERAETE
5 397 WERBUNG U.BERATUNG FUER ELEKTROWAERME IN ENGLAND
5 398 STEUER UND REGELGERAETE FUER ELEKTR.WAERMESPEICHERHEIZUNGEN
6 307 ELEKTRISCHE HEIZUNGSSYSTEME ANWENDUNGSBEREICH
6 308 ELEKTRISCHE SCHWACHLASTHEIZUNG
7 246 ANSCHAFFUNGSKOSTEN VON ELEKTROHEIZGERAETEN
8 32 KENNWERTE DER ELEKTROENERGIEVERWENDUNG
8 288 ELEKTROBLOCKSPEICHER FUER WARMWASSERZENTRALHEIZUNG
8 289 BEURTEILUNG DER ELEKTRISCHEN SPEICHERHEIZUNG
8 290 EINFL.V.ELEKTROHEIZUNG AUF KOSTEN DER ELEKTRIZITAETSVERSORG.
9 286 WAERMEDAEMMUNG UND ELEKTRISCHE RAUMHEIZUNG
9 287 NUTZUNG DER ZEIT AUSSERHALB DES TAGESTARIFES
9 288 ELECTRICAIRE SPEICHEROFEN FUER WOHNRAEUME
9 289 RAUMTHERMOSTAT FUER WARMLUFTHEIZUNG
GASFEUERUNG
2 364 GASBEFEUERTE ETAGENHEIZUNGEN
8 286 UMLAUF GAS WASSERHEIZER FUER DIE ZENTRALHEIZUNG

HINWEISE
VON KARTOFFELLAGER S.UNTER KARTOFFEL: LAGERUNG
EINRICHTUNGEN FUER FRUEHBEETE S.UNTER FRUEHBEET
EINRICHTUNGEN FUER GEWAECHSHAEUSER S.UNTER GEWAECHSHAUS

HEIZUNG EINRICHTUNGEN FUER MELKSTAENDE S.UNTER MELKSTAND
EINRICHTUNGEN FUER STAELLE S.UNTER HUEHNERSTALL
EINRICHTUNGEN FUER STAELLE S.UNTER KAELBERSTALL
EINRICHTUNGEN FUER STAELLE S.UNTER KUEKENSTALL
EINRICHTUNGEN FUER STAELLE S.UNTER SCHWEINESTALL
EINRICHTUNGEN FUER STAELLE S.UNTER STALL
S.AUCH KLIMAANLAGE

HELIKOPTER S.UNTER FLUGZEUG
7 387 HERBIZID BUTYLESTER OHNE EMULGATOR GERAET F.ZUBEREITG.V.SPRITZBRUEHEN
9 153 HERBIZIDE UNTERS.V.DOSIERSYSTEMEN FUER FEINGRANULIERTE HERBIZIDE
HERD S.AUCH BACKOFEN
MIKROWELLENHERD S.DORT
1 357 GRILLEINRICHTUNGEN IN ELEKTROHERDEN
2 365 VIER PLUS HERD VON HOOVER MIT VIER SCHNELLKOCHPLATTEN
4 277 QUALITAETSPRUEFUNG UND WARENKUNDLICHE HINWEISE
4 300 ELEKTROHERDE AUF DER HAUSRAT UND EISENWARENMESSE KOELN
6 311 SELBSTREINIGENDE BACKOEFEN AUF DER EDA SCHAU
6 322 KANTENBETONTE HERDE DER FA. HAAS UND SOHN
8 293 E 300 TG 3 ELIN ELEKTROHERD PRUEFBERICHT WIESELBURG
8 294 300 TGU 3 U.300 TGU 4 ELIN ELEKTROHERDE PRUEFBERDWIESELBURG
9 291 KOMPLETTE KLEINSTKUECHENEINRICHTUNG MIT KUEHLSCHRANK
9 292 TYPEN AUF DER HAUSRAT UND EISENWARENMESSE IN KOELN
9 292 THERMOTHEK EINE KOMB.VON BACKOFEN UND AUSKLAPPBAREM KOCHTEIL
9 294 DOPPELBACKOFEN MIT DUNSTABZUGHAUBE VON NEFF
9 304 KOCH BACK SPUELZENTRUM DER AEG
9 304 SCHALTKAESTEN ZUR BEDIEN.V.PLATTENSAETZEN OD.EINBAUKOCHMULDEN
9 305 KLEINAUFTAUGERAET AUFTAUFIX VON DUESTERBERG
9 306 HS 7474 SIEMENS AUTOMATIC HERD MIT GRILL U.MOTOR.DREHSPIESS
HEU S.AUCH LADEWAGEN
1 327 SELBSTFUETTERUNG UND VORRATSFUETTERUNG VON MILCHVIEH
2 289 DODS 7 VORRATSFOERDERER PRUEFBERICHT POTSDAM BORNIM
3 192 HERSTELLUNG VON GAERHEU IN FRANKREICH
5 313 FOERDERGEBLAESE MIT GERINGEM LEISTUNGSBEDARF
6 18 AUFBEREITUNG UND LAGERUNG
6 237 VERGLEICH DER BERGUNG ALS HAECKSEL UND PRESSGUT
7 394 DOSIEREINRICHTUNGEN FUER GEBLAESE
8 76 BAENDER FUER TRANSPORT LANDW.PRODUKTE AUF DEM HOF
8 228 FOERDERGEBLAESE FUER TRANSPORT VOM LAGER ZUM FUETTERUNGSORT
HEUBELUEFTUNG ALLGEMEINES
3 316 UNTER DACH LANGHEU UND LANGES HAECKSELHEU TGL
9 226 VERRINGERUNG DER NAEHRWERTVERLUSTE
VERFAHREN
1 265 EINFLUSS DER WAERMEBILDUNG BEI BELUEFTEN VON WELKGUT
1 266 TROCKNUNGSVERSUCHE MIT GEQUETSCHTEM HEU
2 269 BELUEFTUNG VON LANG PRESS UND HAECKSELHEU
2 270 VERGLEICHSUNTERSUCHUNGEN MIT KALT UND WARMLUFT
2 271 KOSTEN DER HEUBELUEFTUNG MIT WARMLUFT
3 311 WARMBELUEFTUNG IN DER ATLANTISCHEN ZONE
6 253 WARMBELUEFTUNG VON HEU IN DER PRAXIS
6 254 ERFAHRUNGEN MIT DER BELUEFTUNG IN DER SCHWEIZ
7 135 EINLAGERUNG IN KALTBELUEFTUNGSANLAGEN
7 167 TECHNOLOGIE DER BELUEFTUNG VON LUZERNEPRESSBALLEN
8 144 WISS.ERGEBNISSE KUENSTLICHE LUFTANWAERMUNG
8 147 QUETSCHEN VON GRAS IN VERBINDUNG MIT BELUEFTUNG
8 167 KALTBELUEFTUNG VON LOSEM UND GEPRESSTEM HEU
9 62 VERFAHREN ENERGIEBEDARF UND KOSTEN
9 158 TECHN.LOESUNGEN DER HEUWERBUNG UND LAGERUNG
9 197 BALLENTROCKNUNG VON HALMFUTTER
9 198 RADIALE DURCHLUEFTUNG VON HEUSTAPELN
9 198 BALLENKALTBELUEFTUNG IN GESCHLOSSENEN SCHEUNEN
9 201 TECHNOLOGIE DER BELUEFTUNGSTROCKNUNG
9 226 HOLLAENDISCHE METHODE DER TROCKNUNG VON BALLENHEU
ANLAGEN
1 264 TECHN.AUSRUESTUNG VON SECHS FIRMEN
3 313 TRAKTORGETRIEBENES ALLZWECKGEBLAESE NIAE TEST

3 315 HEUBELUEFTUNG IN DER LPG DR. MARG. BLANK PANITZSCH
5 313 GEBLAESE MIT GERINGEM LEISTUNGSBEDARF
7 401 VOM IMA GEPRUEFTE UND ANERKANNTE HEULUEFTER
8 507 GEBLAESE VENTACROPS SIXTY VON ENTECON LTD.
8 514 ANLAGEN AUF DEM FRANZ.MARKT GERAETELISTE
9 199 BELUEFTUNGSGEBLAESE LAW TYP RF 10 MIT OELHEIZ.PRUEFBER.
9 200 BELUEFTUNGSGEBLAESE LAW TYP RP I U.RP 2 F.PROPAN PRUEFBE
9 419 TRAKTORBETRIEBENES GEBLAESE VON WOODS
UNTERSUCHUNG PRUEFUNG
1 267 NH 11 56 VENTA HEULUEFTER DLG PRUEFBERICHT
1 268 FH 2 FIMA HEULUEFTER DLG PRUEFBERICHT
1 269 FH 4 FIMA HEULUEFTER DLG PRUEFBERICHT
1 270 1 56 SCHILDE HEULUEFTER DLG PRUEFBERICHT
1 271 11 63 SCHILDE HEULUEFTER DLG PRUEFBERICHT
1 272 111 71 SCHILDE HEULUEFTER DLG PRUEFBERICHT
1 273 86 8 H HELIOS HEULUEFTER DLG PRUEFBERICHT
1 274 96 8 H HELIOS HEULUEFTER DLG PRUEFBERICHT
3 312 DRUCKABFALLMESSUNG BEIM BELUEFTEN EINZELNER HEUBALLEN
4 171 TROCKNUNGSUNTERSUCHUNGEN MIT HOCHDRUCKBALLEN
4 173 VERGLEICHSUNTERSUCHG.AN RADIAL U.AXIALGEBLAESEN
6 252 BETRIEBSDRUCK LUFTGESCHWINDIGK.U.LUFTERWAERMUNG
7 168 BKN 404 E AXIALVENTILATOR PRUEFBERICHT WIESELBURG
9 16 UNTERSUCHUNG MIT RADIONUKLIDEN
9 156 EINFL.V.AUFBEREITUNG AUF TROCKNUNGSGESCHWINDIGKEIT
HEUBRIKETTIERUNG S.HEUPRESSLINGE
HEUERNTE HINWEISE
HEUPRESSLINGE S.DORT
S.AUCH LUZERNE
S.AUCH SAMMELPRESSE
HEUBELUEFTUNG S.DORT
MAEHEN S.DORT
ALLGEMEINES
8 150 VORKOMMEN AUSNUTZBARER HEUTAGE IN DEN NIEDERLANDEN
VERFAHREN
1 213 GROSSREUTERTROCKNUNG BEI DER LUZERNEHEUERNTE
3 263 MECHANISIERUNG DER DUERRHEU UND HALBHEUBERGUNG
6 221 HAECKSELERNTE FUER DIE HEUWERBUNG
7 135 UNTERSUCHUNGEN ZUR MECHANISIERTEN ERNTE
8 79 VERFAHREN DER BODENTROCKNUNG UND HEUBERGUNG
8 161 LEISTUNGSDATEN BEIM EINSATZ VON FELDHAECKSLERN
9 62 VERGLEICH VERSCHIEDENER ERNTE UND TROCKNUNGSVERFAHREN
9 158 TECHN.LOESUNGEN DER HEUWERBUNG UND LAGERUNG
MASCHINEN GERAETE
1 114 NEUE EINRICHTUNGEN DER FA. NEW HOLLAND
3 192 GERAETE MASCHINEN UND VERFAHREN IN FRANKREICH
3 310 VERWENDETE MASCHINEN IN BELORUSSLAND
7 137 MIT DLG ANERKANNTEN MASCHINEN
8 162 ANWENDUNGSMOEGLICHKEITEN DES SCHLEGELERNTERS
8 164 18 DLG ANERKANNTE HEUWERBEMASCHINEN
8 510 GERAETE AUF DER DLG SCHAU
9 155 TREND ZU MASCH.FUER MEHRERE ARBEITSGAENGE U.GROSSMASCHINEN
QUETSCHEN
7 148 ZP 1.6 GRUENGUTQUETSCHER BERICHT UEBER EINSATZ V.PROTOTYP
8 12 QUETSCHEN BUERSTEN ODER SCHAREN VON HALMGUT
8 143 MAEHER MIT KNICK UND ODER QUETSCHVORRICHTUNG
8 145 MAEHQUETSCHZETTER FUER WERBEN VON WELKFUTTER
8 146 VERFAHREN BEI EINSATZ VON KNICK UND QUETSCHZETTERN
8 147 QUETSCHEN VON GRAS IN VERBINDUNG MIT BELUEFTUNG
8 221 QUETSCHEN DES GRASES VOR DER TROCKNUNG
8 514 HALMQUETSCHER AUF DEM FRANZ.MARKT GERAETELISTE
9 156 VERKUERZEN DER TROCKNUNGSZEIT DURCH MAEHQUETSCHZETTER
9 156 AUFBEREITUNG DURCH QUETSCHEN KNICKEN ODER SCHLEGELN
9 158 KNICKZETTER QUETSCHZETTER UND MAEHQUETSCHZETTER
ZETTEN SCHWADEN WENDEN
1 114 HEURECHEN MIT SEITLICHER SCHWADABLAGE
1 211 FELLA TURBOHEUER SYSTEM KRUEGER TH 4 DN DLG PRUEFBERICHT

2 227 HEUERNTE KREISELZETTWENDER HEU REBELL HR 280 DLG PRUEFBERICHT
2 228 BAUTZ WIRBELWENDER WR DLG PRUEFBERICHT
2 229 BAUTZ ANBAUWIRBELWENDER WRA DLG PRUEFBERICHT
3 265 MAEHEN UND WENDEN VON GRAS FUER DIE SILAGE UND HEUBEREITUNG
3 266 SCHUBRECHWENDER TYP SUPER 3 PRUEFBERICHT WIESELBURG
4 137 E 247 RADRECHWENDER FUER WENDEN SCHWADEN U.SCHWADWENDEN
4 137 ANWENDUNG DES RUETTELZETTERS F 251
4 142 KREISELHEUER GIROHEUER GF 4 PRUEFBERICHT WIESELBURG
6 224 VON SCHWADFUEHLERN HYDRAULISCH BETAETIGTER HEURECHEN
7 71 ANBAUZETTER U.HEURAUPE EINSATZGRENZEN AM HANG
7 136 ZETTER FUER DIE HEUGEWINNUNG
7 138 KREISELZETTWENDER EINSATZBEREICH UND LEISTUNG
7 146 TROMMELMASCHINEN U.SCHUB BAND U.STERNRECHWENDER
7 146 GABELWENDER UND KREISELZETTWENDER
7 147 PZ ROTORHEUER TYP FRIESLAND PRUEFBERICHT WIESELBURG
7 392 DOPPELROTORHEUWENDER
7 394 TROMMELZETTER UND KREISELZETTER
8 141 MOTOR KETTEN UND BANDRECHWENDER FUER HANGLAGEN
8 141 FRONTSCHWADER U.MOTORGABELWENDER FUER HANGLAGEN
8 144 MASCH.ZUM SCHWADEN UND RECHEN
8 144 MASCH.ZUM ZETTEN STREUEN UND WENDEN
8 148 WENDER U.SCHWADWENDER HERSTELLERLISTEN MIT TECHN.DATEN
8 165 33 KREISELHEUERTYPEN TECHNISCHE DATEN
8 166 GEBLAESEHEUZETTER VICON LELY E 91 NIAE TEST
8 514 WENDER UND SCHWADER AUF DEM FRANZ.MARKT GERAETELISTE
9 62 SCHWADLUEFTER ZUR TROCKNUNGSBESCHLEUNIGUNG VON SCHWADEN
9 65 GRASZETTER FAN TED. V.VICON LELY NIAE TEST
9 427 DOPPELROTORHEUWENDER
SAMMELN PRESSEN
2 230 NACH DER SPINDELAUFROLLMETHODE ARBEITENDER HEUSAMMLER
2 231 NACH DER SPINDELAUFROLLMETHODE ARBEITENDER HEUSAMMLER
2 231 STATIONAERE HYDRAULISCHE PRESSE FUER 1 T BALLEN V.NIAE
2 482 REUTERKORB UM EINEN BOCKREUTER AUF EINER SCHLEPPE
3 90 VERDICHTEN VON HALMGUETERN MIT HOHEN NORMALDRUECKEN
4 137 BERGUNG MIT HOCHDRUCKPRESSE UND SCHIEBESAMMLER
4 137 BERGUNG MIT SCHLEGELERNTER UND MAEHLADER
7 136 PRESSEN FUER DIE HEUGEWINNUNG
8 167 MASCHINENSYSTEME FUER HEUGROSSBALLEN NIAE TEST
8 170 SAMMELPRESSE NORDSTEN OH PRUEFBERICHT VOLLEBEKK
8 506 HYDRAUL.SAMMEL LADE U.TRANSPORTGERAET V.AYRSHIRE ELEVATOR
8 507 BALLENSAMMEL LADE UND ENTLADEGERAET BOYBALLE
LADEN TRANSPORT
2 120 HEULADER FUER 8 BIS 10 T HEU
2 121 LADEMEISTER HS 3 LADEWAGEN MIT UND OHNE SCHNEIDWERK
2 122 LADEWAGEN KOELA EAS 31 MIT SCHNEIDWERK DLG PRUEFBERICHT
2 233 SELBSTFAHRENDE BALLENSTAPELMASCH.V.BLACKWELDER F.56 BALLEN
3 179 BERGUNG MIT EINACHSIG.LADEWAGEN FUER HANGLAGEN
3 269 HANDHABUNG DER PRESSHEU UND PRESSSTROHBALLEN
7 391 BALLENELEVATOR ALS TRAKTORANBAUGERAET
8 171 HEULADER MIT EIGENANTRIEB
9 426 VORRICHTUNG FUER FRONTLADER ZUM STAPELN U.TRANSPORT.V.BALLEN
3 85 HEULAGE PHYSIKAL.MECH.EIGENSCHAFTEN GRUENER U.ANGEWELKTER LUZERNE
HEULAGER S.AUCH HEUTURM
1 263 MUELLER HEUSONDE DLG PRUEFBERICHT
2 272 LAGERUNG V.HEU U.STROH FACHBEREICHSTANDARD LANDWIRTSCHAFT
2 475 BEKAEMPFG.V.NAGETIEREN MIT AMMONIAKWASSER
4 178 SELBSTERWAERMUNG U.NAEHRWERTERHALTG.B.LUZERNEBALLEN
7 135 VERTEILG.IM LAGER DURCH EIN UNTER DEM FIRST LAUF.FOERDERBAND
8 559 MEHRZWECKSCHEUNEN FUER DEN LANDW.BETRIEB
9 227 VOLLMECHANISCHER HEUSTOCK ZUM EINBAU IN VORHANDENE SCHEUNEN
9 227 MECHANISIERTE EIN UND AUSLAGERUNG VON HEU VERTEILGERAETE
9 249 HEUTUERME UND ENTWICKLUNG VON SPEZ.HEUBERGEN
9 473 SCHWEIZER NORMSCHEUNE T 110 SYSTEM LEHMANN
1 276 HEUMEHL VOLLMECHANISIERUNG DER PRODUKTION
1 319 ERFORSCHUNG V.ZERREIBUNGSVORGANG IN HAMMERMUEHLEN
3 309 ANLAGE AVM 1 5 FUER DIE BEREITUNG

3 310 HEUMEHL ERFAHRUNGEN MIT DER BEREITUNG IN BELORUSSLAND
4 174 PRODUKTION VON LUZERNEMEHL IN EINEM HEISSLUFTTROCKNER
4 175 ERZEUGUNG VON LUZERNEMEHL AUF DEM TROCKNER VSPP 1
4 176 HERSTELLUNG OEKON.BEWERTUNG DER TROMMELTROCKNER
4 221 AWM O 4 KLEINANLAGE FUER DIE HERSTELLUNG
HEUPRESSLINGE
ALLGEMEINES
8 168 IST DAS BRIKETTIEREN UEBERHOLT
VERFAHREN
1 300 PELLETISIERUNG UND BRIKETTIERUNG
2 128 KURZFRISTIGE GEWINNUNG V.HOCHWERTIGEN BRIKETTS
3 193 VERARBEITUNG VON LUZERNE ZU PELLETS
6 225 EINFL.V.STENGELN IN LUZERNE AUF DIE WAFFELHERSTELLUNG
MASCHINEN GERAETE
8 169 BRIKETTIEREN MIT HALBAUTOMAT.WICKELAGGREGATEN
9 3 BRIKETTIERMASCHINEN FUER DIE FUTTERGEWINNUNG
9 156 AMER.WICKELBRIKETTIERPRESSE
9 165 HEUWICKELMASCHINE VON HOWARD F. MC. COLLY
9 166 WICKELMASCHINEN VON KEMPER UND UNSINN FUER HEUBRIKETTS

HEURECHEN S.UNTER HEUERNTE
HEUSAMMLER S.UNTER HEUERNTE
5 126 HEUSCHRECKE EINSATZ VON STARRFLUEGLERN ZUR BEKAEMPFUNG
1 263 HEUSONDE MUELLER DLG PRUEFBERICHT
HEUTROCKNUNG S.AUCH HEUBELUEFTUNG
6 68 VERWENDUNG VON FLUESSIGGAS
7 136 GERAETE UND MASCHINEN
8 169 NACHTROCKNUNG FEUCHTER HEUBRIKETTS
9 5 UNTERSUCHUNG DER ZWEISTUFENTROCKNUNG IN SCHEUNEN
9 62 VERGLEICH VERSCHIEDENER ERNTE UND TROCKNUNGSVERFAHREN

HEUTURM S.AUCH HEULAGER
1 264 HEUTUERME VON SECHS FIRMEN TECHNISCHE DATEN
3 192 MIT EINEM ZENTRALROHR AUSGERUESTETE TUERME
4 238 FUER DIE FUETTERUNG VON HAECKSELGUT
7 169 SCHWED.VERSUCHE MIT HEUTURM V.GERAETEBAU SCHWARTING
7 169 VORAUSSETZUNGEN FUER EINEN HEUTURMBETRIEB
7 169 ABMESSUNGEN FORMEN STANDORTWAHL UND KOSTEN
7 203 TUERME FUER TROCKNUNG UND LAGERUNG IM ITAL.KUTEL
8 222 INVESTKOSTEN FUER EINEN VOLLMECHANISIERTEN HEUTURM
9 249 INVESTKOSTEN IN DEN NIEDERLANDEN
9 423 MIT GREIFERZUGENTNAHME
HF-SCHWEISSEN S.UNTER SCHWEISSEN
4 322 HIMBEERE MECHANISIERUNGSMOEGLICHKEITEN BEI DER ERNTE
4 351 ERNTEAGGREGATE AUF VIBRATIONSBASIS
4 396 SORTENEIGNUNG FUER VERSCHIEDENE KONSERVIERUNGSVERFAHREN
5 469 MECHANISIERTE ERNTE MIT SELBSTFAHRENDEM FOERDERBAND
3 305 HIRSE ZUSATZVORRICHTUNG ZUR MAISKOMBINE CHERSONEC 3 FUER DIE ERNTE
4 188 ZENTRALROHRSILO MIT WARMLUFTHEIZAGGREGAT
6 50 BESTIM.V.DURCHLAESSIGKEIT DER SCHALEN FUER INFRAROTSTRAHLEN
6 240 SPEZIALMAEHWERK ZUR KOMBINE KKOH 3 FUER ZUCKER UDKOERNERHIRSE
8 3 ZUSATZGERAET FUER ERNTEKOMBINE ZUR VERLUSTSENKUNG
8 29 DURCHFLUSSMENGE DURCH OEFFNUNGEN IN SCHRAEGEN WAENDEN
8 130 REIBUNGSSAEGERAET FUER ZUCHTGAERTEN
9 137 WAHL DER SAESCHEIBEN FUER DIE AUSSAAT
HOBELZAHNKETTE S.UNTER MOTORSAEGE: BAUGRUPPEN BAUTEILE
4 423 HOBELZAHNTIEFENMESSLEHRE UND ALLSICHTSCHRAENKUHR
5 546 PRUEFURTEILE DES FORSTL.PRUEFAUSSCHUSSES
HOCHDRUCKMEMBRANPUMPE S.UNTER PUMPEN
HOCHDRUCKPRESSE S.UNTER SAMMELPRESSE
HOCHDRUCKSPRITZE S.UNTER SPRITZEN
9 330 HOCHFREQUENZANLAGE ZUR ZUSATZBELICHTUNG VON JUNGPFLANZEN

8 401 HOCHOFENSCHLACKE ZUR SPUR UND WEGEBEFESTIGUNG
9 439 ALS ZUSCHLAGSTOFF FUER ERDSILIKATBETON
HOCHSILO S.UNTER SILO
6 502 HOCHWASSER SCHUTZ DER LAND UND ORTSTRASSEN UND NEBENANLAGEN
4 587 HOEHENFOERDERER ANFORDERUNGEN AN GEBAEUDEGESTALTUNG
8 531 HOEHENMARKE VERFAHREN FUER UEBERTRAGEN VON UNTEN NACH OBEN
4 568 HOFPLATZ BEFESTIGUNG VERWENDUNG VON ASPHALTMATTEN
HOHLBLOCKBAUSTEIN S.UNTER ZIEGEL
HOLZ ARBOLIT S.DORT
1 412 EINSCHRAENKUNG DER DURCHMESSERKLASSEN FUER EXPORTSCHNITTHOLZ
2 489 FERTIGTEILE FUER LANDWIRTSCH.BAUTEN
2 510 MONTAGEFAEHIGE BALTEN FUER DIE GEFLUEGELHALTUNG
3 491 ABFALLVERARBEITUNG ZU GAS KALZIUMAZETAT UND TEER
3 508 KONTROLLE DES ROHHOLZEINGANGES BEI SCHWACHEM RUNDHOLZ
3 509 GEWINNUNG TRANSPORT UND AUFBEREITUNG VON DUENNHOLZ
4 367 VERHALTEN V.VERLUSTSTEIGEN BEI TRANSPORT U.LAGERUNG V.KERNOBST
4 455 TRANSPORTEUR VKF 5 UMBAU AUS EINEM KETTEN ZUM BANDFOERDERER
4 489 VERARBEITUNG V.HYDROLYSELIGNIN FUER HERBIZIDGEWINNUNG
4 489 VERFAHREN ZUM BIOL.ABBAU FUER DUENGEZWECKE
4 495 ABNAHME UND VERMESSUNG IN DEN USA
4 521 IM LANDWIRTSCH.BAUWESEN IN DER DBR
4 522 ABFAELLE ALS ROHSTOFF FUER WAERMEDAEMMPLATTEN
4 560 ALTMARKPLATTEN ANWENDUNG ZUR WAERMEDAEMMUNG
4 560 LINDOWER PLATTEN AUS HOLZABFAELLEN
4 602 GEBAEUDESYSTEM AUS HOLZPLATTEN
4 615 ALS BAUSTOFF FUER GAERFUTTERBEHAELTER
5 389 HAUSHALTWAREN QUALITAETSPRUEFUNG UND WARENKUNDE
5 477 SCHLIFFSCHALEN KLEINVERPACKUNGSBEHAELTER FUER ERDBEEREN
5 498 HOLZCHEMIE STEIGERUNG DES PRODUKTIONSVOLUMENS IN DER SU
5 520 STANDZEITVERLAENG.B.BEARBEIT.WERKZEUGEN VERSCHLEISSFEST.WERKSTOFF
5 665 AUS HOLZ GEFERTIGTE GEBAEUDE KONSTRUKTION UND KOSTEN
5 671 HILFSMITTEL FUER DEN PAKETTRANSPORT VON SAEGEHOLZ
5 697 ANWENDUNG BEIM BAU VON RINDERSTAELLEN
5 707 LIEGEBUCHTEN MIT TRENNWAND U.HOLZPFLASTER ALB ARBEITSBLATT
5 713 IM SCHWEINESTALLBAU
6 393 POMERANCEV GENERATOREN ZUR ENERGOCHEM.VERWERTUNG DER ABFAELLE
6 393 VERFAHREN DER GASERZEUGUNG
6 475 VORFERTIGUNG VON BAUTEILEN FUER WIRTSCHAFTSGEBAEUDE
6 497 UNTERSUCHUNG VON FENSTERKONSTRUKTIONEN FUER STALLBAUTEN
6 512 HOLZPFLASTERBELAG FUER STAND UND LIEGEPLAETZE
6 534 HOLZSILOS AUS VORGEFERTIGTEN BAUTEILEN
7 359 VERFAHREN FUER DIE FEUCHTEMESSUNG
7 359 VERKAUF DES INDUSTRIEHOLZES NACH MASSE
7 360 VERMESS.V.INDUSTRIEHOLZ MASSENERMITTLUNG UND HOLZFEUCHTETESTUNG
7 369 PROBLEME DER GLEITREIBUNG BERECH.U.BEDEUTG.FUER RIESENBAU
7 409 SONDERSCHAU DER ARBEITSGEMEINSCHAFT HOLZ
7 417 PLATTEN AUS HOLZABFAELLEN MIT SYNTHETISCHEN BINDEMITTELN
7 418 VERWENDUNG IM LAENDLICHEN BAUEN
7 419 STAND U.ENTWICKLUNGSTENDENZEN IM KONSTRUKTIVEN HOLZBAU
7 419 KLEBETECHNIK IM LANDWIRTSCHAFTSBAU
7 420 STAELLE DER FA.STOCKBUILDINGS AUS VORGEFERTIGT.HOLZBAUELEMENTEN
8 433 JAHRESPRODUKTION DER BETRIEBSVEREINIGUNG KOMILESPROM
8 452 ZIFFERNRECHENMASCHINE FUER ZENTRALISIERTE BERECHNUNG
8 455 SYSTEM DER AUTOMATISIERTEN BERECHNUNG
8 494 BEARBEITUNGSMASCHINEN AUF DER LEIPZIGER MESSE
8 494 ZWEIZYLINDERSCHLEIFMASCHINE SN 2 10
8 523 TECHNOL.FUER FERTIGEN V.GEPRESSTEN WELLPLATTEN AUS ABFAELLEN
8 525 ZEMENTGEBUNDENE HOLZWOLLEPLATTEN FIBROLIT FUER WAENDE U.DAECHER
8 532 MERKMALE UND VORTEILE DER HOLZKLEBEBAUWEISE
8 565 ZYLINDRISCHE SILOS FUER QUELLELAGERUNG
9 475 NORMBLATTENTWURF FUER SPALTENBOEDEN
9 487 KOSTENSENKUNG DURCH KOMPLETTE FERTIGTEILE FUER BOXENLAUFSTAELLE
9 488 TRENNWAENDE FUER LIEGEBUCHTEN IN MILCHVIEHLAUFSTAELLEN
HOLZAUFBEREITUNG ALLGEMEINES
5 534 FORSTL.PROJEKTIERG.HAUPTINST.GIPROLESTRANS IN UDSSR

1 439 HOLZAUFBEREITUNG BEDEUTG.DER MANIPULATIONSPLAETZE IN DER LETT.REPUBLIK
1 440 GUTE RESULTATE B.ZUSAMMENARBEIT V.FORST U.INDUSTRIE
4 416 FORSTL.HANDWERKZEUG VERZEICHNIS DER FAO
6 394 AUFGABEN DER SEKT,SAEGE U.HOLZBEARB.INDUSTRIE DER SU
6 401 AUFGABEN DER SEKT.DER WISS.TECHN.GESELLSCH.IN DER SU
6 447 KOMBINATSBILDG.B.HOLZBE U. VERARBEITUNG IN DER CSSR
8 442 KOMPLEXBRIGADEN FUER FORSTLICHE SPEZIALMASCHINEN
8 452 ZIFFERNRECHENMASCHINE ZENTR.BERECHNUNG VON HOLZ
8 455 SYSTEM DER AUTOMATISIERTEN BERECHNUNG VON HOLZ
8 457 KONSTRUKT.U.TECHNOL.BUERO V.HOLZKOMB.KOMSOMOLSKLES

VERFAHREN

1 431 AKTION NOT WISSENSCH.ORGANIS.DER ARBEIT
1 432 TECHN.FORTSCHRITT ALS ENTWICKLUNGSGRUNDLAGE
3 507 ENTWICKLG.IN DER NORWEGISCHEN FORSTWIRTSCHAFT
3 509 AUFBEREITUNG VON DUENNHOLZ
4 433 UNTER SCHONUNG DES JUNGWUCHSES
5 540 TECHN.RATIONALISIERUNG IN OESTERREICH
5 544 ARBEITSTECHNIK BEI DER WINDWURFAUFARBEITUNG
5 553 SCHNITTFUEHRUNGEN BEIM SCHNEIDEN VON HOLZ
8 432 MECHANISIERUNG IN DER CSSR
8 435 ARBEITSTECHNIK IM NIEDERLAEND.BETRIEB RECHTEREN
8 465 ARBEITSVERFAHREN BEI STARKEM LAUBHOLZ AM STEILHANG
9 373 SPEZIELLES ARBEITSVERFAHREN FUERS GEBIRGE
9 374 SCHWEDISCHE HOLZERNTEMETHODEN IN OESTERREICH
9 375 ANALYSE VON TEILZEITSTRUKTUREN

SAEGEWERK

1 412 EINSCHRAENK.DER DURCHMESSERKLASSEN F.EXPORTHOLZ
8 446 SAEGEWERKE U.HOLZBEARB.INDUSTRIE IM GEB.CHABAROWSK
8 461 SAEGEWERK FRAUENBURG AUSRUESTUNG MIT PORTALKRAN

GERAETEKOMBINATIONEN

4 412 PSL I U.PLCH 3 ENTASTUNGS U.AUSFORMTAKTSTRASSEN
5 535 AUTOMATISIERTE AUSHALTUNG UND MANIPULATION
5 549 FAELL U.ENTASTG.KOMB.FUER PAPPELPLANTAGENWIRTSCHAFT
5 588 AUSFORMUNGSMASCHINENSYSTEM MIT MASCH.ENTASTUNG
6 409 AUSLANDSPATENTE FUER AUFBEREITUNGSAGGREGATE
6 427 FORSTKOMBINES FUER FAELLEN UND AUFBEREITUNG
7 358 AUTOMAT.ANLAGE ZUM ENTASTEN EINSCHNEIDEN U.SORTIEREN
7 363 KOMB.ZUM FAELLEN ENTASTEN UND EINSCHNEIDEN
7 364 KOMB.ZUM FAELLEN ENTASTEN RUECKEN PALETTIER.U.BELADEN
8 439 FAHRBARER BOCKKRAN MIT FAELL UND ENTASTUNGSORGANEN
8 439 AGGREGAT ZUM FAELLEN ENTASTEN UND EINSCHNEIDEN
8 439 AUF EINEM TRAKTOR MONT.FAELL ENTASTG.U.HACKAGGREGAT

ENTASTEN

3 504 EINSATZ V.KOMBINES B.PFLEGEHIEBEN IN JUNGWUECHSEN
4 434 RBS 50 BENZINMOTORSAEGE FUER DIE ENTASTUNG
4 446 BAUMEIGENSCHAFTEN UND ENTASTUNGSZEIT BEI FICHTEN
4 447 ENTASTUNG DURCH DRUCKSCHNEIDEN
5 537 SCHNEIDEN VON HOLZ MIT SCHEREN
5 547 ENTASTEN AUF DEM SCHLAGSTREIFEN
5 556 BEHAELTERAGGREGATE FUER GRUPPENENTAST, TECHN.DATEN
5 557 GRUPPENENTASTUNG VON STAEMMEN MODELLANLAGE MSG 1
5 558 UNTERSUCH.DES SCHNEIDPROZESSES BEI SCHNEIDENTASTUNG
5 559 BERECH.DER SCHNITTKRAFT EINER KLINGE BEIM ENTASTEN
5 560 ENERGIEVERBR.BEIM ENTASTEN IN BEHAELTERANLAGE MEDVED
5 561 MATHEMATISCHES MODELL EINES ZU ENTASTENDEN BAUMES
5 562 KENNDATEN DES SCHNEIDPROZESSES BEIM ENTASTEN
5 563 ENTASTUNGSQUALITAET UND AUFARBEITUNGSLEISTUNG
5 564 AESTUNG V.BAEUMEN IN WAELDERN U.FLURGEHOELZEN
5 575 ENTAST.ANLAGE PSU KRAFTAUFWAND B.DURCHSCHNEIDEN
5 629 BRIGADEARBEIT IN NEUSEELAND
7 364 ENTASTEN NACH DER FAELLUNG MIT MOTORKETTENSAEGEN
8 407 ENTASTUNGSMASCHINEN TYP PSL
8 432 EINMANNKETTENSAEGEN FUER DAS FAELLEN UND ENTASTEN
8 443 SM 2 FAHRBARES ENTASTUNGSAGGREGAT
9 376 ENTASTEN MIT DER EINMANNMOTORKETTENSAEGE

		HOLZAUFBEREITUNG ENTRINDEN
1	434	REKONSTRUKT.DER TSCHECH.ENTRINDUNGSMASCHINE OS 35
3	516	ENTRINDUNGSMASCHINEN ARBEITSWEISE VERSCHIED.TYPEN
4	417	OK 36 ENTRINDUNGSANLAGE
4	434	PSL 2 ENTRINDUNGSMASCHINE
4	448	EIGENSCHAFTEN UND VERWERTUNG VON ENTRINDUNGSABFAELLEN
4	449	NEUE TYPEN DER ENTRINDUNGSMASCHINE EGER
4	450	BESTIMMUNG DES OPTIMALEN PLATZES F.ENTRINDLNGSMASCH.
4	457	VK 16 ENTRINDUNGSMASCH.STFB COTTBUS WETTBEWERBSSIEGER
5	497	AUTOM.OEFFNUNG DER EINZUGSWALZEN B.ROTORENTRIND.MASCH
5	507	ENTWICKLUNG DER ENTRINDUNG IN NORWEGEN
5	540	ABLAENGEN UND ENTRINDEN VON DUENNHOLZ
5	541	ARBEITSVERFAHREN BEIM ENTRINDEN
5	542	VORTEILE DER ZENTRALEN ENTRINDUNG
5	566	NEUERUNGEN AN VK ENTRINDUNGSMASCHINEN
5	567	EINFLUESSE AUF SPEZIF.WIDERSTAND BEIM ENTRINDEN
7	365	MASCHINELLE ENTRINDG.AM LAGERPLATZ ARBEITSVERFAHREN
8	435	SCHWED.CAMBIO ROTORENTRINDUNGSMASCHINEN
9	369	DURCHFUEHRUNG VON ENTRINDUNGSARBEITEN IN NORWEGEN
9	374	EINSATZ VON ENTRINDUNGSMASCHINEN IN OESTERREICH
9	376	ENTRINDEN V.NADELSCHICHTHOLZ MIT DER CAMBIO MASCH.
9	377	CAMBIO ENTRINDUNGSZUG ERGEBN.V.MASCH.BUCHFUEHRUNGEN
		AUSFORMEN
1	430	HALBAUTOMATISCHE FLIESSBANDAUSFORMLINIE APL IM
1	432	HALBAUTOMATISCHE FLIESSBANDAUSFORMLINIE APL IM
1	435	AUTOMAT.AUSFORMVORRICHTUNG URS FUER SCHWELLENROHHOLZ
1	436	ARBEITSVERSUCH MIT DEM SCHWELLENAUTOMAT SA URAL
1	438	HALBAUTOMATISCHE FLIESSBANDAUSFORMLINIEN APL IM
1	440	WIRKUNGSWEISE DER AUSFORMUNGSANLAGE MORENIUS
1	455	SYMPOSIUM TECHNOL.V.NUTZG.AUSFORMG.U.TRANSPORT
3	518	AUSWECHSELBARE GATTERRAHMEN
3	519	ARBEITSVERSUCH MIT RUNDHOLZABWERFERN BS 2M
3	522	RATIONALISIERUNG DER HOLZAUSFORMUNG IN NORWEGEN
3	523	AUSFORMUNGSANLAGE IN STANGE ALMENNING NORWEGEN
3	525	NUTZEFFEKT ZENTRALER HOLZAUSFORMUNGSPLAETZE KOSTEN
4	400	HOLZAUSFORMUNG MIT SPEZIELLEN KREISSAEGEN
4	451	PROBLEME DER ZENTRALEN HOLZAUSFORMUNG
4	452	MECH.DER AUSFORMUNG B.FICHTE AUF AUSFORMPLAETZEN
4	453	STUETZKONSTRUKT.FUER SORTIERTRANSPORTEURE
4	475	LEISTUNGSSTEIGERUNG HALBAUTOMAT.AUSFORMTAKTSTRASSEN
4	489	AUTOMATISCHE TAKTSTRASSE
5	497	HALBAUTOM.AUSWURFANLAGEN AUF AUSFORMUNGSPLAETZEN
5	543	UNTERSUCHUNG UEBER DEN SORTENANTEIL B.BUCHENHOLZ
5	549	MASCH.FUER EINSCHNEIDEN V.PAPPELN ZU SCHICHTHOLZ
5	555	ZERSCHNEIDEN VON RUNDHOLZ GERAETEVERGLEICH
5	570	QUERSCHNEIDEN V.DUENNHOLZ MIT SCHEREN EINFL.GROESSEN
5	571	MEHRSAEGEAGGREGATE ZUM EINSCHNEIDEN VON LANGHOLZ
5	572	PARAMETER DER KREISSAEGEN V.EINSCHNEIDEAGGREGATEN
5	573	BERECH.DES VOLUMENS VON HOLZAUSWEICHSVORRAETEN
5	574	FOERDERORGANE MIT GUMMIBELAG HAFTUNG VON HOLZ
5	577	BREMSWEG BEI EINSCHNEIDEANLAGEN MIT LAENGSVORGABE
5	578	OPT.GESCHWINDIGK.DER LAENGSVORGABE B.EINSCHNEIDEN
5	579	KLASSIFIKATION V.EINSCHNEIDEAGGREG.MIT KREISSAEGEN
5	580	VTM 75 SAEGEMECHANISMUS BETRIEBSERPROBUNG
5	581	SCHWANK.B.EINSCHNEIDE U.BELADEARB.AUF AUSFORMPLAETZEN
5	583	DYNAM.BELAST.DER ZUGORG.V.KETTENLAENGSFOERDERERN
5	584	ANLAGEN ZUM EINSCHNEIDEN U.SORTIER.V.LANGHOLZ ANTRIEB
5	585	GENAUIGKEIT DER LAENGENABMESS.EINZUSCHNEID.SORTEN
5	586	HALBAUTOMAT.U.AUTOMAT.ANLAGEN AUF HOLZAUSFORM.PLATZ
5	587	ANALYSE TECHNOLOG.VARIANTEN V.EINSCHNEIDEVORRICHTG.
5	594	TECHNOL.KETTEN FUER HOLZAUSFORMUNGSPLAETZE
6	409	AGGREGAT VON R.PROPST FUER AUTOMATISCHE AUSFORMUNG
6	411	FLIESSARB.LINIE ZUR MONTAGE GENAG.SCHWIMMVERSAETZE
6	412	BEARBEIT.LINIEN MIT MEHREREN FLIESSARBEITSSTRECKEN
6	413	VERTEILVORRICHT.SEVNNIP FUER FLIESSARBEITSLINIEN
7	343	MECHANISIERUNG AUF DEN AUSFORMUNGSPLAETZEN DER UDSSR

7 367 HOLZAUFBEREITUNG BAU VON ZENTRALEN AUSFORMUNGSPLAETZEN PERT METHODE
7 368 MASG 945 MASCHINENSYSTEM FUER DIE HOLZAUSFORMUNG
8 406 MOBILES MASCHINENSYSTEM FUER SCHICHTHOLZAUSFORMUNG
8 408 MECH.DER AUSFORMUNGSPLAETZE AN FLOESSGEWAESSERN
8 408 EINSCHNEIDEN MIT MOTORKETTENSAEGE
8 408 ARBEITSAUFWAND AUF AUSFORMUNGSPLAETZEN IN DER SU
8 432 ML 25 AUSFORMLINIE FUER LANGHOLZ
8 435 MECHANIS.EINSCHNEIDEN FOERDERN UND SORTIEREN
8 448 SOWJET.MASCH.FUER AUSFORMUNGSPLAETZE AN FLUESSEN
8 449 KOMPLEXE MECH.AUF HOLZLAGERPLAETZEN AN FLUESSEN
8 449 EINSCHNEIDEN MIT MOTORKETTENSAEGEN
8 450 ENTWICKLG.V.TECHNOLOG.U.ARBEITSORG.AUF AUSFORMPLAETZ.
8 451 RF 700 PHOTOELEKTR.STEUERUNGSANLAGE FUER AUTOMATION
8 458 AUSRUESTUNG DES HOLZLAGERPLATZES MIT SEILKRAENEN
8 459 UNTERSUCH.DES EINSCHNEIDENS AN VERSCHIED.PLAETZEN
9 378 SCHNITTWARE UND HACKSPAENE MIT EINER MASCHINE
BUENDELN
1 437 MASCH.PFM 10 ZUM PAKETIEREN V.SCHNITTHOLZ
2 457 8 GERAETE FUER DIE SCHICHTHOLZBUENDELUNG
7 372 TRAKTORAGGREGATE ZUM BUENDELN VON STAEMMEN
8 408 V 28 UND AS 3 VORRICHTUNGEN ZUM BUENDELN V.STAEMMEN
9 400 HYDRAUL.MASCH.OESA Z.SPANLOS.FAELLEN U.BUEND.D.STAEM.
STAPELN
2 446 MEHRSCHICHTENPOLTERUNG MIT POLTERGERAET V.FA.JAECKLE
5 576 UNTERS.V.STAPELARBEITEN AUF AUSFORMUNGSPLAETZEN
6 415 BOCKKRAENE KKU 7.5 U.KKU 10 ZUM STAPELN V.BEHAELTERN
8 408 STAPELN MIT BULLDOZER ODER STOSSTRAKTOR
8 408 STAPELN MIT SEILWINDEN
8 432 RKZ 5 5I SEILBRUECKENKRAN FUER LADE U.STAPELARBEITEN
8 446 TURM U.KONSOLBOCKKRAENE FUER TRANSPORT U.STAPELARB.
8 448 STAPLER DER ABAKAN WERKE AGGREGAT TA 1
8 449 STAPELN MIT FAHRBAREM KRANMANIPULATOR AUF RAEDERN
SORTIEREN
3 517 HALBAUTOMAT.SORTIEREN UND ABWERFEN V.SORTIMENTHOLZ
4 456 SORTIEREN NACH DER HIAB METHODE
5 584 ANLAGEN ZUM EINSCHNEIDEN U.SORTIEREN V.LANGHOLZ ANTR.
8 407 SORTIERTRANSPORTEURE MIT GRAVITATIONSRUNDHOLZABWERFER
8 408 SORTIEREN MITTELS KETTENFOERDERER
8 446 SORTIERTRANSPORTEURE MIT ELEKTROMECH.ABWERFERN
8 448 SORTIEREN LAENGSFOERDERER MIT ABWURFVORRICHTUNG
8 449 SORTIEREN MITTELS BALKENTRANSPORTEUR B 13
8 454 VERFAHREN ZUR AUTOMATISIERUNG DES HOLZSORTIERENS
8 456 STEUERUNGSANLAGE DER HOLZABWERFVORRICHTUNG UUS2M
ZERKLEINERN
1 437 HACKMASCHINEN AZ 11 UND AZ 12 FUER TECHN.SPAN
2 452 MOBILE MASCH.ZUM ERZEUGEN V.HACKSCHNITZELN
2 453 HACKSCHNITZELTECHNOL.KOOPERATION V.FORSTW.U.INDUSTRIE
3 526 AUTOMAT.HACKMASCHINE MIT STAHLGLIEDEREINZUGSBAND
3 527 STAMMVERARABEITUNG ZU HACKSCHNITZEL
4 437 DUENNHOLZ ANWENDUNG DER HACKSCHNITZELTECHNOLOGIE
4 458 BRUCKS 1500 HACKMASCHINE UND AH HACKER
5 554 EINFL.V.NEIG.WINKEL V.HACKMASCH.MESS.AUF SCHNEIDKRAFT
8 413 PHYSISCHE U.LAERMBELASTG.AM KMW HACKROTOR
8 444 PZ 14 PALLMANN HOCHLEISTUNGSZERSPANER
8 445 VORTEILE DES DOPPELPROFILZERSPANERS V.FA.LINCK
8 447 HERSTELLUNG V.TECHN.SPAN AUS SCHLAGABRAUM U.BRENNHOLZ
8 494 HACKMASCHINEN AUF DER LEIPZIGER MESSE
8 494 FREISCHWINGENDES HACKSCHNITZEL SIEB TYP ES 1
9 378 SCHNITTWARE UND HACKSPAENE MIT EINER MASCHINE
TROCKNEN
5 508 TROCKNUNGSVERSUCHE IN EINER VORTROCKNUNGSANLAGE
SONSTIGE AUFBEREITUNG
1 419 ANLAGE ZUM HERSTELLEN V.VITAMINMEHL AUS HOLZABFAELLEN
1 437 SPANSORTIERMASCHINE SSC 1
4 435 VERFAHREN ZUR HERSTELLUNG VON LAERCHENMESSERFURNIER
HOLZEINSCHLAG S.UNTER HOLZFAELLEN

HOLZEINSCHLAG MOTORSAEGE S.DORT
HOLZFAELLEN HINWEISE
SAEGE S.DORT
S.AUCH DURCHFORSTUNG
MOTORSAEGE S.DORT
ALLGEMEINES
5 501 ENTLOHNUNG V.ARBEITEN IM FORSTL.HAUUNGSBETRIEB IN FINNLAND
5 513 RATIONALISIERUNG IM PRAKTISCHEN FORSTBETRIEB IN HESSEN
VERFAHREN
1 454 MECHANISIERUNG DER HOLZNUTZUNG IN SCHWEDEN
2 442 AUFARBEITUNG VON WINDWURF UND WINDBRUCHFLAECHEN
2 443 EBERSWALDER METHODE ZUR KOMPLEXEN BUCHENALTHOLZNUTZUNG
2 444 VERFAHREN DER ROHHOLZBEREITSTELLUNG IN FIB DER UDSSR
4 415 ENTWICKLG.V.PROGRESSIVEN HAUUNGS U.TRANSPORTMETHODEN
4 433 UNTER SCHONUNG DES JUNGWUCHSES
4 438 NUTZUNGSMETHODE DER BAEUME MIT KRONENWERK
5 507 MESSMETHODEN BEI FORSTL.LEISTUNGSANALYSEN
5 532 DUENNHOLZBEREITSTELLUNG IN DER SR RUMAENIEN
5 540 TECHN.RATIONALISIERUNG IN OESTERREICH
5 548 URSACHEN UND VERHINDERUNG DES AUSREISSENS U.AUFSPALTENS
5 551 ARBEITSORGANISATION IN EINER HOLZFAELLERBRIGADE
5 553 SCHNITTFUEHRUNGEN BEIM SCHNEIDEN VON HOLZ
5 593 WAHL DES EINSCHLAGSVERFAHRENS FUER DURCHFORSTUNGEN
5 629 BRIGADEARBEIT IN NEUSEELAND
6 402 EINSCHLAG UND RUECKEMETHODEN FUER KURZHOLZ
6 403 SCHLUSSFOLGERUNGEN AUS VORTRAEGEN ZUR NORWEG.FORSTWOCHE
6 405 KRAFTAUFWAND U.HOLZSCHAEDEN B.SPANLOS.SCHNEIDVERFAHREN
6 417 FAELL UND RUECKEMETHODEN ZEIT UND KOSTENAUFWAND
8 436 RAEUML.U.ZEITL.ORGANISATION DES HOLZEINSCHLAGES
8 437 MECH.V.HOLZERNTE AUSWIRKG.AUF ORGANISATION V.FORSTBETRIEB
8 438 SCHWED.STUDIEN UEBER FAELLUNGSMETHODEN
9 375 ANALYSE VON TEILZEITSTRUKTUREN
9 376 SENKUNG DER ERNTEKOSTEN DURCH LANGBAUMMETHODE
MASCHINEN GERAETE
2 439 G 40 B TREE CRUSHER ZUM FAELLEN UND RODEN
3 504 EINSATZ V.KOMBINES BEI PFLEGEHIEBEN IN JUNGWUECHSEN
3 505 KONSTRUKTION DES AGGREGATES DJATEL 1
4 416 FORSTL.HANDWERKZEUG VERZEICHNIS DER FAO
4 417 FAELL RUECKEGERAET AUF BASIS DES TRAKTORS T 101 PM
5 530 FAELLEN VON DUENNEN BAEUMEN MIT MASCHINE KFO
5 533 MASCHINE VTM 4 ZUM FAELLEN VERLADEN U.RUECKEN V.STAEMMEN
5 535 HYDRAULISCHER KEIL KOMPIS
5 536 DURCHFORSTUNG AM STEILHANG VERGLEICH VON GERAETEN
5 537 SCHNEIDEN VON HOLZ MIT SCHEREN
5 549 FAELL U.ENTASTUNGSKOMBINE FUER PAPPELPLANTAGENWIRTSCHAFT
6 409 AGGREGAT TREE HARVESTER ZUM FAELLEN UND ENTASTEN
6 409 FAELLUNGS ENTASTUNGS U.LADEMASCHINE SYSTEM MOORE
6 427 FORSTKOMBINES FUER FAELLEN UND AUFBEREITUNG
7 341 SPEZIALMASCHINEN DJATEL ZUR JUNGBESTANDSPFLEGE
7 358 VTM 4 FAELL RUECKEVORRICHTUNG
7 361 FAELLVORRICHTG.DK I VEPR MIT AUSHEBEN DES WURZELWERKES
7 363 KOMB.ZUM FAELLEN ENTASTEN UND EINSCHNEIDEN
7 364 FAELL RUECKE KOMBINE PETTIBONE SKIDDER U.AUSFORMUNGSMASCH.
7 364 FAELLUNG MIT EINEM HYDRAULISCHEN MESSER
7 364 KOMB.ZUM FAELLEN ENTASTEN RUECKEN PALETTIEREN U.BELADEN
8 407 FAELL UND RUECKEMASCHINEN VTM 55
8 439 FAHRBARER BOCKKRAN MIT FAELL UND ENTASTUNGSORGANEN
8 439 AGGREGAT ZUM FAELLEN ENTASTEN UND EINSCHNEIDEN
8 439 AUF EINEM TRAKTOR MONTIERTES FAELL ENTASTG.U.HACKAGGREGAT
8 460 FAELL RUECKEGERAET VON OESTBERGS FABRIKS AB
8 460 OESA 125 FAELLVORRICHTUNG ZUM SPANLOSEN SCHNEIDEN
8 463 AGGREGAT LOG ALL MIT SCHERE ZUM SPANLOSEN SCHNEIDEN
8 463 AGGREGATE ZUM FAELLEN UND BUENDELN DER STAEMME
8 463 FAELLSCHERE ALLEN FS 100 FUER DREIPUNKTAUFHAENGUNG
9 400 HYDRAUL.MASCH.OESA ZUM SPANLOS.FAELLEN U.BUEND.D.STAEMME
9 400 HYDRAULISCHER FAELLKEIL DES HUSQVARNA WERKES

3 491 HOLZGASGENERATOR GESCHICHTL.ENTWICKLUNG IN DER SU
HOLZGEWINNUNG HOLZFAELLEN S.DORT
1 439 SENKUNG DES ARBEITSAUFWANDES AM HIEBSORT
4 436 TECHN.UMWANDLUNG V.FORSTBETRIEBEN IN SCHWEDEN
6 427 VERFAHREN IN DEN NIEDERLANDEN
7 357 STAND U.MOEGLICHKEITEN DER FORSTNUTZUNG IN POLEN
7 363 MECH.DES FASERHOLZEINSCHLAGES IN OSTKANADA
8 410 RATIONALISIERUNG DER FORSTL.ROHHOLZERZEUGUNG IN DBR
8 411 RATIONALISIERUNG DER FORSTL.ROHHOLZERZEUGUNG IN DBR
8 434 IM URAL IN SIBIRIEN UND IM FERNEN OSTEN
8 462 IN GEBIRGSREVIEREN TECHNOLOGISCHE SCHEMATA
9 373 SPEZIELLES ARBEITSVERFAHREN FUERS GEBIRGE
9 374 SCHWEDISCHE HOLZERNTEMETHODEN IN OESTERREICH
7 340 HOLZINDUSTRIE NTO UND OEKONOM.REFORM IM FORSTKOMBINAT MAIKOP RSFSR
7 341 FORSCHUNGSARBEITEN DER NTO LETTLANDS
7 343 ENTWICKLUNGSTENDENZEN IN DER UDSSR
8 405 VOLKSWIRTSCHAFTLICHE BEDEUTUNG DER AUTOMATION
8 434 HOLZANLIEFERUNG IN FORM VON GANZEN STAEMMEN
9 367 TAETIGK.U.AUFGABEN DER INTERNAT.ARBEITSORGANISATION IAO
2 454 HOLZLAGER WASSERLAGERUNG VON NADELSTAMMHOLZ
3 521 MECH.MITTEL FUER LADE UND TRANSPORTARBEITEN
6 410 KOMPLEXE MECHANISIERUNG FLUSSNAHER LAGERPLAETZE
6 415 RATIONALISIERUNG DER GRUBENHOLZLAGERPLAETZE
6 429 ARBEIT DER SEKT.FLOESSEREI U.HOLZUMSCHLAGPLAETZE IN DER SU
8 449 KOMPLEXE MECH.AN FLUESSEN IN DER RSFSR
8 458 AUSRUESTUNG MIT SEILKRAENEN
4 584 HOLZPFLASTER FUER VIEHSTAENDE UND LIEGEBUCHTEN
HOLZRUECKEN UND BRINGEN

ALLGEMEINES
4 401 ANFORDERG.MOD.TECHNIK AN WALD U.BESTANDESERSCHLIESSUNG
5 517 AUSBILDUNG DER OESTERREICHISCHEN FORSTINGENIEURE
5 618 BEGRIFFSBESTIMMUNGEN BEIM HOLZTRANSPORT
9 383 STANDARD FUER KETTEN IN NORWEGEN
VERFAHREN
1 442 HOLZBRINGUNG NACH NEUEN METHODEN IN TRYSIL
1 454 MECHANISIERUNG DER HOLZNUTZUNG IN SCHWEDEN
2 444 VERFAHREN DER ROHHOLZBEREITSTELLUNG IN FIB DER UDSSR
3 522 RATIONALISIERUNG IN NORWEGEN
4 459 VERGLEICH MEHRERER VARIANTEN DER MECHANIS.BRINGUNG
4 465 DAS RUECKEN VON DURCHFORSTUNGSMATERIAL
4 466 BEDEUTUNG DES PFERDES IN DEN NIEDERLANDEN
4 468 WIRTSCHAFTL.EINSATZ V.PFERDEN IN DER HOLZBRINGUNG
4 469 PFERDEHALTUNG UND HOLZBRINGUNG IN DER DBR
4 470 EINSATZ DES PFERDES DURCH BAEUERLICHE UNTERNEHMER
5 496 ENERGIEVERBRAUCH BEIM DUENNHOLZRUECKEN
5 497 FERNBEDIENUNG MITTELS FUNKSTEUERUNG
5 509 KURZ UND LANGHOLZRUECKESYSTEM MASCH.UNTERSUCH.
5 540 TECHN.RATIONALISIERUNG IN OESTERREICH
5 541 ARBEITSVERFAHREN IN OESTERREICH
5 545 IM FLACHLAND UND IM GEBIRGE ENTWICKLUNGSTENDENZEN
5 588 BAUMWEISES RUECKEN VON FICHTENLANGROHHOLZ KENNZIFFERN
5 591 MODERNE VERFAHREN IM GEBIRGE
5 601 ENTWICKLUNGSTENDENZEN IN OESTERREICH
5 613 VERFAHREN FUER GEBIRGSFORSTE IN JAPAN
5 629 BRIGADEARBEIT IN NEUSEELAND
6 402 EINSCHLAG UND RUECKEMETHODEN FUER KURZHOLZ
6 403 STAMMRUECKEN UND LKW TRANSPORT GANZER STAEMME
6 403 SCHLUSSFOLGERUNGEN AUS VORTRAEGEN ZUR NORWEG.FORSTWOCHE
6 418 WIDERSTAND BEIM SCHLEPPEN VON STAEMMEN UND BAEUMEN
8 465 ARBEITSVERFAHREN BEI STARKEM LAUBHOLZ AM STEILHANG
8 466 VERGLEICHSPRUEFUNG VON BRINGUNGSMETHODEN IN UNGARN
9 382 ZEIT UND KOSTENVERGLEICH VON VIER VERFAHREN
RUECKEGERAETE
1 441 GREIFER ZUM STAMMRUECKEN
3 530 TRAKTORRUECKESCHILD IGLAND FUER DREIPUNKTAUFHAENGUNG

3 531 HOLZRUECKEN RUECKESCHLITTENKARREN BULLDOG UND SISU
5 507 MITTELS WINDE SEILBAHN UND HUBSCHRAUBER
5 533 MASCH.VTM 4 ZUM FAELLEN VERLADEN U.RUECKEN V.STAEMMEN
5 533 KETTENTRAKTOR TDT 55 MIT HYDR.MANIPULATOR
7 358 VTM 4 FAELL RUECKEVORRICHTUNG
7 364 FAELL RUECKE KOMBINE PETTIBONE SKIDDER U.AUSFORMUNGSMASCH
7 364 KOMB.ZUM FAELLEN ENTASTEN RUECKEN PALETTIEREN U.BELADEN
7 395 FINN.ANHAENGELADEBOCK MIT RADIOKONTROLLIERTER WINDE
8 407 FAELL UND RUECKEMASCHINEN VTM 55
8 407 AGGREGATE LK 8 9
8 460 FAELL RUECKEGERAET VON OESTBERGS FABRIKS AB

TRAKTOR

1 418 BESCHAEDIGUNG V.UNTERWUCHS U.BODEN BEIM RUECKEN
1 430 FAHRBARE WERKSTAETTEN FUER TRAKTOREN UND LKW
1 432 MIT TRAKTOR TDT 55 ARBEITSPRODUKTIVITAET
1 438 MIT DEN KETTENTRAKTOREN TDT 55
1 442 SPEZIALTRAKTOR FORD COUNTY
2 443 EINSATZ V.RUECKETRAKTOR VALMET ZUR ALTHOLZNUTZUNG
2 448 EINSATZ DER SPEZIALRUECKETRAKTORS TREE FARMER
2 455 MIT KETTENTRAKTOREN IN DER REPUBLIK GABON
2 458 KANADISCHER KNICKTRAKTOR TIMBERJACK
2 459 JAP.KNICKGESTEUERTER FORSTTRAKTOR FT2 DER FA. MITSUBISHI
3 492 1966 FORSTTRAKTOREN AUF DER AUSSTELLUNG IN MOSKAU
3 497 BEI DURCHFORSTUNGSHIEBEN EFFEKTIVITAET V.TRAKTOREINSATZ
3 498 BEI DURCHFORSTUNG TRAKTOR T 54 L
3 537 EINSATZ LANDWIRTSCHAFTLICHER RADTRAKTOREN
4 417 FAELL RUECKEGERAET AUF BASIS DES TRAKTORS T 101 PM
4 424 LEISTUNGSSTEIGERUNG BEI RUECKETRAKTOREN
4 434 K 703 T 127 UND KTC I RUECKETRAKTOREN
4 435 TDT 75 MIT EINEM HYDRAULISCHEN MANIPULATOR
4 460 NEUER FORSTTRAKTOR L 101
4 461 MIT VERSCHIED.TRAKTORTYPEN ANALYSE DER KOSTEN
4 481 ARBEITSORGANISATION BEI BRINGUNG MITTELS ANHAENGER
5 498 EINSATZ SCHWERER RUECKETRAKTOREN IN DER UDSSR
5 505 FT 2 RAHMENGESTEUERTER RUECKETRAKTOR ARBEITSPRODUKTIVITAET
5 509 M F 165 ROBUR RUECKETRAKTOR AUS SCHWEDEN
5 509 INTERNATIONAL HOUGH PAYLOGGER RAHMENGESTEUERT
5 509 HOLDER KLEINTRAKTOR MIT STURZRAHMEN UND POLTERSCHILD
5 522 TRAKTOREN MIT RAHMENSTEUERUNG HOUGH S. 7 PAYLOGGER
5 523 STEYR ALLRAD TRAKTOREN DER PLUS SERIE
5 535 MIT KETTENTRAKTOREN ZUM AUSFORMUNGSPLATZ
5 538 URSUS C 328 TRAKTOR EINSATZ BEI DER DURCHFORSTUNG
5 545 TRAKTOREN MIT KNICKLENKUNG UND ALLRADANTRIEB EIGNUNG
5 589 TDT 75A RUECKETRAKTOR TECHN.DATEN
5 596 TRAKTOR MIT HYDRAUL.LADEKRAN TECHNIK DER SCHICHTHOLZBRING
5 597 SEILLOSES HOLZRUECKEN MIT DEM ANBAUGREIFER AM RADTRAKTOR
5 598 VERSUCHSEINSATZ DES KRANRUECKEZUGES FREUDENSTADT
5 599 EINFACHES ANBAUGERAET ZUM RUECKEN VON STANGENHOLZ
5 600 EINSATZ STARKER FORSTTRAKTOREN MIT KNICKSTEUERUNG
5 601 EINSATZ STARKER FORSTTRAKTOREN MIT KNICKSTEUERUNG
5 602 EINSATZ STARKER FORSTTRAKTOREN MIT KNICKSTEUERUNG
5 603 DURCH TRAKTOR MIT TELEMETRISCH BETAETIGTER WINDE
5 630 RUECKEN VON SCHICHTHOLZBUENDELN MIT TRAKTOREN
6 395 ZEITSTUDIEN MIT RUECKETRAKTOR AUF KLEINEN HIEBSFLAECHEN
6 404 GROSSRAEDR.FORSTTRAKTOREN FUER GELAENDETRANSP.Z.AUTOSTR.
6 417 STAMMRUECKEN MIT TRAKTOREN ZEIT UND KOSTENAUFWAND
6 419 VERGLEICH DER RUECKELEISTUNGEN VON SEILRIESEN
7 341 UMGEBAUTE TRAKTOREN BELARUS MIT WINDE U.RUECKESCHILD
7 349 TECHNISCHE FORDERUNGEN FUER RADTRAKTOREN
7 358 KT 12 RUECKETRAKTOR
7 370 VORTEILE VON TRAKTOREN MIT KNICKLENKUNG
7 371 SPEZIALRUECKETRAKTOR TIMBERJACK VORFUEHRG.IN KAERNTEN
8 417 PRUEFUNG DER FAHRERSITZE VON 10 TRAKTOREN
8 432 STAMMRUECKEN MIT KETTEN UND RADTRAKTOREN
8 433 TRAKTOREINSATZ IN DER ASSR KOMI
8 434 KETTENTRAKOR TDT 75 UND T 100

8 435 HOLZRUECKEN STAMMRUECKEN AN ABFUHRWEGEN MIT TRAKTOREN ODER PFERDEN
8 460 KANADISCHER RUECKETRAKTOR CLARK RANGER 666
8 460 KL 860 KOCKUM RUECKETRAKTOR
8 460 TIMBERJACK 404
8 462 TRAKTOR MIT REGELBARER RADSTELLUNG FUER HANGLAGEN
8 463 STAMMRUECKEN IN NORDAMERIKA
9 374 SPEZIALRUECKETRAKTOREN MIT KNICKLENKUNG
9 376 SPEZIALTRAKTOREN MIT KNICKLENKUNG
9 379 UNTERSUCH.DES BETRIEBSVERHALTENS V.RUECKETRAKTOR TDT 55
9 380 TDT 75 UND TT 4 RUECKETRAKTOREN KRAEFTE UND LEISTUNGEN
9 386 BERUECKSICHTIGUNG V.KNICKTRAKTORRUECKUNG B.FORSTWEGEBAU
WAGEN ANHAENGER
1 430 PRD 8 SATTELHAENGER FUER DIE HOLZABFUHR
1 441 ANHAENGESCHLITTEN ZUM TRANSPORT VON FASERHOLZ
2 456 ANHAENGEN VON RUECKEWAGEN HINTER KETTENTRAKTOREN
4 423 31.0 RUECKEWAGEN ERGEBN.V.FORSTTECHN.PRUEFG.
4 463 STEYR RUECKEWAGEN EIN HYDRAULIKANBAUGERAET
4 467 STEYR RUECKEWAGEN EIN HYDRAULIKANBAUGERAET
5 509 INTERNATIONAL HOUGH PAYLOGGER RAHMENGESTEUERT
5 546 S U. R WINDENRUECKEWAGEN PRUEFURTEILE DES FPA
8 460 RUECKEKARREN OESA 206 MIT AUTOMAT.HYDRAUL.HILFSANTRIEB
9 381 TRAKTORSCHLEPP UND RUECKEWAGEN
9 399 RUECKEKARREN ALS ERGAENZUNG GROSSER RAHMENGEST.TRAKTOREN
LKW
5 498 LASTZUEGE VOM TYP MAZ UND KRAZ
SEILANLAGEN WINDEN
1 441 RUECKEWINDE SISU MIT SCHEIBENKUPPLUNG
1 441 KOMBINATIONSWINDE SISU ZUM STAMMRUECKEN
1 447 ERHOEH.DER EFFEKTIVITAET LEICHTER SEILBAHNEN
2 460 VERWENDUNG DES SEILKRANES IN TROPISCHEN WAELDERN
3 528 SELBSTFAHRERWINDENAGGREGAT FUER STEILE HAENGE
3 532 27 WINDEN TECHNISCHE DATEN
3 533 SEILWICKLER MODELL VKNIIVOLT FUER RUECKEWINDEN
3 534 BENUTZG.DER SEILBAHN IM DONAUUEBERSCHWEMMUNGSGEBIET
4 471 URSUS U 80 KIPPMASTSEILKRANANLAGE
5 509 KERSHOP DOPPELTROMMELSEILWINDE
5 509 SEILKRAN ISACHSEN NR. DREI
5 591 KURZ UND LANGSTRECKENSEILKRAENE IM GEBIRGE
5 591 EINSATZ EINER SELBSTFAHRSEILWINDE IM GEBIRGE
5 604 DOPPELSEILIGE SEILBAHN MIT PASSSTATION
5 605 EINSATZ VON TRAKTORSEILWINDEN
5 606 IUC 2 KURZSTRECKENSEILANLAGE VERBESSERUNGEN
6 403 MITTELS WINDE UND SEILBAHN IN NORWEGEN
6 416 SOWJETISCHE ERFAHRUNGEN MIT SEILBAHNEN
6 419 VERGLEICH DER RUECKELEISTUNGEN VON SEILRIESEN
6 420 MITTELS TRAKTORMONTIERTEM KABELKRAN UND WINDE
7 358 TL 3 RUECKEWINDE
8 432 IM GEBIRGE MIT SEILRIESEN
8 462 ZUSAMMENARBEIT V.RUECKEMASCH.U.SEILBAHNEN IN HANGLAGEN
8 464 V.STAMMHOLZ U.SAEGEBLOECKEN MIT KURZSTRECKENSEILKRAN
8 469 BERGAUFRUECKEN MIT SEILWINDEN U.KURZSTRECKENSEILKRAENEN
9 384 FUNKGESTEUERTE KLEINSEILWINDE AUS SCHWEDEN

6 394 HOLZSCHUTZ AUFGABEN DER SEKT.SAEGE U.HOLZBEARBEITG.INDUSTRIE DER SU
6 420 IM LANDWIRTSCHAFTLICHEN BAUWESEN
6 512 HOLZPFLASTERBELAG FUER STAND UND LIEGEPLAETZE
7 418 VERFAHREN DER KERNIMPRAEGNIERUNG BEIM MASTENBAU
7 423 IM LANDWIRTSCHAFTLICHEN BAUEN VERFAHREN UND MITTEL
8 409 RUNDHOLZSCHUTZ NACH STURMKATASTROPHEN
9 403 RUNDHOLZSCHUTZ TAGUNGSBERICHT
4 563 HOLZSCHUTZMITTEL EINFLUSS AUF PVC HART
6 424 HOLZSPAN ARBEITSVERSUCHE MIT DEM SPANTRANSPORTWAGEN LT SIEBEN
HOLZTRANSPORT
ALLGEMEINES
3 539 ENTWICKLUNG DES LANDSTRASSENTRANSPORTES IN SCHWEDEN
5 517 AUSBILDUNG DER OESTERREICHISCHEN FORSTINGENIEURE

5 543 HOLZTRANSPORT UNTERSUCHUNG UEBER DEN SORTENANTEIL BEI BUCHENHOLZ
5 618 BEGRIFFSBESTIMMUNGEN BEIM HOLZTRANSPORT
7 340 NTO UND OEKONOM.REFORM IM FORSTKOMBINAT MAIKOP RSFSR
VERFAHREN
1 455 SYMPOSIUM TECHNOLOGIE V.NUTZG.AUSFORMG.U.TRANSPORT
2 444 VERFAHREN DER ROHHOLZBEREITSTELLUNG IN FIB DER UDSSR
3 507 ENTWICKLUNG IN DER NORWEGISCHEN FORSTWIRTSCHAFT
3 509 UND AUFBEREITUNG VON DUENNHOLZ
4 415 ENTWICKLG.V.PROGRESSIVEN HAUUNGS U.TRANSPORTMETHODEN
4 482 NEUARTIGE ORGANISATION IN DER PROVINZ STOCKHOLM
5 540 TECHN.RATIONALISIERUNG IN OESTERREICH
5 569 HYDRAUL.TRANSPORT V.HACKSCHNITZELN IN ROHRLEITUNGEN
5 592 HOLZEINSCHLAGS UND TRANSPORTPLAN FUER EIN WALDGEBIET
5 610 TRANSPORT U.VERLADEN V.BRENNHOLZBUENDELN
6 423 EINSATZ SCHNELLFAHR.FAHRZEUGE MIT HOH.LADEKAPAZITAET
6 426 LINEARE PROGRAMMIERUNG ZUR LOESG.V.PROBLEMEN
6 427 STAMMRUECKEN IN DEN NIEDERLANDEN
7 358 MECHANISIERUNG DER HOLZABFUHR IN DER SU
TRAKTOR
3 538 MIT DT 54A UND VALMET
4 462 TARIFVERTRAG FUER TRAKTORTRANSPORT IN SCHWEDEN
4 477 VALMET TERRA 865 B MIT HIAB WALDKRAN U.NACHLAEUFER
5 608 DURCH TRAKTOR MIT ANHAENGER IN NORWEGEN
5 611 FORSTTRAKTOR LLKT MIT RAHMENSTEUERUNG U.ALLRADANTRIEB
WAGEN ANHAENGER
3 531 EINACHSANHAENGER MIT RADDREHGESTELL
3 531 EINACHSKIPPANHAENGER BR.OLSEN UND MOELVEN
5 614 UNTERSUCH.V.AUSMASSSTRUKTURDIFFERENZ DER LADUNGEN
6 424 ARBEITSVERSUCHE MIT DEM SPANTRANSPORTWAGEN LT SIEBEN
LKW
1 432 LKW MAZ 509 FUER DIE HOLZABFUHR
1 439 SCHWERE TYPEN FUER DIE ABFUHR VON LANGHOLZ
2 444 EINSATZ VON FAHRZEUGEN BIS 45 MP TRAGKRAFT
2 455 DREIACHSIGE SPEZIAL LKW FUER DEN HOLZFERNTRANSPORT
3 491 LKW ZIS 21A
3 540 SICHERE BEFESTIGUNG VON LASTEN AUF LKW
4 417 LANGHOLZBUENDEL U.BAEUME MIT KRONEN MIT LKW
4 434 KRAZ 255B U.KRAZ 214 LKZ LASTZUEGE MIT HAENGER
4 434 LT 7 SATTELKIPPER FUER SPANTRANSPORT
4 472 MIT LKW KRAZ 214
4 480 LANGHOLZTRANSPORTSYSTEM FUER LKW W 50
4 483 PRUEFUNG V.LKW ZUEGEN FUER LANGHOLZ IM RAHMEN DES RGW
5 532 LKW MIT HYDR.KRAENEN FUER HOLZBE UND ENTLADUNG
5 535 LKW VOLVO U.SCANIA VABIS MIT KRAN HIAB
5 612 LKW MAZ 509 FUER DEN LANGHOLZTRANSPORT
5 615 MIT LKW FLEXIBLES ANHAENGERSYSTEM
5 616 LKW TRANSPORT VON GANZEN STAEMMEN
5 617 MIT LKW IN NORWEGEN
6 425 LANGHOLZ LKW VERSUCHSMODELL NAMI 076 CNIIME
6 428 LKW TRANSPORT VON GANZEN STAEMMEN VERSUCHE IN NORWEGEN
7 342 LKW FUER LANGHOLZ MIT DOPPELTROMMELWINDE
8 407 MIT LKW MAZ 509 U.KRAZ 214
8 432 MIT LKW VOM TYP TATRA UND SKODA
8 433 LKW IN DER ASSR KOMI
8 434 TRANSPORT VON STAMMBUENDELN MIT LKW
8 435 LANGHOLZ LKW MIT AUFLIEGER U.HYDRAUL.LADEARM
9 400 LKW FLEXOR
9 400 LASTZUG SCANIA VABIS MIT ZWEI ANHAENGERN
SEILANLAGEN WINDEN
1 443 NEUE SEILBAHNSYSTEME FORTSCHRITTSBERICHT
1 448 BESTIMMG.V.DIFFERENZEN IN DEN ZUGKRAEFTEN DER SEILBAHN
1 449 ZUGKRAFTMESSUNGEN AN SEILBAHNEN
1 450 ZUGKRAFTMESSUNGEN AN SEILBAHNEN
4 484 NEUGESTALTUNG EINER SEILBAHN VOM TYP VISEN
4 485 KOLLER SEILKRANWAGEN TECHN.DATEN UND FUNKTIONSWEISE
4 486 TENDENZEN DES SEILKRANEINSATZES IN OESTERREICH

4 487 HOLZTRANSPORT ERFAHRUNGEN BEI SEILBAHNPROJEKTIERUNG UND BAU
4 488 TEMP.EINFL.AUF ZUGKRAFTAENDER.B.REVERS.WAGENBEWEGUNG
6 441 WIMMER SEILKRANANLAGE MIT NESLER SEILWINDE
7 369 GLEITREIBUNG V.HOLZ BERECH.U.BEDEUTG.FUER RIESENBAU
8 470 SORGFALT B.AUSWAHL U.VERWENDG.DES ZUGSEILS V.SEILANLAGEN

LUFTTRANSPORT
1 452 STAND DER HOLZBEFOERDERUNG AUF DEM LUFTWEGE

WASSERTRANSPORT
3 541 MASCHINE ZUM ZURUECKSTOSSEN V.ANGETRIEBENEM FLOESSHOLZ
4 417 PASSAGIERBOOT T 101 PM ZUM HOLZFLOESSEN
4 489 2 NEUE FLOSSTYPEN
5 534 FORSTL.PROJEKTIERG.HAUPTINST.GIPROLESTRANS IN DER UDSSR
5 619 AUFFANGEN DES FLOESSHOLZES ZUSAMMEN MIT DEM EIS
6 410 KOMPLEXE MECHANISIERUNG FLUSSNAHER LAGERPLAETZE
6 429 ENTWICKLUNG AUTOMATISCHER FLOSSHOLZKUBIZIERMASCHINEN
6 429 KONSTRUKTION VON FLOSSBINDEMASCHINEN
6 429 ARBEIT DER SEKT.FLOESSEREI U.HOLZUMSCHLAGPLAETZE IN SU
7 372 TRAKTORAGGREGATE ZUM BUENDELN VON STAEMMEN
8 475 UEBERGANG VOM FLOESSEN ZUM LANDTRANSPORT
8 477 SCHWIMMKRAENE T 2 FUER DAS SENKHOLZHEBEN IM WINTER
8 478 BESTIM.V.LAENGE DES SCHUSSBODENS U.ABLAUFES V.FLOESSWEHR

SCHIENENTRANSPORT
8 434 TRANSPORT VON STAMMBUENDELN MIT BREITSPURBAHN
8 475 IN SCHWEDEN DURCH DIE STAATSEISENBAHN

HOLZVERLADEN ALLGEMEINES
5 574 FOERDERORGANE MIT GUMMIBELAG HAFTUNG VON HOLZ

VERFAHREN
1 432 MECHANISCHES VERLADEN IN BEHAELTERN ODER ALS PAKETE
3 535 ABLADEN VON LANGHOLZ VON LKW UND ANHAENGERN
4 451 VERLADEN VON SCHICHTHOLZ TECHNOL.UNTERSUCHUNGEN
4 475 LEISTUNGSSTEIGERUNG HALBAUTOMAT.AUSFORMTAKTSTRASSEN
5 576 UNTERS.V.STAPELARBEITEN AUF AUSFORMUNGSPLAETZEN
5 581 SCHWANK.B.EINSCHNEIDE U.BELADEARB.AUF AUSFORM.PLAETZEN
5 610 TRANSPORT U.VERLADEN V.BRENNHOLZBUENDELN
6 395 VERLADEN AUF LKW VON KLEINEN SCHLAGFLAECHEN ZEITAUFWAND
9 382 ZEIT UND KOSTENVERGLEICH VERSCHIEDENER VERFAHREN

KRAENE
1 432 BOCKKRAENE KKU 7 5 UND TURMKRAENE
1 437 KRAN KKU 7 5 FUER SCHNITTHOLZPAKETE
1 446 VORRICHTUNGEN ZUM ABLADEN V.LANGHOLZ VON LKW KOSTEN
3 524 GOTTWALD HYDROMOBILKRAENE FUER DEN HOLZUMSCHLAG
4 417 LKW MIT HYDRAUL.GELENKTEM KRAN
4 454 GREIFER MLTI 20 UND MLTI LOM FUER RUNDHOLZ LADEKRAENE
4 472 EINSATZBEREICHE FUER DEN KRAN KM 2L
4 474 TRAKTORKRAN ZUR BESEITIGUNG DES PLATZABRAUMS
4 479 HOLZTRANSPORT AUF ZENTRALEN AUSFORMUNGSPLAETZEN M.KRAENEN
4 489 GLEISKRAN MIT SCHERENGREIFER
5 582 STAPEL UND LADESEILKRAN VOLYN 1
5 609 LKW TATRA 138 MIT HIAB LADEKRAN
6 422 TRAKTOR TDT 75 MIT LADEKRAN
7 340 KABELKRAENE FUER VERLADEARBEITEN
7 364 VERLADEN VON FASERHOLZ MITTELS KRAN
8 408 ENTLADEN MITTELS KABELKRAN
8 432 RKZ 5 5I SEILBRUECKENKRAN FUER LADE UND STAPELARBEITEN
8 449 TURMDREHKRAN BKSM 14 P EINSATZ AUF HOLZLAGERPLAETZEN
8 471 RUNDHOLZVERLADUNG MIT KRAN FOCO 6000 CL WALDMEISTER
8 474 BOCKKRAENE KKU 7.5 MIT GREIFERN TGK
8 476 OEKONOMISCHER EINSATZ EINES LADEKRANES AUF LKW
8 477 SCHWIMMKRAENE T 2 FUER DAS SENKHOLZHEBEN IM WINTER

LADER GABELSTAPLER
1 432 HUBSTAPLER TA I EINSATZ AUF LAGERPLAETZEN
1 437 T 140 PORTALTRANSPORTER FUER SCHNITTHOLZPAKETE
1 438 LADEMASCHINEN TM 75 UND KMZ P2
1 441 EIN HINTEN AM TRAKTOR MONTIERTER HUBLADER
1 444 KONSTRUKTION DES HYDR.DREHBAREN LADERS HON 050
1 445 VORRICHTUNGEN ZUM AUF UND ABLADEN VON RUNDHOLZ

3 520 HOLZVERLADEN ENTLADEVORRICHTG.RRU 10 M F.HOLZBUENDEL ODER STAEMMEN
3 536 GREIFLADER TECHNISCHE DATEN VON ACHT TYPEN
3 545 VORRICHTUNG ZUM VERLADEN VON LANGHOLZ AUF WAGEN
4 412 KMZ P 2 UND P 19 ZANGENLADER
4 454 MLTI 5 GREIFER ZUM BELADEN VON GUETERWAGEN
4 473 RUNDHOLZLADER DER MASCHINENFABRIK KRASNOJARSK
4 476 LADEN V.SCHICHTHOLZ ODER BUENDELN AUF LKW
4 478 VALMET DIESELGABELSTAPLER FUER HOLZMANIPULATION
5 498 ZANGENLADER T 4
5 533 MASCH.VTM 4 ZUM FAELLEN VERLADEN U.RUECKEN V.STAEMMEN
5 597 AUF LKW MIT EINEM PRENTICE TMS LADER
5 630 VON SCHICHTHOLZ MIT GABELSTAPLER AUF LKW
6 401 LEISTUNGSSTEIGERUNG V.RUNDHOLZLADEMASCH.SPEZ.V.GREIFLADER
6 409 FAELLUNGS ENTASTUNGS U.LADEMASCHINE SYSTEM MOORE
7 358 ENTLADEVORRICHTUNG RRU IOM
8 407 GREIFLADER AUF DER BASIS VON TRAKTOREN
9 387 HUBLADER MIT KETTENANTRIEB UEBERSICHT UEBER 19 TYPEN
9 388 SELBSTFAHRHUBLADER MIT RADANTRIEB UEBERSICHT UEB.31 TYP.
9 399 HYDRAULISCHER GREIFLADER WAERTSILA
SEILANLAGEN WINDEN
4 476 WINDEN ZUM LADEN VON SCHNITTHOLZBLOECKEN AUF LKW
5 605 EINSATZ VON TRAKTORSEILWINDEN
5 607 DYNAM.BELAST.DES ZUGSEILS V.ENTLADEVORRICHTUNGEN
SONSTIGE ANLAGEN
6 402 BUSCH COMBINE FUER VERLADEN OHNE MANUELLE TAETIGKEIT
6 421 RAMPE FUER VERLADEN GROSSER STAMMPAKETE
7 364 KOMB.ZUM FAELLEN ENTASTEN RUECKEN PALETTIEREN U.BELADEN
8 408 ENTLADEN MITTELS STOSSTRAKTOR
8 472 GREIFER FUER DUENNHOLZ
8 473 TRANSPORTABLES SCHRAPPFOERDERBAND FUER HOLZSPAENE
4 560 HOLZWOLLE LEICHTBAUPLATTEN ANWENDUNG ZUR WAERMEDAEMMUNG
2 378 HOPFEN EINSATZ VON VIERRADTRAKTOREN UND GERAETETRAEGERN
2 421 KOSTEN DER TROCKNUNG BEI BANDTROCKNER U.DARRENTROCKNUNG
2 422 LUFT UND WAERMETECHN.ZUSAMMENHAENGE BEI DER TROCKNUNG
2 427 EINFLUSS DER WITTERUNG AUF PFLANZENSCHUTZMASSNAHMEN
3 479 VERGLEICH INSEKTIZIDER BEKAEMPFUNGSVERFAHREN
4 326 HALBAUTOMATISCHES AUFHAENGEGERAET FUER STEIGDRAEHTE
4 327 HALBAUTOMATISCHES AUFHAENGEGERAET FUER STEIGDRAEHTE
4 373 BANDTROCKNER MIT KLIMAANLAGE
4 374 UNTERSUCHUNGEN UEBER TROCKNUNG UND GERUESTBAU
4 378 KONTINUIERL.TRANSPORT ZU DEN PFLUECKMASCHINEN NOMOGRAMM
4 498 SPRUEHGERAET ONF
6 68 VERWENDUNG VON FLUESSIGGAS IN TROCKENANLAGEN
6 375 ARBEITSQUALITAET VON SECHS PFLUECKMASCHINENTYPEN
6 386 ERFAHRUNGEN MIT KLIMAANLAGEN IM ERNTEZENTRUM
6 386 MIT STARKEM BLATTLAUSBEFALL ERFAHRUNGEN BEIM TROCKNEN
6 392 SPRUEHEN MIT GROSSGERAETEN IN HOPFENWEITRAUMANLAGEN
6 392 TECHNIK DER TROCKNUNG U.BESCHAFFENHEIT DER DARREN
6 392 HOPFENPENDEL ZUR MECH.SPRITZUNG
7 258 PFLUG PRWN 1.5X MIT VORRICHTUNG ZUR UNTERGRUNDLOCKERUNG
7 336 AUSBRING.V.INSEKTIZIDGRANULATEN MIT RUECKENTRAGB.GERAETEN
7 381 KOSTEN FUER PFLANZENSCHUTZMASSNAHMEN
8 113 LEISTUNGSFAEHIGE SPRITZ UND SPRUEHGERAETE
8 338 UMSTELL.AUF GROSSRAUMANLAGEN FUER EINSATZ V.NORMALTRAKTOREN
8 398 AUFWANDMENGEN FUER PFLANZENSCHUTZ
8 399 1968 SPRITZPLAN
8 400 RAKETENVERSUCH ZUR HAGELABWEHR
9 328 RICHTWERTE FUER DIE KALKULATION VON VERFAHRENSKOSTEN
9 357 RATIONELLE SCHAEDLINGSBEKAEMPFUNG
9 366 Z 6 S SPRITZ UND SPRUEHGERAET
7 405 HOTEL STUDIENAUFGABEN MOSKAUER ARCHITEKTURSTUDENTEN
8 308 HUBGABEL FUER OBSTBAUTRAKTOREN
1 441 HUBLADER EIN HINTEN AM TRAKTOR MONTIERTER HUBLADER
8 207 SNU 0.5 MIT FEIMENSCHNEIDER
9 387 MIT KETTENANTRIEB UEBERSICHT UEBER 19 TYPEN
9 388 SELBSTFAHRHUBLADER MIT RADANTRIEB UEBERSICHT UEBER 31 TYPEN

9 392 HUBLADER HECKMONTIERTE FINNISCHE HUBLADER TYP SISU
9 311 HUBMAST MIT HUBGABEL AUF EINEM TRAKTOR
8 309 FUER TRAKTOREN FUER TRANSPORT IM OBSTBAU
9 224 HUBSCHAUFLER BOBCAT EINSATZ ZUR KARTOFFELAUSLAGERUNG
HUBSCHRAUBER S.UNTER FLUGZEUG
1 432 HUBSTAPLER TA I EINSATZ AUF FLUSSNAHEN HOLZLAGERPLAETZEN
8 307 HUBWAGEN FUER PALETTENTRANSPORT VON OBST
HUEHNERFUETTERUNG S.AUCH BROILERFUETTERUNG
1 565 ROHRFUETTERUNGSANLAGE VENTILTRAENKEN FUER HUEHNER
1 566 FUTTERMULDEN AN EINER UMLAUFENDEN KETTE
2 314 IN STUFENKAEFIGANLAGE EN DE
2 315 IN STUFENKAEFIGANLAGE NEUWA
2 316 TROCKENFUTTER GRIT U.MUSCHELKALKFUETT.AUTOMATEN
2 345 FAUSTZAHLEN FUER FUETTERUNG VON MASTKUEKEN
3 378 EIGENSCH.FEUCHTER FUTTERGEMISCHE FUER GEFLUEGEL
4 215 ANLAGEN ZUM FUTTERVERTEILEN AUF HUEHNERFARM JUZNYJ
4 218 FUTTERBAENDER UND FUTTERROHRANLAGEN
4 219 AUTOMATISCHE ROHRFUTTERANLAGEN DLG ANERKANNT
6 275 ROHRFUETTERUNGSANLAGEN
6 289 NUTZUNG VON FUTTERTROEGEN MIT ZWEI RINNEN
8 253 EINRICHT.PKS FUER KOMPLEXE MECH.DER ARBEITSPROZESSE
8 272 VERSORGUNG VON LEGEHENNEN IN STUFENKAEFIGEN
8 554 FUTTERKETTE IN GROSSEN UNGARISCHEN ANLAGEN
8 558 FUTTERVERTEILER MIT VIBRATIONSAUSTRAGUNG
6 288 VERWENDUNG VON VIT.REICHEM NADELMEHL
1 308 HUEHNERHALTUNG PROGRAMMATISCHE FORDERUNGEN FUER ERSATZ V.LEGEHENNEN
4 253 ANFALL AN KOT UND HARN
6 277 BETRIEBSWIRTSCHAFTLICHE FRAGEN DER BODEN U.KAEFIGHALT.
3 403 HUEHNERKOT INVESTITIONSKOSTEN FUER EINE KOTTROCKNUNGSANLAGE
4 251 TECHNIK DER VERWERTUNG
HUEHNERSTALL HINWEISE
S.AUCH GEFLUEGELSTALL
KUEKENSTALL S.DORT
1 560 PROJEKTIER.V.GEFLUEGELGROSSANLAGEN JUGOSLAWIEN U.DDR
ALLGEMEINES
3 616 GROSSSTAELLE FUER DIE GEFLUEGELHALTUNG IN DER CSSR
3 617 GEFLUEGELFABRIK IN ROSSOS UMBAU IM TAKTVERFAHREN
5 663 1955I .1964 NUTZEFFEKT LANDW.BAUINVEST.IM KREIS BERNAU
8 519 BEDARF NACH ABSCHLUSS V.STRUKTURAENDERUNGEN IN DER DDR
8 547 TYPENPROJEKTE FUER SPEZIALISIERTE VIEHWIRTSCH.BETRIEBE
AUFZUCHTSTAELLE UND MASTSTAELLE
2 492 VOLLALUMINIUMSTAELLE FUER DIE INTENSIVHALTUNG
3 616 GROSSSTAELLE FUER KUEKENAUFZUCHT UND MAST
4 606 FREITRAGENDE MASTSTAELLE
6 529 SCHWED.VERSUCHSSTALL FUER INTENSIVE BROILERPRODUKTION
6 530 SENKUNG DER BAUKOSTEN VON GEFLUEGELFABRIKEN
6 531 BROILERMASTANLAGE IN PIRJATINSK MIT KOMPLEX.MECHANISIER.
8 554 PLANUNG VON GEFLUEGELAUFZUCHTANLAGEN
8 556 UNGAR.VERGLEICHSUNTERSUCHUNG VON GEFLUEGELHAEUSERN
8 557 GROSSFLAECH.JUNGGEFLUEGELSTAELLE FUER 10000 U.15000 TIERE
FUER BODENINTENSIVHALTUNG
1 564 BERUECKSICHT.V.KLIMAZONEN IN SU BEI PLANUNG V.ANLAGEN
1 565 FUER 40000 HENNEN VERGLEICH VERSCHIED.SPANNWEITEN
1 566 VOLLMECHANISIERTE STAELLE FUER 6000 LEGEHENNEN
4 215 HALTUNG VON ZUCHTHENNEN AUF TIEFSTREU
4 603 BROILERSTAELLE MIT ELEKTR.BLECHSCHIRMGLUCKEN U.TIEFSTREU
6 275 TRAENKEN ROHRFUETTERUNGSANLAGEN ABROLL LEGENESTER
6 529 FUER LEGEHENNEN MIT U.OHNE FENSTER VERGL.V.PROD.LEISTUNG
9 499 PROJEKTE FUER SUEDLICHE GEBIETE DER SU
FUER KAEFIGHALTUNG
2 314 EN DE STUFENKAEFIGANLAGE FUER LEGEHENNEN DLG PRUEFBER.
2 315 NEUWA STUFENKAEFIGANLAGE FUER LEGEHENNEN DLG PRUEFBER.
2 316 BATTERIEKAEFIGE STUFENKAEFIGE U.FLAT DECK ANLAGEN
3 371 NEUBAUKA STUFENKAEFIGANLAGE FUER LEGEHENNEN DLG PRUEFB.
3 372 CALIFORNIA STUFENKAEFIGANLAGE SEMIA FUER LEGEHENNEN
3 373 DREIETAGEN KAEFIGBATTERIE STANDARD DLG PRUEFBERICHT

3 602 HUEHNERSTALL PLANUNGSBEISPIELE FUER UMBAU VORHANDENER GEBAEUDE
3 616 LEGEHENNENSTALL MIT MITTLEREN TIEFSTREUSTREIFEN
4 215 HALTUNG VON LEGEHENNEN IN BATTERIEN
4 219 DREI ETAGEN KAEFIGBATTERIEN DLG ANERKANNT
4 219 STUFENKAEFIGANLAGEN DLG ANERKANNT
4 603 MIT VIERETAGIGEN KAEFIGBATTERIEN
4 606 VOLLAUTOMATISCHER BATTERIESTALL FUER LEGEHENNEN
6 275 KAEFIGHALTG.FLAT DECK ANLAGE U.HUCKEPACK SYSTEM
6 278 NUTZUNG DER BATTERIE KBN FUER LEGEHENNEN
6 530 VERGLEICH DER INVESTITIONEN B.BATTERIE U.TIEFSTREUHALTG.
7 9 KAEFIGBATTERIEN AUTOMAT.TECHNOLOGISCHER PROZESSE
8 558 VERSUCHSBAU VON ZWEI FENSTERLOSEN STAELLEN
9 239 PRUEFUNGSERGEBN.V.STUFENKAEFIGANLAGEN FUER LEGEHENNEN
9 500 BATTERIESTALL FUER 1000 HENNEN EINBAU IN STALLSCHEUNE
9 501 UEBERBLICK UEBER BATTERIEN UND BATTERIESTAELLE
STALLEINRICHTUNG TECHNOLOGIE
2 318 BESCHREIBUNG VON ANLAGEN UND EINRICHTUNGEN
4 218 EIERSAMMELBAENDER MIT HEBEVORRICHTUNG
4 219 ABROLLNESTER DLG ANERKANNT
6 276 GROSSANLAGEN V.YEISER VERWENDUNG VON ELEKTROENERGIE
8 253 EINRICHTUNG PKS FUER KOMPLEXE MECH.DER ARBEITSPROZESSE
8 554 OELBEHEIZTES WARMLUFTGEBLAESE
9 237 KOMPLEXAUSRUESTUNG PROMYSCHLENYI FUER GROSSSTAELLE
STALLKLIMA
1 309 ZEITSCHALTER ZUR BELEUCHTUNG
1 507 KLIMATISIERUNG VON STAELLEN IN NORWEGEN
1 562 VERHALTEN VON BROILERN BEI HEIZUNG
1 563 STALLKLIMA IN GROSSRAUMSTAELLEN MIT TIEFSTREU
1 564 VERHUETUNG DER UEBERHITZUNG VON GEBAEUDEN IN DER SU
2 510 MONTAGEFAEHIGE HOLZBAUTEN FUER DIE GEFLUEGELHALTUNG
3 618 EINFL.V.FUSSBODENKONSTRUKT.AUF STALLMILIEU B.INTENSIVHALT
3 619 INNENKLIMA EINIGER GEFLUEGELSTALLRAEUME
4 218 VORBERECHNETES LUEFTUNGSSYSTEM
4 550 KLIMAGERAET FUER DIE JUNGHUEHNERMAST
4 605 STALLKLIMA IN FENSTERLOSEN LEGESTAELLEN
4 606 UNTERDRUCKLUEFTUNG IN MAST UND LEGEHENNENSTAELLEN
4 606 ZUSATZHEIZUNG IM GEFLUEGELMASTSTALL
5 341 EINFL.DES STALLKLIMAS AUF TIERISCHES LEISTUNGSVERMOEGEN
5 720 KLIMAREGELUNG IN MASTSTAELLEN FUER BROILER U.HENNEN
7 442 STALLKLIMA EINER FENSTERLOSEN GEFLUEGELAUFZUCHTHALLE
8 555 WAERME U.LUFTFEUCHTEMESS.B.KUENSTL.HEIZG.U.LUEFTUNG
ENTMISTEN
4 218 KOTBESEITIGUNG IN LEGEBATTERIEN
4 249 FALTSCHIEBERENTMISTUNG ARBEITSWEISE DER ANLAGE
4 251 KLOPAPIERVERFAHREN ODER MISTSCHIEBER F.LEGEBATTERIEN
4 251 HALBAUTOMATISCHE MISTSCHIEBER FUER STUFENKAEFIGE
4 606 TIEFKELLER GRUBEN TREIBMIST ODER GUELLEENTMISTUNG
5 229 MIT KAEFIGHALTUNG TANKWAGEN FUER KOT
6 291 ENTMISTUNGSVERFAHREN BEI BODEN UND KAEFIGHALTUNG
HUELSENFRUECHTE BOHNE S.DORT
ERBSE S.DORT
LUPINE S.DORT
LUZERNE S.DORT
2 278 ELEKTROMAGNETISCHER SAATGUTREINIGER ASE IM
4 126 EINZELKORNDRILLMASCH.FUER DIE SAATGUTZUECHTUNG
5 236 DRILLMASCH.ISARIA SUPER UNIVERSAL FUER DREIPUNKTANBAU
5 323 TROCKNUNG IN GEGENSTROMTROCKNUNGSANLAGEN
8 130 DRILLMASCHINE FUER ZUCHTZWECKE
8 159 SPEZ.SCHNEIDWERK E 022 V.VEB FORTSCHRITT PRUEFBERICHT
8 173 MAEHBINDER WT 5 PRUEFBERICHT POTSDAM BORNIM
9 20 REFLEXION DER SAMENKOERNER IM SICHTBAREN SPEKTRUM
9 69 ZNU 4 ANBAUDRILLMASCHINE
8 325 HYAZINTHE UNKRAUTBEKAEMPFUNG MIT SIMAZIN
3 217 HYDRANT TELESKOPHYDRANT FUER ERDLEITUNGEN V.BEWAESSERUNGSSYSTEMEN
HYDRAULIK S.AUCH TRAKTOR
1 8 IN DER LANDTECHNIK TEIL VIER

1 9 HYDRAULIK IN DER LANDTECHNIK TEIL SECHS
1 10 IN DER LANDTECHNIK TEIL SIEBEN
4 33 AN LANDMASCHINEN VOR UND NACHTEILE
7 11 AUFBAU UND WIRKUNGSWEISE ELEKTROHYDRAUL.REGELSYSTEME
8 1 PROGRAMMIERTE ENERGIEZENTRALE FUER ALLE AUSSENARBEITEN
8 196 ANLAGEN AN MAEHDRESCHERN
8 419 KIPPVORRICHTUNG FUER LKW KABINE
HYDROKRAN S.UNTER KRAN
1 234 HYDROMOTOR ANTRIEB DER ARBEITSORGANE IN KARTOFFELRODERN
4 160 ANTRIEB DER ARBEITSELEMENTE VON KARTOFFELRODERN
5 80 ENTWICKLUNG DES HYDROSTAT.ANTRIEBES FUER LANDMASCHINEN
5 81 ANTRIEB VON MASCHINEN ODER TEILEN VON MASCHINEN
6 464 ENGLISCHE ENTWICKLUNGEN
9 3 ZUM ANTRIEB V.FOERDER U.TRENNELEMENTE BEI SAMMELRODERN
9 71 ZUM ANTRIEB DER TRENNVORRICHTUNGEN IN SAMMELRODERN
1 573 HYDROPONIK ANBAU VON GRUENMASSE NUTZUNG EINER TROCKNUNGSANLAGE
4 306 STABILISIERUNG DES PH WERTES IN NAEHRLOESUNGEN
7 256 BERECHNUNG VON ANLAGEN UND DER NAEHRLOESUNGSZUFUHR
9 498 ANLAGE ZUM ERZEUGEN VON GRUENFUTTER
HYDROSTATISCHE KRAFTUEBERTRAGUNG TRAKTOR S.DORT
HYDROSTATISCHES GETRIEBE S.UNTER GETRIEBE
HYGIENE TIERPFLEGE S.DORT
9 299 BAKTERIOLOG.UNTERSUCHUNGEN AN REIHENWASCHMASCHINEN
1 509 HYGROMETER BESTIMMUNG DER REL.UND MATERIALAUSGLEICHSFEUCHTE

5 69 INDIEN ELEKTRIFIZIERUNG DER LANDWIRTSCHAFT
5 126 FLUGZEUGEINSATZ IN DER LANDWIRTSCHAFT
7 236 REINIGUNGS UND DESINFEKTIONSPROBLEME BEI MILCHTANKS
5 658 INDUSTRIALISIERUNG DES LANDWIRTSCHAFTSBAUES IN UNGARN
6 481 DES LAENDLICHEN BAUWESENS IN DER RSFSR
6 483 DES LAENDLICHEN BAUWESENS IM GEBIET OMSK
1 2 INDUSTRIEMAESSIGE PRODUKTION EINFUEHRUNG VON METHODEN
1 127 VON RUEBEN MASCHINENSYSTEM
2 129 VON GRUENFUTTER
2 132 VON GETREIDE
2 139 VON KARTOFFELN
2 141 VON ZUCKERRUEBEN
2 304 TIERISCHER ERZEUGNISSE IN DEN USA
2 381 VERMARKTUNG U.ABSATZ V.GEMUESE
3 61 IM FELDBAU EINFL.AUF AK BEDARF U.KOSTEN
3 424 IM FELDGEMUESEBAU KREIS WOLMIRSTEDT
4 220 VON EIERN KAEFIGINTENSIVHALTUNG
4 260 VON MILCH IN DER DDR LITERATUR
4 398 LEITUNGSKOSTEN IN DER FORSTWIRTSCHAFT
4 400 PROBLEME B.EINFUEHRG.IN FORSTWIRTSCHAFT
4 403 SOZ.WETTBEWERB ALS HAUPTMETHODE D.LEITG
4 407 IN FORSTW.TECHN.U.TECHNOL.PROBLEME
4 409 DURCHSETZUNG IN DER FORSTWIRTSCHAFT
5 151 V.KARTOFFELN LANDTECHN.VORAUSSETZUNGEN
5 348 V.TIEREN RATIONALISIERUNGSPROBLEME
5 692 IN DER VIEHWIRTSCHAFT PROJEKT.RUMAENIEN
6 136 V.FUTTER U.GRUENLANDBEWIRTSCHAFTUNG
6 139 VON GETREIDE MASCHINENSYSTEME
6 141 VON KARTOFFELN MASCHINENSYSTEME
6 142 VON ZUCKERRUEBEN MASCHINENSYSTEME
8 245 METHODEN DER MILCHVIEHHALTUNG
9 67 VON GETREIDE IN DER DDR
9 432 ANPASSUNG DER LANDWIRTSCH.BAUTEN
INFORMATION S.AUCH DOKUMENTATION
2 22 INFORMATIONSANALYSE SEKUNDAERINFORMATION
2 23 EINFUEHRUNG IN DIE INFORMATIONSTHEORIE
2 24 INFORMAT.WIEDERGEWINNUNG VERFAHREN U.MASCH.HILFSMITTEL
1 403 INFRAROTSTRAHLEN TUNNELANLAGE ZUR SCHAELUNG DER TOMATEN
2 317 AUTOMATISIERUNG DER STEUERUNG VON GASBRENNERN
5 314 SAAT UND PFLANZGUTBEHANDLUNG

6 50 INFRAROTSTRAHLEN BESTIM.DER DURCHLAESSIGKEIT VON SAMENSCHALEN
6 258 TECHNOLOGIE DER BESTRAHLUNG VON SAATGUT
1 904 INFRAROTSTRAHLER FUER KUEKEN KAELBER UND FERKEL
6 480 EINSATZ BEI BETONIERARBEITEN BEI NIEDRIGEN TEMP.
8 250 ZUR BEHEIZUNG VON FERKELSTAELLEN
1 471 INGENIEURBUERO FUER AUFBAU KOMPLEXER LANDW.ANLAGEN
4 498 INJEKTOR ZUM EINBRINGEN VON BEGASUNGSMITTELN IN DEN BODEN
6 191 FUER DIE AMMONIAKDUENGUNG
8 319 FERT 0 JECT MODELL U ZUR FLUESSIGDUENGUNG PRUEFUNG
9 117 AMMONIAKTRANSPORT UND AUSBRINGUNG IN DEN NIEDERLANDEN
INNENWIRTSCHAFT S.AUCH TIERHALTUNG
8 242 EINSATZBEREICHE DES TRAKTORS
8 510 EINRICHTUNGEN AUF DER DLG SCHAU
8 511 EINRICHTUNGEN AUF DER DLG SCHAU
9 226 SCHRITTE IN RICHTUNG EINER VOLLAUTOMATISIERUNG
2 473 INSEKTEN ELEKTRISCHE NETZHAUTVERSUCHE MIT UV STRAHLEN
2 474 BLATTLAUSFAENGE EINER ENGLISCHEN SAUGFALLE
2 477 BIOLOGISCHE BEKAEMPFUNG FORSCHUNGSARBEITEN
2 478 BESTRAHLUNGSGERAET ZUR BEKAEMPFUNG
2 479 BESTRAHLUNGSGERAET ZUR BEKAEMPFUNG
7 389 AUFFANGGERAET MIT MEHREREN PVC BEHAELTERN
7 390 ABFLAMMEN DER LUZERNESCHLAEGE GEGEN LUZERNERUESSELKAEFER
INSTANDHALTUNG S.WARTUNG
INSTANDSETZUNG LANDMASCHINEN S.DORT
S.AUCH WARTUNG
TRAKTOR S.DORT
1 15 UMSTELLUNG DER VEREINIGUNG SELCHOZTECHNIKA IN DER SU
1 18 KAMPAGNEFESTUEBERHOLUNG VON LANDMASCHINEN
1 22 VON MASCHINEN UNTER FELDBEDINGUNGEN FESTSCHMIERSTOFFE
1 24 PROGNOSE V.ZUVERLAESSIGKEIT UND ERSATZTEILBEDARF
1 578 TYPENPROJEKT FUER STUETZPUNKTE FUER MECH.BAUKOLONNEN
2 32 PROBLEME DER LANDMASCH.REPARATUR U.INSTANDHALTUNG
2 33 ORGANISATION DER TECHN.BETREUUNG V.MASCH.IN DER SU
2 34 REPARATURSTAENDE FUER BAUGRUPPEN BEI MAEHDRESCHERN
2 35 ORGANISATION IN DER POLNISCHEN LANDWIRTSCHAFT
2 37 VON MAEHDRESCHERN ERZEUGNISGRUPPENARBEIT
2 38 ERWEITERUNG DER ZENTRALEN REPARATUR V.EINZELTEILEN
2 39 AUFARBEITUNG VON GROSSTEILEN BEI SPEZIALISIERUNG
2 41 ERSATZTEILVERSORGUNG IN KOOPERATIONSGEMEINSCHAFTEN
2 42 ERSATZTEILLIEFERUNG WAEHREND DER KAMPAGNEN
3 35 TAETIGKEIT U.AUFGABEN V.MASCH.REPARATURSTAT.IN UNGARN
3 36 VON LANDMASCHINEN UND TRAKTOREN IN DER UDSSR
3 37 EFFEKT DES EINSATZES MODERNER ANLAGEN FUER LANDMASCH.
3 38 ALGORYTHMUS V.INSTANDSETZG.PROZESS BLOCKSCHEMA EDVA
3 39 ERSATZ ODER INSTANDSETZUNG VERSCHLEISSTER MASCHINEN
3 40 PLASTSTOFFE FUER WIEDERHERSTELLUNG V.GLEITLAGERN
3 42 BEZIEH.ZWISCHEN REPARATUR U.PRODUKT.V.LANDMASCHINEN
3 48 PRUEFUNG V.ELEKTR.MASCHINEN WAEHREND U.NACH REPARATUR
3 50 NEUE METHODEN IN DER UDSSR REISEBERICHT
3 203 V.GROSSMASCH.IM VEB MELIORATIONSTECHNIK PRITZWALK
3 488 V.ZISTERNEN MIT PASTE CELLOGEL U.EPOXYDHARZEN
4 10 ERHOEHUNG DER LEBENSDAUER V.LANDMASCHINEN U.TRAKTOREN
4 19 FUNKVERKEHR ANLAGEN U.SYSTEME IN DEN NIEDERLANDEN
5 2 TECHN.DURCHSICHTEN DURCH DIE POM IN POLEN
5 33 VON LANDMASCHINEN IN DER UDSSR
5 37 FORDERUNGEN AN DIE KONSTRUKTION V.LANDMASCHINEN
5 38 PLANUNG DER VORBEUGENDEN INSTANDHALTUNG
5 39 LINEARE PROGRAMMIERUNG BEI BERECHNUNGEN IM BETRIEB
5 40 AUFBAU DES MESSWESENS IM LANDTECHN.INSTANDHALTG.WESEN
5 43 VON KRAFTFAHRZEUGEN TECHN.KONTROLLE
5 242 VON GLEITLAGERUNG DER KARTOFFELLEGEMASCH.SN 4B
5 546 GERAETE FUER EINMANNMOTORKETTENSAEGEN PRUEFURTEILE FPA
6 27 ANWENDG.V.ULTRASCHALL B.VIBRATIONSAUFTRAGSCHWEISSUNG
6 29 NORMATIVE FUER DIE ORGANISATION IN DER UDSSR
6 30 EINRICHTEN VON FLIESSBAENDERN FUER BESTIM.MASCH.TYPEN
7 15 KUNSTSTOFFKOMPLEX NSM GOSNITI FUER REPARATUREN

7 16 INSTANDSETZUNG STANDARD GRUNDBEGRIFFE DER LANDTECHN.INSTANDHALTUNG
7 17 ELEKTROLYTE ZUR REP.V.MASCH.TEILEN MITTELS VERCHROM.
8 16 UND INSTANDHALTUNG VON WIRTSCHAFTSWEGEN
8 17 MASCH.REPARATUR U. INSTANDHALTUNG IN DEN LPG
8 18 VORTEILE DER ZENTRALEN ERSATZTEILVERSORGUNG
8 412 FEHLERDIAGNOSTIK AN ARBEITENDEN MASCHINEN
8 430 HINWEISE FUER FORSTL.SCHEIBENKULTIVATOREN
8 567 AUFBAU EINER MATERIELLTECHNISCHEN VERSORGUNGSBASIS
9 10 KOSTENMODELLE FUER DIE MASCHINENREPARATUR
9 363 ZUSAMMENLEGBARE ARBEITSBOECKE F.GAERTN.REPARATURARBEIT.
3 75 INTEGRATOR ZUR MESSUNG V.ARBEITSTIEFE U.STRECKE B.BODENBEARBEITUNG
9 430 INVESTITION INVESTITIONSPOLITIK IN LANDW.U.NAHRUNGSGUETERWIRTSCHAFT
3 91 IONISIERENDE STRAHLEN EINWIRKG.AUF MATERIE U.AUF ORGANISMEN
3 417 FUER DIE KONSERVIERUNG VON LEBENSMITTELN
3 419 GRUNDPROBL.DER NAHRUNGSMITTELBESTRAHLUNG
6 56 IONISIERUNG VERBRENNUNGSGESCHWINDIGK.IONISIERTER KRAFTSTOFFMISCHUNGEN
1 360 ISOLIERSTOFF HARTMOLTOPREN FUER HAUSHALTKUEHLSCHRAENKE
3 594 ISOPOR EINSATZ IN DER WASSER UND GASINSTALLATION
2 65 ISOTOPE BESTIM.DER LAUFENDEN KOORDINATEN V.BEWEGTEM BODENELEMENT
2 66 BESTIMM.V.GESCHWINDIGKEIT FESTER U.FLUESSIGER LANDW.STOFFE
2 325 RADIOAKT.NUKLIDE ZUR BESTIMMG.V.HOMOGENISIER.V.FUTTERGEMISCHEN
2 478 60 CO BESTRAHLER FUER GETREIDE
2 479 60 CO BESTRAHLER FUER GETREIDE
3 72 VERWEILZEITMESS.MIT RADIOAKT.NUKLIDEN AN VERDAMPFERN
3 413 MESSUNG DES REINIGUNGSVERLAUFES VON MILCHTANKS
3 451 UNTERSUCH.V.LUFTAUSTAUSCH IN UNGELUEFTETEN GEWAECHSHAEUSERN
3 546 ANWENDUNG FUER DEN PFLANZENSCHUTZ
5 302 MESS.AN LANDW.BELUEFTUNGSANLAGEN MITTELS RADIOAKT.NUKLIDE
5 314 RADIOAKTIVE SAAT UND PFLANZGUTBEHANDLUNG
7 18 RADIONUKLIDE FUER VERSCHLEISS U.SCHMIERUNGSUNTERSUCHUNGEN
7 34 MESSEN DES VERSCHLEISSES V.KOLBENRINGEN
2 117 ISRAEL FLUGZEUGEINSATZ BEI DER DUENGUNG
5 496 GARTENBAUTECHNIK PRUEFBERICHT ITT WAGENINGEN
7 84 ZUKUNFT DER WASSERWIRTSCHAFT
ITALIEN AUSSTELLUNG S.CORT
1 116 MECHANISIERUNG DES GETREIDEANBAUES IN HANGGEBIETEN
1 387 ANWENDUNG VON PLASTFOLIEN IM GEMUESEBAU SIZILIENS
2 29 EINSATZ VON PLASTMATERIALIEN IN DER LANDTECHNIK
4 392 OBSTPRODUKTION UND ERNTEVERFAHREN
6 5 MECHANISIERUNG DER LANDWIRTSCHAFT
7 277 UMFANG DES UNTERGLASANBAUES
7 318 MECHANISIERUNG DER WEINERNTE

9 435 JAHRBUCH DER ASAE
JAHRESBERICHT S.UNTER FORSCHUNG
2 29 JAPAN EINSATZ VON PLASTMATERIALIEN IN DER LANDTECHNIK
5 505 FORSTL.BETRIEBSPROBLEME IN STEILEN GEBIRGSREGIONEN
5 613 OPTIMALE DICHTE DES FORSTLICHEN WEGESYSTEMS IN GEBIRGSFORSTEN
7 63 1967 BERICHT UEBER DEN AGRARFLUG
7 289 TRANSPORTABLE FOLIENGEWAECHSHAEUSER
8 86 MECH.V.RUEBENANBAU MIT KLEINTRAKTOREN
1 176 JAUCHE SAUG UND DRUCKFASS AGW 20 PRUEFBERICHT WIESELBURG
1 177 ECKART SERVANT VAKUUMFASS PRUEFBERICHT WIESELBURG
1 533 HOCHBEHAELTER FUER MILCHVIEHKOMPLEX IN DUMMERSTORF
3 596 VERFAHREN FUER DIE LAGERUNG UND AUSBRINGUNG
4 120 DURCHFLUSSMENGE UND NIEDERSCHLAGSVERTEILUNG BEI AUSBRINGUNG
5 233 V 22 SAUG UND DRUCKFASS PRUEFBERICHT WIESELBURG
5 369 MIT SIEBPLATTEN ABGEDECKTE GRUBEN UNTER DEM FUSSBODEN
5 494 VERTEILER MASCHINENSYSTEM FUER OBSTPLANTAGEN
7 68 SAUGWAGEN ENTWICKLUNG IN UNGARN
7 119 SAUG UND DRUCKFASS V 22 S PRUEFBERICHT WIESELBURG
7 120 PUMPTANKWAGEN TIGER PRUEFBERICHT WIESELBURG
8 123 VERTEILUNGSWAGEN AUF DEM FRANZ.MARKT
8 304 SPRUEHEINRICHTUNG ZUM JAUCHEVERTEILER JURDYC
8 309 PUMPEN AUF DER DLG SCHAU IN MUENCHEN

8 130 JAUCHE ZU 3.6 TRANSPORTWAGEN MIT JAUCHEVERTEILER
9 426 TANKWAGEN MIT ZAPFWELLENBETRIEBENER JAUCHEPUMPE
9 428 TANKWAGEN AUS GROSSBRITANNIEN
9 478 LAGER FUER MILCHVIEHGROSSANLAGEN
9 506 MEHRZWECKGRUBEN PROJEKTE FUER HANDMONTAGE
5 384 JEEP FUER DEN TRANSPORT VON MILCH
1 398 JOHANNISBEERE MECHANISCHES ERNTEN ZEITSTUDIEN
1 407 ERNTEMASCHINEN FUER SCHWARZE JOHANNISBEEREN
2 414 NACH NEUEM VERFAHREN ARBEITENDE ERNTEMASCHINE
2 415 SELBSTFAHRB.ERNTEKOMBINE V.HINDS F.SCHWARZE JOHANNISBEER
3 555 ERNTEMASCHINE VON GEORGE HINDS LTD.
3 555 STATIONAERE ERNTEMASCHINE VON BRUFF
4 322 MECHANISIERUNGSMOEGLICHKEITEN BEI DER ERNTE
4 381 EINFL.V.ERNTEMECHANISIERUNG AUF BEERENOBSTANBAU
6 328 ARBEITSZEITBEDARF JE PRODUKTENEINHEIT
6 329 ARBEITSZEITAUFWAND FUER PFLEGEMASSNAHMEN
8 372 ANBAUSYSTEM U.MASCH.ERNTE BEI SCHWARZEN JOHANNISBEEREN
4 494 JUGOSLAWIEN BEDEUTUNG DER HOLZINDUSTRIE
JUNGPFLANZENANZUCHT SAEEN S.DORT
S.AUCH: BAUMSCHULE GEWAECHSHAUS
1 425 FERTILEXMASCHINE ZUM MECHANISCHEN EINTOPFEN
2 .29 EINTOPFEN IN PLASTIKBEHAELTER
3 430 SPEZIALBETRIEB FUER SALATJUNGPFLANZEN
4 316 EINSATZ DER PALETTE BEI TONTOEPFEN
5 425 TORFSCHEIBE JIFFY 7 PRUEFBERICHT WIESELBURG
5 526 MODERNE METHODEN ZUR ANZUCHT VON FORSTPFLANZEN
8 320 NEUE EIN UND UMTOPFMASCHINEN
8 321 AUTOMATISIERUNG DER ZUSATZBELICHTG.IM GEWAECHSHAUS
9 318 ERDTOPFPRESSE IG 9M KONSTRUKTION UND LEISTUNG
9 363 EINTOPFMASCHINEN PLANTER UND MINITOPFER
JUNGVIEHSTALL KAELBERSTALL S.DORT
KUEKENSTALL S.DORT
6 525 BAUPROGRAMM FUER EINEN FAERSENAUFZUCHTBETRIEB
6 538 LAUFSTALL MIT EINSTREU
9 479 RATIONALISIERUNG BESTEHENDER STALLANLAGEN
9 490 MIT LIEGEBOXEN VERBESSERUNG VON TYPENPROJEKTEN
2 135 JUTE EIGNUNG ALS MATERIAL FUER KARTOFFELSAECKE

7 299 KABELFRAESE VERLEGEN V.BODENHEIZUNG AUS POLYAETHYLEN
3 371 KAEFIG NEUBAUKA STUFENKAEFIGANLAGE FUER LEGEHENNEN DLG PRUEFBERICHT
372 CALIFORNIA STUFENKAEFIGANLAGE SEMIA FUER LEGEHENNEN
3 373 DREIETAGEN KAEFIGBATTERIE STANDARD DLG PRUEFBERICHT
4 219 DLG ANERKANNTE ANLAGEN
6 278 NUTZUNG DER BATTERIE KBN FUER LEGEHENNEN
KAEFIGHALTUNG VON SAUEN S.UNTER SCHWEINESTALL
HUEHNERFLETTERUNG S.DORT
VON FERKELN S.UNTER SCHWEINESTALL
VON KUEKEN S.UNTER KUEKENSTALL
KAELBERFUETTERUNG S.AUCH RINDERFUETTERUNG
4 232 EINSATZ VON TRAENKE KRAFTFUTTER UND HEU
4 274 TRAENKANLAGEN MICROCOWMATIC UND MINICOWMATIC
6 272 AUTOMATISCHE FUETTERUNG FRUEHABGESETZTER KAELBER
7 396 KAELBERMILCHERWAERMER
8 267 SCHNELLFUETT.ANLAGE FUER MASTBETRIEB
9 252 MECHANISIERUNG DER ARBEITEN OEKON.U.TECHN.UNTERS.
1 329 FUTTERAUTOMAT NURSETTE DIAMATIC FUER KAELBER
2 339 FUTTERAUTOMATEN FUER KAELBER MIT GUMMISAUGER
3 390 EINSATZ DES NEUEN KAELBERTRAENKWAGENS
KAELBERSTALL MASTSTAELLE S.AUCH RINDERMASTSTALL
1 482 IN STAHLBETONMONTAGEBAUWEISE
1 519 GENERALBEBAUUNGSPLAN FUER EINE SOWCHOSE
1 531 STALLFUSSBOEDEN AUS PVC LEISTEN
1 535 GRUNDSAETZE FUER STALLBAUTEN
1 550 WEISSES FLEISCH IN DER KAELBERBOX ERZEUGT
3 608 FUER 174 TRAENK UND ABSATZKAELBER

6 525 KAELBERSTALL BAUPROGRAMM FUER EINEN FAERSENAUFZUCHTBETRIEB
6 538 MIT EINZEL UND SAMMELBOXEN
9 229 BEHEIZTE BOXEN FUER MILCHKAELBER
9 490 MIT LIEGEBOXEN VERBESSERUNG VON TYPENPROJEKTEN
4 520 BAUPLAENE DES SOWJET.INST.FUER PROJEKTIERUNG
4 550 KLIMAGERAET MIT EINEM OELOFEN GEKOPPELT
5 711 FUER AUFZUCHT ODER MAST KONSTRUKTION
4 557 KAELTESCHUTZ STANDARDRICHTLINIEN FUER PRAKT.ANWENDG.V.DAEMMUNGEN
5 478 KAELTETECHNIK AUFGABEN UND ENTWICKLUNG F.LANGFRISTIGE KERNOBSTLAGER.
6 67 XII. INTERNATIONALER KAELTEKONGRESS MADRID 1967
4 343 KAFFEE MASCHINEN ZUR ERNTE VON KAFFEEBOHNEN
7 250 KAFFEEMASCHINE BER.UEBER PRUEFG.V.MASCH.V.NIEDERL.VERBRAUCHERVERBAND
9 305 KAFFEEMUEHLE MIT DOSIEREINRICHTUNG VON SIEMENS
KALIBRIERMASCHINE S.UNTER OBST: SORTIEREN
KALIFORNIEN S.UNTER USA
4 382 FROSTSCHUTZ FUER FREILANDPFLANZEN
5 531 KALIUMCHLORAT CHEMISCHE PFLEGEKETTE FUER EICHENKULTUREN
KALKDUENGUNG S.UNTER DUENGEN
KALTBELUEFTUNG S.UNTER: GETREIDE HEUBELUEFTUNG
KALTBITUMEN S.UNTER BITUMEN
6 245 KAMERA ZEITLUPENKAMERA SKS IM UNTERSUCH.V.ABSCHEIDESTABTROMMEL
4 523 KAMILIT EINE MINERALWOLLE AUS KUPFERSCHLACKE ODER SCHLACKENBIMS
4 559 ANWENDUNG ZUR WAERMEDAEMMUNG
3 570 WOLLE TECHNISCHE UND BAUPHYSIKALISCHE WERTE WERKSTOFFBLATT
2 14 KANADA STAND DER LANDMASCHINENINDUSTRIE VOR 100 JAHREN
2 117 FLUGZEUGEINSATZ BEI DER DUENGUNG
5 506 STUDIENPROGRAMM FUER EINE FORSTWIRTSCH.AUSBILDUNG
7 363 MECH.DES FASERHOLZEINSCHLAGES IN OSTKANADA
8 299 BESTRAHLUNG VON LEBENSMITTELN
8 463 STAMMRUECKEN IN NORDAMERIKA
KANAL S.AUCH BEWAESSERUNG
S.AUCH DRAENAGE
S.AUCH GRABENBAU
2 149 BAU VON BEWAESSERUNGSKANAELEN MIT BAGGER ETR 122
2 150 BODENSTABILISIERG.BEI BEWAESSERUNGSKANAELEN
5 175 SCHWANK.CHARAKTERISTIKA DURCH ABLEITSYSTEM GETEILT.ABFLUSSRATEN
5 176 BESTIMMUNG DER GRUNDSTRUKTUR DES ABLEITUNGSSYSTEMS
9 81 MESSUNGEN DES FLUSSES IN OFFENEN KANAELEN MIT TAINTER WEHREN
9 428 KETTENFAHRZEUG ZUM AUSBAGGERN
KANNENMELKANLAGE S.UNTER MELKEN
1 556 KANNIBALISMUS BEIM GEFLUEGEL VERHUETUNG DURCH ROTLICHTBESTRAHLUNG
KAPROLAKTAM S.KAPRON
1 146 KAPRON HYDRAULISCHE BERECHNUNG VON KAPRONSCHLAEUCHEN
3 40 EIGNUNG ALS MATERIAL FUER GLEITLAGERSCHALEN
6 384 KAROTTE STERIFLAMME VERFAHREN FUER DAS STERILISIEREN VON DOSEN
9 423 ERNTEMASCHINE AUF DEM LANDMASCHINENSALON IN PARIS
6 312 KARPFEN IRREVERSIBLE VERAENDERUNGEN BEI GEFRIERLAG.V.FISCHFLEISCH
5 384 KARRE FUER DEN TRANSPORT VON MILCH
KARRENSPRITZE S.UNTER SPRITZEN
KARTOFFEL HINWEISE
DAEMPFEN S.UNTER FUTTERZUBEREITUNG
SAMMELRODER S.DORT
SILIEREN S.DORT
ALLGEMEINES
2 73 DEFORMATIONSVERHALTEN DER KNOLLE BEI BELASTUNG
7 403 PRODUKTION IN DER DDR
ANBAU
1 117 MECH.SYSTEM FUER SPEZIALISIERTEN KARTOFFELBAU FORSCH.BER.
1 120 PRODUKTION UNTER SCHWIERIGEN ANBAUBEDINGUNGEN
1 123 VERWENDUNG VON PLASTEN IM KARTOFFELBAU
1 234 VERMEIDUNG VON BESCHAEDIGUNGEN BEIM RODEN
2 134 MASCH.FUER SPEZIALIS.FUTTERKARTOFFELBAU EINSATZERFAHRG.
2 136 PROBLEME DER TECHNOLOGIE DER PRODUKTION IN POLEN
2 138 NEUZEITLICHE ARBEITSVERFAHREN IM ANBAU
2 139 INDUSTRIEMAESSIGE PRODUKTION
3 3 MASCHINENSYSTEM IN DEN MITGLIEDSTAATEN DES RGW

3	285	KARTOFFEL 1967 TECHN.ENTWICKLUNG VOLLMECH.DES ANBAUES
4	1	ANBAU MECH.IN DER SU SEIT DER OKTOBERREVOLUTION
4	52	ANBAU MIT VERGROESS.REIHENABSTAND FORSCHUNGSBERICHT
5	148	ANBAU EINSATZ STARKER TRAKTOREN
5	149	RATIONALISIERUNGSMASSNAHMEN IM KARTOFFELBAU
5	151	LANDTECHNISCHE VORAUSSETZUNGEN ZUR INDUSTRIEMAESS.PRODUKTION
6	140	REIHENWEITEN UND ARBEITSBREITEN FUER VOLLMECHANISIERUNG
6	141	INDUSTRIEMAESSIGE PRODUKTION MASCHINENSYSTEME
7	4	LANDWIRTSCHAFTLICHE STOFF UND MASCHINENKUNDE
7	74	ANBAUVERFAHREN IN ENGLAND
8	83	MECHANISIERTER ANBAU
9	71	MASCHINEN FUER DEN ANBAU AUF DER DLG SCHAU
		BODENBEARBEITUNG
5	148	SAATBETTVORBEREITUNG IN EINEM ARBEITSGANG
7	75	FEINGRUBBER UND KOMBIKRUEMLER FUER SAATBETTVORBEREITUNG
7	123	KOMBINATION PFLUG PACKER KRUEMLER FUER BESTELLUNG
		LEGEN
1	118	MECHANISIERTER ANBAU UND BREITREIHIGES LEGEN
1	119	HALBAUTOM.LEGEMASCHINE FUER VORGEKEIMTE KARTOFFELN
1	122	MASCH.FUER LADEARBEITEN BEIM LEGEN
1	122	LEGEMASCHINEN SKM 6 UND SN 4B
1	188	AUTOMAT.V.LEGEN VORGEKEIMTER KARTOFFELN MOEGLICHKEITEN
2	206	VIERREIHIGE LEGEMASCHINE VON JOHN DEERE LTD.
2	481	LEGEMASCHINE FUER SECHS KARTOFFELN JE SEK.
3	89	EIGNUNG VORGEKEIMTER KARTOFFELN ZUM MASCH.LEGEN TESTE
3	253	LEGEMASCHINE SN 4B FUER STEINIGE BOEDEN
4	5	ZWEIREIHIGE LEGEMASCHINE MIT ELEKTRON.KONTROLLEINRICHTUNG
4	128	UNTERSUCHG.DES FEHLSTELLENAUSGLEICHES DER LEGEEINRICHTUNG
4	129	ARBEITSQUALITAET DER LEGEMASCHINEN SAB UND SB
5	148	4REIHIGE ANBAULEGEMASCHINEN
5	235	PRODUKTION VON LEGEMASCHINEN IN DER SU
5	240	GRUPPENPRUEFUNG AUTOMATISCHER LEGEMASCHINEN
5	241	UMBAU DER MASCH.BRIELOW ZUM LEGEN VORGEKEIMTER KARTOFFELN
5	242	INSTANDSETZUNG VON GLEITLAGERN
5	656	AUTOMATISCHE LEGEMASCHINE VON BRAUN
5	656	KOMB.VON RUETTELEGGE UND KARTOFFELLEGEMASCHINE
6	134	LEGEMASCH.MIT EINZELZUFUEHRUNG FUER VORGEKEIMTE KARTOFFELN
6	186	VORRICHTUNG FUER LEGEMASCHINE ZUR STALLMISTAUSBRINGUNG
6	208	TECHNISCHE DATEN VON AUTOMATISCHEN LEGEMASCHINEN
6	209	BESSERES LEGEN DURCH PALETTEN UND AUFSATZBEHAELTER
6	210	UMBAU V.DUNGSTREUER FUER BESCHICKUNG V.LEGEMASCHINEN
7	71	LEGEGERAETE EINSATZGRENZEN AM HANG
7	76	GERAETE ZUM LEGEN IN DER DBR
7	122	DLG ANERKANNTE LEGEMASCHINEN
7	386	SPRITZGERAET GAN ZUR BEHANDLUNG VON KNOLLEN MIT TMTD
7	399	LEGEMASCH.VERBESSERG.AN FURCHENSCHAREN U.FEHLSTELLENAUSGL.
8	132	MECHANISIERUNG DES BESCHICKENS VON LEGEMASCHINEN
8	133	UNTERSUCH.ZUM MASCH.LEGEN VORGEKEIMTER KARTOFFELN
8	135	ANWENDUNG VON HAEUFELKOERPERN BEIM LEGEN
9	3	VERBESSERUNGEN AN LEGEMASCHINEN
9	71	LEGEMASCH.MIT SELBSTTAET.ENTNAHME FUER VORGEKEIMTE KNOLLEN
9	71	LEGEMASCHINE MIT DOPPELBECHERKETTE VON GRUSE
9	139	KONSTRUKTION EINER LEGEMASCHINE DER NAT.RES.DEV.CORP.
9	140	SAJA 4 AUTOMAT.MASCH.ZUM LEGEN JAROWISIERTER KARTOFFELN
9	141	LEGEN MIT WEITEM REIHENABSTAND IM WESTEN DER UKR.SSR
9	142	MASCHINE SNR 2 ZUM LEGEN VORGEKEIMTER KARTOFFELN
		PFLEGE
1	121	PFLEGEMASSNAHMEN UNKRAUT UND SCHAEDLINGSBEKAEMPFUNG
1	197	EINFL.MECH.U.CHEM.PFLEGEMASSNAHMEN AUF DEN ERTRAG
1	459	ARBEITSQUALITAET BEI PFLANZENSCHUTZMASSNAHMEN
3	551	PHYTOPHTHORABEKAEMPFUNG VOM FLUGZEUG AUS
5	244	SCHNELLHAEUFLER HAEUFLERSTRIEGEL UND DAMMSTRIEGEL
5	244	RATIONALISIERUNG DER PFLEGEARBEITEN
5	656	REIHENFRAESE FUER DAEMME VON STRUIK
6	188	TECHNOLOGIE DER EINBRINGUNG VON DUENGEMITTELN
6	454	VERSUCHE ZUR FUNGIZIDANWENDUNG GEGEN KRAUTFAEULE

7 74 KARTOFFEL PFLEGE MIT FEDERZAHNGRUBBER OHNE HERBIZIDE
7 75 FLACH UND SCHNELL ARBEITENDE GERAETE ZUM HAEUFELN
7 76 STRIEGEL UND SCHNELLHAEUFLER FUER DIE PFLEGE
8 134 MECHANISIERUNG DER PFLEGE AUF BEWAESSERTEM LAND
8 495 FUNGIZIDEINSATZ GEGEN KRAUTFAEULE
9 71 RUETTELEGGE MIT HAEUFLERN DER FA.KRONE
9 144 PFLEGE MIT BODENFRAESEN ARBEITSERGEBNISSE
9 147 HAEUFELGERAET VON STANDEN AND SONS
9 415 ANWEND.SYSTEM.BLATTLAUSTOET.GRANULATE IM PFLANZKARTOFFELBAU
ERNTE
1 2 ENTWICKLUNG DER ZWEIPHASENERNTE
1 2 VERFAHREN ZUM TRENNEN VON KNOLLEN UND ERDE
1 16 VERBESSERUNGEN AN MEHRREIHIGEN ERNTEMASCHINEN
1 239 PATENTE ZU KARTOFFELERNTEMASCHINEN
2 102 HYDROSTAT.ANTRIEB V.ARBEITSORGANEN BEI ERNTEMASCHINEN
2 135 VERLETZUNGSGEFAHR BEIM BUNKERRODER U.BEI SACKBERGUNG
2 137 KOMPLEXE ERNTELEITUNG U.SICHERUNG VON QUALITAETSWARE
3 287 ABSIEBVORRICHTUNGEN AN ERNTEMASCHINEN LIT.
3 558 ERNTEMASCHINEN FRANZOESISCHE GERAETELISTE MIT TECHN.DATEN
4 3 ERNTE ERMITTLUNG VON BESCHAEDIGUNGSURSACHEN
4 156 ERNTE VON SPEISEKARTOFFELN BESCHAEDIGUNGSURSACHEN
5 47 ERNTE ERMITTLUNG DER RENTABELSTEN METHODE
5 150 NEUE TECHNIK BEI DER ERNTE
5 281 ABSTIMMUNG VON ERNTE UND TRANSPORT BERECHNUNGSMETHODE
5 282 ABSTIMMUNG V.ERNTE U.TRANSPORT EINFL.V.RODEVERFAHREN
5 285 ERNTE NACH DEM ZWEIPHASENVERFAHREN
5 286 FULCROP 202 ERNTEMASCHINENREIHE LEISTUNG
6 241 ABSTIMMUNG VON ERNTE UND TRANSPORT
7 3 ERNTEMASCHINEN LANDMASCHINENLEHRE BD. 11
8 361 ERNTEMASCHINE WITSED DUPLEX
9 187 MECHANISIERUNG DER ERNTE
9 189 VERGLEICH VON 26 ERNTEMASCHINEN
9 422 SAMMLER AUF DEM LANDMASCHINENSALON IN PARIS
KRAUTBESEITIGEN
1 121 CHEM.KRAUTENTFERNUNG METHODEN UND GERAETE
5 284 URD 3 KRAUTSCHLAEGER
5 284 KIR 1.5 KRAUTHAECKSLER
8 213 TOTBRENNEN DES KRAUTES MITTELS SPEZIALFLAMMENWERFER
9 185 ARBEITSBREITEN FUER FELDSPRITZEN ZUM KRAUTABTOETEN
9 188 KRAUTVERNICHTUNG MIT CHEMIKALIEN IN GROSSBRITANNIEN
9 407 KRAUTFAEULEBEKAEMPFUNG IN NORDIRLAND
RODEN VORRATSRODEN
1 119 RODEVORRICHTUNG FUER FRUEHKARTOFFELN FUER GERAETETRAEGER
1 232 SCHLEUDER UND VORRATSRODER ARBEITSZEITBEDARF
1 233 SCHLEUDERRADRODER U.SIEBKETTENRODER BESCHAEDIGUNGSWERTZAHL
1 235 KONSTRUKTIONS U.KENNDATEN V.SIEBBANDRUETTELROLLEN
2 248 RODEN UND ABSIEBEN DES BODENS MIT SCHWINGSIEB
2 249 KAEFIGTROMMEL FUER DAS ZERSTOEREN DES DAMMES
2 250 ZERSTOERUNG DER KLUTEN UND DES DAMMES BEIM RODEN
2 337 ERNTE MIT DEM VERLADERODER E 660
3 196 DOPPELSCHWINGSIEBRODER FUER FELDVERSUCHE
3 344 VORRATSRODER 2 VBZ EINFL.AUF DIE LAGERFAEHIGK.DER KNOLLEN
3 559 ANBAUREIHENRODER 2 VEX.R
4 157 UNTERSUCHUNG EINIGER TYPEN VON RODESCHAREN
5 284 ENTWICKLG.V.RODERN IN DER SU SEIT OKT.REVOLUTION
5 286 FULCROP 202 VERLADERODER
5 287 UNTERSUCHUNG VON RODESCHEIBEN
5 291 E 660 EINSATZBERICHT
7 74 ERNTE MIT VERLADERODER UND STATIONAEREM ERDABSCHEIDER
7 74 SCHWADRODEN IN ENGLAND
7 399 VORRATSRODER AUF DER DLG AUSSTELLUNG
7 400 RODER UND SCHWADABLEGER FUER DAS SCHWADSAMMELRODEN
8 2 RODER ANFORDERUNGEN DER LOHNBETRIEBE
8 12 BERECH.DER TIEFENFUEHRUNG VON RODESCHAREN
9 61 ERNTE MIT DEM FUX 66 SCHWINGSCHARRODER IM VERSUCHSWESEN
9 71 SIEBROSTRODER MIT LAENGS ODER QUERROSTEN

9 185 KARTOFFEL LEISTUNGEN MIT SCHLEUDERRÖDERN UND VORRATSRODERN
9 190 DLG ANERKANNTE RODER PRUEFERGEBNISSE
9 421 2 REIHIGE RODER

TRANSPORT

1 122 VERLADEMASCHINE ZKS 0.2
1 122 FOERDERBANDSYSTEM STCH 30 ZUM VERLADEN
1 122 SELBSTFAHRENDE AUFNAHMEMASCHINE TPK 30
1 122 HYDRAULISCHE ENTNAHME AUS DEN LAGERN
1 233 BESCHAEDIGUNGEN BEIM VERLADEN ABKIPPEN UND SORTIEREN
1 242 ANNAHMEBEHAELTER UND ANNAHMEBAENDER FUER KIPPERTRANSPORT
1 243 BERECH.V.TRANSPORTENTFERNUNGEN BEI DER ERNTE
1 244 PFLANZKARTOFFELVERLADUNG IN GROSSRAUMNETZEN DEKON.
1 299 LEISTUNG UND KONSTRUKTION VON ELEVATOREN
2 135 EIGNUNG VON SAECKEN AUS JUTE POLYAETHYLEN U.LEICHTKREPPAPIER
2 135 KISTENTRANSPORT MIT FRONT HECK ODER GABELSTAPLERN
3 175 ZULAESSIGE SCHWINGUNGSENERGIEN U.STREUUNGEN B.TRANSPORT
3 293 VORFUEHRUNG VON TRANSPORTGERAETEN IN FRANEKER
4 156 VORTEILE DES BEHAELTERTRANSPORTS
4 160 VORFUEHRUNG VON TRANSPORTGERAETEN IN ST. PHILIPSLAND
4 160 TRANSPORTEUR VON HARING MIT AUTOMATISCHEM SCHWENKBAND
5 284 LADER TEK 30
5 292 ERFAHRUNGEN MIT NETZVERLADUNG VON PFLANZKARTOFFELN
6 18 UNTERSUCHUNGEN UEBER DEN TRANSPORT IN WASSERRINNEN
6 241 ABSTIMMUNG VON ERNTE UND TRANSPORT
6 514 BECHERWERK MIT KUEBELN FUER DEN TRANSPORT
7 193 BOXPALETTEN MIT GABELSTAPELFOERDERUNG
7 195 GERAET ZUM AUTOMAT.FUELLEN VON KISTEN
7 392 SELBSTAUFNEHMENDER VIBRATIONSBANDFOERDERER
8 1 TRANSPORT UND WASCHTROMMEL ZUR REINIGUNG
8 69 NEUER HOLZTRANSPORTBEHAELTER
8 76 TRANSPORTVORRICHTUNGEN AUF DEM HOF
8 508 VERLADEBEHAELTER VON HERKULES
9 219 HOLLAEND.ENTNAHMEGERAET FUER DIE HAUFENLAGERUNG
9 219 BAENDER FUER UNTERFLURBELUEFTUNGSKANAELE
9 219 BOXENSTAPLER MIT GROSSEM SCHWENKBEREICH
9 224 HUBSCHAUFLER BOBCAT EINSATZ ZUR AUSLAGERUNG
9 421 ANNAHMEFOERDERER MIT JE I FOERDERBAND FUER ABGESIEBTE ERDE
9 427 SELBSTAUFNEHMENDES VIBRATIONSBAND

ERNTEAUFBEREITUNG

2 135 SCHEIBENWALZEN SCHUETTELSIEB U.STABWALZENENTERDER
2 293 STAT.ELEKTRONISCHE TRENNEINRICHTUNG FUER BEIMENGUNGEN
2 337 TRENNUNG DER STEINE MIT TRENNANLAGE E 995
3 337 VERSCHIEDENE VERFAHREN DER AUFBEREITUNG
3 337 HAUS MIT FOERDERBAENDERN SORTIERER UND ZENTRALBUNKERN
3 338 ZENTRALE AUFBEREITUNG UND LAGERUNG V.SPEISEKARTOFFELN
5 726 BAU VON AUFBEREITUNGS UND LAGERANLAGEN IN DER DDR
7 3 AUFBEREITUNG LANDMASCHINENLEHRE BD. 11
7 193 AUFBEREITUNGS U.LAGERZENTRALEN TECHNOL.PROBLEME
8 237 MASCHINENKETTE AUFBEREITUNG IM PRUEFBETRIEB ZAMBERK
9 72 AUFBEREITUNG DURCH POTATO MARKETING BOARDS
9 219 MASCHINEN FUER DIE AUFBEREITUNG
9 221 HERKULES AUFBEREITUNGSANLAGE AUS HOLLAND
9 222 AUFBEREITUNGSANLAGE DER FA.BIJLSMA FRANEKSER

ABSCHEIDEN VON BEIMENGUNGEN

3 195 VERFAHREN ZUR STEIN UND KLUTENTRENNUNG
3 288 KENNZAHLEN FUER BEIMENGUNGSTRENNEINRICHT.ENDMORAENENGEBIET
3 290 ABTRENNUNG V.KLUTEN U.STEINEN DURCH RADIOAKT.STRAHLEN
3 340 PHOTOELEKTR.BEIMENGUNGENTRENNG.V.KNOLLEN RMSR SYSTEM
3 341 VERBESS.ANLAGE ZUR BEIMENGUNGENABTRENNG. TSCHECH.PATENT
3 342 VORRICHTUNG ZUM ABTRENNEN STUECKIGER BEIMENGUNGEN
5 286 STEINTRENNANLAGE AUF ROENTGENSTRAHLENBASIS
5 291 E 995 TRENNANLAGE EINSATZBERICHT
5 329 UNTERSUCH.EINES PHOTOELEKTR.VERLESERS
7 10 STEINENTFERNUNG OPTISCHE FUEHLER
8 11 TRENNUNG V.KARTOFFELN U.STEINEN DURCH LICHTREFLEXIONEN
9 222 ABSIEBVORRICHTUNG ZUM ABLOESEN DER ANHAFTENDEN ERDE

9 223 KARTOFFEL 6 VERFAHREN FUER AUTOMAT.ABTRENNEN V.BEIMENGUNGEN
9 418 ROENTGENSTRAHLEN ZUR ABTRENNUNG DER KLUTEN UND STEINE
SORTIEREN
1 122 SORTIERER KSE 15
2 294 SORTIEREN UND VERPACKEN IN SCHWEDEN
2 295 PFLANZKARTOFFELFLACHSORTIERANLAGE DES VEG SAATZUCHT BUETOW
2 296 SORTIERER UND ABSACKANLAGE VON LOCKWOOD TECHN.DATEN
2 297 SCHWINGUNGSFREIER FLACHSIEBSORTIERER VON REEKIE
2 516 GROSSSORTIERANLAGE IN OETZEN
3 195 NEUERE TYPEN VON SORTIERANLAGEN
3 337 AUFBEREITUNGSSYSTEM AUF STAATSGUT IM KREIS HAVLICKUV BROD
3 339 EINRICHTUNG EINES ZWISCHENGENOSS.ZENTRAL.SORTIERPLATZES
3 343 OEKONOMISCHER NUTZEN V.GROSSSORTIERANLAGEN K 711
5 150 NEUE TECHNIK BEI DER SORTIERUNG
5 284 SORTIERER MIT RIEMEN UND MIT ROLLENSICHTUNG
5 286 CAULDWELLSORTIERER
5 331 SORTIERUNG V.PFLANZKARTOFFELN MIT WALZENSORTIERER K 711
5 332 AUSLESE MANGELHAFTER KNOLLEN BEI MASCH.SORTIEREN
7 76 MASCHINEN FUER SORTIERUNG UND AUFBEREITUNG
7 188 INDUSTRIEMAESSIGE AUFBEREITG.AUF ZENTRALEN SORTIERPLAETZEN
7 189 PFLANZKARTOFFELAUFBEREITUNG IN GEMEINSCHAFTSEINRICHT.ZIESAR
8 238 WALZENSORTIERER K 711 PRUEFBERICHT POTSDAM BORNIM
8 239 SORTIERKETTE FUER PFLANZKARTOFFELAUFBEREITUNG
8 240 ARBEITSKETTE SORTIERUNG MIT TROCKENER FREMDKOERPERABSCHEIDG.
9 222 SORTIERTISCH MIT ABSACKVORRICHTUNG
9 420 SORTIERMASCHINE MIT HOHER LEISTUNG
SONSTIGE AUFBEREITUNG
1 298 GEWASCHENE QUALITAETSSPEISEKARTOFFELN VOLLAUTOMATISCH
2 290 UNTERSUCH.UEBER KONSERVIERUNG VON FUTTERKARTOFFELN
2 291 HERSTELLUNG VON POMMES FRITES IM VOLG LAGERHAUS WEINFELDEN
2 292 INDUSTRIELLE HALTBARMACHUNG FUER FUTTERZWECKE
2 327 TROCKNUNG VON FUTTER UND ABFALLKARTOFFELN
4 199 TROCKNUNG IN DER TROMMELTROCKNUNGSANLAGE
5 333 ASPEKTE DES TROCKNENS
6 18 ENTWICKLUNG NEUER PRODUKTE WIE CHIPS KROKETTEN
7 186 HERSTELLUNG V.CHIPS MIT HILFE V.PHILIPS MIKROWELLENANLAGE
7 187 WASCHANLAGEN UND TECHNOLOGIE IN HOLLAND
7 190 FERTIGVERPACKUNG VON PFLANZKARTOFFELN FUER KLEINSTVERBRAUCH.
7 191 ANLAGEN FUER KLEINVERPACKUNG VON SPEISEKARTOFFELN
8 1 TRANSPORT UND WASCHTROMMEL ZUR REINIGUNG
8 217 ERZEUGUNG VON FLOCKEN IN DER DDR
8 237 VERFAHREN DER ABFALLKARTOFFELBEARBEITUNG UND BEHANDLUNG
8 295 SCHABEMASCHINE LEISTUNGSAUFNAHME UND ARBEITSWEISE
9 219 KISTENKIPPGERAET U.GABELSTAPLER
9 219 LICHTSCHRANKENGESTEUERTE KISTENFUELLGERAETE
9 219 LEISTUNG VON WASCHMASCHINEN
9 421 AUTOMATISCHE SACKVERSCHLIESSMASCHINE
LAGERUNG
1 42 ELEKTRISCHES TEMPERATURMESSGERAET FUER MIETEN UND LAGER
1 471 LAGER INGENIEURBUEROS FUER AUFBAU KOMPLEXER ANLAGEN
1 571 LAGER GRUNDSAETZE DER PROJEKTIERUNG UND NUTZUNG
1 572 PFLANZKARTOFFELLAGERHAUS IN DER SAATBAU LPG ALTMARK
2 135 MIETENLAGERUNG UND LAGERUNG IM LAGERHAUS
2 298 ENTWICKLUNGSRICHTUNG BEIM LAGERN UND BELUEFTEN
2 299 PFLANZKARTOFFELZWISCHENLAGERUNG IN BELUEFT.GROSSMIETEN
2 516 LAGERHAEUSER FUER PALETTENLAGERUNG
3 195 LAGERHAEUSER IN DER DBR IN GROSSBRIT.HOLLAND UND IN DEN USA
3 195 BERECHNUNG DES BELUEFTUNGSSYSTEMS IN LAGERN
3 344 AUSWIRKUNG DER MECH.ERNTE AUF DIE KNOLLENLAGERUNG
3 345 VERSUCHSLAGERHAUS MIT KLIMATISIER.EINZELZELLEN AUF ISLAND
3 627 BEVORRATUNG IN MIETEN
3 628 PFLANZKARTOFFELLAGERHAUS DER LPG SCHOENBRUNN VOGTLD.
4 3 EINFL.VERSCHIED.LUFTFEUCHTIGKEITEN AUF GEWICHTSVERLUSTE
4 198 AUFBEREIT.U.LAGERZENTRALEN FUER PFLANZ U.SPEISEKARTOFFELN
4 613 BELUEFT.PFLANZKARTOFFELLAGERHAUS MIT KUEHLEINRICHTUNG
[illegible] ANFORDERUNGEN AN LAGERRAEUME VERSCHIED.LAGERRAUMTYPEN

5	330	KARTOFFEL EIN U.AUSLAGERUNG SOWIE BELUEFTUNG IM LAGERHAUS
5	334	EINFL.V.LAGERBEDINGUNGEN AUF LAGERSCHAEDEN
5	726	BAU VON LAGERANLAGEN IN DER DDR
5	727	LAGER U.VORKEIMHALLE VERWENDG.V.COPILITPROFILGLAS
5	727	WARMLUFTHEIZGERAET SEELMANN FUER LAGER
6	18	BAU VON LAGERRAEUMEN AUS VORGEFERTIGTEN BAUELEMENTEN
6	18	LAGERUNG EINSATZ VON KEIMHEMMUNGSMITTELN BESTRAHLUNG
7	76	LAGERUNG IN GEMEINSCHAFTSLAGERHAEUSERN
7	192	BELUEFTUNG V.GROSSKISTENLAGERHAEUSERN
7	194	AUTOMAT.TEMP.U.FEUCHTEREGELUNG IN LAGERRAEUMEN
8	299	KEIMHEMMUNG DURCH BESTRAHLUNG
8	310	VORKEIMEN VON PFLANZGUT STROMVERBRAUCH
8	559	MEHRZWECKSCHEUNEN FUER DEN LANDW.BETRIEB
9	1	LAGERHAEUSER IN BELGIEN
9	16	VERHALTEN V.ROH GEMUSTEN KARTOFFELN IN BEHAELTERN
9	219	MASCHINEN FUER DIE LAGERUNG
9	219	KLEINSTTRAKTOR EICHUS FUER HUB UND TRANSPORTARBEITEN
9	435	STUDIE UEBER EIN GEKUEHLTES KEIMHAUS
9	435	UNTERSUCH.VON BELUEFTETEN KEIMHAEUSERN
		KARUSSELLMELKSTAND S.UNTER MELKSTAND
4	239	KASKADENFOERDERER SELBSTFAHREND FUER RINDERFUETTERUNG
9	177	KASTENSCHNECKE EINSATZ FUER DEN TRANSPORT VON GETREIDEKOERNERN
5	516	KATALOG INTERNAT. FUER FORSTL.INSTRUMENTE UND HANDGERAETE
3	581	KATATHERMOMETER ZUR MESSUNG DER LUFTGESCHWINDIGKEIT
7	425	KATAWERT WAERMEPHYSIOL.BEWERTUNG DER ZULAESSG.KUEHLSTAERKE DER LUFT
8	39	KAVITATIONSEROSION VERHUETUNG IN EINSPRITZLEITUNGEN
		KEGELSTRAHLDUESE S.UNTER SPRITZEN
7	112	KEIL KRUEMELN DES BODENS MIT EINEM FLACHEN KEIL
7	113	BODENVERFORMUNG MIT SCHWINGENDEM U.NICHT SCHWINGENDEM KEIL
1	77	KEILWELLE HERSTELLUNG UND VERSCHLEISS
6	18	KEIMHEMMUNG EINSATZ CHEM.MITTEL U.BESTRAHLUNG V.KARTOFFELN
5	669	KELLER MASCH.ZUM HERSTELLEN PORÖESER BLOECKE FUER KELLERWAENDE
4	577	KELLEREI VERARBEITUNGSBETRIEB FUER WEISSWEINTRAUBEN
4	578	TRAUBENVERARBEITUNGSBETRIEBE S.AUCH WEINBAU
8	488	KENNZIFFER FUER DIE ERFORDERLICHE WEGEDICHTE IN FORSTGEBIETEN
2	13	LANDW.ENTWICKLUNG IN DDR U.FUEHRENDEN KAP.LAENDERN EUROPAS
2	50	ZUM BESTIMMEN DES MECHANISIERUNGSGRADES
3	93	ENERGIEVERBRAUCH U.OEKON.KENNZIFFERN DER LANDW.PROD.
5	588	BAUMWEISES RUECKEN VON FICHTENLANGROHHOLZ
5	389	KERAMIK HAUSHALTWAREN QUALITAETSPRUEFUNG UND WARENKUNDE
1	482	KERAMSIT KERAMSITBETONPLATTEN MIT HOLZBEWEHRUNG
1	490	PLATTE AUS KERAMSITBETON
1	492	BITUMENKERAMSITPLATTEN FUER KUHSTAELLE
6	483	VERWENDUNG IN DER OMSKER BAUVEREINIGUNG
6	521	FUSSBOEDEN AUS KERAMSITASPHALTBETONPLATTEN FUER RINDERSTAELLE
3	91	KERNENERGIE SCHUTZ GEG.RADIOAKTIVEN NIEDERSCHLAG IN LANDWIRTSCH.
3	92	SCHUTZ GEG.RADIOAKTIVEN NIEDERSCHLAG IN LANDWIRTSCH.
6	53	SCHUTZ UND REGENERATION BEI STRAHLUNGSSCHAEDEN
		KERNOBST S.UNTER OBST
2	403	KESSEL BEHANDLUNG V.STAHLHEIZKESSELN VOR INBETRIEBNAHME U.B.BETRIEB
1	519	KESSELHAUS GENERALBEBAUUNGSPLAN FUER EINE SOWCHOSE
4	558	TAB.FUER BERECHNUNG DES MINDESTWAERMESCHUTZES
2	358	KETASOLIN WIRKUNG BEI REINIGUNG U.DESINFEKTION V.MELKZEUGEN
9	383	KETTE STANDARD FUER KETTEN IN NORWEGEN
1	302	KETTENFOERDERER TVK 80 A FUER DIE RINDERFUETTERUNG
3	184	KRATZERKETTENAUFGEBER F.GEBLAESEFOERDERER U.WURFGEBLAE
4	49	WEITERFOERDERN VON ERNTEGUT AUF DEM HOF
4	234	EINSATZ FUER DEN FUTTERTRANSPORT
5	308	PZO 35 FUER DIE HALBHEUVERFUETTERUNG
5	583	DYNAM.BELAST.DER ZUGORGANE V.KETTENLAENGSFOERDERERN
6	282	ZUR FUTTERVERTEILUNG FUER RINDER
8	511	LANDTECHNISCHES ANGEBOT AUF DER DLG
		KETTENSAEGE S.UNTER MOTORSAEGE S.UNTER SAEGE

KETTENTRAKTOR ALLGEMEINES
3 107 TRAKTORENBAU IN DEN 50 JAHREN DER SOWJETMACHT
3 108 BAU IN DEN 50 JAHREN DER SOWJETMACHT
5 82 ENTWICKLUNGSTENDENZEN IM WELTMASSSTAB

EINSATZ
1 85 PARALLELFAHRT ZUR SCHICHTLINIE BEI BESTIMM.BELASTUNG
1 438 TDT 55 EINSATZ ZUM HOLZRUECKEN
2 378 PROBLEM DES EINSATZES IN SONDERKULTUREN
2 440 ANFORDERUNGEN FUER EINSATZ IN ALTHOLZBESTAENDEN
2 455 HOLZRUECKEN IN DER REPUBLIK GABON
2 456 ANHAENGEKUPPLUNG DER RUECKEWAGEN
3 112 E 151 EINSATZ V.MASCH.TRAKTOR.AGGREG.IN WALDSTEPPENZONE
3 160 DT 125 ERSCHUETTERG.DES SCHNELLTRAKTORS B.FAHREN
3 161 BESTIMMUNG DER FAHRFAEHIGKEIT AUF MOORFLAECHEN
3 497 EFFEKTIVITAET ZUM HOLZRUECKEN B.DURCHFORSTUNGSHIEBEN
3 498 T 54 L FORSTTRAKTOR EINSATZBERICHT
4 424 LEISTUNGSSTEIGERUNG BEI RUECKETRAKTOREN
4 435 TDT 75 MIT EINEM HYDRAUL.MANIPULATOR
5 101 EINSATZGEBIETE UND AUSNUTZUNG
5 102 GAZ 47 FUER ERKUNDUNGSARBEITEN IN ZU MELIOR.MOORGEBIETEN
5 198 T 57 MIT ANBAU U.ANHAENGEPFLUEGEN ENERGET.KENNGROESSEN
5 498 EINSATZ SCHWERER RUECKETRAKTOREN IN DER UDSSR
5 533 TDT 55 MIT HYDR.MANIPULATOR FUER STAEMME
5 535 KOCKUM GARRET U.BOLINDER MUNKTEL ZUM HOLZRUECKEN
6 77 DER 3 MP KLASSE WIRTSCHAFTLICHER EINSATZ
6 398 T 100 MIT BAGGER EINSATZ ZUM FORSTWEGEBAU
6 419 VERGLEICH DER RUECKELEISTUNGEN V.SEILRIESEN
6 422 TDT 75 MIT LADEKRAN ZUM HOLZVERLADEN
6 433 T 100 MGP MIT STOCKRODER PLANIERSCHAR U.GRABENPFLUG
7 87 DDA 58 MIT WEITSTRAHLBEREGNUNGSAGGREGAT
8 60 DT 55 GELAENDEGAENGIGKEIT MIT MELIORATIONSGERAETEN
8 336 ERFAHRUNGEN MIT MASCHINEN UND GERAETEN IM WEINBAU
8 408 EINSATZ BEI DER AUFBEREITUNG VON FLOESSHOLZ
8 432 EINSATZ ZUM RUECKEN VON STAMMHOLZ
8 434 TDT 75 UND T 100 ZUM HOLZRUECKEN
9 40 GRUENDE FUER DEN EINSATZ
9 41 EIN KETTENTRAKTOR FUER 800 ACRES MIT GERAETETRAEGER

BAUARTEN TYPEN
1 56 SOWJ.KONSTRUKTIONEN SEIT DER OKTOBERREVOLUTION
1 57 STAND DES SOWJETISCHEN TRAKTORENBAUES
1 59 BESTAND DER LANDWIRTSCHAFT IN UNGARN
1 70 K 75 FUER DEN GEBIRGSACKERBAU PRUEFERGEBNISSE
1 417 ZWEIMOTOR.TRAKTOR AUS ZWEI NEBENEINANDER LIEG.HAELFTEN
3 110 TYPEN FUER AUSSTATTUNG DER POLN.LANDWIRTSCHAFT
3 492 1966 FORSTTRAKTOREN AUF DER AUSSTELLUNG IN MOSKAU
3 558 FRANZOESISCHE GERAETELISTE MIT TECHN.DATEN
4 36 3 MP TRAKTOR OPTIMALE KENNWERTE
4 414 TECHN.DATEN VON TYPEN FUER DIE FORSTWIRTSCHAFT
5 509 M F 165 HALBRAUPEN MIT HYDR.STABILISATOREN
5 522 TRACK MARSHALL 55
5 522 INTERNAT.HARVESTER TD 500 F.ARBEIT AUF SUMPFBODEN
5 589 TDT 75A RUECKETRAKTOR TECHN.DATEN
5 590 TDT 55 AGGREGAT FUER LADE U.TRANSPORTARBEITEN
7 2 1968 GRUENES BUCH WINTERAUSGABE
7 79 TD 25B INTERNATIONAL MIT SCHIEBESCHILD
7 354 NEUER SPEZIALKETTENTRAKTOR FUER SCHLAGREINIGUNG
8 514 1968 GERAETELISTE IN FRANKREICH GEHANDELTER TYPEN
9 402 KOMATSU MOORRAUPE MIT SIMUS BODENPLATTEN

FAHRWERK
2 109 GELAENDEGAENGIGK.DES T 100MB MIT ANGEBAUT.GRABENFRAESE
3 142 ENTWURF PNEUMATISCHER RAUPEN
3 143 PROBLEME PNEUMATISCHER RAUPEN
3 148 EIGENSCHAFTEN DER RAUPENKETTEN
6 102 WECHSELWIRKUNGEN ZWISCHEN KETTENFAHRWERK UND BODEN
7 59 VERTEIL.DER BODENREAKT.KRAEFTE UEBER GLEISKETTENLAENGE
9 49 REIBUNGSVERLUSTE IN GLEISKETTENGUMMIGELENKEN

KETTENTRAKTOR BAUGRUPPEN BAUTEILE
5 100 KENNGROESSEN UND BAUGRUPPEN
5 109 ERHOEHUNG DER NUTZUNGSDAUER V.KETTENGLIEDERN
5 627 CATERPILLAR UEBERSCHWERES PLANIERSCHILD
9 428 VERSTAERKTE DREIPUNKTHYDRAULIK ZUM ANHEBEN GROSSER LAST.
MESS UND PRUEFWESEN
1 61 AUSWERTUNG VON INFORMATIONEN UEBER ZUVERLAESSIGKEIT
2 105 BERECHNG.DER ZUGKRAFTSDATEN LANDWIRTSCH.TRAKTOREN
3 125 E 151 UNTERSUCHUNG DER LEISTUNGS U.KRAFTKENNWERTE
5 84 T 125 VERGLEICHSPRUEFUNG MIT ANDEREN TYPEN
5 113 EINFL.V.ZUGHAKENBELASTUNG AUF GERADLINIGK.D.TRAKT.BEWEG.
5 118 T 74 EINFL.V.FAHRGESCHWINDIGK.AUF ROLLWIDERST.B.SCHNEE
6 69 AUTOMAT.DER ARBEIT V.MASCHINEN TRAKTOREN AGGREGATEN
6 86 VERFAHREN ZUM BESTIMMEN DER NENNZUGKRAFT
6 103 T 130 BESTIMMEN DES DRUCKMITTELPUNKTES
6 401 TDT 55 PRUEFUNG VON BENZINMOTORKETTENSAEGEN
9 50 DIFFERENTIALGLEICH.DES KRAEFTEGLEICHGEWICHTS
9 379 UNTERSUCH.DES BETRIEBSVERHALTENS V.RUECKETRAKTOR TDT 55
9 380 TDT 75 U.TT 4 RUECKETRAKTORN KRAEFTE UND LEISTUNGEN
9 9 KETTENTRIEB KAEMM.V.ROLLENKETTEN M.STAHL OD.POLYKAPROAMIDZAHNRAEDERN
KETTENWENDER S.UNTER HEUERNTE
3 310 KIEFER HERSTELLEN VON NADELMEHL ALS FUTTERBESTANDTEIL
4 490 GERAETE FUER DAS SAMMELN VON ERHAERTETEM HARZ
5 538 ZEITAUFWAND BEI DER DURCHFORSTUNG VON JUNGBESTAENDEN
5 562 KENNDATEN DES SCHNEIDPROZESSES BEIM ENTASTEN
5 565 KOMPOSTGEWINNUNG AUS RINDE
5 567 EINFLUESSE AUF DEN SPEZIFISCHEN WIDERSTAND BEIM ENTRINDEN
5 568 SCHWANKUNGEN DER RINDENMASSE IN FINNLAND
5 571 MEHRSAEGEAGGREGATE ZUM EINSCHNEIDEN VON LANGHOLZ
7 373 HANDAEROSOLGENERATOREN ZUM AUSLICHTEN V.NADELHOLZ
7 418 ALS BAUSTOFF FUER STALLBAUTEN
8 426 WINTERPFLANZUNG VON KRIMKIEFERN AUF BERGHAENGEN
1 478 KIESELGUR BAUSTOFF MIT WAERMEDAEMMENDEN EIGENSCHAFTEN
1 528 KINDERGARTEN NEUE TYPENPROJEKTE
3 590 FUER 90 KINDER
3 591 FUER 140 KINDER PROJEKT FUER SOWCHOSE
5 689 BAU VORSCHULISCHER EINRICHTUNGEN IN DER UKR.SSR
9 472 PERSPEKTIVPROJEKTE FUER LAENDLICHE GEBIETE
1 528 KINDERKRIPPE NEUE TYPENPROJEKTE
5 689 BAU VORSCHULISCHER EINRICHTUNGEN IN DER UKR.SSR
9 472 PERSPEKTIVPROJEKTE FUER LAENDLICHE GEBIETE
1 89 KINEMATIK DER KOMBINATION TRAKTORANBAUSCHARPFLUG
4 569 KINO KOMMUNALGEBAEUDE FUER KOLCHOS UND SOWCHOSSIEDLUNGEN
9 69 KIPPBUEHNE GAP 2C FUER LKW

KIPPER KIPPANHAENGER
1 109 GAZ 536 MIT 10 KUBIKMETER FASSUNGSVERMOEGEN
1 109 EINACHSIGER MMZ 812 FUER DEN GETREIDETRANSPORT
1 109 ZIL MMZ 554 MIT 148 PS
1 122 SAZ 2500 EINSATZ ZUM KARTOFFELTRANSPORT
1 242 ANNAHMEBEHAELTER U.ANNAHMEBAENDER FUER DEN KARTOFFELTRANSPORT
3 177 D 35 N KIPPANHAENGER MIT VORDERACHSENANTRIEB
3 177 D 55 R KIPPANHAENGER
3 181 70 TYPEN EINACHSIGE ODER MIT TANDEMACHSE VERSEHENE KIPPANHAENG
3 293 VORFUEHRUNG VON TRANSPORTGERAETEN FUER KARTOFFELN
3 331 EINACHSKIPPANHAENGER BR.OLSEN UND MOELVEN
4 434 LT 7 SATTELKIPPER FUER SPANTRANSPORT
5 626 15 T ATHEY HECKKIPPER
7 114 ZWEISEITENKIPPER FUER DEN DUENGERTRANSPORT
8 72 HYDRAULISCHE DREISEITENKIPPER
8 528 ZIL 585 VORRICHTUNG ZUM VERGROESSERN DER KIPPNEIGUNG
9 56 AUF DER DLG SCHAU
9 58 KIPPEN DURCH HANDHYDRAULIK ODER TRAKTORHYDRAULIK
9 177 EINSATZ FUER DEN SACKLOSEN KOERNERTRANSPORT
9 204 VERFAHREN ZUR EINLAGERUNG VON SILIERGUT IN FLACHSILOS
8 419 KIPPKABINE AUF NEUEN SCANIA MODELLEN

1 399 KIRSCHE RATIONALISIERUNG BEI ERNTE U.ABSATZ V.SCHATTENMORELLEN
1 400 BULGARISCHE VIBRATIONSMASCHINE WMBP
2 408 MECHAN.ABRUETTELN DER FRUECHTE IN DEN USA
4 350 VIBRATIONSFREQUENZ VON ERNTEMASCHINEN
4 491 ERNTEMASCHINE DER FA. 1. W. RICHARDSON CO.
5 472 VIBRATOR FUER DIE ERNTE VON BAUMOBST ARBEITSLEISTUNG
5 494 BAUMSCHUETTEL UND OBSTAUFFANGMASCHINEN
6 362 KOSTEN U.ARBEITSAUFWAND BEIM MASCHINELLEN PFLUECKEN
8 305 WAERMEENTWICKLUNG U.UEBERTRAGUNG BEIM ABKUEHLEN
8 368 ERNTE DURCH RUETTELN U.AUFFANGVORRICHT.MASCH.Z.FRUECHTESAMM.
9 337 MASCHINELLE SAUERKIRSCHENERNTE IM STAATE NEW YORK
9 219 KISTENKIPPGERAET EINSATZ IN KARTOFFELLAGER UND AUFBEREITUNGSRAEUMEN
6 507 KLAERANLAGE KLEINKLAERANLAGE AUS FERTIGTEILEN FUER KLEINE LANDGEMEINDE
4 122 KLAERSCHLAMM HYGIEN.BESEITIGUNG UND VERWERTUNG
2 110 KLAPPGREIFER EINFLUSS AUF ZUGKRAFT UND BODENHAFTUNG V.GERAETETRAEGERN
5 579 KLASSIFIKATION VON EINSCHNEIDEAGGREGATEN MIT KREISSAEGEN
5 504 INTERNAT.SYSTEME DER GELAENDEKLASSIFIZIERUNG ENTWURF
3 488 KLEBEN REPARATUR V.ZISTERNEN MIT CELLOGEL UND EPOXYDHARZEN
9 196 KLEBESTREIFEN MIT BITUMENKLEBER ZUM ABDICHTEN V.BETONFOLIEVERBINDUNGEN
3 87 KLEE PHYSIKAL.MECH.EIGENSCHAFTEN DES GRUENFUTTERHAECKSELS
3 310 BEREITUNG VON HEUMEHL IN BELORUSSLAND
4 148 TROMMELDREHZAHL UND ABSTAND BEIM DRESCHEN VON ROTKLEE
5 338 ARBEITSPROZESS EINES TROMMELREIBERS
7 176 ULTRASCHALLBEHANDLUNG VON HARTEN SAMENKOERNERN
8 183 ROTKLEE ERNTE MIT DEM MAEHDRESCHER E 512
9 157 TECHNOLOGISCHE ANFORDERUNGEN AN DIE WELKGUTERNTE
9 193 ROTKLEESAMENERNTE MIT MASCHINENKOMPLEXEN
1 362 KLEIDERPFLEGE CHEM.VOLLREINIGUNG UND EINFACHREINIGUNG
7 30 KLEMMEN U.EINZIEHEN LANDW.GUETER ZWISCH.SCHNEIDEN ODER WALZEN
8 307 KLEMMKARRE ZUM VOLLSETZEN DER PALETTEN
7 166 KLEMMVERBINDUNG ZUM VERBINDEN VON MATERIALBAHNEN PATENT
1 429 KLENGEN STATIONAERE ELEKTRISCHE KLENGANLAGE KONSTRUKTION
8 1 KLIMA ANWENDG.V.SONNENENERGIE ZUR VERBESS.FUER PFLANZENWACHSTUM
8 3 UND WETTERTAB.FUER DAS GEBIET VON SLEDDAKOTA
8 3 EINFLUSS DER BEREGNUNG AUF DAS MIKROKLIMA
8 150 VORKOMMEN AUSNUETZBARER HEUTAGE IN DEN NIEDERLANDEN
9 81 AENDERUNGEN DES MIKROKLIMAS DURCH VERSPRUEHEN VON WASSER
1 356 KLIMAANLAGE PRINZIP DER WAERMEPUMPE ALS GANZJAHRESKLIMAGERAET
2 368 AUTARKE KLIMAANLAGEN UND WAERMEPUMPEN
2 368 KLIMAZENTRALEN FUER DIE GANZJAHRESVERSORGUNG
2 501 REGELUNG VON LUEFTUNGS UND KLIMAANLAGEN
2 516 GERAETE DER FA.SIEMENS FUER KARTOFFELLAGERHAEUSER
3 581 BERECHNUNG VON LUEFTUNGS UND KLIMAANLAGEN
3 583 REGELUNG FUER LUEFTUNGS- UND KLIMAANLAGEN
4 23 KLIMATISIERUNG DES FAHRERHAUSES VON TRAKTOREN
4 373 BANDTROCKNER MIT KLIMAANLAGE FUER HOPFEN
4 550 KLIMAGERAET FUER DIE JUNGHUEHNERMAST
5 404 MIT WAERMEPUMPE VON DER FA. ASK SCHNEIDER KULMBACH
5 678 BERECHNUNG VON LUEFTUNGS UND KLIMAANLAGEN
6 309 REGELSYSTEME FUER ELEKTRISCHE U.ELEKTROPNEUMAT.SYSTEME
6 310 KUEHLEN MIT ZENTRALEM WARMWASSERHEIZUNGSSYSTEM
6 386 ERFAHRUNGEN IN HOPFENERNTEZENTREN
7 248 LUFTBEFEUCHTUNG IN WOHNRAEUMEN
7 425 WAERMEPHYSIOL.BEWERTG.DER ZULAESS.KUEHLSTAERKE DER LUFT
8 287 ELEKTR.REGELUNGSSYSTEME FUER HEIZUNGS U.KLIMATECHNIK
8 291 AUFGABENKOMPLEX RAUMKLIMA IN BAUTEN DER ZUKUNFT
8 330 NACH DEM INDUKTIONSPRINZIP FUER CHAMPIGNONKULTUR
9 290 BEDENKEN GEGENUEBER OZONERZEUGENDEN KLIMAGERAETEN
2 306 KLIMAKAMMER FUER TIERE RATSCHLAEGE FUER DEN ENTWURF
2 368 KLIMATECHNIK BEDEUTUNG DER KAELTE
3 582 SCHLIERENOPTISCHE VERFAHREN B.RAUMKLIMAT.UNTRSUCHG.
4 282 4. INTERNAT.KONGRESS FUER HEIZUNG U.KLIMATISIERG.PARIS
4 284 IN GROSSBRITANNIEN
4 292 IN UNGARN
4 294 STAND IN DER UDSSR
5 31 KLINGE HERSTELLUNG GEZAHNTER KLINGENSCHNEIDEN

4 569 KLUB KOMMUNALGEBAEUDE FUER KOLCHOS UND SOWCHOSSIEDLUNGEN
1 519 KLUBHAUS KOMBINIERTES SCHUL UND KLUBGEBAEUDE
3 590 KODAKI NEUES GESICHT EINES ALTEN DORFES
3 591 FUER 500 PLAETZE PROJEKT FUER SOWCHOSE
7 405 STUDIENAUFGABEN MOSKAUER ARCHITEKTURSTUDENTEN
KNICKLENKUNG S.UNTER TRAKTOR: LENKUNG
BEI TRAKTOREN S.UNTER TRAKTOR: FORSTWIRTSCHAFT
KNICKZETTER S.UNTER HEUERNTE
KNUEPFER S.UNTER SAMMELPRESSE
5 386 KOCHEN BENOETIGTER ENERGIEAUFWAND DES MENSCHEN
KOCHENDWASSERBEREITER S.UNTER WARMWASSERVERSORGUNG

KOEPFLADER S.UNTER RUEBEN: KOEPFEN KOEPFLADER
5 63 KOERNERFRUECHTE VORRICHTUNG ZUM ZAEHLEN
7 3 REINIGEN UND SICHTEN LANDMASCHINENLEHRE BD. 11
KOERNERMAIS S.UNTER MAIS
1 371 KOHL SPEZIALERNTEMASCHINEN UND ARBEITSTECHNOLOGIE IN DER SU
1 376 AGGREGAT ZUM BEETFORMEN UND GLEICHZEITIGEN PFLANZEN
2 409 VON E.BOYER ENTWICKELTE UND GEBAUTE ERNTEMASCHINE
3 436 PRODUKTIONSVERFAHREN UND MASCHINENEINSATZ IM MOSKAUER GEBIET
3 436 VOLLERNTEMASCHINEN KPN I BZW. KPN I A ERNTEBAND TN 12
3 439 VOLLMECH.ANBAUVERFAHREN UNTER VERWENDUNG V.HERBIZIDEN
7 308 ERNTEGERAET PATENT
7 400 ERNTEMASCHINEN ENTWICKLUNG IN DER SU
7 400 TRANSPORTWAGEN ENTWICKLUNG IN DER SU
8 361 AUFBAU UND WIRKUNGSWEISE VON ERNTEMASCHINEN
8 363 KOPFKOHLERNTEMASCHINE DER CORNELL UNIV. ARBEITSLEISTUNG
9 346 E 914 I UNIVERSALTRANSPORTGERAET FUER GEMUESEERNTE PRUEFB.BORNIM
9 419 DRILLMASCHINE VON DER FA. GIBBS
2 429 KOHLE FROSTSCHUTZ MIT STEINKOHLE
5 396 PRUEFUNG VON GAS OEL UND KOHLEBEFEUERTEN ZIMMEROEFEN
4 336 KOHLENDIOXID BEGASUNG IM GARTENBAU
5 414 RELATIVE DURCHLAESSIGKEIT V.PLASTFILMEN
5 457 DUENG.IM GEWAECHSHAUS STEUERGERAET FUER PROPANGASBRENNER
8 351 BEGASUNG IN GEWAECHSHAEUSERN
8 352 BRENNER FUER ERDGAS ZUR KOHLENDIOXIDERZEUGUNG
7 296 KOHLRABI ERTRAGSAUSFAELLE BEI GASSTRAHLERHEIZUNG UNTER GLAS
7 297 ERTRAGSAUSFAELLE BEI GASSTRAHLERHEIZUNG UNTER GLAS
2 262 KOHLRUEBE KOEPF UND RODELADER FUER DIE ERNTE
3 416 KOKSKESSEL AUTOMATISCHE REGLER
KOLCHOSE DORFPLANUNG S.DORT
1 501 STAND DES BAUWESENS IN DER UDSSR
1 520 AUSARBEITUNG VON PROJEKTEN DER PLANUNG UND BEBAUUNG
3 95 TEMPO UND STAND DER ELEKTRIFIZIERUNG IN DER SU
4 518 UMFANG DER BAUARBEITEN IN DEN KOLCHOSEN
4 569 PLANUNG VON WOHN UND KOMMUNALGEBAEUDEN
KOLLOQUIUM S.UNTER TAGUNG
KOMBIKRUEMLER S.UNTER KRUEMLER
KOMPAKTBAU S.UNTER BAUKONSTRUKTION
4 251 KOMPOST AUFBEREITUNG VON HUEHNERKOT
5 369 VERBESSERUNG AN AUFBEREITUNGSSYSTEMEN
5 508 HERSTELLUNG VON RINDENTEILEN
5 565 GEWINNUNG AUS KIEFERN UND FICHTENRINDE
6 271 VOLLMECHANISIRTE ANLAGE ZUR BEREITUNG
8 425 INDUSTRIEMAESSIGE KOMPOSTIERUNG VON ENTRINDUNGSABFAELLEN
9 363 ZERKLEINERUNGSMASCHINE BERKILI ZE 10
7 241 KOMPRESSOR ZUR FOERDERUNG DER MILCH UND REINIGUNG DER ROHRLEITUNGEN
9 395 UEBERSICHT UEBER 22 FAHRBARE KOMPRESSOREN
KONSERVIERUNG GEFRIER UND KUEHLKONSERVIERUNG S.DORT
STERILISIERUNG S.DORT
SILIEREN S.DORT TROCKNUNG S.DORT
2 29 PLASTMATERIALIEN BEI DER KONSERVIERUNG V.FRUECHTEN
3 417 NACKA VERFAHREN ZUR KONSERVIERUNG V.FERTIGGERICHTEN
3 417 VON LEBENSMITTELN MIT IONISIERENDEN STRAHLEN
4 396 EIGNUNG V.GEMUESEARTEN ERDBEEREN U.HIMBEEREN
5 401 ARBEITSAUFWAND FUER BEVORRATUNG V.NAHRUNGSMITTELN

5 480 KONSERVIERUNG INNENTEMPERATURMESSUNG BEI LEBENSMITTELKONSERVEN
6 383 VON GARTENBAUERZEUGNISSEN STAND DER TECHNIK
6 391 5. INTERNATIONALER KONSERVEN KONGRESS IN WIEN
6 535 PROJEKTE FUER KONSERVENFABRIKEN IN DER UKR.SSR
6 536 AUFBAU VON AGROCHEMISCHEN ZENTREN IN DER DDR
7 175 VON FEUCHTGETREIDE MIT PROPIONSAEURE
8 4 MITTEL FUER FUTTERKONSERVIERUNG IN DER DDR
8 292 LEBENSMITTELVERARBEITUNG IM HAUSHALT
9 297 V.LEBENSMITTELN DURCH AEG TELEFUNKEN BESTRAHLUNGSANLAGE
5 37 KONSTRUKTION ANFORDERG.V.WARTUNG UND INSTANDSETZUNG
1 440 KOOPERATION GUTE RESULTATE B.ZUSAMMENARBEIT V.FORST U.INDUSTRIE
1 454 V.FORSTTECHNIK U.HOLZVERARBEITUNGSINDUSTRIE IN SCHWEDEN
1 470 SICHERT HOHEN NUTZEFFEKT DER INVESTITIONEN
1 471 INGENIEURBUEROS FUER AUFBAU KOMPLEXER LANDW.ANLAGEN
1 496 SYSTEM FUER LANDWIRTSCH.BAUTEN NETZPLANDIAGRAMM
1 513 SOZIALIST.ENTWICKLUNG U.BAUL.UMGESTALTUNG DER DOERFER
1 560 JUGOSLAWIEN U.DDR PROJEKTIER.V.GEFLUEGELGROSSANLAGEN
1 579 BAU UND INNENMECHANISIERUNG AUF DER AGRA 67
2 41 ERSATZTEILVERSORGUNG IN GEMEINSCHAFTEN
2 54 ORGANIS.U.WIRTSCH.PROBLEME GENOSSENSCH.MASCH.VERWENDUNG
2 128 KURZFRISTIGE GEWINNUNG V.HOCHWERTIGEN HEUBRIKETTS
2 131 KOMPLEXEINSATZ DER TECHNIK IN DER GETREIDEERNTE
2 254 KOMPLEXEINSATZ BEI DER ZUCKERRUEBENERNTE
2 255 KLEIN QUENSTEDT HALBERSTADT KOMPLEXE RUEBENERNTE
2 453 V.FORSTW.U.HOLZVERARB.INDUSTRIE HACKSCHNITZELTECHNOLOGIE
3 59 KOOPERAT.BEZIEH.IM BEZ.POTSDAM KOMPLEXEINSATZ DER TECHNIK
3 230 BODENBEARBEITUNG IN KOOPERATIONSGEMEINSCHAFTEN
3 338 ZENTRALE AUFBEREITUNG U.LAGERUNG V.SPEISEKARTOFFELN
4 204 BEZIEHUNGEN IN DER RINDERHALTUNG
4 405 ENTWICKLUNG V.KOOPERATIONSBEZIEH.IM BETREUUNGSWALD
4 415 ZWISCHEN FORSTPRODUKTION UND HOLZVERARBEIT.INDUSTRIE
4 497 EINSATZ DER PFLANZENSCHUTZTECHNIK IM BEZIRK SUHL
4 546 BEDEUTUNG V.KOOPERATIONSVERBAENDEN FUER LANDW.BAU
4 593 ERFAHRUNGEN AUF MILCHVIEHBETRIEB DE EEMSHOEVE IN SPIJK
5 89 GEMEINSCH.IN BEZ.SUHL EIGNUNG VON TRAKTORTYPEN
5 129 AUFGABEN UND PROBLEME DES TRANSPORTWESENS
5 224 BEDEUTG.DER INDUSTRIEMAESS.AUSBRING.V.KALK U.GRUNDDUENGER
5 228 KOMPLEXER EINSATZ VON GUELLETANKWAGEN
5 344 KUTEL MILCHERZEUGUNGSGEMEINSCHAFT BEI ESSEN
5 346 SCHWEINEAUFZUCHT U.MASTVERFAHREN DER FA.H.BIEHL AG
5 496 GARTENBAUTECHNIK IN ISRAEL PRUEFBER.ITT WAGENINGEN
5 633 UND DIENSTLEISTUNG IM PFLANZENSCHUTZ
5 634 EINSATZ DER PFLANZENSCHUTZTECHNIK IN DER DDR
5 660 ENTWICKLUNG DER GENOSSENSCH.BAUORG.IM KIEVER GEBIET
6 33 ORG.DES INSTANDHALTUNGSWESENS IN KOOPERATIONSGEMEINSCH.
6 379 EINSATZ V.VERPACKUNGSMASCHINEN FUER OBST UND GEMUESE
8 183 KOMPLEXERPROBUNG DES MAEHDRESCHERS E 512
8 184 LEITUNG U.ORG.DES KOMPLEXEINSATZES V.MAEHDRESCHER
8 312 STAND DER KOOPERATIONSBEZIEHUNGEN IM OBSTBAU
8 495 VERSCHIEDENE FORMEN IM PFLANZENSCHUTZ
8 496 EINSATZ VON PFLANZENSCHUTZBRIGADEN IN DREI GEMEINSCHAFTEN
4 55 KOPPLUNGSWAGEN VARIANTE II UND III FORSCHUNGSBERICHT
4 560 KORK PLATTEN ANWENDUNG ZUR WAERMEDAEMMUNG
5 539 KORNIKOL VERHUETUNG EINES BLAUEBEFALLS BEI KIEFERNHOLZ
KORNTRENNANLAGE S.UNTER HAECKSELDRUSCH
KORROSION S.AUCH ROSTSCHUTZ
1 134 POLARIS.ANTIKORROSIONSSCHUTZ VON DRAENANLAGEN
5 26 KORROSIONSSCHUTZ VON STAHLFEDERN
5 35 KORROSIONSSCHUTZ DER TEILE VON LANDMASCHINEN
5 36 PROBLEME DES KORROSIONSSCHUTZES BEI LANDMASCHINEN
6 306 SCHUTZ VON WARMWASSERBEREITERN
6 537 BETONKORROSION DURCH AMMONIAKALISCHE AMMONIUMNITRATLOESG.
8 285 GEGENMASSNAHMEN IN WASSERVERSORGUNGSANLAGEN
8 333 BESTAENDIGKEIT VON DRAHTGEFLECHT FUER EINZAEUNUNG
9 283 SCHUTZ VON WARMWASSERBEREITUNGSANLAGEN
9 284 URSACHEN UND VERHUETUNG IN WARMWASSERANLAGEN

9 331 KORROSION KATHODISCHE SCHUTZANLAGEN ZUM AEUSS.SCHUTZ V.HEIZOELTANKS
9 331 PROBLEME DER HEIZOELLAGERUNG
9 443 SCHUTZ AN STAHLLEICHTBAUKONSTRUKTIONEN
9 446 SCHUTZ BITUMINIERTER DACHPAPPEN GEG.MIKROBIOG.KORROSION
9 455 SCHUTZ DER STAHLELEMENTE FUER DACHTRAGWERKE
KOSTEN BAUKOSTEN S.DORT
7 4 DES MASCHINENEINSATZES IN DER LANDWIRTSCHAFT
7 117 BEI DER LOSEDUENGERKETTE
9 10 MODELLE FUER DIE MASCHINENREPARATUR
9 11 METHODISCHE HINWEISE FUER INSTANDHALTUNGSKOSTENPROGNOSE
9 12 ARBEITS UND MASCHINENPLANUNG
9 309 ZWECKMAESSIGE ABRECHNUNG DES MASCHINENEINSATZES
9 328 RICHTWERTE FUER KALKULATION VON VERFAHRENSKOSTEN
2 490 KOSTRONIT FLACHSSCHAEBEDAEMMSTOFF FUER KALT UND WARMDAECHER
1 310 KOT PROBLEME DER KOTBESEITIGUNG KOTTROCKNUNGSANLAGE
1 311 TROCKNUNG IN ABLEGEBETRIEBEN GERUCHSBESEITIGUNG
4 251 TROCKNUNG UND AUFBEREITUNG V.HUEHNERKOT
4 253 ANFALL BEI DEN EINZELNEN NUTZTIERARTEN
9 507 HOCHTEMPERATURTROCKNER FUER GEFLUEGELDUNG
3 403 KOTTROCKNUNG INVESTITIONSKOSTEN FUER EINE KOTTROCKNUNGSANLAGE
3 417 KRABBEN GEFRIERTROCKNUNG
9 416 KRAEHE ATTRAPPEN ZUR VERHINDERUNG VON VOGELSCHAEDEN
KRAFTFAHRZEUG HINWEISE
LKW S.DORT
S.AUCH TRANSPORTER
EINACHSTRAKTOR S.DORT
KETTENTRAKTOR S.DORT
TRAKTOR S.DORT
GERAETETRAEGER S.DORT

EINSATZ
5 670 VERKEHRSSICHERHEIT BEI BAUTRANSPORTEN
BAUARTEN TYPEN
1 72 SELBSTFAHR.MEHRZWECKTAFELWAGEN MIT TIEFER SCHWERPUNKTLAG
1 73 TRANSPORTFAHRZEUG VENTURE MIT 85 BZW.130 PS
1 109 NEUE TYPEN FUER DIE LANDWIRTSCHAFT
BAUGRUPPEN BAUTEILE
1 445 VORRICHTUNGEN ZUM AUF UND ABLADEN VON RUNDHOLZ
7 395 VORRICHTUNG ZUR AUSNUTZUNG VON PKW ALS KRAFTQUELLE
9 428 FUNKAUSRUESTUNG

WARTUNG INSTANDSETZUNG
5 43 TECHNISCHE KONTROLLE BEI DER INSTANDSETZUNG
KRAFTFUTTER S.UNTER MISCHFUTTER
FUTTERZUBEREITUNG S.DORT
8 415 KRAFTMASCHINE EINFL.V.ARBEITSVERHAELTN.AUF WAHL FORSTW.KRAFTMASCHINEN
1 33 KRAFTSTOFF MESSEINRICHTUNG FUER DEN VERBRAUCH VON TRAKTOREN
1 53 EINSPRITZUNG DURCH INSTATIONAERE HYDRODYNAMIK
1 577 EINFLUSS AUF DAS ERHAERTEN VON BETON
3 111 MOEGLICHKEITEN EINER VERBRAUCHSNORMUNG
5 72 EINFL.V.OELZENTRIFUGEN AUF ABSCHEIDEN VON ZUSAETZEN
6 56 VERBRENNUNGSGESCHWINDIGK.IONISIERTER KRAFTSTOFFMISCHUNGEN
6 58 ZEITABSTAENDE FUER DAS AUSWECHSELN VON FEINFILTERN
6 59 RUECKSTOSSZENTRIFUGE FUER KOMB.REINIGEN V.OEL IM MOTOR
6 61 AUTOMAT.REGELN DER ZUFUHR IM DIESELMOTOR

4 20 CHOLOD D 40 ANLASSKRAFTSTOFF FUER DIESELMOTOREN
1 100 KRAN VOLLHYDRAULISCHER POLN.AUTOLADEKRAN HDS I A
1 432 BOCKKRAENE KKU 7 5 UND TURMKRAENE
1 437 KKU 7 5 FUER SCHNITTHOLZPAKETE
1 446 VORRICHTUNGEN ZUM ABLADEN V.LANGHOLZ VON LKW KOSTEN
1 494 MIT HYDRAULISCHEM ANTRIEB AUF BELARUS TRAKTOR
1 495 TELESKOPARTIGER AUSLEGER ZUM AUTOKRAN K 51
2 460 VERWENDUNG DES SEILKRANES IN TROPISCHEN WAELDERN
3 6 ZUKUENFT.LANDW.MASCH.SYSTEM BASIEREND AUF PORTALKRAENEN
3 521 MECH.MITTEL FUER LADE U.TRANSPORTARBEITEN IN HOLZLAGERN

3 524 KRAN GOTTWALD HYDROMOBILKRAENE FUER DEN HOLZUMSCHLAG
3 535 ABLADEN VON LANGHOLZ VON LKW UND ANHAENGERN
4 49 WEITERBEFOERDERN VON ERNTEGUT AUF DEM HOF
4 417 LKW MIT HYDRAUL.GELENKTEM KRAN
4 454 GREIFER MLTI 20 UND MLTI LOM FUER DIE RUNDHOLZ LADEKRAENE
4 472 KM 2L EINSATZ ZUM LADEN UND STAPELN VON HOLZ
4 472 BKSM 14 TURMKRAN EINSATZ FUER DEN HOLZTRANSPORT
4 474 TRAKTORKRAN ZUR BESEITIGUNG DES PLATZABRAUMS
4 479 HOLZTRANSPORT AUF ZENTRALEN AUSFORMUNGSPLAETZEN MIT KRAENEN
4 489 GLEISKRAN MIT SCHERENGREIFER
5 582 STAPEL UND LADESEILKRAN VOLYN 1
5 591 KURZ UND LANGSTRECKENSEILKRAENE ZUM HOLZRUECKEN
5 609 LKW TATRA 138 MIT HIAB LADEKRAN
5 668 ZUR MECHANISIERUNG DER MONTAGEARBEITEN
6 127 T 174 EINSATZMOEGLICHKEITEN
6 410 BKSM 14PM2 MIT SCHUETTELGREIFER FUER DAS HOLZVERLADEN
6 412 KKU 10 ZUM VERLADEN VON NUTZHOLZ
6 415 BOCKKRAENE KKU 7.5 U.KKU 10 ZUM STAPELN VON HOLZBEHAELTERN
6 416 SEILKRAN KF CNIIME ERGEBNISSE BEIM HOLZRUECKEN
6 420 HOLZRUECKEN MITTELS TRAKTORMONTIERTEM KABELKRAN
6 422 TRAKTOR TDT 75 MIT LADEKRAN
6 441 WIMMER SEILKRANANLAGE MIT NESLER SEILWINDE
7 340 KABELKRAENE FUER HOLZVERLADEARBEITEN
7 364 ZUR BELADUNG V.TRANSPORTFAHRZEUGEN MIT FASERHOLZ
7 391 UNIVERSELLE ANBAUHECKLADEKRAENE UND FRONTLADER
8 77 BERECHNUNG UND INBETRIEBNAHME VON ELEKTROZUGKRANBAHNEN
8 78 BERECHNUNG UND INBETRIEBNAHME VON ELEKTROZUGKRANBAHNEN
8 432 RKZ 5 51 SEILBRUECKENKRAN FUER LADE UND STAPELARBEITEN
8 439 FAHRBARER BOCKKRAN MIT FAELL UND ENTASTUNGSORGANEN
8 446 TURM UND KONSOLBOCKKRAENE FUER TRANSPORT UND STAPELARBEITEN
8 449 TURMDREHKRAN BKSM 14 P EINSATZ AUF HOLZLAGERPLAETZEN
8 458 AUSRUESTUNG DES HOLZLAGERPLATZES MIT SEILKRAENEN
8 460 OESA 69
8 461 PORTALKRAN FUER DEN TRANSPORT VON SAEGEBLOECKEN
8 464 RUECKEN V.STAMMHOLZ U.SAEGEBLOECKEN MIT KURZSTRECKENSEILKRAN
8 468 KK 20 SCHMIEREN DES TRAGSEILES
8 469 BERGAUFRUECKEN MIT SEILWINDEN UND KURZSTRECKENSEILKRAENEN
8 471 FOCO 6000 CL UND A TECHNISCHE DATEN
8 474 BOCKKRAENE KKU 7.5 MIT GREIFERN TGK
8 476 OEKONOMISCHER EINSATZ EINES LADEKRANES AUF LKW
8 477 SCHWIMMKRAENE T 2 FUER DAS SENKHOLZHEBEN IM WINTER
8 529 AUSWECHSELBARER TURMKRAN ZUM KRANKRAFTWAGEN
9 392 FAHRBARER KRAN MOFLVEN SERIE 200
9 459 MASCHINENAUSFALLZEITEN IN BAUVEREINIGUNGEN DER UKR.SSR
8 331 KRANZBINDEMASCHINE ARBEITSWEISE UND ZEITAUFWAND
KRATZERKETTE ZUM ENTMISTEN S.UNTER ENTMISTEN
3 184 AUFGEBER FUER GEBLAESEFOERDERER UND WURFGEBLAESE
7 121 ZUGKRAEFTE IN EINEM VORSCHUBWERK V.STALLMISTSTREUERN
2 340 KRATZERKETTENFOERDERER FUER FEUCHTKRUEMELIGES SCHWEINEFUTTER
KRAUTABTRENNUNG BEI KARTOFFELN S.UNTER KARTOFFEL
8 381 ANLAGE LPS 6.0 FUER ZWIEBELN
5 465 KRAUTSCHLAEGER FUER DIE ERNTE VON CHICOREE
9 59 KREIDE UNIVERSALLADER MGU ZUM ENTLADEN AUS EISENBAHNWAGGONS
KREISELDUENGERSTREUER S.UNTER DUENGEN
KREISELHEUER S.UNTER HEUERNTE
5 423 KREISELKRUEMLER HUMUS TYP KL PRUEFBERICHT WIESELBURG
KREISELMAEHER S.AUCH MAEHEN
8 152 BENOETIGTE ANTRIEBSLEISTUNG UND ARBEITSWEISE
8 155 TECHN.DATEN VON ACHTZEHN TYPEN
8 156 FAHR PRUEFBERICHT IMA BRUGG
8 157 PZ CM4 PRUEFBERICHT
8 508 VON MUNCKHOF MIT GEZAEHNTEN SCHEIBEN
9 3 FUER DIE FUTTERGEWINNUNG
9 154 ANGEBOT AN KREISELMAEHWERKEN IN DER DDR
9 418 ANGEBOT AUF DER UGEXPO
9 421 VERBESSERTE ABSCHIRMUNG

9 422 KREISELMAEHER TENDENZEN AUF DEM LANDMASCHINENSALON IN PARIS
KREISELPFLUG S.UNTER PFLUEGEN
KREISELPUMPE S.UNTER PUMPEN
3 386 KREISELSCHROTER ZERKLEINERUNG VON GETREIDE UND MAISSILAGEN
4 228 FUER DIE ZERKLEINERUNG VON KOERNERSILAGE
KREISELSTREUER FUER SAATGUT S.UNTER SAEEN
KREISELZETTWENDER S.UNTER HEUERNTE
4 445 KREISSAEGE LUTZ GANZSTAHLKREISSAEGE KS PRUEFBERICHT WIESELBURG
4 452 GELENKKREISSAEGE ZUM EINSCHNEIDEN DES HOLZES
5 530 DURCHFORSTUNGSMASCH.MIT KREIS U.KETTENSAEGEN
5 555 PENDELSAEGE ZERSCHNEIDEN VON RUNDHOLZ GERAETEVERGLEICH
5 571 MEHRSAEGEAGGREGATE ZUM EINSCHNEIDEN VON LANGHOLZ
5 579 KLASSIFIKATION VON EINSCHNEIDEAGGREGATEN
4 258 KREUZBALKENRUEHRWERK ZUR SCHWIMMDECKENZERSTOERG.IN GUELLESPEICHERANLAG
6 18 KROKETTEN HERSTELL.VERFAHREN ENTWICKLUNG BZW.QUALITAETSVERBESSERUNG
7 112 KRUEMELN DES BODENS MIT EINEM FLACHEN KEIL
KRUEMELWALZE S.UNTER WALZEN
6 167 KRUEMLER GROESSERE ARBEITSBREITE ODER HOEHERE ARBEITSGESCHWINDIGKEIT
6 172 KOMB.V.EGGE UND KRUEMLER FUER DIE SAATBETTBEREITUNG
6 181 BODENVERBESSERUNG DURCH FURCHENKRUEMLER
7 75 KOMBIKRUEMLER FUER SAATBETTVORBEREITUNG IM KARTOFFELBAU
7 108 KOMBIGERAET MIT GEZACKTEN SCHEIBEN KRUEMELWALZE UND EGGE
7 123 KOMBINATION PFLUG PACKER KRUEMLER FUER BESTELLUNG
7 274 HUMUS KREISELKRUEMLER MIT ROTIERENDEN MESSERN
7 123 KRUMENPACKER KREISELPFLUG KOMB.MIT KRUMENPACKER U.WAELZEGGE F.BESTELL.
1 352 KUECHE NORMRICHTLINIE DIN 18022 FUER NEUZEITLICHE ENTWUERFE
1 354 ELEKTROINSTALLATION VERTEILUNG UND STROMKREISE
4 302 RAUMSPARENDE EINRICHTUNG
5 390 MODERNE PLANUNG EINRICHTUNG UND TECHNIK
5 404 BAUKNECHT MINOR KUECHE
6 302 AUTOMATIK IN DER KUECHE
8 281 MODERNE GESTALTUNG PLANUNG UND TECHNIK
9 276 RICHTMASSE UND GRUNDLEGENDE BAULICHE GESTALTUNG
9 291 KOMPLETTE KLEINSTKUECHENEINRICHTUNG MIT KUEHLSCHRANK
9 303 KUNSTSTOFFE IN KUECHE BAD UND WC
9 304 KOCH BACK SPUELZENTRUM DER AEG
KUECHENHERD S.UNTER HERD
2 366 KUECHENMASCHINE ARBEITSWIRTSCHAFTLICHE GESICHTSPUNKTE BEIM EINSATZ
KUEHLEN VON GETREIDE S.UNTER GETREIDE
VON LEBENSMITTELN S.UNTER GEFRIER UND KUEHLKONSERVIERUNG
VON MILCH S.MILCHKUEHLEN
7 425 WAERMEPHYSIOL.BEWERTG.DER ZULAESS.KUEHLSTAERKE DER LUFT
4 170 BERECH.DER VERDUNSTUNGSKUEHLUNG FEUCHTER GUETER MIT AUSSENLUFT
6 310 MIT ZENTRALEM WARMWASSERHEIZUNGSSYSTEM
9 293 KUEHLWIRTSCHAFT IM LANDWIRTSCHAFTLICHEN BETRIEB
2 512 KUEHLLAGER AUS VORGEFERTIGTEN TEILEN FUER GEFLUEGELVERARBEIT.FABRIK
4 369 SCHNITTBLUMENLAGERUNG IN KUEHLRAEUMEN
4 370 ERZEUGER VON GEREGELTER ATMOSPHAERE FUER LAGERUNG
4 371 KONSERVIERUNG V.AEPFELN UNTER GEREGELTER ATMOSPHAERE
4 384 LAGER UND VERMARKTUNGSSTATION TYP BITTERFELD
4 385 2 KUEHLLAGERHAEUSER BAUAUSFUEHRUNG UND KOSTEN
6 382 LUFTZIRKULATION
7 418 VERWENDUNG VON HOLZ ALS BAUSTOFF
7 443 MANGEL AN OBSTKUEHLLAGERHALLEN IN DER DBR
8 304 MESSINSTRUMENTE FUER KUEHL UND GASZELLEN
8 279 KUEHLRING ZUM MILCHKUEHLEN
KUEHLSCHRANK S.UNTER GEFRIER U.KUEHLKONSERVIERUNG

KUEHLWANNE FUER MILCH S.UNTER MILCHKUEHLEN
4 244 KUEKENFUETTERUNG SOSSCHE FUTTERKETTE U.FUTTERKETTE HCN
9 241 KUEKENHALTUNG AUSBRUETEN UND HALTUNG DER KUEKEN IN DRAHTKAEFIGEN
1 504 KUEKENSTALL ANLAGEN FUER HEIZUNG UND LUEFTUNG
1 507 KLIMATISIERUNG VON STALLEN IN NORWEGEN
2 317 AUTOMATISIERUNG DER STEUERUNG VON GASBRENNERN
2 510 MONTAGEFAEHIGE HOLZBAUTEN TSCHECH.HALLENTYPEN
2 511 HEIZAGGREGATE UND ELEKTROGLUCKEN FUER AUFZUCHTHALLE

2 511 KUEKENSTALL KUEKENAUFZUCHTHALLE MONTA S VIER
3 616 GROSSSTAELLE FUER KUEKENAUFZUCHT UND MAST
4 215 HALTUNG V.HENNENKUEKEN IN BATTERIEN
4 244 HCN VENTILATION MIT AUTOMATISCHER STEUERUNG
4 244 OTR 71 LUFTERHITZER FUER AUFZUCHTANLAGEN
4 244 MECHANISIERUNG DER KUEKENAUFZUCHT IN GROSSBETRIEBEN
4 549 KOMBINIERTE RAUM UND STRAHLERHEIZUNG
4 603 MIT SCHIRMGLUCKEN AUS BETONPLATTEN U.HEISSWASSERHEIZUNG
4 604 WAERME U.FEUCHTEBILANZ B.ZUSATZHEIZUNG UND LUEFTUNG
6 279 ELEKTROAUSRUESTUNG DER BRUT U.AUFZUCHTSRAEUME
7 206 ELEKTRISCHE BEHEIZUNG DES BODENS
9 240 VERWENDUNG DER KAEFIGE KBE I FUER DIE KUEKENAUFZUCHT
9 499 PROJEKTE FUER SUEDLICHE GEBIETE DER SU
3 455 KUERBIS PROBL.B.ENTWICKLUNG V.ERNTEMASCHINEN FUER KUERBISFRUECHTE
4 126 EINZELKORNDRILLMASCHINE FUER DIE SAATGUTZUECHTUNG
4 362 MASCH.VST 1 5 ZUM AUSWASCHEN UND SCHLEIFEN VON SAMEN
7 264 KUFEN STATT RAEDER AM MULCHGERAET
KUKKERSITBITUMENMASTIX S.UNTER BITUMEN
KULTIVATOR S.UNTER GRUBBERN
KULTURBETRIEB S.UNTER BAUMSCHULE
6 484 KULTURHAUS LEISTUNGEN DER BERDJANSKER GENOSSENSCH.BAUORGANISATION
7 405 STUDIENAUFGABEN MOSKAUER ARCHITEKTURSTUDENTEN
KULTURPFLEGE S.UNTER PFLEGE
KUNSTSTOFF HINWEISE
FOLIE S.DORT
AKRYL S.DORT
BUTYL S.DORT
NYLON S.DORT
ROHRE S.UNTER BEREGNUNG
PVC S.DORT
POLYKAPROAMID S.DORT
POLYKAPROLAKTAM S.DORT
EPOXYDHARZ S.DORT
LUPOLEN S.DORT
NEOPREN S.DORT
PIATHERM S.DORT
GLAKRESIT S.DORT
POLYAETHYLEN S.DORT
AKRYLGLAS S.DORT
POLYVINYLCHLORID S.PVC
PHENOLHARZ S.DORT
POLYAMID S.DORT
STYROMULL S.DORT
KAPRON S.DORT
TEFLON S.DORT
POLYFORMALDEHYD S.DORT
STYROPOR S.DORT
ISOPOR S.DORT
TREVIRA S.DORT
POLYURETHAN S.DORT
DRAENROHRE S.UNTER DRAENAGE
POLYPROPYLEN S.DORT
POLYISOBUTYLEN S.DORT
POLYESTER S.DORT
POLYSTYREN S.DORT
POLYSTYROL S.DORT
EINSATZ IM GEWAECHSHAUSBAU S.UNTER GEWAECHSHAUS
TRAGLUFTHALLE S.DORT
ALLGEMEINES
1 14 1967 TECHN.NEUERUNGEN AUF DER HANNOVER MESSE
2 28 BESTAENDIGKEIT VON KUNSTSTOFFEN
3 31 LEXIKON VERBESSERTE UND ERGAENZTE VIERTE AUFLAGE
3 32 HF SCHWEISSEN VON FOLIEN
3 483 DUESSELDORFER KUNSTSTOFFMESSE
4 9 TASCHENBUCH 17. ERWEITERTE UND VERBESSERTE AUFLAGE
4 295 WAESCHEPFLEGE BEI CHEMIEFASERN

9 278 KUNSTSTOFF GUETEZEICHEN K VOM RAL FUER KUNSTSTOFFERZEUGNISSE
VERWENDUNG IN DER LANDWIRTSCHAFT
1 123 VERWENDUNG VON PLASTEN IM KARTOFFELBAU
1 408 PLASTVERBRAUCH IN DER FRANZ.LANDWIRTSCHAFT
1 409 AUSSTELLUNG UEBER PLASTANWENDUNG IN DER LANDW.IN PISA
2 142 BESTELLUNG U.ERNTE DURCH AUFROLLEN EINES PLASTROHRES
2 145 EINSATZ BEI DEN DRAENAGE UND BEWAESSERUNGSTECHNIKEN
2 166 ROHRLEITUNGEN FUER DIE WASSERZU UND ABFUEHRUNG
4 263 ALS WERKSTOFF FUER MILCHLEITUNGEN
4 530 EINSATZ V.PLASTE IM UNGAR.LANDWIRTSCHAFTSBAU
5 159 FILTER AUS PROFILIERTEN ODER PERFORIERTEN BAENDERN
5 389 HAUSHALTWAREN QUALITAETSPRUEFUNG U.WARENKUNDE
6 294 IN DER MILCHWIRTSCHAFT EINFLUESSE AUF MILCH
6 321 ENGLISCHE BADEEINRICHTUNGEN AUS KUNSTSTOFF
6 326 EINSATZ IN DER FRANZOESISCHEN LANDWIRTSCHAFT
7 199 GERAET ZUM MECH.VERLEGEN VON ABDECKMATTEN AUF MIETEN
7 222 IN DER MILCHWIRTSCHAFT REINIGUNG UND DESINFEKTION
7 223 IN MILCHWIRTSCH.HYGIEN.BESCHAFFENHEIT V.OBERFLAECHEN
9 303 IN KUECHE BAD UND WC
9 423 MASCHENGEWEBE OHNE DRAHTEINLAGE
VERWENDUNG IM MASCHINEN UND GERAETEBAU
2 29 VERWENDUNG VON PLASTEN IN DER LANDTECHNIK
2 77 ELEKTRISCHE ISOLIERUNG DURCH KUNSTSTOFFE
2 78 DIE PLASTE IN DER ELEKTRONIK
3 556 VERWENDUNG FUER ARBEITSTEILE V.MASCHINEN
5 25 ANLASSERTEILE AUS PLAST
5 222 DUENGERLEITVORRICHTUNG FUER HACK UND KOPFDUENGEMASCHINEN
7 15 KOMPLEX NSM GOSNITI FUER REPARATUREN
8 509 JAUCHEPUMPE AUF DER DLG SCHAU IN MUENCHEN
9 428 BOOT MIT MESSERBALKEN ZUM SCHNEIDEN VON ROHR
VERWENDUNG IM GARTENBAU
6 349 VERPACKUNGSNETZ ALS BAUMANBINDER
8 370 PFLUECKEIMER MIT BODENENTLEERUNG
VERWENDUNG IM BAUWESEN
1 468 LEICHTE SANDWICHKONSTRUKTIONEN FUER DACH UND DECKEN
1 477 ISOPLASTIC DACHHAUT AUF DER BASIS NEOPREN HYPALEN
1 479 BEISPIELE DES EINSATZES BEIM BAU
3 594 EINSATZ IN DER WASSERINSTALLATION U.SANIT.ANLAGEN
4 328 STABRASTERPLATTE EIN LICHTDURCHLAESSIGES DAEMMELEMENT
4 562 IM BAUWESEN UND BRANDSCHUTZFORDERUNGEN
6 474 GEBRAUCHSBESTAENDIGK.V.PLASTEN IM BAUWESEN BEWITT.VERSUCH
6 497 UNTERSUCHUNG VON FENSTERKONSTRUKTIONEN FUER STALLBAUTEN
7 408 FLEXIBLES PLASTIKMATERIAL VYNEX B
8 124 ALS BAUSTOFF FUER QUELLEGRUBEN UND BEHAELTER
9 453 LEICHTE DACH U.AUSSENWANDKONSTRUKT.F.EINGESCHOSS.BAUTEN
9 470 PRODUKTION VON BAUMATERIAL U.BAUTEILEN AUS PLASTEN IN RSFSR
9 480 STALLBODENBELAG STALLIFLEX FUER STROHLOSE AUFSTALLUNG

5 159 KUPFER FILTER AUS PROFILIERTEN ODER PERFORIERTEN BAENDERN
9 283 ALS MATERIAL FUER WASSERROHRLEITUNGEN
5 646 KUPFEROXYCHLORID FUNGITOXISCHE WIRKUNG V.SPRITZBELAEGEN
KUPPLUNG S.AUCH TRAKTOR: KRAFTUEBERTRAGUNG
9 45 BESTIMMUNG DER REIBUNGSARBEIT BEIM ANFAHREN
5 76 KURBELWELLE EINFLUESSE AUF DRUCK IN DEN LAGERN
KURZSTAND S.UNTER ANBINDESTALL
5 344 KUTEL MILCHERZEUGUNGSGEMEINSCHAFT BEI ESSEN
5 703 KUHHOTEL IN ESSEN
7 203 IN ITALIEN FUER 600 TIERE

LAGERBAUTEN FUER KARTOFFELN S.UNTER KARTOFFEL
9 363 LADELIFT ZUM BELADEN VON TRANSPORTMASCHINEN
LADEN LADEWAGEN S.DORT

LADEN S.AUCH ENTLADEN
VON HOLZ S.UNTER HOLZVERLADEN
1 97 VERLADEN UND TRANSPORT VON LOSEM UND GESACKTEM MISCHFUTTER
1 98 TRANSPORT BE UND ENTLADUNG LANDW.PRODUKTE
1 100 VOLLHYDRAULISCHER POLN.AUTOLADEKRAN HDS I A
1 122 MASCH.FUER LADEARBEITEN BEIM KARTOFFELLEGEN
1 226 LADEVORRICHTUNG LPU I FUER BALLEN VOM FRUNSEWERK
1 258 T 178 MIETENLADER FUER ZUCKERRUEBEN
1 569 TRANSPORTBAENDER FUER GETREIDEBE U.ENTLADUNGSARBEITEN
2 127 KONSTRUKTION EINSATZ INSTANDHALTUNG VON LADEMASCHINEN
2 144 HECKLADER PE 0 8 FUER LADE UND ERDARBEITEN
2 253 INSTANDHALTUNG VON ERNTEMASCHINEN UND REINIGENDEN LADERN
2 288 MASCH.KOMPLEX FUER BE U.ENTLADEARBEITEN AUF DEM DRESCHBODEN
2 347 NPK 30 BECHERLADER FUER STALLMIST
3 183 UNHZ 500 HYDRAULISCHER ANHAENGELADER
3 269 HANDHABUNG DER PRESSHEU UND PRESSSTROHBALLEN
3 404 VERRING.DES ENERGIEAUFWANDES BEI ARBEIT V.GREIFERLADERN
3 558 BE UND ENTLADEEINRICHTUNGEN FRANZ.GERAETELISTE MIT TECHN.DATEN
3 560 LADER 1000 CHS
4 5 HYDRAUL.ELEKTRONISCH GESTEUERTER GREIFERARM
4 54 MIETENLADER FUER RUEBEN VON BRETTEN
4 169 SOWJETISCHE LADER FUER ZUCKERRUEBEN
5 134 UMSCHLAGTECHNIK AN WAGENLADUNGSKNOTEN IN LANDW.EINZUGSBEREICHEN
5 142 EINSATZMOEGLICHKEITEN V.STETIGLADERN UND UNSTETIGLADERN
5 437 GROSSMASCH.FUER GARTEN U.LANDSCHAFTSBAU LOSEBLATT SAMMLUNG
6 127 VON HACKFRUECHTEN AUS FELDMIETEN MIT KRAENEN
7 1 MECHANISIERUNG DER VERLADEARBEITEN IN DER LANDWIRTSCHAFT
7 67 GERAETE FUER BELADEN VON FLUGZEUGEN MIT DUENGEMITTELN
7 156 MECH.DER BE UND ENTLADEARBEITEN VON KOERNERN
8 75 LADEMASCHINE T 335 V.VEB LANDMASCH.BAU FALKENSEE PRUEFB.BORNIM
8 115 HON 050 HYDRAULISCHER SCHWENKLADER FUER MINERALDUENGER
8 369 SELBSTTAETIGES BE U.ENTLADEN V.OBSTLAGER UND TRANSPORTKISTEN
8 457 VON KIES ANBAUGERAETE ZUM TRAKTOR
9 3 SELBSTFAHRENDE ARBEITSMASCHINEN
9 52 GERAETE MIT 2 SCHUBKOLBENZYLINDERN FUER DEN LASTHUB
9 210 SELBSTFAHRENDES LADEGERAET FUER DEN KOERNERTRANSPORT
9 224 HUBSCHAUFLER BOBCAT EINSATZ ZUR KARTOFFELAUSLAGERUNG
6 127 LADER T 157 EINSATZMOEGLICHKEITEN
6 187 PE 0.8 UND PMG 0.2 FUER MINERALDUNGER
9 82 BOBCAT 500 VON MELROE LTD.
5 437 LADERAUPE GROSSMASCH.FUER GARTEN U.LANDSCHAFTSBAU LOSEBLATT SAMMLUNG
LADEWAGEN HINWEISE
S.AUCH BALLENLADEWAGEN
ALLGEMEINES
8 2 ANFORDERUNGEN DER LOHNBETRIEBE
EINSATZ
1 249 EINSATZ ZUR RUEBENBLATTERNTE AUS LAENGSSCHWADEN
3 264 EINSATZ BEI DER MAISERNTE
4 47 LEISTUNG UND AUSWIRKUNG DER HANGNEIGUNG BEI EINACHS,WAGEN
4 137 EINSATZ ZUR HALB UND DUERRHEUBERGUNG
4 151 ARBEITSVERFAHREN UND AUFWAND BEI DER STROHERNTE
4 165 EINSATZ ZUR RUEBENBLATTAUFNAHME AUS LAENGSSCHWADEN
5 258 TRANSPORT VON HAECKSELGUT
6 120 FUER HANGLAGEN IN DER CSSR
6 123 TECHNIK UND EINSATZMOEGLICHKEITEN
6 124 TECHNIK UND EINSATZMOEGLICHKEITEN
6 125 LEISTUNGSAUFNAHME FUER HAECKSELVORGANG IM FOERDERKANAL
6 226 FUTTERBERGUNG IM HANGGELAENDE
6 235 EINSATZ BEI DER HAECKSLERERNTE
7 137 HEU UND GRUENFUTTERERNTE MIT DLG ANERKANNTEN MASCHINEN
7 141 BERGUNG VON TROCKENGUETERN RUEBENBLATT U.GRUENFUTTER
8 79 VERWENDUNG FUER DIE GRUENFUTTERBERGUNG BEIM SILIEREN
8 145 HAECKSELLADEWAGEN FUER DIE FUTTERERNTE
8 151 ODER HAECKSELLADEWAGEN FUER SILOMAISERNTE
9 3 HAECKSLERLADEWAGEN FUER DIE FUTTERGEWINNUNG
9 177 EINSATZ FUER DEN SACKLOSEN KOERNERTRANSPORT

LADEWAGEN BAUARTEN TYPEN
1 101 ELS 3.70 PRUEFBERICHT WIESELBURG
1 102 LW 205 PRUEFBERICHT WIESELBURG
1 103 KADETT PRUEFBERICHT WIESELBURG
1 104 FL 145 A TRIUMPFFELDLADER PRUEFBERICHT WIESELBURG
1 105 POETTINGER PRUEFBERICHT IMA BRUGG
1 106 TIEFGANGLADEWAGEN LITTLE FARMER
2 121 LADEMEISTER HS 3 MIT SCHNEIDWERK DLG PRUEFBERICHT
2 122 KOELA EAS 31 MIT SCHNEIDWERK DLG PRUEFBERICHT
2 123 USL 65 15 V.SCHROECK PRUEFBERICHT WIESELBURG
2 124 UML 65 20 V.SCHROECK PRUEFBERICHT WIESELBURG
2 125 STEYR HAMSTER JUNIOR PRUEFBERICHT WIESELBURG
2 126 ALADIN SPEZIAL TK PRUEFBERICHT WIESELBURG
3 179 EINACHSIGER GROSSRAUMLADEWAGEN SVN PRUEFERGEBNISSE
3 559 HORAL MIT ENTLADEVORRICHTUNG
4 46 BAUELEMENTE UND EINSATZMOEGLICHKEITEN IN DER SCHWEIZ
4 49 MIT SCHNELL ZUTEILENTLEERUNG
5 137 POETTINGER PRUEFBERICHT IMA BRUGG
6 121 SPEISER HAECKSELLADEWAGEN MIT TROMMELHAECKSLER
6 465 NEUE SERIE VON FAHR
7 69 ENTWICKLUNGSTENDENZEN UND VERBESSERUNGEN IN DER DDR
7 394 WAGEN MIT HYDRAULISCHER BEDIENUNG DER AUFSAMMELEINRICHTUNG
7 396 SELBSTFAHREND AUF DEM PARISER LANDMASCHINENSALON
7 399 AUF DER DLG AUSSTELLUNG
7 401 VOM IMA GEPRUEFTE UND ANERKANNTE MASCHINEN
8 70 186 SERIENMAESSIGE LADEWAGENTYPEN TYPENTABELLE
8 71 UEBERBLICK UEBER SELBSTTAETIGE BE UND ENTLADEANHAENGER
8 72 MIT SCHNEIDVORRICHTUNG HAECKSELLADEWAGEN
8 74 TIEFGANGLADEWAGEN BUCHER T 12 PRUEFBERICHT IMA BRUGG
8 142 ZUR BEWAELTIGUNG DER FUTTERERNTE
8 510 AUF DER DLG SCHAU
9 1 ENTWICKLUNG UND EINSATZ IN BELGIEN
9 56 FUER LANGGUT HAECKSEL UND BALLEN AUF DER DLG SCHAU
9 57 MIT SCHEIBENHAECKSLER ALS ABLADEGEBLAESE
9 57 ANGEBOT IN DER DDR
9 154 U.HAECKSELLADEWAGEN MIT SCHEIBENRADHAECKSLER
9 421 MIT TRANSPORT U.DOSIEREINRICHT. FUER ERNTEGUTWEITERGABE
9 429 L 15 VON BERGMANN DLG ANERKANNT
BAUGRUPPEN BAUTEILE
5 136 AUFNAHMETROMMELN UND FOERDERORGANE EINSATZBEREICH
5 655 MIT QUERFOERDERENTLADEBAND FUER GRUENFUTTER
5 655 HYDRAUL.VERSTELLUNG DER AUFSAMMELEINRICHTUNG
7 69 EINBAUMOEGLICHKEIT VON SCHNEIDMESSERN
8 73 DOSIERGERAETE FUER LADEWAGENGUT
9 156 ENTWICKLUNG MECH.ABLADE UND DOSIEREINRICHTUNGEN
9 156 FOERDER U.VERDICHTUNGSELEMENTE SCHNEIDEINRICHTUNGEN
1 38 LAENGENMESSTECHNIK NEUERUNGEN AUF DER HANNOVER MESSE
4 435 LAERCHE MOTORSAEGE KU FUER DIE RINGELUNG
6 400 MASCHINE FUER DAS REINIGEN UND SICHTEN VON SAATGUT
LAERM S.AUCH SCHALLSCHUTZ
1 451 DER ANTRIEBEINRICHTUNGEN BEI SEILBAHNEN
1 511 GERAEUSCHABSTRAHLUNG V.AXIALEN KUEHLGEBLAESEN
2 90 GERAEUSCHPEGEL AMER.UNTERSUCHUNGEN AN TRAKTOREN
3 493 NIVEAU MODERNER FORSTTRAKTOREN MIT RAHMENSTEUERUNG
4 23 UND VIBRATIONSSCHUTZ BEI TRAKTOREN
4 441 MOTORSAEGEN UND GEHOERSCHAEDEN
5 85 UNTERSUCHUNG DER LAERMUEBERTRAGUNG IM TRAKTOR
5 499 PAUSENLAENGE BEI UNTERSCHIEDL.LAERMBELAESTIGUNGEN
5 521 AUDIOMETRISCHE UNTERSUCHUNGEN AN FORSTARBEITERN
7 375 BESTIM.SCHAEDL.EINWIRKUNGEN AUF DIE AK BEIM STRASSENBAU
8 3 GERAET ZUR VERMINDERUNG BEI TRAKTOREN
8 296 GERAEUSCHBELAESTIGUNG DURCH GESCHIRRSPUELMASCHINEN
8 413 BELASTUNG BEI DER BESCHICKUNG EINES HACKROTORS
8 417 GERAEUSCHNIVEAU BEI FORSTTRAKTOREN
8 483 BELASTG.DURCH GROSSMASCHINEN FUER FORSTSTRASSENBAU
8 534 BAUPHYSIK.SCHUTZMASSNAHMEN SCHALLSCHUTZ TGL

8 535 LAERM SCHALLDAEMPFER FUER BELUEFTUNGSANLAGEN
9 370 UND VIBRATION BEI WALDARBEITEN NORWEGISCHE UNTERSUCHUNGEN
9 460 BEURTEILUNG VON BAULAERM IN EUROPAEISCHEN LAENDERN
1 22 LAGER FESTSCHMIERSTOFFE ZUR VERSCHLEISSMINDERUNG
1 51 WARTUNGSFREIE DU LAGER LIZ. GLACIER
3 26 WARTUNGSFREIE GLEITLAGER VON LANDMASCHINEN
3 27 GLEITLAGER AUS POLYMEREN STOFFEN
3 40 PLASTSTOFFE FUER DIE WIEDERHERSTELLUNG VON GLEITLAGERN
5 30 V.LANDMASCHINEN ENTWICKLUNGSTENDENZEN
9 6 WARTUNGSARME LAGER ABGESCHLOSSENE FORSCHUNGSARBEITEN
9 8 GLEITLAGER AUS DEM HARTGEWEBE VOLOKNIT
LAGERBAUTEN HOLZLAGER S.DORT
DUENGERLAGER S.DORT
FUER GETREIDE S.UNTER GETREIDE
S.AUCH BERGERAUM
S.AUCH KUEHLLAGER
S.AUCH SILO
FUER MASCHINEN S.EINSTELLRAUM
FUER OBST S.UNTER OBST
FUER RUEBEN S.UNTER RUEBEN
1 519 GENERALBEBAUUNGSPLAN FUER EINE SOWCHOSE
2 513 UNIFIZIERUNG IM POLN.LANDWIRTSCHAFTSBAU
4 372 BESEITIGUNG VON UNDICHTIGKEITEN IN KOHLENDIOXIDRAEUMEN
4 612 ANWEND.V.P.E.R.T. METHODE BEI BAU V.FRUCHTLAGERHALLEN
6 55 KUNSTLICHTANWENDUNG IN BAUTEN DER VORRATSHALTUNG
6 484 LEISTUNGEN DER BERDJANSKER GENOSSENSCH.BAUORGANISATION
7 418 VERWENDUNG VON HOLZ ALS BAUSTOFF
7 444 VERSORGUNGSBASIS FUER GENOSS.BAUORGANISATION BAUPROJEKT
8 559 MEHRZWECKSCHEUNEN FUER DEN LANDW.BETRIEB
8 560 GENOSSENSCH.LAGERHAUS IN VOLLMONTAGEBAUWEISE
8 567 AUFBAU EINER MATERIELLTECHNISCHEN VERSORGUNGSBASIS
9 347 NUTZUNG EINES MOTORRUECKENSPRUEHGERAETES ZUR RAUMBELUEFT
9 436 ERMITTLUNG VON UMBAUTEM RAUM UND AUFMASSEN
9 454 LEICHTMETALLKONSTRUKTIONEN IN DER CSSR
9 457 PRODUKTIONSPROGRAMM VEB STAHLBAU PLAUEN
LAGERHAUS FUER KARTOFFELN S.UNTER KARTOFFEL
FUER OBST S.UNTER OBST
LAGERUNG ZWIEBEL S.DORT
KARTOFFEL S.DORT
GETREIDE S.DORT
RUEBEN S.DORT
OBST S.DORT
GEMUESE S.DORT
6 18 1966 BERICHT UEBER DIE TAETIGKEIT DES IBVL
6 22 AUFGABEN DES LANDW.INGENIEURS IM SUDAN
6 137 VON RAUHFUTTER IN DER LPG GERABERG
8 292 WERTE FUER DEN GEWICHTSSCHWUND BEI LEBENSMITTELN
4 507 LANDBAUORDNUNG VOM MAI 1967 IN DER DDR
LANDMASCHINEN HINWEISE
GARAGE S.DORT
EINSTELLRAUM S.DORT
S.AUCH FORSTMASCHINEN
INSTANDSETZUNG S.DORT
WARTUNG S.DORT
ALLGEMEINES
1 4 UND TECHN.EINZELHEITEN ENGL.FACHBUCH
1 24 PROGNOSE V.ZUVERLAESSIGKEIT UND ERSATZTEILBEDARF
2 14 STAND DER INDUSTRIE KANADAS VOR 100 JAHREN
2 15 CHRONIK DES BAUS
2 16 EIN LANDTECHNISCHES MUSEUM
3 10 BEDEUTUNG DER MASCH.PRODUKTION BEI DER LANDW.ENTWICKLG.
5 4 CHRONIK DES LANDMASCHINENBAUS IN DER UDSSR
5 5 LANDMASCH.LEHRE LEITFADEN FUER STUDIERENDE DER LANDW.
5 47 AUSWAHL DER OPTIMALEN MASCHINENKAPAZITAET
5 53 PLANUNG DES BEDARFES
6 26 ISO TAGUNG IN USA

6	37	LANDMASCHINEN	FINDUNG DES WIRTSCHAFTL.GEBRAUCHSWERTES
7	3		LANDMASCHINENLEHRE BD. 11
7	407		PROJEKTIERUNGSKATALOG LANDWIRTSCHAFTSBAU
8	5		ENTWICKLUNGSTENDENZEN DER MODERNEN LANDWIRTSCHAFT
		UEBERSICHTEN	
1	71		SELBSTFAHRENDE LANDMASCHINEN TITELBIBLIOGRAPHIE
1	467		SOWJ.INDUSTRIE IM 50. JAHR NACH DER OKTOBERREVOLUTION
2	3		STAND DER TECHN.AUSRUESTUNG DER LANDWIRTSCHAFT IN DER SU
2	4		51. JAHRESAUSGABE DES RED BOOK V.IMPLEMENT U.TRAKTOR
2	5		1967 DAS GRUENE BUCH SOMMERAUSGABE
3	8		50 JAHRE SOWJETISCHER LANDMASCHINENBAU
3	9		50 JAHRE SOWJETISCHER LANDMASCHINENBAU
3	558		FRANZOESISCHE GERAETELISTE MIT TECHN.DATEN
5	1		STAND DES MASCHINENBAUES IN DEN RGW LAENDERN
5	24		STANDARDISIERUNG UND NORMUNG IN DER UDSSR
6	1		PRODUKTION IN DER UDSSR
6	4		MECHANISIERUNG DER DAENISCHEN LANDWIRTSCHAFT
6	13		KATALOG FUER OESTERREICH
6	465		1968 AUSSTELLUNG IN AMSTERDAM
6	466		39. LANDMASCHINENSALON IN PARIS
7	2		1968 GRUENES BUCH WINTERAUSGABE
7	402		AUSRUESTUNG FUER DIE TROPISCHE LANDWIRTSCHAFT
8	514		1968 GERAETELISTE IN FRANKREICH GEHANDELTER TYPEN
8	515		AUSRUESTUNGEN FUER DIE TROPISCHE LANDWIRTSCHAFT
8	516		MARKT
9	420		AUF DER ROYAL SHOW
		EINSATZ	
1	25		ENERGIEVERBRAUCH BEIM FUEHREN LANDW.MASCHINEN
2	3		AUSNUTZUNG DES MASCHINEN TRAKTOREN PARKES
2	48		EINFL.V.NUTZUNGSDAUER U.AUSNUTZUNG AUF MASCH.KOSTEN
2	49		FORTRAN PROGR.ZUM BESTIMM.DER FARMAUSSTATTUNG
5	52		OPT.PLANUNG DES EINSATZES IN DER FELDWIRTSCHAFT
6	36		BESTIMMUNG DER VERLUSTE DURCH STILLSTAENDE
6	133		EINSATZGRENZEN AUF HANGFLAECHEN
7	21		BEDEUTUNG V.NORMUNG FUER ERHOEH.DER MASCH.PRODUKTIVITAET
8	19		ZWECKMAESSIGKEIT DER ANSCHAFF.TYPENUNGLEICHER MASCHINEN
		ENTWICKLUNG GESTALTUNG	
1	2		ENTWICKLUNG V.MASCHINEN FUER DIE SOZ.LANDWIRTSCHAFT
1	12		METHOD.FRAGEN DER VEREINHEITLICHUNG
2	81		VOLLERNTEMASCHINEN MIT ELEKTR.TRANSMISSION
3	4		ENTWICKLUNG EINES MASCHINENSYSTEMS FUER 1971 1980
3	13		MASCH.BAUTECHN.GRUNDLAGEN FUER MASCH.U.GERAETEREIHEN
3	14		STANDARDISIERTE MASCH.SYSTEME ZUGKRAFT U.LEISTG.BEDARF
3	15		THEORIE UND TECHNOLOGISCHE BERECHNUNG
3	24		AUSWAHL OPTIMALER MASCHINENPARAMETER
4	5		EINDRINGEN DER ELEKTRONIK IN DEN LANDW.MASCHINENBAU
4	8		PROJEKTIERUNG ZUSAETZLICHER AUSRUESTUNGEN VERFAHREN
4	51		ENTWICKLUNG DES BAUS IM WERK ROSTSELMASCH
5	37		FORDERUNGEN AN DIE KONSTRUKTION V.LANDMASCHINEN
5	42		FARBGEBUNG ALS MASSNAHME DER VORBEUG.INSTANDHALTUNG
5	80		ZUKUENFTIGE ENTWICKLUNG DER HYDRAULISCHEN ANTRIEBE
6	23		THEORIE DER MASSEN UND GESCHWINDIGKEITEN
6	25		HANDBUCH FUER DEN KONSTRUKTEUR BD. I BIS 4
7	10		MESS U.UEBERTRAGUNGSPROBL.B.AUTOMAT.IN LANDTECHNIK
7	78		UNIVERSALMASCH.FUER AUSSAAT PFLEGE U.BODENBEARBEITUNG
8	1		ENTWURF EINER UNIVERSALMASCHINE FUER ALLE FELDARBEITEN
9	2		VOLLELEKTRIFIZIERUNG ALLER MASCHINEN PROGNOSE
9	426		MASCH.UND GERAETE ENTWICKELT V.PRAKTISCHEN LANDWIRTEN
		FERTIGUNG	
1	16		NACH KUNDENWUENSCHEN VERBESSERTE MASCHINEN
2	9		DDR INDUSTRIE IM SPIEGEL UNGARISCHER ANFORDERUNGEN
4	10		MOEGLICHKEITEN FUER ERHOEHUNG DER LEBENSDAUER
9	6		ANWEND.MOEGLICHK.DES QUERWALZENS IM LANDMASCHINENBAU
9	6		NITRIERVERFAHREN FUER TEILE
9	6		NORMATIVE F.KONSTRUKT.VORBEREITG.U.BAU V.BETRIEBSMITTELN
		BAUGRUPPEN BAUTEILE	

1	13	LANDMASCHINEN	FERNSTEUERUNG UND SERVOMECHANISMEN WIRKUNGSWEISE
1	17		OPTIMIERUNG DER WARTUNGSFRISTEN VON BAUGRUPPEN
1	21		KONSERVIERUNG DER INNEREN OBERFLAECHEN
1	26		EINFL.V.LAGE U.FORM DER BEDIENELEMENTE AUF DEN MENSCHEN
3	26		WARTUNGSFREIE GLEITLAGER
3	28		DUENNWAND.PROFILE MIT KASTENQUERSCHNITT ALS TRAEGER
3	29		UNTERSUCH.UEBER WARTUNGSARME ROLLENKETTEN FORSCH.BERICHT
3	30		ANWENDUNG VON KEGELFOERMIGEN KLEMMBUCHSEN
3	34		VERBESSERUNG DES VERSCHLEISSVERHALTENS VON TEILEN
3	131		UEBERBLICK UEBER DIE KRAFTUEBERTRAGUNG
4	33		VOR UND NACHTEILE DER HYDRAUL.ANTRIEBE
5	20		NACHSCHLAGEBUCH FUER REGELUNG LANDW.MASCHINEN
5	21		AUTOMATISIERUNG LANDWIRTSCHAFTLICHER AGGREGATE
5	25		ANLASSERTEILE AUS PLAST
5	27		WAHL VERSCHLEISSFESTER STOFFE FUER BAUTEILE
5	30		ENTWICKLUNGSTENDENZEN DER LAGER UND SCHMIERTECHNIK
5	68		STUFENLOS VARIABLER GESCHWINDIGKEITSREDUZIERER
5	81		ANTRIEB DURCH HYDROMOTOREN
5	83		REIFEN FUER SELBSTFAHRENDE LANDMASCHINEN
7	13		STANDARDISIERUNG DER GELENKWELLE VON LANDW.GERAETEN
9	8		GLEITLAGER AUS DEM HARTGEWEBE VOLOKNIT
		WERKSTOFFE	
2	30		WERKSTOFFEINSATZ IN MODERNEN MASCHINEN
2	31		VERWENDUNG NEUER WERKSTOFFE IM LANDMASCHINENBAU
5	29		ANWENDG.V.KUNSTSTOFFEN UND GUMMI
5	35		KORROSIONSSCHUTZ DER TEILE
5	36		PROBLEME DES KORROSIONSSCHUTZES
		PRUEFUNG	
2	20		1966 TAETIGKEITSBERICHT DER BUNDESVERSUCHS U.PRUEF.ANST.
2	58		BESTIMM.V.ZULAESS.VERSCHLEISS V.EINZELTEILEN U.BAUGRUPPE
2	59		FRAGEN DER SCHNELLPRUEFUNG
3	64		METHODEN BESCHLEUNIGTER PRUEFUNGEN IN POLEN
3	66		PRUEFSTAENDE UND VORRICHTUNGEN FUER SCHNELLPRUEFUNGEN
3	68		HALTBARK.PRUEFG.ODER BESCHLEUNIGTE UEBERLASTG.PRUEFG.
3	69		DEFINITION U.BERECH.V.ZUVERLAESSIGK,U.LEBENSDAUER
3	70		DEFINITION U.BERECH.V.ZUVERLAESSIGK,U.LEBENSDAUER
3	71		SELBSTFAHR.FUNKMESSLABOR RTL 8 F.PRUEFG.AUF DEM FELDE
4	13		BESCHLEUNIGTE FESTIGKEITSPRUEFUNGEN DER LEBENSDAUER
5	55		MESS UND PRUEFVERFAHREN BEI DER DLG PRUEFUNG
5	56		KONZENTRATION IM PRUEFWESEN DER DDR
6	16		UNTERSUCHUNGSVERFAHREN VON V.P. GORJACKIN
6	20		DURCHFUEHRUNG DER ERPROBUNG IN DER DDR
6	40		BERATUNG UEBER BESCHLEUNIGUNG DER MASCH.PRUEFG.IM RGW
6	44		ERHALTEN V.WEGEMARKIERG.IN OSZILLOGR.V.FAHRB.AGGREGATEN
6	132		1966 U.67 VOM IMA GEPRUEFTE UND ANERKANNTE MASCHINEN
7	23		ZWECK DER PRUEFUNG UND DURCHFUEHRUNG IN UNGARN
7	25		LEISTUNGSBEDARF AN ZAPFWELLENANGETRIEB.ANBAUGERAETEN
7	122		DLG ANERKANNTE MASCHINEN UND GERAETE FUER DIE BESTELLUNG
9	7		UNTERSUCHUNG DER TORSIONSFESTIGKEIT VON RAHMENKNOTEN
9	13		1963; .1967 MASCHINENPRUEFUNGEN IN WIESELBURG
9	15		VERSCHLEISS D.OBERFLAECHEN V.MASCH.ELEMENTEN MESSGERAET
9	80		FESTIGKEIT BEI NORMALEN U.ERHOEHTEN GESCHWINDIGKEITEN
9	429		DLG GEPRUEFTE UND ANERKANNTE GERAETE
1	2	LANDTECHNIK	WISSENSCHAFT UND MECH.DER SOZIALIST.LANDWIRTSCHAFT
2	7		AUFGABEN ALS DER SICHT DES VII. PARTEITAGES DER SED
2	12		ERFAHRUNG BEIM EINSATZ IN DER DDR
2	17		QUALIFIZIERUNGSMOEGLICHKEITEN AN SPEZIALSCHULE GROSSENHAIN
2	19		STUDIENPLAN FUER DIE MEISTERAUSBILDUNG
3	1		ENTWICKLUNG IN DER SU NACH DER OKTOBERREVOLUTION
3	2		STAND UND ZIELE DER MECHANISIERUNGSPLANUNG IN DER UDSSR
3	21		PROBLEME DER STEUERUNGS UND REGELUNGSTECHNIK
6	14		WOERTER UND HANDBUCH
7	6		1968 JAHRESUEBERSICHT
8	6		1968 JAHRESUEBERSICHT
8	9		W. I. LENIN UEBER MECH.DER SOZIALISTISCHEN LANDWIRTSCHAFT
8	14		MODELLPROJEKTIERUNG IM LANDTECHNISCHEN ANLAGENBAU

8 502 LANDTECHNIK 5SPRACHIGES TECHNISCHES FACHWOERTERBUCH
9 1 ENTWICKLUNG DER BELGISCHEN LANDTECHNIK SEIT 1945
1 2 LANDWIRTSCHAFT WISSENSCHAFT UND MECH.DER SOZIALIST.LANDWIRTSCHAFT
1 365 METHODIK FUER BESTIMMUNG DES MECHANISIERUNGSGRADES
2 6 15 JAHRE ENTWICKLUNG SOZIALIST.BETRIEBE IN DER DDR
2 8 TECHN.ENTWICKLUNG BEI NEUER WIRTSCHAFTSLEITUNG IN UNGAR
2 10 ENTWICKLUNGSTENDENZEN IN SUED UND MITTELEUROPA
2 483 REDUZIERUNG DER LN DURCH INDUSTRIE U.BAUMASS.IN DER DDR
3 10 ROLLE DER TECHNISCHEN ENTWICKLUNG
3 17 MECHANISIERUNG
3 25 ENTWICKLUNG DER STANDARDISIERUNG
4 1 MECHANIS.IN DER SU SEIT DER OKTOBERREVOLUTION
4 2 MASCHINEN UND GERAETEENTWICKLUNG IN DEN USA
5 7 SOZIALE AUSWIRKUNGEN DER WISS.TECHN.REVOLUTION
5 46 RATIONELLE PLANUNG VON KOMPLEXEN ARBEITEN
6 6 MECHANISIERUNG IN SEMIARIDEN LAENDERN
6 11 MECHANISIERUNG
7 5 1966 ENTWICKLUNGSSTAND IN POLEN
8 7 1966 STAND DER POLNISCHEN LANDWIRTSCHAFT
8 13 ANWENDUNG MATHEMATISCHER METHODEN
8 15 1968 VERZEICHNIS DER STANDARDS
8 516 1968 IN DER DDR FOLGERUNGEN AUS DEM GRUENEN BERICHT
1 132 LASER LASERSTRAHL ZUR KONTROLLE DER ROHRTIEFE BEI DRAENMASCHINEN
5 156 DRAENMASCHINEN GEFAELLESTEUERUNG MIT LASERSTRAHLEN
9 402 ZUR FUEHRUNG DER GRABENFRAESE GFP 3 V.EBERHARDT EINSATZ
8 76 LASTENAUFZUG FUER DEN HOFTRANSPORT LANDW.PRODUKTE
LASTKRAFTWAGEN S.LKW
5 462 LAUCH MECHANISIERUNG DER ERNTE IN DEN USA
5 463 ERNTE MIT DER UNIVERSALMASCHINE VOM NIAE
LAUFSTALL HINWEISE
S.AUCH JUNGVIEHSTALL
RINDERFUETTERUNG S.DORT OFFENSTALL S.DORT
ALLGEMEINES
1 536 STALLHALTUNGSSYSTEM UND GESUNDHEIT VON MILCHVIEH
4 586 EIGNUNG FUER EINSTALLUNG VON MILCHKUEHEN
4 588 ANFORDERUNGEN AN MODERNE STALLSYSTEME
6 515 BAUKONFERENZ UEBER PROBLEME GROSSER TIERBESTAENDE
BAUTYPEN BAU
1 535 MIT EINGESTREUTER LIEGEFLAECHE UND MIT SPALTENBODEN
1 547 ANLAGE FUER 1000 KUEHE MIT KREISFOERMIGEM TRIFTGANG
1 548 FUER 120 KUEHE UND 200 STUECK JUNGVIEH IN SCHWEDEN
5 703 KUTEL IN ESSEN
5 705 MIT TIEFSTREU U.BOXENAUFSTALLUNG VERGLEICH
6 517 VOLLMECHANISIERTE SOWJETISCHE MASTANLAGEN
6 538 MIT EINSTREU
8 551 GESCHLOSSENE MILCHVIEHANLAGE IN BLOCKBAUWEISE
9 478 LANDW.ANFORDER.AN BAUL.GESTALTG.V.MILCHVIEHGROSSSTAELLEN
BOXENLAUFSTALL
1 532 TENDENZEN DER ENTWICKLUNG VON MILCHVIEHANLAGEN
1 535 BOXENLAUFSTALL UND SPERRBOXENSTALL
1 547 IN LEICHTBAUWEISE MIT LIEGEBOXEN
1 547 BOXENSTAELLE OHNE WAERMEDAEMMUNG IN DER CSSR UND BULGARIEN
2 503 UMBAU VON QUERREIHENAUFSTALLUNG ZUM BOXENLAUFSTALL
2 503 LIEGEBOXENKALTSTALL IN EINER UMGEBAUTEN HOFSCHEUNE
3 357 MIT BOXEN ERFAHRUNGEN MIT DER VOLLMECHANISIERUNG
3 600 ANLAGE FUER 500 KUEHE IN GROSS LUESEWITZ
3 605 LIEGEBOXEN ODER LIEGEBUCHTEN TERMINOLOG.PROBLEME
3 606 LIEGEBOXENSTALL FUER EINE WACHSENDE VIEHHERDE
4 584 HOLZPFLASTER FUER VIEHSTAENDE UND LIEGEBUCHTEN
4 585 BOXENLAUFSTALL NACH DEM ALFA LAVAL SYSTEM
4 588 LIEGEBOXENSTALL MIT FESTBODENLAUFFLAECHE
4 590 FUER KUEHE VERGLEICH ZWISCH.TIEF U.BOXENLAUFSTALL
4 591 AUSBILDUNG VON MILCHVIEHBOXEN
4 592 HOLZKONSTRUKTION FUER DIE MUTTERKUHHALTUNG
4 593 VIERREIHIGER STALL MIT LIEGEBOXEN
5 349 MILCHKUHHALTUNG AUF GUMMIMATTEN IN BOXENLIEGESTAELLEN

5 704 LAUFSTALL MIT LIEGEBOXEN ERFAHRUNGEN V.VERSUCHSBETRIEBEN
5 704 MIT LIEGEBOXEN FUER JUNGRINDER
5 706 KONSTRUKTION VON LIEGEBOXEN FUER KUEHE
5 707 LIEGEBUCHTEN MIT TRENNWAND U.HOLZPFLASTER ALB ARBEITSBLATT
5 708 VERSCHLOSSENE LIEGEBOXEN FUER MILCHKUEHE
5 709 FUER MILCHVIEH MIT MELKRAUM UND LIEGEBUCHTEN
6 516 UEBERGANG ZUM BOXENLAUFSTALL IN DEN USA
6 519 ANLAGEN DER MILCHPRODUKTIONSGEMEINSCHAFT VON INGLEWOOD
6 523 MILCHVIEHHALTUNG IM BOXENLAUFSTALL MODELLBETRIEB
6 524 NIEDERLAENDISCHE ERFAHRUNGEN MIT SPERRBOXENSTAELLEN
6 525 BAUPROGRAMM FUER EINEN FAERSENAUFZUCHTBETRIEB
7 203 KUTEL IN ITALIEN FUER 600 TIERE
7 391 FANGBOXEN MIT ABKLAPPBAREN ROHRRAHMEN
7 406 VERHALTEN VON JUNGRINDERN IM BOXENLAUFSTALL
8 21 LIEGEBOXENSTALL FUER 40 KUEHE MIT AUSSENAUSLAUF
8 245 MIT BOXEN U.BODENROSTEN FUER KUEHE IN BULGARIEN
8 246 ENTWICKLUNG ZUM LIEGEBOXENSTALL MIT ODER OHNE EINSTREU
8 248 TECHNIK UND ARBEITSWIRTSCHAFT IM SPERRBOXENSTALL
8 550 BOXENSTALLANLAGEN
9 483 STUDIE UEBER DIE TECHNOLOG.LOESUNG EINES BOXENLAUFSTALLES
9 484 GESTALTUNG DER BOXENLAUFSTAELLE FUER MILCHVIEH
9 485 BOXENLAUFSTALL BAUTYPEN UND NUTZUNG IN DER SCHWEIZ
9 487 KOSTENSENKUNG DURCH KOMPL.FERTIGTEILE FUER BOXENLAUFSTAELLE
9 488 TRENNWAENDE FUER LIEGEBUCHTEN IN MILCHVIEHLAUFSTAELLEN
9 489 GESTALTUNG DER LIEGEPLAETZE FUER MILCHKUEHE
9 490 JUNGVIEHSTALL MIT LIEGEBOXEN VERBESSERUNG V.TYPENPROJEKTEN
STALLEINRICHTUNG TECHNOLOGIE
1 301 ARBEITS U.KAPITALBEDARF IM ANBINDE UND LAUFSTALL
1 549 LAUFHOFSTAELLE MIT SELBSTFUETTERUNG FUER MILCHVIEH
3 356 EINFL.NEUZEITL.PRODUKTIONSVERFAHREN AUF DIE MILCHLEISTG.
4 274 FANGBOXENKONSTRUKTION VON GASCOIGNES
5 705 ARBEITSAUFWAND BEI TIEFSTREU U.BOXENAUFSTALLG. VERGLEICH
6 512 HOLZPFLASTERBELAG FUER STAND UND LIEGEPLAETZE
6 513 LIEGEFLAECHEN AUS KUNSTSTOFF
7 437 MECHANISIERUNG IN DEN MILCHVIEHFARMEN DER CSSR
8 245 SELBSTKOSTEN DER MILCH BEIM SYSTEM HARVESTORE
8 246 MIT SELBSTFUETTERUNG FUER MILCHVIEH OPTIMALE TECHNOLOGIE
9 480 STALLBODENBELAG STALLIFLEX FUER STROHLOSE AUFSTALLUNG
9 486 UNTERSUCHUNGEN IM VERSUCHSSTALL MIT LIEGEPLAETZEN
9 491 RINDERMAST AUF VOLLSPALTENBODEN
STALLKLIMA
4 3 LIEGEBOXENSTAELLE MIT SPALTENBODEN DUNGGASE
ENTMISTEN
2 346 ENTMISTEN BEI GITTERROST BZW.SPALTENBODENAUFSTALLUNG
4 248 VERGLEICHENDE UNTERSUCH.UEBER FLUESSIGENTMISTUNG
4 249 FALTSCHIEBERENTMISTUNG ARBEITSWEISE DER ANLAGE
4 253 KOSTEN FUER ENTMISTUNGSSYSTEME IM LIEGEBOXENSTALL
4 616 PHYSIKALISCHE EIGENSCHAFTEN DES DUNGS
5 142 UNSTETIGLADER ZUM ENTMISTEN VON TIEFLAUFSTAELLEN
5 229 AUSBRINGUNG VON DICKGUELLE MIT TANKWAGEN
7 220 ANLAGE VON ALFA LAVAL MIT V FOERMIGEN RAEUMSCHAREN
8 275 FUER MILCHVIEH OEKONOM.EINSCHAETZG.V.ENTMISTUNGSSYSTEMEN
9 260 FESTMISTVERFAHREN ODER GRENZEN DER FLUESSIGMISTBEREITUNG
6 446 LAWINENVERBAUUNG PROBLEME DES SEILTRANSPORTES
LEBENSMITTEL KONSERVIERUNG S.DORT
2 1 INDUSTRIELLE VERARBEITUNG LANDW.PRODUKTE IN UNGARN
2 371 TRANSPORT IM KUEHLCONTAINER
2 432 1967 NEUE KONZEPTION DER ANUGA
5 480 INNENTEMPERATURMESSUNG BEI KONSERVEN
6 294 EINFL.AUF MECHANISCHE EIGENSCHAFTEN V.KUNSTSTOFFEN
8 292 VERARBEITUNG IM HAUSHALT
LEGEBATTERIEN S.UNTER HUEHNERSTALL
LEGEN VON KARTOFFELN S.UNTER KARTOFFEL
LEGUMINOSEN S.HUELSENFRUECHTE
4 541 LEHM HERSTELLUNG EINER KNETMASCHINE FUER ZIEGELEIEN
9 471 MAUERN MIT LEHMSTEINEN UND VERPUTZEN VON LEHMSTEINMAUERN

5 5 LEHRBUCH LANDMASCHINENLEHRE LEITFADEN FUER STUDIERENDE DER LANDW.
5 21 AUTOMATISIERUNG LANDWIRTSCHAFTLICHER AGGREGATE
7 3 LANDMASCHINENLEHRE BD. 11
7 4 LANDWIRTSCHAFTLICHE STOFF UND MASCHINENKUNDE
LEICHTBAU S.UNTER BAUKONSTRUKTION
S.UNTER BAUWEISE
LEIN
S.FLACHS

1 406 LEITER MIT PLASTE UEBERZOGENE ALUMINIUMLEITERN
2 416 FUER ERNTE UND SCHNITT IM OBSTBAU
4 324 TRANSPORTABLE LEITERN MIT AUFSTELLFLAECHEN
4 423 HACA LEICHTSTAHLLEITER ERGEBN.V.FORSTTECHN.PRUEFUNG
5 546 HACA LEICHTSTAHLLEITER PRUEFURTEILE DES FPA
6 370 EINSATZ BEI DER OBSTERNTE
7 10 LEITFAEHIGKEIT DIREKTE ELEKTRISCHE MESSWERTERFASSUNG
9 223 AUSNUTZUNG ZUR TRENNUNG V.KARTOFFELN U.BEIMENGUNGEN
4 2 LEITUNG LANDWIRTSCH.BETRIEBE EINSATZ VON EDVA
4 398 LEITUNGSKOSTEN IN DER FORSTW. PRODUKTION IN DER DDR
4 403 SOZIALISTISCHER WETTBEWERB ALS HAUPTMETHODE
4 404 ARBEIT DES INGENIEURBUEROS DER VVB FORSTWIRTSCHAFT POTSDAM
6 8 PROGNOSTIK ALS FUEHRUNGSAUFGABE IN LANDW.UND NGW
6 21 ERHOEHUNG DES WIRKUNGSGRADES IN ENTWICKLUNGSLAENDERN
6 35 TECHNOLOG.BEURTEILG.RAHMEN ZUR SYSTEMAT.V.UNTERSUCH.ERGEBNISS.
6 272 MODERNER LANDWIRTSCHAFTSBETRIEBE
6 331 DES SOZ.GARTENBAUES OPERATIONSFORSCHUNG
8 82 KOMPLEXE LEITUNG DER GETREIDEWIRTSCH.IM KREIS SOEMMERDA
8 433 FORTBILDUNGSKURSE AN DER LENINGRADER FORSTTECHN.KIROV AKADEMIE
9 67 DER GETREIDEERNTE MIT HILFE DER NETZWERKTECHNIK
9 462 NEUE METHODEN IM LBK FRANKFURT ODER
8 9 LENIN UEBER DIE MECHANISIERUNG DER SOZIALISTISCHEN LANDWIRTSCHAFT
LENKUNG S.AUCH TRAKTOR
7 9 V.MASCH.U.DER NACHFUEHRUNG V.ARBEITSELEMENTEN AUTOMAT.
9 429 LENKHILFEN OELPUMPEN UND HYDRAULISCHE LENKANLAGEN
8 321 LEUCHTSTOFFLAMPE AUTOMAT.ZUSATZBELICHTG.V.JUNGPFLANZEN IM GEWAECHSHAUS
9 23 ZUR AUSSENBELEUCHTUNG AUF DER FARM
LICHT S.UNTER BELEUCHTUNG
1 461 LICHTFALLE AUSNUTZUNG IM PFLANZENSCHUTZ
5 683 LICHTHOF FUNKTION IM LANDWIRTSCHAFTLICHEN BAUWESEN
2 60 LICHTREFLEXION U.DURCHGANG MESSVERFAHREN UND GERAETE
3 195 AUSNUTZUNG ZUR STEIN U.KLUTENTRENNUNG V.KARTOFFELN
LICHTSCHRANKE S.UNTER REGELTECHNIK
LIEGEBOXE S.UNTER LAUFSTALL
LIEGEBOXENSTALL S.UNTER LAUFSTALL
LIEGEPLATZ S.UNTER LAUFSTALL
5 39 LINEARE PROGRAMMIERUNG BEI BERECHNUNGEN IM REPARATURBETRIEB
6 426 LOESUNG VON HOLZTRANSPORTPROBLEMEN
8 20 FUER RINDERHALTUNG UND WEIDEWIRTSCHAFT
LKW LASTKRAFTWAGEN
GARAGE S.DORT

ALLGEMEINES
3 539 ENTWICKLUNG DES LANDSTRASSENTRANSPORTES IN SCHWEDEN
9 69 KIPPBUEHNE GAP 2C
9 69 KIPPBUEHNE GAP 2N
EINSATZ
1 432 MAZ 509 EINSATZ ZUM HOLZTRANSPORT
1 446 VORRICHTUNGEN ZUM ABLADEN VON LANGHOLZ KOSTEN
2 288 GAP 20 HEBEBUEHNE
2 455 DREIACHSIGE SPEZIAL LKW FUER DEN HOLZFERNTRANSPORT
3 221 ZWECKMAESSIGSTE ENTFERNUNG FUER TRANSPORT VON FERTIGTEILEN
3 491 ZIS 21A FUER DEN HOLZTRANSPORT
3 540 METHODEN DER SICHEREN BEFESTIGUNG VON LASTEN
4 377 RATIONALISIERUNG DES TRANSPORTES IM HOLLAENDISCHEN OBSTBAU
4 472 KRAZ 214 EINSATZ FUER DEN HOLZTRANSPORT
4 480 W 50 LANGHOLZTRANSPORTSYSTEM

4 483 LKW PRUEFUNG V.LKW ZUEGEN FUER LANGHOLZ IM RAHMEN DES RGW
5 131 ENTWICKLUNG DES LANDW.TRANSPORTS IN DER BELORUSSISCHEN SSR
5 214 W 50 MIT STREUAUFSATZ FUER PK VORRATSDUENGUNG
5 264 KOMPLEXEINSATZ ZUM KOERNERTRANSPORT
5 384 MILCHKANNENTRANSPORT IN INDIEN
5 532 MIT HYDR.KRAENEN FUER HOLZBE UND ENTLADUNG
5 535 VOLVO U.SCANIA VABIS MIT KRAN HIAB HOLZTRANSPORT
5 597 BELADUNG MIT EINEM PRENTICE TMS LADER
5 609 TATRA 138 MIT HIAB LADEKRAN
5 612 MAZ 509 FUER DEN LANGHOLZTRANSPORT
5 615 HOLZTRANSPORT FLEXIBLES ANHAENGERSYSTEM
5 616 TRANSPORT VON GANZEN STAEMMEN
5 617 HOLZTRANSPORT IN NORWEGEN
6 119 LAK UND LAZ FUER FRISCH UND TROCKENGUTTRANSPORT
6 187 SAZ 2500 U.ZSA 40 ZUR AUSBRINGUNG VON MINERALDUENGER
6 403 STAMMRUECKEN UND TRANSPORT GANZER STAEMME
6 425 NAMI 076 CNIIME FUER LANGHOLZ MIT HOHER LADEFAEHIGKEIT
6 428 TRANSPORT VON GANZEN STAEMMEN VERSUCHE IN NORWEGEN
7 68 JAEHRLICHER TRANSPORTBEDARF IN DER UNGARISCHEN LANDWIRTSCHAFT
7 342 FUER DEN LANGHOLZTRANSPORT MIT DOPPELTROMMELWINDE
7 358 MECHANISIERUNG DER HOLZABFUHR IN DER SU
8 68 EINSATZ IN LANDWIRTSCHAFT UND NGW DER DDR
8 208 KOERNERTRANSPORT BEIM KOMPLEXEINSATZ DER MAEHDRESCHER E 512
8 307 PALETTENTRANSPORT V.OBST ZUR VERMARKTUNG UND ZUM VERKAUF
8 407 MAZ 509 U.KRAZ 214 FUER DIE HOLZABFUHR
8 432 TATRA UND SKODA FUER DIE HOLZABFUHR
8 433 FUER DEN HOLZTRANSPORT IN DER ASSR KOMI
8 434 FUER DEN TRANSPORT VON STAMMBUENDELN
8 435 LANGHOLZ LKW MIT AUFLIEGER UND HYDRAULISCHEM LADEARM
9 172 MIT ANHAENGER EINSATZ FUER DEN KORNTRANSPORT BEIM MAEHDRUSCH
9 210 W 50 LAS K SATTELAUFLIEGER FUER TRANSPORT V.LOSEM GETREIDE
BAUARTEN TYPEN
1 72 SELBSTFAHRENDE MEHRZWECKTAFELWAGEN MIT TIEFER SCHWERPUNKTLAGE
1 73 TRANSPORTFAHRZEUG VENTURE MIT 85 BZW. 130 PS
1 109 UEBERSICHT UEBER NEUENTWICKELTE SOWJETISCHE TYPEN
1 321 ZUM MISCHFUTTERTRANSPORT IN LOSER FORM
1 439 SCHWERE TYPEN FUER DIE ABFUHR VON LANGHOLZ
1 463 CLARK RANGER MIT 128 PS UND HYDRAULIKSYSTEM
2 154 TYPEN MIT HYDRAUL.LADEKRAENEN FUER PALETTENTRANSPORT
3 141 ANALYSE UND KONSTRUKTION VON RAHMEN
3 491 AUSRUESTUNG MIT HOLZGASGENERATOREN
4 417 LASTZUG AUF BASIS DES MAZ 509 P FUER LANGHOLZ
4 417 LASTZUG AUF BASIS DES ZIL 157 FUER KURZHOLZ
4 434 KRAZ 255B U.KRAZ 214 LKZ LASTZUEGE MIT HAENGER
5 498 LASTZUEGE VOM TYP MAZ UND KRAZ
7 116 ZUM TRANSPORT UND VERLADEN VON DUENGER
7 358 MAZ 501B FUER DEN HOLZTRANSPORT
8 460 LASTENTRAEGER SM 668 VON BOLINDER MUNKTELL
9 400 FLEXOR FUER HOLZTRANSPORT
9 400 LASTZUG SCANIA VABIS MIT ZWEI ANHAENGERN
BAUGRUPPEN BAUTEILE
3 520 VORRICHTUNG RRU 10 M FUER HOLZBUENDEL ODER STAEMME
4 476 HYDRAUL.GREIFER ZUM LADEN V.HOLZABSCHNITTEN U.SCHICHTHOLZ
5 211 W 50 MIT SCHLEUDERSTREUAUFSATZ FUER DIE DUENGUNG
6 95 ZWECKMAESSIGE BEREIFUNG FUER DEN TRANSPORTEINSATZ IN DER LANDW.
7 55 ZIL 164 VORTEILE UND EIGENSCHAFTEN DER TERRAREIFEN
7 341 ZIL 175 VORRICHTUNG SAICIK
8 419 KIPPKABINE AUF NEUEN SCANIA MODELLEN
8 476 OEKONOMISCHER EINSATZ EINES LADEKRANES
WARTUNG INSTANDSETZUNG
1 430 FAHRBARE WERKSTAETTEN SRPM I UND SRPM 2
8 18 VORTEILE DER ZENTRALEN ERSATZTEILVERSORGUNG
LOEFFELBAGGER
S.UNTER BAGGER
1 373 LOEFFELRADSAEGERAET FUER GEMUESESAEMASCHINEN
LOHN S.UNTER ENTLOHNUNG

1 245 LOHNBETRIEB EINSATZ VON FUTTERRUEBENVOLLERNTEMASCHINEN
4 19 FUNKVERKEHR ANLAGEN U.SYSTEME IN DEN NIEDERLANDEN
6 39 BETRIEBE IN BELGIEN
8 2 BETRACHTUNG DER LANDTECHNISCHEN ENTWICKLUNG
5 729 PLANUNG VON BETRIEBSGEBAEUDEN
LPG LANDWIRTSCHAFTLICHE PRODUKTIONSGENOSSENSCHAFT

1 46 MIT PRODUKTIONSRICHTUNG TIERZUCHT STROMVERBRAUCH
5 49 MECH.IN DER FELDWIRTSCHAFT DER LPG LEHNITZTAL
8 17 MASCHINENREPARATUR UND INSTANDHALTUNG
8 235 BENOETIGTE LAGERKAPAZITAET FUER FUTTERGETREIDE
LUEFTUNG HINWEISE
GEWAECHSHAUS S.DORT
BELUEFTUNG VON GETREIDE S.UNTER GETREIDE
S.AUCH BELUEFTUNG
S.AUCH STALLKLIMA
ALLGEMEINES
1 489 VERBILLIGTE UND VERBESSERTE EINRICHTUNGEN
1 510 VON LANDWIRTSCH.BAUTEN LUFTSTROEMUNGSUNTERSUCHUNGEN
1 511 GERAEUSCHABSTRAHLUNG V.AXIALEN KUEHLGEBLAESEN
2 500 SELBSTLUEFTUNG GESCHLOSSENER RAEUME
3 581 BERECHNUNG VON LUEFTUNGS UND KLIMAANLAGEN
3 583 REGELUNG FUER LUEFTUNGS UND KLIMAANLAGEN
3 584 KALTLUFTEINBLASUNG IN BELUEFTETEN RAEUMEN
4 281 7. ITALIENISCHER HEIZUNGS UND LUEFTUNGSKONGRESS
4 292 TECHNIK IN UNGARN
5 678 BERECHNUNG VON LUEFTUNGS UND KLIMAANLAGEN
7 407 PROJEKTIERUNGSKATALOG LANDWIRTSCHAFTSBAU
8 328 MYCOTRON FUER KLIMATISCHE VERSUCHE
8 329 EINFL.AUF VERDAMPFEN VON WASSER AUS DECKERDE
8 535 SCHALLDAEMPFER FUER BELUEFTUNGSANLAGEN
WOHNBAUTEN
4 556 VON MODERNEN WOHNUNGEN SYSTEME
6 309 REGELSYSTEME FUER ELEKTRISCHE U.ELEKTROPNEUMAT.SYSTEME
9 276 SCHACHTENTLUEFTUNG MIT EINGEBAUTEM KRAFTENTLUEFTER IN KUECHEN
9 464 ANFORDERUNGEN AN MODERNE ARBEITSRAEUME ERLAEUTER.ZUR TGL
STALLBAUTEN
1 504 AUTOMATISCH GESTEUERTE SYSTEME FUER AUFZUCHTSTAELLE
1 506 KLIMATISIERUNG V.VIEH U.GEFLUEGELSTAELLEN FORTSCHRITTSBER.
1 507 KLIMATISIERUNG VON STAELLEN IN NORWEGEN
1 575 EINFLUSS DER ENTMISTUNGSART AUF DIE STALLUFT
2 305 GUENSTIGES STALLKLIMA DURCH ZWANGSLUEFTUNG
2 307 DER STAELLE FORSCHUNGSPROBLEME
3 585 BAUTEN DER TIERHALTUNG MIT BELUEFTETEN DACHEINDECKUNGEN
4 552 BERECHNUNG DES LUEFTUNGSBEDARFES
4 554 DIN 18 910 BLATT 2 ERLAEUTERG.ZU DEN ABLUFTSCHACHTMASSEN
4 555 AUSFUEHRUNGSBEISPIELE FUER ABLUFTSCHAECHTE
5 679 MECHANISCHE LUEFTUNG IN STAELLEN MESSUNGEN
5 680 ANWENDUNG SPEZIELLER ABSAUGVORRICHTUNGEN
5 681 EINFL.V.VENTILATOREN AUF DIE LUFTVERTEILUNG
5 682 K 314 STALLUEFTER PRUEFBERICHT WIESELBURG
7 406 ZUSAMMENHANG ZWISCH.STALLVERHAELTN.LUEFT.SYSTEM U.LUFTSTROEM.
7 420 VORGEFERTIGTE BAUELEMENTE DER FA. STOCKBUILDINGS
8 536 ZULUFTKANAELE AN EBENEN UND GEWOELBTEN MASSIVDECKEN
8 536 ZULUFTKANAELE IN HOLZBALKENDECKEN
8 537 STALLDRUCKBELUEFTUNG MIT TURBOVENTILATOREN
8 538 SYSTEM MIT GLEICHMAESS.FRISCHLUFTVERTEILUNG E.MOTORLEISTG.
9 466 TURBO VENTILATOREN BAUKASTENSYSTEM VON HELLMANN
9 467 VON MILCHVIEH GEFLUEGEL UND SCHWEINESTAELLEN
RINDERSTALL
1 302 LUFTAUSTAUSCH UEBER AUTOMAT.GESTEUERTE VENTILATOREN
1 532 ANLAGEN FUER KOMPAKTBAUTEN
1 534 MECHANISCHE DACHENTLUEFTUNG FUER ANBINDESTALL
1 542 ZWANGSLUEFTUNGSSYSTEM IM ANBINDESTALL
1 544 AUFTRIEBSLUEFTUNG IM ANBINDESTALL
3 609 VENTILATOREN MIT THERMOSTATEN IM RINDERMASTSTALL

5 711 LUEFTUNG VON THERMOSTATEN GEREGELTER VENTILATOR FUER KAELBERSTALL
9 491 V.RINDERMASTSTAELLEN FUER VOLLSPALTENBODENHALTUNG
SCHWEINESTALL
1 554 UNTER UND UEBERDRUCKLUEFTUNG IM SCHWEINESTALL
1 555 UNTER UND UEBERDRUCKLUEFTUNG IM SCHWEINESTALL
2 506 UNTERDRUCK LUEFTUNGSSYSTEM IM VERSUCHSABFERKELSTALL
2 507 EINRICHTUNG FUER FENSTERLOSE SCHWEINESTAELLE
3 610 FERKELABSPERRHAUS MIT KLIMAUEBERWACHUNGSANLAGE
4 327 DER ABFERKELSTAELLE
5 714 AUTOMAT. IM SCHWEINEMASTSTALL UND ZUCHTSTALL
5 718 SYSTEME IN DER SCHWEINEMAST
7 418 SPERRHOLZROHRE FUER DIE ABLUFTFUEHRUNG
7 439 ZUGFREIE BE UND ENTLUEFTUNG EINES SCHWEINEMASTSTALLES
7 441 DOPPELTE LUEFTUNGSANLAGE FUER ZUCHTSTAELLE
8 249 V.SCHWEINESTAELLEN DURCH VENTILATOREN IN SCHWEDEN
9 231 EINES FENSTERLOSEN MASTSCHWEINESTALLES MIT VENTILATOREN
9 465 SYSTEM FUER SOMMER UND WINTERBELUEFTUNG IN SCHWEINESTAELLEN
9 492 EMPFEHLUNGEN FUER DIE SAUENHALTUNG
9 494 IN EINEM DUNKELSTALL FUER DIE SCHWEINEMAST
9 497 IN SPALTENBODENSTAELLEN FUER SCHWEINE
GEFLUEGELSTALL
1 561 SYSTEME IN GEFLUEGELANLAGEN
1 563 UEBERDRUCKBELUEFT.SYSTEM MIT LUFTANWAERMG.IM GEFLUEGELSTALL
1 565 HUEHNERINTENSIVSTAELLE MIT HEIZLUEFTUNG
2 318 BE UND ENTLUEFTUNGSANLAGEN FUER GEFLUEGELSTAELLE
3 374 VENTILATION DER GEFLUEGELSTAELLE
3 375 VENTILATION VON GEFLUEGELSTAELLEN IM SOMMER
3 619 SENKUNG V.AMMONIAKGEHALT IN HUEHNERSTAELLEN
4 218 VORBERECHNETES SYSTEM FUER HUEHNERSTAELLE
4 244 HCN VENTILATION MIT AUTOMATISCHER STEUERUNG
4 604 SPEZ.WAERME UND WASSERDAMPFABGABE VON KUEKEN
4 606 UNTERDRUCKLUEFTUNG IN MAST UND LEGEHENNENSTAELLEN
8 554 VENTILATOREN MIT ZEITSTEUERUNG FUER GEFLUEGELHAEUSER
8 555 ABSAUGENDE VENTILATOREN FUER HUEHNERSTAELLE
9 500 BATTERIESTALL FUER 1000 HENNEN
LAGERBAUTEN
1 571 MECHANISCHE LUEFTUNG IN KARTOFFELLAGERRAEUMEN
4 613 VON LAGERRAEUMEN FUER KARTOFFELN
4 614 VON LAGERRAEUMEN FUER KARTOFFELN
5 725 SYSTEME FUER KARTOFFELLAGERRAEUME
5 726 SYSTEME FUER KARTOFFELLAGERRAEUME
6 382 LUFTZIRKULATION IM KUEHLLAGER
9 347 NUTZUNG EINES MOTORRUECKENSPRUEHGERAETES ZUR RAUMBELUEFTUNG
1 508 LUFT MESSUNG DES STAUBGEHALTES
1 509 SCHNELLE FEUCHTIGKEITS UND TEMP.BESTIMMUNG MIT NEUEN GERAETEN
6 492 LUFTABKUEHLUNGSSONDE BESTIMMUNG DES WAERMEENTZUGES IN STALLBAUTEN
7 248 LUFTBEFEUCHTUNG IN WOHNRAEUMEN
8 328 LUFTBEWEGUNG MYCOTRON FUER KLIMATISCHE VERSUCHE
3 500 LUFTBILD UNTERSUCH.GESUNDER GEDUENGTER U.RAUCHGESCHAED.KONIFEREN
9 464 LUFTFEUCHTE ANFORDERUNGEN AN MODERNE ARBEITSRAEUME ERLAEUTER.ZUR TGL
7 290 UNTERSUCHUNG IN POLYAETHYLENGEWAECHSHAEUSERN
8 25 METHODEN ZUM BESTIMMEN
8 304 MESSINSTRUMENTE FUER KUEHL UND GASZELLEN
LUFTHEIZUNG S.UNTER HEIZUNG VON WOHNRAEUMEN
VON GEWAECHSHAEUSERN S.UNTER GEWAECHSHAUS
2 119 LUFTKISSENFAHRZEUG ZUM AUSBRINGEN VON MINERALDUENGER
LUFTKISSENKUEHLUNG S.UNTER GEFRIER UND KUEHLKONSERVIERUNG
8 183 LUPINE ERNTE MIT DEM MAEHDRESCHER E 512
9 360 LUPOLEN EIGENSCHAFTEN VON LUPOLENROHREN
1 44 LUZERNE REIBUNGSKOEFFIZIENT DER HAECKSELMASSE
1 213 GROSSREUTERTROCKNUNG BEI DER HEUERNTE.
1 319 ERFORSCHUNG V.ZERREIBUNGSVORGANG IN HAMMERMUEHLEN
3 85 PHYSIKAL.MECH.EIGENSCHAFTEN GRUENER U.ANGEWELKTER LUZERNE
3 87 PHYSIKAL.MECH.EIGENSCHAFTEN DES GRUENFUTTERHAECKSELS
3 192 INDUSTRIELLE ANLAGEN ZUR TROCKNUNG U.VERARBEITG.ZU GRUENMEHL
3 193 VERARBEITUNGSWEG VOM ANBAUSCHLAG ZUM PELLET

4 174 LUZERNE PRODUKTION VON LUZERNEMEHL IN EINEM HEISSLUFTTROCKNER
4 175 ERZEUGUNG VON LUZERNEMEHL AUF DEM TROCKNER VSPP 1
4 178 SELBSTERWAERMUNG UND NAEHRWERTERHALTG.BEI HEUBALLEN
6 48 EINFL.V.PARAMETER GEHAECKS.LUZERNE AUF REIBG.KOEFFIZIENTEN
6 49 REIBUNGSKOEFFIZIENT IN DER WACHS MILCHREIFE BEI BEWEGUNG
6 225 EINFLUSS VON STENGELN AUF DIE WAFFELHERSTELLUNG
6 341 GEMUESESAEMASCHINE NACH DEM UNTERDRUCKPRINZIP
7 167 TECHNOLOGIE DER TROCKNUNG IN PRESSBALLEN
7 167 EINSATZ V.QUETSCHZETTER ZUR VERKUERZUNG DER ANWELKZEIT
7 390 ABFLAMMEN DER SCHLAEGE GEGEN LUZERNERUESSELKAEFER
8 256 MIKROKOMBINAT ZUR PRODUKTION VON LUZERNEMEHL
9 157 TECHNOLOGISCHE ANFORDERUNGEN AN DIE WELKGUTERNTE

MAEHBALKEN S.UNTER MAEHEN
7 71 MAEHBINDER EINSATZGRENZEN AM HANG
8 173 WT 5 PRUEFBERICHT POTSDAM BORNIM
9 428 MAEHBOOT AUS KUNSTSTOFF ZUM SCHNEIDEN VON ROHR
MAEHDRESCHER HINWEISE
STROHBERGUNG S.UNTER STROH
ALLGEMEINES
8 2 ANFORDERUNGEN DER LOHNBETRIEBE
8 176 VERHAELTNIS ZWISCHEN KAPAZITAET UND VERLUSTE
8 203 LEISTUNGSFAEHIGKEIT EINES GEBRAUCHTEN MAEHDRESCHERS
UEBERSICHTEN
4 1 PRODUKTION V.MASCH.IN DER SU SEIT DER OKTOBERREVOLUTION
5 263 ENTWICKLUNG DES SOWJETISCHEN MAEHDRESCHERBAUS
6 1 PRODUKTION IN DER UDSSR
6 4 MECHANISIRUNG DER DAENISCHEN LANDWIRTSCHAFT
8 142 LEISTUNGSFAEHIGE MAEHDRESCHER FUER DIE GETREIDEERNTE
8 143 TABELL.UEBERSICHT IN DER USA EINGESETZTER TYPEN
8 174 ENTWICKLUNG AUF DEM MARKT IN OESTERREICH
8 175 HERSTELLERLISTE MIT 111 MAEHDRESCHERTYPEN
8 514 1968 GERAETELISTE IN FRANKREICH GEHANDELTER TYPEN
9 1 ENTWICKLUNG UND EINSATZ IN BELGIEN
9 422 TENDENZEN AUF DEM LANDMASCHINENSALON IN PARIS
EINSATZ
1 216 KOMPLEXEINSATZ IN DER GETREIDEERNTE OEKON.VORTEILE
1 218 KORNVERLUSTE BEI DER ZWEIPHASENERNTE
1 220 FORMEL ZUR BESTIMMUNG VON KORNVERLUSTEN
1 221 E 175 ZUR ERNTE VON KOERNERERBSEN
1 222 ERNTE VON FUTTERERBSEN UND SOMMERWICKEN
1 223 RICHTIGE EINSTELLUNG ZUR VERLUSTSENKUNG B.BOHNENERNTE
1 260 ERNTEN DER RIZINUSKAPSELN MIT DEM SK VIER
2 238 NOMOGRAMM FUER ZWECKMAESSIGE ARBEITSBREITE U.FAHRGESCHW.
2 242 SK 4 DRUSCH DUENNSCHICHTIGER SCHWADE
2 266 SK 4 ARBEITSNORMEN FUER DIE ERBSENERNTE
3 273 PRUEFUNG V.MASCHINENSYSTEMEN FUER DIE GETREIDEERNTE
4 148 TROMMELDREHZAHL UND ABSTAND BEIM DRESCHEN VON ROTKLEE
4 153 EINSATZ ZUR KOERNERMAISERNTE IN UNGARN
5 49 GETREIDEERNTE IN DER LPG LEMNITZTAL
5 259 VERGLEICH VON ERNTEMASCHINENSYSTEMEN
5 264 LEISTUNGS UND AUFWANDMESSUNGEN BEI KOMPLEXEINSATZ
5 265 EINSATZKOSTEN U.BETRIEBSWIRTSCHAFTL.PROBLEME
5 274 ENTWICKLUNG UND STAND DER KOERNERMAISERNTE
6 227 ZUR ERNTE VON GETREIDE IN POLEN
6 228 GETREIDEERNTE DURCH LOHN U.ERZEUGERBETRIEB
6 251 TECHNOLOGIE DER REISERNTE IN MITTELASIEN
7 20 MASCH.STANDZEITEN INFOLGE DES FEHLENS V.TRANSPORTMITTELN
7 71 EINSATZGRENZEN AM HANG
7 152 ENTLEEREN DER GETREIDEBUNKER
7 154 EFFEKTIVITAET DER MECHANISIERTEN GETREIDEERNTE
8 19 VERGROESSERN DES MASCHINENPARKES BERECH.DER EINNAHMEN
8 85 ERNTE VON RUEBENSAMENTRAEGERN
8 179 E 512 U.DIE MASCHINENKETTEN DER GETREIDEERNTE
8 180 E 512 PROBLEME DER LEISTUNGSFAEHIGKEIT

8 182 MAEHDRESCHER E 512 MASCHINENSYSTEM FUER DIE GETREIDEERNTE
8 184 E 512 LEITUNG U.ORGANISATION DES KOMPLEXEINSATZES
8 189 E 512 EINSATZMOEGLICHKEITEN
8 190 E 512 TECHNOLOGIE DER GETREIDEERNTE
8 194 KAPAZITAET BEI ERNTE VERSCHIEDENER WEIZENSORTEN
9 67 E 512 TECHN.OEKON.GESICHTSPUNKTE BEIM EINSATZ
9 78 ERNTE VON RUEBENSAMENTRAEGERN
9 170 ERNTE VON GETREIDE UND RAPS IN DER SCHWEIZ
9 171 EINSTELLSCHEIBE ALS TECHNOLOGISCHES HILFSMITTEL
9 172 E 512 KOMPLEXERPROBUNG
BAUARTEN TYPEN
1 114 M 135 VON NEW HOLLAND
1 463 AUS DAENEMARK AUF DER ELMIA
2 234 SKD FUER DEN ZWEIPHASENDRUSCH
2 235 GARANT MERCATOR CONSUL COSMOS U.COMET V.CLAAS
3 24 AUSWAHL OPTIMALER MASCHINENPARAMETER
3 196 PARZELLENMAEHDRESCHER FUER FELDVERSUCHE
3 275 KSP 2 5 MIT DRESCHGUTLAENGSFLUSS F.DEN NORDEN DER SU
3 560 MIT 13 FUSS SCHNITTBREITE V.DRONNINGBORG MASKINFABRIK
4 145 300 S VON LELY DESCHENTREITER PRAXISEINSATZ
4 145 M 1000 VON FAHR PRAXISEINSATZ
4 145 730 VON JOHN DEERE PRAXISEINSATZ
4 149 TYPEN V.MASSEY FERGUSON MIT AUSTAUSCHBAREM SCHNEIDWERK
5 267 BM S 900 MIT 10...11 FT. SCHNITTBREITE
5 268 AKTIV 1000 MIT 10 FT. SCHNITTBREITE
5 271 PARZELLENMAEHDRESCHER
5 654 SENATOR GARANT CONSUL UND MERCATOR VON CLAAS
5 655 S 900 BM VOLVO
5 655 TYPENREIHE VON CLAAS
6 5 SELBSTFAHREND MIT HANGEINSTELLUNG
6 138 MIT MAEH ODER PFLUECKVORSATZ FUER DEN MAIS
6 464 CRUSADER VON RANSOMES
7 394 M 122 NEW HOLLAND CLAYSON
7 395 AUF DER AGRIMA 67
7 399 AUF DER DLG AUSSTELLUNG
8 178 E 512 KONSTRUKTIVE GESTALTUNG
8 195 VOLLAUTOMATISCHE MAEHDRESCHER
9 61 PARZELLENMAEHDRESCHER HEGE 125
9 69 SKD 5 SIBIRJAK MIT ZWEI DRESCHTROMMELN
9 69 SK 5 NIVA MIT 100 PS MOTORLEISTUNG
9 175 E 512 AUS DEM VEB KOMBINAT FORTSCHRITT NEUSTADT
9 428 LELY VICTORY
.PRUEFUNG PRUEFBERICHTE
1 219 ELEKTRONISCHE VERLUSTKONTROLLE
2 236 MS 5 DER FA. JF FABRIKEN DLG PRUEFBERICHT
2 237 M 88 VON FAHR DLG PRUEFBERICHT
2 240 KORNVERLUSTE VORRICHTUNGEN ZUR PROBEENTNAHME
2 241 SCHNELLBESTIMMUNG UND SENKUNG DER KORNVERLUSTE
3 276 EINFLUESSE AUF KORNBEWEGUNG AUF DEN SIEBEN
4 146 GRUPPENPRUEFUNG VON SECHS MASCHINEN IN O. FLEVOLAND
4 147 UNTERSUCHUNG DER KOERNERVERLUSTE AUF DEN FELDERN
4 150 BESTIM.DES OPTIMAL ZULAESSIGEN VERSCHLEISSES V.TEILEN
5 266 ENERGIEFLUSS IM GLEISKETTENMAEHDRESCHER FUER REIS
5 467 PRUEFUNGSERGEBNISSE BEI DER BOHNENERNTE IN BULGARIEN
6 229 E 512 SELBSTFAHREND PRUEFBERICHT POTSDAM BORNIM
6 232 UNTERSUCHUNG DER ERSCHUETTERUNG WAEHREND DER FAHRT
6 234 METHODIK DER BESTIMMUNG VON KOERNERBRUCH UND VERLUSTEN
6 236 SK 4 UNTERSUCH.DER KRAFT UND LEISTUNGSKENNGROESSEN
7 153 SK 4 SCHWINGUNGEN DES FAHRERSITZES
7 401 VOM IMA GEPRUEFTE UND ANERKANNTE MASCHINEN
8 177 E 512 INTERNAT.VERGLEICHSPRUEFG.U.LANDTECHN.ERPROBUNG
8 181 E 512 MESSEN DER RADKRAEFTE U.NACHRECH.V.DIMENSIONIERUNG
8 183 E 512 ERGEBNISSE DER KOMPLEXERPROBUNG
8 186 E 512 STAATLICHE EIGNUNGSPRUEFUNG
8 187 E 512 TECHNOLOGISCHE UNTERSUCH.DES KOMPLEXEINSATZES
8 188 E 512 KOERNERVERLUSTERMITTLUNGEN BEIM HANGEINSATZ

8 191 MAEHDRESCHER SOWJET.PRUEFUNG SELBSTFAHRENDER MAEHDRESCHER
8 197 DRONNINGBORG SMC SELBSTFAHREND PRUEFBERICHT VOLLEBEKK
8 198 FAHR M 66 SELBSTFAHREND PRUEFBERICHT VOLLEBEKK
8 199 FAHR M 44 SELBSTFAHREND PRUEFBERICHT VOLLEBEKK
8 200 DANIA GREAT DANE SELBSTFAHREND NIAE TEST
8 201 RANSOMES CAVALIER SELBSTFAHREND NIAE TEST
9 173 SKG 4M FUER REIS DYNAM.BEANSPRUCHUNG DES RAHMENS
9 174 AKTIV TYP 1000 PRUEFBERICHT ULTUNA
BAUGRUPPEN BAUTEILE
1 201 INTENSIV.V.KORNABSCHEIDUNG AUF HORDENSTROHSCHUETTLERN
1 217 BREITE DES DRESCHWERKS U.DRESCHGUTVERTEILUNG
1 228 VORRICHTUNG ZUM HAECKSELN DES STROHS
1 230 HYDRAULISCHER SCHOBERSETZER FUER DEN SK 4
2 102 HYDROSTATISCHE FAHRANTRIEBE BEI SELBSTFAHRER
2 219 ENTWICKLUNG UND PRUEFUNG VON SCHAUFELSCHNECKEN
2 239 SK 4 AUTOMATISCHE STEUERUNG
3 258 SKG 4 VERBESSERUNG DER ARBEIT DES STIFTENDRESCHWERKS
3 277 SK 4K KONSTRUKTIONSDATEN DES NEIGUNGSMESSERS
3 278 SK 4 DIFFERENTIALGLEICHUNGEN FUER AUTOMAT.REGELUNG
3 283 AUSRUESTUNG ZUR KOERNERMAISERNTE
3 304 SK 4 VORRICHT.F.SCHWADAUFNAHME U.DRUSCH V.ERDNUESSEN
3 456 BUSCHBOHNENDRUSCHVORSATZ NACH ENGLER
4 32 ENTWICKLG.DER PRODUKT.V.MOTOREN IM WERK SERP I MOLOT
4 136 AUTOMATISCHES REGELN DES DURCHSATZES
5 261 MAEHWERK 7BA 3.5 ANALYSE V.KENNGROESSEN DES AEHRENHEBERS
5 269 TASTERMECHANISMUS FUER GLEICHMAESSIG KURZE STOPPELHOEHE
5 270 VERAENDERUNGEN AM PARZELLENAUTOHEADER
5 279 AUFNAHME U.RAUFVORRICHTUNGEN FUER ERBSENMAEHDRUSCH
6 61 AUTOMAT.REGELN DER KRAFTSTOFFZUFUHR IM MOTOR
6 230 SK 3 U.SK 4 ARBEIT V.OBERSIEB MIT VERSCHIED.FINGERRECHEN
6 233 VERFAHREN ZUR VERBESSERUNG DER DURCHSATZREGELUNG
7 133 MEHRZWECKHASPEL MIT TASTVORRICHTUNG
7 152 AUTOMATISCHE KONTROLLEINRICHTUNG FUER DIE SCHNITTHOEHE
7 152 BEQUEME VORRICHTUNGEN UND KOMFORT
7 152 HYDROSTATISCHES STEUERUNGSSYSTEM
7 152 HYDRAULISCHES VERSTELLEN DER RADHOEHE
7 397 SCHNELLKUPPLUNG FUER DAS MAEHWERK VON MASSEY FERGUSON
8 185 MOEGLICHKEITEN DER ANWENDUNG DER REGELTECHNIK
8 196 HYDRAULIKANLAGEN
8 202 VORRICHTUNG ZUM ABSCHEIDEN DER RESTKOERNER PATENT
8 202 VORRICHTUNG ZUM TRENNEN V.KORN UND STROH PATENT
8 202 SCHLAGLEISTENDRESCHTROMMEL PATENT
8 202 ZUFUEHRUNGS U.ZERKLEIN.EINRICHTG.FUER HALMGUT PATENT
8 202 FINGERBALKEN FUER GETREIDESCHNEIDWERKE PATENT
8 202 KUPPLUNGSEINRICHTUNG AN SELBSTFAHR.MASCHINEN PATENT
9 3 ENTWICKLUNGSTENDENZEN DETAILVERBESSERUNGEN
9 6 ARBEITSWEISE NEUER TRENNELEMENTE FUER NACHREINIGER
9 68 STEUERUNG DER HYDRAULIK MIT ELEKTROMAGNET.EINRICHT.
9 70 MIT MAISPFLUECKVORSAETZEN UND REISSWALZEN
9 169 SK 4 ANBAU VON SCHWADMAEHER
9 180 AUSRUESTUNG MIT VORSAETZEN FUER DIE KOERNERMAISERNTE
WARTUNG
1 15 STEIGERG.AN INSTANDGESETZTEN MASCH.EINHEITEN IN DER SU
2 32 PROBLEME DER REPARATUR UND INSTANDHALTUNG
2 33 ORGANISATION DER TECHN.BETREUUNG V.MASCH.IN DER SU
2 34 DRESCHTROMMEL UND GETRIEBE
2 37 ERZEUGNISGRUPPENARBEIT BEI INSTANDSETZUNG
8 192 REINIGUNG MIT STAUBSAUGER BLASER U.PRESSLUFTVORRICHTUNG
8 193 REINIGUNG MIT STAUBSAUGER BLASER U.PRESSLUFTVORRICHTUNG
9 11 E 512 METHOD.HINWEISE F.INSTANDHALTUNGSKOSTENPROGNOSE
MAEHDRUSCHNACHREINIGER S.UNTER GETREIDE: REINIGEN SORTIEREN
MAEHEN HINWEISE
MAEHLADER S.DORT
SCHWADMAEHER S.DORT
SCHLEGELMAEHER S.DORT
S.AUCH MULCHEN

MAEHEN S.AUCH SCHNEIDEN
BOESCHUNGSMAEHER S.DORT
MAEHDRESCHER S.DORT
ALLGEMEINES
7 201 EINRICHTUNG ZUM SCHAERFEN DER MESSER IM FUTTERERNTER
VERFAHREN
3 265 VON GRAS FUER DIE SILAGE UND HEUBEREITUNG
5 247 BIEGUNG DES HALMES BEIM SCHNITT OHNE GEGENSCHNEIDE
5 386 BENOETIGTER ENERGIEAUFWAND DES MENSCHEN
6 353 RATIONELLE RASENPFLEGE IN OEFFENTLICHEN GRUENANLAGEN
MAEHMASCHINEN MAEHWERKE
1 114 MAEHBALKEN FUER 6 FT.SCHNITTBREITE
1 114 HAYBINE 461 EINE KOMB.MAEH UND AUFBEREITUNGSMASCHINE
1 203 VICON SCHEIBENMAEHER MIT DOPPELT GEZAEHNTEN SCHEIBEN
1 204 KS 2 1 ANBAUMAEHMASCHINE FUER DAS SCHNELLMAEHEN V.GRAS
1 206 MAISERNTE MIT TRAKTORMAEHWERK MIT ANGEBAUT.SCHWADGERAET
1 210 AENDERUNGEN AM SWIFT CURRENT PARZELLENERNTER
1 313 KPP 2 0 ANHAENGEMAEHMASCHINE FUER FUTTERBERGUNG IN DER WUESTE
1 462 ROTACOUP 1500 HECKMAEHWERK MIT HORIZONTAL KREISENDEN MESSERN
2 214 UNTERSUCHUNG EINES ROTIERENDEN SCHNEIDWERKS OHNE HASPEL
2 215 HYDRAULISCHE STEUERUNG AUF DER MAEHMASCHINE ZVN 10
2 223 REISMAEHMASCHINE ZNR 4 0 MIT FINGERLOSEM DOPPELMESSERMAEHBALKEN
2 223 REISMAEHMASCHINE ZUR 4 2 M MIT ZWEI SCHWINGENDEN MESSERN
2 224 NEUE MAEHWERKE
2 481 ROTATIONSTROMMELMAEHER MIT KEILRIEMENANTRIEB
3 192 ROTATIONSMAEHWERKE EINSATZ ZUR HEUERNTE IN FRANKREICH
3 274 MAEHMASCHINE FUER HANDBETRIEB FUER INDISCHE VERHAELTNISSE
3 298 ZU S 4 2 GRASMAEHER FUER SAMENTRAEGER
3 559 MAEHMASCHINE ZT 70
4 138 TECHNISCHE DATEN VON KREISELMAEHERN
4 139 Z 034 0 1.8 UNIVERSALMAEHMASCHINE TECHN.CHARAKTERISTIK
4 347 MAEHMASCHINE FA 4 EINSATZ ZUR SAATBOHNENERNTE
5 248 EINFL.V.MESSERANZAHL AUF DEN SCHNITTVORGANG BEI SCHEIBENMAEHERN
5 250 BERECHNUNG VON ZINKENFOERDERERN HASPELLOSER MAEHWERKE
5 260 ARBEIT DES MAEHMASCH.SCHNEIDWERKES BEI HOH.GESCHWINDIGKEITEN
5 466 TORPEDOSCHNEIDGERAETE FUER GEMUESEERBSEN
5 654 MAEHWERKE AUF DER LANDBAUBOERSE ZUIDLAREN
6 217 VERGLEICH VON SCHNELL ROTIERENDEN MAEHMASCHINEN
6 218 KINEMATIK DER ARBEIT DES ROTIERENDEN SCHNEIDEGERAETES
6 219 WAHL EINES ELEKTROANTRIEBES FUER GRASMAEHER
6 240 SPEZIALMAEHWERK ZUR KOMBINE KKCH 3 FUER ZUCKER U.KOERNERHIRSE
6 352 EINSATZBEREICH V.SPINDEL SICHEL BALKEN U.TRIPLEXRASENMAEHER
7 10 OPTISCHE FUEHLER ZUR MAEHWERKFUEHRUNG
7 71 MAEHBALKEN EINSATZGRENZEN AM HANG
7 136 MAEHBALKEN U.ROTATIONSMAEHER FUER DIE HEUGEWINNUNG
7 138 KREISELMAEHER EINSATZBEREICH UND LEISTUNG
7 139 5 FT.GEBUSA MAEHWERK PRUEFBERICHT WIESELBURG
7 391 ROTORMAEHER MIT ANTRIEB VON UNTEN
7 394 PZ KREISELMAEHER FUER FRONTANBAU
7 395 MAEHMASCHINE MIT 2 ROTOREN
7 396 HOCHLEISTUNGS UND SCHEIBENMAEHWERK
7 397 MAEHMASCHINE FUER HOHE ARBEITSGESCHWINDIGKEITEN
7 399 KREISEL U.ROTORMAEHWERKE AUF DER DLG AUSSTELLUNG
7 399 SEITEN HECK UND DOPPELMESSERMAEHWERKE
8 2 SCHEIBEN UND KREISELMAEHWERKE FUER LOHNBETRIEBE
8 142 MAEHER ZUR BEWAELTIGUNG DER FUTTERERNTE
8 143 MAEHMASCHINE TABELL.UEBERSICHT IN DER USA EINGESETZTER TYPEN
8 144 DOPPELMESSERSCHNEIDWERKE UND KREISELMAEHER
8 145 ROTATIONSMAEHWERKE MIT OBEN UND UNTENANTRIEB
8 145 UNTERMESSER UND DOPPELMESSERMAEHWERKE
8 148 MAEHMASCHINEN HERSTELLERLISTEN MIT TECHNISCHEN DATEN
8 152 ARBEITSWEISE VON TROMMELMAEHERN UND KREISELMAEHERN
8 153 MAEHWERKE MIT ROTIERENDEN ARBEITSWERKZEUGEN
8 154 PRUEFUNG VON MAEHBALKEN UND ROTORMAEHER
8 155 18 KREISELMAEHER MIT HORIZONTAL ROT.MAEHWERKZEUGEN TECHN.DATEN
8 156 KREISELMAEHER FAHR PRUEFBERICHT IMA BRUGG

8 157 MAEHEN PZ KREISELMAEHER CM4 PRUEFBERICHT
8 158 TWOSE ZWILLINGS ROTATIONSMAEHER NIAE TEST
8 159 SPEZIALSCHNEIDWERK E 022 V.VEB FORTSCHRITT PRUEFB.BORNIM
8 221 GRASMAEHER KSCH 2.1
8 324 SCHEIBENMAEHER ZUM GRASMAEHEN IN OBSTANLAGEN
8 508 SCHEIBENMAEHER SOMECA VON L. LANG MIT UNTENANTRIEB
8 508 KREISELMAEHER VON MUNCKHOF MIT GEZAEHNTEN SCHEIBEN
8 514 1968 GERAETELISTE IN FRANKREICH GEHANDELTER TYPEN
9 1 HECKMAEHWERKE MIT DOPPELMESSERN UND SCHEIBENMAEHER
9 3 KREISELMAEHER FUER DIE FUTTERGEWINNUNG
9 3 SELBSTFAHRENDE ARBEITSMASCHINEN
9 61 GUTBROD MAEHER FUER VERSUCHSFELDER
9 62 SCHEIBENMAEHER FUER DIE HEUGEWINNUNG
9 63 MAEHWERK E 143 UND E 092
9 65 ROTATIONSMAEHWERK TTM VON E.V. TWOSE NIAE TEST
9 66 MAEHWERKE BEWERTUNGSKRITERIEN FUER VERGLEICHSPRUEFUNGEN
9 89 KRAUTMAEHEN AN BEWAESSERUNGSKANAELEN LEISTUNG UND KOSTEN
9 154 MAEHWERK MIT UMLAUFENDEN MESSERKLINGEN
9 154 ANGEBOT AN KREISELMAEHWERKEN IN DER DDR
9 154 VOLLHYDRAULISCHES MAEHWERK MIT INNENSCHUHANTRIEB
9 156 MAEHWERKE MIT ROTIERENDEN ARBEITSWERKZEUGEN
9 158 MAEHWERKE MIT HYDRAUL.ANTRIEB DOPPELMESSERMAEHWERKE
9 162 MAEHWERK MIT DOPPELT GEWUNDENER SCHNECKE ALS SCHNEIDORGAN
9 341 PFEFFERMINZERNTE DURCH GRASMAEHER MIT ZUSATZVORRICHTUNGEN
9 360 RADANGETRIEBENER SICHELRASENMAEHER VON WOLF
9 360 AS ALLMAEHER MIT GROSSEM FUEHRUNGSRAD
9 360 RASENMAEHER VON SOLO MIT BENZINMOTOR
9 360 ARBEITSBLOCK DES GUTBROD GARTENBOY
9 418 KREISELMAEHER ANGEBOT AUF DER UGEXPO
9 419 SCHEIBENMAEHER VON T.V. KNOX MIT VIER SCHEIBEN
9 419 ROTORMAEHER VON BAMLETT REVELLER MIT ZWEI TROMMELN
9 419 ROTORMAEHER VON DER FA. BLANCH LELY
9 419 ROTORMAEHER VON MELOTTE MIT ZWEI TROMMELN
9 420 ROTORMAEHER VON JOHN DEERE LTD.
9 421 VERBESSERTE ABSCHIRMUNG DER KREISELMAEHER
9 422 SCHEIBEN UND KREISELMAEHWERKE AUF DEM SIMA IN PARIS
9 423 HYDRAUL.MAEHWERK ZUM UNTERWASSERMAEHEN VON BINSEN UND SCHILF
9 427 HYDRAULISCH ANGETRIEBENER GRASMAEHER
9 429 RASENMAEHER VON STIHL
MOTORMAEHER
4 309 MOTORMAEHER FUER KLEINE FLAECHEN UND STEILHAENGE
5 493 EINSATZBEREICH V.MOTORMAEHERN IM GARTENBAU
8 141 ANWENDUNGSBEREICH U.FLAECHENLEISTUNG DES MOTORMAEHERS
8 148 MOTORMAEHER HERSTELLERLISTEN MIT TECHNISCHEN DATEN
8 502 MOTORMAEHER AUS DEN USA UND JAPAN
8 502 UMSATZ AN MOTORRASENMAEHERN IN FRANKREICH
BAUGRUPPEN BAUTEILE
1 198 QUALITAETSVERBESSERUNG V.MESSERKLINGEN FUER ERNTEMASCHINEN
1 199 ERHOEH.DER VERSCHLEISSFESTIGKEIT VON MESSERKLINGEN
6 215 VERSCHLEISS AN DER SCHNEIDKANTE VON MAEHMESSERKLINGEN
4 137 MAEHLADER EINSATZ ZUR HALB UND DUERRHEUBERGUNG
9 333 E 062 ZUR MECHANISIERUNG DER ROSENKOHLERNTE
MAEHQUETSCHZETTER S.UNTER HEUERNTE
MAEHWERK S.UNTER MAEHEN
9 212 MAGNET SICHERHEITSMAGNET AM EINLAUFKANAL ZUR GETREIDEMUEHLE
MAHLEN VON FUTTERMITTELN S.UNTER FUTTERZUBEREITUNG
MAIS SILIEREN S.DOPT
ALLGEMEINES
3 87 PHYSIKAL.MECH.EIGENSCHAFTEN DES GRUENFUTTERHAECKSELS
6 47 UNTERSUCHUNG DER REIBUNGSZAHLEN VON SAFTFUTTER
6 49 REIBUNGSKOEFFIZIENT IN DER WACHS MILCHREIFE BEI BEWEGUNG
6 50 BESTIM.V.DURCHLAESSIGKEIT DER SCHALEN FUER INFRAROTSTRAHLEN
9 70 WERKZEUGE FUER EINLEGEN VON STROH IN DIE PFLUGFURCHE
ANBAU
1 178 ANBAUVERFAHREN ZUR EINDAEMMUNG DER BODENEROSION
3 3 MASCHINENSYSTEM IN DEN MITGLIEDSTAATEN DES RGW

3 194 MAIS ANBAU UND ERNTETECHNIK VON SILOMAIS
3 285 1967 TECHN.ENTWICKLUNG VOLLMECHANISIERUNG DES ANBAUES
4 2 ANBAU UND MECHANISIERUNG ENTWICKLUNGSTENDENZEN
4 153 MASCHINENSYSTEM FUER DEN KOERNERMAISANBAU IN UNGARN
7 4 LANDWIRTSCHAFTLICHE STOFF UND MASCHINENKUNDE
7 123 KOMBINATION PFLUG PACKER KRUEMLER FUER DIE BESTELLUNG
9 70 ARBEITSMETHODEN IM KOERNERMAISANBAU STREIFENBEARBEITUNG
9 100 PFLUEGE AUF DER DLG SCHAU
SAEEN
1 178 EINZELKORNSAEGERAET MIT REIHENDUENGUNGSEINRICHTUNG
1 182 VERSUCHE MIT DER QUADRATNEST EINZELKORN UND DIBBELSAAT
2 200 VERTEILUNG BEI DER UMGEBAUTEN EINZELKORNSAEMASCHINE A 765
2 200 UNTERSUCHUNG MECHANISCHER AUSSAATMECHANISMEN
2 201 TECHNOL.DER EINZELKORNSAAT MIT GROSSEN REIHENABSTAENDEN
2 205 UNTERSUCHUNG MECHANISCHER AUSSAATMECHANISMEN
3 194 EINZELKORNSAEGERAETE MIT REIHENDUENGERSTREUEINRICHTUNG
4 126 EINZELKORNDRILLMASCHINE FUER DIE SAATGUTZUECHTUNG
5 235 ENTWICKLUNG VON SAEMASCHINEN IN DER SU
6 138 SAEVERFAHREN MIT STREIFENBEARB. FRAESSAAT U.AUSSAAT AUF DAEMME
6 198 PFLANZENBAULICHE PROBLEME BEI DER SAATTECHNIK
7 122 DLG ANERKANNTE MASCHINEN FUER DIE AUSSAAT
7 123 BAND BESTELL UND SAATVERFAHREN
8 81 EINZELKORNSAAT MIT STREIFENBEARBEITUNG U.FRAESSAAT
8 509 SPEZIALSAEGERAET
8 510 MAISDRILLE AUF DER DLG SCHAU
9 134 SAEMASCHINEN SKNK 6 SKNK 8 U.SKPN 8 ZUSATZVORRICHTUNGEN
9 135 DRILLAGGREGAT MIT GROSSER ARBEITSBREITE
9 136 RICHTIGES BESTIMMEN DER SAATSTAERKE
9 136 SAATSTAERKE VERSUCHE MIT QUADRATNESTSAEMASCH.SKGN 6 U.SKGK 6V
PFLEGE
1 190 TECHNOLOGIE FUER MECHANISIERUNG DER PFLEGE
7 125 GLEICHZEIT.AUSBRINGEN V.PFLANZENSCHUTZMITTELN UND DUENGER
9 92 VERWENDUNG V.PE ROHREN BEIM BEWAESSERN V.KOERNERMAIS
9 145 ZWECKMAESSIGER SATZ VON HACKMESSERN FUER DIE PFLEGE
9 152 UNKRAUTBEKAEMPFUNG MIT FLAMMENWERFER
UNKRAUTBEKAEMPFUNG
2 211 ANBAU OHNE HACKEN UND UNTER VERWENDUNG VON HERBIZIDEN
ERNTEN VON KOERNERMAIS
2 1 ERNTE MIT UMGERUESTETE MAEHDRESCHER
2 247 DIE MECHANISIERTE ERNTE
3 282 DEUTSCHES MASCHINENPROGRAMM ZUR KOERNERMAISERNTE
3 283 MAEHDRESCHERAUSRUESTUNG ZUR KOERNERMAISERNTE
3 558 ERNTEMASCHINEN KOLBENPFLUECKER FRANZ.GERAETELISTE MIT TECHN.DATEN
4 154 ERNTE MIT CORNPICKER MAEHDRESCHER PICKER SHELLER
5 263 SOWJETISCHE MAEHDRESCHER FUER DIE ERNTE IN DER SU
5 273 ZUVERLAESSIGKEIT DER VOLLERNTEMASCHINE CHERSONEC SIEBEN
5 274 ENTWICKLUNG UND STAND DER KOERNERMAISERNTE MAEHDRESCHEREINSATZ
6 138 MAEHDRESCHER MIT MAEH ODER PFLUECKVORSATZ
7 20 ERNTE MASCH.STANDZEITEN INFOLGE DES FEHLENS V.TRANSPORTMITTELN
7 157 SCHWINGUNGEN DER KOERNER BEIM SCHLAGDRUSCH
7 158 TECHNOLOGIE DER ZWEIPHASIGEN ERNTE
7 159 ERNTEMASCH.KONSTRUKT.PRUEFUNG PROJEKTIERUNG UND BERECHNUNG
7 397 ERNTEMASCHINE ALS AUFBAUGERAET VON MC CORMICK
8 81 ERNTE MIT MAISMAEHVORSAETZEN SCHUETTLERVERLUSTE
8 143 ERNTEMASCHINE TABELL.UEBERSICHT IN DER USA EINGESETZTER TYPEN
8 143 KOLBENPFLUECKER TABELL.UEBERSICHT IN DER USA EINGESETZTER TYPEN
8 209 SPEZIALAUFNEHMER FUER MAEHDRUSCH MIT KETTENEINZUGSVORRICHTUNGEN
8 209 SPEZIALAUFNEHMER FUER PFLUECKDRUSCH MIT REISSWALZEN
9 70 MAEHDRESCHER MIT MAISPFLUECKVORSAETZEN UND REISSWALZEN
9 178 ERNTE UND KONSERVIERUNG VON KOERNERMAIS IN FRANKREICH
9 178 KOLBENPFLUECKER ENTKOERNER MIT AUFGEBAUTEN KOERNERBUNKERN
9 179 VERGLEICHSPRUEFUNGEN NEUER ERNTEMASCHINEN
9 180 MAEHDRESCHEREINSATZ IN DER KOERNERMAISERNTE
9 181 MASCHINEN FUER DAS REBBELN AUF DEM FELDE
9 182 MECHANISIERUNG DER KOERNERMAISERNTE
ERNTEN VON SILOMAIS

1 202 MAIS ERNTE VON MAIS SOJA GEMENGE
1 205 ABLEGER KEMAIS PRUEFBERICHT IMA BRUGG
1 206 TECHNIK BEI DER SILOMAISERNTE
1 207 SILOMAISERNTE MIT SCHLEGELERNTER ODER FELDHAECKSLER
2 121 LADEMEISTER HS 3 LADEWAGEN MIT UND OHNE SCHNEIDWERK
2 122 LADEWAGEN KOELA EAS 31 MIT SCHNEIDWERK DLG PRUEFBERICHT
3 264 EXAKTFELDHAECKSLER MIT MAISGEBISS FUER DIE ERNTE
4 11 ERNTE ERFAHRUNGEN MIT EINSATZ SCHWERER TRAKTOREN
4 140 MASCHINEN FUER DIE ERNTE VON SILOMAIS
7 20 ERNTE MASCH.STANDZEITEN INFOLGE DES FEHLENS V.TRANSPORTMITTELN
7 142 MAEHVORSATZ FUER DEN TROMMELFELDHAECKSLER FHW
7 394 FELDHAECKSLER FUER DIE ERNTE JAGUAR SPEISER JOHN DEERE
8 151 SCHWADLEGER MIT DOPPELMESSERSCHNEIDWERK FUER SILOMAIS
8 151 DREIPUNKTANBAUHAECKSLER MIT AUTOMATIKWAGEN
9 154 FELDHAECKSLER MIT MAISGEBISS UND ANBAUMAISFELDHAECKSLER
9 156 SPEZIALANBAUMAISHAECKSLER DER FA. KEMPER
AUFBEREITUNG UND LAGERUNG
1 283 TRENNUNG DER VERARBEITUNGSPRODUKTE
3 322 EINFLUSS VON ZERKLEINERUNG AUF MISCHSILAGEQUALITAET
3 327 ANLAGE FUER DIE FLIESSENDE MAISKOLBENVERARBEITUNG
3 385 ZERKLEINERN VON SILAGE MIT WALZENMUEHLEN
4 155 DRUSCH DURCH SCHLAGEINWIRKUNG
6 287 SILIEREN AUFBEREITEN U.FUETTERN ERNTEFRISCHER KOERNER
7 172 AUFWAND BEI EINLAGERUNG VON SILOMAIS IN FLACHSILOS
9 423 STROHZERREISSER AUF DEM LANDMASCHINENSALON IN PARIS
TROCKNUNG
1 573 MECHANISIERTER TROCKNUNGSANLAGEKOMPLEX
2 1 KOLBENRECHER UND TROCKNER FARMER
3 332 KUEHLUNG V.ELEKTROMOTOREN BEI WARMBELUEFTUNG V.KOLBEN
3 335 GRUNDLAGEN U.VORPROJEKT V.TROCKNUNGSANLAGEN FUER KOLBEN
4 16 WAERMEAUSDEHNUNGS U.SPANNUNGSEIGENSCHAFTEN VON KOERNERN
4 153 SAISONLEISTUNG VON HEISSLUFTGEBLAESEN UND TROCKNER
4 188 ZENTRALROHRSILO MIT WARMLUFTHEIZAGGREGAT
6 138 TECHNISCHE TROCKNUNG
7 192 GEBAEUDE ZUR TROCKNUNG UND LAGERUNG IN GROSSKISTEN
8 81 DURCHLAUFTROCKNER FUER GROSSBETRIEBE
8 209 ENTWICKLG.V.BODENBELUEFTG.ANLAGE ZU SATZ U.DURCHLAUFTROCKNERN
9 178 REUSCHEN ODER BELUEFTUNGSANLAGEN ZUR TROCKNUNG VON KOLBEN
9 215 KUEHLTROCKNUNG VON GEREBBELTEM MAIS VERSUCHSANLAGE
TRANSPORT
2 288 MASCH.KOMPLEX FUER BE UND ENTLADEARBEITEN AUF DEM DRESCHBODEN
7 388 MALATHION ULV VERFAHREN MIT FLUGZEUGEN GEG.BAUMWOLLSCHAEDLINGE
7 176 MALVE ULTRASCHALLBEHANDLUNG VON HARTEN SAMENKOERNERN
MAMMUTPUMPE S.UNTER PUMPEN
4 352 MANDEL ENTWICKLUNG DER MASCHINELLEN ERNTE
5 494 BAUMSCHUETTEL UND OBSTAUFFANGMASCHINEN
8 1 MANIPULATION AN PFLANZEN PLASTROEHREN ALS STENGEL
MASCHINENMELKEN S.UNTER MELKEN
MASCHINENPFLEGE S.UNTER WARTUNG
MASCHINENPRUEFUNG S.UNTER MESSEN
S.UNTER PRUEFWESEN
MASCHINENSCHUPPEN S.UNTER EINSTELLRAUM
1 127 MASCHINENSYSTEM ZUR INDUSTRIEMAESSIGEN PROD.V.RUEBEN
1 277 FUER DIE SILAGEBEREITUNG
1 379 FUER DEN WEIN UND GARTENBAU
3 3 FUER DIE LAND UND FORSTWIRTSCHAFT IN RGW STAATEN
3 4 MATHEMAT.MODELL FUER ZUKUENFTIGES MASCHINENSYSTEM
3 5 ANALYSE DES LANDW.MASCHINENSYSTEMS IN DER VR POLEN
3 6 LANDW.MASCH.SYSTEM BASIEREND AUF GERAETETRAEGER
3 6 LANDW.MASCH.SYSTEM BASIEREND AUF PORTALKRAENEN
3 14 STANDARDISIERTE MASCH.SYSTEME ZUGKRAFT U.LEISTG.BEDARF
3 273 FUER DIE GETREIDEERNTE PRUEFUNG
3 302 FUER DAS GETRENNTE KOEPFEN UND RODEN VON RUEBEN
3 437 FUER DEN ANBAU VON FEINSAMENKULTUREN
5 259 VERGLEICH VON ERNTEMASCHINENSYSTEMEN
5 277 FUER DAS HOCKENVERFAHREN DER FLACHSERNTE

5 281 MASCHINENSYSTEM ABSTIMM.V.ERNTE UND TRANSPORT BERECHNUNGSMETHODE
5 335 FUER ENTLADUNG REINIGUNG U.STAPELUNG V.RUEBEN
5 494 FUER BODENBEARBEITUNG U.PFLEGE IM OBSTBAU
5 637 RUEBENBAU BANDSPRITZEINRICHTUNG
5 696 FUER MILCHGEWINNUNG FUETTERUNG U.ENTMISTUNG
6 1 AUSRICHTUNG DES LANDMASCH.U.TRAKTORENBAUES IN DER SU
6 3 FUER DIE FELDWIRTSCHAFT DES JAHRES 1980
6 7 IN DER LANDWIRTSCHAFT ENTWICKLUNGSTENDENZEN
7 201 ZUR MECHANISIERUNG DER FUTTERWIRTSCHAFT
7 368 MASG 945 FUER DIE HOLZAUSFORMUNG
8 167 FUER HEUGROSSBALLEN NIAE TEST
8 182 FUER DIE GETREIDEERNTE PROGNOST.ENTWICKLUNG
8 406 FUER SCHICHTHOLZAUSFORMUNG IM WALDE
9 63 MECHANISIERUNGSKETTE FUER SILIERUNG IM HOCHSILO
MASCHINENTRAEGER S.AUCH GERAETETRAEGER
1 32 SCHNELLPRUEFUNG AUF PRUEFSTATION IN ODESSA
3 107 TRAKTORENBAU IN DEN 50 JAHREN DER SOWJETMACHT
3 126 GEDANKEN ZUR ENTWICKLUNG
3 132 BETRIEBSKENNWERTE MIT VERSCHIEDENEN GETRIEBEN
3 460 T 16M AUFBAU EINER ZWIEBELERNTEMASCHINE
5 263 SS 45 MIT MAEHDRESCHER KPN 2
7 42 HAUPTKENNGROESSEN DER ZUVERLAESSIGKEIT
5 668 MAST EINSATZ VON MONTAGEMASTEN IN DER PRAXIS
MASTENBAUWEISE S.UNTER BAUWEISE
5 712 MASTITIS GERAET ZUR BESTIMM.IN DER GERADE ERMOLKENEN MILCH
8 13 MATHEMATIK ANWENDUNG MATHEMAT.METHODEN IN DER LANDWIRTSCHAFT
MAULWURFDRAENPFLUG S.UNTER DRAENAGE

7 8 MECHANISIERUNG AUFWENDUNGEN FUER DIE LANDW.FORSCHUNG IN UNGARN
6 448 MEHLTAU BEKAEMPFUNG IM WEINBAU MIT SPRUEHMASCHINEN
9 356 BEKAEMPFUNG SCHWEFELVERDAMPFER PRUEFBERICHT POTSDAM BORNIM
MELIORATION DRAENAGE S.DORT
PFLUEGEN S.DORT
S.AUCH WASSERBAU
BEREGNUNG S.DORT
BEWAESSERUNG S.DORT
1 81 ENTWICKLUNG SUMPFGAENGIER MELIORATIONSTRAKTOREN
1 129 GESUNDHEITS UND ARBEITSSCHUTZ IM MELIORATIONSWESEN
1 156 PROJEKTIERUNG DER HAUPTPLANIERARBEITEN
2 148 KATALOG V.MASCHINEN UND AUSRUESTUNG DER BAUSTELLE
3 197 ERFAHRUNGEN BEI PROJEKTIERUNG VON PUMPSTATIONEN
3 198 PUMPSTATIONEN MIT UNTERWASSERMOTORPUMPEN
3 199 VOR UND NACHTEILE DER SCHLAG UND DREHBOHRER
3 201 DURCHFUEHRUNG VON KOMPLEXMELIORATIONEN
3 202 PRUEFDIENST FUER MASCHINEN
3 203 INSTANDSETZUNG VON GROSSMASCHINEN IM VEB PRITZWALK
3 221 ZWECKMAESS.ENTFERNUNG F.TRANSPORT V.FERTIGTEILEN MIT LKW
4 92 BODENVERBESSERUNG DURCH TIEFES PFLUEGEN
4 93 STYROMULL ZUM VERBESSERN V.BODENGEFUEGE U.WASSERHAUSHALT
4 97 TECHNOL.DER URBARMACHUNG MIT GESTRUEPP BEWACHS.MOORE
4 427 MASCH.MK 1.2 FUER TROCKENLEGEN U.ERSCHLIESS.V.SUEMPFEN
5 102 KETTENFAHRZEUG GAZ 47 FUER ERKUNDUNGSARBEITEN IM MOOR
5 153 MASCHINEN UND WERKZEUGE
5 160 MASCHINENEINSATZ AUF TORFBOEDEN
5 223 VORRICHTG.ZUR BODENVERBESS.AUF PSEUDOGLEYSTANDORTEN
6 144 MECHANISIERUNG DER ARBEITEN IN POLEN
6 152 PATENTE MELIORATIONSWESEN
6 162 MECHANISIERUNG UND INDUSTRIALISIERUNG IN DER SU
6 163 ORGANISATION UND MECHANISIERUNG DER ARBEITEN FACHBUCH
6 164 BAU UND INSTANDHALTUNG VON ANLAGEN FACHBUCH
7 81 MECHANISIERUNG DER ARBEITEN AUF GRUENLANDFLAECHEN
8 97 SEGMENTPFLUEGEN ALS MELIORATIONSMASSNAHME
9 99 VON FELDSOELLEN IN DEN NORDBEZIRKEN DER DDR
MELKEN S.AUCH MELKSTAND
MILCHPUMPE S.DORT
ALLGEMEINES

1 335 MELKEN MODERNE MILCHGEWINNUNG IN NEUSEELAND
7 224 MESSGERAETE ZUR BESTIMMUNG DER MILCHMENGE JE KUH
MASCHINENMELKEN
1 301 ARBEITS U.KAPITALBEDARF IM ANBINDE UND LAUFSTALL
1 338 EINFL.V.PULSZAHL B.UNTERSCHIEDL.VERHAELTN.V.SAUG ZUM DRUCKTAKT
1 338 EINFL.V.ZEITDAUER DES UEBERGANGS V.SAUG ZUM DRUCKTAKT
1 340 EINFL.DES MASCHINENMELKENS AUF GESTALTUNG DER LAKTATIONEN
1 344 BEDIENUNG VON ZWEI MELKZEUGEN DURCH EINE AK
1 538 IM ANBINDESTALL MIT EIMERMELKMASCH.ODER ABSAUGLEITUNG
2 302 ELEKTROENERGIEBEDARF
2 307 MECHANISIERUNG U.AUTOMATION FORSCHUNGSPROBLEME
2 353 VERGLEICH ZWISCHEN NACHMELKEN VON HAND UND MASCHINELL
3 407 UNTERSUCH.TECHNOLOGISCHER PROZESSE DES MASCHINENMELKENS
4 201 ARBEITSAUFWAND UND MECHANISIERUNGSVERFAHREN
4 262 MASCHINELL ERGONOM.ARBEITSORGANIS.U.BETRIEBSOEKON.GESEHEN
4 264 ARBEITSAUFWAND U.MELKLEISTUNG IM FISCHGRAETENMELKSTAND
5 376 ZWECKMAESSIGSTES TAKTVERHAELTNIS BEI MASCH.MELKEN
5 381 MECHANISIERUNG IN ABHAENGIGKEIT VON DER HERDENGROESSE
5 382 HYGIEN.BEURTEILUNG DER MILCHQUALITAET B.MASCH.MELKEN
5 704 IM ANBINDE UND IM LAUFSTALL VERGLEICH
7 231 UNTERSUCH.V.MELKVORGANG B.UNUNTERBROCH.ABSAUGEN DER MILCH
7 437 MECHANISIERUNG IN DEN MILCHVIEHFARMEN DER CSSR
8 277 TECHNOLOGIE DES MASCHINENMELKENS
9 265 ARBEITSZEITAUFWAND UND KOSTEN VERSCHIED.VERFAHREN IN BULGARIEN
9 266 VERGLEICH VON MELKMETHODEN RECHENMODELL
9 478 MECHANISIERUNG IM STALL UND IM MELKSTAND
MELKMASCHINEN
1 302 ROHRMELKANLAGEN MIT AUTOMAT.WASCH UND SPUELVORRICHTUNGEN
1 337 ARBEIT V.MASCHINEN MIT MECH.ANREGEN DER MILCHABGABE
1 339 MASCHINE DIE AUTOMAT.EIN BLINDMELKEN VERMEIDET
1 344 MASCHINENKONSTRUKTION DES ILR DIE BLINDMELKEN AUTOM.VERMEIDET
1 542 MILCHGEWINNUNG MIT ROHRMELKANLAGE IM ANBINDESTALL
1 543 MILCHGEWINNUNG MIT ROHRMELKANLAGE IM ANBINDESTALL
2 349 KANNENMELKMASCHINE ALFA LAVAL HYDROPULS PRUEFBER.IMA BRUGG
2 350 KLEINANLAGE FUER DAS MELKEN VON SCHAFEN
2 505 ROHRMELKANLAGEN IN UNGARISCHEN STAATSGUETERN
3 405 EINFLUSS V.MELKMASCH.PARAMETER AUF DEN MELKPROZESS
3 406 METHODIK DER PRUEFUNG VON MELKMASCHINEN
3 558 MELKMASCH. FRANZOESISCHE GERAETELISTE MIT TECHN.DATEN
4 261 UNTERSUCHUNGEN UEBER DEN ZUSTAND DER MELKANLAGEN
4 263 EIMER U.ROHRMELKANLAGEN TECHN.DATEN U.WERKSTOFFE
4 266 STROEMUNGSBILDER UND DRUCKVERLAUF IN MILCHLEITUNGEN
4 267 BESTIMMUNG DER RATIONELLEN ANZAHL V.MELKZEUGEN
4 269 TSCHECHOSLOWAKISCHER MELKAPPARAT FUER SCHAFE
4 272 UNTERSUCH.UEBER BEEINFL.DER EUTERGESUNDHEIT DURCH MELKMASCH.
5 375 UNTERSUCH.UND MESSUNGEN DER KANNENMELKANLAGE D 1
5 375 UNTERSUCH.UND MESSUNGEN DER ROHRMELKANLAGE DA 100
5 380 MILCHFLUSS U.DRUCKVERLAUF IN HORIZONT.LEITG.V.ROHRMELKANLAGEN
6 271 VERBESS.DER MILCHLEITUNG DER ROHRMELKANLAGE MOLOKOPROWOD
6 296 ANLAGE ALFA LAVAL TYP HP 87 PRUEFBERICHT ULTUNA
6 522 ABSAUGLEITUNG MIT ZWEI MELKZEUGEN IM ANBINDESTALL
6 527 MELKANLAGEN MIT MILCHLEITUNGEN IN ANBINDESTAELLEN
7 224 NEUES VOM MELKMASCHINENMARKT NIEDERLAENDISCHE AUSSTELLUNG
7 226 VERSUCHSERGEBNISSE UEBER MECHANIK HANDELSUEBL.MELKMASCHINEN
7 228 BESTIMMUNG DER ZUVERLAESSIGKEIT VON MELKANLAGEN GLEICHUNGEN
7 229 MELKMASCHINENPRUEFUNGEN OPTIMALE PARAMETER
7 230 MELKMASCHINE NATIONAL TYP V UNTERSUCH.BERICHT WOLFPASSING
7 401 VOM IMA GEPRUEFTE UND ANERKANNTE MELKMASCHINE
9 265 IM ANBINDESTALL MIT EINER ROHRMELKANLAGE
9 266 ANLAGE FUER DAS GRUPPENWEISE MELKEN
9 267 KONSTRUKTIONSAENDERUNGEN BEI MELKMASCHINEN IN AUSTRALIEN
BAUGRUPPEN BAUTEILE
2 352 AUTOMAT.ARBEITENDES ANRUEST UND VAKUUMABSCHALTGERAET
2 354 NUTZUNGSDAUER VON NEOPREN ZITZENGUMMI
2 356 NEUES IN DER MONTAGE DER MILCHLEITUNG
4 268 MELKEIGENSCHAFTEN VON NEOPREN ZITZENGUMMI

4 271 MELKEN UNTERSUCHUNG DES UNTERDRUCKS IN MILCHLEITUNGEN
4 274 LUFTGEKUEHLTE VAKUUMPUMPEN MIT OELSPIEGEL UND SICHTGLAS
4 274 DURCHSICHTIGE PLASTIKHAUBE FUER MILCHPUMPEN UND MOTOREN
4 274 MILCHZAEHLER MIT VOLLSTAENDIGEM MILCHFLUSSANZEIGER
5 377 RELEASER MILCHSCHLEUSE MIT SAUG U.DRUCKKLAPPENVENTILEN
7 224 ZAPFWELLENVAKUUMPUMPE FLACO PIONIER
7 224 SYSTEM ZUR KONSTANTHALTUNG VON 380 MM VAKUUM VON UTINA
7 224 WARTUNGSFREIER PULSATOR VON SURGE
7 224 STUFENLOS REGELBARES ELEKTRO PULS SYSTEM VON MIELE
7 227 GERAET FUER DIE STEIFIGKEITSPRUEFUNG VON ZITZENGUMMIS
8 276 VERGLEICH VON VAKUUMPUMPEN UND REGELVENTILE
8 506 ANLAGE SUPAMILKA V.ALFA LAVAL ZUR BESTIMM.DER MILCHLEISTUNG
9 267 TRANSISTORISIERTE TAKTGEBER MIT VISUELLER STOERANZEIGE
9 268 VZT 20 79 OELLOSLAUF.EINSTUF.ZELLENVERDICHTER PRUEFB.BORNIM
9 269 VERGLEICH V.ZITZENGUMMIS MIT VERSCHIED.SCHAFTDURCHMESSER
REINIGUNG
2 358 PRUEFUNG V.DESINFEKTIONS UND REINIGUNGSLOESUNGEN
2 359 ANLAGE DPR C1.0C0 FUER ZIRKULATIONSSPUELUNG V.MELKZEUGEN
4 275 REINIGUNG UND DESINFEKTION VON STALLMELKANLAGEN
4 506 AUTOMATISCHE WASCH UND REINIGUNGSGERAETE
5 377 DESINFEKTIONSANLAGE DER MILCHFARM CISTAJA
5 383 ARBEITSVERFAHREN ZUR REINIGUNG UND DESINFEKTION
7 224 PROGRAMMIERTE AUTOMAT.REINIGUNG VON MELKZEUGEN
7 224 REINIGUNG MITTELS HEISSWASSER OHNE ZUSATZMITTEL
7 238 DAMPFDESINFEKTION EINES TANDEMMELKSTANDES
7 239 EINFL.V.DAMPFDESINFEKTION AUF EIGENSCHAFTEN V.ZITZENGUMMIS
9 273 AUTOMATISCHE UMLAUFSPUELUNG FUER MILCHROHRLEITUNGEN
9 273 REINIGUNG UND DESINFEKTION VON MELKANLAGEN
3 606 MELKHAUS MIT SECHS MELKBOXEN
MELKKARUSSELL S.UNTER MELKSTAND
MELKSTAND
ALLGEMEINES
9 435 AUSBILDUNG DES FUSSBODENS IN MELKSTAELLEN
9 485 INVESTITIONSAUFWENDUNGEN
VERFAHREN
1 344 ARBEITSPROBLEME IN WEIDEBETRIEBEN
1 538 IN VERBINDUNG MIT LAUFSTAELLEN ARBEITSAUFWAND
3 410 FUNKTIONSGEMAESSE TECHNOLOGISCHE AUSNUTZUNG VON ANLAGEN
7 202 TECHNOLOGISCHE VORTEILE DES MELKENS IN MELKSTAENDEN
BAUARTEN TYPEN
1 341 ANLAGE UND ARBEITSWEISE EINES SPEZIALMELKSTANDES
1 345 WEIDEMELKSTAENDE BILDBERICHT
3 409 TYP MIT DEM HOECHSTEN WIRKUNGSGRAD
3 411 NEUZEITLICHE TYPEN EINSATZERFAHRUNGEN
3 412 BETRIEBSOEKONOMISCHE VORTEILE DER GRUNDTYPEN
3 558 FRANZOESISCHE GERAETELISTE MIT TECHN.DATEN
3 606 MELKHAUS MIT SECHS MELKBOXEN
4 203 FAHRBARER WEIDEROHRMELKSTAND PATENT
4 270 QUERMELKSTAND FUER VERSUCHE MIT MILCHSCHAFEN
4 274 VORGEFERTIGTER EINFACHMELKSTAND
4 274 VON ALFA LAVAL AUS RECHTECKPROFILEN
4 506 AUS VORGEFERTIGTEN STAHLROHRHOHLBAUTEILEN V.ALFA LAVAL
4 506 VON HOSIER
5 382 ELOCKA HYGIEN.BEURTEILUNG DER MILCHQUALITAET
5 712 AUTOMAT.V.MELKEN FUETTERN U.MASTITIS DIAGN.MIT COMPUTER
6 295 MIT MESSBEHAELTER FULLWOOD PRUEFBERICHT ULTUNA
8 21 DURCHLAUFMELKSTAELLE IM NIEDERLAEND.VERSUCHSBETRIEB
9 226 STAENDE MIT DRUCKKNOPFGESTEUERTEN GATTERN
FISCHGRAETENMELKSTAND
1 335 UEBERGANG ZUM FISCHGRAETENMELKSTAND
1 340 UNTERSUCH.DES MASCH.MELKENS IN FISCHGRAETENMELKSTAENDEN
1 342 NEUER WINKEL BEI FISCHGRAETENMELKSTAENDEN
1 548 FISCHGRAETENMELKSTAND MIT VERTIEFTEM MELKFLUR
2 351 FISCHGRAETENMELKSTAND HERRINGETTE
4 264 ARBEITSAUFWAND U.MELKLEISTUNG IM FISCHGRAETENMELKSTAND
4 265 PLANUNG EINES FISCHGRAETENMELKSTANDES U.ARBEITSSTUDIEN

4 593 MELKSTAND FISCHGRAETENMELKSTAND MIT 16 PLAETZEN
6 519 FMS DER MILCHPRODUKTIONSGEMEINSCHAFT VON INGLEWOOD
6 523 DOPPELFUENFER FISCHGRAETENMELKSTAND
8 246 DOPPELFUENFERFISCHGRAETENMELKSTAND MIT FUENF MELKZEUGEN
8 551 FISCHGRAETENMELKSTAND FUER LAUFSTALL
9 226 FISCHGRAETENMELKSTAND MIT ACHT BOXEN
9 486 VERSUCHE MIT DEM FISCHGRAETENMELKSTAND
TANDEMMELKSTAND
2 355 WEITERENTWICKELTER IMPULSA TANDEMMELKSTAND
3 357 TANDEMMELKSTAND FUER BOXENLAUFSTALL
7 238 DAMPFDESINFEKTION EINES TANDEMMELKSTANDES
KARUSSELLMELKSTAND
1 343 AUFSTELLUNG DES KARUSSELLMELKSTANDES AUF DER WEIDE
1 533 MELKKARUSSELL MIT 16 PLAETZEN
5 344 MELKKARUSSELL ROTOLACTOR IM KUTEL BEI ESSEN
5 703 MELKKARUSSELL IM KUTEL IN ESSEN
7 203 MELKKARUSSELL MIT 25 STAENDEN FUER VIER AK
7 225 MELKKARUSSELL ROTO TANDEM VON GASGOIGNE
8 502 MELKKARUSSELLS MIT 13 18 UND 20 STAENDEN
BAUGRUPPEN BAUTEILE
1 551 EINBAU V.ELEKTRISCHER FUSSBODENHEIZUNG
3 408 BEHEIZUNG VON MELKSTAENDEN
7 232 ANLAGEN UND SYSTEME
FUETTERUNGSANLAGEN
1 344 KRAFTFUTTERDOSIERANLAGEN ENTSPR.DER MILCHLEISTUNG
1 347 KRAFTFUTTERVERABREICHUNG IM FISCHGRAETENMELKSTAND
1 548 KRAFTFUTTERSILOS DURCH SCHNECKEN MIT MELKSTAND VERBUNDEN
4 274 ELEKTRONISCHES DOSIERSYSTEM FUER KRAFTFUTTERVERABREICHUNG
4 506 RATIONIERUNG DER ZUFUTTERMENGE NACH MILCHLEISTUNG
8 248 MOEGLICHKEITEN DER KRAFTFUTTERVERABREICHUNG
8 265 AUTOMAT.FUTTERZUTEILUNG ENTSPRECH.DER MILCHLEISTUNG
8 266 DOSIERSYSTEME FUER VERABREICHUNG VON KRAFTFUTTER
9 483 VERABREICHUNG VON NASSFUTTER IM FISCHGRAETENMELKSTAND
1 262 MELONE MASCHINELLE ERNTE DER WASSERMELONEN
3 455 PROBLEME B.ENTWICKLUNG V.ERNTEMASCHINEN FUER KUERBISFRUECHTE
3 467 ELEKTRON.SYSTEM FUER WIEGEN SORTIEREN U.VERLADEN
4 362 MASCH.VST 1 5 ZUM AUSWASCHEN UND SCHLEIFEN VON SAMEN
7 400 MASCHINEN FUER DIE SAMENGEWINNUNG
8 361 AUFBAU UND WIRKUNGSWEISE VON ERNTEMASCHINEN
MEMBRANPUMPE S.UNTER PUMPEN
3 200 MEMBRANVENTIL FUER LANDWIRTSCHAFTLICHE WASSERVERSORGUNGSANLAGEN
4 494 MESSEHALLE FREITRAGENDE HOLZKONSTRUKTION MIT 96 M SPANNWEITE
MESSEN MESSINSTRUMENTE UND VERFAHREN
S.AUCH PRUEFWESEN
S.AUCH REGELTECHNIK
S.AUCH TRAKTOR: MESS UND PRUEFWESEN
REIBUNG S.DORT
S.AUCH LANDMASCHINEN: PRUEFUNG
FEUCHTEMESSUNG S.DORT
BODENUNTERSUCHUNGEN S.AUCH BODEN
1 25 ENERGIEVERBRAUCH BEIM FUEHREN LANDW.MASCHINEN
1 32 SCHNELLPRUEFUNG V.TRAKTOREN GERAETETRAEGERN U.ANHAENGERN
1 33 FAHRBARES LABOR FUER FAHRUNTERSUCHUNGEN LANDW.TRAKTOREN
1 34 DL 30 SELBSTFAHRENDE ZUGKRAFTMESSANLAGE
1 35 BESTIMMEN V.TECHN.MOTORENZUSTAND MIT GERAET RBI
1 36 LEISTUNGSMESSUNGEN V.VERBRENNUNGSMOTOREN FEHLERGRUENDE
1 38 LAENGENMESSTECHNIK NEUERUNGEN AUF DER HANNOVER MESSE
1 39 ELEKTR.GROESSEN NEUERUNGEN AUF DER HANNOVER MESSE
1 41 DER KORNFEUCHTE ELEKTRISCHE KAPAZITAET VON SONDEN
1 42 ELEKTR.TEMP.MESSGERAET FUER KARTOFFELMIETEN UND LAGER
1 43 BODENSONDE FUER FESTIGKEITSBESTIMM.VON BODENPROFILEN
1 126 GERAET FUER BESTIMM.V.ABSTAND U.DICHTE VON SAEMLINGEN
1 133 MECH.EIGENSCHAFTEN VON KUNSTSTOFFDRAENROHREN PRUEFMETHODE
1 336 TESTFLUESSIGKEIT MIT MILCHAEHNLICHEN PHYSIKAL.EIGENSCHAFTEN
1 347 ELEKTRISCHE KONTAKTMESSWERTGEBER FUER ROHRLEITUNGEN
1 508 MESSUNG DES STAUBGEHALTES DER LUFT

1	509	MESSEN	SCHNELLE FEUCHTIGKEITS U.TEMP.BESTIMMUNG MIT NEUEN GERAETEN
2	20		NEUERUNGEN AUF DEM GEBIET DES MESSWESENS
2	25		FLUESSIGKEITSREGEL UND STEUERGERAETE WIRKUNGSWEISE
2	60		BESTIMM.PHYSIKAL.EIGENSCHAFTEN LANDW.PRODUKTE
2	61		DIFFERENTIALNIEDERDRUCKMESSUNGEN IN FLUESSIGKEITEN
2	63		DER DYNAMOMETRISCHE PRUEFSTAND
2	64		EFFEKTIVTEMP.SUMMENZAEHLGERAET MIT KONTAKTTHERMOMETERN
2	65		BESTIMM.DER LAUFENDEN KOORDINATEN V.BEWEGTEM BODENELEMENT
2	66		BESTIMM.V.GESCHWINDIGKEIT FESTER U.FLUESSIGER LANDW.STOFFE
2	69		FIBEROPTIKREFLEXIONSGERAET ZUM MESSEN V.OBERFLAECHENREFLEXION
2	157		MODELLVERSUCHE ZUR ERFORSCHUNG DER FLUSSBETTFORMUNG
3	73		ROTATIONSVISKOSIMETER FUER GROBDISPERSE SUSPENSIONEN
3	74		TRANSMISSIONSMESSER FUER DIE PHOTOSYNTHETISCH AKTIVE STRAHLUNG
3	75		INTEGRATOR ZUR ERMITTL.V.ARBEITSTIEFE U. LAENGE B.BODENBEARB.
3	76		TECHNISCHE BESCHREIBUNG EINER ZERLEGBAREN BODENSONDE
3	78		ANWEND.NEUER MESSMETHODEN IN LANDTECHNIK DER SU REISEBERICHT
3	80		DRUCKFESTIGKEIT V.ERDKLUTEN B.UNTERSCHIEDL.FEUCHTE U.DICHTE
3	81		TRIAXIALMESS.V.SCHERSPANNUNGEN UND VERDICHTUNGEN
3	82		EINFLUSS DER TEILCHENRAUHHEIT AUF DIE BODENEROSION
3	86		DICHTEMESSUNG V.SILAGE IN FAHRSILOS MIT GAMMASTRAHLEN
3	88		MESS.V.ELASTIZITAETSMODUL U.REIBUNGSKOEFF.V.WEIZENHALM
3	449		ENTWICKLG.V.MESS STEUERUNGS U.REGELUNGSTECHNIK
3	582		SCHLIERENOPTISCHE VERFAHREN BEI RAUMKLIMATISCHE UNTERSUCHG.
4	5		GERAET ZUR BESTIMMUNG VON BODENVERDICHTUNGEN
4	79		INTEGRIERENDES FLUSSMESSGERAET FUER BEREGNUNGSANLAGEN
4	493		BELEGUNGSMESSGERAET ZUR PRUEFUNG DES VERKEHRSABLAUFES
5	28		RESTSPANNUNGEN IN STAHL SPANNUNGSOPT.MESSVERFAHREN
5	39		LINEARE PROGRAMMIERUNG BEI BERECHNUNGEN IM BETRIEB
5	40		AUFBAU DES MESSWESENS IM LANDTECHN.INSTANDHALTUNGSWESEN
5	59		MESSAPPARATUR ZUM AUFZEICHNEN DES PFLANZENWACHSTUMS
5	61		PRUEFSTAND ZUR FESTIGKEITSPRUEFUNG VON PUMPEN
5	62		UNTERSUCHUNG EINES SENKRECHTEN WINDKANALS
5	63		VORRICHTUNG ZUM ZAEHLEN VON KOERNERFRUECHTEN
5	64		GERAETE FUER DAS BESTIMM.DER KENNWERTE V.BODENSCHUBDIAGRAMMEN
5	65		REIBZAHLEN DES ROHLEINS UND DES LEINSTROHS
5	66		GLEICHUNG FUER VERFORMUNG V.WURZELFRUECHTEN DURCH SCHLAG
5	67		ABHAENGIGK.DER SPANNUNGEN V.VERFORMUNG BEI WURZELFRUECHTEN
5	71		NOMOGRAMM ZUR BESTIMMUNG DES LEISTUNGSFAKTORS
5	145		ELEKTR.DRUCKMESS.BEI DER PNEUMAT.FOERDERUNG
5	174		DES AUSGEBRACHTEN WASSERS BEI ROHRLEITUNGSBEWAESSERUNG
5	190		REGRESSIONSGLEICH.FUER DEN VORGANG DER BODENABSCHERUNG
5	197		KRAFTMESSWAGEN FUER UNTERSUCH.V.SCHEIBENSCHAELPFLUG U. EGGE
5	218		UNTERSUCH.DER DUENGERVERTEILUNG MIT SCHLEUDERGERAETEN
5	239		MESSEINRICHTG.FUER UNTERSUCH.V.EINZELKORNSAEMASCHINEN
5	247		BIEGUNG DES HALMES BEIM SCHNITT OHNE GEGENSCHNEIDE
5	302		MESS.AN LANDW.BELUEFTUNGSANLAGEN MITTELS RADIOAKT.NUKLIDE
5	368		BERECHNUNG VON ROHRLEITUNGEN FUER DEN STALLMISTTRANSPORT
5	374		MILCHMESSGERAET FUER SAMMELTANKWAGEN
5	375		METHODEN FUER UNTERSUCH.V.MELKMASCHINEN IM VUZS
5	379		ELEKTROMAGNET.GERAET ZUM MESSEN DER MILCHLEISTUNG
5	380		MILCHFLUSS U.DRUCKVERLAUF IN HORIZONT.LEITG.V.ROHRMELKANLAGEN
5	415		DER GESCHWINDIGKEIT DES LUFTSTROMES B.SPRUEHGERAETEN
5	480		INNENTEMPERATURMESSUNG BEI LEBENSMITTELKONSERVEN
5	500		ZEITBEDARFSERMITTLUNG FUER FORSTBETRIEBLICHE ARBEITEN
5	507		ARBEITSLEISTUNG VON HOLZFAELLERN ZEITSTUDIEN
5	521		AUDIOMETRISCHE UNTERSUCHUNGEN AN FORSTARBEITERN
5	679		V.KLIMAFAKTOREN BEI MECH.LUEFTUNG VON STAELLEN
5	681		LUFTGESCHWINDIGK.U.VERTEIL.SOWIE STROEMUNGSLINIEN B.STALLUEFTG.
5	693		KONTROLLE DES LUFTZUSTANDES IM STALLRAUM
5	722		DRUCKBESTIMMUNG IM FUELLGUTKOERPER
6	41		3 KANAL DATENINTEGRATOR FUER DEN FELDEINSATZ
6	42		BETRIEBSZEITMESSER TEMPUR ED 3 PRUEFBERICHT ULTUNA
6	43		BREMSEINRICHTUNG ZUR MESSUNG DER TRAKTORENLEISTUNG
6	44		ERHALTEN V.WEGEMARKIERG.IN OSZILLOGR.V.FAHRBAREN AGGREGATEN
6	45		VON BODENDICHTEPROBEN
6	47		UNTERSUCHUNG DER REIBUNGSZAHLEN VON SAFTFUTTER

6 90 MESSEN KARDANFEHLER IM GELENKWELLENTRIEB ZWISCH.TRAKTOR U.LANDMASCH.
6 104 BESTIM.DES RAEUML.ZUGWIDERSTANDES V.ANBAUGERAETEN
6 216 ENERGIEAUFWAND BEIM SCHNEIDEN VON SCHILFROHR
6 231 BEWERTEN DER KRAFT UND LEISTUNGSKENNWERTE VON MAEHDRESCHERN
6 297 ELEKTRONISCHER MILCHFLUSSMESSER ESM 1
6 473 GERAET ZUR ERMITTLUNG DES WAERMEDURCHLASSWIDERSTANDES
6 491 BESTIM.DES SCHALLPEGELS MIT HILFE VON SCHALLPEGELMESSERN
6 492 BESTIM.V.WAERMEENTZUG DURCH UMGEBENDE LUFT U.STALLBODENPLATTEN
7 10 MESS UND UEBERTRAGUNGSPROBLEME BEI AUTOMAT.IN LANDTECHNIK
7 12 EINHEITEN UND GROESSENARTEN DER NATURWISSENSCHAFTEN
7 24 MOBILES DYNAMOMETER ZUR PRUEFUNG V.TRAKTOREN UND MOTOREN
7 25 BESTIM.V.LEISTUNGSBEDARF AN ZAPFWELLENANGETRIEB.ANBAUGERAETEN
7 26 MECHANISCHE VORRICHTUNGEN FUER MESSEN VON WEGSTRECKEN
7 27 STATIST.KENNGROESSEN DES FEINPROFILS EINES BAUMWOLLFELDES
7 28 FELDGERAET ZUM GLEICHZEIT.MESSEN V.REIBUNGSWINKEL U.KOHAESION
7 34 DES VERSCHLEISSES V.KOLBENRINGEN U.LAGERSCHALEN MIT AKT.CO
7 57 ROLLREIBUNG BEI DER RADBEWEGUNG AUF VERDICHTBAREM BODEN
7 100 ERMITTLG.RAEUML.WIRK.KRAEFTE AN EINEM BODENBEARBEIT.WERKZEUG
7 207 BESTIM.DER VISKOSITAET FLIESSFAEHIGER FUTTERMISCHUNGEN
7 224 MESSGERAETE ZUR BESTIMMUNG DER MILCHMENGE JE KUH
7 227 GERAET FUER DIE STEIFIGKEITSPRUEFUNG VON ZITZENGUMMIS
7 359 VERFAHREN FUER DIE FEUCHTEMESSUNG BEI HOLZ
7 360 VERMESS.V.INDUSTRIEHOLZ MASSENERMITTLUNG U.HOLZFEUCHTETESTUNG
7 406 MESSWAND FUER MESSUNGEN DES SEITENDRUCKES IN FLACHSILOS
8 23 BESTIMM.DES DICHTESPEKTRUMS VON GETREIDEKOERNERN
8 30 KLAERUNG DER DRUCKVERHAELTNISSE IN LAGERNDEN HAUFWERKEN
8 107 ZWEIHEBELMESSVORRICHTUNG FUER BESTIMM.DER FURCHENTIEFE
8 181 DER RADKRAEFTE MIT DEHNUNGSMESSSTREIFEN BEI MAEHDRESCHER
8 304 MESSINSTRUMENTE FUER KUEHL UND GASZELLEN
8 328 CATHIE SCHRAENKE FUER LUEFTUNGS HEIZUNGS U.LUFTFEUCHTEEXPERIM.
8 340 ERMITTLUNG DER WINDLASTEN AN GEWAECHSHAEUSERN
8 341 ERMITTLUNG DER WINDLASTEN AN GEWAECHSHAEUSERN
8 484 VERFAHREN ZUM BESTIM.DER FAHRBAHNSTRUKTUR
8 539 BESTIM.V.WAERMEDURCHLASSWIDERSTAND FEUCHTEGEH.U.VERTEILUNG
8 540 BESTIM.V.WAERMEDURCHLASSWIDERSTAND FEUCHTEGEH.U.VERTEILUNG
8 561 WANDDRUECKE IN GETREIDESILOS
9 14 EINFACHSCHREIBER DER ZWEI WERTE REGISTRIEREN KANN
9 15 VERSCHLEISS DER OBERFLAECHEN VON MASCHINENELEMENTEN MESSGERAET
9 16 BEWEGUNGSUNTERSUCH.MIT RADIOAKTIV MARKIERTEN STOFFEN
9 17 TRAEGHEITSERSCHEINUNGEN BEI BESTIMMUNG DER BODENKRAEFTE
9 18 BESTIM.V.BODENTEILCHENBEWEGUNG IM ZWEIDIMENSIONALEN BRUCH
9 19 AUFBAU UND FUNKTION EINER ELEKTRONISCHEN BODENSONDE
1 198 MESSERKLINGE FUER ERNTEMASCHINEN QUALITAETSVERBESSERUNG
5 31 NEUE TECHNOLOGIE DER FERTIGUNG
5 411 MESSERSCHLEIFER ALS ZUBEHOER ZUM HANDMIXER VON DER AEG
MESSERSECH S.UNTER PFLUEGEN
5 145 MESSWERTGEBER EDPD FUER DRUCKMESS.IN PNEUMAT.FOERDERROHREN
5 389 METALL HAUSHALTWAREN QUALITAETSPRUEFUNG U.WARENKUNDE
9 441 ENTWICKLUNG METALLBESCHICHTETER BAUPLATTEN
9 449 ENTWICKLUNGSTENDENZEN VON RAUMTRAGWERKEN
4 228 METALLSCHEIBENMUEHLE FUER DIE ZERKLEINERUNG VON KOERNERSILAGE
4 6 METEOROLOGIE HAEUFIGK.ANALYSEN V.NIEDERSCHLAEGEN MONTE CARLO METHODE
5 440 EINFL.AUF TEMP.IN LUFTBEHEIZT.MEHRZWECKHAEUSERN
7 338 METHYLBROMID FAHRBARE MASCHINE FUER DIE AUSBRINGUNG
3 627 MIETE VERBESSERTE KARTOFFELMIETE IN SUED LINCOLNSHIRE
7 199 GERAET ZUM MECH.VERLEGEN VON ABDECKMATTEN AUF MIETEN
1 258 MIETENLADER T 178 FUER ZUCKERRUEBEN
4 54 FUER RUEBEN VON BRETTEN
MIKROKLIMA S.UNTER KLIMA
7 186 MIKROWELLENHERD VERSUCHE ZUR HERSTELLUNG VON CHIPS
MILCH MELKEN S.DORT
1 336 TESTFLUESSIGKEIT MIT MILCHAEHNLICHEN PHYSIKAL.EIGENSCHAFTEN
3 357 FLASCHENDAEMPFER PF 1
3 417 GEFRIERTROCKNUNG
4 260 INDUSTRIEMAESSIGE PRODUKTION IN DER DDR LITERATUR
5 373 STROEMUNGSEIGENSCHAFTEN VON FLUESSIGEN MILCHPRODUKTEN

5 374 MILCH MESSGERAET FUER SAMMELTANKWAGEN
5 378 ERHOEHUNG DER FOERDERLEISTUNG VON MEMBRANMILCHPUMPEN
5 703 FLASCHENFUELLEINRICHTUNG FUER VORZUGSMILCH
6 297 ELEKTRONISCHER FLUSSMESSER ESM 1
6 297 ELEKTRONISCHER MILCHFLUSSMESSER ESM 1
6 326 PLASTSTOFFE ZUR VERPACKUNG IN FRANKREICH
7 3 GEWINNUNG UND BEHANDLUNG LANDMASCHINENLEHRE BD. 11
7 4 GEWINNUNG LANDWIRTSCHAFTLICHE STOFF UND MASCHINENKUNDE
7 202 GEWINNUNG TECHNOLOG.VERGLEICH VERSCHIEDENER VERFAHREN
8 506 ANLAGE SUPAMILKA V.ALFA LAVAL ZUR BESTIMM.DER MILCHLEISTUNG
1 335 MILCHGEWINNUNG MODERNE MILCHGEWINNUNG IN NEUSEELAND
1 535 PROBLEME IM LAUFSTALL
5 696 MASCHINENSYSTEME FUER STANDARDVERFAHREN
1 533 MILCHHAUS 2 STAELLE FUER JE 200 KUEHE MIT ZWISCH.GEBAUT.MILCHHAUS
1 534 VERBESSERTE TYPENPROJEKTE
1 544 MIT VERBINDUNGSBAU FUER MILCHVIEHANLAGE WAGELWITZ
9 478 FUER MILCHVIEHGROSSANLAGEN
MILCHKUEHLEN
VERFAHREN
1 346 AUSDEHNUNGSKUEHLUNG NEUE KUEHLMETHODE V.H.J.NERRYFUL
6 294 IN KUNSTSTOFFKANNEN ANPASSUNG DER KUEHLTECHNIK
9 293 IN KANNEN ODER GROSSBEHAELTERN
ANLAGEN
2 357 MTK 0 5 MIELE TAUCHKUEHLER PRUEFBERICHT IMA BRUGG
3 357 KUEHLANLAGE AKFV 4 KUEHLER 00M 1000M
4 273 ANLAGE SM 1200 EINFL.AUF MIKROBIOL.MILCHQUALITAET
4 274 GROSSE KUEHLTANKS AUF AUSSTELLUNG IN LONDON
6 293 EINSATZ DER MESS STEUERUNGS UND REGELUNGSTECHNIK
7 233 KLEINPLATTENKUEHLER TYP P20 VX V.ALFA LAVAL UNTERS.BER.
7 234 KUEHLWANNEN U.AN KAELTEMASCH.ANGESCHLOSS.TAUCHKUEHLER
7 235 UNTERSUCH.BERICHT UEBER ALFA LAVAL UNIVERSALTAUCHKUEHLER
7 396 TAUCHKUEHLER
7 401 KUEHLTANK KUEHLWANNE U.TAUCHKUEHLER IMA PRUEFUNG
8 278 ANLAGEN UND TECHNOLOGIE
8 279 UEBERSICHT UEBER ANLAGEN
8 279 KUEHLSPEICHERANLAGE CM 300
9 270 TECHNISCHE DATEN UND PREISE VON MILCHTIEFKUEHLTANKS
9 271 PA 400 901 EINSTROM PLATTENWAERMEAUSTAUSCHER
9 272 KUEHLWANNE 1000 L V.VEB KYFFHAEUSERHUETTE ARTERN
9 418 KUEHLWANNE BENUTZG.DER ABWAERME ZUR HEISSWASSERBEREITUNG
REINIGEN VON ANLAGEN
4 275 REINIGUNG UND DESINFEKTION VON KUEHLTANKS
5 379 MILCHLEISTUNG ELEKTROMAGNETISCHES GERAET ZUM MESSEN
4 263 MILCHLEITUNG AUS CHROMNICKELSTAHL ODER KUNSTSTOFF
4 265 GLAS ALS WERKSTOFF
4 266 STROEMUNGSBILDER UND DRUCKVERLAUF
4 271 UNTERSUCHUNG DES UNTERDRUCKS
4 276 TRANSPORT VON ROHMILCH AUS LANDW.BETRIEB ZUR MOLKEREI
4 506 AUTOMATISCHE WASCH UND REINIGUNGSGERAETE
9 5 VON ROHRMELKANLAGEN FLIESSVERHALTEN V.MILCH
5 379 MILCHMESSER ELEKTROMAGNET.GERAET ZUM MESSEN DER MILCHLEISTUNG
MILCHPUMPE S.AUCH MELKEN
5 378 ERHOEHUNG DER FOERDERLEISTUNG VON MEMBRANMILCHPUMPEN
2 352 MILCHSAMMLUNG ENTWICKLUNG EINES ZWECKMAESS.TANKREINIGUNGSGERAETES
6 293 EINSATZ DER MESS STEUERUNGS UND REGELUNGSTECHNIK
7 236 REINIGUNG U.DESINFEKTION V.SAMMELTANKS UND TANKFAHRZEUG
7 237 UNTERSUCH.BER.UEBER KOMB.REINIGUNGS U.DESINFEKT.MITTEL
7 242 MILCHSAMMELWAGEN ZWEI KONSTRUKTIONSTYPEN
8 279 KONZENTRIERUNG VON SAMMELSTELLEN IN DER CSSR
MILCHSCHLEUSE S.UNTER MELKEN
2 352 MILCHTANK MECHANISIERUNG DER REINIGUNG UND DESINFEKTION
3 413 MESSUNG DES REINIGUNGSVERLAUFES
4 274 GROSSE KUEHLTANKS AUF AUSSTELLUNG IN LONDON
4 275 REINIGUNG UND DESINFEKTION VON KUEHLTANKS
4 506 AUTOMATISCHE WASCH UND REINIGUNGSGERAETE
4 506 STATIONAERE UND TRANSPORTABLE MILCHTANKS
7 236 REINIGUNGS UND DESINFEKTIONSPROBLEME IN INDIEN

9 16 MILCHTANK REINIGUNGSVERLAUF BESTIMMUNG MIT RADIONUKLIDEN
9 270 TECHNISCHE DATEN UND PREISE VON MILCHTIEFKUEHLTANKS
9 273 NIEDERDRUCKSPRUEH UND DOSIERGERAETE ZUR REINIGUNG
9 274 M 801 IMPULSA TANKREINIGUNGSGERAET PRUEFBER.POTSDAM BORNIM
9 275 AUTOMAT.REINIGUNGSAPPARATUREN AUF NIEDERLAEND.AUSSTELLUNG
1 347 MILCHTRANSPORT ELEKTRISCHE KONTAKTMESSWERTGEBER FUER ROHRLEITUNGEN
1 348 DURCH PIPELINES FUER LANDW.U.MILCHINDUSTRIE
2 360 ERFAHRUNGEN MIT ROHRLEITUNGSFERNTRANSPORT IN DER DDR
4 276 IN ROHRLEITUNGEN ERFAHRUNGEN IN DER DDR
5 384 SYSTEME IN ENTWICKELTEN LAENDERN U.IN INDIEN
6 293 EINSATZ DER MESS STEUERUNGS UND REGELUNGSTECHNIK
6 293 VOLLAUTOMATISIERUNG DURCH FERNLEITUNGEN
6 298 REINIG.U.DESINFEKTIONSVORSCHRIFT FUER MILCHFERNLEITG.
7 224 MELKLIFT ZUM UMPUMPEN VON MILCH
7 241 UEBER EINE MILCHROHRLEITUNG ZUR MOLKEREI HAINSPITZ
8 280 IN PE ROHRLEITUNGEN IN UNEBENEM GELAENDE
MILCHVIEHHALTUNG S.UNTER RINDERHALTUNG
4 259 MILCHWIRTSCHAFT ANALYSE DES INFORMATIONSSYSTEMS
4 274 HAUPTENTWICKLUNGEN AUF DER AUSSTELLUNG IN LONDON
6 294 VERWENDUNG VON KUNSTSTOFFEN EINFL.AUF MILCH
7 222 REINIGUNG UND DESINFEKTION VON KUNSTSTOFFOBERFLAECHEN
7 223 HYGIEN.BESCHAFFENHEIT VON KUNSTSTOFFOBERFLAECHEN
7 237 UNTERSUCH.BER.UEBER KOMB.REINIGUNGS U.DESINFEKT.MITTEL
7 240 UNTERS.BER.UEBER DAS DESINFEKT.MITTEL DESOFIX Z VIER
4 274 MILCHZAEHLER MIT VOLLSTAENDIGEM MILCHFLUSSANZEIGER V.ALFA LAVAL
3 570 MINERALWOLLE TECHNISCHE UND BAUPHYSIKALISCHE WERTE WERKSTOFFBLATT
4 523 AUS KUPFERSCHLACKE ODER SCHLACKENBIMS
4 524 PLATTEN
4 559 ANWENDUNG ZUR WAERMEDAEMMUNG
3 581 MINIPHON FUER SCHALL UND ERSCHUETTERUNGSMESSUNGEN
8 369 MIRABELLE ERNTE DURCH SCHUETTELSTANGE MIT HYDRAULIKMOTORANTRIEB
MISCHEN VON FUTTERMITTELN S.UNTER FUTTERZUBEREITUNG
6 479 MISCHER MIT VERBRENNUNGSMOTOR FUER BETON
MISCHFUTTER S.AUCH FUTTERMITTEL
1 321 TRANSPORT IN LOSER FORM
7 210 EINFLUESSE AUF DIE PRESSBARKEIT
7 211 EINFL.V.WALZENABSTAND AUF PRODUKTIONSLEISTUNG DER PRESSE
8 257 SPEZIELLE TRANSPORTWAGEN FUER MISCHFUTTERMITTEL
9 16 BEWEGUNGSUNTERSUCH.MIT RADIOAKTIV MARKIERTEN STOFFEN
9 59 UNIVERSALLADER MGU ZUM ENTLADEN AUS EISENBAHNWAGGONS
9 243 AUFGABEN DER TECHNOLOGIE BEI DER HERSTELLUNG
9 255 SELBSTHERSTELLUNG ODER KAUF FERTIGER FUTTERMISCHUNGEN
9 504 KONSTRUKTION EINER MODERNEN FABRIK
MIST S.STALLMIST
ENTMISTEN S.DORT
MITTELDRUCKPRESSE S.UNTER SAMMELPRESSE
MITTELSTARKREGNER S.UNTER BEREGNUNG
MIXER FUER GUELLE S.UNTER GUELLE
MODELLPROJEKTIERUNG S.UNTER PROJEKTIERUNG
5 493 MOEBEL STEIGERUNG DES PRODUKTIONSVOLUMENS IN DER SU
1 27 MOEHRE THEORIE UND BERECHNUNG DES ERNTEPROZESSES
1 394 ERNTEMASCHINE KES 1
2 248 ROEDEN UND ABSIEBEN DES BODENS MIT SCHWINGSIEB
2 257 RODEMASCHINE KBS I FUER DEN GERAETETRAEGER T 16
2 384 GUENSTIGSTE VERTEILUNG V.SAMEN WAHRSCHEINLICHKEITSRECHNUNG
2 408 SPEZIALRODESCHARE FUER DIE ERNTE
3 436 PRODUKTIONSVERFAHREN U.MASCHINENEINSATZ IM MOSKAUER GEBIET
3 437 MECH.ANBAU UND ERNTEVERFAHREN MIT KEIMPFLANZENSCHUTZBAENDERN
3 454 RODUNG MIT UMGEBAUTEN KARTOFFELRODERN
3 454 MASCHINENSAETZE ZUR VOLLMECHANISIERUNG DER ERNTE
3 454 ERNTEMASCHINE V.WATERFALL MIT KISTENTRANSPORT
3 454 UNIVERSALERNTEMASCHINE VOM NIAE FUER WURZELGEMUESE
5 462 MECHANISIERUNG DER ERNTE IN DEN USA
5 492 EINSATZ DER VOLLERNTEMASCHINE RODEMAX
6 341 GEMUESESAEMASCHINE NACH DEM UNTERDRUCKPRINZIP
6 342 LABOR UND FELDVERSUCHE MIT SCHUBRADSAEGERAETEN

6 363 MOEHRE RODEVORRICHTUNG ZUM PFLUG PN 3 35 N
6 364 KOMB.EINER KOEPFMASCHINE MIT EINEM BUNKERSAMMELRODER
6 364 HAENGERKIPP UND SORTIERVORRICHTUNG
6 364 VOLLERNTEMASCHINE RODEMAX MIT ZAPFWELLENGETRIEB,HYDRAULIK
6 364 VORRATSRODER SSK
6 364 ENGL.VOLLERNTEMASCHINE WHITSED JUNIOR MOEHREN U.KAROTTENERNTER
6 365 VOLLERNTEMASCHINE PRUEFBERICHT WAGENINGEN
7 400 ERNTEMASCHINEN ENTWICKLUNG IN DER SU
8 322 KOMB.BEETSAEMASCHINE FUER BREITSAAT V.FEINSAEMEREIEN U.MULCHEN
8 327 ANBAUMECHANIS.VOM SAEEN BIS ZUR ERNTE UND VERPACKUNG
8 327 LEISTUNGSFAEHIGE WASCHANLAGE
8 360 ERNTE ARMER CARROT HARVESTER U.WHITSED JUNKER CARROT HARVESTER
8 360 ERNTE EINSATZ VON KARTOFFELSAMMELRODERN
8 361 WURZELGEMUESEERNTEMASCHINE VON KEMPER
9 365 ERNTE MIT VOLLAUTOMATISCHEN KARTOFFELAUFNEHMERN
1 475 MOERTEL STATIONAERE UND TRANSPORTABLE MISCHANLAGEN
6 471 BERECHNG.DER ZUSAMMENSETZUNG VON MISCHUNGEN
8 528 SOWJET.GERAETE ZUM BEREITEN UND TRANSPORT
4 540 MOERTELPUMPE S 25I MOEGLICHKEIT ZUR MODERNISIERUNG
4 541 DRUCKMESSER FUER DEN DRUCKBEHAELTER
3 305 MOHAR ZUSATZVORRICHTUNG ZUR MAISKOMBINE CHERSONEC 3 FUER DIE ERNTE
7 164 MOHN MECHANISIERUNG BEIM ANBAU U.BEARBEITUNG NACH DER ERNTE
7 237 MOLKEREI UNTERSUCH.BERICHT UEBER KOMB.REINIGUNGS U.DESINFEKT.MITTEL
7 240 UNTERS.BERICHT UEBER DAS DESINFEKT.MITTEL DESOFIX Z VIER
5 519 MOLYBDAENDISULFID EINFL.AUF EINLAUFZEIT DER MOTOREN AUF DEM PRUEFSTAND
8 1 MOND MONDSTATION MIT GESTEUERTEN UMWELTSBEDINGUNGEN
MONTAGEBAU S.UNTER BAUKONSTRUKTION
MONTAGEBAUWEISE S.UNTER BAUWEISE
4 6 MONTE CARLO METHODE FUER HAEUFIGKEITSANALYSEN V.NIEDERSCHLAEGEN
8 44 BESTIM.OPT.KENNWERTE V.MASCH.TRAKTORENAGGREGATEN
4 97 MOOR TECHNOL.DER URBARMACHUNG MIT GESTRUEPP BEWACHS.MOORE
5 102 KETTENFAHRZEUG GAZ 47 FUER ERKUNDUNGSARBEITEN
6 162 FRAESEN UND PFLUEGE BESTAND IN DER SU
6 182 UNTERSUCHUNGEN MIT PLASTBESCHICHT.STREICHBLECHEN B.GRUENLANDUMBR.
8 422 DRAENAGE VON FLACHMOOREN IM GEBIET TOMSK
6 162 MOORPFLUG BESTAND IN DER SU
7 111 UNTERBODENLOCKERER FUER MOORPFLUEGE
MOTOR HINWEISE
S.AUCH TRAKTOR: MOTOR
WANKELMOTOR S.DORT
DIESELMOTOR S.DORT
HYDROMOTOR S.DORT
OTTOMOTOR S.DORT
ELEKTROMOTOR S.DORT
ALLGEMEINES
1 50 TECHNISCHE ENTWICKLUNGSSTELLE F.WANKEL IN LINDAU
BAUARTEN TYPEN
7 2 1968 GRUENES BUCH WINTERAUSGABE
8 502 EINZYLINDER ZWEI TAKTKLEINMOTOR VON MATIM
8 514 1968 GERAETELISTE IN FRANKREICH GEHANDELTER TYPEN
BAUGRUPPEN BAUTEILE
1 51 WARN UND ABSTELLANLAGEN DER FANAL ELEKTRONIK
1 51 FLAMMENSTARTANLAGEN
1 51 BORSIG WANKEL DREHKOLBENVERDICHTER
1 51 WARTUNGSFREIE DU LAGER LIZ. GLACIER
1 51 LAGENUNEMPFINDL.FILTER MIT VERSCHMUTZUNGSANZEIGE
1 51 BOSCHVERTEILERPUMPEN
1 52 BESTIMM.DER SCHNARRFREQUENZEN VON EINSPRITZVENTILEN
1 53 KRAFTSTOFFEINSPRITZUNG DURCH INSTAT.HYDRODYNAMIK
5 25 ANLASSERTEILE AUS PLAST
6 58 ZEITABSTAENDE FUER AUSWECHSELN V.KRAFTSTOFF FEINFILTERN
8 34 EINFL.V.AUSLASS U.EINLASSSYSTEM AUF LIEFERGRAD B.ZWEITAKTER
8 35 ADAPTIVE REGELUNG VON KRAFTMASCHINEN
8 36 MODERNE ZUENDSYSTEME
BETRIEB UNTERSUCHUNG PRUEFUNG
1 35 BESTIMMEN DES TECHNISCHEN ZUSTANDES MIT GERAET RBI

1 36 MOTOR LEISTUNGSMESSUNGEN V.VERBRENNUNGSMOTOREN FEHLERGRUENDE
1 53 MIT VERGASERBETRIEB GEMISCHBILDUNG UND VERTEILUNG
2 82 AEHNLICHKEITSGESETZE DES VIERTAKTMOTORS
2 83 BEURTEIL.V.FORMSTEIFIGKEIT V.VENTILEN MIT DEHNMESSSTREIFEN
2 84 ZAEHLER FUER DIE ARBEIT DES VERBRENNUNGSMOTORS
2 85 UNGLEICHE GEMISCHVERTEILG.AM MEHRZYLINDEROTTOMOTOR
2 86 ARBEITSFAEHIGKEIT V.PUMPENELEMENT V.KRAFTSTOFFEINSPRITZPUMPE
3 77 ANALYSE DER ARBEITSZYKLEN MIT HILFE VON EDVA
5 73 UNTERSUCHUNG DER RESTSPANNUNGEN IN ZYLINDERKOPFBLOECKEN
5 519 EINFL.V.MOLYBDAENSULFIT AUF DIE EINLAUFZEIT
6 56 VERBRENNUNGSGESCHWINDIGKEIT IONISIERTER KRAFTSTOFFMISCHUNGEN
6 57 EINFL.DES SPIELS IN DER EINSPRITZDUESE AUF KRAFTSTOFFZERSTAEUBG.
6 59 RUECKSTOSSZENTRIFUGE FUER DAS KOMBINIERTE REINIGEN VON OEL
7 24 MOBILES DYNAMOMETER ZUR PRUEFUNG
7 33 ARBEIT V.KURBELWELLENLAGER BEI DRUCKABFALL IM SCHMIERSYSTEM
8 33 OELUMLAUF BEIM KALTEN MOTOREINLAUFEN
8 441 PRUEFSTAND FUER MOTOREN VON BENZINMOTORSAEGEN
WARTUNG INSTANDSETZUNG
1 15 STEIGERUNG AN INSTANDGESETZTEN MASCH.EINHEITEN IN DER SU
3 46 DEMONTAGEFREIE VERFAHREN ZUR VERSCHLEISSPRUEFUNG
3 47 NEUE ANLAGEN FUER DIE ULTRASCHALL REINIGUNG V.TEILEN
5 41 BESTIMMUNG DER VERSCHMUTZUNG VON REINIGUNGSANLAGEN
5 74 HITZEBESTAENDIGE ROSTSCHUTZANSTRICHE VON TEILEN
6 30 ARBEITSPLANUNG EINES FLIESSBANDES FUER INSTANDSETZUNGSBETRIEB
MOTORBAUMSPRITZE S.UNTER SPRITZEN
3 503 MOTORBOHRER ERGEBNISSE DER ARBEIT BEI DER AUFFORSTUNG
MOTORHACKE S.UNTER HACKEN
1 368 MOTORHEBEWAGEN TRANSPORT IM GEMUESEBAU UNTER GLAS
MOTORKARRE S.TRANSPORTER
MOTORMAEHER S.UNTER MAEHEN
MOTORSAEGE ALLGEMEINES
5 521 AUDIOMETRISCHE UNTERSUCHUNGEN AN FORSTARBEITERN
5 550 1I.LAENDERVERGLEICHSKAMPF DER SAEGENFUEHRER DER DDR
EINSATZ
1 433 SCHNEIDELEISTUNG VON NEUN EINMANNKETTENSAEGEN
2 442 AUFARBEITUNG VON WINDWURF UND WINDBRUCHFLAECHEN
2 450 MS FUEHRER LEISTUNGSAUSSCHEIDE UND QUALIFIZIERUNG
3 512 ARBEIT MIT EINMANNKETTENSAEGEN ARBEITSPHYSIOLOGIE
4 238 MIT SPEZIALKETTEN ZUM VORSCHNEIDEN VON SILAGE
4 400 ARBEIT MIT EINMANNMOTORKETTENSAEGEN ARBEITSPHYSIOLOGIE
4 441 AUFTRETEN V.GEHOERSCHAEDEN STANDARDNORMEN F.LAERMBELASTG.
5 507 VERWENDBARKEIT UND VERBESS.DER MOTORKETTENSAEGE
5 509 SCHNEIDETECHNIK MIT MOTORKETTENSAEGEN
5 532 FAELLEN VON DUENNHOLZ IN RUMAENIEN
5 535 EINSCHLAG MIT DER EINMANNMOTORKETTENSAEGE PARTNER
5 536 DURCHFORSTUNG AM STEILHANG VERGLEICH VON GERAETEN
5 548 FAELLTECHNIK BEIM EINSATZ VON EINMANNMOTORKETTENSAEGEN
5 551 ARBEITSORGANISATION IN EINER HOLZFAELLERBRIGADE
5 552 SCHNEIDEZEIT IN ABHAENGIGKEIT V.HOLZDURCHMESSER
5 563 ZUM ENTASTEN AUFARBEITUNGSLEISTUNG
8 408 ZUM EINSCHNEIDEN VON FLOESSHOLZ
8 432 EINMANNKETTENSAEGEN FUER DAS FAELLEN UND ENTASTEN
8 449 EINSCHNEIDEN MIT MOTORKETTENSAEGEN
9 375 EINSATZ ANALYSE VON TEILZEITSTRUKTUREN
9 376 ENTASTEN MIT DER EINMANNMOTORKETTENSAEGE
BAUARTEN TYPEN
1 414 ENTWICKLUNG V.ELEKTROSAEGEN MIT HOCHLEISTUNGSMOTOR
1 463 STIHL 041 MIT VIBRATIONSDAEMPFUNG
3 510 GERAET ZUM SCHNEIDEN VON NADELHOLZGRUEN
3 513 ENTWICKLUNGSTENDENZEN AUF DEM MOTORSAEGENMARKT
3 514 24 MOTORKETTENSAEGEN TECHNISCHE ANGABEN
3 515 STIHL 041 AV MIT ANTIVIBRATIONSGRIFF
3 545 TYPEN AUF DER ELMIA IN SCHWEDEN
4 414 8 MOTORKETTENSAEGEN TECHNISCHE DATEN
4 435 KU FUER DIE RINGELUNG DER LAERCHEN
5 555 ZERSCHNEIDEN VON RUNDHOLZ GERAETEVERGLEICH

7 254 MOTORSAEGE ELEKTRISCH FUER ENTNAHME V.SCHNITTPROB.AUS OBSTBAUMAESTEN
7 358 CNIIME K5 ELEKTROMOTORKETTENSAEGE
7 358 BENZINMOTORKETTENSAEGE DRUZBA
7 362 INTERNATIONALER WETTBEWERB DER MOTORSAEGENFUEHRER
8 440 ENTWICKLUNG DER MOTORKETTENSAEGEN
8 448 SOWJET.MASCHINEN FUER AUSFORMUNGSPLAETZE AN FLUESSEN
8 460 KOMBINATION EINES GREIFERS MIT EINER KETTENSAEGE
9 365 FUER DEN OBSTBAUMSCHNITT
9 429 PROGRAMM U.ANBAUGERAETE VON STIHL
BAUGRUPPEN BAUTEILE
2 449 PRH 88 HOBELZAHNKETTE UMFASSENDE PRUEFUNG
2 451 HOBELZAHNKETTE FEHLER UND IHRE URSACHEN
3 511 HOBELZAHNKETTE PRH 88 GRUNDPARAMETER SCHNEIDELEISTUNG
4 439 LEISTUNGSAUFNAHME DER SAEGEEINRICHT.V.KETTENSAEGEN
4 440 BEDEUTUNG V.ANZAHL DER ZAEHNE BEI KETTENSAEGEN
5 497 AUTOM.FLIEHKRAFTKUPPLUNG DER EINMANNMOTORKETTENSAEGE
9 400 SCHUTZBUEGEL UEBER DEM LINKEN HANDGRIFF
PRUEFUNG
4 423 EINMANNMOTORKETTENSAEGEN ERGEBN.V.FORSTTECHN.PRUEFG.
4 442 RAKET 60 MASCHINENPRUEFBERICHT ULTUNA
4 443 STIHL 08 S EINMANNKETTENSAEGE DLG PRUEFBERICHT
4 444 EINMANNKETTENSAEGE DOLMAR CA DLG PRUEFBERICHT
5 546 EINMANNMOTORKETTENSAEGEN PRUEFURTEILE DES FPA
6 406 MOTORKETTENSAEGE PIONEER 11 50 PRUEFBERICHT ULTUNA
6 407 MOTORKETTENSAEGE HUSCVARNA A 65 PRUEFBERICHT ULTUNA
6 408 MOTORKETTENSAEGE JO BU STARLET PRUEFBERICHT ULTUNA
8 441 PRUEFSTAND FUER MOTOREN VON BENZINMOTORSAEGEN
9 370 LAERM UND VIBRATION BEI WALDARBEITEN
WARTUNG INSTANDSETZUNG
4 423 INSTANDSETZUNGSGERAETE ERGEBN.V.FORSTTECHN.PRUEFG.
MOTORSCHUTZ BEI ELEKTROANTRIEBEN S.UNTER ELEKTROMOTOR
3 358 MOTORSTICHSAEGE ZUM VORSCHNEIDEN DER SILAGE IN FLACHSILOS
4 238 ZUM VORSCHNEIDEN VON SILAGE
MUEHLE S. AUCH FUTTERZUBEREITUNG
9 212 SICHERHEITSMAGNET AM EINLAUFKANAL ZUR GETREIDEMUEHLE
2 372 MUELL VERBRENNUNGSGERAET BARRYWALD L SIEBEN BAUWEISE U.ARBEITSLEISTG.
5 391 FLASCHENKNACKER VOM PLASTIKWERK J. BUCHSTEINER GINGEN
9 280 MUELL-KARUSSELLS IN DAENISCHEN HOCHHAEUSERN
MULCHEN S.AUCH MAEHEN
1 374 MIT SCHWARZER PVC FOLIE
1 406 DER GRASMITTELSTREIFEN KOMB.MIT HERBIZIDAUSBRINGUNG
6 326 VERWENDUNG VON PLASTWERKSTOFFEN IN FRANKREICH
6 334 VERWENDUNG VON PLASTFOLIEN IN RUMAENIEN
6 345 NEU ENTWICKELTE MULCHAGGREGATE VON FUENF FIRMEN
6 348 MULCHHAECKSLER B 506 ZUR SCHNITTHOLZBESEITIGUNG
7 264 KUFEN STATT RAEDER AM MULCHGERAET
8 322 KOMB.BEETSAEMSCHINE FUER BREITSAAT VON FEINSAEMEREIEN U.MULCH.
8 324 SCHLAGLEISTENMAEHMASCHINE ZUM MULCHEN VON GRAS
4 402 MULTIMOMENTMETHODE ALS ANALYSENVERFAHREN IN DER FORSTWIRTSCHAFT
3 386 MUSER ZERKLEINERUNG VON GETREIDE UND MAISSILAGEN
4 228 FUER DIE ZERKLEINERUNG VON KOERNERSILAGE
1 472 MUSEUM UNGAR.DORFMUSEUM 1. ETHNOGRAPHISCHE FREILICHTSAMMLUNG
8 328 MYCOTRON FUER KLIMATISCHE VERSUCHE

NACHMELKEN S.UNTER MELKEN
NACHREINIGER S.UNTER GETREIDE
3 104 NACHRICHTENUEBERMITTLUNG SYSTEME IN AUSTRALIEN
NACHTSTROMSPEICHERHEIZUNG S.UNTER HEIZUNG VON WOHNRAEUMEN
6 288 NADELMEHL AGGREGAT ABM 0.4 ZUR HERSTELLUNG VON NADELVITAMINMEHL
5 386 NAEHEN BENOETIGTER ENERGIEAUFWAND DES MENSCHEN
7 419 NAGEL MIT GEHAERT.SCHRAUBENFOERMIG GERILLTEM SCHAFT
7 419 MIT GEWINDEARTIG GEDREHTEM SCHAFT
2 475 NAGETIER BEKAEMPFG.IN RAUHFUTTERSCHOBERN MIT AMMONIAKWASSER
6 448 HERSTELLUNG UND VERTEILUNG VON KOEDERN ZUR BEKAEMPFUNG
NAHRUNGSGUETERWIRTSCHAFT S.NGW

8 325 NARZISSE UNKRAUTBEKAEMPFUNG MIT SIMAZIN
NASSFUETTERUNG S.UNTER SCHWEINEFUETTERUNG
2 358 NATRIUMHYPOCHLORIT WIRKUNG BEI REINIGUNG U.DESINFEKTION V.MELKZEUGEN
5 539 NATRONORTOPHENYLOPHENOLAN VERHUETG.EINES BLAEUEBEFALLS B.KIEFERNHOLZ
6 434 NATURSCHUTZ TAGUNG DER LANDWIRTSCHAFTSKAMMER WESTFALEN LIPPE
9 98 PRINZIPIEN DES BAUENS IN DER LANDWIRTSCHAFT
7 12 NATURWISSENSCHAFT EINHEITEN UND GROESSENARTEN
NEBELN

EINSATZ
4 503 IM PFLANZENBAU PROBLEME
7 377 ARBEITSVERFAHREN UND RATIONELLER MASCHINENEINSATZ
MASCHINEN GERAETE
3 474 SWING FOG GERAET EINSATZ IM GEWAECHSHAUS
3 475 ERFAHRUNGEN MIT DEM SWINGFOG GERAET
4 406 FORSTAEROSOLGENERATOR LAGO
4 498 KONSTRUKTION EINES LEISTUNGSFAEHIGEN KALT U.HEISSNEBELGERAETES
5 494 AEROSOLERZEUGER FUER OBSTANLAGEN
7 334 RUECKENNEBELSPRITZE TYP METRO PRUEFBERICHT WAGENINGEN
7 373 HANDAEROSOLGENERATOREN ZUM AUSLICHTEN V.NADELHOLZ
7 374 GERAET ZUM BESPRUEHEN DES KRONENINNEREN
7 380 EINFL.V.BETRIEBSDATEN DES AEROSOLERZEUGERS AUF AEROSOLKENNWERTE
8 500 RAUMVERNEBELUNG GERAETE UND MITTEL
9 414 RAUMVERNEBELUNG MICROJET NEBELGERAET
MEHRZWECKGERAETE
7 331 MASCH.TORNADO V.KINKELDER ZUM NEBELN U.SPRITZEN PRUEFBERICHT
7 332 MASCH.KOMBI V.KIEKENS ZUM NEBELN UND SPRITZEN PRUEFBERICHT

NEBRASKATEST S.AUCH TRAKTOR
2 4 51. JAHRESAUSGABE DES RED BOOK V.IMPLEMENT U.TRAKTOR
1 385 NELKE ANBAUERGEBNISSE IN GEWAECHSHAEUSERN MIT PVC BEDACHUNG
2 408 SELEKTIVE ERNTE
3 441 AKKORDBECKEN FUER VERMARKTUNG VON SCHNITTBLUMEN
4 388 FLIESSBANDSORTIERANLAGE
2 354 NEOPREN PRAKTISCHE ERPROBUNG VON ZITZENGUMMIS
4 268 MELKEIGENSCHAFTEN VON NEOPREN ZITZENGUMMI
1 244 NETZ PFLANZKARTOFFELVERLADUNG IN GROSSRAUMNETZEN OEKON.
5 292 ERFAHRUNGEN MIT NETZVERLADUNG VON PFLANZKARTOFFELN
NETZEGGE S.UNTER EGGEN
1 496 NETZWERKPLANUNG KOOPERATIONSSYSTEM FUER LANDW.BAUTEN NETZPLANDIAGR.
1 497 NETZWERKDIAGRAMME FUER MECHANISIERTE BAUKOLONNEN
2 433 ANWENDUNG FORSTLICHER FORSCHUNG
3 55 ORGANIS.V.TRAKTOR.LANDMASCH.ARBEIT MIT KOORDINATEN
4 404 ARBEIT DES INGENIEURBUEROS DER VVB FORSTW.POTSDAM
4 547 BAUABWICKLUNG BEI EINER LANDWIRTSCH.AUSSIEDLUNG
5 50 ABLAUF U.KAPAZITAETSPLANUNG IN DER FELDWIRTSCHAFT
6 324 PRODUKTIONSKETTE FUER GEMUESEBOHNEN NETZWERKDIAGRAMM
7 151 BEI DER GETREIDEERNTE
7 367 ANWENDUNG IN DER FORSTWIRTSCH.BEI INVEST.VORHABEN
9 67 PLANUNG UND LEITUNG DER GETREIDEERNTE
9 309 ZUR VORBEREITUNG U.KONTROLLE DER ARBEITSABLAUFPLANUNG
9 462 NEUE LEITUNGSMETHODEN IM LBK FRANKFURT ODER
6 21 NEULAND URBARMACHUNG IN ENTWICKLUNGSLAENDERN
6 22 GEWINNUNG UND URBARMACHUNG IM SUDAN
1 335 NEUSEELAND MODERNE MILCHGEWINNUNG
2 117 FLUGZEUGEINSATZ BEI DER DUENGUNG
3 173 AUSBILDUNG ZUM AGRARFLIEGER
5 629 WAELDER AUS EINGEFUEHRTEN BAUMARTEN HOLZERNTE
NGW NAHRUNGSGUETERWIRTSCHAFT
5 129 AUFGABEN UND PROBLEME DES TRANSPORTWESENS
5 130 GRUNDSAETZE FUER DIE ERARBEITUNG VON TRANSPORTKETTEN
7 403 PERSPEKTIVE DER LAND UND NAHRUNGSGUETERWIRTSCHAFT DER DDR
8 15 1968 VERZEICHNIS DER STANDARDS
8 68 ERARBEITUNG VON TRANSPORTKETTEN IN DER DDR
9 430 INVESTITIONSPOLITIK IN DER DDR
NIEDERDRUECKPRESSE S.UNTER SAMMELPRESSE

NIEDERLANDE AUSSTELLUNG S.DORT
2 29 EINSATZ VON PLASTMATERIALIEN IN DER LANDTECHNIK
2 373 1965 GARTENBAULICHE UNTERSUCHUNGEN JAHRESBERICHT
6 18 1966 BERICHT UEBER DIE TAETIGKEIT DES IBVL
6 323 MECHANISIERUNG IM GARTENBAU
6 335 RUECKSTAENDE IN DER MECHANISIERUNG DES GARTENBAUES
7 277 UMFANG DES UNTERGLASANBAUES
8 150 VORKOMMEN AUSNUTZBARER HEUTAGE
NIEDERSPANNUNGSNETZ S.UNTER ELEKTROENERGIE
NIPPELTRAENKE S.UNTER TRAENKEN
9 6 NITRIERVERFAHREN FUER LANDMASCHINENTEILE
8 531 NIVELLIERUNG UEBERTRAGEN VON HOEHENMARKEN VON UNTEN NACH OBEN
NOCKENRADDRILLMASCHINE S.UNTER SAEEN
2 238 NOMOGRAMM FUER ZWECKMAESSIGE MAEHDRESCHERARBEITSBREITE U.FAHRGESCHW.
5 534 NORMEN FORSTL.PROJEKTIERUNG HAUPTINST.GIPROLESTRANS IN DER UDSSR
5 24 NORMUNG V.LANDMASCHINEN IN DER UDSSR
6 26 ISO LANDMASCHINEN TAGUNG IN USA
6 29 NORMATIVE FUER WARTUNG U.INSTANDSETZUNG VON MASCHINEN
6 134 DER WERKZEUGSCHIENEN BEI TRAKTORANBAUHACKEN
7 21 BEDEUTUNG FUER DIE ERHOEHUNG DER MASCHINENPRODUKTIVITAET
8 297 NORMMASSE FESTGELEGT AUF DER SITZUNG DER IEG IN PRAG
8 383 DER VERPACKUNG FUER GARTENBAUERZEUGNISSE
9 433 DER KLEINBAUELEMENTE FUER DEN FERTIGBAU
9 473 SCHWEIZER NORMSCHEUNE T 110 SYSTEM LEHMANN
9 475 NORMBLATTENTWURF FUER STALLFUSSBOEDEN
NORWEGEN AUSSTELLUNG S.DORT
1 440 GUTE RESULTATE B.ZUSAMMENARBEIT V.FORST U.INDUSTRIE
1 507 KLIMATISIERUNG VON STAELLEN
2 117 FLUGZEUGEINSATZ BEI DER DUENGUNG
3 507 ENTWICKLUNGSTENDENZEN IN DER KLEINWALDWIRTSCHAFT
5 507 BETRIEBSTECHNISCHE ABTEILUNG AM FORSTFORSCHUNGSINSTITUT AUFG.
7 422 BAUKOSTENINDEX FUER LANDW.WIRTSCHAFTSBAUTEN
9 5 ANWENDUNG DER ELEKTROENERGIE IN DER LANDWIRTSCHAFT
9 369 EFFEKTIVE ARBEITSMETHODEN IM BAUERNWALD
NUDELN S.UNTER GAENSEFUETTERUNG
4 352 NUESSE ENTWICKLUNG DER MASCHINELLEN ERNTE
4 491 PNEUMOSCHUETTELGERAET UND GERAET MIT FUSSANTRIEB ZUM AUFSAMMELN
8 369 ERNTE DURCH SCHUETTELSTANGE MIT HYDRAULIKMOTORANTRIEB
2 325 NUKLIDE RADIOAKT.NUKLIDE ZUR BESTIMMG.V.HOMOGENISIER.V.FUTTERGEMISCHEN
2 153 NYLON ANWENDUNG ALS FILTERMATERIAL IN DER DRAENTECHNIK

OBENENTNAHMEFRAESE S.UNTER ENTNEHMEN VON SILAGE
OBST HINWEISE
WEINBAU S.DORT
ERDBEERE S.DORT
ALLGEMEINES
1 372 MECHANISIERUNG DER VEREDELUNG VON OBSTGEHOELZEN
2 70 BESTIMMUNG DER MECHANISCHEN EIGENSCHAFTEN
2 378 EINSATZ VON VIERRADTRAKTOREN UND GERAETETRAEGERN
3 3 MASCHINENSYSTEM IN DEN MITGLIEDSTAATEN DES RGW
3 442 STATIONAERE VEREDLUNGSMASCHINE VM PI 1
3 443 MASCHINELLE VEREDLUNG ZUR ANZUCHT VON APFELBAEUMEN
4 2 ANBAU UND MECHANISIERUNG ENTWICKLUNGSTENDENZEN
4 307 FALLMETHODE ZUR FESTIGKEITSBESTIM.ELEKTRON.VERSUCHSANLAGE
4 322 ENTWICKLUNG DER MECHANISIERUNG IM OBSTBAU
4 350 TABELLARISCHER UEBERBLICK UEBER DIE EUROP.PRODUKTION
4 356 OBERFLAECHENGROESSE VON AEPFELN DER SORTE MC INTOSH
4 389 1967 NEUHEITEN AUF DER ANUGA
4 396 BIOCHEM.UNTERSUCH.UEBER DUFTSTOFFE B.VERSCHIED.ARTEN
4 396 FARBVERAENDERUNGEN BEI AEPFELN
5 418 FIAT SCHMALSPURTRAKTOR EINSATZMOEGLICHKEITEN IM OBSTBAU
5 494 MASCHINEN FUER DEN OBSTBAU
6 327 MECHANISIERUNG DER VEILINGVERWALTUNG
6 328 ARBEITSZEITAUFWAND BEI JOHANNISBEEREN UND STACHELBEEREN
7 308 PATENTE FUER GEMUESE UND OBSTBAU

8 312 OBST STAND DER KOOPERATIONSBEZIEHUNGEN IM OBSTBAU
8 313 EINFACHE HILFSMITTEL IM OBSTBAUBETRIEB
8 332 PROBLEME UND TECHNIK DES OBSTBAUES IN DER DDR
8 359 ELASTIZITAETSEIGENSCHAFTEN WAEHREND DES WACHSTUMS U.ENTWICKLUNG
9 316 TECHN.AUSRUESTUNG ZUR DRUCKWASSERSPUELUNG VON DRAENROHREN
9 317 DRAENSPUELUNG IM NIEDERELBISCHEN OBSTBAU
9 362 5. SCHWEIZ.SCHAU FUER GARTEN U.OBSTBAU IN OESCHBERG KOPPINGEN
NEUANLAGEN
1 379 NEUANLAGE UND VERDICHTEN BESTEHENDER PFLANZUNGEN
4 317 VEREDLUNGSMASCHINEN FUER APFELBAEUME VERSUCHSERGEBNISSE
4 318 VEREDLUNGSMASCHINEN FUER APFELBAEUME VERSUCHSERGEBNISSE
4 325 SPRITZE ERLEICHTERT DAS SETZEN DER BAUMPFAEHLE
5 426 MASCH.VEREDLUNG ZUR ANZUCHT VON APFELBAEUMEN
5 433 SELBSTHERSTELLBARES HECKANBAUBOHRGERAET ZUM SETZEN V.PFAEHLEN
6 323 PFLANZMASCHINEN FUER GEHOELZE
6 363 RODEVORRICHTUNG ZUM PFLUG PN 3 35 N
8 315 EINBAU EINES DRAENAGESYSTEMS IN GROESSERER TIEFE
8 323 OEKON.NUTZEN DES TEILMECH.MARKIERENS U.PFLANZENS B.NIEDERSTAEMMEN
8 333 EINZAEUNUNG VON INTENSIVEN OBSTANLAGEN
8 334 WILDVERBISSSCHUTZMASSNAHMEN FUER OBSTNEUPFLANZUNGEN
9 315 BODENVORBEREITUNG FUER DIE PFLANZUNG
9 324 BAUMSPALIERE BEI KERNOBSTKULTUREN
BODENBEARBEITUNG
1 379 BODENBEARBEITUNG ZWISCHEN DEN BAUMREIHEN
4 314 MASCHINE FUER BEARBEITUNG ZWISCHEN DEN REIHEN
5 422 MIT SCHEIBENEGGE KOMB.GRUBBER FUER OBSTANLAGEN
5 423 KREISELKRUEMLER HUMUS TYP KL PRUEFBERICHT WIESELBURG
5 494 MASCHINENSYSTEM FUER BODENBEARBEITUNG UND PFLEGE
7 109 ROTASPA SPATENMASCHINE PRUEFBERICHT WIESELBURG
9 315 POLDERUNG DRAENAGE UND BODENBEARBEITUNG
BEWAESSERUNG DUENGUNG PFLEGE
1 379 MASCH.FUER DUENGEN UND SCHAEDLINGSBEKAEMPFUNG
1 379 MASCHINEN UND GERAETE FUER ERRICHTEN VON SPALIEREN
1 406 NEU ENTWICKELTE DRAENAGEMASCHINEN FUER OBSTANLAGEN
1 408 BEWAESSERUNG HYDRAUL.DOSIERPUMPE ZUM DUENGEREINMISCHEN
3 429 GERAET ZUR TIEFDUENGUNG ALS PFLANZVORBEREITUNG
6 329 PFLEGE V.JOHANNIS U.STACHELBEEREN ARBEITSZEITAUFWAND
6 336 ENTEISEN U.AUFBEREITUNG VON WASSER FUER BEREGNUNG
6 337 BEREGNUNGSANLAGE PDU FUER MEHRJAEHRIGE PFLANZUNGEN
6 338 KOMBINIERTE ROHR UND FURCHENBERIESELUNG
6 349 KUNSTSTOFFVERPACKUNGSNETZ ALS BAUMANBINDER
7 86 PDU 50 HALBSTATIONAERE BEREGNUNGSANLAGE
7 116 STREUER RU 4 10 ZUM DUENGEN UNTER UND ZWISCHEN OBSTBAEUMEN
7 260 EINBRING.V.FLUESSIGDUENGER UNTER DRUCK MIT UNTERGRUNDLOCKERER
8 324 SCHLAGLEISTENMAEHMASCHINE ZUM MULCHEN VON GRAS
8 393 VERREGNUNG VON HARNSTOFF UND KALKSALPETER IN OBSTANLAGEN
SCHNITT
1 378 EINFUEHRUNG DES MECHANISCHEN BAUMSCHNITTES IN DER DDR
4 322 SCHNITTGERAETE MIT PNEUMATISCHEM U.ELEKTRISCHEM ANTRIEB
4 323 VERGLEICH PNEUMAT.SCHNITTGERAETE MIT ENTSPR.HANDGERAETEN
4 324 PNEUMATISCHE SCHNITTWERKZEUGE
5 434 HOLTAC SCHERE HYDRAUL.SCHNEIDEGERAET MIT ARBEITSBUEHNE
5 435 ARBEITSBUEHNE FUER SCHNITT IN NIEDERSTAMMANLAGEN
5 494 GERUEST UND VORRICHTUNGEN ZUM AUSAESTEN
6 348 MECHANISIERUNG DER SCHNITTHOLZBESEITIGUNG
7 254 ELEKTROMOTORSAEGE FUER ENTNAHME V.SCHNITTPROB.AUS OBSTBAUMAESTEN
7 270 ENTWICKLUNGSSTAND V.ARBEITSBUEHNEN FUER SCHNITTARBEITEN
7 400 VORRICHTUNGEN FUER DAS FORMEN VON BAUMKRONEN
8 332 ARBEITSAUFWAND FUER DAS MECH.U.CHEM.AUSLICHTEN
8 332 HYDRAULISCHE BAUMSCHEREN
9 325 HYDRAUL.SCHNITTWERKZEUGE ZUR KRONENGESTALTUNG BEI KERNOBST
9 365 SCHNEIDWERKZEUGE UND MOTORSAEGEN
PFLANZENSCHUTZ
2 425 SPRITZGESTAENGE ZUR BAUMSTREIFENBEHANDLUNG
2 426 SPRITZMASCHINE MIT SPRITZRAHMEN
3 171 SPRUEHEN IN ACKER UND GARTENBAU KOSTEN

3 172 OBST SPRITZEN UND STAELBEN MIT HUBSCHRAUBER MI 6
3 476 AUFSATTELSPRITZGERAET FUER EINZELBAUMBEHANDLUNG
3 477 EINSATZ DER BEREGNUNG IM OBSTBAULICHEN PFLANZENSCHUTZ
4 321 SPRITZVORRICHTUNG MIT AUSLEGER ZUR BAUMSTREIFENBEHANDLUNG
4 379 SPRITZVORRICHTUNG FUER BEHANDLUNG DER OBSTBAUMSTAEMME
4 380 STAMMBEHANDLUNG ZUSATZVORRICHTUNG ZUR SPRITZE ONK
4 381 MOEGLICHKEITEN DER DIREKTEN SPAETFROSTBEKAEMPFUNG
4 498 SPRUEHGERAET OVS
4 498 SPRUEHGERAET OVS 1
4 499 SPRITZGERAET PVN PERLA PRUEFERGEBNISSE
5 483 TECHN.DATEN DES SPRUEHGERAETES PLASIEBO
5 484 SPRITZTECHNIK U.NEUE MASCHINEN FUER DEN OBSTBAU
5 486 EINSATZ DER BEREGNUNG IM OBSTBAULICHEN PFLANZENSCHUTZ
5 487 MECHANISIERUNG DES PFLANZENSCHUTZES IM OBSTBAU
6 389 VICTAIR GERAET V.DRAKE U.FLETCHER TECHNISCHE DATEN
6 453 SPRUEHMASCHINE FUER OBSTBAU OVS A
6 453 OSU 50 UNIVERSALSTAEUBEGERAET FUER OBST WEIN UND FELDBAU
6 453 ANBAUSPRITZE ON 10 FUER OBST WEIN UND FELDBAU
6 453 DRIFTSPRUEHMASCHINE FUER FELD UND OBSTBAU OVT IA
7 265 ANBAURAHMEN ZUM SPRITZEN VON HERBIZIDEN
7 329 EINSTELLUNG VON PFLANZENSCHUTZMASCHINEN
7 330 RUECKENSPRITZE VERMOREL TECNOMA 15 PRUEFBERICHT WAGENINGEN
7 331 MASCH.TORNADO V.KINKELDER ZUM NEBELN U.SPRITZEN PRUEFBERICHT
7 332 MASCH.KOMBI V.KIEKENS ZUM NEBELN UND SPRITZEN PRUEFBERICHT
8 113 LEISTUNGSFAEHIGE SPRITZ UND SPRUEHGERAETE
8 390 TECHNOLOGISCHE PROBLEME DES PFLANZENSCHUTZES
8 391 PFLANZENSCHUTZMASCHINEN FUER DEN OBSTBAU
8 393 VERREGNEN VON PFLANZENSCHUTZMITTELN
8 394 UNTERSUCH.BRUEHESPARENDER SPRITZGERAETE FUER REB U.OBSTANLAGEN
9 5 ENTWICKLUNG VON PFLANZENSCHUTZANLAGEN FUER BEERENOBST
9 5 PFLANZENSCHUTZGERAETE FUER PLANTAGEN IN HANGLAGEN
9 348 ANHAENGESPRITZE FUER DEN GARTENBAU
9 349 S 301 6 MOTORBAUMSPRITZE PRUEFBERICHT POTSDAM BORNIM
9 350 MASCHINEN FUER EINSATZ IN GROSSFLAECHIGEN ANLAGEN
9 351 LEISTUNG UND KOSTEN VON MASCH.BEI UNTERSCHIEDL.EINSATZBEDING.
9 352 OVT IA U.OVS A FUER NIEDR.AUFWANDMENGEN IN OBSTANLAGEN
9 353 OBSTMADENBEKAEMPFUNG MIT BRUEHESPARENDEM SPRUEHVERFAHREN
9 358 EIMERSPRITZE REKORD 60 PRUEFBERICHT POTSDAM BORNIM

ERNTE

1 366 PFLUECKEN MITTELS TRAKTORGEZOGENER ARBEITSBUEHNE ZEITSTUDIEN
1 379 ERNTEN VON KERNOBST MIT SCHUETTELMASCHINEN
1 393 ZUSATZMESSKOPF ZUM REIFETESTER NACH SCHNEIDER
1 396 ENTWICKLUNG ARBEITSSPARENDER AUFFANGVORRICHTUNGEN
1 397 BEHAELTER AUS POLYESTER FUER ERNTE U.TRANSPORT
1 398 MECHANISCHE ERNTE VON JOHANNISBEEREN ZEITSTUDIEN
1 399 RATIONALISIERUNG BEI ERNTE U.ABSATZ V.SCHATTENMORELLEN
1 400 BULGARISCHE VIBRATIONSMASCHINE WMBP
1 406 SELBSTFAHRBARE ARBEITSBUEHNE TYP GIRAFFE FUER OBSTANLAGEN
1 407 ERNTEMASCHINEN FUER SCHWARZE JOHANNISBEEREN
2 408 MECHAN.ABRUETTELN DER FRUECHTE IN DEN USA
2 412 STAND DER ERNTEMECHANISIERUNG IN UNGARN
2 412 ERNTE MIT HANDBEWEGTEN PFLUECKPODESTEN
2 412 VIBRATIONSGERAETE IN VERBINDUNG MIT SAMMELSCHIRMEN
2 413 PFLUECKKARREN
2 414 ERGEBNISSE DER MASCHINELLEN ERNTE VON STRAUCHBEERENOBST
2 415 SELBSTFAHRBARE ERNTEKOMBINE V.HINDS FUER SCHWARZE JOHANNISBEEREN
2 416 LEITERN UND ANDERE HILFSGERAETE FUER ERNTE UND SCHNITT
3 461 KOMPLEXES SYSTEM FUER ERNTE UND AUFBEREITUNG VON AEPFELN
3 462 MECHANISIERUNG DER PFIRSICHERNTE MIT BAUMRUETTLERN
3 555 STAT.ERNTEMASCHINE FUER JOHANNISBEEREN VON BRUFF
3 555 ERNTEMASCHINE FUER JOHANNISBEEREN VON HINDS LTD.
4 304 ARBEITSORGANISAT.FRAGEN BEIM EINBRINGEN V.WINTERAEPFELN
4 322 MECHANISIERUNGSMOEGLICHKEITEN BEI DER ERNTE
4 324 TRANSPORTABLE LEITERN MIT AUFSTELLFLAECHEN
4 324 VIBRATOREN ZUR INDUSTRIEOBSTERNTE
4 343 5 NEUE SPEZIALERNTEMASCHINEN

4	350	OBST	STAND DER ERNTEMECHANIS. BEI DEN EINZELNEN ARTEN
4	351		EINFL.V.ERNTEMECHANISIERUNG AUF BEERENOBSTANBAU
4	352		ENTWICKLUNG DER MASCHINELLEN ERNTE FUER BAUMOBST
4	353		FERNGESTEUERTER BAUMRUETTLER MIT SENKRECHTER BEFESTIGUNG AM AST
4	392		PRODUKTION ERNTE UND AUFBEREITUNG IN ITALIEN
4	395		VORFUEHRUNG DES BERRY PFLUECKGERAETES
4	491		ERNTEMASCHINE DER FA. 1. W. RICHARDSON CO.
5	455		ARBEITSBUEHNE FUER ERNTE IN NIEDERSTAMMANLAGEN
5	470		ERNTE IN BULGARIEN MIT VIBRATIONSMASCHINE WMBP
5	471		MECH.ERNTESYSTEM FUER AEPFEL MIT HYDRAUL.BAUMRUETTLER
5	472		VIBRATOR FUER DIE ERNTE VON BAUMOBST ARBEITSLEISTUNG
5	494		BAUMSCHUETTEL UND OBSTAUFFANGMASCHINEN
6	335		FORTSCHRITTE BEI DER ERNTEMECHANISIERUNG IN DEN USA
6	362		ARBEITSAUFWAND U.KOSTEN BEIM MASCHINELLEN KIRSCHENPFLUECKEN
6	370		ERNTERATIONALISIERUNG IN INTENSIVOBSTKULTUREN
6	371		BESCHAEDIGUNG DER AEPFEL BEI ERNTE MIT BAUMSCHUETTLER
7	272		FAHRBARE ARBEITSBUEHNE FUER ERNTE U.SCHNITTARBEITEN
7	307		MENSCHLICHER ENERGIEAUFWAND BEIM PFLUECKEN VON APFELSINEN
7	308		ANBAUAUFFANGVORRICHTUNG PATENT
7	308		GREIFVORRICHTUNG FUER MASCH.ZUM SCHUETTELN V.BAEUMEN PATENT
7	313		BIBLIOGRAPHIEN UEBER VEROEFFENTLICHUNGEN ZUM THEMA ERNTE
7	315		KENNGROESSEN DER GABEL V.RUETTELMASCH.FUER BEERENOBSTERNTE
7	316		MECHANISIERTES ERNTEN VON AEPFELN UND PFLAUMEN IN ENGLAND
7	317		SELBSTFAHRENDE PFLUECKARBEITSBUEHNE FUER NIEDERSTAMMOBSTANLAGEN
7	400		RUETTELMASCHINEN FUER DIE KERN UND DIE BEERENOBSTERNTE
7	400		MASCHINEN FUER DAS ERNTEN VON BAUMOBST
8	332		PFLUECKBUEHNENEINSATZ IN DER DDR
8	368		STAND UND PERSPEKTIVE DER MECHANISIERTEN ERNTE IN DEN USA
8	368		VIBRATORENEINSATZ BEI APFEL APRIKOSE PFIRSICH UND KIRSCHE
8	368		ERNTEWAGEN MIT STUFENTRANSPORTBAND
8	369		ABSTREIFEN MIT OSZILLIERENDEN GERAETEN
8	369		MECHANIS.DER ERNTE FAKTOR DER RENTABILITAET IN FRANKREICH
8	370		PFLUECKEIMER MIT BODENENTLEERUNG
8	371		MECHANISIERUNG DER ERNTE VON STEIN U.STRAUCHBEERENOBST
8	372		ANBAUSYSTEM UND MASCH.ERNTE BEI SCHWARZEN JOHANNISBEEREN
8	373		SELBSTFAHRENDE MASCHINE FUER ERNTE VON TAFELOBST
8	374		ERNTEAUFWAND B.VERSCHIED.PFLUECK U.TRANSPORTBEHAELTER F.KERNOBST
8	374		EINSATZ VON TRAKTORGEZOGENEN ELEVATOREN ZUR KERNOBSTERNTE
8	375		SUPER 806 EINE AUFLESEMASCHINE FUER MOSTOBST
9	324		AUF RAUPEN FAHRENDE ERNTEMASCHINE MIT VIER AK FUER SPALIERE
9	332		ERNTE VON ZITRUSFRUECHTEN MIT SCHUETTELVORRICHTUNG
9	332		EINFL.V.KRONENGESTALTUNG DES BAUMES AUF BESCHAEDIGUNGSRATE
9	332		REDUZIERUNG VON BESCHAEDIGUNGEN BEI DER ERNTE
9	332		ZWECKMAESSIGE HUBGROESSE U.FREQUENZ V.SCHUETTELEINRICHTUNGEN
9	332		VORHERBESTIMM.DER WIRTSCHAFTLICHK.EINES MASCH.ERNTESYSTEMS
9	337		ERNTE DURCH VIBRATION
9	337		AGGREGAT MIT ZYLINDRISCHEN TROMMELN ZUM ABERNTEN VON HECKEN
9	337		MASCHINELLE SAUERKIRSCHENERNTE IM STAATE NEW YORK
9	337		1967 MASCHINELLE ERNTEENTWICKLUNG IN DEN USA
9	337		VERWENDUNG VON FAHRBAREN ARBEITSBUEHNEN ZUR OBSTERNTE
9	338		MASCHINELLE PFIRSICHERNTE IN ARKANSAS
9	361		SELBSTFAHRENDE PFLUECKBUEHNE F.HOHE BAUMFORMEN VON TIFONE
9	364		ERNTEMECHANISIERUNG STAMM UND KRONENSCHUETTLER
9	365		ERNTE MIT SCHUETTELMASCHINEN
		TRANSPORT	
1	399		TRAGBARE STAPELVORRICHTUNGEN FUER SCHATTENMORELLENTRANSPORT
1	406		BETONIERUNG DER FAHRSPUR IN OBSTANLAGEN
1	406		ABTRANSPORT DIREKT AUS DER OBSTANLAGE
2	412		ANHAENGEWAGEN MIT SELBSTLADEEINRICHTUNGEN
3	465		SCHWEMMENTLEERUNG VON GROSSKISTEN
4	350		TRANSPORT VON PALETTEN UND GROSSKISTEN
4	357		SCHWEMMENTLEERUNG V.GROSSKISTEN
4	358		VORTEILE DES TAUCHVERFAHRENS ZUR KISTENENTLEERUNG
4	375		FOERDEREINRICHTUNGEN FUER PFIRSICHPACKHAEUSER
4	376		PALETTISIERUNG IN DER OBSTINDUSTRIE IN SUEDAFRIKA
4	377		RATIONALISIERUNG DES TRANSPORTES IM HOLLAEND.OBSTBAU

6 325 OBST VERFORMUNG DES FRUCHTFLEISCHES BEIM TRANSPORT
6 370 EINZELTRANSPORTE VON PALETTEN MIT STAPLERN AUS DER ANLAGE
7 68 EINACHSANHAENGER FUER DEN TRANSPORT
7 272 TIEFLADER MIT EINEM STUETZRAD FUER DEN TRANSPORT
7 328 ABMESSUNGEN VON STAPELKISTEN
8 307 PALETTENTRANSPORT ZUR VERMARKTUNG UND ZUM VERKAUF
8 308 HUBGABELN FUER PALETTEN FUER OBSTBAUTRAKTOREN
8 309 HUBMASTE FUER TRAKTOREN FUER TRANSPORT IM OBSTBAU
8 332 SPEZIALANHAENGER UND PALETTENEINSATZ IN DER DBR
8 368 EINSATZ VON GROSSKISTEN IN INTENSIVEN KERNOBSTANLAGEN
8 369 SELBSTTAETIGES BE UND ENTLADEN V.OBSTLAGER U.TRANSPORTKISTEN
8 382 TRANSPORT AUS DEN OBSTPLANTAGEN
8 382 TRANSPORT MIT HUBGERAETEN AN TRAKTOREN
8 386 TIEFLADER U.TRAKTORHECKLIFT FUER GROSSKISTENTRANSPORT
8 386 ARBEITSORGANISATION BEI VERWENDUNG VON GROSSKISTEN
8 387 BERICHT UEBER GROSSKISTEN
8 388 PALETTENSYSTEM IM OBSTBAU
8 389 TRANSPORT MIT LANGEN SCHMALEN WAGEN
9 361 STAPELGERAET V.PERKINS FUER KISTEN UND STEIGEN

AUFBEREITUNG

2 423 VERARBEITUNG
4 350 KAPAZITAET VON AUFBEREITUNGSANLAGEN
4 390 VOLLAUTOMAT.ARBEITENDE WAEGE UND ETIKETTIERMASCHINEN
4 396 WASCHEN UND SORTIEREN VON AEPFELN
5 476 BEHANDLUNG VON AEPFELN MIT KUNSTWACHS
6 535 PROJEKTE FUER KONSERVENFABRIKEN IN DER UKRAINISCHEN SSR
9 343 MASCHINEN ZUR AUFBEREITUNG VON AEPFELN IN UNGARN

SORTIEREN

1 379 SORTIEREN VON KERNOBST NACH DER GROESSE
1 401 SORTIERMASCHINE DER FA. BARBET MIT SCHWEMMENTLEERUNG
1 401 VORTEILE DES SORTIERENS VOR DER LAGERUNG
1 408 KALIBRIERANLAGEN MIT TAUCHENTLEERUNG DER PALETTEN
2 412 SORTIER U.KALIBRIERMASCH.AUTOMAT.FUELL U.ENTLEERUNGSVORRICHT.
2 418 ENTWICKLUNG EINER GEWICHTSKALIBRIERMASCHINE IN UNGARN
2 418 SORTIERSYSTEME BEI DER AUFBEREITUNG IN UNGARN
2 419 HYDROSYSTEM ZUM SORTIEREN U.KALIBRIEREN V.AEPFELN IN GROSSKISTEN
3 468 ROLLENVERLESEBAND MIT KISTENKIPPEINRICHTUNG FUER SORTIERMASCH.
4 308 GENAUIGKEITSPRUEFUNG VON KALIBRIERMASCHINEN
4 357 SYMPOSIUM UEBER SORTIERMASCHINEN
4 358 MASCHINENKOMPLEX AUS 3 UNGAR.SORTIERMASCHINEN UNIFRUT
4 359 WASSERSORTIERANLAGEN MIT SCHRAEGSTEHENDEM KETTENSYSTEM
5 494 ANLAGE ZUM SICHTEN KALIBRIEREN UND VERPACKEN
5 494 VERLESEBAND
6 390 SORTIEREN U.MARKTFAEHIG.AUFBEREITEN MASCHINEN DER DDR
7 400 MASCHINEN FUER DAS SICHTEN NACH GROESSE UND GEWICHT
8 562 LAGER MIT SORTIERRAUM
9 332 BESCHAEDIGUNGEN BEI MASCHINELLEM UND MANUELLEM SORTIEREN
9 332 SORTIERUNG NACH GROESSE AUSSEHEN SOWIE REIFEGRAD
9 332 MOEGLICHKEITEN DER AUSWAHL UND SORTIERUNG MIT STRAHLEN
9 343 LEISTUNG DER KALIBRIERMASCHINE UNIFRUCT.SUPER

VERPACKEN

1 406 VERPACKUNG VON TAFELOBST IN STYROPOR
3 463 KISTENFUELLUNG ELEKTRONISCHE REGELUNG DER FALLHOEHE
3 484 TAG DER PALETTIERUNG IN DER SCHWEIZ
4 363 VERPACKUNG UND TRANSPORT GARTENBAULICHER ERZEUGNISSE
4 364 VERPACKUNG TECHNOLOGIE UND MASCHINENKONSTRUKTION
4 367 VERHALTEN V.VERLUSTSTEIGEN BEI TRANSPORT U.LAGERUNG V.KERNOBST
4 368 VERHALTEN V.VERLUSTSTEIGEN BEI TRANSPORT U.LAG.V.KERNOBST
4 390 FOLIENTRAGTASCHEN FUER APFELPACKUNGEN
4 391 AUSSTELLUNG FUER LEBENSMITTELVERPACKUNG IN MOSKAU
4 391 MASCHINENSYSTEME ZUR VERPACKUNG
5 474 VERPACKUNGSSTRASSE FUER AEPFEL AUF TRAEGERSCHALEN
5 475 MASCHINEN UND EINRICHTUNGEN FUER DIE VERPACKUNG
5 475 FRUCHTSCHALEN MIT SCHRUMPFFOLIENEINSCHLAG FUER KERNOBST
6 326 PLASTSTOFFE ZUR VERPACKUNG IN FRANKREICH
6 379 VERPACKUNGSMASCHINE FILOTEX RENTABILITAETSGRENZE

6 379 OBST EINSATZ V.ABROLLGERAETEN B.VERPACKEN MANUELL GEFUELL.FRUCHTSCHAL
6 379 EINSATZ V.VERPACKUNGSMASCHINEN IN KOOPERATIONSGEMEINSCHAFTEN
7 322 ELEKTRON.WAEGE U.PREISAUSZEICH.ANLAGE OEKON.BERECHNUNG
8 382 KARTON ODER KUNSTSTOFFVERPACKUNG
8 383 NORMUNG DER VERPACKUNG FUER GARTENBAUERZEUGNISSE
8 384 NORMUNG DER VERPACKUNG BESTREBUNGEN DER OECD
9 332 BESCHAEDIGUNGEN BEI MASCHINELLEM UND MANUELLEM VERPACKEN
9 343 VERWENDUNG VON FUELLTRICHTERN FUER NETZVERPACKUNG VON AEPFELN
9 361 NEUE MATERIALIEN UND FORMEN FUER VERLUSTPACKUNGEN
LAGERUNG
1 471 LAGER INGENIEURBUEROS FUER AUFBAU KOMPLEXER ANLAGEN
2 420 TIEFGEFRIEREN UND GEFRIERTROCKNUNG
3 626 ERFAHRUNGEN MIT DEM LAGERHAUS DER LPG POHRITZSCH
4 370 ERZEUGER VON GEREGELTER ATMOSPHAERE FUER LAGERUNG
4 371 KONSERVIERUNG V.AEPFELN UNTER GEREGELTER ATMOSPHAERE
4 372 BESEITIGUNG V.UNDICHTIGKEITEN IN KOHLENDIOXIDLAGERRAEUMEN
4 384 LAGER UND VERMARKTUNGSSTATION TYP BITTERFELD
4 385 2 KUEHLLAGERHAEUSER BAUAUSFUEHRUNG UND KOSTEN
4 396 VORKUEHLUNG DURCH VAKUUMKUEHLUNG
4 396 LAGERUNG VERSCHIEDENER APFELSORTEN
4 612 ANWEND.V.P.E.R.T. METHODE BEI BAU V.FRUCHTLAGERHALLEN
5 478 KAELTETECHNIK FUER LANGFRISTIGE KERNOBSTLAGERUNG
5 478 ARBEITSWEISE U.AUSRUESTUNG V.KUEHLLAGER GAS U.SCRUBBERLAGER
6 382 BEDEUTG.DER LUFTZIRKULATION IM KUEHLLAGER
6 383 HALTBARMACH.V.GARTENBAUERZEUGNISSEN STAND DER TECHNIK
7 443 MANGEL AN KUEHLLAGERHALLEN IN DER DDR DRUECKT ERZEUGERPREISE
8 299 ERGEBNISSE DER HALTBARMACHUNG DURCH BESTRAHLUNG
8 304 MESSINSTRUMENTE FUER KUEHL UND GASZELLEN
8 305 WAERMEENTWICKLUNG UND UEBERTRAGUNG B.ABKUEHLEN V.KIRSCHEN
8 385 TUNNELFOERMIGE UEBERDRUCKFOLIENZELTE FUER GASLAGERUNG
8 562 BAU VON LAGERGEBAEUDEN
9 1 KLIMATISIERTE LAGER IN BELGIEN
9 293 KUEHLLAGERUNG IM ERZEUGERBETRIEB
9 343 LAGERHAEUSER FUER AEPFEL IN UNGARN

5 57 OECD WEITERENTWICKLUNG DER TRAKTORPRUEFUNGEN
6 160 OEDLAND MPG 1.7 ANHAENGEFRAESE ZUR KULTIVIERUNG
5 412 OEKONOMIK DES KNOLLENSELLERIEANBAUES
3 452 OEL FOLIENAUSKLEIDUNG V.TANKS AUS EINWANDIGEM STAHL
5 396 PRUEFUNG VON GAS OEL UND KOHLEBEFEUERTEN ZIMMEROEFEN
6 59 RUECKSTOSSZENTRIFUGE FUER DAS KOMBINIERTE REINIGEN
8 403 MSG VERFAHREN FUER OELTANKS
9 331 PROBLEME DER HEIZOELLAGERUNG
4 51 OELFRUECHTE MASCHINENKOMPLEXE FUER DIE VOLLMECHANISIERTE ERNTE
5 236 DRILLMASCHINE ISARIA SUPER UNIVERSAL FUER DREIPUNKTANBAU
8 173 MAEHBINDER WT 5 PRUEFBERICHT POTSDAM BORNIM
7 298 OELHEIZUNG LUFTHEIZUNG IN NIEDERLAENDISCHEN GEWAECHSHAEUSERN
7 302 VERG.DER HEIZKOSTEN IM GEWAECHSHAUS B.ERDGAS U.SCHWEROEL
9 468 TRANSPORTABLE LUFTERHITZER MIT OELFEUERUNG
3 588 RAUMTEMPERATURREGELUNG BEI OELGEFEUERTER HEIZUNG
4 486 OESTERREICH PROBLEME UND TENDENZEN DES SEILKRANEINSATZES
4 494 UEBERBLICK UEBER FORSTWIRTSCHAFT UND HOLZINDUSTRIE
4 509 BAUBEDARF IN DER LANDWIRTSCHAFT
5 517 TECHN.FACHGEBIETE IN DER FORSTLICHEN AUSBILDUNG
6 13 LANDMASCHINENKATALOG
6 19 LAND UND FORSTWIRTSCHAFTLICHE FORSCHUNGSVORHABEN
8 45 TRAKTORBESTAND U.ENTWICKLUNG IN DER LANDWIRTSCHAFT
8 141 MECHANISIERUNG DER BERGBAUERNBETRIEBE
8 174 ENTWICKLUNG AUF DEM MAEHDRESCHERMARKT
9 460 GRENZWERTE FUER DIE LAERMIMMISSION
OFFENSTALL
ALLGEMEINES
1 536 STALLHALTUNGSSYSTEM U.GESUNDHEIT V.MILCHVIEH
5 350 WETTERSCHUTZ FUER MASTRINDER IM USA STAAT IOWA
5 700 NUTZUNG FUER DIE JUNGVIEHHALTUNG IN UNGARN

5 704 OFFENSTALL ERFAHRUNGEN V.VERSUCHSBETRIEBEN
9 482 NUTZUNG IN MITTELGEBIRGSLAGEN ALS KALTANBINDESTAELLE
BAUTYPEN BAU
1 533 LAUFSTALLANLAGE MIT LIEGEBOXEN UND SPALTENBODEN
8 550 HALBOFFENE BOXENSTALLANLAGEN
STALLEINRICHTUNG TECHNOLOGIE
8 246 LAUFSTALL MIT SELBSTFUETTERG.F.MILCHVIEH OPT.TECHNOLOGIE
8 260 ELEKTRISCHE TRAENKWASSERERWAERMUNG
STALLKLIMA
3 607 MIKROKLIMA IN LAUFSTAELLEN IN BULGARIEN
3 607 SYSTEM HARVESTORE STALLKLIMAT.UNTERSUCH.IN BULGARIEN
8 368 OLIVE ERNTE DURCH RUETTELN U.AUFFANGVORRICHT.MASCH.ZUM FRUECHTESAMM.
6 331 OPERATIONSFORSCHUNG PLANUNG UND LEITUNG DES SOZ.GARTENBAUES
1 17 OPTIMIERUNG DER WARTUNGSFRISTEN VON BAUGRUPPEN
5 54 ZUSAMMENSETZUNG DES MASCH.TRAKTORENPARKES
5 592 DES WEGENETZES FUER DEN HOLZTRANSPORT
8 31 OPTIMALE KENNWERTE V.WINDKRAFTMASCH.GERINGER LEISTUNG
9 171 ALLER TECHNOLOG.BEZIEH.B.MAEHDRUSCH IN EINER SKALA
6 231 OSZILLOGRAPH BEWERTEN DER KRAFT U.LEISTUNGSKENNWERTE V.MAEHDRESCHERN
1 53 OTTOMOTOR KRAFTSTOFFEINSPRITZUNG DURCH INSTAT.HYDRODYNAMIK
1 54 MIT VERGASERBETRIEB GEMISCHBILDUNG UND VERTEILUNG
7 32 SELBSTTAETIG ARBEITENDES WARNGERAET FAIL PROOF
9 290 OZON BEDENKEN GEGENUEBER OZONERZEUGENDEN KLIMAGERAETEN

1 231 PALETTE FUER KORNTRANSPORT B.GETREIDEERNTE ZEIT U.ARBEITSAUFWAND
1 368 TRANSPORT IM GEMUESEBAU UNTER GLAS
2 154 TRANSPORT U.UMSCHLAGTECHNOL.V.TONDRAENROHREN MIT BOXPALETTEN
3 269 HANDHABUNG DER PRESSHEU UND PRESSSTROHBALLEN
3 462 STANDARDISIERTE BOXPALETTEN FUER PFIRSICHE
3 484 TAG DER PALETTIERUNG IN DER SCHWEIZ
4 152 LOSER SAATGUTTRANSPORT VOM SPEICHER ZUM FELD
4 156 KARTOFFELTRANSPORT IN PALETTENBOXEN AUF ANHAENGERN
4 316 EINSATZ BEI TONTOEPFEN
4 350 SPEZIALFAHRZEUGE FUER TRANSPORT IM OBSTBAU
4 363 VERPACKUNG UND TRANSPORT GARTENBAULICHER ERZEUGNISSE
4 366 VERPACKUNG VON ZIERPFLANZEN UEBERSICHT
4 376 PALETTISIERUNG IN DER OBSTINDUSTRIE IN SUEDAFRIKA
4 377 RATIONALISIERUNG DES TRANSPORTES IM HOLLAEND.OBSTBAU
5 142 UNSTETIGLADER ZUM LADEN VON PALETTEN
5 671 FUER DEN TRANSPORT VON ZIEGELN
5 671 FUER PAKETTRANSPORT VON DACHPAPPE
5 671 FUER TRANSPORT VON OELFARBEN IN GLASBEHAELTER
5 726 UMSCHLAG VON KARTOFFELN IN BOXPALETTEN
6 209 BESSERES KARTOFFELLEGEN DURCH PALETTEN UND AUFSATZBEHAELTER
6 370 EINZELTRANSPORTE MIT STAPLERN AUS DER OBSTANLAGE
7 192 PALETTENLAGERUNG VON PFLANZKARTOFFELN
7 193 BOXPALETTEN MIT GABELSTAPELFOERDERUNG FUER KARTOFFELN
7 316 PALETTIERUNG BEI DER ERNTE V.AEPFELN U.PFLAUMEN IN ENGLAND
7 328 ABMESSUNGEN VON STAPELKISTEN
8 308 HUBGABELN FUER OBSTBAUTRAKTOREN
8 309 HUBMASTE FUER TRAKTOREN FUER TRANSPORT IM OBSTBAU
8 374 ERNTEAUFWAND BEI PFLUECK U.TRANSPORTBEHAELTER FUER KERNOBST
8 382 EINSATZ BEIM RATIONELLEN OBSTTRANSPORT
8 388 PALETTENSYSTEM IM OBSTBAU
8 527 ENTLADEVORRICHTUNG FUER PLAN UND WELLASBEST
9 86 PALETTENUMSCHLAG VON DRAENROHREN
9 196 FUER DEN TRANSPORT VON BALLEN
2 135 PAPIER EIGNUNG ALS MATERIAL FUER KARTOFFELSAECKE
5 498 STEIGERUNG DES PRODUKTIONSVOLUMENS IN DER SU
4 367 PAPPE VERHALTEN V.VERLUSTSTEIGEN BEI TRANSPORT U.LAGERUNG V.KERNOBST
5 549 PAPPEL MECHANISCHES AUFASTEN UND FAELLEN
1 376 PAPRIKA AGGREGAT ZUM BEETFORMEN UND GLEICHZEITIGEN PFLANZEN
1 387 ANBAU UNTER FOLIE IN SIZILIEN
4 362 MASCH.VST 1 5 ZUM AUSWASCHEN UND SCHLEIFEN VON SAMEN
5 476 BEHANDLUNG MIT KUNSTWACHS

PARZELLENDRILLMASCHINE S.UNTER SAEEN
S.UNTER VERSUCHSFELD
PARZELLENMAEHDRESCHER S.UNTER MAEHDRESCHER
PARZELLENSPRITZGERAET S.UNTER SPRITZEN
3 484 PASTINAKE MASCHINENSAETZE ZUR VOLLMECHANISIERUNG DER ERNTE
5 462 MECHANISIERUNG DER ERNTE IN DEN USA
1 239 PATENTE ZU KARTOFFELERNTEMASCHINEN
3 93 POLNISCHE PATENTFORSCHUNGEN
3 341 NR. 108 155 FOERDERBAND ZUR FREMDKOERPERABSCHEIDG.B.KARTOFFELN
3 342 PATENT UEBER KARTOFFEL TRENNVORRICHTUNG
4 203 ZUM THEMA STALLWIRTSCHAFT
5 223 ZUM THEMA BODENDUENGUNG
6 152 MELIORATIONSWESEN
6 303 HAUSTECHNIK IM SPIEGEL DER PATENTE
6 409 FUER HOLZAUFBEREITUNGS UND STOCKRODEAGGREGATE
7 166 FUER TROCKNUNG UND SILOS
7 308 FUER GEMUESE UND OBSTBAU
8 262 ZUM THEMA MAEHDRESCHER
PAVILLONBAUTEN S.UNTER BAUKONSTRUKTION
PELLETS HEUPELLETS S.UNTER HEUPRESSLINGE
S.PRESSLINGE

6 96 PENDELBEGRENZUNG UNTERSUCH.V.WIRKSAMKEIT AM STANDARDTRAKTOR
PENDELDUENGERSTREUER S.UNTER DUENGEN
PENDELKREISSAEGE S.UNTER KREISSAEGE
3 437 PERFORIERMASCHINE PI I FUER PAPIERSTREIFEN . . . KEIMPFLANZENSCHUTZ

8 398 PERONOSPORA BEKAEMPFUNG IM HOPFENBAU AUFWANDMENGEN
8 399 SPRITZPLAN FUER HOPFEN
7 367 PERT NETZWERKPLANUNG BEI FORSTLICHEN INVESTITIONSVORHABEN
3 544 PERU FORSTWIRTSCHAFT AM OBERLAUF DES AMAZONAS
6 196 PETROLEUM MASCHINE ZUM AUSBRINGEN BEI DER AUSSAAT VON BAUMWOLLE
9 363 PEVECLAIR KUNSTSTOFFWELLPLATTEN ZUR ABDECKUNG VON GEWAECHSHAEUSERN
PFAHLGRUENDUNG S.UNTER BAUKONSTRUKTION
1 485 PFAHLRAMME S 878 FUER PFAHLGRUENDUNGEN
1 486 SA 12 DIESELRAMME FUER PFAHLGRUENDUNGEN
9 427 WERKZEUG ZUM EINRAMMEN VON PFAEHLEN
5 433 PFAHLSETZEN SELBSTHERSTELLBARES HECKANBAUBOHRGERAET
8 295 PFANNE ELEKTRISCHE PFANNEN TECHNISCHE DATEN
2 301 PFEFFERMINZE TROCK.PHYSIKAL.U.WAERMETECHN.UNTERSUCH.ZUR TROCKNUNG
9 341 ZUSATZVORRICHTUNGEN AM GRASMAEHER ZUM SCHNITT
4 466 PFERD BEDEUTUNG IN DER NIEDERL.FORSTWIRTSCHAFT
4 468 WIRTSCHAFTLICHER EINSATZ IN DER HOLZBRINGUNG
4 469 PFERDEHALTUNG UND HOLZBRINGUNG IN DER DDR
4 470 EINSATZ BEIM HOLZRUECKEN DURCH BAEUERL.UNTERNEHMER
5 680 PFERDESTALL SELBSTTAETIGE LUEFTUNG MIT VERSTAERKTEM ABZUG
3 462 PFIRSICH MECHANISIERUNG DER ERNTE
3 480 FROSTSCHUTZ DURCH UEBERFLIEGEN MIT HUBSCHRAUBERN
4 375 FOERDEREINRICHTUNGEN FUER PACKHAEUSER
5 475 FLACHE FRUCHTSCHALEN MIT SCHRUMPFFOLIENEINSCHLAG
8 368 ERNTE DURCH RUETTELN U.AUFFANGVORRICHT.MASCH.Z.FRUECHTESAMM.
8 373 SELBSTFAHRENDE MASCHINE FUER ERNTE VON TAFELOBST
9 338 MASCHINELLE ERNTE IN ARKANSAS
9 343 LEISTUNG DER KALIBRIERMASCHINE UNIFRUCT.SUPER
9 59 PFLANZE MESSAPPARATUR ZUM AUFZEICHNEN DES PFLANZENWACHSTUMS
7 84 TRANSPIRATIONSSENKG.DURCH BESPRITZEN MIT VISKOS.SILIKONOELEN
8 1 INTEGRATION DIREKT IN DEN TIERLEIB
8 1 MANIPULATION PLASTROEHREN ALS STENGEL
PFLANZEN ALLGEMEINES
4 406 MECHANISIERUNG IN DER SOWJETISCHEN FORSTWIRTSCHAFT
6 22 AUFGABEN DES LANDW.INGENIEURS IM SUDAN
9 364 1967 INTERNAT.KONGRESS ZUR MECH.DES GARTENBAUES IN KECSKEMET
VERFAHREN
3 433 AUSPFLANZEN UND BEWAESSERUNG VON FREILANDTOMATEN
5 526 MODERNE METHODEN ZUR ANPFLANZUNG VON FORSTPFLANZEN
5 528 MECHANISIERUNG BEI FORSTKULTUREN FORTSCHRITTSBERICHT

6 390 PFLANZEN VON BLUMENZWIEBELN MASCHINEN DER DDR
8 426 WINTERPFLANZUNG VON KRIMKIEFERN AUF BERGHAENGEN
8 427 WAHL DES PFLANZENABSTANDES BEI AUFFORSTUNGEN
PFLANZMASCHINEN
1 189 UNTERSUCH.DER PRODUKTIVITAET VON PFLANZMASCHINEN
1 376 PFLANZMASCHINE TR 4 AKKORD FUER GEMUESE
1 419 KALSNAVA 2 ZUM VERSCHULEN VON PFLANZMATERIAL
1 427 AUSNUTZUNG VON FORSTPFLANZMASCHINEN IN DER SU
1 428 FORSTPFLANZMASCHINE SKL 1 TECHNISCHE DATEN
2 386 SALATPFLANZMASCHINE FUER GETOPFTE JUNGPFLANZEN
3 432 DEMONSTRATION SELBSTFAHRENDER SALATPFLANZMASCHINEN
3 436 PFLANZMASCHINEN SRNM 4 NRM 6 FUER GEMUESE
4 312 ACCORD UND EXACT PFLANZMASCHINEN FUER ERDBEEREN
4 320 ERFAHRUNGEN MIT SALATPFLANZWAGEN
4 399 PFLANZMASCHINEN SLN I U.S SCH N 3 ANBAUPFLANZMASCH.LMD 1
4 406 PFLANZMASCHINE SBN I
4 411 FORSTPFLANZMASCHINE LMD 1 TECHN.DATEN U.EINSATZBERICHT
4 416 FORSTL.HANDWERKZEUG VERZEICHNIS DER FAO
4 431 PFLANZMASCHINE SHS V FUER PFLANZEN MIT WURZELBALLEN
5 235 ENTWICKLUNG VON SAE UND PFLANZMASCHINEN IN DER SU
5 243 PFLANZMASCH. BEURTEILUNG V.AUSRUESTUNG U.METHODEN
5 427 LEISTUNGSBESTIMM.FAKTOREN BEI MASCH.PFLANZUNG V.GEMUESE
5 494 MASCHINENSYSTEM FUER OBSTPLANTAGEN
6 323 PFLANZMASCHINEN FUER OBSTGEHOELZE
7 341 KONSTRUKTION DER VERSCHULMASCHINE KALSNAVA ZWEI
7 355 FORSTPFLANZMASCHINE FUER EINSATZ AUF TERRASSEN U.HAENGEN
8 428 PRUEFUNG VON AUFFORSTUNGSMASCHINEN IN FINNLAND
8 474 FORSTKULTUREN STREIFENPFLANZUNG MIT PFLANZMASCHINEN
9 143 PRINZIPSCHEMATA VON SCHEIBENPFLANZMASCHINEN
PFLANZGERAETE
1 426 BURLADINGER PFLANZENPFLUG HINTER HALBRAUPENTRAKTOR
5 524 WINKELPFLANZUNG MIT DER WIEDEHOPFHAUE
5 529 WINKELPFLANZUNG MIT DER WIEDEHOPFHAUE
5 546 WIEDEHOPFHAUE SHW PRUEFURTEILE DES FRA
5 147 PFLANZENBAU MOEGLICHKEITEN ZUR RATIONAL.DER PFLANZENPRODUKTION
7 8 AUFWENDUNGEN FUER DIE LANDW.FORSCHUNG IN UNGARN
PFLANZENBESTRAHLUNG S.UNTER GEWAECHSHAUS
PFLANZENSCHUTZ HINWEISE
BEGASEN S.DORT
GIESSEN S.DORT
FLUGZEUGEINSATZ S.UNTER FLUGZEUG
S.AUCH BODENBEGIFTEN
SPRUEHEN S.DORT STAEUBEN S.DORT
BEIZEN S.DORT
NEBELN S.DORT
UNKRAUTBEKAEMPFUNG S.DORT
SPRITZEN S.DORT
ALLGEMEINES
1 4 ENGL.FACHBUCH UEBER LANDMASCHINEN
4 496 LEISTUNGEN VON BRIGADEN DES BEZIRKES DRESDEN
4 497 UEBERBETRIEBL.EINSATZ DER TECHNIK IM BEZIRK SUHL
4 500 UEBERBETRIEBL.EINSATZ DER TECHNIK IM BEZIRK SUHL
5 633 KOOPERATION UND DIENSTLEISTUNG
6 22 AUFGABEN DES LANDW.INGENIEURS IM SUDAN
6 536 AUFBAU VON AGROCHEMISCHEN ZENTREN IN DER DDR
7 4 LANDWIRTSCHAFTLICHE STOFF UND MASCHINENKUNDE
7 20 AUSNUTZUNG DER ARBEITSZEIT BEI MECH.FELDARBEITEN
7 378 ORGANISATION IN AGROCHEMISCHEN ZENTREN
7 381 KOSTEN FUER PFLANZENSCHUTZMASSNAHMEN BEI HOPFEN
8 116 OPTIMIERUNG DES AUSBRINGENS V.DUENGER U.PESTIZIDEN
8 495 AUFGABEN FORSCHUNG UND PFLANZENSCHUTZDIENST IN DER DDR
8 495 VERSCHIEDENE FORMEN DER KOOPERATION
8 496 EINSATZ VON BRIGADEN IN DREI KOOPERATIONSGEMEINSCHAFTEN
8 497 AUFBAU UND EINSATZ VON SPEZIALBRIGADEN
VERFAHREN UND MITTEL
2 427 EINFLUSS DER WITTERUNG AUF MASSNAHMEN IM HOPFEN

2 468 PFLANZENSCHUTZ KONTROLLE DES MITTELBELAGES AUF PFLANZEN
2 471 D D BODENBEGASUNGSMITTEL GEGEN NEMATODEN
2 472 WIRKUNG V.BODENBEGASUNG AUF RUEBENWACHSTUM
2 473 ELEKTRISCHE NETZHAUTVERSUCHE MIT INSEKTEN
2 480 ANWENDUNG VON ELEKTRIZITAET UND STRAHLUNG LIT.
3 479 VERGLEICH INSEKTIZIDER BEKAEMPFG.VERFAHR.IM HOPFENBAU
3 546 ANWENDUNG RADIOAKTIVER ISOTOPE UND STRAHLEN
5 486 EINSATZ DER BEREGNUNG IM OBSTBAUL.PFLANZENSCHUTZ
5 635 BEWERTUNG DER EFFEKTIVITAET DES TECHNOL.PROZESSES
6 448 TECHNOLOGIE UND TECHNIK IN DER UDSSR
6 463 MECH.V.ZUBEREIT.U.EINBRING.INSEKTIZIDER GRANULATE
7 1 METHODEN UND AUSRUESTUNGEN
7 377 VERFAHRENSTECHNIK
7 379 SCHAEDLICHE NEBENWIRKUNGEN DER MITTEL AUF DEN MENSCHEN
7 379 RESISTENZ B.SCHAEDLINGEN GEGEN BESTIMMTE MITTEL
7 383 ANWENDUNG VON GRANULATEN
7 390 ABFLAMMEN DER LUZERNESCHLAEGE GEG.LUZERNERUESSELKAEFER
8 4 EINSATZ VON MITTELN IN DER DDR
8 113 BRUEHEBEHAELTER AUS KUNSTSTOFF
8 393 VERREGNEN VON MITTELN IN EINER OBSTANLAGE
8 398 AUFWANDMENGEN IM HOPFENBAU
9 347 VORSICHTSMASSNAHMEN BEI DER LAGERUNG VON MITTELN
9 416 ATTRAPPEN ZUR VERHINDERUNG VON VOGELSCHAEDEN
9 417 BEKAEMPFUNG DER HAMSTERPLAGE
MASCHINEN GERAETE
1 356 FORMGESTALTUNG BEI MASCHINEN
1 461 AUSNUTZUNG VON LICHTFALLEN
2 425 GERAETE FUER SONDERKULTUREN
2 431 GERAETE FUER DEN WEINBAU AUF DEM LANDMASCHINENSALON
2 474 BLATTLAUSFAENGE EINER ENGLISCHEN SAUGFALLE
2 477 INSEKTENBEKAEMPFUNG MITTELS FLAMMGERAETEN
3 66 PRUEFSTAENDE UND VORRICHTG.FUER SCHNELLPRUEFUNGEN
3 216 EINSATZ VON BEREGNUNGSANLAGEN
3 547 ENTWICKLUNG UND AUSWAHL VON GERAETEN
3 558 FRANZOESISCHE GERAETELISTE MIT TECHN.DATEN
4 387 TECHNIK AUF DER BUNDESGARTENSCHAU
4 416 FORSTL.HANDWERKZEUG VERZEICHNIS DER FAO
5 487 MECHANISIERUNG IM OBSTBAU
5 621 GERAETE ZUR WILDSCHADENVERHUETUNG IN FORSTKULTUREN
5 632 ENTWICKLUNG DER TECHNIK IN DER UDSSR
5 634 KOOPERATIVER EINSATZ DER TECHNIK IN DER DDR
5 636 TECHNIK UEBERS.AUS DEM RUSS.
6 132 VOM IMA GEPRUEFTE TYPEN
6 143 RAEUCHERGERAET FOS 2 FUER TEEKULTUREN
6 448 VERTEILUNG VON KOEDERN ZUR NAGETIERBEKAEMPFUNG
6 449 EINSATZ V.MASCHINEN IN DEN BEZIRKEN ERFURT UND GERA
6 450 PUMPEN IM PFLANZENSCHUTZ
7 122 SCHUTZSTOFFSTREUER FUER LEGEMASCHINEN
7 336 AUSBRING.V.INSEKTIZIDGRANULAT.MIT RUECKENTRAGB.GERAETEN
7 338 FAHRBARE MASCH.FUER DIE METHYLBROMIDAUSBRINGUNG
7 378 UNTERBRINGUNG UND PFLEGE DER MASCHINEN
7 383 ENTWICKLUNGSTENDENZEN KOMBINIERTER MASCHINEN
7 389 INSEKTENFALLE MIT MEHREREN PVC BEHAELTERN
8 1 ENTWURF EINER UNIVERSALMASCH.FUER ALLE FELDARBEITEN
8 113 GERAETE MIT KOLBEN MEMBRAN ROLLEN ODER KREISELPUMPEN
8 117 ZZV 1.8 TRANSPORT UND VERTEILUNGSWAGEN
8 390 TECHNOLOGISCHE PROBLEME IM OBSTBAU
8 391 MASCHINEN FUER DEN OBSTBAU
8 392 ARBEITSPRODUKTIVITAET V.MASCHINEN IM OBSTBAU
8 505 DOSIER U.REGELGERAET FUER EINE BESTIMMTE VOLUMENMENGE
9 1 GERAETE ENTWICKLUNG UND EINSATZ IN BELGIEN
9 5 ENTWICKLUNG VON ANLAGEN FUER BEERENOBST
9 5 GERAETE FUER OBSTPLANTAGEN IN HANGLAGEN
9 350 TECHNOLOGISCHE PROBLEME
9 351 LEISTG.U.KOSTEN V.MASCH.B.UNTERSCHIEDL.EINSATZBEDING.
9 364 FORTSCHRITTE BEI DER ENTWICKLUNG VON GERAETEN

9 404 PFLANZENSCHUTZ ZWISCHENGENOSSENSCH.EINSATZ MODERNER TECHNIK
9 411 1967 UEBERBLICK UEBER ANERKANNTE GERAETE
9 418 GERAETEANGEBOT AUF DER UGEXPO
2 142 PFLANZLICHE PRODUKTION BESTELLG.U.ERNTE DURCH AUFROLLEN V.PLASTROHR
1 380 PFLANZLOCHBOHRER UNIVERSALANBAURAHMEN MIT HYDRAULISCHER BETAETIGUNG
8 428 MASCHINENPRUEFUNG IN FINNLAND
5 494 PFLANZLOCHGRABER FUER DEN OBSTBAU
1 500 PFLAUME BULGARISCHE VIBRATIONSMASCHINE WMBP
2 408 MECHAN.ABRUETTELN DER FRUECHTE IN DEN USA
4 350 VIBRATIONSFREQUENZ VON ERNTEMASCHINEN
4 352 VENTILATOREN MIT PULSIERTEM LUFTSTROM ZUR SELEKTIVEN ERNTE
4 352 AUFSAMMELMASCHINEN
5 472 VIBRATOR FUER DIE ERNTE VON BAUMOBST ARBEITSLEISTUNG
5 494 BAUMSCHUETTEL UND OBSTAUFFANGMASCHINEN
7 316 MECHANISIERTES ERNTEN IN ENGLAND
8 368 ERNTE DURCH RUETTELN U.AUFFANGVORRICHT.MASCH.Z.FRUECHTESAMM.
8 369 ERNTE DURCH SCHUETTELSTANGE MIT HYDRAULIKMOTORANTRIEB
8 373 SELBSTFAHRENDE MASCHINE FUER ERNTE VON TAFELOBST
PFLEGE HINWEISE
KARTOFFEL S.DORT
MASCHINENPFLEGE S.UNTER WARTUNG
RUEBEN S.DORT

LANDWIRTSCHAFTLICHE KULTUREN
1 4 ENGL.FACHBUCH UEBER LANDMASCHINEN
4 130 TRAKTORARBEIT IN ZWISCHENREIHENKULTUREN B.ERHOEHT.GESCHWINDIGK.
6 133 EINSATZGRENZEN FUER MASCHINEN UND GERAETE IN HANGLAGEN
6 165 MOEGLICHKEITEN ZUR RATIONALISIERUNG DER BODENBEARBEITUNG
GAERTNERISCHE KULTUREN
5 492 MASCHINENSCHAU AUF DEM WEIHENSTEPHANER GEMUESEBAUTAG
6 390 V.BEETKULTUREN UND RASENFLAECHEN MASCHINEN DER DDR
FORSTLICHE KULTUREN
1 419 SPEZIALMASCHINE DJATEL I FUER PFLEGEHIEBE IN JUNGBESTAENDEN
3 504 EINSATZ V.KOMBINES BEI PFLEGEHIEBEN IN JUNGWUECHSEN
3 505 KONSTRUKTION DES AGGREGATES DJATEL 1
4 406 KUTS 2 8 KULTURPFLEGEGERAET
4 432 ANLAGE V.ORGANIS.BESTAND MIT DICHTEM RUECKEWEGENETZ
4 432 VERFAHREN FUER PLENTERHIEBE MIT STEHFAELLUNG
5 528 MECHANISIERUNG BEI FORSTKULTUREN FORTSCHRITTSBERICHT
5 631 KULTURTECHNIK BERICHT VOM XIV. IUFRO KONGRESS MUENCHEN
7 356 GERAETE ZUR FORSTKULTURPFLEGE
7 373 HANDAEROSOLGENERATOREN ZUM AUSLICHTEN V.NADELHOLZ
8 410 WERTSTEIGERUNG DES STAMMHOLZES DURCH SYSTEMAT.AESTUNG
8 411 WERTSTEIGERUNG DES STAMMHOLZES DURCH SYSTEMAT.AESTUNG
8 370 PFLUECKEIMER MIT BODENENTLEERUNG
PFLUECKEN S.UNTER OBST: ERNTE
PFLUECKKARRE S.UNTER OBST: ERNTE

8 374 PFLUECKKORB ERNTEAUFWAND B.PFLUECK U.TRANSPORTBEHAELTER FUER KERNOBST
PFLUECKPODEST S.UNTER OBST: ERNTE
6 370 PFLUECKSCHLITTEN EINSATZ BEI DER OBSTERNTE
PFLUEGEN HINWEISE
S.AUCH ROTIERENDE BODENBEARBEITUNG
SPATENMASCHINE S.DORT
DRAENPFLUG S.UNTER DRAENAGE
ALLGEMEINES
2 87 BEETSTREICHBLECHPFLUG EINFLUSS AUF TRAKTORENENTWICKLUNG
3 234 HISTORISCHE PFLUEGE DER HOHENHEIMER SAMMLUNG KATALOG
3 235 1967 X.DDR MEISTERSCHAFT IM PFLUEGEN
4 1 PRODUKTION V.MASCH.IN DER SU SEIT DER OKTOBERREVOLUTION
4 2 VERFAHREN UND MECHANISIERUNG ENTWICKLUNGSTENDENZEN
5 189 PRODUKTION VON TRAKTORPFLUEGEN IN DER SU
6 1 PRODUKTION VON TRAKTORENPFLUEGEN IN DER UDSSR
6 4 MECHANISIERUNG DER DAENISCHEN LANDWIRTSCHAFT
7 104 PROBLEME DURCH ERHOEHUNG DER TRAKTORLEISTUNG
9 103 UEBERBLICK UEBER DIE HISTORISCHE ENTWICKLUNG DES PFLUGES

PFLUEGEN UNTERSUCHUNGEN
1 66 BETRIEBSKENNWERTE V.1.4 MP TRAKTOREN MIT DREHMOMENTWANDLER
1 89 KINEMATIK DER KOMBINATION TRAKTOR ANBAUSCHARPFLUG
1 159 EROSIONSVERHINDERNDES PFLUEGEN AUF HAENGEN
2 180 BERECH.DES DEN ANBAUPFLUG IN DEN BODEN DRUECK.DREHMOMENTS
2 186 PRUEFUNG DES ROTORPFLUGES RP 200
2 437 SPEZIFISCHER WIDERSTAND VERSCHIEDENER BODENARTEN
3 166 METHODEN ZUR DYNAM.UNTERSUCH.V.AUFHAENGUNGSSYSTEMEN
3 232 OPTIMIER.DER PFLUGARBEIT BEDEUTG.V.BODENWIDERSTAND
3 233 OPTIMALE ANORDNUNG V.TRAKTOR U.PFLUG MATHEMAT.ABLEITUNGEN
3 236 KINEMATIK DER KOMBINATION TRAKTOR ANBAUPFLUG
4 98 DURCHSCHNEIDEN V.WURZELWERK AUF GEBUESCHBEWACHSENEM LAND
5 197 KRAFTMESSWAGEN FUER UNTERSUCH.V.SCHEIBENSCHAELPFLUG U. EGGE
5 198 VERBINDG.ZWISCH.TRAKTOR U.ANBAU OD.ANHAENGEPFLUG
5 199 EINFL.V.TRIEBRAEDERBELASTG.AUF ZUGKENNWERTE DES TRAKTORS
5 204 KINEMATIK DER KOMBINATION TRAKTOR ANBAUPFLUG
6 6 IN TROCKENGEBIETEN ERMITTLUNG DES KRAFTBEDARFES
6 173 MIT ERHOEHT.GESCHWIND. ENERGIEAUFWAND U.ZERKLEINERUNGSERFOLG
7 9 AUTOMAT.PFLUGREGELUNGSSYSTEME AUTOMAT.PFLUGMASCHINEN
7 107 MIT 3 U.4 MP TRAKT.MIT ANBAU ANHAENGE U.AUFSATTELPFLUEGEN
8 11 SECHSKOMPONENTENMESSUNGEN AN MODERNEN PFLUGKOERPERN
8 12 KRAEFTEWIRKUNGEN AN ANBAU UND AUFSATTELPFLUEGEN
8 100 MESSMETHODEN UND KENNGROESSEN FUER ARBEITSERFOLGE
8 107 ZWEIHEBELMESSVORRICHTUNG FUER BESTIMM.DER FURCHENTIEFE
9 16 BODENVERLAGERUNG BESTIMMUNG MIT RADIONUKLIDEN
9 80 PFLUG PN 4 35E FESTIGKEIT BEI ERHOEHT.GESCHWINDIGKEITEN
9 107 NEUES VERFAHREN FUER BESTIMM.DER 3 AM PFLUG ANGREIF.KRAEFTE
9 107 BERICHTIGUNG DER THEORIE DES PFLUGES
VERFAHREN
1 158 ERHOEHUNG DER FAHRGESCHWINDIGKEIT
4 99 VERGLEICH VON VIER VERFAHREN ZUR BEARBEITG.V.SOMMERBRACHE
4 101 KOMBINATION V.ROTIER.U.PFLUEGENDEN ARBEITSELEMENTEN
4 102 KUENFTIGE TECHNIK SCHARBREITE U.EINSTELLUNG DES PFLUGES
4 103 MIT ERHOEHTEN ARBEITSGESCHWINDIGKEITEN OEKON.PROBLEME
4 104 BEZIEH.ZWISCH.ERHOEH.V.ARBEITSGESCHWINDIGKEIT U.ARBEITSBREITE
5 205 FLACHE BEARBEITUNG ODER PFLUEGEN
6 165 MOEGLICHKEITEN ZUR RATIONALISIERUNG
6 167 GROESSERE ARBEITSBREITE ODER HOEHERE ARBEITSGESCHWINDIGKEIT
6 175 DURCHMISCH.MIT DREISTUF.ANBAUPFLUG B.ERHOEHT.GESCHWINDIGK.
6 176 DURCHMISCH.MIT DREISTUF.ANBAUPFLUG B.ERHOEHT.GESCHWINDIGK.
8 97 SEGMENTPFLUEGEN ALS MELIORATIONSMASSNAHME
EINSATZ
1 155 TECHNOLOGIE DES TERRASSENBAUES
2 177 KOSTEN IM ARBEITSWIRTSCHAFTLICHEN OPTIMUM
2 179 ERHOEHUNG DER FAHRGESCHWINDIGKEIT
2 183 KINEMATIK DER KOMBINATION TRAKTOR ANBAUPFLUG
2 185 VERGLEICH DER ARBEIT SCHARPFLUG UND SCHEIBENPFLUG
2 440 IN ALTHOLZBESTAENDEN ZUR NATURVERJUENGUNG
3 57 EINFLUSS DER BELASTUNGSKENNZIFFER AUF BETRIEBSEIGENSCHAFTEN
3 129 EINSATZ VON TRAKTOREN IM TANDEMSYSTEM
4 11 ERFAHRUNGEN MIT EINSATZ SCHWERER TRAKTOREN
4 38 SCHWIERIGKEITEN BEI TRAKTORLENKUNG IN HANGLAGEN
4 92 BODENVERBESSERUNG DURCH TIEFES PFLUEGEN
4 106 ARBEITSQUALITAET EINIGER PFLUEGE BEIM HANGPFLUEGEN
5 49 STAERKERE TRAKTOREN FUER PFLUGARBEITEN IN LPG LEMNITZTAL
5 148 VERMEIDUNG VON DRUCK UND SCHLUPFSCHAEDEN
5 196 ERHOEHUNG DER FLAECHENLEISTUNG DURCH GROESSERE ARBEITSBREITEN
6 174 BERECH.V.ZUGKRAFTBEDARF FUER TRAKTORENPFLUEGE
7 43 MIT FE 3 ANBAUPFLUG ZUGKRAFT
7 46 EINSATZPRUEFUNG DES TRAKTORS ZT 300
7 47 FLAECHENLEISTUNGEN MIT DEM ALLRADTRAKTOR K 700
7 105 WECHSELBEZIEHUNG ZWISCHEN REGELHYDRAULIK UND PFLUG
7 123 KREISELPFLUG KOMB.MIT KRUMENPACKER U.WAELZEGGE FUER BESTELLG.
8 101 BODENBEARBEITUNG MIT STARKEN TRAKTOREN
8 103 ARBEITSERGEBNISSE BEI EINSATZ DES KREISELPFLUGES
9 41 ARBEITSLEISTUNG MIT SECHSFURCHENPFLUG U.KETTENTRAKTOR

9 104 PFLUEGEN EIGNUNG UND WIRTSCHAFTLICHKEIT MODERNER GERAETE
9 105 ERFAHRUNGEN MIT DEM SCHNELLPFLUEGEN AUF VERSCHIED.BOEDEN BAUARTEN TYPEN
1 165 5 FURCHENANHAENGEPFLUG MIT ROT.STREICHBLECHEN PRUEFUNG
1 422 KEILFOERM.GERAET KP 1.2 ZUM ENTFERNEN DER BODENDECKE
2 182 ANBAUBEETPFLUG COMET 300 U.350 PRUEFBERICHT WIESELBURG
3 237 7 FURCHENPFLUG FUER DEN TRAKTOR SZ 100
3 238 P 180 ROTORPFLUG V.INST.FUER LANDMASCHINEN CHODOV
4 53 SCHAELPFLUG FUER DIE STOPPELBEARBEITUNG
4 53 SPATENPFLUG FUER DIE STOPPELBEARBEITUNG
4 107 SCHEIBENPFLUG EINSTELLWINKEL V.SCHEIBEN U.BODENDURCHMISCH.
4 399 KOMBINIERTER FORSTPFLUG PKL 70
4 399 FORSTSTREIFENPFLUG PLP 135
4 406 PLP 135 FORSTSTREIFENPFLUG
4 411 AUSHEBEPFLUG NVS 1 2 M TECHN.DATEN UND EINSATZBERICHT
5 189 SCHEIBEN UND ROTATIONSPFLUEGE IN DER SU
5 189 SCHAFFUNG VON PFLUGTYPENREIHEN IN DER SU
5 195 ANBAUBEETPFLUEGE FUER REGELHYDRAULIK MIT SCHNELLKUPPLUNG
5 195 PFLUGENTWICKLUNG FUER LEISTUNGSSTARKE TRAKTOREN
5 200 ARBEITSTECHN.U.TECHNOLOG.PROBLEME DER PFLUGENTWICKLUNG
5 201 TYPEN DER FA. OLIVER FUER STEINIGE BOEDEN
5 202 J.A.B.VOLLDREHPFLUG FURCHENMEISTER DLG PRUEFBERICHT
5 494 PLANTAGENPFLUEGE FUER DEN OBSTBAU
5 653 SEITEN U.LAENGSACHSVERSTELLVORRICHTG.FUER DREHPFLUEGE
5 655 PFLUEGE FUER SCHWERE BOEDEN V.HUARD KRONE
6 132 VOM IMA GEPRUEFTE TYPEN
6 178 3 PN 30 A PFLUG FUER STEINHALTIGE BOEDEN
6 179 UNTERS.DER ZUGKRAFTRICHTG.DES SCHEIBENSCHAELPFLUGES LD 10
6 180 EINACHSTRAKTOR HONDA MIT WINKELDREHPFLUG U.FRAESE PRUEFBER.
6 183 PPL 340 UNTERSUCH.AM PROTOTYP DES GRUENLANDPFLUGS
6 399 FORSTSTREIFENPFLUG WALDGESELL KOPPLUNGSVORRICHTUNG
7 93 PLANIERPFLUG FUER DEN STRASSENBAU
7 93 TIEFPFLUG FA 3 FUER DEN STRASSENBAU
7 98 KRAFTBEDARF BEI VERWENDUNG VON SCHEIBENPFLUEGEN
7 99 KONSTRUKTIONSVORSCHLAG FUER PFLUG MIT ARBEITSBREITENREGELG.
7 104 BEET WINKEL WECHSEL UND DREHPFLUG EINSATZBEREICH
7 106 5...6FURCHIGE VOLLDREHPFLUEGE ANHAENGE U.AUFSATTELPFLUEGE
7 108 PFLUG MIT ZUSATZSTREICHBLECH FUER EBENE FLAECHEN
7 108 KEHRPFLUG MIT ANHAENG.AUSSERHALB V.KETTENTRAKTORLAENGSACHSE
7 250 HOPFENPFLUG PRWN 1.5X MIT TIEFLOCKERUNGSVORRICHTUNG
7 391 4...6FURCHIGE PFLUEGE MIT STEINSICHERUNGEN
7 393 PFLUG MIT HYDRAULISCH VERSTELLBAREN SCHAREN
7 397 HALBAUTOMAT.ARBEITENDER UMKEHRPFLUG VON MC CORMICK
7 398 SEITEN UND LAENGSACHSVERSTELLUNG DES DREHPFLUGES HUARD
7 399 ENTWICKLUNGSTENDENZEN AUF DER DLG AUSSTELLUNG
8 98 SCHEIBENPFLUEGE HERSTELLERLISTE MIT TECHN.DATEN
8 99 MEHRSCHARIGE VOLLDREHPFLUEGE UND BEETPFLUEGE
8 102 EIGNUNG U.WIRTSCHAFTLICHKEIT MODERNER TYPEN
8 104 AUFSATTELBEETPFLUG B 200 PRUEFBERICHT POTSDAM BORNIM
8 106 EINFL.V.GESCHWINDIGKEIT U.BODENFEUCHTE AUF VERSCHLEISS
8 502 CHISEL PFLUG MIT MESSERN LEISTUNGSBEDARF
8 508 HALBGETRAGENER FUENFFURCHENPFLUG VON LEMKEN
8 514 1968 GERAETELISTE IN FRANKREICH GEHANDELTER TYPEN
9 3 PFLUEGE MIT STEINSICHERUNG UND GROESSEREN ARBEITSBREITEN
9 100 MAISPFLUEGE AUF DER DLG SCHAU
9 100 DREHPFLUEGE AUF DER DLG SCHAU
9 104 ANBAUPFLUEGE MIT STEINSICHERUNG
9 106 SCHEIBENPFLUG FUER STROHEINARBEITUNG MIT GEZACKT.SCHEIBEN
9 106 SCHAEL U.KREISELPFLUG FUER DIE STROHEINARBEITUNG
9 108 STENOMAT PFLUG MIT VOLLAUTOMAT.AUSLOESER F.JEDEN PFLUGKOERPER
9 109 PFLUG FISKARS ASLAK TYP PP 313 PRUEFBERICHT ULTUNA
9 110 ANHAENGESCHEIBENSCHAELPFLUEGE ETB 24 U.ETB 18
9 111 BULGARISCHER SCHEIBENPFLUG TECHN.DATEN U.FLAECHENLEISTUNG
9 422 VOLLDREHPFLUEGE TENDENZEN AUF DEM LANDMASCH.SALON IN PARIS
9 427 MEHRFURCHENPFLUEGE MIT GROSSEM DURCHGANG
9 428 AUFGESATT.FUENFFURCHENPFLUG FUER HOHE GESCHWINDIGKEITEN

PFLUEGEN BAUGRUPPEN BAUTEILE
1 1 AUTOMATISCHE REGELUNG DER PFLUGTIEFE
1 19 SCHARE MIT AUFGESCHWEISS.SORMITSCHICHT VERSCHLEISSDIAGRAMM
1 160 PROJEKTIERUNG V.PFLUGSTREICHBLECHEN FUER HANGLAGEN
1 161 KRAFTKENNLINIEN V.FREI ROTIER.U.ABGEBREMSTEN SCHEIBENSCHAREN
1 162 EINFL.V.STREICHBLECHTYP U.PFLUGGESCHWINDIGK.AUF QUALITAET
1 163 SCHAELVORRICHTUNG ZUM PFLUG PACHAR
2 178 DIE ZUKUNFT VIBRIERENDER PFLUGWERKZEUGE
2 179 PFLUGKOERPER FUER GESCHWINDIGKEITSBEREICH V.9 KM JE STD.
2 181 PN 8 35 ANBAUPFLUG MIT VORRICHTUNG ZUM ANHAENGEN VON EGGEN
2 184 VERBINDUNG ROTIERENDER ARBEITSELEMENTE MIT PFLUGKOERPERN
4 43 VORSCHLAG EINES NEUEN REGELSYSTEMS BEI SCHWEREN PFLUEGEN
4 105 SCHAR SCHNECKENFOERMIGE KONSTRUKTION EINES PAPPMODELLS
4 108 BERECHNUNG DER KRAFTKENNWERTE VON SCHEIBENSCHAREN
5 27 WERKSTOFFE FUER PFLUGKOERPER VERSCHLEISSFESTIGKEIT
5 195 ENTWICKLUNGSTENDENZEN BEI PFLUGKOERPERN FUER TRAKTORPFLUEGE
5 203 PFLUGKOERPER MIT VERSTELLBAREN MEISSELN FUER STEINIGE BOEDEN
6 177 UNIVERSALPFLUGKOERPER MIT VERAENDERL.STREICHBLECHFORM
6 181 MIT FURCHENKRUEMLER AM STREICHBLECH
6 182 UNTERSUCH.MIT PLASTBESCHICHT.STREICHBLECHEN B.GRUENLANDUMBR.
6 184 ZUGWIDERSTAND GEWELLTER SCHARSCHNEIDEN
7 104 VORTEILE V.SCHEIBENSECH GEGENUEBER DEM MESSERSECH
7 104 SCHNELLPFLUGKOERPER UND KLINGENSCHAR
7 106 DUENGEREINLEGER FUER DAS EINARBEITEN V.GRUENDUNG U.STOPPELN
7 111 UNTERBODENLOCKERER FUER MOORPFLUEGE
8 105 VERSCHLEISS SELBSTSCHAERFENDER SCHARE AUF SCHWARZERDEBODEN
8 504 KOMB.REGELEINRICHTUNG FUER DREHPFLUG JUARD UCF
8 505 REGELEINRICHTUNG ZUM EINHALTEN DER EINGESTELLTEN PFLUGTIEFE
9 5 UNTERGRUNDLOCKERER FUER SERIENMAESSIGE ZWEIFURCHENPFLUEGE
9 70 WERKZEUGE FUER EINLEGEN V.STROH IN DIE PFLUGFURCHE
GERAETEKOMBINATIONEN
2 198 KOMB.AUS ANHAENGEPFLUG SCHEIBENEGGE RINGELWALZE U.DRILLMASCH.
2 198 MASCHINENKOMBINATION GSD 1 4
4 101 EINSATZ VON ANHAENGE ANBAU ODER AUFSATTELPFLUGFRAESEN
4 498 ZUSATZGERAET FFH 2 ZUM PFLUG ZUM BODENBEGIFTEN
5 490 UND BODENENTSEUCHUNG ZU EINEM ARBEITSGANG
6 189 UNTERSUCHUNGEN AM PFLUG MIT DUENGERSTREUVORRICHTUNG
8 99 PFLUGKOMB.MIT UNTERGRUNDPACKER NOTZONEGGE U.WAELZEGGE
8 117 GERAETE ZUM AUSBRINGEN VON AMMONIAK UND HERBIZIDEN
9 99 GERAETE FUER AMMONIAKDUESEN FUER FLUESSIGDUENGUNG
PFLUGKOERPER S.UNTER PFLUEGEN
PFOSTENANBINDUNG S.UNTER ANBINDESTALL
4 306 PH-WERT FUNKTIONSSCHEMA DER REGELUNG IN NAEHRLOESUNGEN
6 473 PHENOL ZERSTOERUNG DES SCHAUMPOLYSTYROL
4 561 PHENOLHARZ SCHAUMPLATTEN EIGENSCHAFTEN U.EINSATZ ZUR WAERMEDAEMMUNG
9 281 PHOSPHAT LOESUNGEN ZUR TRINKWASSERBEHANDLUNG IM HAUSHALT
9 282 CHEMIKALIENDOSIERUNG BEI DER WASSERAUFBEREITUNG
9 284 VERHUETUNG DER KORROSION IN WARMWASSERANLAGEN
5 158 PHOTOGRAPHIE BESTIMMG.VON BESCHAEDIGUNGEN BEI DRAENANLAGEN
5 646 PHYTOPHTHORA INFESTANS FUNGITOXISCHE WIRKUNG VON SPRITZBELAEGEN
3 551 BEKAEMPFUNG BEI KARTOFFELN VOM FLUGZEUG AUS
3 453 PHYTOTRON SYSTEM FUER DIE TEMPERATURKONTROLLE
4 561 PIATHERM EIGENSCHAFTEN U.EINSATZ ZUR WAERMEDAEMMUNG
PICKER SHELLER S.UNTER MAIS
6 384 PILZE STERIFLAMME VERFAHREN FUER DAS STERILISIEREN VON DOSEN
8 328 CATHIE SCHRAENKE FUER LUEFTUNGS HEIZUNGS U.LUFTFEUCHTEEXPERIM.
1 348 PIPELINE FUER DEN MILCHTRANSPORT
PLANETENGETRIEBE S.UNTER GETRIEBE
1 131 PLANIERRAUPE TECHNOLOGIE DER GRABENHERSTELLUNG
1 155 TECHNOLOGIE DES TERRASSENBAUES
3 357 BN 1 EINSATZ FUER DIE LAUFSTALLMECHANISIERUNG
5 437 GROSSMASCH.F.GARTEN U.LANDSCHAFTSBAU LOSEBLATT SAMMLUNG
6 437 ANLAGE VON LAGERSTREIFEN AN FORSTWEGEN
2 440 PLANIERSCHILD RAEUMUNG DER BODENDECKE IN ALTHOLZBESTAENDEN
5 181 TPN 4 ZUM EINEBNEN V.BEWAESSERUNGSFLAECHEN
5 627 UEBERSCHWER FUER KETTENTRAKTOREN CATERPILLAR

9 389 PLANIERSCHILD STRASSENPLANIERSCHILDE TECHN.DATEN UND PREISE

PLANUNG BAUPLANUNG S.DORT

NETZWERKPLANUNG S.DORT

1 96 PLANMETHODE FUER TRANSPORTVERBUNDENE ARBEITEN

5 46 VON KOMPLEXEN ARBEITEN IN DER LANDWIRTSCHAFT

5 52 DES MASCHINENEINSATZES IN DER FELDWIRTSCHAFT

5 53 DER MECH.U.DES MASCH.U.TRAKTORENBEDARFS

5 511 VORBEREITUNG FUER MASCHINENEINSAETZE

6 331 UND LEITUNG DES SOZ.GARTENBAUES OPERATIONSFORSCHUNG

6 404 IN EINEM SCHWED.FORSTGROSSBETRIEB

9 309 UND ABRECHNUNG DES MASCHINENEINSATZES

4 65 PLASTMOERTEL ALS BAUSTOFF FUER DRAENROHRE

PLATTENGEFRIEREN S.UNTER GEFRIER UND KUEHLKONSERVIERUNG

PLATTENMILCHKUEHLER S.UNTER MILCHKUEHLER

5 441 PLEXIGLAS ZUR GEWAECHSHAUSABDECKG. LICHT U.WAERMETECHN.EIGENSCHAFTEN

PNEUMATISCHE FOERDERUNG S.AUCH FOERDERN

FOERDERGEBLAESE S.DORT

8 258 HALBFLUESSIGER FUTTERMITTEL

9 16 V.HAECKSEL BESTIMMUNG DER GESCHWINDIGKEIT

9 315 POLDERUNG ALS GRUNDLAGE FUER WIRTSCHAFTLICHE OBSTKULTUREN

2 POLEN KONZENTRATION DES TRAKTOREN UND MASCHINENPARKS

2 2 MECHANISIERUNG DER INDIVIDUELLEN LANDWIRTSCHAFTSBETRIEBE

2 35 ORGANISATION DER REPARATURBASIS IN DER LANDWIRTSCHAFT

2 45 BESTIMM.ZUKUENFTIGER MECH.BEDUERFN.IN LANDW.GROSSBETRIEB

2 136 PROBLEME DER TECHNOLOGIE DER KARTOFFELPRODUKTION

3 5 ANALYSE DES GEGENWAERTIGEN LANDWIRTSCH.MASCHINENSYSTEMS

3 60 PFERD UND TRAKTOR IN EINZELBAUERLICHEN BETRIEBEN

3 296 MECHANISIERUNG DER ZUCKERRUEBENPRODUKTION

5 1 STAND DES LANDMASCHINENBAUES

5 11 KRITERIEN DER LIT.AUSWAHL FUER DIE DOKUMENTATION

5 48 KOMPLEXE MECHANISIERUNG IN LANDW.GROSSBETRIEBEN

6 12 MECH.DER LANDW.ZU BEGINN DES 20. JAHRHUNDERTS

6 144 MECHANISIERUNG DER MELIORATIONSARBEITEN

6 227 MECHANISIERUNGSTENDENZEN BEI DER ERNTE VON GETREIDE

7 5 1966 ENTWICKLUNGSSTAND DER LANDWIRTSCHAFT

7 348 ENTWICKLUNG VON FORSTMASCHINEN

7 357 STAND U.MOEGLICHKEITEN DER FORSTNUTZUNG

7 432 WASSERVERSORGUNGSSTATIONEN FUER DIE POLNISCHE LANDWIRTSCHAFT

8 7 1966 STAND DER POLNISCHEN LANDWIRTSCHAFT

2 446 POLTERN MEHRSCHICHTENPOLTERUNG MIT POLTERGERAET V.FA JAECKLE SCHLATT

1 384 POLYAETHYLEN FOLIE ERGEBNISSE V.VERWITTERUNGSVERSUCHEN

1 386 FOLIE ALS ERSATZ FUER GLAS

1 388 RIESENKALTHAEUSER AUS PLASTE IM SUBTROPISCHEN KLIMA

1 457 BEHAELTER FUER AUFSATTELSPRITZEN

2 135 EIGNUNG ALS MATERIAL FUER KARTOFFELSAECKE

2 151 MASCH.FUER PLASTROHRDRAENUNG UEBERFEUCHTER BOEDEN IN SU

2 153 ANWENDUNG IN DER DRAENTECHNIK

2 167 GEKRUEMMTE BEWAESSERUNGSROHRE

3 219 NOMOGRAPH.BERECHNUNG V.ROHRLEITUNGEN AUS HARTPLASTEN

3 434 FOLIE ALS BODENBEDECKUNG IM GARTENBAU

3 471 PFLUECKBEHAELTER HALLE FUER KERNOBST

3 594 EINSATZ IN DER WASSER UND GASINSTALLATION

4 527 BREITFOLIEN ALS WITTERUNGSSCHUTZ

5 414 DURCHLAESSIGKEIT VON FOLIEN FUER WASSERDAMPF UND CO2

5 431 ABDECKUNG DER SPARGELDAEMME MIT TRANSPARENTER FOLIE

5 441 ZUR GEWAECHSHAUSABDECKG.LICHT U.WAERMETECHN.EIGENSCH.

5 444 TEMP.VERHAELTN.IN UNGEHEIZ.MIT FOLIEN BEDECKT.GEWAECHSH.

5 445 NEUES SCHWEISSGERAET FUER FOLIE

5 475 TRAGETASCHEN FUER KERNOBST

6 145 TECHN.U.OEKONOM.VORTEILE DER PVP UND PVC DRAENUNG

6 182 BESCHICHTUNG VON STREICHBLECHEN FUER GRUENLANDUMBRUCH

6 186 ALS DECKSCHICHT FUER STAHL VERSCHLEISS IN MINERALDUENGER

6 326 VERWENDUNG VON PLASTWERKSTOFFEN IN FRANKREICH

6 334 FUER DIE BEDACHUNG LANDWIRTSCHAFTLICHER BAUTEN

6 346 BODENBEDECKUNG MIT TRANSPARENTEN FOLIEN BEI ERDBEEREN

9 92 POLYAETHYLEN EINBRINGEN VON POLYAETHYLENROHREN IN BRUNNEN
7 190 BEUTEL FUER VERPACKUNG VON PFLANZKARTOFFELN
7 191 BEUTEL AUS VERPACKUNGSMATERIAL FUER SPEISEKARTOFFELN
7 222 OBERFLAECHENREINIGUNG MILCHWIRTSCHAFTLICHER GERAETE
7 269 VERDUNKLUNGSEINRICHTUNG AUS SCHWARZER FOLIE
7 281 BEDEUTUNG IM GEWAECHSHAUSBAU
7 299 VERLEGEN V.BODENHEIZUNG MIT HILFE EINER KABELFRAESE
8 235 FOLIENZELT FUER DIE GETREIDETROCKNUNG
8 280 ROHRLEITUNG FUER TRANSPORT VON MILCH
8 349 INNENVERKLEIDUNG V.GEWAECHSHAEUSERN MIT FOLIEN
8 356 VERSUCHSANLAGE FUER BODENBEHEIZG.MIT POLYAETHYLENROHREN
9 84 PRUEFUNG VON ROHRLEITUNGEN BEI UNTERIRD.VERLEGUNG
9 92 VERWENDUNG V.PE ROHREN BEIM BEWAESSERN V.KOERNERMAIS
3 27 POLYAMID SCHWIMMENDE POLYAMID BUCHSEN ALS GLEITLAGER
3 594 EINSATZ IN DER WASSER UND GASINSTALLATION
5 171 VERSCHLEISSFESTIGKEIT DER STRAHLABLENKER BEI REGNER
7 281 BEDEUTUNG IM GEWAECHSHAUSBAU
1 397 POLYESTER BEHAELTER FUER ERNTE UND TRANSPORT PFLANZL.PRODUKTE
1 468 SCHALENKONSTRUKTION AUS GLASFASERVERSTAERKTEM POLYESTER
2 522 SILOTUER AUS GLASFASERVERSTAERK.POLYESTER PRUEFB.WIESELBURG
4 615 SILOS AUF BETONFUNDAMENT
5 414 DURCHLAESSIGKEIT VON FOLIEN FUER WASSERDAMPF UND CO2
5 441 ZUR GEWAECHSHAUSABDECKUNG LICHT U.WAERMETECHN.EIGENSCH.
5 443 GLASFASERVERSTAERKTER POLYESTER IM GEWAECHSHAUSBAU
5 448 GLASFASERVERSTAERKT SCHALENBAUELEMENTE FUER GEWAECHSHAEUSER
5 662 GLASFASERVERSTAERKTE POLYESTER IM BAUWESEN
6 354 GLASFASERVERSTAERKT IM GEWAECHSHAUSBAU
7 281 BEDEUTUNG IM GEWAECHSHAUSBAU
7 282 GLASFASERVERSTAERKT ANWENDUNG IM GEWAECHSHAUSBAU
7 426 STALLFENSTER AUS GLASFASERVERSTAERKTEM POLYESTER
9 329 ALS BAUSTOFF FUER GEWAECHSHAEUSER
3 40 POLYFORMALDEHYD EIGNUNG ALS MATERIAL FUER GLEITLAGERSCHALEN
3 594 POLYISOBUTYLEN EINSATZ IN DER WASSER UND GASINSTALLATION
9 9 POLYKAPROAMID KAEMMEN V.ROLLENKETT.MIT STAHL OD.POLYKAPROAMIDZAHNRAD
3 27 POLYKAPROLAKTAM BESTIMMEN DER REIBZAHL
5 414 POLYKARBAMAT DURCHLAESSIGKEIT VON FOLIEN FUER WASSERDAMPF UND CO2
POLYMETHACRYLSAEUREMETHYLESTER S.PLEXIGLAS
7 190 POLYPROPYLEN SAECKE FUER VERPACKUNG VON PFLANZKARTOFFELN
7 408 FLEXIBLE VERBINDUNGSSTUECKE IN FORM VON MUFFEN
1 384 POLYSTYREN FOLIE ERGEBNISSE V.VERWITTERUNGSVERSUCHEN
3 594 POLYSTYROL EINSATZ IN DER WASSER UND GASINSTALLATION
4 529 BAUPLATTEN MIT KAPILLARKERNEN AUS POLYSTYROL
4 561 SCHAUMPLATTEN EIGENSCHAFTEN U.EINSATZ ZUR WAERMEDAEMMUNG
6 473 ZERSTOERUNG DES SCHAUMPOLYSTYROL DURCH PHENOL
7 281 BEDEUTUNG IM GEWAECHSHAUSBAU
2 512 POLYURETHAN SCHAUM ALS DAEMMSTOFF FUER KUEHLLAGER
4 561 SCHAUMPLATTEN EIGENSCHAFTEN U.EINSATZ ZUR WAERMEDAEMMUNG
3 572 POLYVINYLAZETAT MISCHUNGEN FUER OBERFLAECHENANSTRICHE
POLYVINYLCHLORID S.PVC
2 291 POMMES FRITES HERSTELLUNG IM VOLG LAGERHAUS WEINFELDEN
4 559 PORENANHYDRIT PLATTEN ANWENDUNG FUER DIE WAERMEDAEMMUNG
PORENBETON S.UNTER BETON
8 521 POROTON LEICHTBAUZIEGEL UNTER VERWENDUNG VON STYROPOR
3 454 PORREE MASCHINEN ZUR TEILMECHANISIERUNG DER ERNTE
5 492 EINSATZ DER VOLLERNTEMASCHINE RODEMAX
PORTALKRAN S.UNTER KRAN
9 219 PRALLSEGEL FUER SECHS M HOEHE
PRALLTELLERMUEHLE S.UNTER FUTTERZUBEREITUNG
PRESSEN SAMMELPRESSE S.DORT
S.AUCH VERDICHTEN
FUER HEU S.UNTER HEUPRESSLINGE
9 427 SCHNELLPRESSE AUS GROSSBRITANNIEN
1 300 PELLETIEREN U.BRIKETTIEREN V.TROCKENSCHNITZELN LIT.
2 231 STATIONAERE HYDRAULISCHE PRESSE FUER I T BALLEN V.NIAE
4 541 SCHLEIFMASCHINE FUER DAS SCHNEIDEN
7 210 EINFLUESSE AUF PRESSBARKEIT V.GRUNDSTOFFEN U.MISCHFUTTERMITTEL

7 211 PRESSEN EINFL.V.WALZENABSTAND AUF PRODUKTION DER MISCHFUTTERPRESSE
7 262 ERDTOPFPRESSE VON WINEL MIT HOHER LEISTUNG
PRESSLINGE HEUPRESSLINGE S.DORT
4 222 2 ARTEN VON HERSTELLUNGSMASCHINEN ARBEITSWEISE
3 380 GRUNDVERFAHREN DER PELLETISIERUNG
7 210 EINFL.AUF PRESSBARKEIT V.GRUNDSTOFFEN U.MISCHFUTTERMITTELN
7 211 EINFL.V.WALZENABSTAND AUF PRODUKTION DER MISCHFUTTERPRESSE
8 259 BESTIMMUNG DER ABRIEBFESTIGKEIT AN PELLETS
3 210 PRESSLUFTHAMMER ZUM EINSCHLAGEN DER FASCHINENPFAEHLE
6 9 PRODUKTION U.WISSENSCHAFT SACHL.U.MENSCHL.VERFLECHTUNG
1 4 PROGNOSE MASCHINEN FUER DIE MECHANISIERTE LANDWIRTSCHAFT
1 24 ZUVERLAESSIGKEIT DER MASCHINEN UND ERSATZTEILBEDARF
1 57 TYPENREIHE SOWJ.TRAKTOREN UND TRAKTORMOTOREN
1 60 ENERGETISCHE BASIS DER LANDWIRTSCHAFT BIS 1980
1 94 FLUGZEUGEINSATZ IN DER LANDWIRTSCH.IN DEN NAECHSTEN 5 JAHREN
1 117 MECHANIS.SYSTEM FUER SPEZIALISIERTEN KARTOFFELBAU FORSCH.BER.
1 532 TENDENZEN DER ENTWICKLUNG VON MILCHVIEHANLAGEN
1 553 BAUTEN FUER SCHWEINEHALTUNG INTERNAT.TENDENZEN
2 2 MECH.DER INDIVIDUELLEN LANDWIRTSCH.BETRIEBE IN POLEN
2 98 AB 1970 STANDARDMASCHINEN ENTWICKLUNGSABT.DER US STEEL
2 116 ENTWICKLUNG DES AGRARFLUGES BIS 1970 IN DER DDR
2 178 DIE ZUKUNFT VIBRIERENDER PFLUGWERKZEUGE
2 188 DUENGERLAGER MIT VOLLAUTOMAT.PNEUMAT.FOERDERSYSTEMEN
2 198 AUSSICHTEN FUER DEN EINSATZ KOMBINIERTER MASCHINEN
2 226 ENTWICKLUNGSTENDENZEN DER SCHLEGELHAECKSLER
2 298 ENTWICKLUNGSRICHTUNG BEIM LAGERN U.BELUEFTEN V.KARTOFFELN
2 445 ROLLE DES WALDES BEI UMGESTALTUNG DER WELTOEKONOMIK
3 2 STAND UND ZIELE DER MECHANISIERUNGSPLANUNG IN DER UDSSR
3 4 ENTWICKLUNG EINES LANDMASCHINENSYSTEMS FUER 1971 1980
3 6 ZUKUENFT.LANDW.MASCH.SYSTEM BASIEREND AUF GERAETETRAEGER
3 6 ZUKUENFT.LANDW.MASCH.SYSTEM BASIEREND AUF PORTALKRAENEN
3 54 OEKONOM.PROBLEME DES TECHN.FORTSCHRITTES IN DER LANDW.
3 110 TRAKTOREN FUER AUSSTATTUNG DER POLNISCHEN LANDWIRTSCHAFT
3 111 SPEZ.KRAFTSTOFFVERBRAUCH U.GRUNDKENNZIFFERN F.ARBEITSARTEN
3 112 EINSATZ V.MASCH.TRAKTOR.SCHNELLAGGREG.IN WALDSTEPPENZONE
3 113 ZUKUNFTSTRAKTOR UND ERDMASCHINE ZUR PRODUKTIVITAETSSTEIG.
3 121 GIBT ES NUR EINEN TRAKTOR IN DER ZUKUNFT DES FARMERS
3 487 ENTWICKLUNG DER FINN.FORSTWIRTSCHAFT BIS 2000
4 2 ENTWICKLUNGSTENDENZEN IM MASCHINEN U.TRAKTORENBAU
4 21 KONSTRUKTION UND AUSRUESTUNG VON TRAKTOREN
4 202 MECH.DER VIEHWIRTSCHAFT BIS 1970 KOMPLETTE MASCH.SYSTEME
5 80 ENTWICKLUNG DES HYDROSTAT.ANTRIEBES FUER LANDMASCHINEN
5 82 TENDENZ DER TRAKTORENENTWICKLUNG IM WELTMASSSTAB
5 131 ENTWICKLUNG DES LANDW.TRANSPORTS IN DER BELORUSS.SSR
5 235 ENTWICKLUNG VON SAE UND PFLANZMASCHINEN
5 385 ENTWICKLUNGSTENDENZEN BERUECKSICHTIGUNG DER ARBEITSWIRTSCH.
5 514 DER ENTWICKLUNGSTENDENZEN FORSTL.MECHANISIERUNG
5 601 ENTWICKLUNGSTENDENZEN DER HOLZRUECKUNG IN OESTERREICH
5 617 HOLZTRANSPORT MIT LKW IN NORWEGEN
5 700 ENTWICKLUNG VON RINDVIEHANLAGEN IN UNGARN
6 1 PRODUKTION VON TRAKTOREN UND LANDMASCHINEN IN DER SU
6 2 ENTWICKLUNGSTENDENZEN IN DER LANDW.STUDIE F.FORD MOTOR COMP.
6 3 FUER DIE FELDWIRTSCHAFT DES JAHRES 1980
6 7 ENTWICKLUNGSTENDENZEN BEI MASCHINENSYSTEMEN
6 8 PROGNOSTIK ALS FUEHRUNGSAUFGABE IN LANDW.UND NGW
6 221 GRUENFUTTERERNTE IM HAECKSELGUTVERFAHREN IN DER DDR
6 536 AUFBAU VON AGROCHEMISCHEN ZENTREN IN DER DDR
7 22 ENTWICKLG.DER TECHNOL.BEI SPEZ.U.KONZENTRATION DER PRODUKTION
7 84 ZUKUNFT DER WASSERWIRTSCHAFT IN ISRAEL
7 343 ENTWICKLUNGSTENDENZEN DER SOWJET.FORST U.HOLZINDUSTRIE
7 345 ANFORDERUNGEN AN DIE FORSTFORSCHUNG
7 363 MECH.DES FASERHOLZEINSCHLAGES IN OSTKANADA
7 403 PERSPEKTIVE DER LAND U.NAHRUNGSGUETERWIRTSCHAFT DER DDR
7 419 STAND U.ENTWICKLUNGSTENDENZEN IM KONSTRUKTIVEN HOLZBAU
8 1 KONSTRUKTIONSVORSCHLAEGE FUER LANDWIRTSCHAFT DER ZUKUNFT
8 5 ENTWICKLUNGSTENDENZEN DER MODERNEN LANDWIRTSCHAFT

8 8 PROGNOSE ERSCHLIESSUNG LANDWIRTSCHAFTL.HILFSSTOFFE IM JAHRE 2000
8 182 ENTWICKLUNG DES MASCHINENSYSTEMS FUER DIE GETREIDEERNTE
8 368 STAND U.PERSPEKTIVE DER MECH.OBSTERNTE IN DEN USA
8 439 MECHANISIERUNG DER DURCHFORSTUNGEN IN 10...20 JAHREN
9 2 BILD EINES VOLLAUTOMAT.LANDW.BETRIEBES DER ZUKUNFT
9 3 TECHN.TENDENZEN IN DER MECHANIS.DER AUSSENWIRTSCHAFT
9 11 METHODISCHE HINWEISE FUER INSTANDHALTUNGSKOSTENPROGNOSE
9 98 PRINZIPIEN DES BAUENS IN DER LANDWIRTSCHAFT
9 191 MECHANISIERUNG DER ZUCKERRUEBENERNTE IN GROSSBRITANNIEN
9 431 WISSENSCHAFTL.TECHN.ENTWICKLUNG IM LANDWIRTSCHAFTSBAU
PROGRAMMIERUNG S.AUCH RECHENTECHNIK
LINEARE PROGRAMMIERUNG S.DORT
PROGRAMMSTEUERUNG S.UNTER REGELTECHNIK
PROJEKTIERUNG IM BAUWESEN S.UNTER BAUPLANUNG
8 14 MODELLPROJEKTIERUNG IM LANDTECHNISCHEN ANLAGENBAU
PROJEKTIERUNGSKATALOG S.UNTER BAUPLANUNG
PROPAN S.UNTER GAS

7 175 PROPIONSAEURE FUER KONSERVIERUNG VON FEUCHTGETREIDE
5 414 PROPYLEN DURCHLAESSIGKEIT V.FOLIEN FUER WASSERDAMPF UND CO2
6 82 PRUEFSTAND ROLLPRUEFSTAND FUER GROSSE RADTRAKTOREN
6 93 FUER TRAKTORENGETRIEBE
9 138 FUER DAS ABDREHEN VON DRILLMASCHINEN
PRUEFWESEN S.AUCH LANDMASCHINEN
S.AUCH MESSEN MESSINSTRUMENTE UND VERFAHREN
S.AUCH TRAKTOR: MESS UND PRUEFWESEN
2 20 1966 TAETIGKEITSBERICHT DER BUNDESVERSUCHS U.PRUEF.ANST.
2 55 BODENPRUEFBAHN MIT DATENGEWINNUNGS U.VERARBEITUNGSANLAGE
2 57 DURCHFUEHRUNG VON MODELLUNTERSUCH.AN LANDW.GERAETEN
2 62 UNIVERSALPRUEFSTAND FUER DEN DRESCHSATZ
2 63 DER DYNAMOMETRISCHE PRUEFSTAND
2 162 VORRICHTUNG MIT ROTIERENDER SCHEIBE ZUM NACHAHMEN V.REGEN
3 63 STAATL.GERAETEPRUEFANSTALT IN BYGHOLM DAENEMARK
3 202 PRUEFDIENST FUER MELIORATIONSMASCHINEN
4 5 EINDRINGEN DER ELEKTRONIK IN DEN LANDW.MASCHINENBAU
4 14 UEBERLEGUNGEN BEIM AUFBAU EINER BODENRINNE
4 15 WIEGEEINRICHTUNGEN FUER LANDTECHN.UNTERSUCHUNGEN
4 423 19. ARBEITSTAGUNG DES FORSTTECHN.PRUEFUNGSAUSSCHUSSES
5 27 6 TYPEN SOWJETISCHER VERSCHLEISSPRUEFGERAETE
5 44 VERFAHREN UND GERAETE FUER DEMONTAGELOSE FEHLERBESTIMMUNG
5 55 MESS UND PRUEFVERFAHREN BEI DER DLG PRUEFUNG
5 61 PRUEFSTAND ZUR FESTIGKEITSPRUEFUNG VON PUMPEN
5 71 NOMOGRAMM ZUR BESTIMMUNG DES LEISTUNGSFAKTORS
5 389 HAUSHALTWAREN QUALITAETSPRUEFUNG U.WARENKUNDE
5 546 1967 PRUEFURTEILE DES FORSTL.PRUEFAUSSCHUSSES
6 40 BERATUNG UEBER BESCHLEUNIGUNG DER MASCH.PRUEFG.IM RGW
6 41 3 KANAL DATENINTEGRATOR FUER DEN FELDEINSATZ
6 132 1966 U.67 VOM IMA GEPRUEFTE UND ANERKANNTE MASCHINEN
6 451 NEUE PRUEFREGELN FUER FELDSPRITZGERAETE
7 2 VERZEICHNIS DER NIAE PRUEFBERICHTE
7 23 ZWECK DER LANDMASCHINENPRUEFUNG U.DURCHFUEHRG.IN UNGARN
7 401 VOM IMA GEPRUEFTE UND ANERKANNTE MASCHINEN
8 414 GEGENWARTSPROBLEME DER FORSTTECHNISCHEN PRUEFUNG
9 5 1967 BERICHT DES LANDTECHN.INSTITUTS VOLLEBEKK
9 13 1963:.1967 MASCHINENPRUEFUNGEN IN WIESELBURG
9 65 MASCH.FUER WIESEN UND WEIDEBEWIRTSCHAFTUNG PRUEFB.DES NIAE
9 66 MASCHINENKETTE ZUR BEWIRTSCHAFT.V.GRUENLAND VERGL.PRUEFG.
9 429 DLG GEPRUEFTE UND ANERKANNTE GERAETE
PSEUDOGLEYBODEN S.UNTER BODEN
1 25 PULSFREQUENZMESSUNG ENERGIEVERBRAUCH BEIM FUEHREN LANDW.MASCHINEN
PULTDACH S.UNTER BAUKONSTRUKTION
PUMPEN FUER DIE BEREGNUNG S.UNTER BEREGNUNG
FUER DIE BEWAESSERUNG S.UNTER BEWAESSERUNG
GUELLEPUMPEN S.UNTER GUELLE
VERTEILERPUMPEN S.UNTER MOTOR
MILCHPUMPE S.DORT

1 113 PUMPEN ZAPFWELLENPUMPE HYPRO C 7700 PRUEFBERICHT WIESELBURG
2 5 1967 DAS GRUENE BUCH SOMMERAUSGABE
3 197 PROJEKTIERUNG VON MELIORATIONSPUMPENSTATIONEN
3 198 PUMPSTATIONEN MIT UNTERWASSERMOTORPUMPEN
4 50 ZAPFWELLENHOCHDRUCKFLUESSIGKEITSPUMPE WP 50 DLG PRUEFBERICHT
5 61 PRUEFSTAND ZUR FESTIGKEITSPRUEFUNG
5 364 SCHRAUBENPUMPE ZUR FOERDERUNG V.FUTTERBREI
5 687 WU 7 65 PUMPSTATION
6 128 B 65 C G 100 ZAPFWELLENGETRIEBEPUMPE DLG PRUEFBERICHT
6 129 B 65 C G 125 ZAPFWELLENGETRIEBEPUMPE DLG PRUEFBERICHT
6 130 INDIKATORDIAGRAMME FUER HYDRAULISCHE ZAHNRADPUMPEN
6 450 IM PFLANZENSCHUTZ
7 70 MEC 45 HOCHDRUCKMEMBRANPUMPE PRUEFBERICHT WIESELBURG
7 85 MARICA 45 WASSERPUMPE AUF EINACHSANHAENGER
7 85 FAHRBARE DIESELWASSERPUMPEN
7 197 DIMENSIONIERUNG VON MAMMUTPUMPEN
7 241 KREISELPUMPE ZUR FOERDERUNG V.MILCH IN ROHRLEITUNGEN
7 333 MEMBRANPUMPE MIT ELEKTROMOTOR COMET P 35 PRUEFBERICHT
7 391 LUFTWASSERPUMPE FUER FUELLEN U.ENTLEEREN V.TRAKTORREIFEN
8 241 VAKUUMPUMPEN
8 511 LANDTECHNISCHES ANGEBOT AUF DER DLG
9 51 FOERDERLEISTUNG DER ZAHNRADPUMPEN V.HYDRAULIKSYSTEM F.TRAKTOREN
9 90 SCHNECKENPUMPEN ALS BEREGNUNGSPUMPEN
9 95 DIESELPUMPENAGGREGAT 08 35 G AM 01
9 96 BEWEGLICHE PUMPSTATION SNP 500 10
9 274 KREISELPUMPE MIT ELEKTROMOTOR FUER TANKREINIGUNGSGERAET
9 363 NEUARTIGES PUMPWERK DER FA. PERROT
PUMPTANKWAGEN S.UNTER TANKWAGEN
9 234 PUTENHALTUNG KOMPLEXE EINRICHTUNG FUER MUTTERTIERHERDE VON PUTEN
6 532 PUTENSTALL NEUE AUSRUESTUNGEN FUER PUTENFARMEN
9 238 PRODUKTION VON PUTEN IN GESCHLOSSENEN STAELLEN
PUTZEN VON TIEREN S.UNTER TIERHYGIENE
VON ZWIEBELN S.UNTER ZWIEBEL
1 374 PVC VERSUCHE MIT PLASTFOLIE BEI DER KULTUR DER ERDBEERE
1 383 VERAENDERG.DER LICHTQUALITAET DURCH GEFAERBTE FOLIEN
1 384 FOLIE ERGEBNISSE VON VERWITTERUNGSVERSUCHEN
1 385 GEWAECHSHAEUSER MIT STARRER PVC BEDACHUNG
1 386 FOLIE ALS ERSATZ FUER GLAS
1 531 STALLFUSSBOEDEN AUS ABFALLLEISTEN MIT NUT UND FEDER
2 152 VORKOMMEN VON DEFORMATIONEN BEI PLASTDRAENROHREN
2 153 ANWENDUNG IN DER DRAENTECHNIK
3 219 NOMOGRAPHISCHE BERECHNUNG VON ROHRLEITUNGEN AUS HARTPLASTEN
3 594 EINSATZ IN DER WASSER UND GASINSTALLATION
4 67 MUFFEN FUER TONDRAENROHRE
4 561 SCHAUMPLATTEN EIGENSCHAFTEN UND EINSATZ ZUR WAERMEDAEMMUNG
4 563 EINFLUSS VERSCHIEDENER HOLZSCHUTZMITTEL AUF PVC HART
5 414 DURCHLAESSIGKEIT VON FOLIEN FUER WASSERDAMPF UND CO2
5 441 ZUR GEWAECHSHAUSABDECKUNG LICHT U.WAERMETECHN.EIGENSCHAFTEN
6 145 TECHN.UND OEKONOM.VORTEILE DER PVP UND PVC DRAENUNG
6 292 ROHRE FUER DIE GUELLEDRUCKLEITUNG
6 326 VERWENDUNG VON PLASTWERKSTOFFEN IN FRANKREICH
6 474 GEBRAUCHSBESTAENDIGKEIT VON PLASTEN IM BAUWESEN BEWITT.VERSUCH
7 222 OBERFLAECHENREINIGUNG MILCHWIRTSCHAFTLICHER GERAETE
7 281 BEDEUTUNG IM GEWAECHSHAUSBAU
7 408 RECHTECKIGE PLASTIKROHRE ALS OBERLICHT ODER DACHBEDECKUNG
8 87 EINSATZ VON KUNSTSTOFFDRAENROHREN IN DER DDR
8 345 LICHT U.WAERMEDURCHLAESSIGKEIT V.EINFACHEM GARTENGLAS PVC PLATTEN
8 346 EINSATZ V.LICHTSTABIL.S PVC EXTRUDERPLATTEN IM GEWAECHSHAUS
9 196 AUSKLEIDUNG VON HOCHSILOS MIT SCHLAEUCHEN AUS FOLIE
9 329 ALS BAUSTOFF FUER GEWAECHSHAEUSER
9 445 PVC H PLATTEN ALS WANDBELAG TECHNISCHE DATEN
6 214 PYRAMIN FLUGHAFERBEKAEMPFUNG IN ZUCKERRUEBEN

7 129 QUECKE NEUE MOEGLICHKEITEN DER CHEMISCHEN BEKAEMPFUNG
5 458 QUECKSILBERDAMPFLAMPE ZUR PFLANZENBESTRAHLUNG IM GEWAECHSHAUS

9 23 QUECKSILBERDAMPFLAMPE ZUR AUSSENBELEUCHTUNG AUF DER FARM
QUETSCHEN S.AUCH GRUENFUTTER
VON GRUENGUT S.UNTER HEUERNTE
QUETSCHZETTER S.UNTER HEUERNTE

RADIALGEBLAESE S.UNTER HEUBELUEFTUNG
RADIOAKTIVE NUKLIDE S.AUCH ISOTOPE
7 18 FUER VERSCHLEISS UND SCHMIERUNGSUNTERSUCHUNGEN
9 16 MESSUNG DER BEWEGUNG VON STOFFEN
5 437 RADLADER GROSSMASCH.FUER GARTEN U.LANDSCHAFTSBAU LOSEBLATT SAMMLUNG
RADRECHWENDER S.UNTER GRUENFUTTER
S.UNTER HEUERNTE
RADTRAKTOR EINACHSTRAKTOR S.DORT
S.TRAKTOR
6 143 RAEUCHERN GERAET FGS 2 FUER SCHAEDLINGSBEKAEMPFUNG IN TEEKULTUREN
8 400 RAKETE RAKETENVERSUCH ZUR HAGELABWEHR IM HOPFENBAU
8 457 RAMME TRAKTORRAMME MIT PENDELAUSLEGER
6 421 RAMPE FUER DAS VERLADEN GROSSER STAMMPAKETE
4 312 RANKENSENSE ZUM ENTRANKEN VON ERDBEEREN
5 262 RAPS ARBEIT DES SCHWADMAEHHEADERS BEI DER SCHWADMAHD
8 183 ERNTE MIT DEM MAEHDRESCHER E 512
9 170 ERNTE MIT DEM MAEHDRESCHER IN DER SCHWEIZ
9 419 DRILLMASCHINE VON DER FA. GIBBS
3 425 RASEN AUTOMATISCHE BEREGNUNGSSYSTEME
8 339 ANLAGE UND BEWIRTSCHAFTUNG VON RASENFLAECHEN
RASENMAEHER S.UNTER MAEHEN
RAT FUER GEGENSEITIGE WIRTSCHAFTSHILFE S.RGW
RATIONALISIERUNG S.UNTER ARBEITSWIRTSCHAFT
S.UNTER BETRIEBSWIRTSCHAFT
3 43 RAUCHMESSER KONTROLLE DER AUSPUFFGASE
3 500 RAUCHSCHADEN LUFTBILDER ZUR ERMITTL.V.RAUCHSCHAEDEN IM FORST
5 254 RAUFEN FEDERZINKENSCHWINGUNGEN AN DEN RAUFTROMMELN V.ERNTEMASCH.
3 358 RAUFENWAGEN FUER DIE FUTTERVERTEILUNG IM LAUFSTALL
4 238 SILAGETRANSPORT VOM HOCHSILO IN DEN STALL
5 275 RAUFMASCHINE SOWJETISCHE MASCHINEN FUER DIE FLACHSERNTE
RAUHFUTTER ERNTE S.HEUERNTE
S.AUCH STROH
SILIEREN S.DORT
2 475 BEKAEMPFUNG VON NAGETIEREN MIT AMMONIAKWASSER
3 270 ARBEITS UND ZUGKRAFTBEDARF BEI DER ANFUHR
6 137 MECHANISIERUNG DER ERNTE LAGERUNG UND FUETTERUNG
RAUMHEIZUNG S.UNTER HEIZUNG VON WOHNRAEUMEN
RAUMORDNUNG S.UNTER GEBIETSPLANUNG
1 351 RAUMPFLEGE STIELLAENGE VON BODENREINIGUNGSGERAETEN
1 363 UNTERSUCHUNG UEBER DAS FEUCHTWISCHVERFAHREN
1 364 STAUBSAUGER BAUARTEN LEISTUNG UND GEBRAUCH
4 300 STAUBSAUGER MIT STAUBINDIKATOREN ODER STAUBLUPEN
4 301 STAUBSAUGER MIT STAUBLUPE BZW.STAUBINDIKATOR
9 301 TEST VON TEPPICHKEHRMASCHINEN
RAUMTRAGWERK S.UNTER BAUKONSTRUKTION
6 476 RAUMZELLE KONSTRUKTION FUER ZWEI UND VIERFAMILIENHAEUSER
RAUPENSCHLEPPER S.KETTENTRAKTOR
RECHENTECHNIK S.AUCH COMPUTER
1 413 SIMPLEXMETHODE BEI FORSTW.PRODUKTIONSPLANUNG
2 27 DUENGERVERTEILUNG V.SCHLEUDERSTREUERN
2 27 AUSWERTEN LANDTECHN.VERSUCHSREIHEN MIT DIGITALRECHNERN
2 49 FORTRAN PROGR.ZUM BESTIMM.DER FARMAUSSTATTUNG
2 189 BERECH.FUER KONSTRUKTION VON SCHLEUDERSTREUERN
2 488 BAUPLANUNG MIT HILFE VON REGRESSIONSANALYSEN
3 2 DURCHFUEHRUNG DER MECHANISIERUNGSPLANUNG IN DER SU
3 4 MATHEMAT.MODELL FUER ZUKUENFTIGES MASCHINENSYSTEM
3 38 ALGORYTHMUS V.INSTANDSETZUNGSPROZESS BLOCKSCHEMA EDVA
3 77 ANALYSE DER ARBEITSZYKLEN V.MOTOREN MIT HILFE VON EDVA
3 175 ANALOGRECHNER MN 7 EINSATZ B.TRANSPORTBERECHNUNGEN
4 2 ELEKTRONENRECHNER BEI LEITUNG LANDWIRTSCH.BETRIEBE

4 6 RECHENTECHNIK HAEUFIGK.ANALYSEN V.NIEDERSCHLAEGEN MONTE CARLO METHODE
4 172 ERMITTLUNG DER LUFTVERTEILUNG IN PERFORIERTEN ROHREN
4 303 EDV BEI AUSWERTUNG DER GARTENBAUSPEZIALBETRIEBE
5 45 BEI DER WISSENSCHAFTLICHEN ARBEITSORGANISATION
5 112 BESCHLEUNIGEN EINES MASCH.TRAKTORAGGREGATS MATH.MODELL
5 266 UNTERSUCH.DYNAMISCHER VORGAENGE IN MAEHDRESCHERN
5 328 MATH.MODELL EINES FLIESSBANDES FUER GETREIDEAUFBEREITG.
5 561 MATHEMATISCHES MODELL EINES ZU ENTASTENDEN BAUMES
5 592 OPTIMIERUNG DES WEGENETZES FUER DEN HOLZTRANSPORT
6 332 BEI ABRECHNUNG UND ANALYSE SOZ.GARTENBAUBETRIEBE
6 333 ANWENDG.DER EDV BEI AUSWERTG.V.GAERTN.SPEZIALBETRIEBEN
7 56 SIMULTATION EINES UNGEFEDERTEN FAHRZEUGES MIT COMPUTER
8 18 FUER ZENTRALE ERSATZTEILVERSORGUNG
8 31 OPTIMALE KENNWERTE V.WINDKRAFTMASCH.GERINGER LEISTUNG
8 44 BESTIMM.OPTIM.KENNWERTE V.MASCH.TRAKTORENAGGREGATEN
8 452 ZIFFERNRECHENMASCHINE ZENTR.BERECHNUNG VON HOLZ
9 44 ANGLEICHEN DER KENNLINIEN V.MOTOR UND DREHMOMENTWANDLER
9 50 DIFFERENTIALGLEICH.DES KRAEFTEGLEICHGEWICHTS B.TRAKTOREN
9 54 ANWEND.V.EDVA B.BERECH.DER VERKEHRSBEANSPRUCHUNG V.WEGEN
RECHERCHE S.UNTER DOKUMENTATION
5 300 REFA ZEITBEDARFSERMITTLUNG FUER FORSTBETRIEBLICHE ARBEITEN
2 69 REFLEXION FIBEROPTIKREFLEXIONSGERAET ZUM MESSEN V.OBERFLAECHENREFLEXIO
9 20 DER SAMEN VON HUELSEN U.HALMFRUECHTEN IM SICHTB.SPEKTRUM
9 223 AUSNUTZUNG ZUR TRENNUNG VON KARTOFFELN UND BEIMENGUNGEN
REGELTECHNIK S.AUCH AUTOMATION
S.AUCH GEWAECHSHAUS
1 6 EINFUEHRUNG IN DIE STEUERUNGS UND REGELUNGSTECHNIK
1 7 EINFUEHRUNG IN DIE STEUERUNGS UND REGELUNGSTECHNIK
1 49 REGELN DURCH EIN U.AUSSCHALTEN MIT IMPULSKOPPLUNG
1 60 FUER STOERUNGSFREIE FUNKTION DER ENERGIETRAEGER
1 390 AUTOMATISCHES MILIEUKONTROLLSYSTEM FUER GEWAECHSHAEUSER
1 391 AUTOMATISIERUNG VON BEWAESSERUNGSANLAGEN IM GEWAECHSHAUS
2 25 FLUESSIGKEITSREGEL UND STEUERGERAETE WIRKUNGSWEISE
2 26 EINFUEHRG.IN DIE STEUERUNGS U.REGELUNGSTECHNIK 111
2 169 AUTOMAT.GRABENBEWAESSERUNGSSYSTEME KONTROLLVORRICHTUNG
2 320 ACHEMA 1967 ANLAGEN FUER MISCHFUTTERINDUSTRIE
2 333 AUTOMAT.STAT.VERTEILEINRICHT.FUER FLIESSFAEHIGES FUTTER
2 501 REGELUNG VON LUEFTUNGS UND KLIMAANLAGEN
3 21 STEUERUNGS UND REGELUNGSEINRICHTUNGEN FUER LANDW.PROZ.
3 22 EINFUEHRUNG IN DIE STEUERUNGS U.REGELUNGSTECHNIK
3 278 ENTWICKLUNG VON SYSTEMEN DER MAEHDRESCHERREGELUNG
3 278 PRINZIP DER INVARIANZ BEI BERECHNG.V.REGELKREISEN
3 317 ZUR AUTOMATISIERUNG VON TROCKNUNGSANLAGEN
3 416 AUTOMATISCHE REGLER FUER KOKSKESSEL
3 445 BEI STURMUEBERWACHUNGSANLAGE FUER GEWAECHSHAEUSER
3 448 ANWENDUNG IN GEWAECHSHAUSANLAGEN FUER GEMUESEBAU
3 449 ENTWICKLG.V.MESS STEUERUNGS U.REGELUNGSTECHNIK
3 450 ENTWICKLUNGSTENDENZEN BEI ANWENDUNG DER BMSR TECHNIK
3 459 SYSTEM FUER SELBSTAENDIG AUSWAEHLENDE SALATERNTEMASCH.
3 482 APPARATE ZUR GEWAECHSHAUSHEIZUNG UND LUEFTUNG
3 583 REGELUNG FUER LUEFTUNGS UND KLIMAANLAGEN
4 5 EINDRINGEN DER ELEKTRONIK IN DEN LANDW.MASCHINENBAU
4 226 AUTOMAT.V.SCHROTANLAGEN MIT HILFE V.SCHUETTGUTSCHALTERN
4 289 WITTERUNGSABHAENG.AUFLADESTEUERG.F.ELEKTROSPEICHERHEIZ.
4 290 WAERMESPEICHEROEFEN ELEKTRON.AUFLADEAUTOMAT.M.FROSTSCHUTZ
4 306 FUNKTIONSSCHEMA DER PH WERT REGELUNG
5 19 THYRATRONGERAETE F.TEMP.BELEUCHTG.U.FLUESSIGK.NIVEAU
5 20 NACHSCHLAGEBUCH FUER REGELUNG LANDW.MASCHINEN
5 68 STUFENLOS VARIABLER GESCHWINDIGKEITSREDUZIERER
5 351 SCHALTUHR FUELL U.LEERMELDESCHALTER FUER MAHLANLAGEN
5 351 SCHALTUHR FUELL U.LEERMELDESCHALTER FUER MISCHANLAGEN
5 398 STEUER UND REGELGERAETE FUER ELEKTR.WAERMESPEICHERHEIZ.
5 413 TEMP.REGELANLAGEN IM GARTENBAU OEKON.NUTZEFFEKT
5 453 FORDERUNGEN AN DIE BMSR TECHNIK IM GEWAECHSHAUS
5 457 STEUERGERAET FUER PROPANGASBRENNER FUER CO2 DUENGUNG
5 459 ERFAHRUNGEN MIT EINER TEMP.REGELANLAGE IM GEWAECHSHAUS

5 460 REGELTECHNIK NEUES FEUCHTEREGELGERAET FUER DIE STECKLINGSVERMEHRUNG
5 478 BEI KUEHL UND GASLAGERUNG VON OBST
5 497 GRUNDBEGRIFFE DER AUTOMATISIERUNGSTECHNIK
5 586 HALBAUTOMAT.U.AUTOMAT.ANLAGEN AUF HOLZAUSFORMUNGSPLAETZEN
5 653 REGELGETRIEBE FUER SAEMASCHINEN
6 24 ELEKTRONISCHE ANLAGEN FUER DIE TEMPERATURREGELUNG
6 54 GEBRAUCH VON DRUCK UND ZEITSCHALTERN IN LANDW.USA
6 54 GEBRAUCH VON RELAIS UND THERMOSTATEN IN LANDW.USA
6 61 AUTOMAT.REGELN DER KRAFTSTOFFZUFUHR IM MOTOR
6 62 AUTOMAT.REGELN DER DIESELDREHZAHL B.BELASTUNGSSCHWANKG.
6 153 AUTOMATISCHE BEREGNUNGSANLAGE FUER 150 HEKTAR
6 157 AUTOMAT FUER WASSERSTANDSREGELG.IN HALBSCHALENZULEITERN
6 233 VERBESSERUNG DER DURCHSATZREGELUNG BEI MAEHDRESCHER
6 259 SYSTEME FUER STEUERN V.GETREIDEREINIGUNGS U.TROCK.ANLAGEN
6 265 STEUEREINRICHTUNG FUER GETREIDEBELUEFTUNGSANLAGEN
6 279 REGELUNG DER LUFTTEMP.U.FEUCHTE IN BRUT U.AUFZUCHTRAEUME
6 293 TENDENZEN BEIM EINSATZ FUER DIE MILCHSAMMLUNG
6 305 TEMPERATURREGULIERUNG IN WARMWASSERBEREITERN
6 309 REGELSYSTEM FUER HEIZUNGS LUEFTUNGS U.KLIMATECHNIK
7 10 MESS U.UEBERTRAGUNGSPROBLEME BEI AUTOMAT.IN LANDTECHNIK
7 11 AUFBAU UND WIRKUNGSWEISE ELEKTROHYDRAUL.REGELSYSTEME
7 83 PROJEKTIERUNG UND REGELUNG VON BEREGNUNGSANLAGEN
7 178 AUTOM.UEBERWACHUNGSSYSTEM FUER GETREIDETROCKNUNGSANLAGE
7 194 TEMP.U.FEUCHTEREGELSYSTEM FUER KARTOFFEL U.GEMUESELAGER
7 292 LICHTABHAENGIGE TEMPERATURREGELUNG IN GEWAECHSHAEUSERN
7 293 LICHTABHAENGIGE TEMPERATURREGELUNG IN GEWAECHSHAEUSERN
7 304 AUFBAU EINER ZENTRALEN BMSR ANLAGE IN DER GPG BLNKTREPTOW
8 11 UEBETRAGUNGSVERHALTEN V.AUTOMAT.NACHFUEHRREGELKREISEN
8 35 ADAPTIVE REGELUNG VON KRAFTMASCHINEN
8 64 STEUERN V.OELDRUCK UND OELFLUSS IN HYDRAULIKSYSTEMEN
8 185 MOEGLICHKEITEN DER ANWENDUNG AM MAEHDRESCHER
8 243 AUTOMATISCHE REGELUNG DES STALLKLIMAS
8 254 SILAGEENTNAHME SYSTEM ZUM ERREICH.V.KONSTANT.SILAGESTROM
8 287 ELEKTR.REGELUNGSSYSTEME FUER HEIZUNGS U.KLIMATECHNIK
8 321 AUTOMATISIERUNG DER ZUSATZBELICHTUNG IM GEWAECHSHAUS
8 451 RF 700 PHOTOELEKTR.STEUERUNGSANLAGE FUER HOLZAUFBEREITG.
8 456 STEUERUNGSANLAGE DER HOLZABWERFVORRICHTUNG UUS2M
8 505 STEUER UND REGELUNGSGERAETE AUF DEM LANDMASCHINENSALON
9 219 MENGENREGULIERUNG V.FOERDERBAENDERN DURCH LICHTSCHRANKEN
9 248 FUER AUTOMAT.FUTTERVORBEREITUNG U.VERTEILUNG IN DEN USA
9 289 RAUMTHERMOSTAT FUER WARMLUFTHEIZUNG
9 313 STEUERUNGSSYSTEM FUER EINEN WASSERTURM
REGLERBUEGELEISEN S.UNTER BUEGELN
REGNER S.UNTER BEREGNUNG
5 338 REIBER ARBEITSPROZESS EINES TROMMELREIBERS FUER KLEE
8 61 REIBRADGETRIEBE STUFENLOS SPANNUNGEN UND WIRKUNGSGRAD
1 44 REIBUNG REIBUNGSKOEFFIZIENT DER LUZERNEHAECKSELMASSE
2 60 MESSVERFAHREN UND GERAETE
5 65 REIBZAHLEN DES ROHLEINS UND DES LEINSTROHS
6 47 UNTERSUCHUNG DER REIBUNGSZAHLEN VON SAFTFUTTER
6 48 EINFL.V.PARAMETER GEHAECKS.LUZERNE AUF REIBG.KOEFFIZIENTEN
6 49 REIBUNGSKOEFFIZIENT V.LUZERNE U.MAIS IN WACHS MILCHREIFE
7 29 VERRING.V.REIBWERT V.SAFTFUTTER AUF FESTER UNTERLAGE
7 30 KLEMMEN U.EINZIEHEN LANDW.GUETER ZWISCH.SCHNEIDEN ODER WALZEN
7 57 ROLLREIBUNG BEI DER RADBEWEGUNG AUF VERDICHTBAREM BODEN
7 369 PROBLEME DER GLEITREIBUNG V.HOLZ BERECH.U.BEDEUTG.F.RIESENBAU
8 28 BESTIMMUNG DER INNEREN REIBUNGSZAHL VON GRASSAMEN
8 130 UNTERSUCH.V.REIBUNGSSAEGERAETEN FUER HUELSENFRUECHTE
9 49 VERLUSTE IN GLEISKETTENGUMMIGELENKEN
1 393 REIFETESTER NACH SCHNEIDER ENTWICKLG.V.ZUSATZMESSKOPF
REINIGEN VON MILCHGERAETEN S.UNTER MELKEN
S.AUCH MILCHWIRTSCHAFT
VON KARTOFFELN S.UNTER KARTOFFEL
VON MASCHINEN S.UNTER WARTUNG
VON MELKANLAGEN S.UNTER MELKEN
VON GESCHIRR S.GESCHIRRSPUELEN

REINIGEN S.AUCH DESINFEKTION
VON MILCHFERNLEITUNGEN S.UNTER MILCHTRANSPORT
VON WOHNRAEUMEN S.UNTER RAUMPFLEGE
VON RUEBEN S.UNTER RUEBEN
2 130 REIS EINFUEHRUNG DER MECHANISIERUNG BEIM ANBAU
2 223 ZNR 4 0 MAEHMASCHINE MIT FINGERLOSEM DOPPELMESSERMAEHBALKEN
2 223 MAEHMASCHINE ZUR 4 2M MIT ZWEI SCHWINGENDEN MESSERN
2 267 SKG 4 SELBSTFAHRENDE GLEISKETTENERNTEMASCHINE
2 277 REINIGUNG UND SORTIERUNG VON SAMEN
2 287 TROCKNUNG DER SAMEN
3 222 NEUE PROJEKTE ZUR BEWAESSERUNG
4 51 MASCHINENKOMPLEXE FUER DIE VOLLMECHANISIERTE ERNTE
4 100 TRAKTOR MIT PFLUG ROT.FRAESE U.SAEMASCHINE ARBEITSLEISTUNG
5 263 SOWJETISCHE MAEHDRESCHER FUER DIE ERNTE IN DER SU
5 266 ENERGIEFLUSS IM GLEISKETTENMAEHDRESCHER
6 250 UNTERSUCHUNG DER MECHANISIERTEN ERNTE IM KUBANGEBIET
6 251 ERNTEMASCHINEN IN MITTELASIEN ARBEITSQUALITAET UND LEISTUNG
8 88 DRAENAGESYSTEME IN REISFELDERN PUMPENUNTERSUCHUNG
9 69 ZNU 4 ANBAUDRILLMASCHINE
9 69 NEUE MASCHINEN FUER DIE ERNTE
3 50 REISEBERICHT NEUE METHODEN DER INSTANDSETZUNG IN DER UDSSR
3 252 VERGLEICHSPRUEF.V.EINZELKORNSAEMASCH.DDR U.CSSR FERTIGUNG
4 399 ERFAHRUNGSAUSTAUSCH MIT SOWJET.FORSTLEUTEN
5 310 EINLAG.V.SILIERGUT IN HOCH U.FLACHSILOS IN DER CSSR
6 447 KOMBINATSBILDUNG BEI HOLZBE U. VERARBEITUNG IN DER CSSR
5 547 REISIGSAMMLER PSG 3 ARBEITSLEISTUNG
1 49 RELAIS REGELN DURCH EIN U.AUSSCHALTEN MIT IMPULSKOPPLUNG
6 54 SCHALTUNG FUER ELEKTROMOTORE GROESSERER LEISTUNG
REPARATUR S.UNTER INSTANDSETZUNG
REUTERTROCKNUNG S.UNTER HEUERNTE

RGW RAT FUER GEGENSEITIGE WIRTSCHAFTSHILFE
3 3 MASCHINENSYSTEM FUER DIE LAND UND FORSTWIRTSCHAFT
5 1 STAND DES LANDMASCHINENBAUES IN DEN RGW LAENDERN
6 31 SEMINAR INSTANDHALTUNG DER LANDTECHNIK
6 40 BERATUNG UEBER BESCHLEUNIGUNG DER MASCH.PRUEFUNGEN IM RGW
RIESELSCHACHTTROCKNER S.UNTER GETREIDE: TROCKNUNGSANLAGEN
7 276 RILLENZIEHGERAET EINSATZ IN BAUMSCHULEN
5 343 RIND BEEINFL.U.SCHAEDIGUNG DES TIERKOERPERS DURCH ELEKTRIZITAET
RINDE S.AUCH ENTRINDEN
5 565 VERWENDUNG VON ENTRINDUNGSABFAELLEN IN FORSTBAUMSCHULEN
5 568 VARIATION DER MASSE B.FINN.KIEFER FICHTE UND BIRKE
7 366 ALS ROHSTOFF FUER BAUPLATTEN
8 425 INDUSTRIEMAESSIGE KOMPOSTIERUNG VON ENTRINDUNGSABFAELLEN
RINDERFUETTERUNG S.AUCH KAELBERFUETTERUNG
TRAENKEN S.DORT
ALLGEMEINES
5 367 TECHN.UNTERSUCH.AN MECHANISCHEN ANLAGEN
VERFAHREN
1 301 ARBEITS U.KAPITALBEDARF IM ANBINDE U.LAUFSTALL
1 532 GRUPPENWEISE HAUPTFUETTERUNG IN LAUFSTAELLEN
1 535 MOBILE MECHANISIERUNG DER FUETTERUNG
3 397 IM STALL
4 240 WIRTSCHAFTLICHE MECHANISIERUNG IM ANBINDESTALL
4 586 VERFAHREN U.ANLAGEN FUER ANBINDE U.LAUFSTALL
5 366 MECH.BEI MILCHVIEH IN ABHAENGIGK.V.DER HERDENGROESSE
5 696 MASCHINENSYSTEME FUER STANDARDVERFAHREN
5 704 MECH.FUTTERVERSORGUNG IN DEN LIEGEBOXEN
6 137 MECH.DER RAUHFUTTERVERFUETTERUNG IN LPG GERABERG
7 201 MASCHINENSYSTEM FUER ERNTE UND FUETTERUNG
7 437 MECHANISIERUNG IN DEN MILCHVIEHFARMEN DER CSSR
8 262 ARBEITSERSPARNIS U.MECH.KOSTEN BEI SILAGEFUETTERUNG
8 273 METHODEN DER SILAGEFUETTERUNG
8 551 VERFAHREN IM LAUFSTALL
9 227 ARBEITSWIRTSCHAFTLICHE VORTEILE MOBILER FUETTERUNG
9 253 FUETT.V.MASTRINDERN IN PARZELLEN AUSSICHT IN AUSTRA.

9 378 RINDERFUETTERUNG MECHANISIERUNG IM STALL UND IM MELKSTAND
9 486 VERTEILUNG VON HEU UND SILAGE IM LAUFSTALL
FUTTERTRANSPORT FUTTERVERTEILUNG
1 302 IN ALTBAUTEN MIT KETTENFOERDERER TVK 80 A
1 328 GUMMIBAND FUER DEN FUTTERTRANSPORT
1 328 FOERDERSCHNECKE ZUR FUTTERVERTEILG.IN ANBINDESTAELLEN
1 328 GRUENFUTTERZUFUEHRUNG MITTELS TROGFOERDERER
1 328 VERTIKALFOERDERER DOZV 52 FUER ANBINDESTAELLE
1 328 FUTTERVERTEILUNG MITTELS SELBSTENTLADEWAGEN
1 545 STAT.VERTEILANLAGEN FUER MEHRGESCHOSSIGE STAELLE
1 548 FUTTERSILOS DURCH SCHNECKEN MIT MELKSTAND VERBUNDEN
2 321 STATIONAERE VERTEILUNG DES FUTTERS IM LAUFSTALL
2 321 EINSATZ V.FUTTERVERTEILUNGSWAGEN IM ANBINDESTALL
2 338 F 931 FUTTERVERTEILUNGSWAGEN PRUEFBERICHT BORNIM
2 504 FUTTERVERTEILER ZUM BESCHICKEN DER FUTTERRINNEN
3 357 FUTTERVERTEILER PTU 10K
3 358 SCHNECKEN SCHUBSTANGEN U.RINGKREISFOERDERER
3 358 RAUFENWAGEN FUER DIE FUTTERVERTEILUNG IM LAUFSTALL
3 358 FUTTERVERTEILWAGEN EINSATZ IM ANBINDESTALL
3 359 TECHN.ENTWICKLUNG EINER ANLAGE FUER DIE MAST
3 359 FUTTERVERSORGUNG DURCH KRAFTFAHRZEUGE
3 360 FUTTERTRANSPORT DURCH ROHRLEITUNGEN OD.FOERDERER
3 392 PLANUNG EINER LEISTUNGSFAEHIGEN FUETTERUNGSANLAGE
3 393 PERSPEKTIVEN DES FUTTERBANDES IM FRIESENSTALL
3 395 BERECH.V.HAUPTKENNGROESSEN V.SCHNECKENFUTTERVERTEIL.
3 396 MECHANISIERTE FUETTERUNG VON SILAGE IM STALL
4 3 SILAGEVERTEILUNG MIT MOBILEN UND STAT.ANLAGEN
4 201 FUTTERKARREN KETTENTRANSPORTER U.SCHNECKENFOERDERER
4 231 DOSIER.V.GAER U.GRUENFUTTER MITTELS FRAESEINRICHT.
4 233 KOSTEN FUER HOCHSILOANLAGE MIT MECH.FUETT.SYSTEM
4 234 ANLAGEN FUER TRANSPORT DES FUTTERS IN DEN STALL
4 237 MECH.FUETTERUNGSSYSTEM FUER MILCHKUEHE
4 238 TECHNISCHE HILFSMITTEL BEI DER WINTERFUETTERUNG
4 239 AUF SCHIENEN FAHRBARER FUTTERTISCH FUER ANBINDESTAELL
4 239 VERTEILUNGSSYSTEM BRILLON
4 239 FUTTERVERTEILUNGSWAGEN MIT VERBRENNUNGSMOTOR
4 239 ENDLOSES FOERDERBAND MIT KLAPPGREIFERN
4 239 SELBSTFAHRENDER KASKADENFOERDERER M.ENDLOSFOERDERBAND
4 240 STATIONAERE FUTTERVERTEILANLAGEN FUER LAUFSTAELLE
4 240 SELBSTENTLADEWAGEN U.FUTTERRAUFEN FUER LAUFSTAELLE
4 585 STATIONAER MECHANISIERT MIT SCHNECKEN
5 308 HALBHEUFUETTERUNG MIT KETTENFOERDERERN
5 308 HALBHEUFUETTERUNG MIT SELBSTENTLADEWAGEN
5 357 MECH.U.ARBEITSAUFWAND DER GAER U.HEUFUETTERUNG
5 358 VERTEILEN V.GRASSILAGE MIT FUTTERWAGEN
5 359 TECHNOL.FUTTERSTRASSEN FUER ZWEIREIHIGE STAELLE
5 360 SELBSTFAHR.FUTTERVERTEILWAGEN AUF SCHIENENFAHRGESTELL
5 361 ELEKTRISCH BETRIEBENER WAGEN VON KOVALENKO
5 362 DOSIERER FUER GRUNDFUTTER
5 703 IM KUTEL IN ESSEN
6 271 TWK 80 STATIONAERE FUTTERVERTEILUNGSANLAGE
6 272 AUTOMATISCHE FUETTERUNG FRUEHABGESETZTER KAELBER
6 272 SYSTEME IN GROSSBRITANNIEN DEN USA UND DBR
6 272 MECHANISIERTE STRASSEN FORTSCHRITTSBERICHT
6 282 STAT.U.MOBILE VERTEILG. TECHNOLOGIE U.ZEITBEDARF
6 283 FAHRBARE ZWILLINGSKRIPPE MASSE UND BAUAUSFUEHRUNG
6 283 FUTTERVERTEILER PTU 10K MIT HAECKSLER U.RUEBENSCHNEI.
6 516 BAND UND GLIEDERKETTENVERTEILER
6 517 IN SOWJETISCHEN MASTANLAGEN
6 522 MIT DEM FRONTLADER
6 523 FUTTERWAGEN FUER DIE SILAGEFUETTERUNG
6 526 SPEZIALFUTTERWAGEN FUER DIE VERTEILUNG V.KRAFTFUTTER
7 203 MECH.ANLAGE IM ITALIENISCHEN KUTEL
7 218 STETIG TROG U.RECHENFOERDERER ZUR FUTTERVERTEILUNG
7 218 EINSATZ VON FUTTERVERTEILUNGSWAGEN
7 398 FUTTERWAGEN BOVI REFLEX PRAEMIIERUNG

8 242 RINDERFUETTERUNG ARBEITSZEITBEDARF F.ENTNAHME U.TRANSPORT V.SILAGE
8 243 SILAGETRANSPORT ZUM STALL MIT BANDFOERDERER
8 254 KRAFTFUTTERZUTEILG.ZUR SILAGE ENTMISCH.B.FOERDERN
8 263 VERBESSERTER FUTTERVERTEILER RKS 3000
8 264 VERTEILANLAG.F.RAUHFUTTER U.SILAGE EINSATZBEREICH
8 505 FUTTERWAGEN MIT ZWOELF M LANGEM TROG
8 548 FUTTERVERTEILUNGSWAGEN
9 247 MONTAGE DES FUTTERVERTEILERS TVK 80A
9 483 VERABREICHUNG V.NASSFUTTER IM FISCHGRAETENMELKSTAND
SELBSTFUETTERUNG
1 327 SELBSTFUETTERUNG UND VORRATSFUETTERUNG V.MILCHVIEH
1 549 LAUFHOFSTAELLE MIT SELBSTFUETTERUNG F.MILCHVIEH
3 358 SELBSTFUETTERUNG IN LAUFSTALLANLAGEN MIT FLACHSILOS
3 358 EINSATZ DES HEUTURMS UND DER VORRATSRAUFE
4 231 SELBSTFUETTERUNG VON SILAGE
4 238 HEUFUETTERUNG IM LAUFSTALL
4 239 AUTOMATISCH ARBEITENDER FUTTERMISCHWAGEN
6 282 SELBSTFUETTERG.FRESSGITTER VORRATSRAUFEN RAUFENWAGEN
8 246 SELBSTFUETTERUNG AM FLACHBEHAELTER
AUTOMATISCHE ANLAGEN
8 248 MOEGLICHKEITEN DER KRAFTFUTTERVERABREICHUNG
1 344 KRAFTFUTTERDOSIERANLAGEN ENTSPR.DER MILCHLEISTUNG
1 547 KRAFTFUTTERVERABREICHUNG IM FISCHGRAETENMELKSTAND

1 302 KRAFTFUTTERAUTOMAT BETAET.ROHRLEITG.MIT SCHUBELEMENT
1 329 FUTTERAUTOMAT NURSETTE DIAMATIC FUER KAELBER
2 339 FUTTERAUTOMATEN FUER KAELBER MIT GUMMISAUGER
3 359 VOR UND NACHTEILE DER AUTOMATISCHEN FUETTERUNG
3 388 AUTOMATISCHE VERTEILUNG V.SILAGE AUS HOCHSILOS
3 394 AUTOMATISCH ARBEITENDE FOERDEREINRICHTG.FUER HEU
4 235 AUTOMATISCHE KONTROLLE DURCH ELEKTRON.ABWIEGEN
4 274 ELEKTRON.DOSIERSYSTEM F.KRAFTFUTTER IM MELKSTAND
4 506 AUTOMATISIERTE FUETTERUNGSANLAGEN
4 506 RATIONIERUNG DER ZUFUTTERMENGE NACH MILCHLEISTUNG
5 344 AUTOMAT.AUS HOCHSILOS IM KUTEL BEI ESSEN
5 653 FAHRBARE AUTOMATISCHE ANLAGE
6 284 AUTOMAT.FUTTERDOSIERUNG MIT SCHAUFELFUTTERVERTEILER
8 265 AUTOMAT.FUTTERZUTEILUNG ENTSPRECH.DER MILCHLEISTUNG
8 266 DOSIERSYSTEME FUER KRAFTFUTTERGABE IM MELKSTAND
9 251 EINBAU EINER VOLLAUTOMAT.FUETT.ANLAGE IM ANBINDESTALL
9 254 MECHANISIERUNG IN DEN USA
RINDERHALTUNG
ALLGEMEINES
1 471 INGENIEURBUEROS FUER AUFBAU KOMPLEXER ANLAGEN
3 370 KUENFTIGE STRUKTUR
4 204 KOOPERATIONSBEZIEHUNGEN IN DER VIEHWIRTSCHAFT
4 253 ANFALL AN KOT UND HARN
5 698 VERHALTEN VON RINDERN IN MODERNEN STAELLEN
8 20 LINEARE PROGRAMMIERUNG
TECHNOLOGIE
1 47 ELEKTROENERGIE IN DER RINDERFARM
1 328 ENTWUERFE ZUR MODERNISIERUNG DER ANBINDEHALTUNG
4 205 FRAGEN DER TECHNISCHEN ENTWICKLUNG
5 340 PRODUKTIONSTECHNOL.IN FARMEN FORTSCHRITTSBERICHT
5 350 WETTERSCHUTZ FUER MASTRINDER IM USA STAAT IOWA
6 282 ARBEITSZEITBEDARF PROZENTUALE AUFTEILG.DER STALLARBEITEN
9 254 MECHANISIERUNG DER MASTBETRIEBE IN DEN USA
MILCHVIEHHALTUNG
1 301 MILCHVIEHHALTUNG MECHANISIERUNG U.ARBEITSVERFAHREN
1 302 AUSBAU DER MILCHVIEHHALTUNG IN UNGARN
1 305 MODERNE TECHNOLOGIE IN MILCHVIEHBETRIEBEN
2 303 VERGLEICH V.NEUSEELAEND.U.NIEDERLAEND.MILCHVIEHHALTUNG
3 352 GROSSE MILCHVIEHHERDEN IN DAENEMARK UND SCHWEDEN
3 356 EINFL.NEUZEITL.PRODUKTIONSVERFAHREN AUF MILCHLEISTG.
4 206 VERHALTENSUNTERSUCH.AN MILCHKUEHEN AUF KURZSTAENDEN
5 349 MILCHKUHHALTUNG AUF GUMMIMATTEN IN BOXENLIEGESTAELLEN

7 202 RINDERHALTUNG ANALYSE V.ARBEITSVERFAHREN DURCH TECHNOL.BEURTEIL.RAHMEN
8 243 HOCHMECHANIS.MILCHWIRTSCHAFTSBETRIEB BESCHREIBUNG
8 245 INDUSTRIEMAESS.PRODUKTIONSMETHODEN DER MILCHVIEHHALTG.
8 550 IN BOXEN
9 256 REINIGUNGSANLAGE MIT SPRITZDUESEN FUER KUEHE
1 535 RINDERMASTSTALL GRUNDSAETZE FUER STALLBAUTEN
2 313 INDUSTRIEMAESS.MASTBETRIEB BABY BEEF MIT 9600 TIEREN
2 503 UMBAU EINER SCHEUNE ZUM BULLENMASTANBINDESTALL
3 360 MECHANISIERTER MASTSTALL NADEZDINSKIJ
3 609 FENSTERLOSER STALL IN WISCONSIN
4 549 VOLLKLIMATISIERUNG IN KAELBERMASTSTAELLEN
5 692 PROJEKTIERUNG VON GROSSANLAGEN IN RUMAENIEN
6 517 VOLLMECHANISIERTE SOWJETISCHE MASTANLAGEN
6 526 GEBAEUDE EINES BULLENMASTBETRIEBES
7 420 V.FA.STOCKBUILDINGS AUS VORGEFERTIGT.HOLZBAUELEMENTEN
9 432 BULLENMASTANLAGE FUER 1000 TIERE IN BELGIEN
9 491 MAST IM LAUFSTALL AUF VOLLSPALTENBODEN
RINDERSTALL HINWEISE
ABKALBESTALL S.DORT
ANBINDESTALL S.DORT
KAELBERSTALL S.DORT
FUETTERUNGSEINRICHTUNGEN S.UNTER RINDERFUETTERUNG
S.AUCH ENTMISTEN
S.AUCH LUEFTUNG
S.AUCH STALLFUSSBODEN
JUNGVIEHSTALL S.DORT
RINDERMASTSTALL S.DORT
OFFENSTALL S.DORT
LAUFSTALL S.DORT
ALLGEMEINES
1 307 STALLHYGIENISCHE UNTERSUCHUNGEN IM LANDKREIS AUGSBURG
1 468 NEUE AUFGABEN DER ARCHITEKTEN IM LAENDL.BAUWESEN
1 516 STAND UND BEDARF AN STALLPLAETZEN IN DER CSSR
3 562 1964 BIS 66 LANDW.BAUTAETIGKEIT IN DER DDR
4 213 STALLPLANUNG U.ARBEITSVERFAHREN OPT.B.MILCHVIEHHALTUNG
4 588 ANFORDERUNGEN AN MODERNE STALLSYSTEME
5 663 1955..1964 NUTZEFFEKT LANDW.BAUINVEST.IM KREIS BERNAU
5 698 VERHALTEN VON RINDERN IN MODERNEN STAELLEN
7 407 PROJEKTIERUNGSKATALOG LANDWIRTSCHAFTSBAU
8 519 BEDARF NACH ABSCHLUSS V.STRUKTURAENDERUNGEN IN DER DDR
BAUTYPEN BAU
1 482 IN STAHLBETONMONTAGEBAUWEISE
1 483 FUER 200 TIERE UNIVERSALSKELETT JJ IOZ 1
1 519 GENERALBEBAUUNGSPLAN FUER EINE SOWCHOSE
1 529 STALL FUER 250 KUEHE MIT PULTDACH GEGEN LAWINEN
1 532 TENDENZEN DER ENTWICKLUNG VON MILCHVIEHANLAGEN
1 535 GRUNDSAETZE FUER STALLBAUTEN
1 537 ARBEITSWIRTSCH.ASPEKTE BEI PLANUNG
2 503 UMBAU VON MILCHVIEHSTAELLEN
3 369 BAUWEISE U.BAUKOSTEN V.STAELLEN IM VEENWEIDEGEBIET
4 205 TECHN.ENTWICKLUNG NEUE HALTUNGSTECHNOLOGIEN
4 520 BAUPLAENE DES SOWJET.INST.FUER PROJEKTIERUNG
4 532 ALFA LAVAL GEBAEUDESYSTEM FUER RINDER U.SCHWEINESTAELLE
4 533 IN FLACHBAUWEISE U.MONTAGEBAU LOHN U.MATERIALKOSTEN
5 344 AUS AL KUTEL MILCHERZEUGUNGSGEMEINSCHAFT BEI ESSEN
5 692 PROJEKTIERUNG VON GROSSANLAGEN IN RUMAENIEN
5 697 VERWENDUNG VON HOLZ ALS BAUSTOFF
5 700 ENTWICKLUNG VON RINDERGROSSANLAGEN IN UNGARN
6 470 VORGEFERTIGTE WANDPLATTEN ANSTELLE VON ZIEGELMAUERWERK
6 510 STALLTUEREN UND STALLTOREN ARBEITSBLATT
8 547 TYPENPROJEKTE FUER SPEZIALISIERTE VIEHWIRTSCHAFTSBETRIEBE
8 548 DURCHFAHRBARER KUHSTALL IN MARTONVASAR
8 548 BEZIEH.ZWISCH.STALLBAU U.PRODUKTION V.RINDERN U.SCHWEINEN
9 473 SCHWEIZER NORMSCHEUNE T 110 SYSTEM LEHMANN
9 476 BETRIEBSWIRTSCHAFTLICHE GEDANKEN ZUM BAU V.RINDERSTAELLEN
9 477 GEDANKEN EINES ARCHITEKTEN ZUM BAU

9 478 RINDERSTALL LANDW.ANFORDER.AN BAUL.GESTALTG.V.MILCHVIEHGROSSSTAELLEN
STALLEINRICHTUNG TECHNOLOGIE
1 492 BITUMENKERAMSITPLATTEN FUER KUHSTAELLE
1 530 VET.TOXIKOL.GRUNDSAETZE FUER VERLEG.V.BITUMENHALT.BELAEGEN
2 312 ARBEITSTEILUNG UND SCHICHTSYSTEM IN 400ER MILCHVIEHANLAGE
3 601 FUSSBOEDEN AUS BITUMEN STABILISIERTEM ERDBETON
4 252 VORRICHTUNG FUER DAS EINSTREUEN VON HAECKSELSTROH
4 582 WAERMEDAEMMUNG DER FUSSBOEDEN
4 587 ABSTIMMUNG VON MECHANISIERUNG UND BAUPLANUNG
5 696 AUFGABEN DES INGENIEURS IM LANDW.ANLAGENBAU
6 512 HOLZPFLASTERBELAG FUER STAND- UND LIEGEPLAETZE
6 513 SPALTENBODENELEMENTE AUS POLYTON
6 513 LIEGEFLAECHEN AUS KUNSTSTOFF
7 437 MECHANISIERUNG IN DEN MILCHVIEHFARMEN DER CSSR
9 435 KOSTEN U.WIRKUNGSGRAD V.SPALTENBOEDEN IN ZUCHTSTAELLEN
9 475 NORMBLATTENTWURF FUER SPALTENBOEDEN
STALLKLIMA
1 507 KLIMATISIERUNG VON STAELLEN IN NORWEGEN
5 341 EINFL.DES STALLKLIMAS AUF TIERISCHES LEISTUNGSVERMOEGEN
5 680 SELBSTTAETIGE LUEFTUNG MIT VERSTAERKTEM ABZUG
5 699 PROJEKT WAERMEHAUSHALT IM WINTER UND SOMMER
7 436 BERUECKSICHT.DER KRITISCH.TEMP.B.BAU V.MILCHVIEHSTAELLEN
8 243 AUTOMATISCHE REGELUNG DES STALLKLIMAS
8 538 BELUEFTUNGSSYSTEM MIT GLEICHMAESS.FRISCHLUFTVERTEILUNG
8 548 WINTER U.SOMMERKLIMAVERHAELTNISSE V.KUHSTAELLEN IN UNGARN
9 467 LUEFTUNG IN MILCHVIEHSTAELLEN
ENTMISTEN
2 346 FEST U.FLUESSIGMISTKETTEN FUER RINDERSTAELLE
4 203 SCHLEPPSCHAUFELANLAGE PATENT
6 290 SCHUBSTANGEN OD.KRATZERKETTENANLAGEN IN MILCHVIEHSTAELLEN
7 221 PRUEFUNG VON ENTMISTUNGSANLAGEN
9 264 ENTMISTEN AID SCHRIFTENREIHE
2 346 RINGKREISFOERDERER FUER ZWEIREIHIGE AUFSTALLUNG
3 358 FUER DIE FUTTERVERTEILUNG IM LAUFSTALL
4 238 SILAGETRANSPORT VOM HOCHSILO IN DEN STALL
6 17 RINGSCHERGERAET TRAKTORREIFENUNTERSUCHUNGEN IN DER BODENRINNE
3 581 RINGWAAGENGERAET FUER DRUCK DIFFERENZDRUCK ODER DURCHFLUSSMESS.
1 260 RIZINUS MASCHINELLES ERNTEN DER KAPSELN MIT DEM SK VIER
5 725 REINIGUNG VON SAMEN
6 377 THEORIE DER SAMENAUFBEREITUNG
7 165 DRESCHMASCHINE
9 134 ZUSATZVORRICHTUNGEN FUER AUSSAAT MIT MAISSAEMASCHINEN
RODELADER S.UNTER RUEBEN: LADEN RODELADER
RODEN VON KARTOFFELN S.UNTER KARTOFFEL V.RUEBEN S.UNTER RUEBEN
1 420 HYDRAULISCHE BAUMENTWURZELUNGSMASCHINE FUNKTIONSPRINZIP
2 176 RODEGERAET VOM TYP H ZUM RODEN VON GEBUESCH
2 439 G 40 B TREE CRUSHER ZUM FAELLEN UND RODEN
5 185 ANBAUMASCHINEN ZUM RODEN VON BAUMSTUEMPFEN
5 653 BAUMSTUMPFENTFERNER
6 162 STUBBENRODER BESTAND IN DER SU
6 409 TRAGBARES GERAET NAPOETANO ZUM RODEN STEHENDER STAEMME
6 409 AUSLANDSPATENTE FUER STOCKRODEAGGREGATE
6 433 PRUEFUNG DES AGGREGATES KBK 100
7 276 RODEPFLUEGE MIT RUETTELEINRICHTUNG
7 276 SEILZUGGERAETE FUER EINE SELEKTIVE RODUNG
8 504 BAUMSTUMPFFRAESE STUMPF MASTER
8 505 ZAPFWELLENBETRIEBENE RODEEINRICHTUNG FUER BAUMSTUEMPFE
5 474 ROELLCHENBAHN ZUM ABTRANSPORT VON LEERGUT
1 240 ROENTGENSTRAHLEN ROENTGENTRENNANLAGE VON WATSON UND SONS
3 195 AUSNUTZUNG ZUR STEIN U.KLUTENTRENNUNG V.KARTOFFELN
4 158 TRENNUNG DER KARTOFFELN VON STEINEN UND KLUTEN
5 286 ZUM TRENNEN V.KARTOFFELN U.BEIMENGUNGEN
5 289 ZUR TRENNUNG V.KARTOFFELN U.BEIMENGUNGEN
9 223 AUSNUTZUNG ZUR TRENNUNG V.KARTOFFELN U.BEIMENGUNGEN
9 297 GERAET V.AEG TELEFUNKEN M.HOCHLEIST.ROENTGENROEHREN
9 418 ZUR ABTRENNUNG DER KLUTEN UND STEINE V.KARTOFFELN

6 45 ROENTGENUNTERSUCHUNG MESSEN VON BODENDICHTEPROBEN
ROGGEN S.AUCH GETREIDE
3 279 KOERNERBESCHAEDIGUNG BEIM GETREIDEHAECKSELN
3 386 ZERKLEINERUNG VON KOERNERSILAGE
5 227 EINFL.V.UNGLEICHMAESSIG VERTEILT.N DUENGER AUF ERTRAG
5 264 VERFAHRENSKOSTEN BEI KOMPLEXEINSATZ DER ERNTETECHNIK
8 130 REIBUNGSSAEGERAET FUER ZUCHTGAERTEN
ROHR S.SCHILF
ROHRE
S.AUCH BEREGNUNG BEWAESSERUNG
3 219 NOMOGRAPHISCHE BERECHNUNG VON ROHRLEITUNGEN AUS HARTPLASTEN
4 17 EINFLUESSE AUF TEILCHEN WAEHREND DES FREIEN FALLS IM ROHR
4 87 HYDRAULISCHE WIDERSTAENDE IN ROHRLEITUNGEN
5 368 BERECH.V.ROHRLEITUNGEN FUER DEN STALLMISTTRANSPORT
7 215 VERHALTEN FLIESSFAEH.SCHWEINEFUTTERMISCHUNGEN IN ROHRLEITUNGEN
7 216 UNTERSUCHG.V.FOERDERROHREN FUER FLIESSFAEHIGES FUTTER
7 244 ARBEITSTECHN.UNTERSUCH.V.MONTAGEVERFAHREN IN DER HAUSTECHNIK
7 408 MUFFEN AUS POLYPROPYLEN
7 410 AUS ETERNIT FUER DEN TIEFBAU
7 428 KANALLOSE VERLEGUNG VON FERNHEIZUNGSLEITUNGEN
8 403 KANALFREIE VERLEGUNG VON ROHREN
9 360 EIGENSCHAFTEN VON LUPOLENROHREN
ROHRFUETTERUNGSANLAGE S.UNTER HUEHNERFUETTERUNG
ROHRLEITUNGSTRANSPORT VON MILCH S.UNTER MILCHTRANSPORT
ROHRMELKANLAGE S.UNTER MELKEN
4 388 ROLLENBAHN GREENHOUSELIFTS DER FA. EMANUEL
5 474 VERPACKUNGSSTRASSE FUER AEPFEL AUF TRAEGERSCHALEN
6 414 MPS FUER RUNDHOLZ ARBEITSQUALITAET
9 9 ROLLENKETTE KAEMMEN V.ROLLENKETTEN MIT STAHL OD.POLYKAPROAMIDZAHNRAED.
3 29 UNTERSUCH.UEBER WARTUNGSARME ROLLENKETTEN FORSCH.BERICHT
ROLLHAUS S.UNTER GEWAECHSHAUS
ROLLREIBUNG S.UNTER REIBUNG
ROLLSPATENEGGE S.UNTER EGGEN
1 385 ROSE ANBAUERGEBNISSE IN GEWAECHSHAEUSERN MIT PVC BEDACHUNG
2 408 SELEKTIVE ERNTE
4 318 MASCHINELLE VEREDLUNG ANWACHSERGEBNIS UND WUCHSLEISTUNGEN
5 473 MASCHINELLE LAENGENSORTIERUNG OEKON.BEWERTUNG
4 344 ROSENKOHL ERNTE MIT DER MASCHINE
5 463 ERNTE MIT DER UNIVERSALMASCHINE VOM NIAE
5 464 ARBEITSTECHNIK UND ZEITAUFWAND BEI DER AUFBEREITUNG
7 310 MECHANISIERTES SYSTEM ZUR ERNTE
8 360 MASCHINEN FUER DIE ERNTE
8 361 ERNTEMASCHINE AUFBAU UND WIRKUNGSWEISE
8 362 PFLUECKMASCHINE HERMES ARBEITSZEITAUFWAND
8 362 SORTIEREN MIT TOMATENSORTIERMASCHINE MUNKHOF ZEITAUFWAND
9 333 FRAESE ZUM TRENNEN DER ROSEN VOM STRUNK
9 333 MAEHEN UND LADEN DER PFLANZEN MIT MAEHLADER
9 418 EINFACHE MASCHINE ZUM PFLUECKEN
ROSTSCHUTZ S.AUCH KORROSION
5 74 HITZEBESTAENDIGE ANSTRICHE VON MOTORTEILEN
3 73 ROTATIONSVISKOSIMETER FUER GROBDISPERSE SUSPENSIONEN
3 436 ROTE BEETE PROD.VERFAHREN U.MASCHINENEINSATZ IM MOSKAUER GEBIET
3 454 MASCHINENSAETZE ZUR VOLLMECHANISIERUNG DER ERNTE
5 462 MECHANISIERUNG DER ERNTE IN DEN USA
6 363 RODEVORRICHTUNG ZUM PFLUG PN 3 35 N
ROTIERENDE BODENBEARBEITUNG
FRAESEN S.DORT
1 165 5 FURCHENANHAENGEPFLUG MIT ROT.STREICHBLECHEN PRUEFUNG
2 178 DIE ZUKUNFT VIBRIERENDER PFLUGWERKZEUGE
2 184 VERBINDUNG ROTIERENDER ARBEITSELEMENTE MIT PFLUGKOERPERN
2 186 PRUEFUNG DES ROTORPFLUGES RP 200
3 238 P 180 ROTORPFLUG V.INST.FUER LANDMASCHINEN CHODOV
3 499 ROTATIONSBODENBEARBEITUNGSGERAET VIKON
3 557 ROTIERENDE HACKMASCHINEN PULVIBROYEUR VICON
3 559 LOCKERER KR 40
4 101 KOMBINATION V.ROTIER.U.PFLUEGENDEN ARBEITSELEMENTEN

ROTIERENDE BODENBEARBEITUNG
4 322 IM OBSTBAU
5 189 SCHEIBEN UND ROTATIONSPFLUEGE IN DER SU
5 423 KREISELKRUEMLER HUMUS TYP KL PRUEFBERICHT WIESELBURG
7 72 SPATENMASCHINE ROTASPA A 87
7 123 KREISELPFLUG KOMB.MIT KRUMENPACKER U.WAELZEGGE F.BESTELLG.
7 274 HUMUS KREISELKRUEMLER MIT ROTIERENDEN MESSERN
7 274 HOWARD ROTAVETTE MIT ZAPFWELLENGETRIEBENER DREHHACKE
7 276 HACKGERAETE EINSATZ IN BAUMSCHULEN
7 356 MVN 2.8 ROTATIONSHACKE ZUR FORSTKULTURPFLEGE
7 356 ROTATIONSKULTIVATOR KRL I ZUR FORSTKULTURPFLEGE
8 98 HERSTELLERLISTE V.BODENBEARBEITG.GERAETEN MIT TECHN.DATEN
8 514 1968 GERAETELISTE IN FRANKREICH GEHANDELTER TYPEN
9 73 ROTATIONSHACKEN FUER DIE RUEBENPFLEGE
ROTKLEE S.UNTER KLEE
ROTORHEUER S.UNTER HEUERNTE
ROTORMAEHER S.AUCH MAEHEN
9 65 TTM VON E.V. TWOSE NIAE TEST
9 419 VON BAMLETT REVELLER MIT ZWEI TROMMELN
9 419 VON MELOTTE MIT ZWEI TROMMELN
9 419 VON DER FA. BLANCH LELY
9 420 VON JOHN DEERE LTD.
ROTORPFLUG S.UNTER PFLUEGEN
RUEBEN HINWEISE
STOPPELRUEBEN S.DORT
S.AUCH SAEEN
SILIEREN VEREINZELN S.DORT
STECKRUEBEN S.DORT
ALLGEMEINES
7 10 OPTISCHE FUEHLER ZUR ORTUNG DER PFLANZEN
ANBAU
1 2 MECHANISIERUNG VON ANBAU UND ERNTE
1 125 ANBAU AUF ENDPFLANZABSTAND ODER MECHANISCHES VEREINZELN
1 127 MASCHINENSYSTEM ZUR INDUSTRIEMAESSIGEN PRODUKTION
1 128 MASCHINENKETTE ZUCKERRUEBEN FUER FUTTERZWECKE
2 140 ANBAU IN DAMM UND IN FLACHKULTUR
2 141 INDUSTRIEMAESSIGE PRODUKTION VON ZUCKERRUEBEN
3 285 1967 TECHN.ENTWICKLUNG VOLLMECHANISIERUNG DES ANBAUES
3 296 MECHANISIERUNG DER ZUCKERRUEBENPRODUKTION IN POLEN
4 1 ANBAU MECHANISIERUNG IN DER SU SEIT DER OKTOBERREVOLUTION
4 2 ANBAU UND MECHANISIERUNG ENTWICKLUNGSTENDENZEN
4 53 ANBAU IN DAENEMARK DEMONSTRATION AUF SEELAND
4 166 ANBAU IN SCHWEDEN JAHRESBERICHT
6 142 INDUSTRIEMAESSIGE PRODUKTION MASCHINENSYSTEME
7 4 LANDWIRTSCHAFTLICHE STOFF UND MASCHINENKUNDE
8 86 MECH.V.ANBAU MIT KLEINTRAKTOREN IN JAPAN
8 214 MECH.V.FUTTERRUEBENPRODUKTION IM DEP.MAYENNE ARBEITSZEIT KOST.
9 73 MECHANISIERUNG V.ANBAU UND ERNTE IN DER UDSSR
9 74 MASCHINEN UND GERAETE FUER DEN ANBAU
9 76 MECHANISIERUNG DES ZUCKERRUEBENANBAUES
9 77 SYSTEME ZUR MECH.DES ANBAUES MIT KLEINTRAKTOREN
9 79 MASCHINEN FUER ANBAU UND ERNTE VON ZUCKERRUEBEN
9 121 DUENGUNG MIT FLUESSIGEM AMMONIAK
9 148 MECH.DER FRUEHJAHRSARBEITEN VORFUEHRUNG IN SUED LIMBURG
BESTELLUNG SAEEN
1 124 OPTIMALER ABLAGEABSTAND BEI EINZELKORNAUSSAAT EMPFEHLUNGEN
1 126 GERAET FUER BESTIMM.V.ABSTAND U.DICHTE VON SAEMLINGEN
1 179 EINFLUSS DES LUFTWIDERSTANDES AUF DIE SAEGENAUIGKEIT
1 181 PRAEZISIONSAUSSAAT B.ERHOEHTER GESCHWINDIGKEIT FELDVERSUCHE
1 183 KONTROLLE V.ZELLFUELLG.U.VERTEIL.B.PRAEZISIONSSAEMASCHINEN
2 202 PARZELLENANBAUDRILLMASCHINE FUER AUSSAAT V.ZUCKERRUEBEN
2 203 AUSLAENDISCHE GLEICHSTANDDRILLMASCHINEN
4 41 VERWENDUNG V.GITTERRAEDERN AM TRAKTOR BEI AUSSAAT
4 53 SAEMASCHINEN DEMONSTRATION AUF SEELAND
4 54 EINZELKORNSAEMASCH.SEEDSTAR KOMB.MIT VERHAUMASCH.OD.VERDUENNER
4 126 EINZELKORNDRILLMASCHINE FUER DIE SAATGUTZUECHTUNG
5 152 MODERNE VERFAHREN DER ZUCKERRUEBENAUSSAAT

5 235 RUEBEN ENTWICKLUNG VON SAEMASCHINEN IN DER SU
5 236 DRILLMASCHINE ISARIA SUPER UNIVERSAL FUER DREIPUNKTANBAU
5 237 EINZELKORNSAEMASCHINE SAATKNECHT FN PRUEFBER.WIESELBURG
6 198 PFLANZENBAULICHE PROBLEME BEI DER SAATTECHNIK
6 200 SERIENPRUEFUNG VON GLEICHSTANDSDRILLGERAETEN FUER MONOGERMSAAT
6 201 EINZELKORNSAEMASCHINE HILLESHOEG EXACT PRUEFBERICHT ULTUNA
6 202 EINZELKORNSAEMASCHINE MONODRILL Z PRUEFBERICHT ULTUNA
6 203 NIBEY 66 6 EINZELKORNSAEMASCHINE PRUEFBERICHT ULTUNA
6 204 EINZELKORNSAEMASCHINE PALM TYP B PRUEFBERICHT ULTUNA
6 205 EINZELKORNSAEMASCHINE HOLBAEK STANHAY B PRUEFBERICHT
6 214 ERFAHRUNGEN MIT DER FLUGHAFERBEKAEMPFUNG
7 76 AUSBRINGEN V.EINKEIM.KALIBRIERTER SAAT MIT EINZELKORNSAEGERAET.
7 77 SPURENUNSCHAEDL.FLACHBESTELLG.FUER VEREINZELUNGSFREIEN ANBAU
7 122 DLG ANERKANNTE MASCHINEN FUER DIE AUSSAAT
7 123 BAND BESTELL UND SAATVERFAHREN
7 125 GLEICHZEIT.AUSBRINGEN V.PFLANZENSCHUTZMITTELN UND DUENGER
8 2 EINZELKORNSAEGERAETE FUER HOHE GESCHWINDIGKEITEN
8 84 TECHN.VERBESSERUNGEN AN EINZELKORNSAEGERAETEN
8 84 AUFBEREITUNG VON RUEBENSAATGUT
8 85 MECHANISIERUNG V.FRUEHJAHRSARBEITEN IM AMERIKAN.ANBAU
8 85 SAATGUTFRAGEN IN AMERIKANISCHEN ZUCKERRUEBENBAU
8 128 PRAEZISIONSSAAT VERSUCHE DES ILR WAGENINGEN
8 214 EINZELKORNSAAT V.FUTTERRUEBEN IM DEP. MAYENNE
9 3 EINZELKORNSAAT MIT BANDSPRITZUNG
9 73 AUSSAAT MIT ZWOELFREIHIGEN EINZELKORNSAEMASCHINEN
9 73 HALBBRACHESYSTEM DER BODENVORBEREITUNG
9 74 EINZELKORNSAAT MIT BANDSPRITZUNG
9 75 MECH.DER FRUEHJAHRSSAATBETTVORBEREITUNG UND AUSSAAT
9 75 VERWENDUNG VON MONOGERMSAATGUT
9 76 VERWENDUNG VON MONOGERMSAATGUT
9 131 BESTELL DRILLGERAET MIT ZAHNKRUEMLER
9 133 BREITSAAT FELD UND GROSSVERSUCHE IM CHARKOVER GEBIET
9 148 VERGLEICH VON REIHEN UND SAEABSTAENDEN IN DER REIHE
9 148 AUSWIRKG.VERSCHIED.SAATBETTBEREITG.VERFAHREN AUF PFLANZ.BEST.
PFLEGE
1 196 GANZFLAECHIGE MECHANISCHE UNKRAUTBEKAEMPFUNG
2 210 PFLEGE UND STANDRAUMZUMESSUNG IM ZUCKERRUEBENBAU
2 471 D D BODENBEGASUNGSMITTEL GEGEN NEMATODEN
2 472 WIRKUNG V.BODENBEGASUNG AUF DAS WACHSTUM
4 53 EINSPARUNG DES STEUERMANNES BEI DER HACKE
5 152 MODERNE VERFAHREN DER ZUCKERRUEBENPFLEGE
5 245 GANZFLAECHIGE MECHAN.UNKRAUTBEKAEMPFUNG IN ZUCKERRUEBEN
5 637 S 326 BANDSPRITZEINRICHTUNG
5 649 SPRUEHEN MIT GERINGEN AUFWANDMENGEN
6 455 SPRITZGERAET MIT SEITLICHEM GEBLAESELUFTSTROM ARBEITSERGEBN.
8 84 CHEM.UNKRAUTBEKAEMPFUNG
8 85 MECHANISIERUNG V.FRUEHJAHRSARBEITEN IM AMERIKAN.ANBAU
8 136 VERGLEICH VON DREI PFLEGEVERFAHREN
9 53 BEKAEMPFUNG DER CERCOSPORA MIT FLUGZEUGEN
9 73 NETZEGGEN UND ROTATIONSHACKEN FUER DIE PFLEGE
9 76 VOLLMECHANISIERTE UNKRAUTBEKAEMPFUNG MIT CHEM.MITTELN
9 148 ARBEITSERGEBNISSE VON SIEBEN HACKMASCHINEN
ERNTE
1 255 TECHNISCHE PROBLEME BEI MECHANIS.DER FUTTERRUEBENERNTE
1 256 TECHNISCHE PROBLEME BEI MECHANIS.DER FUTTERRUEBENERNTE
2 253 INSTANDHALTUNG VON ERNTEMASCHINEN UND REINIGENDEN LADERN
2 254 KOMPLEXEINSATZ BEI DER ERNTE IN KOOPERATIONSGEMEINSCHAFT
2 255 KOMPLEXE ERNTE IN KOOPERATION KL.QUENSTEDT HALBERSTADT
3 294 ERNTE MASCHINENEINSATZ IN HOLLAND KOSTEN
3 295 ERNTE VON FUTTERRUEBEN IN HOLLAND INVESTKOSTEN
3 297 UNTERSUCHUNG ZUR WIRTSCHAFTLICHKEIT DER MECHANIS.ERNTE
3 300 TREND BEURTEILUNG NEUER MASCHINEN UND RODESYSTEME
3 301 DAENISCHES VERFAHREN ODER FUTTERRUEBENVOLLERNTER
3 302 MASCHINENSYSTEM FUER DAS GETRENNTE KOEPFEN UND RODEN
3 454 MASCHINENSAETZE ZUR VOLLMECHANISIERUNG DER ERNTE
4 162 FRAGEN ZUR TECHNIK DER VOLLMECHANISIERTEN ERNTE

4 163 RUEBEN 1967 ERNTEMASCH.VORFUEHRUNGEN IN DRONTEN UND VIEUX GENAPPE
4 164 ERNTE IM FLIESSVERFAHREN IN DER BELORUSS.SR
5 293 MECHANISIERUNG DER ERNTE UNTER SCHWIERIGEN BEDINGUNGEN
5 294 OEKONOMISCHE ANALYSE DER ZUCKERRUEBENERNTE
5 295 KORRELATION ZWISCHEN RADDRUCK UND SCHMUTZBESATZ
5 296 VORFUEHRUNG V.ERNTEMASCHINEN IN DEN NIEDERLANDEN
7 3 ERNTEMASCHINEN LANDMASCHINENLEHRE BD. 11
8 44 BESTIMMEN DER KENNWERTE VON ERNTE LTA FUER WALDSTEPPENZONE
8 214 FUTTERRUEBENERNTE KOSTEN B.MEHRMASCH.VERFAHR.U.KOMB.EINSATZ
8 215 VERFAHRENSTECHNOLOGIE DER FUTTERRUEBENERNTE
8 216 6REIHIGES MASCHINENSYSTEM VON HERRIAU
8 503 MASCHINENSYSTEM FUER DIE ERNTE VON MOREAU
9 1 MECHANISIERUNG DER ERNTE IN BELGIEN
9 79 MASCHINEN FUER ANBAU UND ERNTE VON ZUCKERRUEBEN
9 191 MECHANIS.DER ERNTE ENTWICKLUNGSTENDENZEN IN ENGLAND
9 192 MECHANISIERUNG DER ERNTE
ENTBLATTEN KOEPFEN KOEPFLADER
1 253 ERNTE V.VERSUCHSPARZELLEN MIT UMGEBAUT.KOEPF U.RODELADER
2 262 KOEPFLADER E 732 ZUR ERNTE VON FUTTER UND KOHLRUEBEN
3 302 VIERREIHIGER KOEPFLADER BM 4 LEISTUNG U.BETRIEBSKOSTEN
3 303 AUFSATTELKOEPFER 3 OCX MIT RUEBENBLATTHAECKSLER
4 53 GERAETE ZUM NACHKOEPFEN MIT SCHLEGELERNTER
4 163 6REIHIGE ENTBLATTUNGSMASCHINEN
4 163 NACHKOEPFER VON SAINT HUBER
4 165 SCHLEGELERNTER MIT ZUSAETZLICHER KOEPFEINRICHTUNG
5 653 ROTORKOEPFER MIT FRAESE ZUM NACHPUTZEN
5 653 FUTTERRUEBENKOEPFER MIT HORIZONTAL ROTIERENDEN MESSERN
6 246 KOEPFGERAET DER VOLLERNTEMASCHINE SKD 2 UNTERSUCHUNGEN
7 398 KOEPFER CAMPINAIRE PRAEMIIERUNG
7 398 FUTTERRUEBENKOEPFER TEXIER PRAEMIIERUNG
8 215 KOEPFEN V.FUTTERRUEBEN MIT DEM SCHLEGELERNTER E 069
8 215 KOEPFLADER E 732 FUER DIE ERNTE V.GEHALTSRUEBEN
8 216 2REIHIGER SELBSTFAHRENDER KOEPFRODER VON VICON
8 504 BLATTKOEPFER FUER FUTTERRUEBEN R. TEXIER
8 504 BLATTKOEPFER ST. HUBERT
8 505 ZAPFWELLENBETRIEBENES GERAET ZUM ENTBLATTEN
8 505 GERAET ZUM ABSCHNEIDEN BZW.ENTBLATTEN VON FUTTERRUEBEN
9 77 KARTOFFELKRAUTSCHLAEGER ZUM KOEPFEN
9 418 KOEPFMASCHINE FUER UNREGELMAESSIGE BESTAENDE
9 423 MASCH. DIE DAS BLATT U.ANSCHLIESSEND DIE KOEPFE ABSCHNEIDEN
RODEN KOEPFRODER
1 248 BELASTUNG UND LEISTUNGSVERMOEGEN VON RODEORGANEN
3 294 VORRATSRODEN SECHSREIHIGE MASCHINE VON VOLVO
3 558 RODER U.SAMMELRODER FRANZOESISCHE GERAETELISTE MIT TECHN.DATEN
6 247 EINFL.V.SCHARNEIGUNG AUF ZUGWIDERSTAND DER RODEWERKZEUGE
6 248 GROBKALKULATION VON FUENF RODEVERFAHREN
7 76 EINSATZ VON LAENGENSCHWADKOPFRODERN
7 398 RODER AGRAM PRAEMIIERUNG
8 2 RODER ANFORDERUNGEN DER LOHNBETRIEBE
8 216 2REIHIGER BUNKERRODER ARMER MIT ELEKTRON.REIHENSTEUERUNG
8 503 6REIHIG.RODER MIT GEGENEINANDER DREH.SIEBRAEDERN V.SOMECA FIAT
8 503 3REIHIGER RODER VON FRANQUET MIT HORIZONT.ANGETRIEBENEM SIEBRAD
9 73 ERNTE MIT KOEPFRODERN ODER KOEPFRODELADERN
9 74 KAMPAGNELEISTUNG DES SCHWED.SECHSREIHIGEN VOLVO KOEPFRODERS
9 77 RODEN MIT KARTOFFELRODEKOERPERN
LADEN RODELADER
1 251 E 765 RODELADER MIT ZUSATZEINRICHTUNGEN
1 255 FUTTERRUEBENRODELADER V.ARBEITSGRUPPE ETZDORF FUNKTIONSMUSTER
1 258 T 178 MIETENLADER FUER ZUCKERRUEBEN
2 262 RODELADER E 765 ZUR ERNTE VON FUTTER UND KOHLRUEBEN
3 302 DREIREIHIGER RODELADER UKS 3 LEISTUNG UND BETRIEBSKOSTEN
3 303 RODELADER 3 VCZ FUER 1.4 MP TRAKTOREN MIT AKTIVRODESCHEIBE
3 303 2REIHIGER AUFSATTELRODELADER 2 VCX MIT AUTOMAT.REIHENFUEHRUNG
4 169 SOWJETISCHE LADER MIT REINIGUNGSEINRICHTUNG
6 249 3 VCX 3REIHIGE RODELADER MIT AUTOMATISCHER STEUERUNG
8 215 RODELADER E 765 FUER ERNTE V.GEHALTSRUEBEN

8 215 RUEBEN ANHAENGELADEGERAET T 163
8 503 LADER MIT REINIGUNGSVORRICHTUNG V.MOREAU
8 503 DREI UND SECHSREIHIGE RODELADER V.FRANQUET
9 421 LADER MIT REINIGUNGSEINRICHTUNG V.MATROT
VOLLERNTE
1 249 SECHSREIHIGER SELBSTFAHRENDER VOLVOKOEPFRODER
1 250 SECHSREIHIGER SELBSTFAHRENDER VOLVOKOEPFRODER
1 250 BUNKERKOEPFRODER PROBLEME DER LEISTUNGSSTEIGERUNG
1 252 SUPER FORCASTER VOLLERNTER V.JOHN SALMON
1 254 BUNKERKOEPFRAUFMASCHINEN FUER FUTTERRUEBEN
1 462 FUTTERRUEBENVOLLERNTEMASCHINE VON KEMPER
2 258 ERGEBNISSE DER PRUEFUNG VON VOLLERNTEMASCHINEN
2 259 VERGLEICH DER IN ENGLAND HERGESTELLTEN VOLLERNTEMASCHINEN
2 260 BUNKERKOEPFRODER RUSTICA RK 1 20 PRUEFBERICHT WIESELBURG
2 261 2REIHIGER GEZOGENER BZW.SELBSTFAHRENDER RODER VON VICON
3 299 HANDARBEITSLOSES ANRODEN VON SCHLAEGEN BEI VOLLERNTE
4 54 5 BZW.6REIHIGE ERNTEMASCHINE VON STANHAY
4 166 VOLLERNTEMASCHINEN VORFUEHRUNG IN SCHWEDEN
4 167 KST 3 VOLLERNTEMASCHINE VOM SCHLEGELTROMMELTYP
4 168 NACH DEM RAUFPRINZIP ARBEITENDE VOLLERNTEMASCH.UNTERSUCHG
7 72 SELBSTFAHRENDE ZWEIREIHIGE VOLLERNTEMASCHINE
7 76 ERNTE MIT BUNKERKOEPFRODERN
7 161 4 NEUE ERNTEMASCHINEN DER FA. CATCHPOLE
7 391 VOLLERNTEMASCHINEN MIT HYDRAUL.GESTEUERTEN RODESCHAREN
7 394 1REIHIGER CATCHPOLE WAGENRODER KLEINE 5000 AUTOMATIC
7 399 BUNKERKOEPFRODER AUF DER DLG AUSSTELLUNG
7 400 VOLLERNTEMASCHINEN FUER RAUF UND POMMRITZER VERFAHREN
8 142 VOLLERNTER BLATTTRENNUNG U.BLATT UND RUEBENABLAGE
8 361 AUTOMATISCHE ERNTEMASCHINE RACINEX
9 3 BUNKERKOEPFRODER
9 74 EINREIHIGE U.MEHRREIHIGE BUNKERKOEPFRODER
9 74 BUNKERZIEHMASCHINE FUER DIE FUTTERRUEBENERNTE
9 428 SELBSTFAHRENDE ERNTEMASCHINE VON STANDEN
AUFNEHMEN VON RUEBEN
2 256 HACKFRUCHTSCHWADGERAET PROTZEN SENKT RODEVERLUSTE
8 216 RODEREINIGER UND REINIGENDE LADEAGGREGATE
BLATTBERGUNG
1 247 ARBEITSQUALITAET DES SCHLEGELERNTERS BEI BLATTERNTE
1 249 TRAKTORLADER FUER BLATTBERGUNG AUS QUERSCHWADEN
1 249 GERAETE FUER BLATTBERGUNG AUS LAENGSSCHWADEN
2 121 BLATT LADEMEISTER HS 3 LADEWAGEN MIT UND OHNE SCHNEIDWERK
4 165 BLATTGEWINNUNG HAGEDORN LADEWAGEN U.DIADEMM SAMMELLADER
6 124 BLATTBERGUNG MIT LADEWAGEN
7 141 BLATTBERGUNG MIT LADEWAGEN
TRANSPORT
1 257 TRANSPORT MIT STRASSENFAHRZEUGEN OEKON.PROBLEME
2 263 RATIONELLER EINSATZ EINER ZENTRALEN TRANSPORTBRIGADE
2 264 ARBEITSZEITAUFWAND UND KOSTEN DES ZUCKERRUEBENABSATZTRANSPORTES
4 54 MIETENLADER VON BRETTEN
5 297 KOMPLEXMECHANISIERTE KETTEN FUER DEN TRANSPORT
5 298 TECHNOLOGIE DES TRANSPORTES
5 299 VDP 75 UMLADE UND STAPELFOERDERER EINSATZ
5 299 TRANSPORT U.ZWISCHENLAGERUNG KOSTENAUFWAND VERSCHIED.VERFAHREN
5 335 SYSTEM FUER ENTLADUNG REINIGUNG U.STAPELUNG V.RUEBEN
6 248 KOSTEN DER ABFUHR BEI VERSCHIED.ERNTEVERFAHREN
6 514 BECHERWERK MIT KUEBELN FUER DEN TRANSPORT
8 1 TRANSPORT UND WASCHTROMMEL ZUR REINIGUNG
8 76 TRANSPORTVORRICHTUNGEN AUF DEM HOF
REINIGEN
5 336 EINRICHTUNGEN ZUR REINIGUNG
8 1 TRANSPORT UND WASCHTROMMEL ZUR REINIGUNG
SONSTIGE AUFBEREITUNG
2 141 VERARBEITUNG FUER FUTTERZWECKE
3 322 EINFLUSS VON ZERKLEINERUNG AUF MISCHSILAGEQUALITAET
3 388 MECHANISCHER HAECKSLER H 108 1 4 JEMIO
5 297 ANLAGEN FUER AUFBEREITUNG IN ZUCKERFABRIKEN

6 142 RUEBEN VERARBEITUNG V.ZUCKERRUEBEN FUER FUTTERZWECKE
8 217 PRODUKTION V.ZUCKERRUEBENSCHNITZELN IN DER DDR
8 218 BLATT TROMMELTROCKNUNGSANLAGE MGF AUS DER VR UNGARN
LAGERUNG
4 162 QUALITAETSSCHONENDE ZWISCHENLAGERUNGSBEDINGUNGEN
5 299 ABKIPPEN MIT NACHFOLGENDEM STAPELN MIT LADEGERAET
7 198 ARBEITSPARENDE UND VERLUSTARME LAGERUNG VON FUTTERRUEBEN
7 199 GERAET ZUM MECH.VERLEGEN VON ABDECKMATTEN AUF MIETEN
7 200 LAGERUNG BEI BELUEFTUNG
8 215 VERFAHRENSTECHNOLOGIE DER FUTTERRUEBENLAGERUNG
8 559 MEHRZWECKSCHEUNEN FUER DEN LANDW.BETRIEB
9 16 BELUEFTEN V.STAPEL UNTERSUCHUNG MIT RADIONUKLIDEN
9 78 LAGERUNG VON STECKLINGEN
SAMENBAU
1 246 MASCHINELLES RODEN VON STECKLINGEN MASCHINENVORFUEHRUNG
3 329 ENTSTOPPLUNGSMASCHINEN
3 346 VERWENDG.V.GETREIDEREINIG.MASCH.FUER SAMENAUFBEREITUNG
8 85 SAMENTRAEGERERNTE MIT SPEZIALSCHWADMAEHER U.MAEHDRESCHER
9 73 ANBAU VON SAMENTRAEGERN IN DER UDSSR
9 78 MECHANISIERUNG DES SAMENANBAUS IN DEN NIEDERLANDEN
4 502 RUEBENDERBRUESSLER DRIFTSPRUEHEN MIT GERAET OVT 1
5 649 RUEBENRUESSELKAEFER BEKAEMPFUNG DURCH SPRUEHEN MIT GERING.MENGEN
5 298 RUEBENSCHNITZEL TECHNOLOGIE DES TRANSPORTES
RUECKEKARRE S.UNTER HOLZRUECKEN UND BRINGEN
RUECKEN VON HOLZ S.UNTER HOLZRUECKEN UND BRINGEN

RUECKENSPRITZE S.UNTER SPRITZEN
RUECKESCHILD S.UNTER HOLZRUECKEN UND BRINGEN
RUECKESCHLITTEN S.UNTER HOLZRUECKEN UND BRINGEN
RUECKEWAGEN S.UNTER HOLZRUECKEN UND BRINGEN
3 215 RUECKHALTEBECKEN FUER WASSERVERSORGUNG UND SPEICHERUNG
1 333 RUEHREN UND HOMOGENISIEREN DES FLUESSIGMISTES
4 258 RUEHRWERK UNTERS.AN KREUZBALKENRUEHRWERKEN B.HOMOGENIS.V.RINDERGUELLE
RUETTELEGGE S.AUCH EGGEN
4 112 TECHNISCHE MOEGLICHKEITEN TYPENUEBERSICHT
8 109 POWER HARROW V.VICON EINSATZERFAHRUNGEN
RUETTELZETTER S.UNTER GRUENFUTTER
RUETTLER S.UNTER OBSTI ERNTE
5 669 RUETTLER MASCH.ZUM HERSTELLEN POROESER BLOECKE FUER KELLERWAENDE
6 444 PRUEFUNG V.DREI TYPEN DES FREMA TELLERRUETTLERS
5 1 RUMAENIEN STAND DES LANDMASCHINENBAUES
5 532 DUENNHOLZBEREITSTELLUNG
5 692 PROJEKT.V.ANLAGEN ZUR INDUSTRIEMAESS.TIER.PRODUKTION
6 334 PLASTFOLIEN BEIM BAU VON GEMUESEPRODUKTIONSSTAETTEN
RUNDHOLZABWERFER S.UNTER HOLZAUFBEREITUNG
RUNDSILO S.UNTER SILO
RUNDTRAENKE S.UNTER TRAENKEN
3 329 RUTSCHFLAECHENAUSLESER FUER SAATGUT BAU UND ARBEITSWEISE

SAATGUT HINWEISE
S.AUCH GETREIDE
ALLGEMEINES
1 407 PILLIERTES SALATSAATGUT FUER PRAEZISIONSSAEMASCHINEN
2 441 ALUMINIUMHUELLE GEGEN VOGELFRASS BEI FORSTSAMEN
4 416 FORSTL.HANDWERKZEUG VERZEICHNIS DER FAO
4 435 ERHOEHUNG DER KEIMFAEHIGKEIT DES LAERCHENSAMENS
5 63 VORRICHTUNG ZUM ZAEHLEN VON KOERNERFRUECHTEN
8 28 BESTIMMUNG DER INNEREN REIBUNGSZAHL VON GRASSAMEN
8 85 SAATGUTFRAGEN IM AMERIKANISCHEN ZUCKERRUEBENBAU
8 234 APPARATE ZUR FEUCHTEMESSUNG VON KOERNERN UND SAMEN

REINIGEN SORTIEREN
1 282 LABORMASCHINEN ZUR AUFBEREITUNG UND BEURTEILUNG
1 284 ELEKTROMAGNETISCHER SAMENKLASSIFIKATOR KEM 1
2 276 SAATREINIGUNGS UND TROCKNUNGSANLAGE PETKUS

2 278 SAATGUT ELEKTROMAGNETISCHER REINIGER ASE IM FUER LABORZWECKE
2 279 ELEKTROMAGNETISCHER KLASSIFIKATOR KEM 1
2 515 KOMBINIERTE REINIGUNGS UND SORTIERANLAGE FERTIGUNGSLINIE
3 329 NACH DER REIBUNG SICHTENDE SAATGUTBEREITER ARBEITSWEISE
3 346 VERWENDG.V.GETREIDEREINIG.MASCH.FUER RUEBENSAMENAUFBEREITG.
3 466 MASCHINENKETTE FUER AUFBEREITUNG VON FEINSAEMEREIEN
3 620 KOMB.REINIGUNGS TROCKNUNGS U.SORTIERANLAGE
4 185 CROPCLEANER PSA 800 VORREINIGER V.LINDE PRUEFBERICHT ULTUNA
5 314 REINIGUNG UND SORTIERUNG
5 314 KALIBRIERMASCHINEN UND ENTKOERNUNGSMASCHINEN
5 316 MASCHINEN FUER DIE FLIESSBANDAUFBEREITUNG
5 317 REINIGUNG VON SONNENBLUMENSAATGUT VON SKLEROTIEN
5 318 BESTIMMUNG DER SICHTGUETE BEI DER SCHUETTGUTSICHTUNG
5 338 ARBEITSPROZESS EINES TROMMELREIBERS FUER KLEE
5 725 REINIGUNG VON RIZINUSSAMEN
6 400 MASCHINE FUER REINIGEN UND SICHTEN V.NADELHOELZERSAATGUT
8 509 BEREITER AUF DER DLG SCHAU IN MUENCHEN
FOERDERN TRANSPORT
2 246 HANTIERUNGSVERFAHREN MIT LOSEM SAATGUT
4 152 LOSER TRANSPORT VOM SPEICHER ZUM FELD
TROCKNUNG
1 429 STATIONAERE ELEKTRISCHE KLENGANLAGE KONSTRUKTION
2 283 TROCKNUNG DURCH AKTIVE BELUEFTUNG
3 334 ZULAESSIGE SAATGUTERWAERMUNG BEI DER HEISSLUFTTROCKNUNG
5 323 TROCKNUNG V.HUELSENFRUECHTEN IN GEGENSTROMTROCKNUNGSANLAGEN
6 385 AUFBAU UND ARBEITSWEISE EINER ELEKTR.TROCKNUNGSANLAGE
8 564 TROCKNUNG VON SONNENBLUMENSAMEN MIT VORWAERMUNG
BEIZEN
2 281 STATION ZUR HEISSWASSERBEHANDLUNG
3 554 GERAETE ZUM DESINFIZIEREN
5 314 HEISSWASSERBEIZANLAGEN ANLAGEN FUER CHEM.BEIZUNG
6 448 GERAET ZUR HEISSWASSERBEHANDLUNG GEGEN FLUGBRAND
6 462 BEIZGERAET PC 100 F
7 396 BEIZER
8 84 AUFBEREITUNG VON RUEBENSAATGUT
8 501 VERZEICH.AMTL.GEPRUEF.U.ANERKANNT.GETREIDEBEIZMITTEL U.GERAETE
SONSTIGE AUFBEREITUNG
4 362 MASCH.VST 1 5 ZUM AUSWASCHEN UND SCHLEIFEN VON SAMEN
6 18 AUFBEREITUNG UND LAGERUNG
6 258 TECHNOLOGIE DER INFRAROTBESTRAHLUNG VOR DER AUSSAAT
6 377 THEORIE DER RIZINUSSAMENAUFBEREITUNG
7 400 MASCHINEN FUER GURKEN TOMATEN U.MELONEN SAMENGEWINNUNG
LAGERUNG
7 166 SILO FUER VERSCHIEDENE SORTEN PATENT
5 652 SABITHANE ZUR GELBROSTBEKAEMPFUNG IN GETREIDE
9 421 SACK AUTOMATISCHE VERSCHLIESSMASCHINE
2 319 SACKFALTAUTOMAT MIT NAEH UND SCHWEISSMASCHINE
SAEEN HINWEISE
MASCHINEN UND GERAETE FUER GEMUESE S.AUCH GEMUESE
MASCHINEN UND GERAETE FUER MAIS S.AUCH MAIS
MASCHINEN UND GERAETE FUER RUEBEN S.AUCH RUEBEN
ALLGEMEINES
2 246 GROSSRAUMFAHRZEUGE ZUM BESCHICKEN DER DRILLMASCHINEN
4 1 PRODUKTION V.MASCH.IN DER SU SEIT DER OKTOBERREVOLUTION
6 22 AUFGABEN DES LANDW.INGENIEURS IM SUDAN
9 136 RICHTIGES BESTIMMEN DER SAATSTAERKE
VERFAHREN
1 179 EINFLUSS DES LUFTWIDERSTANDES AUF DIE SAEGENAUIGKEIT
1 187 EINFL.HOH.DRILLGESCHWINDIGK.U.HANGNEIGUNG AUF AUSSAATGUETE
3 250 GLEICHSTAND DRILL U.BREITSAAT V.GETREIDE
4 2 VERFAHREN U.MECHANISIERUNG ENTWICKLUNGSTENDENZEN
4 100 ARBEITSLEISTUNG BEI EINSATZ IM REISANBAU
4 123 MECHANISIERUNG DER GETREIDESAAT
4 124 UNTERSUCHUNGEN ZUR PNEUMATISCHEN BREITSAAT
5 152 MODERNE VERFAHREN DER ZUCKERRUEBENAUSSAAT
6 138 VERFAHREN MIT STREIFENBEARBEITUNG FRAESSAAT U.AUSSAAT AUF DAEMME

6 198 SAEEN PFLANZENBAULICHE PROBLEME BEI DER SAATTECHNIK
6 199 DIREKTSAAT AEUSSERSTE FORM DER MINIMALBODENBEARBEITUNG
6 343 MECHANISIERUNG DER AUSSAAT IM GARTENBAU
7 72 VON GETREIDE UND FUTTERSAMEN MIT PENDELSTREUER
7 125 DRILLEN IN FAHRGASSEN UND SPURRILLENVERFAHREN
7 125 ZUKUNFTSAUSSICHTEN DER DRILLSAAT
8 99 BREITSAAT MIT DEM SCHLEUDERSTREUER
9 68 KOPPLUNG VON ZWEI DRILLMASCHINEN
9 132 MECHANISIERUNG DER GETREIDEBESTELLUNG
9 133 BREITSAAT BEI RUEBEN FELD UND GROSSVERSUCHE

DRILLMASCHINEN
1 184 AUTOMAT.SELBSTFAHR.DRILLMASCHINE FUER GETREIDEPARZELLEN
1 185 EINSPARUNG VON AFDREHARBEITEN BEI PARZELLENDRILLMASCHINEN
2 385 GRASSTREIFENANSAAT MIT DER DRILLMASCHINE
3 112 DRILLMASCH.SNP 24 EINSATZ V.MASCH.TRAKTOR.AGGREG.IN UKRAINE
3 436 DRILLMASCHINE SON 2 8 FUER GEMUESE
3 437 VORRICHTG.SZLS 6 ZUR DRILLMASCHINE SOSS 2 8
3 438 ZWIEBELSAEMASCHINE SLS 4 ODER SLW 10 FUER STREIFENSAAT
3 558 FRANZOESISCHE GERAETELISTE MIT TECHN.DATEN
4 153 MASCHINEN FUER DIE MAISAUSSAAT IN UNGARN
5 191 MASCH.PRODUKTION IM FUENFJAHRPLAN DER UDSSR
5 235 ENTWICKLUNG VON SAE UND PFLANZMASCHINEN IN DER SU
5 235 UNIVERSALDRILLMASCHINE FUER 4.2 M ARBEITSBREITE
5 236 ANBAUDRILLMASCHINE ISARIA SUPER UNIVERSAL DLG PRUEFBERICHT
5 238 SZN 8S ANBAUPARZELLENDRILLMASCHINE
5 275 SOWJETISCHE MASCHINEN FUER DIE AUSSAAT VON FLACHS
6 133 EINSATZGRENZEN FUER MASCHINEN UND GERAETE IN HANGLAGEN
6 197 BAUREIHEN DER AMAZONENWERKE V.BOTSCH SCHWEITZER TROESTER WEISTE
6 206 AUSSAAT V.HYBRIDSTECKRUEBEN MIT DOPPELSAEMASCH.SON 2.8
6 207 ELEKTRON.GERAET FUER KONTROLLE DER DRILLMASCHINENARBEIT
6 342 LABOR UND FELDVERSUCHE MIT SCHUBRADSAEGERAETEN
7 47 FLAECHENLEISTUNGEN MIT DEM ALLRADTRAKTOR K 700
7 122 MODERNE TRAKTORDRILLMASCHINEN MIT SCHALTAUTOMATIK
7 124 MASCH.MIT ZENTRALEM ZUTEILUNGSORGAN FUER ALLE SAESCHARE
7 124 NOCKENRAD U.SCHUBRADDRILLMASCHINEN FUER GETREIDEAUSSAAT
7 125 KREISELSTREUER FUER DIE BREITSAAT
7 126 D4 AMAZONE DRILLMASCHINE NIAE TEST
7 399 ANBAUMASCHINEN MIT GROSSEN ARBEITSBREITEN
8 2 ANFORDERUNGEN DER LOHNBETRIEBE AN DRILLMASCHINEN
8 99 DRILLMASCHINEN MIT ZENTRALER ZUTEILUNG DES SAATGUTES
8 509 SPEZIALMAISSAEGERAET
8 509 DRILLMASCHINEN AUF DER DLG SCHAU IN MUENCHEN
8 511 LANDTECHNISCHES ANGEBOT AUF DER DLG
8 514 1968 GERAETELISTE IN FRANKREICH GEHANDELTER TYPEN
9 3 DRILLMASCHINEN TENDENZ ZU GROESSEREN ARBEITSBREITEN
9 61 DRILLMASCH.WALTER WINTERSTEIGER FUER VERSUCHSFELDER
9 68 PNEUMATISCHE DRILLMASCHINE
9 80 SAEMASCH.SNP 24 FESTIGKEIT BEI ERHOEHTEN GESCHWINDIGKEITEN
9 134 MAISSAEMASCHINEN SKNK 6 SKNK 8 U.SKPN 8 ZUSATZVORRICHTUNGEN
9 135 MAISDRILLAGGREGAT MIT GROSSER ARBEITSBREITE
9 138 UNIVERSALPRUEFSTAND FUER DAS ABDREHEN VON DRILLMASCHINEN
9 363 GERAET FUER DIE AUSSAAT IN KISTEN
9 419 DRILLMASCHINE FUER KOHL UND RAPS VON DER FA. GIBBS
9 424 DRILLMASCHINE VON GOUGIS

KOMBINIERTE MASCHINEN
2 198 KOMB.AUS ANHAENGEPFLUG SCHEIBENEGGE RINGELWALZE U.DRILLMASCH.
2 198 MASCHINENKOMBINATION GSD 1 4
2 198 KOMBINATION VON FRAESMASCHINE UND DRILLMASCHINE
2 198 DRILLREIHENLOSE SAEMASCHINEN MIT KOMB.GRUBBER U.SAESCHAREN
2 199 VEREINHEITL.V.SAEMASCH.U.KULTIVATOREN MIT DUENGERVERTEILERN
3 194 EINZELKORNSAEGERAETE MIT REIHENDUENGERSTREUEINRICHTUNG
3 229 FLACHSTREIFENBEARBEITUNG BEI DER SAATBETTVORBEREITUNG
3 249 II SEKX 230 KOMBINIERTE ANHAENGEDRILLMASCHINE EXPORT
3 431 KOMBINIERTE SAEMASCHINE NACH DEM MODELL PROF. KAZAROW
4 54 EINZELKORNSAEMASCH.SEEDSTAR KOMB.MIT VERHAUMASCH.OD.VERDUENNER
4 125 STREIFENNACHSAEEINRICHTUNG FUER DREIPUNKTANBAU

5 209 SAEEN DUENGERDRILLVORRICHTUNGEN AN SAE UND HACKMASCHINEN
5 235 ENTWICKLUNG KOMB.GRUBBER U.DRILLMASCHINEN IN DER SU
5 656 KOMB.VON RUETTELEGGE UND DRILLMASCHINE
6 463 VORRICHTUNG FUER SAEMASCHINE ZUM AUSBRINGEN INSEKTIZ.GRANULATE
7 78 UNIVERSALMASCHINEN FUER AUSSAAT PFLEGE UND BODENBEARBEITUNG
7 123 KOMBINATION V.SAEMASCHINE U.FRAESE FUER DIE BESTELLUNG
7 395 DUENGEREGGE IN KOMBINATION MIT SAEMASCHINE
8 1 ENTWURF EINER UNIVERSALMASCHINE FUER ALLE FELDARBEITEN
8 126 SPEZIALRAHMEN FUER KOMBINATION V.DUENGERSTREUER U.SAEMASCHINE
8 127 MINIMALBEARBEITUNG U.DIREKTSAAT MIT DRILLMASCHINE SEMAVATOR
8 322 KOMB.BEETSAEMASCHINE FUER BREITSAAT VON FEINSAEMEREIEN U.MULCHEN
9 127 MASCH.F.RAEUML.GETRENN.ABER GLEICHZEIT.AUSBRING.V.SAAT U.DUENGER
9 131 BESTELL DRILLGERAET FUER RUEBEN MIT ZAHNKRUEMLER
9 132 PNEUMATISCHES BREITSAATGERAET MIT FRAESE
9 134 VORRICHTUNG FUER SAEMASCH.ZUM ZIEHEN VON BEWAESSERUNGSFURCHEN
9 134 KOMB.V.SAEMASCH.MIT HERBIZID U.AMMONIAKWASSERSPRITZMASCHINEN
9 419 KOMB.DRILL U.DUENGESTREUMASCH.V.WESTERN MACHINERY U.EQUIPMENT
9 424 MASCH.FUER GLEICHZEIT.DRILLEN U.KULTIVIEREN V.HOWARD ROTAVATOR

BAUGRUPPEN BAUTEILE

1 186 ARBEIT V.GETREIDEDRILLSCHAREN UNTER LABORBEDINGUNGEN
2 205 UNTERSUCHUNG MECHANISCHER AUSSAATMECHANISMEN FUER MAIS
5 653 REGELGETRIEBE FUER SAEMASCHINEN
7 398 DAUERWECHSELGETRIEBE FUER SAEMASCHINEN SOMECA
8 129 VARIABLE RIEMENSCHEIBE Z.REGELN DER GETREIDESAATREIHENLAENGE
8 131 ANALYSE DER KONSTRUKTION V.SAESCHARAUFHAENGUNGEN
8 504 STUFENLOSES STELLWERK FUER SAEMASCHINEN FIAT FRANCE
8 505 KONTINUIERLICHE AUSFLUSSREGELVORRICHT.FUER DRILLMASCHINEN
9 6 ERPROBUNG VON VERSCHLEISSFESTEM GUSS FUER DRILLSCHARSPITZEN

GLEICHSTAND UND EINZELKORNSAAT

1 180 PRAEZISIONSSAEMASCHINEN FUNKTION UND ARBEITSORGANE
1 181 PRAEZISIONSAUSSAAT BEI ERHOEHTER GESCHWINDIGKEIT FELDVERSUCHE
1 183 KONTROLLE V.ZELLFUELLG.U.VERTEIL.B.PRAEZISIONSSAEMASCHINEN
1 194 UEBERLEGENHEIT V.PILLIERTEM GENET.EINKEIMIGEM SAATGUT
1 194 NEUE MASCHINEN FUER DIE PRAEZISIONSSAAT
2 102 HYDROSTATISCHER ANTRIEB BEI EINZELKORNSAEGERAETEN
2 200 UNTERSUCHUNG MECHANISCHER AUSSAATMECHANISMEN FUER MAIS
2 201 MAIS TECHNOL.DER EINZELKORNSAAT MIT GROSSEN REIHENABSTAENDEN
2 202 PARZELLENANBAUDRILLMASCHINE FUER DIE AUSSAAT V.ZUCKERRUEBEN
2 203 AUSLAENDISCHE GLEICHSTANDRUEBENDRILLMASCHINEN
2 204 EINZELKORNLEGEMASCHINE FUER SOMMERWICKEN UND ERBSEN
3 251 EINZELKORNSAAT BEZIEH.ZWISCH.SAEGENAUIGK.U.FAHRGESCHWINDIGK.
3 252 VERGLEICHSPRUEF.V.EINZELKORNSAEMASCH.DER DDR U.CSSR FERTIGUNG
4 126 EINZELKORNDRILLMASCHINE FUER DIE SAATGUTZUECHTUNG
5 237 EINZELKORNSAEMASCHINE SAATKNECHT EN PRUEFBER.WIESELBURG
5 239 MESSEINRICHTUNGEN FUER UNTERSUCH.V.EINZELKORNSAEMASCHINEN
6 132 EINZELKORNSAEMASCHINE VOM IMA GEPRUEFTE TYPEN
6 134 EINZELKORNSAEGERAETE FUER HACKFRUECHTE
6 200 SERIENPRUEFUNG VON GLEICHSTANDSDRILLGERAETEN FUER MONOGERMSAAT
6 201 EINZELKORNSAEMASCHINE HILLESHOEG EXACT PRUEFBERICHT ULTUNA
6 202 EINZELKORNSAEMASCHINE MONODRILL Z PRUEFBERICHT ULTUNA
6 203 NIBEY 66 6 EINZELKORNSAEMASCHINE PRUEFBERICHT ULTUNA
6 204 EINZELKORNSAEMASCHINE PALM TYP B PRUEFBERICHT ULTUNA
6 205 EINZELKORNSAEMASCHINE HOLBAEK STANHAY B PRUEFBERICHT
6 341 GEMUESESAEMASCHINE NACH DEM UNTERDRUCKPRINZIP
7 76 AUSBRINGEN V.EINKEIM.KALIBRIERTER SAAT MIT EINZELKORNSAEGERAETEN
7 122 EINZELKORNSAEGERAETE FUER RUEBEN MAIS UND GEMUESE
7 262 EINZELKORNSAEVORRICHTUNG FUER ERDTOEPFE
7 263 SAEGERAET FUER DIE VERWENDUNG IM GEWAECHSHAUS
7 396 WEITERENTWICKELTE EINZELKORNDRILLMASCHINE
8 2 EINZELKORNSAEGERAETE FUER HOHE GESCHWINDIGKEITEN
8 81 EINZELKORNSAAT UND FRAESSAAT VON MAIS
8 128 PRAEZISIONSSAAT VON ZUCKERRUEBEN VERSUCHSBERICHT DES ILR
8 130 UNTERSUCHUNG VON REIBUNGSSAEGERAETEN FUER HUELSENFRUECHTE
8 214 EINZELKORNSAAT V.FUTTERRUEBEN IM DEP. MAYENNE
8 310 EINZELKORNSAEGERAETE MAISDRILLE U.DRILLAUTOMAT AUF DER DLG SCHAU
9 3 EINZELKORNSAAT MIT BANDSPRITZUNG IM RUEBENBAU

9 73 SAEEN RUEBENAUSSAAT MIT ZWOELFREIHIGEN EINZELKORNSAEMASCHINEN
9 74 EINZELKORNSAAT MIT BANDSPRITZUNG
QUADRATNESTSAAT
3 304 ZUSATZVORRICHTUNG FUER QUADRATNESTSAEMASCH.FUER ERDNUSSSAAT
9 136 SAATSTAERKE VERSUCHE MIT QUADRATNESTSAEMASCH.SKGN 6 U.SKGK 6V
9 137 WAHL DER SAESCHEIBEN FUER DIE AUSSAAT VON SORGHUM
FORSTWIRTSCHAFT
4 406 MECHANISIERUNG IN DER SOWJETISCHEN FORSTWIRTSCHAFT
4 411 EICHELSAEGERAET SZN 1 TECHN.DATEN U.EINSATZBERICHT
9 365 BAUPRINZIPIEN VON EINZELKORNSAEMASCHINEN FUER GEMUESE
SAEGE S.AUCH KREISSAEGE
MOTORSAEGE S.DORT S.AUCH HOLZAUFBEREITUNG
1 414 FLIESSBANDSORTIERLINIE FUER FLOSSBUNDE U.RUNDHOLZLADEMASCHINEN
1 414 FLIESSBANDSORTIERLINIE FUER SCHAERF UND STAUCHAUTOMATEN
1 437 WALZMASCHINE FUER KREISSAEGEBLAETTER HALBAUTOMATISCH
1 437 HERSTELLUNG VON ZWISCHENLAGEN FUER SAEGEBLAETTER
1 437 ZENTRIEREN DES PRISMIERTEN SAEGEBLOCKES AUF GATTERN
4 323 VERGLEICH PNEUMATISCHER SCHNITTGERAETE MIT ENTSPR.HANDGERAETEN
4 417 ELEKTROSAEGE EPC 3
4 445 LUTZ GANZSTAHLKREISSAEGE KS PRUEFBERICHT WIESELBURG
5 518 WIDERSTANDSSCHWEISSEN VON BANDSAEGEN
5 530 DURCHFORSTUNGSMASCHINEN MIT KREIS UND KETTENSAEGEN
5 536 SENSEN U.BUEGELSAEGE DURCHFORSTG.AM STEILHANG VERGL.V.GERAETEN
5 538 BUEGELSAEGE DURCHFORSTUNG VON KIEFERNJUNGBESTAENDEN
5 546 SCHAERFGERAETE PRUEFURTEILE DES FORSTL.PRUEFAUSSCHUSSES
5 555 ZERSCHNEIDEN VON RUNDHOLZ GERAETEVERGLEICH
9 400 HYDRAUL.KETTENSAEGE AN EINEM GREIFLADER
4 423 SAEGENSCHAERFAPPARAT ERGEBNISSE V.FORSTTECHN.PRUEFUNG
5 347 SAEGESPAENE ALS EINSTREU FUER SAUENBUCHTEN
1 412 SAEGEWERK EINSCHRAENKG.DER DURCHMESSERKLASSEN FUER EXPORTSCHNITTHOLZ
3 522 RATIONALISIERUNG DER HOLZAUSFORMUNG IN NORWEGEN
4 453 STUETZKONSTRUKTIONEN FUER SORTIERTRANSPORTEURE
4 494 UEBER 100 JAHRE ALT U.ELEKTRONISCH GESTEUERTES WERK
6 394 AUFGABEN DER SEKT.SAEGE U.HOLZBEARBEITUNGSINDUSTRIE DER SU
8 446 HOLZBEARBEITENDE INDUSTRIE IM GEBIET CHABAROWSK
8 461 FRAUENBURG AUSRUESTUNG MIT PORTALKRAN
SAEMEREIEN S.SAATGUT
SAFTFUTTER S.UNTER FUTTERMITTEL
1 389 SALAT ANBAU IN GEWAECHSHAEUSERN AUS DOPPELWANDG.POLYAETHYLEN
1 407 PILLIERTES SAATGUT FUER PRAEZISIONSSAEMASCHINEN
2 386 PFLANZMASCHINE FUER GETOPFTE JUNGPFLANZEN
3 430 ANZUCHTBETRIEB FUER SALATJUNGPFLANZEN
3 432 DEMONSTRATION SELBSTFAHRENDER PFLANZMASCHINEN
3 459 REGELSYSTEM FUER SELBSTAENDIG AUSWAEHLENDE ERNTEMASCHINEN
4 320 ERFAHRUNGEN MIT PFLANZWAGEN
5 457 ERTRAGSZUWACHS BEI KOPFSALAT NACH KOHLENDIOXIDBEGASUNG
5 462 ERNTEMASCHINEN MIT TASTER IN DEN USA
5 463 ERNTE MIT DER UNIVERSALMASCHINE VOM NIAE
6 341 GEMUESESAEMASCHINE NACH DEM UNTERDRUCKPRINZIP
7 9 ERNTEMASCHINEN AUTOMAT.PHYSIKALISCH TECHNOLOGISCHER PROZESSE
7 10 KOPFABTASTUNG BEI ERNTEMASCH.FUEHLER U.SIGNALUEBERTRAGUNG
7 296 ERTRAGSAUSFAELLE BEI GASSTRAHLERHEIZUNG UNTER GLAS
7 297 ERTRAGSAUSFAELLE BEI GASSTRAHLERHEIZUNG UNTER GLAS
7 308 SCHNEIDVORRICHTUNG ZUM ERNTEN VON KOEPFEN PATENT
7 308 TASTVORRICHTUNG ZUM ANWEND.B.ERNTEN V.KOEPFEN PATENT
8 316 DICHTANBAU IN KALIFORNIEN UND ARIZONA
9 293 KUEHLLAGERUNG IM ERZEUGERBETRIEB
9 59 SALZ UNIVERSALLADER MGL ZUM ENTLADEN AUS EISENBAHNWAGGONS
SAMEN S.UNTER SAATGUT
8 149 SAMMELHAECKSLER HERSTELLERLISTEN MIT TECHNISCHEN DATEN
3 455 SAMMELLADER FUER DIE ERNTE VON WASSERMELONEN
4 165 EINSATZ ZUR RUEBENBLATTAUFNAHME AUS LAENGSSCHWADEN
SAMMELPRESSE HINWEISE
S.AUCH BALLEN...
ALLGEMEINES
9 66 BEWERTUNGSKRITERIEN FUER VERGLEICHSPRUEFUNGEN

SAMMELPRESSE EINSATZ
1 225 HOCHDRUCKPRESSE K 442 MIT BALLENWERFER STROHBERG.
2 244 EINSATZ DER HOCHDRUCKPRESSE ZUR STROHBERGUNG
4 137 EINSATZ ZUR HALB UND DUERRHEUBERGUNG
4 151 ARBEITSVERFAHREN UND AUFWAND BEI DER STROHERNTE
6 227 EINSATZ VON HOCHDRUCKBALLENPRESSEN ZUR STROHBERGUNG
7 137 HEU U.GRUENFUTTERERNTE MIT DLG ANERKANNTEN MASCHINEN
7 150 PRESSEN VON SILIERGUT MIT HOCHDRUCKPRESSEN
8 183 EINSATZ FUER DIE STROHBERGUNG
8 187 STROHBERGUNG MIT DER HOCHDRUCKPRESSE
8 190 STROHBERGUNG MIT DER HOCHDRUCKPRESSE
9 68 STROHBERGUNG MIT DER HOCHDRUCKPRESSE
9 172 K 442 HOCHDRUCKPRESSE EINSATZ ZUR STROHBERGUNG
BAUARTEN TYPEN
1 114 MIT FEDERN ODER HYDRAULISCH VON NEW HOLLAND
1 226 PSB 1 6 MIT LADEVORRICHTUNG LPU I FUER BALLEN
3 267 GROSSPRESSE MIT 2 SPINDELN FUER I T BALLEN
3 268 K 442 RAEUM UND SAMMELPRESSE MIT BALLENWERFER
4 7 ZWECKMAESSIGE FORMGESTALTUNG EINER FAHRB.BALLENPRESSE
4 143 FIOPA S 362 MASCHINENPRUEFBERICHT ULTUNA
4 144 MASCHINE ZUM HERSTELLEN VON GROSSHEUBALLEN BIS I MP
5 257 MC CORMICK INTERNATIONAL PRUEFBERICHT ULTUNA
6 465 WELGER AP 71
7 136 PRESSEN FUER DIE HEUGEWINNUNG
7 149 SPEZIFIKATIONEN U.PREISE DER BALLENPRESSEN V.7 FIRMEN
7 392 HOCHLEISTUNGSPRESSE MIT GLEICHMAESSIGEM AUSSTOSS
7 394 AP 71 V.WELGER
7 395 BALLENPRESSE MIT WURFEINRICHTUNG
7 397 VON MC CORMICK
7 398 FUER REBHOLZ GARNIER PRAEMIIERUNG
7 399 TYPEN AUF DER DLG AUSSTELLUNG
8 142 ZUR BEWAELTIGUNG DER FUTTERERNTE
8 143 TABELL.UEBERSICHT IN DER USA EINGESETZTER TYPEN
8 144 HOCHDRUCKPRESSEN FUER DIE FUTTERERNTE
8 170 PICK UP NORDSTEN OH PRUEFBERICHT VOLLEBEKK
8 504 GARNIER
8 505 MIT GERINGER VERDICHTUNG
8 514 1968 GERAETELISTE IN FRANKREICH GEHANDELTER TYPEN
9 1 ENTWICKLUNG UND EINSATZ IN BELGIEN
9 62 NIEDERDRUCKPRESSEN FUER PRESSGUT FUER BELUEFTUNG
9 65 MF 20 NIAE TEST
9 423 HOCHDRUCKPRESSEN FUER PRESSBALLENWELKSILAGE
9 427 HOCHLEISTUNGSPRESSE MIT GLEICHMAESSIGEM AUSSTOSS
BAUGRUPPEN BAUTEILE
2 232 BALLENBINDEGARN RED STAR AUS POLYPROPYLENE NIAE TEST
5 256 SIGNALEINRICHTUNG FUER STOERUNGEN AM KNUEPFER
8 241 LPU I VORRICHTUNG FUER VERLADEN VON STROHBALLEN
5 590 SAMMELRECHEN ZUM AUSKAEMMEN VON BAUMWURZELN
SAMMELRODER FUER KARTOFFELN
S.AUCH KARTOFFEL: ERNTE

ALLGEMEINES
3 344 E 675 EINFL.AUF DIE LAGERFAEHIGKEIT DER KNOLLEN
EINSATZ
1 232 ARBEITSAUFWAND BEIM BUNKERRODERVERFAHREN
1 238 ARBEITSBEDARF FUER RODEN TRANSPORT UND KRAUTABFUHR
3 291 RICHTIGER EINSATZ MASCH.VORFUEHRUNG IN KAERBALLEGARD
5 285 KARTOFFELERNTE NACH DEM ZWEIPHASENVERFAHREN
6 242 VORFUEHRUNG IN TER APEL ARBEITSERGEBNISSE
7 71 EINSATZGRENZEN AM HANG
7 75 KLUTEN UND KNOLLENBESCHAEDIGUNGEN PROBLEME
8 360 EINSATZ ZUR MOEHRENERNTE
9 185 FLAECHENLEISTUNG BUNKER MIT ROLLBODEN
BAUARTEN TYPEN
1 2 ENTWICKLUNG VON KARTOFFELVOLLERNTEMASCHINEN
1 233 E 675 BESCHAEDIGUNGSWERTZAHL

2 251 SAMMELRÖDER VERBESSERUNGEN AM VOLLAUTOMATISCHEN RODER KROMAG
3 289 EINREIHIGER RODER WHITSED SUPER DUPLEX
3 292 SELBSTFAHRENDER VIERREIHIGER RODER VON DE FEIJTER
4 158 SAMRO MAJOR FUER STEINIGE BOEDEN
4 158 WHITSED DUPLEX TWIN MIT ROENTGENSTRAHLEN TRENNUNG
4 158 WHITSED SUPER DUPLEX MIT HYDRAULISCHEN RODESCHAREN
4 158 ZAPFWELLENGETRIEBENER SOILMASTER
4 159 VORFUEHRUNG BEI FABRIKKART.ERNTE IN TER APEL NIEDERLANDE
4 160 ROMAS ANTRIEB DER ARBEITSELEMENTE DURCH HYDROMOTOREN
4 160 BERICHT UEBER DIE VORFUEHRUNG IN ST. PHILIPSLAND
5 284 ENTWICKLUNGEN IN DER UDSSR
5 288 ZWEIREIHIGER RODER DUPLEX TWIN KONSTRUKTION U.LEISTUNG
5 289 ZWEIREIHIGER RODER DUPLEX TWIN KONSTRUKTION U.LEISTUNG
5 290 VIELE VERBESSERUNGEN BEI DEM SAMRO MAJOR
6 132 VOM IMA GEPRUEFTE TYPEN
6 243 SELBSTFAHRENDER VIERREIHIGER RODER LEISTUNG 60 T H
7 76 TYPEN UND EINSATZ IN DER DDR
7 160 KGP 2A FUER DAS UKRAIN.WALDGEBIET VERGL.MIT SERIENMASCH.
7 391 MIT HYDRAULISCH GESTEUERTEN RODESCHAREN
7 394 E 660 3 AUS DER DDR
7 395 AUF DER AGRIMA 67
7 399 AUF DER DLG AUSSTELLUNG
7 400 ZUKUENFTIGE ENTWICKLUNG V.MASCHINEN IN DER SU
9 1 MIT VERLESETISCHEN EINSATZ IN BELGIEN
9 71 V.HAGEDORN MIT HUBRAD ZUR SCHWADAUFNAHME
9 71 V.HAGEDORN OHNE HUBRAD ZUR SCHWADABLAGE
9 189 VERGLEICH VON 26 MASCHINEN
9 190 DLG ANERKANNTE RÖDER PRUEFERGEBNISSE
9 429 K 60 VON BERGMANN DLG ANERKANNT
BAUGRUPPEN BAUTEILE
1 234 ANTRIEB DER ARBEITSORGANE MIT HYDROMOTOREN
1 236 RODE TRANSPORT TRENN UND SIEBEINRICHTUNGEN
1 237 ARBEITSELEMENTE UND VERBESSERUNGEN AN NEUEN TYPEN
1 241 ARBEITSORGANE DER KARTOFFELERNTEMASCHINEN
2 252 GELENKIGE AUFHAENGUNG DES I.SICHTWERKZEUGES U.RODESCHARE
3 437 KKU 2 ZUSATZVORRICHTUNG FUER DIE MOEHRENERNTE
4 136 AUTOMATISCHES REGELN DES DURCHSATZES
6 244 2REIHIGES DAMMAUFNAHMEELEMENT FUER MINIMALE DAMMAUFNAHME
8 142 AUFNAHMEELEMENTE TRENNEINRICHTUNGEN U.BESCHAEDIG.QUOTE
9 3 HYDROMOTORE ZUM ANTRIEB V.FOERDER U.TRENNELEMENTEN
9 221 HYDRAULIKANTRIEB AM EINREIHIGEN COMMANDER VON GRIMME
TRENNVORRICHTUNGEN
1 239 VORRICHTUNG ZUM MECH.TRENNEN V.STEINEN U.KNOLLEN
1 239 SORTIER UND TRENNEINRICHTUNG PATENT
1 239 ZUFUEHREINRICHTUNG FUER TRENNAGGREGATE PATENT
1 239 RADIOMETRISCHER ABSCHEIDER FUER KNOLLEN PATENT
1 239 MECH.VERSTELLEINRICHTUNG FUER KLUTENPNEUWALZEN PATENT
1 240 ROENTGENTRENNANLAGE VON WATSON UND SONS
3 286 VERGLEICHSPRUEFUNGEN DER TRENNEINRICHTUNGEN
4 161 MIT MECHANISCHER VERLESEVORRICHTUNG
5 289 V.ROOT HARVESTER LTD.MIT ROENTGENSTRAHLENTRENNANLAGE
6 245 UNTERSUCHUNG EINER ABSCHEIDESTABTROMMEL
9 71 HYDROMOTOREN ZUM ANTRIEB DER TRENNVORRICHTUNGEN
9 71 MIT ROTIERENDEN BUERSTEN ODER GUMMIFINGERBAND
7 71 SAMMELWAGEN EINSATZGRENZEN AM HANG
9 18 SAND BESTIMMUNG DER TEILCHENBEWEGUNG IM ZWEIDIMENSIONALEN BRUCH
SANDANSTAUBEWAESSERUNG S.UNTER GEWAECHSHAUS
SATZTROCKNER S.UNTER GETREIDE: TROCKNUNGSANLAGEN
SAUENSTALL S.UNTER SCHWEINESTALL
3 629 SAUERSTOFF DIFFUNDIEREN DURCH SILOWANDUNGEN AUS BETON
5 671 BEHAELTER FUER DEN TRANSPORT VON FLASCHEN
SAUGBAGGER S.UNTER BAGGER
2 474 SAUGFALLE PLATTLAUSFAENGE EINER ENGLISCHEN SAUGFALLE
SAUGSPUELBAGGER S.UNTER BAGGER
4 86 SAUGSPUELBOHREN SCHNELLBOHREN V.BRUNNEN MIT ROTORSAUGSPUELBOHRERN
8 300 SAUNA UEBERBLICK UEBER ANLAGEN

8 12 SCHABEN ZUR MECH.HALMGUTAUFBEREITG. EINFL.AUF TROCKNUNGSGESCHWINDIG.
SCHACHTBRUNNEN S.UNTER BRUNNEN
SCHACHTTROCKNER S.UNTER GETREIDE: TROCKNUNGSANLAGEN
9 416 SCHADVOGEL ATTRAPPEN ZUR VERHINDERUNG VON VOGELSCHAEDEN
SCHAELEN VON TOMATEN S.UNTER TOMATEN
SCHAELPFLUG S.UNTER PFLUEGEN
7 201 SCHAERFEN EINRICHTUNG ZUM SCHAERFEN DER MESSER IM FUTTERERNTER
9 233 SCHAFFUETTERUNG ARBEITSZEITAUFWAND BEI VERFAHREN
4 269 SCHAFHALTUNG TSCHECHOSLOWAKISCHER MELKAPPARAT UNTERSUCHUNG
6 515 BAUKONFERENZ UEBER PROBLEME GROSSER TIERBESTAENDE
9 233 ARBEITSWIRTSCH.FRAGEN BEI DER PRODUKTION VON SCHAFWOLLE
2 350 KLEINANLAGE FUER DAS MELKEN
6 514 SCHAFSCHUR SCHERAGGREGAT MIT VERSCHIEDENEN VARIANTEN
9 257 SELBSTSCHAERFENDE MESSER UND GEGENMESSER V.SCHERMASCHINEN
8 183 SCHAFSCHWINGEL ERNTE MIT DEM MAEHDRESCHER E 512
2 503 SCHAFSTALL UMBAU ZUM RINDVIEHSTALL
3 368 TYPEN FUER DIE WINTERAUFSTALLG. KOMPLEXAUSSTATTUNG
3 562 1964 BIS 66 LANDW.BAUTAETIGKEIT IN DER DDR
5 719 FUER DIE INTENSIVHALTUNG AUS HOLZ UND ASBEST
6 127 ENTMISTEN MIT KRANEN
6 513 SPALTENBODENELEMENTE AUS POLYTON
9 475 NORMBLATTENTWURF FUER SPALTENBOEDEN
8 535 SCHALLDAEMPFER FUER BELUEFTUNGSANLAGEN
6 491 SCHALLPEGELMESSER MESSUNGEN IN GEBAEUDEN
6 491 SCHALLSCHUTZ BAUPHYSIKALISCHE SCHUTZMASSNAHMEN TGL 10687
7 424 BAUPHYSIKALISCHE SCHUTZMASSNAHMEN TGL 10687
8 334 BAUPHYSIKALISCHE SCHUTZMASSNAHMEN TGL
9 463 SCHALLDAEMMUNG IN GEBAEUDEN
4 244 SCHALTUHR VKC ZUM AUTOMATISCHEN EIN UND AUSSCHALTEN V.FUTTERKETTEN
9 23 FUER EIN UND AUSSCHALTEN DER AUSSENBELEUCHTUNG AUF FARMEN
SCHATTIERUNG S.UNTER GEWAECHSHAUS
4 559 SCHAUMGLAS ANWENDUNG FUER DIE WAERMEDAEMMUNG
1 521 SCHAUMSTOFF VERWENDUNG VON STYROPOR IM WEGEBAU
4 367 VERHALTEN V.VERLUSTSTEIGEN B.TRANSPORT U.LAG.V.KERNOBST
4 617 SCHEIBENBAU FUER KLEINBAUWERKE SE UNIVERSAL GARAGE
SCHEIBENBREMSE S.UNTER BREMSEN
SCHEIBENEGGE S.UNTER EGGEN
6 220 SCHEIBENHAECKSLER EINFLUSS DER MESSERGESTALTUNG AUF ENERGIEBILANZ
SCHEIBENMAEHER S.UNTER MAEHEN
1 203 VICON MIT DOPPELT GEZAEHNTEN SCHEIBEN
5 248 EINFL.V.MESSERANZAHL AUF DEN SCHNITTVORGANG
8 153 LEISTUNGSBEDARF UND ARBEITSLEISTUNG
8 324 ZUM GRASMAEHEN IN OBSTANLAGEN
8 508 SOMECA VON L. LANG MIT UNTENANTRIEB
9 1 ENTWICKLUNG UND EINSATZ IN BELGIEN
9 62 FUER DIE HEUGEWINNUNG
9 156 ERFAHRUNGEN BEI DER HALMFUTTERGEWINNUNG
9 158 EINSATZ BEI DER HEUWERBUNG
9 419 VON T.V.KNOX MIT VIER SCHEIBEN
9 422 TENDENZEN AUF DEM LANDMASCHINENSALON IN PARIS
3 386 SCHEIBENMUEHLE ZERKLEINERUNG VON GETREIDE UND MAISSILAGEN
SCHEIBENPFLUG S.UNTER PFLUEGEN
SCHEIBENRADFELDHAECKSUER
S.UNTER FELDHAECKSLER
SCHEIBENRADHAECKSLER S.UNTER LADEWAGEN
SCHEIBENREIBKUPPLUNG S.UNTER TRAKTOR: KRAFTUEBERTRAGUNG
SCHEIBENSCHAELPFLUG S.UNTER PFLUEGEN
SCHEIBENSECH S.UNTER PFLUEGEN
SCHERE ZUM FAELLEN S.UNTER HOLZFAELLEN
1 378 PNEUMATISCHE U.HYDRAULISCHE SCHEREN FUER DEN BAUMSCHNITT
4 323 VERGLEICH PNEUMATISCHER SCHNITTGERAETE MIT ENTSPR.HANDGERAETEN
4 423 CHRISTANS ERGEBN.V.FORSTTECHN.PRUEFUNG
5 537 SCHNEIDEN VON HOLZ MIT SCHEREN
5 546 GARTENSCHERE CHRISTIANS PRUEFURTEILE DES FPA
5 570 QUERSCHNEIDEN V.DUENNHOLZ MIT SCHEREN EINFLUSSGROESSEN
7 243 MARTIN ELEKTROVIEHSCHERE MVS 27 DLG PRUEFBERICHT

SCHEREN VON SCHAFEN S.SCHAFSCHUR

2 60 SCHERUNG MESSVERFAHREN UND GERAETE
2 513 SCHEUNE UNIFIZIERUNG IM POLN.LANDWIRTSCHAFTSBAU
7 418 VERWENDUNG VON HOLZ ALS BAUSTOFF
8 559 MEHRZWECKSCHEUNEN FUER DEN LANDW.BETRIEB
9 473 SCHWEIZER NORMSCHEUNE T 110 SYSTEM LEHMANN
SCHICHTDICKENMESSUNG S.UNTER DICKENMESSUNG
SCHICHTHOLZ S.UNTER HOLZAUFBEREITUNG
SCHICHTHOLZRUECKEN S.UNTER HOLZRUECKEN UND BRINGEN
1 213 SCHIEBESAMMLER ZUR HALEHEUBERGUNG UND ZUM AUFREUTERN
3 269 HANDHABUNG DER PRESSHEU UND PRESSSTROHBALLEN
4 137 EINSATZ ZUR HALB UND DUERRHEUBERGUNG
5 259 VERGLEICH VON ERNTEMASCHINENSYSTEMEN
7 71 EINSATZGRENZEN AM HANG
SCHIENENTRANSPORT VON HOLZ S.UNTER HOLZTRANSPORT
1 483 SCHILF PRESSSCHILFPLATTEN ALS WANDMATERIAL
6 216 ENERGIEAUFWAND BEIM SCHNEIDEN VON SCHILFROHR
7 199 GERAET ZUM MECH.VERLEGEN VON ABDECKMATTEN AUF MIETEN
9 423 HYDRAULISCHES MAEHWERK ZUM UNTERWASSERMAEHEN
9 428 KUNSTSTOFF BOOT MIT MESSERBALKEN ZUM SCHNEIDEN
8 299 SCHINKEN ERGEBNISSE DER HALTBARMACHUNG DURCH BESTRAHLUNG
5 491 SCHLACKE ALS BAUSTOFF IM GAERTNERISCHEN WEGEBAU
SCHLACKENBIMSBETON S.UNTER BETON
3 570 SCHLACKENWOLLE TECHNISCHE U.BAUPHYSIKALISCHE WERTE WERKSTOFFBLATT
4 559 ANWENDUNG ZUR WAERMEDAEMMUNG
SCHLAGABRAUMBESEITIGUNG S.UNTER FLAECHENABRAEUMEN
4 68 SCHLAGBOOT VON BERKY FUER DIE GRABENRAEUMUNG
SCHLAGDRUSCH S.UNTER DRESCHEN
SCHLAGLEISTENDRESCHER S.UNTER DRESCHEN
SCHLAGLEISTENDRESCHTROMMEL S.UNTER DRESCHEN
SCHLAGREINIGUNG S.UNTER FLAECHENABRAEUMEN
8 119 SCHLAUCH SCHLAEUCHE FUER WASSERFREIEN AMMONIAK ANI STANDARDS
SCHLEGELERNTER ALLGEMEINES
8 160 ERMITTLUNG DES LEISTUNGSBEDARFS
EINSATZ
1 245 EINSATZ ZUR FUTTERRUEBENERNTE
1 247 ARBEITSQUALITAET B.ZUCKERRUEBENBLATTERNTE
1 255 ZUR MECHANISIERUNG DER FUTTERRUEBENERNTE
1 256 ZUR MECHANISIERUNG DER FUTTERRUEBENERNTE
3 193 EINSATZ ZUR LUZERNEERNTE FUER PELLETHERSTELLUNG
3 194 FUER DIE SILOMAISERNTE
3 301 DAENISCHES VERFAHREN ODER FUTTERRUEBENVOLLERNTER
3 436 KIR 1 5 KRAUTSCHLAGEN BEI MOEHREN U.ROTEN BEETEN
4 137 E 069 EINSATZ ZUR HALB UND DUERRHEUBERGUNG
4 140 EINSATZ FUER DIE ERNTE VON SILOMAIS
4 175 SPCZ EINSATZ ZUR LUZERNEERNTE
8 145 FUER MAEHEN ZERKLEINERN U.LADEN V.FUTTER
8 162 ANWENDUNGSMOEGLICHKEITEN IN DER HEUERNTE
8 183 E 069 EINSATZ FUER DIE STROHBERGUNG
9 156 ERFAHRUNGEN BEI DER HALMFUTTERGEWINNUNG
BAUARTEN TYPEN
2 226 ENTWICKLUNGSTENDENZEN DER SCHLEGELHAECKSLER
7 399 AUF DER DLG AUSSTELLUNG
8 163 TAARUP TRIUMPH MK 11 NIAE TEST
8 514 1968 GERAETELISTE IN FRANKREICH GEHANDELTER TYPEN
9 65 TRIUMPH MK 11 V.TAARUP NIAE TEST
9 163 DLG ANERKANNTE HAECKSLER
9 164 UGERLOSE HM. 1100 PRUEFBERICHT
BAUGRUPPEN BAUTEILE
1 207 MIT ZUSATZVORRICHTUNG FUER DIE MAISERNTE
4 165 MIT ZUSAETZLICHER KOEPFEINRICHTUNG FUER RUEBEN
SCHLEGELFELDHAECKSLER S.SCHLEGELERNTER
SCHLEGELHAECKSLER S.SCHLEGELERNTER
2 221 SCHLEGELMAEHER KRITISCHE BETRACHTG.V.ENERGIEVERBRAUCH U.VERLUSTE
2 222 JF TYP SL 60 PRUEFBERICHT

3 192 SCHLEGELMAEHER EINSATZ ZUR HEUERNTE IN FRANKREICH
7 399 AUF DER DLG AUSSTELLUNG
8 145 BROECKELVERLUSTE IN BLATTREICHEN PFLANZENBESTAENDEN
8 149 HERSTELLERLISTEN MIT TECHNISCHEN DATEN
8 153 LEISTUNGSBEDARF UND ARBEITSLEISTUNG
8 154 ARBEITSQUALITAET UND LEISTUNG PRUEFUNGSERGEBNISSE
9 156 ERFAHRUNGEN BEI DER HALMFUTTERGEWINNUNG
9 158 EINSATZ BEI DER HEUWERBUNG
9 419 VON DER FA.WILDER
5 31 SCHLEIFEN 3728 PLANSCHLEIFMASCHINE
8 494 ZWEIZYLINDERSCHLEIFMASCHINE SC 2 10
SCHLEPPER S.TRAKTOR
5 185 SCHLEPPKUFEN KIPPBAR ZUM TRANSPORT VON STEINEN
SCHLEPPSCHAUFEL S.UNTER ENTMISTEN
SCHLEUDERRODER S.UNTER KARTOFFEL
SCHLEUDERSTREUER FUER MINERALDUENGER S.UNTER DUENGEN
1 441 SCHLITTEN ANHAENGESCHLITTEN ZUM TRANSPORT VON FASERHOLZ
SCHLUPF S.UNTER TRAKTOR: RAEDER BEREIFUNG FAHRMECHANIK
SCHMALSPURTRAKTOR S.UNTER TRAKTOR: GARTENBAU WEINBAU
1 22 SCHMIEREN FESTSCHMIERSTOFFE ZUR VERSCHLEISSMINDERUNG
4 10 NEUE SCHMIERSTOFFE ZUR VERSCHLEISSVERRINGERUNG
5 30 SCHMIERTECHNIK BEI LANDMASCHINEN ENTWICKLUNGSTENDENZEN
7 18 RADIONUKLIDE FUER VERSCHLEISS U.SCHMIERUNGSUNTERSUCHUNGEN
7 33 ARBEIT V.KURBELWELLELAGER BEI DRUCKABFALL IM SCHMIERSYSTEM
1 52 SCHNARRFREQUENZ VON EINSPRITZVENTILEN
1 302 SCHNECKENFOERDERER FUER DIE RINDERFUETTERUNG
1 333 VERSUCHE BEI DER GUELLEFOERDERUNG
2 331 FUTTERTRANSPORTSYSTEM VOM HAUPT ZU DEN NEBENSILOS
3 186 ARBEITSANALYSE B.TRANSPORT V.GRUENGUT U.STROH
3 358 FUER DIE FUTTERVERTEILUNG IM LAUFSTALL
3 395 BERECH.V.HAUPTKENNGROESSEN V.FUTTERVERTEILERN
4 201 IM ANBINDE UND LAUFSTALL FUER DIE FUETTERUNG
4 234 EINSATZ FUER DEN FUTTERTRANSPORT
4 237 FUER DEN SILAGETRANSPORT
4 238 SILAGETRANSPORT VOM HOCHSILO IN DEN STALL
5 210 MOEGLICHKEITEN DER FOERDERUNG V.DUENGEMITTELN
6 270 ZUM VERLADEN VON GETREIDE IN TRANSPORTMITTEL
6 282 ZUR FUTTERVERTEILUNG FUER RINDER
7 114 EIGNUNG FUER DEN TRANSPORT VON MINERALDUENGER
7 392 FUER TROCKENFUTTER
8 264 FUER RAUHFUTTER UND SILAGE
8 267 EINSATZ FUER DIE RINDERFUETTERUNG
8 268 EINSATZ FUER DIE RINDERFUETTERUNG
8 271 FUER FUTTERTRANSPORT IM SCHWEINEMASTBETRIEB
8 528 ZUM VERLADEN V.ZEMENT AUS SILOS IN TRANSPORTMITTEL
9 60 FOERDERLEISTUNG VERTIKALER SCHNECKEN
9 177 EINSATZ FUER DEN TRANSPORT VON GETREIDEKOERNERN
9 216 FUER DEN GETREIDETRANSPORT IN EINER LAGERZENTRALE
9 496 SCHWEINEFUETTERUNG MIT FUTTERSCHNECKEN
SCHNECKENMISCHER S.UNTER FUTTERZUBEREITUNG
SCHNECKENPUMPE S.UNTER PUMPEN
8 225 SCHNECKENVERTEILER EINLAGERUNG VON SILIERGUT IN HOCHSILOS
1 488 SCHNEE ZULAESSIGE BELASTUNG VON DACHKONSTRUKTIONEN
3 543 SCHNEEFRAESE DES TYPS VIKING SECHS MODELLE
8 457 SCHNEERAEUMEN ANBAUGERAETE ZUM TRAKTOR
9 360 ARBEITSBLOCK DES GUTBROD GARTENBOY
8 3 SCHNEESTURM WIRKSAMER GEBAEUDESCHUTZ
3 256 SCHNEIDEN ARBEITSTHEORIE VIBRIERENDER SCHNEIDVORRICHTUNGEN
5 190 V.BODEN UNTERSUCH.UNTER ANWEND.DER KORRELATIONSANALYSE
5 193 ZERKRUEMELUNG DES BODENS DURCH SCHNEIDEN
5 247 BIEGUNG DES HALMES BEIM SCHNITT OHNE GEGENSCHNEIDE
5 300 TEESTRAUCHBESCHNEIDEMASCHINEN
5 301 TEESTRAUCHBESCHNEIDEGERAET CPR I MIT BANDMESSERWERK
5 537 VON HOLZ MIT SCHEREN
5 553 SCHNITTFUEHRUNGEN BEIM SCHNEIDEN VON HOLZ
5 558 UNTERSUCH.DES SCHNEIDPROZESSES BEI SCHNEIDENTASTUNG

5 559 SCHNEIDEN BERECH.DER SCHNITTKRAFT EINER KLINGE BEIM ENTASTEN
5 570 QUERSCHNEIDEN V.DUENNHOLZ MIT SCHEREN EINFLUSSGROESSEN
6 216 VON SCHILFROHR ENERGIEAUFWAND
6 405 KRAFTAUFWAND U.HOLZSCHAEDEN B.SPANLOSEN SCHNEIDVERFAHREN
7 132 THEORIE DES SCHNEIDENS MIT EINER SCHNEIDE V.GORJACKIN
9 21 BESTIMMUNG DER SCHNEIDENDICKE
9 325 HYDRAUL.SCHNITTWERKZEUGE ZUR KRONENGESTALTUNG BEI KERNOBST
9 327 PNEUMAT.SCHNITT U.SCHNITT VON HAND KOSTENVERGL.IM WEINBAU
2 273 SCHNEIDGEBLAESE EINSATZ BEI DER BEREITUNG VON GRASSILAGE
8 142 SCHNEIDLADER FUER SONDERKULTUREN
SCHNEIDWURFTROMMEL S.UNTER FELDHAECKSLER
5 244 SCHNELLHAEUFLER FUER KARTOFFELPFLEGEARBEITEN
SCHNELLPFLUEGEN S.UNTER PFLUEGEN
1 229 SCHOBERSETZER ALS ANBAUGERAET ZUM TRAKTOR
5 668 SCHORNSTEIN AUFRICHTEN EINES STAHLSCHORNSTEINS MONTAGEARBEITEN
5 491 SCHOTTER ALS BAUSTOFF IM GAERTNERISCHEN WEGEBAU
SCHOTTLAND S.UNTER GROSSBRITANNIEN
SCHOTTLOEFFELEGGE S.UNTER EGGEN
3 329 SCHRAEGBANDAUSLESER FUER SAATGUT BAU UND ARBEITSWEISE
SCHRAPPEREINSATZ ZUM ENTMISTEN S.UNTER ENTMISTEN
SCHRAUBENPUMPE S.UNTER PUMPEN
SCHROTEN S.UNTER FUTTERZUBEREITUNG
SCHRUMPFFOLIE S. AUCH FOLIE
4 363 VERPACKUNG U.TRANSPORT GARTENBAULICHER ERZEUGNISSE
9 52 SCHUBKOLBENANTRIEB V.LADEGERAETEN SYSTEMATIK UND KINEMATIK
SCHUBRADDRILLMASCHINE S.UNTER SAEEN
SCHUBRADSAEGERAET S.UNTER SAEEN
SCHUBRECHWENDER S.UNTER HEUERNTE
4 234 SCHUBSTANGE EINSATZ FUER DEN FUTTERTRANSPORT
4 238 SILAGETRANSPORT VOM HOCHSILO IN DEN STALL
SCHUBSTANGENANLAGE ZUM ENTMISTEN S.UNTER ENTMISTEN
3 358 SCHUBSTANGENFOERDERER FUER DIE FUTTERVERTEILUNG IM LAUFSTALL
6 282 ZUR FUTTERVERTEILUNG FUER RINDER
8 264 FUER RAUHFUTTER UND SILAGE
9 177 SCHUETTELRINNE EINSATZ FUER DEN TRANSPORT VON GETREIDEKOERNERN
1 40 SCHUETTGUT FUELLSTANDHOEHENANZEIGER
2 188 LAGER MIT MECHANISCHEN FOERDERANLAGEN
4 117 VORRICHTUNG ZUM WIEGEN
5 318 BESTIMMUNG DER SICHTGUETE BEI DER SICHTUNG
5 327 TRANSPORT IM FOERDERROHR UNTERSUCHUNGEN
7 3 TRENNEN LANDMASCHINENLEHRE BD. 11
7 166 SILO FUER VERSCHIEDENE SAATGUTSORTEN PATENT
8 28 BESTIMMUNG DER INNEREN REIBUNGSZAHL VON GRASSAMEN
8 29 DURCHFLUSSMENGE DURCH OEFFNUNGEN IN SCHRAEGEN WAENDEN
8 75 LADEMASCHINE T 335 V.VEB LANDMASCH.BAU FALKENSEE
8 560 GENOSSENSCH.LAGERHAUS IN VOLLMONTAGEBAUWEISE
9 59 UNIVERSALLADER MGU ZUM ENTLADEN AUS EISENBAHNWAGGONS
SCHUETTLER S.UNTER OBST: ERNTE
2 418 SCHUETTRINNE ZUR ABNAHME DES SORTIERGUTES BEI OBSTSORTIERMASCHINEN
6 157 SCHUETZ AUTOMAT.SCHUETZ PKA I FUER HALBSCHALENZULEITER
1 519 SCHULE KOMBINIERTES SCHUL UND KLUBGEBAEUDE
3 590 KODAKI NEUES GESICHT EINES ALTEN DORFES
4 519 NEUE WEGE IM LANDSCHULBAU
4 569 KOMMUNALGEBAEUDE FUER KOLCHOS UND SOWCHOSSIEDLUNGEN
6 308 ELEKTRISCHE SCHWACHLASTHEIZUNG
6 484 LEISTUNGEN DER BERDJANSKER GENOSSENSCH.BAUORGANISATION
7 405 STUDIENAUFGABEN MOSKAUER ARCHITEKTURSTUDENTEN
SCHUPPEN S.AUCH EINSTELLRAUM
2 513 UNIFIZIERUNG IM POLN.LANDWIRTSCHAFTSBAU
3 558 FRANZOESISCHE GERAETELISTE MIT TECHN.DATEN
SCHWACHLASTHEIZUNG S.UNTER HEIZUNG
5 249 SCHWADAUFNAHME B.GETREIDE TROMMELUMFANGSGESCHWIND.U.FAHRGESCHWINDIGK.
4 146 SCHWADDRUSCH VON RAPS UND GRAESERN PRUEFUNG V.MAEHDRESCHERN
5 275 SOWJETISCHE MASCHINEN FUER DIE FLACHSERNTE
5 279 AUFNAHME U.RAUFVORRICHTUNGEN FUER ERBSEN
5 467 ZUR BOHNENERNTE

6 250 SCHWADDRUSCH REISERNTE IM KUBANGEBIET
6 251 TECHNOLOGIE DER REISERNTE IN MITTELASIEN
9 78 VON RUEBENSAMENTRAEGERN
SCHWADEN S.AUCH HEUERNTE
3 271 AUFLOCKERUNG VON GETREIDESCHWADEN
3 455 SCHWADFORMER SCHNEEPFLUGARTIG FUER DIE ERNTE VON KUERBISFRUECHTEN
5 259 SCHWADLEGER VERGLEICH VON ERNTEMASCHINENSYSTEMEN
5 467 PRUEFUNGSERGEBNISSE BEI DER BOHNENERNTE IN BULGARIEN
8 151 HECKANBAUGERAET MIT DOPPELMESSERSCHNEIDWERK FUER SILOMAIS
9 62 SCHWADLUEFTER ZUR TROCKNUNGSBESCHLEUNIGUNG VON HEUSCHWADEN
9 78 SCHWADMAEHEN VON RUEBENSAMENTRAEGERN
1 214 SCHWADMAEHER PRUEFUNG DER ABLEGEVORRICHTUNG
1 215 BESTIMMUNG DER OPTIMALEN ARBEITSBREITE
1 462 ERBSENMAEHER FUER DREIPUNKTHECKANBAU
2 242 ZS 5 ZUM BILDEN VON DUENNEN SCHWADEN
2 266 ZBA 3 5 ARBEITSNORMEN FUER DIE ERBSENERNTE
3 112 ZRS 4 9 EINSATZ V.MASCH.TRAKTOR.AGGREG.IN WALDSTEPPENZONE
5 262 ARBEIT DES SCHWADMAEHHEADERS BEI SCHWADMAHD V.RAPS
5 263 FUER DEN SCHWADDRUSCH IN DER SU
5 466 ERNTE VON GRUENERBSEN IN GROSSBRITANNIEN
5 467 ZBN 3.5 PRUEFUNGSERGEBNISSE BEI BOHNENERNTE IN BULGARIEN
7 169 VORAUSSETZUNGEN FUER EINEN HEUTURMBETRIEB
8 2 ANFORDERUNGEN DER LOHNBETRIEBE
8 85 ERNTE VON RUEBENSAMENTRAEGERN
8 143 TABELL.UEBERSICHT IN DER USA EINGESETZTER TYPEN
8 149 HERSTELLERLISTEN MIT TECHNISCHEN DATEN
8 172 EINFL.V.ABLEGEBAND AUF SCHWADBILDUNG UND FORMUNG
8 514 1968 GERAETELISTE IN FRANKREICH GEHANDELTER TYPEN
9 80 ZRS 4.9 FESTIGKEIT BEI ERHOEHTEN GESCHWINDIGKEITEN
9 160 MIT AUFBEREITUNGSVORRICHTUNG UND ZUFUEHRUNGSORGAN
9 161 VON NEU HOLLAND MIT ZWEI SCHNEIDWERKEN
9 169 ANBAU AN MAEHDRESCHER
SCHWEDEN AUSSTELLUNG S.DORT
1 454 MECHANISIERUNG DER HOLZNUTZUNG
2 117 FLUGZEUGEINSATZ BEI DER DUENGUNG
2 294 SORTIEREN UND VERPACKEN VON KARTOFFELN
3 352 GROSSE MILCHVIEHHERDEN
3 539 ENTWICKLUNG DES LANDSTRASSENTRANSPORTES
4 286 ENTWICKLUNG VON VERSCHIEDENEN HEIZUNGSSYSTEMEN
4 413 FLUKTUATION FORSTL.AK IN DER PROVINZ VAERMLAND
4 436 TECHNISCHE UMWANDLUNG EINES FORSTBETRIEBES
4 570 FERTIGHAUSINDUSTRIE
5 509 FUNKFERNGESTEUERTE SEPSON WINDE
5 535 AUTOMATISIERUNG IN DER SCHWEDISCHEN FORSTWIRTSCHAFT
6 395 PROBLEM EINER ZWECKMAESSIGEN ARRONDIERUNG V.PRIV.WALDBESITZ
7 344 1967 HOLZBILANZ
8 249 TECHNOLOGIE DER SCHWEINEHALTUNG
8 442 KOMPLEXBRIGADEN FUER FORSTLICHE SPEZIALMASCHINEN
5 158 SCHWEFELDIOXID AUFLOESEN DER OXIDE IN DRAENROHREN
8 219 AUSSTOSS LANDWIRTSCHAFTLICHER TROCKNUNGSANLAGEN
9 317 DRAENSPUELUNG IM NIEDERELBISCHEN OBSTBAU
4 10 SCHWEFELMOLYBDAENSULFIT ALS SCHMIERMITTEL VERRINGERG.V.VERSCHLEISS
9 356 SCHWEFELVERDAMPFER PRUEFBERICHT POTSDAM BORNIM
SCHWEINEFUETTERUNG TRAENKEN S.DORT
ALLGEMEINES
2 508 BAULICHE FOLGERUNGEN STAT.FUETT.EINRICHTUNGEN
3 73 FLIESSKURVE EINER FLIESSFAEH.FUTTERMISCHUNG
7 207 BESTIM.DER VISKOSITAET FLIESSFAEH.FUTTERMISCHUNGEN
VERFAHREN
1 553 TROGLOSE BUCHTEN MIT FUSSBODENFUETTERUNG
3 351 FEUCHTKRUEMELIGE U.TROCKENFUETTERG.B.MAST
3 363 TROCKENFUETTERUNG IN AUFZUCHTANLAGEN
3 363 SAFTFUTTERVERABREICHUNG IN MASTANLAGEN
4 208 OPTIMALE GROESSE V.ZUCHTANLAGEN B.TROCKENFUETTERG.
4 208 OPTIMALE GROESSE V.ZUCHTANLAGEN BEI NASSFUETTERUNG
5 363 ARBEITSWIRTSCHAFT IN DER HACKFRUCHTMAST

9 227	SCHWEINEFUETTERUNG	ARBEITSWIRTSCHAFTLICHE VORTEILE MOBILER FUETTERUNG
9 432		TROCKENFUETTERUNG MIT AUTOMATEN FUSSBODENFUETT.
9 492		SEPARATE FUETTERUNG DER FERKEL
9 492		BODENFUETT. BERICHT UEBER EINEN WAGENING.VERSUCH
9 492		EMPFEHLUNGEN FUER DIE SAUENHALTUNG
9 492		VORTEILE DER NASSFUETT.GEGENUEBER TROCKENFUETT.
9 494		VERFAHREN IN EINEM DUNKELSTALL FUER DIE MAST
	FUTTERTRANSPORT FUTTERVERTEILUNG	
1 304		PNEUMATISCHER FUTTERTRANSPORT IN EINER MASTFARM
1 330		FUNKTION V.FUTTERWAGEN BEI MAST MIT NASSFUTTER
1 529		ANLAGE MIT UMLAUFDOSIERUNGSVORRICHTUNG
1 555		EINZELFUETTERUNGSEINRICHTUNGEN FUER SAUEN
1 556		EINZELFUETTERUNGSEINRICHTUNGEN FUER SAUEN
2 322		DOSIERKAESTEN FUER TROGLOSE BODENFUETTERUNG
2 332		PROBLEME STAT.VERTEILEINRICHT.F.FLIESSFAEH.FUTTER
2 334		PHYSIKAL.EIGENSCHAFTEN FLIESSFAEH.FUTTERMISCHUNGEN
2 335		DOSIERTE VERTEILUNG FLIESSFAEHIGER FUTTERMISCHUNGEN
2 336		TRANSPORT MIT EINEM SOG.FUTTERWAGEN
2 336		TYPENSYSTEM FUER GETREIDE
2 340		KRATZERKETTENFOERDERER F.FEUCHTKRUEMELIGES FUTTER
2 341		VERTEILUNG FLIESSFAEHIGEN FUTTERS DREI SYSTEME
2 342		FLIESSFAEHIGE U.FEUCHTKRUEMELIGE FUETTERUNG
2 342		EINSATZ MOBILER U.STATIONAERER EINRICHTUNGEN
2 343		TROCKENFUTTERVERTEILWAGEN MIT ZELLENRADDOSIERUNG
3 362		MECHANISIERUNGSGRAD IN DER UDSSR
3 364		MIT FUTTERWAGEN
3 599		VERTEILG.V.FUTTER DURCH PNEUMAT.FOERDERMITTEL
4 203		FUETTERVORRICHTUNG PATENT
4 236		BERECH.DES FLIESSWIDERSTANDES IN ROHRLEITUNGEN
4 241		FLIESSFAEHIGE FUETTERUNG VERFAHREN IN WALFORD
4 242		FUETTERUNGSSYSTEM MIT TEIGFOERMIGEM FUTTER
4 243		KUT 3 0 FUTTERVERTEILER FOERDERLEISTG.U.AUSGABE
4 594		FLUESSIGFUETTERG.ALS MECH.MOEGLICHK.F.HACKFRUCHTMAS
4 598		TECHNISCHE EINRICHTUNGEN FUER ZUCHTSTAELLE
5 346		VERTEILG.V.FLUESSIGFUTTER MIT FUTTERWAGEN
5 364		SYSTEM ZUR VERFUETTERUNG BREIIGEN FUTTERS
6 285		BILLIGES VERFAHREN MIT FLUESSIGFUTTER F.MASTSCHWEIN
6 514		RKS 3000 FUTTERVERTEILER FUER MASTSTAELLE
6 517		IN SOWJETISCHEN MASTANLAGEN
7 215		VERHALTEN FLIESSFAEH.FUTTERMISCHG.IN ROHRLEITUNGEN
7 216		UNTERS.V.FOERDERROHREN FUER FLIESSFAEHIGES FUTTER
7 217		TRANSPORTABLER BEHAELTER ZUM LAGERN VON FUTTER
7 217		TRANSPORTABLER BEHAELTER ZUM VERTEILEN VON FUTTER
7 217		SELBSTFUETTERUNGSANLAGE
8 270		HALBMECH.FUTTERVERTEIL.WAGEN IM MASTBETRIEB
8 271		FUTTERTRANSPORT MIT SCHNECKENFOERDERER
9 246		SYSTEM FUER FUTTERTRANSPORT UND VERTEILUNG
9 250		BESTIMMUNG DER BELASTUNG EINES KRATZERFOERDERERS
9 496		MIT FUTTERSCHNECKEN ODER FUTTERVERTEILWAGEN
	AUTOMATISCHE ANLAGEN	
1 322		PNEUM.TRANSPORT V.FLIESSFAEHIG.FUTTER IN ROHREN
1 555		FUTTERAUTOMAT FUER DIE BEIFUETTERUNG DER FERKEL
2 307		MECHANISIERUNG U.AUTOMATION FORSCHUNGSPROBLEME
2 333		AUTOMAT.STAT.VERTEILEINRICHT.F.FLIESSFAEH.FUTTER
3 364		VOLLAUTOMATISCHE ANLAGE
3 381		IN MASTANLAGEN B.FEUCHTKRUEMELIG.FUETT.AUTOMATIS.
3 398		MIT FLIESSFAEH.U.FEUCHTKRUEMELIG.FUTTERMISCHUNG
3 613		EINBAU U.FUNKTION AUTOMAT.BODENFUETTERUNGSANLAGEN
4 240		AUTOMAT.SCHROTVERTEILANLAGEN DOSIERGENAUIGKEIT
4 246		DOSIEREN FLUESSIGER FUTTERMISCHUNGEN
4 594		AUTOMAT.BODENFUETTERUNG EINFL.AUF STALLFORMEN
7 439		DUNKELSTALL MIT VOLLAUTOMAT.TROGLOSER FUETTERUNG
8 249		AUTOMATISCHE FUETTERUNG IN SCHWED.MASTANLAGEN
8 269		AUTOMATISCHE ANLAGE ZUR FLUESSIGFUETTERUNG B.MAST
8 553		HALBAUTOMATISCHE ANLAGE FUER MASTSTALL
9 232		FUTTERAUTOMATEN FUER EINMALIGE FUETTERUNG AM TAG

9 432 SCHWEINEFUETTERUNG AUTOMATISCHE FLUESSIGFUETTERUNG IN BELGIEN
SCHWEINEHALTUNG SCHWEINEFUETTERUNG S.DORT
TRAENKEN S.DORT
2 308 GRUNDLAGEN FUER TECHNOLOGIE DER SCHWEINEPRODUKTION
2 309 TECHNOLOGIE DER SCHWEINEPRODUKTION IN DER BELORUSS.SSR
2 310 MECHANIS.DER PRODUKTIONSPROZESSE IN ZUCHTBETRIEBEN
3 351 INDUSTRIEMAESS.HALTG. EMPFEHLUNGEN DES RGW
3 361 BEISPIEL FUER DIE RATIONELLE AUFZUCHT UND MAST
3 362 MECHANISIERUNGSGRAD IN DER UDSSR
3 363 STAND U.ENTWICKLUNG V.PRODUKTIONSVERFAHREN
3 365 ABFERKEL U.AUFZUCHTSYSTEME LANGZEITSTUDIEN
4 211 STUDIEN ZUR STALLHALTUNG VON SAUEN
4 253 ANFALL AN KOT UND HARN
4 594 VOLLMECHANISIERUNG DER MASTSCHWEINEHALTUNG
5 346 AUFZUCHT U.MASTVERFAHREN DER FA.HEINRICH BIEHL AG
6 515 BAUKONFERENZ UEBER PROBLEME GROSSER TIERBESTAENDE
8 249 IN SCHWEDEN TECHNOLOGIE
8 250 OEKONOM.U.TECHN.GESICHTSPUNKTE BEI DER AUFZUCHT
8 251 HOEHERE ARBEITSPRODUKTIVITAET DURCH SAUENANBINDEHALTG.
8 509 SCHWEINEANBINDEKETTEN AUF DER DLG SCHAU IN MUENCHEN
9 232 MASCHINEN GERAETE UND EINRICHTUNGEN
1 471 INGENIEURBUEROS FUER AUFBAU KOMPLEXER ANLAGEN
SCHWEINESTALL HINWEISE
S.AUCH STALLFUSSBOEDEN
FUETTERUNGSANLAGEN S.UNTER SCHWEINEFUETTERUNG
ALLGEMEINES
1 307 STALLHYGIENISCHE UNTERSUCHUNGEN IM LANDKREIS AUGSBURG
1 516 STAND UND BEDARF AN STALLPLAETZEN IN DER CSSR
3 562 1964 BIS 66 LANDW.BAUTAETIGKEIT IN DER DDR
5 663 1955: .1964 NUTZEFFEKT LANDW.BAUINVEST.IM KREIS BERNAU
7 407 PROJEKTIERUNGSKATALOG LANDWIRTSCHAFTSBAU
8 519 BEDARF NACH ABSCHLUSS V.STRUKTURAENDERUNGEN IN DER DBR
BAUTYPEN BAU
1 482 IN STAHLBETONMONTAGEBAUWEISE
1 553 BAUTEN FUER SCHWEINEHALTUNG INTERNAT.TENDENZEN
1 554 BESCHREIBUNG VON ACHT AUFSTALLUNGSSYSTEMEN
1 554 FORDERUNGEN BEI PLANUNG VON ZUCHT UND MASTSTAELLEN
3 610 GROSSAUSSTELLUNG VON VERSCHIEDENEN TYPEN
4 532 ALFA LAVAL GEBAEUDESYSTEM FUER RINDER U.SCHWEINESTAELLE
4 576 PRUEFSTATION FUER IMPFSTOFFE IN GOEDOELLOE
4 596 FUSSBODENGEFAELLE
4 602 KOMPL.VORGEFERTIGTE GEBAEUDESYSTEME AUS HOLZPLATTEN
5 692 PROJEKTIERUNG VON GROSSANLAGEN IN RUMAENIEN
5 713 EINSATZ V.HOLZ U.VORGEFERTIGT.HOLZBAUELEMENTEN
7 420 DER FA.STOCKBUILDINGS AUS VORGEFERTIGT.HOLZBAUELEMENTEN
7 439 GEBAEUDE IN VORGEFERTIGTER HOLZLEICHTBAUWEISE
8 547 TYPENPROJEKTE FUER SPEZIALISIERTE VIEHWIRTSCHAFTSBETR.
8 548 BEZIEH.ZWISCH.STALLBAU U.PRODUKT.V.RINDERN U.SCHWEINEN
ABFERKELSTALL
1 306 HOEHNE ABFERKELBOX L I UND V 1 DLG PRUEFBERICHT
1 473 WIRTSCH.BEHEIZUNGSMOEGLICHKEITEN FUER ABFERKELSTAELLE
1 531 ABFERKELSTALL STALLFUSSBOEDEN AUS PVC LEISTEN
1 554 ABFERKELSTAND MIT UND OHNE FUTTERTROG
2 302 HEIZEN DER ABFERKELSTAELLE ELEKTROENERGIEBEDARF
2 506 UNTERDRUCK LUEFTUNGSSYSTEM IM VERSUCHSABFERKELSTALL
3 365 ABFERKEL U.AUFZUCHTSYSTEME LANGZEITSTUDIEN
4 212 ABFERKELSTALL FUER DREISSIG SAUEN
4 549 KOMBINIERTE RAUM U.STRAHLERHEIZUNG F.ABFERKELSTALL
4 595 ABFERKELSTALL MIT VORBEREIT.BUCHTEN F.ABGESETZTE FERKEL
6 274 ZWECKMAESSIGKEIT V.SPALTENFUSSBODEN IM ABFERKELSTALL
6 516 ABFERKELBUCHTEN MIT SPALTENBODENTEIL AM TROG U.MISTGANG
6 538 ABFERKELSTALL MIT VERAENDERLICHEN ABFERKELBUCHTEN
7 204 ABFERKELBUCHTEN MIT FUSSBODENHEIZPLATTEN
7 205 FERKELAUFZUCHT MIT ELEKTRISCH ERWAERMTEN BODENPLATTEN
7 439 ZUCHTSTALL MIT INFRAROTBEHEIZTEN FERKELNESTERN
7 440 KOSTEN DER FUSSBODENHEIZUNG IN FERKELBUCHTEN

8 249 SCHWEINESTALL BEHEIZUNG DER ABFERKELSTAELLE IN SCHWEDEN
8 250 ZWECKMAESS.BAU U.EINRICHTG.VON ABFERKELSTAELLEN
8 552 ABFERKELSTALL AUS FERTIGBAUTEILEN
9 432 RECHTECKIGE ABFERKELBOXEN
9 435 UNTERSUCHUNG UEBER ABFERKELSTAELLE
9 482 FERKELNEST MIT BODENHEIZUNG UND EINSTREU

ZUCHTSTALL

1 504 HEIZUNG UND LUEFTUNG IN FERKELSTAELLEN
1 553 EINZELSTAENDE UND BOXENHALTUNG FUER TRAGENDE SAUEN
1 555 ZUR HALTUNG VON 80...100 MUTTERSAUEN
1 556 FUER NIEDERTRAGENDE UND HOCHTRAGENDE SAUEN
1 556 RAUMSPARENDE KAEFIGEINRICHTUNG FUER SAUEN
1 557 SCHWEINEZUCHTANLAGEN LITERATURUEBERSICHT
2 311 KASTEN U.ANBINDESTAENDE FUER TRAGENDE SAUEN
3 366 STAND FUER FERKELFUEHRENDE SAUEN MIT HEIZTEPPICH
3 610 FERKELABSPERRHAUS MIT KLIMAUEBERWACHUNGSANLAGE
4 210 INNENAUSSTATTUNG BEI TYPISIERTEN STAELLEN
4 211 STUDIEN ZUR STALLHALTUNG VON SAUEN
4 212 KOMBINAT FUER 6000 SAUEN IN RUMAENIEN
4 594 MODERNE STALLFORMEN IN DER ZUCHTSAUENHALTUNG
4 595 TIEFLAUFSTALL FUER NIEDERTRAGENDE SAUEN
4 598 NEUZEITLICHE TECHNISCHE EINRICHTUNGEN FUER ZUCHTSTAELLE
5 346 ISOLIERHALTUNG VON FERKELN IN KLEINEN KAEFIGEN
5 347 BUCHT FUER SAEUGENDE SAUEN
5 715 ELEKTR.FUSSBODENHEIZUNG BEI FERKELLIEGEFLAECHEN
7 204 UMBAU VON KUHSTALL FUER FERKELERZEUGUNG
7 204 ETERNITSTALL MIT EINZELFRESSSTAENDEN FUER SAUEN
8 249 SAUENHALTUNG IN EINZELBUCHTEN MIT UNTERFLURENTMISTUNG
8 250 FERKELBOXEN FUSSBODENHEIZUNG U.HEIZG.DURCH INFRAROTLAMP.
8 251 HOEHERE ARBEITSPRODUKTIVITAET DURCH SAUENANBINDEHALTG.
9 432 STAELLE FUER SAUEN MIT AUTOMAT.FUTTERSTANDVERRIEGELUNG
9 492 EMPFEHLUNGEN FUER DIE SAUENHALTUNG

MASTSTALL

1 304 VOLLMECHANISIERUNG EINER SCHWEINEMASTFARM
1 468 NEUE AUFGABEN DER ARCHITEKTEN IM LAENDL.BAUWESEN
1 529 EINSTOECKIGER MASTSTALL FUER 24000 SCHWEINE
1 529 MEHRSTOECKIGER MASTSTALL FUER 900 SCHWEINE
1 558 HALTUNG V.MASTSCHWEINEN AUF VOLL UND TEILSPALTENBOEDEN
1 559 VORGEFERTIGTE STALLAUSRUESTUNG FUER MASTSTAELLE
1 559 MASTSTALL MIT VORRATSFUETTERUNG UND VOLLSPALTENBODEN
2 343 VOLL UND TEILSPALTENBODEN FUER MASTSCHWEINE
2 492 VOLLALUMINIUMSTAELLE FUER MASTSCHWEINE
2 507 SCHWEINEMAST IM DUNKELSTALL KRITISCHE AUSWERTUNG
2 508 FRESSPLATZBEDARF UND BEWIRTSCHAFTUNGSGAENGE
2 508 GROESSE DER LIEGEFLAECHEN UND BUCHTEN
2 509 HEIZBARE MASTSTAELLE IN UNGARISCHEN LPG
3 351 ERFAHRUNGEN BEI DER INDUSTRIEMAESSIGEN SCHWEINEMAST
3 363 MASTANLAGEN MIT 3000 PLAETZEN IN DER DDR
3 364 STALL FUER 700 SCHWEINE MIT VOLLAUTOMAT.FUETT.U.ENTMIST.
3 364 FUER 900 SCHWEINE MIT SCHLEPPSCHAUFELUNTERFLURENTMIST.
3 602 PLANUNGSBEISPIELE FUER UMBAU VORHANDENER GEBAEUDE
3 611 VERSUCHSSTALL BETONKONSTRUKTION MIT LUFTHEIZ.SYSTEM
3 612 LUFTKEIMZAHLBESTIMMUNGEN
4 585 VIERREIHIGER MASTSTALL FUER 600 TIERE ALFA LAVAL SYSTEM
4 595 FENSTERLOSER MASTSTALL MIT ALUMINIUMWAENDEN U.DECKEN
5 716 MASTANLAGE FUER 2000 SCHWEINE
5 717 16ECKIGER MASTSTALL IN AREMARK
6 517 MASTANLAGEN IN KOMPAKT UND PAVILLONBAUWEISE
7 439 DUNKELSTALL MIT VOLLAUTOMAT.TROGLOSER FUETTERUNG
9 231 RUNDSTALL BACON BIN AUS GALVAN.GEWELLTEM STAHLBLECH
9 435 MASTHAEUSER MIT FUSSBODENFUETTERUNG
9 492 FUER EXTENSIV U.INTENSIVHALTG.V.MASTSCHWEINEN BAUTECH.
9 494 DUNKELSTALL ZUR MAST IN ZWEIREIHIGER AUFSTALLUNG
9 495 MASTSTALL IN VORGESCHNITTENER HOLZBAUWEISE
9 496 SCHLUESSELFERTIG GELIEFERTE MAESTEREIEN IN FRANKREICH

HUETTE

SCHWEINESTALL STALLEINRICHTUNG TECHNOLOGIE
1 530 VET.TOXIKOL.GRUNDSAETZE F.VERLEG.V.BITUMENHALT.BELAEGEN
1 554 VOR UND NACHTEILE DER TEIL UND VOLLSPALTENBOEDEN
3 601 FUSSBOEDEN AUS BITUMEN STABILISIERTEM ERDBETON
4 208 MECHANIS.DER ARBEITSPROZESSE IN ZUCHTANLAGEN
4 209 WIRTSCHAFTL.MECHANISIERUNG IN UNGAR.MASTANLAGEN
4 582 WAERMEDAEMMUNG DER FUSSBOEDEN
4 600 FUER UND WIDER VOLLSPALTEN
4 601 BEDEUTG.V.SPALTENBODENAUFSTALLUNG IN SCHWEINEHALTUNG
6 513 SPALTENBODENELEMENTE AUS POLYTON
6 528 ZWECKMAESSIGK.DES SPALTENBODENS FUER MASTSCHWEINEHALTG.
8 553 ELEKTR.ZUSATZHEIZUNG IN EINEM MASTSTALL
9 232 EINHEITLICHER INNENAUSBAU MIT FERTIGTEILEN
9 435 WIRKSAMKEIT VON TEILSPALTENBOEDEN
9 475 NORMBLATTENTWURF FUER SPALTENBOEDEN
9 497 PROBLEMATIK DER SPALTENBOEDEN BEI SCHWEINEN
STALLKLIMA
1 507 KLIMATISIERUNG VON STAELLEN IN NORWEGEN
1 553 ZUSATZHEIZUNG FUER ABSATZFERKEL UND LAEUFER
1 554 ZUSATZHEIZUNG MIT INFRAROTLAMPEN U.FUSSBODENHEIZUNG
1 558 VOLLKLIMATISIERUNG VON MASTSTAELLEN
2 343 KOSTEN FUER KLIMAANLAGE EINSCHLIESSLICH HEIZUNG
3 361 VENTILATOREN UND FUSSBODENHEIZUNG
3 367 ANWENDG.V.ELEKTROWAERME IN AUFZUCHT U.ABFERKELSTAELLEN
3 614 MIKROKLIMATISCHE STUDIE AN EINEM VORMASTSTALLTYP
4 3 MIT FLIESS UND SCHWEMMENTMISTUNG DUNGGASE
4 550 KLIMAGERAET MIT EINEM OELOFEN GEKOPPELT
4 597 HEIZUNG UND LUEFTUNG DER ABFERKELSTAELLE
4 599 VIERREIHIGER MASTSTALL VERBESSERUNG DES STALLKLIMAS
5 341 EINFL.DES STALLKLIMAS AUF TIERISCHES LEISTUNGSVERMOEGEN
5 347 FUSSBODENHEIZUNG U.INFRAROTLAMPEN IN FERKELBUCHTEN
5 680 SELBSTTAETIGE LUEFTUNG MIT VERSTAERKTEM ABZUG
5 714 KLIMAVERHAELTNISSE IN MASTSTAELLEN
5 718 LUEFTUNGSSYSTEME IN DER SCHWEINEMAST
6 493 BAULICHER WAERMESCHUTZ UND GESUNDES KLIMA
7 441 DOPPELTE LUEFTUNGSANLAGE FUER SCHWEINESTAELLE
8 249 BELUEFTUNG V.SCHWEINESTAELLEN DURCH VENTILATOREN
9 465 SYSTEM FUER SOMMER UND WINTERBELUEFTUNG
9 466 TURBO VENTILATOREN BAUKASTENSYSTEM VON HELLMANN
9 467 LUEFTUNG
9 493 TEMP.U.ZUGLUFTEMPFINDLICHKEIT MODERNER FLEISCHSCHWEINE
ENTMISTEN
2 509 SCHWEMMENTMISTUNG IN UNGAR.SCHWEINEMASTSTAELLEN
3 361 AUSSCHWEMMEN DES MISTGANGES MIT WASSER
4 208 SLOV 130 SCHLEPPSCHAUFEL
4 249 FALTSCHIEBERENTMISTUNG ARBEITSWEISE DER ANLAGE
4 250 VERFAHREN DER KOTAUSBRINGUNG
8 249 UNTERFLURENTMISTUNG IN SCHWED.SCHWEINEMASTANLAGEN
8 274 T 841 AUTOMAT.SCHLEPPSCHAUFELANLAGE PRUEFB.POTSDAM
9 263 VOLLAUTOMAT.SCHWEMMENTMISTUNGSSYSTEM FUER MASTSTAELLE
9 264 ENTMISTEN AID SCHRIFTENREIHE
3 32 SCHWEISSEN HF SCHWEISSEN VON FOLIEN
3 489 VON SCHMALSPURSCHIENEN
4 542 VON ARMATUREN HALBAUTOMATISCHE APPARATUR
5 32 VORRICHTUNG FUER DEN ZUSAMMENBAU V.TEILEN
5 445 SCHWEISSGERAET FUER POLYAETHYLENFOLIE
5 518 AUTOMAT K 274 ELEKTR.STUMPFSTOSSWIDERSTANDSSCHWEISSUNG
5 518 WIDERSTANDSSCHWEISSEN VON BANDSAEGEN
6 27 ANWENDUNG V.ULTRASCHALL B.VIBRATIONSAUFTRAGSCHWEISSUNG
6 28 ARGONSCHUTZGASSCHWEISSVERFAHREN IN DER LANDTECHNIK
9 7 UNTERSUCHUNG DER TORSIONSFESTIGKEIT VON RAHMENKNOTEN
SCHWEIZ AUSSTELLUNG S.DORT
3 484 TAG DER PALETTIERUNG
8 518 ERFAHRUNGEN MIT LANDW.NORMBAUTEN BAUKOSTENSENKUNG
9 460 GRENZRICHTWERTE FUER DIE IMMISSION UND DEN BAULAERM
1 435 SCHWELLE AUTOMAT.AUSFORMVORRICHTUNG URS FUER SCHWELLENROHHOLZ

1 436 SCHWELLE ARBEITSVERSUCH MIT DEM SCHWELLENAUTOMAT SA URAL
SCHWINGEGGE S.UNTER EGGEN
5 275 SCHWINGMASCHINE TL 60 FUER FLACHS
SCHWINGSCHARRODER S.UNTER KARTOFFEL: RODEN VORRATSRODEN
SCHWINGSIEB S.UNTER SIEBEN
1 337 SCHWINGUNG STIMULATOR ZUM MECHANISCHEN ANREGEN DER MILCHABGABE
5 22 VERHALTEN V.KOERPERTEILEN BEI SCHWINGUNGSEINWIRKUNG
5 138 ERHOEH.DER DAUERSCHWINGFESTIGKEIT V.BEHAELTERANHAENGER
7 153 DES FAHRERSITZES BEIM MAEHDRESCHER
7 157 DER MAISKOERNER BEIM SCHLAGDRUSCH
8 359 LEITFAEHIGKEIT VON FRUECHTEN
6 162 SCRAPPER FUER MELIORATIONSARBEITEN BESTAND IN DER SU
SCRUBBERLAGER S.UNTER OBST: LAGERUNG
2 7 SED LANDTECHNIK AUFGABEN AUS DER SICHT DES VII. PARTEITAGES
SEGMENTPFLUEGEN S.UNTER PFLUEGEN
SEIL DRAHTSEIL S.DORT
8 470 SEILANLAGE SORGFALT BEI AUSWAHL UND VERWENDUNG DES ZUGSEILS
SEILBAHN S.AUCH HOLZRUECKEN UND BRINGEN
S.AUCH HOLZTRANSPORT
1 443 SYSTEME BEIM HOLZTRANSPORT FORTSCHRITTSBERICHT
1 447 ZUM HOLZRUECKEN ERHOEHUNG DER EFFEKTIVITAET
1 448 BESTIMMUNG DER DIFFERENZEN IN DEN ZUGKRAEFTEN
1 449 VERAEND.DER ZUGKRAEFTE BEI FESTVERANKERTEM TRAGSEIL
1 450 ZUGKRAEFTE B.VERSCHIED.LASTEN U.FESTVERANKERTEM TRAGSEIL
1 451 LAERM DER ANTRIEBEINRICHTUNGEN
4 487 PRAKT.ERFAHRUNGEN BEI PROJEKTIERUNG UND BAU
5 604 DOPPELSEILIGE SEILBAHN MIT PASSSTATION
6 446 ZUR BEFOERDERUNG VON ARBEITSKRAEFTEN
9 385 NORWEGISCHE STANDARDS FUER DRAHTSEILE
SEILKRAN FUER DEN HOLZTRANSPORT S.UNTER HOLZTRANSPORT
S.UNTER KRAN
7 91 SEILSCHLAGBOHRGERAET BLG 100 FUER BRUNNENBOHRUNGEN
SEILSCHRAPPER ZUM ENTMISTEN S.UNTER ENTMISTEN
3 533 SEILWICKLER MODELL VKNIIVOLT FUER RUECKEWINDEN
SEILWINDE S.AUCH HOLZRUECKEN UND BRINGEN
5 521 AUDIOMETRISCHE UNTERSUCHUNGEN AN FORSTARBEITERN
5 605 EINSATZ IN DER FORSTWIRTSCHAFT
8 449 EINSATZ AUF HOLZLAGERPLAETZEN
4 587 SEILZUG FOERDERGERAETE ANFORDERUNGEN AN GEBAEUDEGESTALTUNG
7 71 ZUR MECHANISIERUNG IN HANGLAGEN
7 276 GERAETE FUER EINE SELEKTIVE RODUNG IN BAUMSCHULEN
8 141 GERAETETRAEGER MIT ZUSATZGERAETEN FUER HANGLAGEN
9 177 SELBSTENTLADEWAGEN EINSATZ FUER DEN SACKLOSEN KOERNERTRANSPORT
9 204 T 087 ABLADEN VON SILIERGUT IN FLACHSILOS
SELBSTTRAENKE S.UNTER TRAENKEN
3 454 SELLERIE MASCHINEN ZUR TEILMECHANISIERUNG DER ERNTE
3 454 ERNTEMASCHINE V.WATERFALL MIT KISTENTRANSPORT
5 412 OEKONOMIK DES KNOLLENSELLERIEANBAUES
5 462 MECHANISIERUNG DER ERNTE IN DEN USA
5 492 EINSATZ DER VOLLERNTEMASCHINE RODEMAX
SENSENSAEGE S.UNTER SAEGE
1 13 SERVOMECHANISMEN FUER FERNSTEUERUNG WIRKUNGSWEISE
2 477 SEXUALHORMONE ZUR BEKAEMPFUNG VON INSEKTEN
SHEDDACH S.UNTER BAUKONSTRUKTION
SICHELMAEHER S.UNTER MAEHEN
SICHERHEITSVERDECK S.UNTER TRAKTOR: ZUBEHOER
SICHTEN S.AUCH SORTIEREN
1 285 BUCHWEIZENSICHTUNG IN WASSER
5 318 BESTIMMUNG DER SICHTGUETE BEI DER SCHUETTGUTSICHTUNG
2 75 SIEBEN OPT.KINEMAT.BETRIEBSZUSTAND SCHWINGENDER PLANSIEBE
2 248 SCHWINGSIEB FUER DIE KARTOFFEL MOEHREN U.ZWIEBELERNTE
2 320 SCHALLSIEBMASCH. UND ANALYSENSIEBGERAET
2 320 ELEKTROMAGNETSIEB UND HOCHLEISTUNGSSIEBMASCHINE
SIEBKETTENRODER S.UNTER KARTOFFEL
SIEBROSTRODER S.UNTER KARTOFFEL: RODEN VORRATSRODEN

SILAGE S.AUCH SILIEREN
S.AUCH SILO
ENTNAHME AUS SILO S.UNTER ENTNEHMEN VON SILAGE
1 3 PROD. ZUSAMMENHANG ZWISCH.MENSCH GEBAEUDE U.MASCHINE
1 327 SELBSTFUETTERUNG AUS EINEM FLACHSILO U.VORRATSFUETTERUNG
3 86 DICHTEMESSUNG V.SILAGE IN FAHRSILOS MIT GAMMASTRAHLEN
3 322 GUETE V.MISCHSILAGE B.VERSCHIED.ZERKLEINERG.DER BESTANDTEILE
3 396 MECHANISIERTE FUETTERUNG IM STALL
4 228 MASCHINEN FUER ZERKLEINERUNG VON KOERNERSILAGE
4 238 TRANSPORT VOM HOCHSILO IN DEN STALL
5 358 MECHANISIERUNG DER FUETTERUNG VON GRASSILAGE
8 243 TRANSPORT ZUM STALL MIT BANDFOERDERER
8 262 ARBEITSERSPARNIS U.MECH.KOSTEN BEI DER SILAGEFUETTERUNG
8 267 SCHNELLFUETTERUNGSANLAGE FUER MASTBETRIEB
8 273 METHODEN DER FUETTERUNG
4 559 SILANWOLLE ANWENDUNG ZUR WAERMEDAEMMUNG
SILIEREN HINWEISE
S.AUCH HAECKSLER
S.AUCH SILO
GETREIDE S.DORT
ALLGEMEINES
4 179 SILOWIRTSCHAFT IN OESTERREICH
8 4 MITTEL FUER FUTTERKONSERVIERUNG IN DER DDR
VERFAHREN
1 115 FUTTERKETTEN IN DER SILOWIRTSCHAFT
1 207 V.MAIS U.ABDECKEN MIT FOLIE
1 247 VON GESCHLEGELTEM RUEBENBLATT GAERVERLAUF
1 264 HERSTELLUNG VON GAERHEU
1 277 MASCHINENSYSTEM UND ARBEITSORGANISATION
2 29 VERWENDUNG VON PLASTMATERIALIEN
2 269 TECHN.UND OEKONOMISCHE FRAGEN DER SILAGEBEREITUNG
2 273 STAND DER MECHANISIERUNG DER GRASSILAGEWIRTSCHAFT
2 274 STANDHAECKSLER SILOMAT 2000 PRUEFBERICHT WIESELBURG
2 275 UND AUFBEREITUNG ERNTEFRISCHER GETREIDEKOERNER
2 290 UNTERSUCH.UEBER KONSERVIERUNG VON FUTTERKARTOFFELN
2 307 MECHANISIERUNG UND AUTOMATION FORSCHUNGSPROBLEME
2 322 V.FEUCHTGETREIDE IN GASDICHTEN STAHL UND BUTYLFOLIESILOS
2 327 VON FUTTERKARTOFFELN ANLAGEN UND AUFWAND
2 519 ANWELKSILAGE IN TSCHECHOSLOWAKISCHEN HOCHSILOS
3 192 HERSTELLUNG VON SILAGE AUS GRUENMAIS IN FRANKREICH
3 319 MECHANISIERUNG DER SILAGEBEREITUNG
3 320 KOSTEN DER GRASANWELKSILAGE BEI VERSCHIEDENEN VERFAHREN
3 321 ERMITTL.DER METHODE MIT DEM GERINGSTEN ARBEITSAUFWAND
3 322 GUETE GEMISCHT.SILAGE B.VERSCHIED.ZERKLEINER.DER BESTANDTEILE
6 138 FEUCHTER GESCHROTETER MAISKOERNER
6 257 VERFAHREN DER HERSTELLUNG V.HALBHEUSILAGE AUS BALLENHEU
7 170 BEREITUNG VON WELKSILAGE
7 172 EINLAGERUNG VON SILIERGUT IN FLACHSILOS
7 175 KONSERVIERUNG DURCH ZUSATZ VON AMEISEN UND PROPIONSAEURE
7 218 KOSTENSPARENDE GRUENFUTTERKONSERVIERUNG
8 79 ARBEITSVERFAHREN UND ARBEITSAUFWAND
8 81 VON FEUCHTMAISSCHROT
8 167 BEIGABE VON KONSERVIERUNGSZUSAETZEN
8 169 SILIERVERSUCHE MIT WICKELBRIKETTS
8 223 TECHNOLOGIE DER SILAGEBEREITUNG
8 226 ZUGABE V.SILIER UND FUETT.ZUSAETZEN PRUEFG.V.DOSIEREN
8 227 EINFUEHRUNG DER VAKUUMSILIERUNG IN DIE LANDWIRTSCH.PRAXIS
8 270 GEDAEMPFTER UND UNGEDAEMPFTER KARTOFFELN TECHNOLOGIE
9 63 MECHANISIERUNGSKETTE FUER SILIERUNG IM HOCHSILO
9 64 GEWINNUNG VON ANWELKFUTTER IM LVG DUMMERSTORF
9 157 TECHNOLOGISCHE ANFORDERUNGEN AN DIE WELKGUTERNTE
9 202 EINFLUSS DER MECH.AUFBEREITUNG AUF DIE SILIERFAEHIGKEIT
9 205 BEWIRTSCHAFTUNG VON HOHEN FAHRSILOS IN LPG WEDLITZ
9 207 ERFAHRUNGEN MIT WELKGUTPRESSBALLEN IN FOLIENSILOS
9 208 IN PLASTIKSAECKEN FUER CA.500 KG ERFAHRUNGEN IN DEN USA
BESCHICKEN EINSCHL. ENTLADEN

3 187 SILIEREN TYPENTABELLE VON GEBLAESEN ZUR SILOBESCHICKUNG
3 188 ALS SCHEIBENRADHAECKSLER GEBAUTE STANDHAECKSLER
3 192 BESCHICKUNGS UND ENTNAHMEGERAETE FUER TURMSILOS
3 194 ABLADEWURFGEBLAESE FUER GEHAECKSELTEN SILOMAIS
3 264 MAISFOERDERER MIT GEBLAESEHAECKSLER
3 264 MAISFOERDERER MIT HAECKSELGEBLAESE ODER FOERDERBAND
4 3 HERSTELLUNG VON EXAKTHAECKSEL
4 3 BESCHICKUNG UND GRUENMASSEVERTEILUNG IN HOCHSILOS
4 233 BESCHICKUNG VON HOCHSILOS IN ENGLAND
5 309 NEUE SILOMEHRZWECKFRAESE
5 310 EINLAGERUNG IN HOCH UND FLACHSILOS IN DER CSSR
7 136 BESCHICKUNGSGERAETE FUER FLACH UND HOCHSILOS
8 144 BANDFOERDERER FUER DIE HOCHSILOFUELLUNG
8 151 FOERDERBAND FUER HAECKSELGUTTRANSPORT IN HOCHSILOS
8 151 FAHRSILOBESCHICKUNG DURCH FAHRZEUGE MIT HINTENENTLEERUNG
8 225 EINLAGERUNG VON SILIERGUT IN HOCHSILOS
9 196 ENDVERTEILER MIT WINDDRUCK ODER MOTORANTRIEB
9 203 FUELLVERFAHREN FUER FLACHSILOS
9 204 VERFAHREN ZUR EINLAGERUNG VON SILIERGUT IN FLACHSILOS
9 204 VERTEILEN MIT VERTEILHAKEN AM MTS 50
9 242 VERFAHREN DER HOCHSILOBESCHICKUNG IM LVG DUMMERSTORF
9 505 VORRICHT.FUER MECH.BESCHICKEN V.FLACHSILOS U.MASCH.ENTNAHME
VERDICHTEN
3 560 SILOPRESSE
4 181 BEDEUTG.U.MOEGLICHKEITEN DES FESTPRESSENS DES SILIERGUTES
7 150 PRESSEN VON SILIERGUT MIT HOCHDRUCKPRESSEN
7 172 VERDICHTEN V.GESCHLEG.GRAS MIT SCHWEREM RADTRAKTOR
8 242 TRAKTOR ZUM FESTFAHREN DES FUTTERSTOCKES IM FLACHSILO
9 203 VERDICHTEN DURCH TRAKTOREN ODER DURCH ABSAUGEN DER LUFT
9 204 VERFAHREN ZUR EINLAGERUNG VON SILIERGUT IN FLACHSILOS
9 206 VERDICHTEN VON GRUENGUT VERFAHREN LAGERUNGSDICHTEN
ABDECKEN
3 323 EINSATZ VON FOLIE ALS ABDECKUNG BEI DER SILAGEBEREITUNG
3 324 FLACHSILOABDECKUNGEN BILDBERICHT

3 210 SILIKALZIT BEFESTIGUNG DER GRABENSOHLEN MIT FERTIGTEILEN
7 412 SILIKAT HOHLBLOCKBAUSTEINE AUS SILIKAT ASBEST
5 441 SILIKATGLAS ZUR GEWAECHSHAUSABDECKG. LICHT U.WAERMETECHN.EIGENSCH.
7 84 SILIKONOEL BESPRITZEN V.PFLANZEN ZUR TRANSPIRATIONSSENKUNG
SILO GAERFUTTERBEHAELTER
VORRICHTUNGEN FUER DIE SILAGEENTNAHME S.ENTNEHMEN VON SILAGE

FUER GETREIDE S.UNTER GETREIDE
S.AUCH SILIEREN
ALLGEMEINES
2 517 BEMESSUNGSGRUNDLAGEN FUER GAERFUTTERBEHAELTER
2 518 BEHANDLUNGSMOEGLICHKEITEN VON ABLAEUFEN AUS RUEBENBLATTSILOS
3 562 1964 BIS 66 LANDW.BAUTAETIGKEIT IN DER DDR
3 629 SAUERSTOFFDURCHLAESSIGKEIT VON WANDSEGMENTEN AUS BETON
3 630 BEHANDLUNGSMOEGLICHKEITEN V.ABLAEUFEN AUS RUEBENBLATTSILOS
5 655 IMPORT VON ANLAGEN IN DIE NIEDERLANDE
6 484 LEISTUNGEN DER BERDJANSKER GENOSSENSCH.BAUORGANISATION
7 423 AUSSENBEHANDLUNG MIT HOLZSCHUTZMITTELN
9 1 VERWENDUNG IN BELGIEN
9 196 KLEBESTREIFEN MIT BITUMENKLEBER ZUM ABDICHT.V.BETONFOLIEVERBIND.
9 209 EIGNUNG OFF.U.GESCHLOSS.WASSERPRESSEN ALS SILOVERSCHLUSS
9 436 ERMITTLUNG VON UMBAUTEM RAUM UND AUFMASSEN
BAUARTEN BAU
2 269 VERGLEICH VON HOCH UND FLACHSILOS
2 346 FLACH ODER HOCHSILO MECHANISIERUNGSMOEGLICHKEITEN
2 520 SILOTUER DER FA. GRUBER PRUEFBERICHT WIESELBURG
2 521 SILOTUER DER FA. HANS SCHMIDINGER PRUEFBERICHT WIESELBURG
2 522 SILOTUER AUS GLASFASERVERSTAERKTEM POLYESTER PRUEFBER.WIESELBURG
2 523 SILOTUER DER FA. VOEEST HUETTE KREMS GMBH
3 632 SILOTUER DER FA.GRUBER PRUEFBERICHT WIESELBURG
3 633 SILOTUER DER FA. SCHMIDINGER PRUEFBERICHT WIESELBURG

3 634 SILO SILOTUER AUS GLASFASERVERSTAERKTEM POLYESTER PRUEFB.WIESELBURG
3 635 SILOTUER DER FA. VOEEST HUETTE PRUEFBERICHT WIESELBURG
4 615 BUELACH SILOS AUS GENORMTEN STAHLBLECHTAFELN
4 615 ANFORDERUNGEN AN VERSCHIEDENE SILOFORMEN UND TYPEN
4 615 ANSTRICH ALS SAEUFESCHUTZ
4 615 MARYSON BEHAELTER AUS STAHLBLECHTAFELN
4 615 POLYESTERSILOS AUF BETONFUNDAMENT
4 615 FORMSTEINSILOS MIT GUTEM PUTZ UND SAEURESCHUTZANSTRICH
5 722 PROBLEME UND TENDENZEN DES BAUES IN DER SU
6 326 VERWENDUNG VON PLASTWERKSTOFFEN IN FRANKREICH
6 534 HOLZSILOS AUS VORGEFERTIGTEN BAUTEILEN
7 166 FUER GAERFUTTER PATENT
7 409 CHEMIKALIENBESTAENDIGE ANSTRICHE FUER DIE INNENSEITE
8 144 BAUKOSTENERSPARNIS DURCH GROESSERE FLACH UND HOCHBEHAELTER
8 220 HERSTELLERLISTE
8 511 HERMETIC SILOS AUF DER DLG SCHAU
8 514 1968 GERAETELISTE IN FRANKREICH GEHANDELTER TYPEN
8 563 VERGLEICH VON HOCHSILO FLACHSILO UND TIEFSILO
9 227 ANWENDUNG VON FOLIENSILOS FUER HD PRESSBALLEN
HOCHSILO
1 264 BESCHREIBUNG VON SIEBEN TURMSILOS
2 519 ANWELKSILAGE IN TSCHECHOSLOWAKISCHEN HOCHSILOS
3 631 ANWELKSILAGE IN TSCHECHOSLOWAKISCHEN HOCHSILOS
4 179 MONOLITHISCHE SILOS EINHALTUNG DER BETONGUETE
4 180 AUSGLEICH V.UNTER BZW.UEBERDRUCK IN GASDICHTEN SILOS
4 181 FESTPRESSEN DES SILIERGUTES IM HOCH UND FLACHSILO
4 233 ENTWICKLUNG DES BAUES VON HOCHSILOS IN ENGLAND
4 593 TURMSILOS FUER VORWELKSILAGE MIT UNTENENTNAHME
4 615 BEWEHRTE PUTZLOS GEGOSSENE BETONSILOS
5 308 ERFAHRUNGEN MIT HALBHEUHOCHBEHAELTERN MARYSON
5 344 HOLZHOCHSILOS IM KUTEL BEI ESSEN
5 703 TURMSILOS AUS HOLZ MIT OBENENTNAHME
6 255 TROCKENSUBSTANZVERLUSTE U.FUTTERWERT DER SILAGE IM HOCHSILO
6 256 FRANZ.GAERHEUTUERME MARYSON EINSATZBERICHT
6 287 GASDICHTE STAHLHOCHBEHAELTER U.BUTYLSILO FUER KOERNERSILAGE
6 516 HOCHSILOS FUER KURZHAECKSEL IN DEN USA
7 170 HOCHBEHAELTER FUER DIE BEREITUNG VON WELKSILAGE
7 203 100 T HOCHSILOS IM ITALIENISCHEN KUTEL
8 223 HOCHSILOS ALKOSIL KEMPR HARVESTORE MARYSON
8 223 MONOLITHISCHE BETONHOCHSILOS ERGEBNISSE IN DER CSSR
8 224 HOCHSILO DES LIW NAUEN AUS BETONFORMSTEINEN
9 64 HOCHSILOBAU UND GEWINNUNG VON ANWELKFUTTER IM LVG DUMMERSTORF
9 196 AUSKLEIDUNG V.HOCHSILOS MIT SCHLAEUCHEN AUS PVC FOLIE
9 435 GRUNDLAGEN FUER DEN BAU VON TURMSILOS
FLACHSILO
3 320 EINLAGERUNG V.ANWELKGUT IM LUFTDICHT ABGESCHLOSS.FLACHSILO
3 324 FLACHSILOABDECKUNGEN BILDBERICHT
3 358 LUFTDICHT ABSCHLIESSB.FLACHSILO FUTTERQUALIT.U.NAEHRSTOFFVERLUST
4 615 UEBERDACHUNG BEI FLACHSILOS
6 519 FLACHSILO DER MILCHPRODUKTIONSGEMEINSCHAFT VON INGLEWOOD
7 170 FLACHSILOS FUER DIE BEREITUNG VON WELKSILAGE
7 406 MESSWAND FUER MESSUNGEN DES SEITENDRUCKES IN FLACHSILOS
8 563 VOR UND NACHTEILE DES FLACHSILOS
FAHRSILO
1 533 DURCHFAHRSILOS FUER MILCHVIEHKOMPLEX IN DUMMERSTORF
1 544 DURCHFAHRSILO FUER MILCHVIEHANLAGE WAGELWITZ
3 86 DICHTEMESSUNG V.SILAGE IN FAHRSILOS MIT GAMMASTRAHLEN
5 728 VORFERTIGUNG UND AUFBAU VON FAHRSILOS
6 255 TROCKENSUBSTANZVERLUSTE U.FUTTERWERT DER SILAGE IM FAHRSILO
7 150 FAHRSILOS U.BALLENMIETEN FUER SILIEREN V.HOCHDRUCKBALLEN
7 173 VERSETZBARER FAHRSILO
7 174 FAHRSILO IN OESTERREICH
7 203 FAHRSILO MIT PORTALKRAN IM ITALIENISCHEN KUTEL
GRABENSILO
5 709 GAERFUTTERTIEFBEHAELTER ARB.BL.LANDWIRTSCH.BAUWESEN
9 506 SILOSAFT MEHRZWECKGRUBEN PROJEKTE FUER HANDMONTAGE

8 325 SIMAZIN IM ZIERPFLANZENBAU
SIMPLEXMETHODE S.UNTER RECHENTECHNIK
7 56 SIMULTATION EINES UNGEFEDERTEN FAHRZEUGES MIT HILFE DES COMPUTERS
SIPHON S.UNTER BEWAESSERUNG
SITZ FUER TRAKTOREN S.UNTER TRAKTOR: ZUBEHOER
SKELETTMONTAGEBAUWEISE S.UNTER BAUWEISE
9 99 SOELLE MELIORATION VON FELDSOELLEN IN DEN NORDBEZIRKEN DER DDR
1 202 SOJA ERNTE VON MAIS SOJA GEMENGE
4 126 EINZELKORNDRILLMASCHINE FUER DIE SAATGUTZUECHTUNG
8 140 EINARBEITEN VON TREFLAN IN DEN BODEN VOR DER AUSSAAT
9 152 UNKRAUTBEKAEMPFUNG MIT FLAMMENWERFER
SOMMERWICKE S.UNTER WICKEN
8 142 SONDERKULTUR SCHNEIDLADER
1 261 SONNENBLUME ERNTEMASCHINE
1 573 MECHANISIERTER TROCKNUNGSANLAGEKOMPLEX
5 317 REINIGUNG DES SAATGUTES VON SKLEROTIEN
7 180 VERLAUF DES TROCKNENS IN MAISKAMMERTROCKNERN
8 564 TROCKNUNG VON SAMEN MIT VORWAERMUNG
9 134 ZUSATZVORRICHTUNGEN FUER AUSSAAT MIT MAISSAEMASCHINEN
1 45 SONNENENERGIE ZUR LUFTERWAERMUNG IN TROCKNUNGSANLAGEN
6 2 ANWENDUNG IN LANDW. PROGNOSTISCHE EINSCHAETZUNG
8 1 VORRICHTUNG ZUM SAMMELN U.EINSATZ FUER HOEH.PFLANZ.ERTR
9 465 AUSNUTZG.ZUR VORWAERMG.DER FRISCHLUFT F.SCHWEINESTAELLE
6 494 SONNENSTRAHLUNG SONNENSCHUTZGLAESER ZUR VERGLASG.V.GEBAEUDEN
6 494 SONNENSCHUTZGLAESER ZUR VERGLASUNG VON FAHRZEUGEN
SORGHUM S.UNTER HIRSE
1 19 SORMIT SCHARE MIT AUFGESCHWEISSTER SORMITSCHICHT VERSCHLEISSDIAGRAMM
SORPTIONSISOTHERM S.UNTER TROCKNUNG
SORTIEREN ERBSE S.DORT
MOEHRE S.DORT
ZWIEBEL S.DORT
KARTOFFEL S.DORT
GETREIDE S.DORT
VON HOLZ S.UNTER HOLZAUFBEREITUNG
OBST S.DORT
EIER S.DORT
1 235 BUCHWEIZENSICHTUNG IN WASSER
2 277 VON REISSAMEN
3 437 ANLAGE FMK 6 0 FUER MOEHREN
4 361 BLUMENSORTIERMASCHINE OLIMEX
4 396 MASCHINELLE FARBSORTIERUNG BEI TOMATEN
7 9 AUTOMATISIERUNG PHYSIKALISCH TECHNOLOGISCHER PROZESSE
7 10 OPTISCHE FUEHLER ZUR FARBSORTIERUNG
7 253 DREHTISCHE ZUR RATIONALISIERG.V.SORTIERARB.IM GARTENBAU
7 324 MOEGLICHKEITEN DER MASCHINELLEN GURKENSORTIERUNG
7 325 GERAETEKOMB.ZUM BERGEN UND SORTIEREN VON TOMATEN
7 399 GERAETE AUF DER DLG AUSSTELLUNG
SORTIERTRANSPORTEURE S.UNTER HOLZAUFBEREITUNG
SOWCHOSE GEHOEFTPLANUNG S.DORT
DORFPLANUNG S.DORT
1 520 AUSARBEITUNG VON PROJEKTEN DER PLANUNG UND BEBAUUNG
3 95 TEMPO UND STAND DER ELEKTRIFIZIERUNG IN DER SU
4 569 PLANUNG VON WOHN UND KOMMUNALGEBAEUDEN
5 7 SOZIOLOGIE AUSWIRKUNGEN DER WISS.TECHN.REVOLUTION IN DER LANDW.
SPALTENBODEN
ALLGEMEINES
4 253 KOSTEN VERSCHIEDENER ENTMISTUNGSSYSTEME
BAUSTOFFE KONSTRUKTION
1 530 HINWEISE FUER DIE AUSBILDUNG VON ELEMENTEN
6 513 FUER LIEGEFLAECHEN AUS POLYTON
6 516 VOLLSPALTENBOEDEN IN MASTSTAELLEN UEBER GUELLEKELLERN
7 418 VERWENDUNG VON BONGOSSIHOLZ ALS BAUSTOFF
9 475 NORMBLATTENTWURF FUER STALLFUSSBOEDEN
FUER RINDERSTAELLE
1 533 RINDEROFFENLAUFSTALLANLAGE MIT LIEGEBOXEN
1 536 STALLHALTUNGSSYSTEM UND GESUNDHEIT VON MILCHVIEH

5 697 SPALTENBODEN VERWENDUNG VON HOLZ
6 522 FUER DIE HALTUNG VON JUNGVIEH
6 525 BAUPROGRAMM FUER EINEN FAERSENAUFZUCHTBETRIEB
8 246 IM LIEGEBOXENSTALL KOSTEN
9 435 KOSTEN UND WIRKUNGSGRAD IM RINDERZUCHTSTALL
9 486 UNTERSUCH.IM VERSUCHSLAUFSTALL MIT LIEGEPLAETZEN
9 491 RINDERMAST IM LAUFSTALL AUF VOLLSPALTENBODEN
FUER SCHWEINESTAELLE
1 553 VOLL UND TEILSPALTENBOEDEN IN SCHWEINEMASTSTAELLEN
1 553 IM KOTPLATZ FUER ABSATZFERKEL UND LAEUFER
1 554 VOR UND NACHTEILE DER TEIL UND VOLLSPALTENBOEDEN
1 558 HALTUNG V.MASTSCHWEINEN AUF VOLL UND TEILSPALTENBOEDEN
1 559 MASTSTALL MIT VORRATSFUETTERUNG UND VOLLSPALTENBODEN
2 343 VOLL UND TEILSPALTENBODEN FUER MASTSCHWEINE
4 600 FUER UND WIDER VOLLSPALTEN IM SCHWEINESTALL
4 601 BEDEUTG.V.SPALTENBODENAUFSTALLUNG IN SCHWEINEHALTUNG
6 274 ZWECKMAESSIGKEIT IN ABFERKELSTAELLEN
6 528 ZWECKMAESSIGKEIT FUER DIE MASTSCHWEINEHALTUNG
7 439 DUNKELSTALL FUER SCHWEINEMAST MIT TEILSPALTENBODEN
9 231 TEILSPALTENBODEN MIT SCHWEMMENTMISTG.IM SCHWEINESTALL
9 435 WIRKSAMKEIT VON TEILSPALTENBOEDEN IM SCHWEINESTALL
9 492 EMPFEHLUNGEN FUER DIE SAUENHALTUNG
9 494 IN EINEM DUNKELSTALL FUER SCHWEINEMAST
9 497 PROBLEMATIK BEI SCHWEINEN
STALLKLIMA
6 67 SPANIEN XII. INTERNATIONALER KAELTEKONGRESS MADRID 1967
7 94 STUDIENTAGUNG DER CIGR UEBER LANDW.WEGEBAU IN MADRID
SPANNBETON S.UNTER BETON
5 498 SPANPLATTE STEIGERUNG DES PRODUKTIONSVOLUMENS IN DER SU
2 76 SPARGEL ERNTEMASCHINE BERECH. U.SCHALTGANG DER ARBEITSELEMENTE
2 408 ERNTE IN DEN USA
3 417 GEFRIERTROCKNUNG
3 434 BODENABDECKUNG MIT FOLIE
3 480 FROSTSCHUTZ DURCH UEBERFLIEGEN MIT HUBSCHRAUBERN
4 348 ERNTEMASCHINE VON DER LECKENBY COMPANY SEATTLE WASH.
5 431 BEDECKUNG DER DAEMME MIT TRANSPARENTER FOLIE
5 462 MECHANISIERUNG DER ERNTE IN DEN USA
5 464 ARBEITSTECHNIK UND ZEITAUFWAND BEI DER AUFBEREITUNG
6 378 WASCH UND ABSCHNEIDEMASCHINE ARBEITSWEISE
3 426 SPATENMASCHINE ERFAHRUNGEN MIT DER VICON SPITMASCHINE ROTASPA
6 339 ERFAHRUNGEN MIT SPATENMASCHINEN IN GEWAECHSHAEUSERN
7 72 ROTASPA A 87 TECHNISCHE DATEN
7 109 ROTASPA PRUEFBERICHT WIESELBURG
7 276 EINSATZ IN BAUMSCHULEN
8 103 ARBEITSWEISE UND ARBEITSLEISTUNG
8 317 MASCHINEN UND GERAETE FUER DIE BODENBEARBEITUNG
4 53 SPATENPFLUG FUER DIE STOPPELBEARBEITUNG
8 108 SELBSTFAHRVARIANTE DES ROLLSPATENPFLUGES ROTASPA
SPATENROLLEGGE S.UNTER EGGEN
5 207 HANKMO 66 DLG PRUEFBERICHT
SPATENWAELZEGGE S.UNTER EGGEN
8 299 SPECK ERGEBNISSE DER HALTBARMACHUNG DURCH BESTRAHLUNG
SPEICHER FUER GETREIDE S.UNTER GETREIDE: LAGERUNG
1 548 KRAFTFUTTERSILOS DURCH SCHNECKEN MIT MELKSTAND VERBUNDEN
7 418 VERWENDUNG VON HOLZ ALS BAUSTOFF
SPEICHERHEIZUNG S.UNTER HEIZUNG VON WOHNRAEUMEN
SPEICHEROFEN S.UNTER HEIZUNG VON WOHNRAEUMEN
6 50 SPEKTROPHOTOMETER STRAHLENDURCHLAESSIGKEITSBESTIM.V.SAMENSCHALEN
SPERRBOXENSTALL S.UNTER LAUFSTALL

5 65 SPERRHOLZ REIBZAHLEN DES ROHLEINS UND DES LEINSTROHS
5 479 SPINAT AUTOMATISIERTE VERARBEITUNGSKETTEN
SPINDELRASENMAEHER S.UNTER MAEHEN
8 398 SPINNMILBE BEKAEMPFUNG IM HOPFENBAU AUFWANDMENGEN
8 399 SPRITZPLAN FUER HOPFEN
SPITMASCHINE S.SPATENMASCHINE

7 19 SPRENGEN PLANUNG VORBEREITUNG U.DURCHFUEHRG.DES LANDW.SPRENGENS
8 489 VORTEILE DER ELEKTR.ZUENDUNG BEI SPRENGARBEITEN
5 259 SPREUSAMMELWAGEN VERGLEICH VON ERNTEMASCHINENSYSTEMEN
4 498 SPRITZBRUEHE HERSTELLUNG FAHRBARE ANLAGE APR TEMP
6 448 ANLAGEN ZUR HERSTELLUNG
SPRITZEN HINWEISE
FLUGZEUGEINSATZ S.UNTER FLUGZEUG
ALLGEMEINES
2 468 KONTROLLE DES PFLANZENSCHUTZMITTELBELAGES
3 549 AUFFANGSCHICHT FUER DISPERSITAETSKONTROLLEN
4 498 FAHRBARE ANLAGE APR TEMP ZUR SPRITZBRUEHEHERSTELLUNG
6 448 ANLAGEN ZUR FUELLUNG VON SPRITZGERAETEN
6 448 ANLAGEN ZUR HERSTELLUNG VON SPRITZBRUEHE
7 387 BUTYLESTER OHNE EMULGATOR GERAET FUER ZUBEREITG.V.SPRITZBRUEH
8 390 VERKUERZUNG DER FUELLZEIT DURCH BRUEHEHOCHBEHAELTER
8 391 NACHWEISMETHODE FUER SPRITZBELAEGE
8 391 AUFSTELLUNG EINES SPRITZPLANES
9 409 BEWEGUNG EINES TROPFENS IM LUFTSTROM EINER GEBLAESESPRITZE
VERFAHREN
2 213 BANDVERFAHREN NICHT FUER ALLE BOEDEN
3 479 SPRUEHEN U.GIESSEN ZUR INSEKTENBEKAEMPFUNG VERGLEICH
3 548 FLUESSIGKEITSZERSTAEUBUNG ZUR VERMINDERUNG VON ABTRIEB
5 482 TROEPFCHENGROESSENSPEKTRUM U.BRUEHEVERTEILUNG MASCH.EINFLUSS
5 644 BERECHNUNG DER GROESSE DER ABDRIFT
5 645 ELEKTROSTAT.AUFLADEN DES FLUESSIGKEITSSTRAHLES DURCH INDUKTIO
5 646 FUNGITOXISCHE WIRKUNG VON SPRITZBELAEGEN
6 458 BERECH.V.HAUPTKENNWERTEN DES LUFTSTRAHLES IN GERAETEN
7 377 BAND UNTERBLATT U.BAUMSTREIFENSPRITZUNG GEBLAESESPRITZEN
7 382 UNGENUEG.WIRKUNG ODER KULTURPFLANZENSCHAEDEN
7 385 ANWEND.V.SPRITZBALKEN BEI NIEDRIGEN KULTUREN TECHNOLOGIE
8 396 VERGL.V.HUBSCHRAUBER SPRITZ U.SPRUEHGERAETEN MITTELVERREGNUNG
8 398 AUFWANDMENGEN FUER PFLANZENSCHUTZ IM HOPFENBAU
9 6 DRUCKLUFTLOSES SPRITZEN ABGESCHLOSSENE FORSCHUNGSARBEITEN
9 188 KRAUTVERNICHTUNG MIT CHEMIKALIEN IN GROSSBRITANNIEN
9 357 RATIONELLE SCHAEDLINGSBEKAEMPFUNG IM HOPFEN
9 406 UNKRAUTBEKAEMPFUNG IM GETREIDE
9 407 KARTOFFELKRAUTFAEULEBEKAEMPFUNG IN NORDIRLAND
EINSATZ
1 459 IM KARTOFFELBAU ARBEITSQUALITAET
6 454 FUNGIZIDANWENDUNG GEGEN KARTOFFELKRAUTFAEULE VERSUCHE
7 384 MITTELVERTEILUNG UND VERMEIDUNG VON SPRITZFEHLERN
8 480 RUNDHOLZSCHUTZ U.UNKRAUTBEKAEMPFUNG IM WALD
SPRITZGERAETE
1 375 RUECKENSPRITZE FUER GENAUE DOSIERUNG VON HERBIZIDEN
1 456 GERAET POU MODERNE FORMGESTALTUNG
2 212 SPRITZGERAET FUER AUSBRING.V.HERBIZIDEN GEGEN STRAUCHBEWUCHS
2 424 GERAETE FUER DEN FREILANDGEMUESEANBAU AUF KLEINEN FLAECHEN
2 425 PFLANZENSCHUTZGERAETE FUER SONDERKULTUREN
2 431 GERAETE FUER DEN WEINBAU AUF DEM LANDMASCHINENSALON
3 438 PPU 62 ANBAUMASCHINE ZUM AUSBRINGEN VON HERBIZIDEN
3 472 LOGARITHMIC SPRAYER MIT STUFENWEISER VERDUENNUNG
3 473 RUECKENSPRITZE K.S.D. PRUEFBER. ITT WAGENINGEN
3 559 MASCHINE PS 8C
4 499 UTO 2 ANBAUGERAET MIT DREIPUNKTAUFHAENGUNG PRUEFERGEBNISSE
4 499 ORT 50 KARRENSPRITZE FUER KLEINERE FLAECHEN
4 499 ANBAUSPRITZE FOLVBAR PRUEFUNG
4 499 ANBAUSPRITZE ZUM MAEHDRESCHER DER FA. J. DEERE
4 499 AUFBAUSPRITZE UNIMOG PRUEFERGEBNISSE
5 485 RUECKENSPRITZE POLICLAIR DER ENGL. FA. COOPER
5 637 S 326 BANDSPRITZEINRICHTUNG
5 638 FELDSPRITZMASCHINEN DER FA. DORMAN
5 639 HOCHDRUCKSPRITZE ROYAL AGRAR PRUEFBERICHT IMA BRUGG
5 640 RUECKENTRAGBARES MINISPRAY GERAET DER FA. ALLMAN
5 641 RUECKENSPRITZE POLICLAIR DER FA. COOPER PEGLER U.CO.
5 642 PARZELLENSPRITZGERAET ZUR FLAECHEN U.UNTERBLATTSPRITZUNG
5 656 HD SPRITZE MIT HYDRAUL.EIN U.AUSKLAPPBAREM SPRITZBAUM

6 392	SPRITZEN HOPFENPENDEL ZUR MECH.HOPFENSPRITZUNG
6 432	GERAET ARBOGARD ZUR UNKRAUTBEKAEMPFUNG IN FORSTKULTUREN
6 448	GERAETE UND TECHNOLOGIE IN DER UDSSR
6 451	NEUE PRUEFREGELN FUER FELDSPRITZGERAETE
6 452	GERAETEENTWICKLUNG STAND UND TREND IN DER DDR
6 453	ANBAUSPRITZE ON 10 FUER OBST WEIN UND FELDBAU
6 455	SPRITZGERAET MIT SEITLICHEM GEBLAESELUFTSTROM ARBEITSERGEB.
6 456	GERAET ZUR BENETZUNG VON UNKRAEUTERN MIT HERBIZIDEN
7 383	GERAETE ARBEITSTECHNIK ANFORDERUNGEN AN SPRITZMITTEL
7 386	GERAET GAN ZUR BEHANDLG.V.KARTOFFELKNOLLEN MIT TMTD
8 113	DREIPUNKTANBAUSPRITZEN FUER DIE FLAECHENSPRITZUNG
8 510	GERAETE AUF DER DLG SCHAU
9 185	ARBEITSBREITEN FUER FELDSPRITZEN ZUM KRAUTABTOETEN
9 361	KLEINSTPFLANZENSCHUTZGERAET DER FA. TIFONE
9 405	TECHNISCHE PROBLEME BEI FELDSPRITZGERAETEN
	GERAETE FUER OBSTBAU WEINBAU
2 390	S 091 HOCHDRUCKSPRITZMASCHINE EINSATZ IN REBANLAGEN
2 390	MASCHINEN S 051 U.SPE EINSATZ IN REBANLAGEN
2 425	GESTAENGE ZUR BAUMSTREIFENBEHANDLUNG MIT HERBIZIDEN
2 426	SPRITZMASCHINE MIT SPRITZRAHMEN FUER OBSTGEHOELZE
3 476	AUTOMAT.AUFSATTELGERAET FUER EINZELBAUMBEHANDLUNG
3 478	IM WEINBAU MIT SCHLAUCH UND SPRITZPISTOLE
4 321	VORRICHTUNG MIT AUSLEGER ZUR BAUMSTREIFENBEHANDLUNG
4 379	SPRITZVORRICHTUNG FUER BEHANDLUNG DER OBSTBAUMSTAEMME
4 380	STAMMBEHANDLUNG ZUSATZVORRICHTUNG ZUR SPRITZE ONK
4 498	SERIENHERSTELLUNG DER WEINBAUSPRITZE OV 4
4 499	ANBAUSPRITZE FUER DEN WEINBAU UPP ZAGORKA
4 499	SPRITZGERAET PVN PERLA PRUEFERGEBNISSE
5 484	SPRITZTECHNIK U.NEUE MASCHINEN FUER DEN OBSTBAU
5 494	GEBLAESESPRITZMASCHINEN FUER OBSTANLAGEN
6 388	S 032 U.S 052 HOH.LEISTG.DURCH VERAEND.AM STRAHLROHRRAHMEN
6 453	WEINBAUSPRITZE OV 4
7 265	ANBAURAHMEN ZUM SPRITZEN VON HERBIZIDEN
7 329	EINSTELLUNG VON MASCHINEN
7 330	RUECKENSPRITZE VERMOREL TECNOMA 15 PRUEFBERICHT WAGENINGEN
7 333	MEMBRANPUMPE MIT ELEKTROMOTOR COMET P 35 PRUEFBERICHT
8 391	MASCH.KONSTRUKTION UND EINSATZ IM OBSTBAU
8 392	ARBEITSPRODUKTIVITAET VON SPRITZGERAETEN IM OBSTBAU
8 394	S 051 LABOR UND FELDVERSUCHE IN OBST UND REBANLAGEN
9 348	ANHAENGESPRITZE FUER DEN GARTENBAU
9 349	S 301 6 MOTORBAUMSPRITZE PRUEFBERICHT POTSDAM BORNIM
9 350	MASCHINEN FUER EINSATZ IN GROSSFLAECHIGEN OBSTANLAGEN
9 351	LEISTUNG U.KOSTEN V.MASCH.BEI UNTERSCHIEDL.EINSATZBEDING.
9 352	OVT 1A U.OVS A FUER NIEDR.AUFWANDMENGEN IN OBSTANLAGEN
9 354	SPRITZMASCHINEN FUER ERDBEEREN
9 358	EIMERSPRITZE REKORD 60 PRUEFBERICHT POTSDAM BORNIM
	MEHRZWECKGERAETE
2 467	AUSBRINGUNG VON HERBIZIDEN IM BANDSPRITZVERFAHREN
4 499	OTN 8 16 KOMBINIERTES STAEUBE UND SPRITZGERAET
4 499	KOMBINIERTES SPRITZ UND STAEUBEGERAET UPSS
5 638	ANBAUSPRUEH U. SPRITZMASCH.STANDARD U.FENLANDER
5 653	MEHRZWECKSPRITZMASCHINE
6 430	MOTORRUECKENSPRUEHGERAETE MIT VORRICHTG.ZUM SPRITZEN
7 331	MASCH.TORNADO V.KINKELDER ZUM NEBELN U.SPRITZEN PRUEFBER.
7 332	MASCH.KOMBI V.KIEKENS ZUM NEBELN U.SPRITZEN PRUEFBERICHT
7 383	ENTWICKLUNGSTENDENZEN KOMBINIERTER PFLANZENSCHUTZMASCHINEN
7 398	MEHRZWECKSPRITZGERAET JURDYC PRAEMIIERUNG
9 366	Z 6 S SPRITZ UND SPRUEHGERAET
	BAUGRUPPEN BAUTEILE
1 457	POLYAETHYLENBEHAELTER FUER AUFSATTELSPRITZEN
1 458	VINNYLANSPRITZSCHLAUCH PRUEFBERICHT IMA BRUGG
2 424	EINSCHAETZUNG DER ROLLEN MEMBRAN UND KOLBENPUMPEN
2 431	KOLBEN MEMBRAN UND ROLLENPUMPEN
2 469	GRUNDPARAMETER EINES DYNAMISCHEN ZERSTAEUBERS
3 547	VERWENDUNG VON MEMBRANPUMPEN
5 643	LEISTUNGSFAEHIGKEIT VON DRALLDUESEN

5 647 SPRITZEN WINTERPFLEGE VON MESSINGSPRITZEN
6 457 UNTERSUCHUNG VON VIER HOCHLEISTUNGSFAEHIGEN DUESEN
7 383 WIRKUNGSWEISE U.VERSCHLEISS V.ARMATUREN UND DUESEN
7 383 WIRKUNGSWEISE U.VERSCHLEISS V.PUMPEN UND GEBLAESE
7 384 EINFL.V.DUESENART U.DUESENANORDNUNG AUF MITTELVERTEILUNG
7 385 WIRBEL SCHLITZ U.SPIEGELDUESEN TECHNISCHE DATEN
8 499 GESTAENGE FUER ZWISCHENREIHEN UND GANZFLAECHENBEHANDLUNG
9 320 FLACHSTRAHLDUESEN STATT KEGELSTRAHLDUESEN
9 350 ANTRIEBSLEISTUNGSBEDARF FUER KOLBENPUMPEN
9 401 DOSIEREINRICHTG.PLATZ Ö MATIC ZUM AUSBRINGEN V.SPRITZMITTELN
9 408 BESTIM.V.OPT.FASSUNGSVERMÖGEN DER BRUEHEBEHAELTER
9 410 VERGL.V.VIBRAJET U.FAECHERDUESE B.AUSBRINGEN V.HERBIZIDEN

SPRUEHDUESE FUER DIE BEREGNUNG S.UNTER BEREGNUNG
S.UNTER SPRUEHEN

SPRUEHEN HINWEISE
FLUGZEUGEINSATZ S.UNTER FLUGZEUG

VERFAHREN
2 425 FEINSPRUEHEN MIT UND OHNE SYNERGIDZUSATZ
3 478 WEITSPRUEHEN U.FEINSPRUEHEN IM WEINBAU
3 479 SPRITZEN U.GIESSEN ZUR INSEKTENBEKAEMPFUNG VERGLEICH
3 552 ERMITTLUNG DER SPRUEHVERTEILUNG AN SPRUEHGERAETEN
4 503 PROBLEME DER BRUEHESPARENDEN VERFAHREN
5 415 MESS.DER GESCHWINDIGKEIT DES LUFTSTROMES
5 482 TROEPFCHENGROESSENSPEKTRUM U.BRUEHEVERTEILUNG MASCH.EINFLUSS
5 648 MIT GERINGSTEN AUFWANDMENGEN SPRUEHBLASERPRINZIP
5 649 MIT GERINGEN AUFWANDMENGEN BEI ZUCKERRUEBEN
7 335 BEKAEMPFUNG DES SCHORFES IM APFELBAU
7 377 ARBEITSVERFAHREN UND RATIONELLER MASCHINENEINSATZ
7 383 UND FEINSPRUEHEN IN SONDERKULTUREN
8 396 VERGL.V.HUBSCHRAUBER SPRITZ U.SPRUEHGERAETEN MITTELVERREGNUNG
9 353 OBSTMADENBEKAEMPFUNG MIT BRUEHESPARENDEM SPRUEHVERFAHREN
9 357 RATIONELLE SCHAEDLINGSBEKAEMPFUNG IM HOPFEN
9 359 SCHAEDLINGSBEKAEMPFUNG AN WINDSCHUTZSTREIFEN

EINSATZ
6 454 FUNGIZIDANWENDUNG GEGEN KARTOFFELKRAUTFAEULE VERSUCHE
8 139 ANWENDUNG VON SPRUEHGERAETEN BEI DER UNKRAUTBEKAEMPFUNG
8 335 GERAET PVN PERLA EINSATZ IM WEINBAU
8 395 VERSUCHE MIT GROSSRAUMSPRAYER IM WEINBAU
8 480 RUNDHOLZSCHUTZ U.UNKRAUTBEKAEMPFUNG IM WALD
9 347 NUTZUNG EINES MOTORRUECKENSPRUEHGERAETES ZUR RAUMBELUEFTUNG

SPRUEHGERAETE
2 424 GERAETE FUER DEN FREILANDGEMUESEANBAU AUF KLEINEN FLAECHEN
2 425 PFLANZENSCHUTZGERAETE FUER SONDERKULTUREN
2 431 GERAETE FUER DEN WEINBAU AUF DEM LANDMASCHINENSALON
2 470 OTN 4 8 UND OTN 8 16 MASCH.FUER DRIFTSPRUEHEN
3 558 FRANZOESISCHE GERAETELISTE MIT TECHN.DATEN
4 498 OKN 2 8 GERAET ZUR AUSBRINGUNG VON HERBIZIDEN
4 498 GERAET OPV OVM UND OVT 1
4 498 GERAET OV 3 FUER WEINBAU UND ONH FUER HOPFEN
4 498 GERAET OVS FUER DEN OBSTBAU
4 498 GERAET OVS I FUER OBSTANLAGEN U.ANBAUGERAET ON 10
4 502 DRIFTSPRUEHEN MIT GERAET OVT I GEGEN RUEBENDERBRUESSLER
5 483 TECHN.DATEN DES GERAETES PLASIERO FUER DEN OBSTBAU
5 638 ANBAUSPRUEHGERAET POPULAR
6 389 VICTAIR GERAET V.DRAKE U.FLETCHER TECHNISCHE DATEN
6 392 MIT GROSSGERAETEN IN HOPFENWEITRAUMANLAGEN
6 448 GERAETE UND TECHNOLOGIE IN DER UDSSR
6 453 SPRUEHMASCHINE FUER DEN OBSTBAU OVS A
6 453 DRIFTSPRUEHMASCHINE FUER FELD UND OBSTBAU OVT IA
6 459 GERAET FUER LABORUNTERSUCH.UEBER MITTELWIRKSAMKEIT
8 391 MASCH.KONSTRUKTION UND EINSATZ IM OBSTBAU
8 397 12 FUER DEN WEINBAU GEEIGNETE SELBSTFAHRENDE SPRUEHGERAETE
8 420 VORRICHTUNG OMK N FUER FORSTBAUMSCHULEN
8 507 GERAET ALDERMARK 120 VON ALDERSLEY ENGINEERS LTD.
8 510 GERAETE AUF DER DLG SCHAU

9 5 SPRUEHEN SPEZIALSPRUEHER FUER FORSTBAUMSCHULEN
9 354 RUECKENSPRUEHGERAET FUER ERDBEEREN
9 427 VOM TRAKTORSITZ AUS REGELBARES SPRUEHGERAET
9 427 LEICHTES RUECKENSPRUEHGERAET
9 428 SPRUEHBALKEN MIT ACHTZEHN METER ARBEITSBREITE
MEHRZWECKGERAETE
4 499 OTN 8 16 KOMBINIERTES STAEUBE UND SPRITZGERAET
4 499 KOMBINIERTES SPRITZ UND STAEUBEGERAET UPSS
5 638 ANBAUSPRUEH U. SPRITZMASCH.STANDARD U.FENLANDER
6 430 MOTORRUECKENSPRUEHGERAETE MIT VORRICHTG.ZUM SPRITZEN
6 460 AUSBRINGEN V.KONTAKTINSEKTIZIDEN AUF BAUMWOLLPFLANZEN
8 479 SPRUEH UND STAEUBEGERAETE STIHL SG 17
9 366 Z 6 S SPRITZ UND SPRUEHGERAET
9 411 ATO 39 RUECKENTRAGBARES MOTORSPRUEH UND STAEUBEGERAET
9 412 ATO 77 RUECKENTRAGBARES MOTORSPRUEH UND STAEUBEGERAET
9 413 MOTORRUECKENSPRUEH UND STAEUBEGERAET S 100 PRUEFB.BORNIM
BAUGRUPPEN BAUTEILE
3 553 ORIENTIERUNGSVERSUCHE MIT DER UCAR SPRUEHDUESE
5 650 VERSUCHSMUSTER VON SPRUEHDUESEN PRUEFUNG
7 392 EINRICHTUNG ZUR STEUERUNG DES SPRUEHSTRAHLS
8 504 MENGENREGELEINRICHTUNG FUER GERAETE QUINARD LAPA
SPURRILLENVERFAHREN S.UNTER SAEEN
STABNETZTRAGWERK S.UNTER BAUKONSTRUKTION
STABNETZWERKGEWAECHSHAUS S.UNTER GEWAECHSHAUS: BAUWEISEN BAU
2 414 STACHELBEERE EINSATZ EINER ERNTEANBAUMASCHINE ZUM RS 09
6 328 ARBEITSZEITBEDARF JE PRODUKTENEINHEIT
6 329 ARBEITSZEITAUFWAND FUER PFLEGEMASSNAHMEN
3 591 STADION MIT SCHWIMMBAD PROJEKT FUER SOWCHOSE
3 592 STADTPLANUNG STADT UND DORFERNEUERUNG IN DER PRAXIS
STAEUBEN HINWEISE
FLUGZEUGEINSATZ S.UNTER FLUGZEUG

VERFAHREN
7 377 ARBEITSVERFAHREN UND RATIONELLER MASCHINENEINSATZ
EINSATZ
8 480 RUNDHOLZSCHUTZ U.UNKRAUTBEKAEMPFUNG IM WALD
STAEUBEGERAETE
1 456 GERAET ON 10 MODERNE FORMGESTALTUNG
3 558 FRANZOESISCHE GERAETELISTE MIT TECHN.DATEN
4 498 OSU 5 UNIVERSALGERAET MIT GROSSER ARBEITSBREITE
6 448 GERAETE UND TECHNOLOGIE IN DER UDSSR
6 453 OSU 50 UNIVERSALSTAEUBEGERAET FUER OBST WEIN UND FELDBAU
MEHRZWECKGERAETE
8 479 SPRUEH UND STAEUBEGERAETE STIHL SG 17
9 411 ATO 39 RUECKENTRAGBARES MOTORSPRUEH UND STAEUBEGERAET
9 412 ATO 77 RUECKENTRAGBARES MOTORSPRUEH UND STAEUBEGERAET
9 413 MOTORRUECKENSPRUEH UND STAEUBEGERAET S 100 PRUEFB.BORNIM
1 198 STAHL QUALITAETSVERBESSERUNG V.MESSERKLINGEN FUER ERNTEMASCHINEN
1 199 ERHOEH.DER VERSCHLEISSFESTIGKEIT VON MESSERKLINGEN
1 488 ZULAESSIGE SCHNEEBELASTG.V.DACHKONSTRUKTIONEN
1 529 VERWENDUNG BEIM BAU VON SCHWEINESTAELLEN
2 165 ROHRE FUER HOCH U.NIEDERDRUCKBEWAESSERUNGSSYSTEME
2 322 SILIEREN V.FEUCHTGETREIDE IN GASDICHT.STAHL U.BUTYLFOLIESILOS
2 403 BEHANDLUNG V.STAHLHEIZKESSELN VOR INBETRIEBNAHME U.B.BETRIEB
3 33 IN DER LANDWIRTSCHAFT STAHLKONGRESS 1966 LUXEMBURG
4 263 CHROMNICKELSTAHL ALS WERKSTOFF FUER MILCHLEITUNGEN
4 615 ALS BAUSTOFF FUER GAERFUTTERBEHAELTER
5 26 KORROSIONSSCHUTZ VON STAHLFEDERN
5 28 RESTSPANNUNGEN SPANNUNGSOPT.MESSVERFAHREN
5 65 REIBZAHLEN DES ROHLEINS UND DES LEINSTROHS
5 109 FUER TRAKTORKETTENGLIEDERN VERRINGERUNG DES P GEHALTES
5 110 LEGIERTER GUSSSTAHL FUER TEILE DES TRAKTORFAHRWERKES
5 159 FILTER ALS PROFILIERTEN ODER PERFORIERTEN BAENDERN
5 171 VERSCHLEISSFESTIGKEIT DER STRAHLABLENKER BEI REGNER
5 368 BERECHNUNG V.ROHRLEITUNGEN FUER DEN STALLMISTTRANSPORT
6 47 UNTERSUCHUNG DER REIBUNGSZAHLEN VON SAFTFUTTER

6 186 STAHL VERSCHLEISS IN MINERALDUENGER
6 287 GASDICHTE HOCHBEHAELTER FUER KOERNERSILAGE
6 292 ROHRE FUER DIE GUELLEDRUCKLEITUNG
6 492 VERWENDUNG FUER STALLBODENPLATTEN WAERMEENTZUGSBESTIMMUNG
6 497 UNTERSUCHUNG VON FENSTERKONSTRUKTIONEN FUER STALLBAUTEN
6 538 ALS BAUSTOFF FUER LANDW.PRODUKTIONSBAUTEN IN UNGARN
7 184 LAGERUNG V.FEUCHTGETREIDE IN LUFTDICHTEN SILOS
8 524 STAHLBLECHE FUER BEDACHUNGEN MIT PVC BESCHICHTUNG
8 565 BEHAELTER FUER DIE GUELLELAGERUNG
9 9 KAEMMEN V.ROLLENKETTEN MIT STAHL ODER POLYKAPROAMIDZAHNRAEDERN
9 211 ALS BAUSTOFF FUER SILOS FUER GETREIDESILIERUNG
9 217 ALS BAUSTOFF FUER SILOS FUER GETREIDESILIERUNG
9 344 BEHAELTER FUER DIE MASCHINELLE TOMATENERNTE
9 383 STANDARD FUER KETTEN IN NORWEGEN
9 441 ENTWICKLUNG METALLBESCHICHTETER BAUPLATTEN
9 443 KORROSIONSSCHUTZ AN STAHLLEICHTBAUKONSTRUKTIONEN
9 450 MONTAGEFAEHIGE DECKE RAHMENLEICHTBAUELEMENTE SYSTEM GLAGIT
9 452 LEICHTE DACHEINDECKUNGEN FUER KALT UND WARMBAUTEN
9 453 LEICHTE DACH UND AUSSENWANDKONSTRUKT.FUER EINGESCHOSS.BAUTEN
9 455 LEICHTKONSTRUKTIONEN FUER LANDW.PRODUKTIONSBAUTEN
9 456 PRODUKTIONSPROGRAMM VEB WALZWERK HETTSTEDT
9 457 PRODUKTIONSPROGRAMM VEB STAHLBAU PLAUEN
9 487 KOSTENSENKUNG DURCH KOMPLETTE FERTIGTEILE FUER BOXENLAUFSTAELLE
9 488 TRENNWAENDE FUER LIEGEBUCHTEN IN MILCHVIEHLAUFSTAELLEN

STAHLBETON
S.AUCH BETON
2 514 FERTIGTEILSILOS ZUR GETREIDELAGERUNG
3 566 TECHNOL.ZUR HERSTELLUNG MIT ELEKTRON.STROEMEN
3 622 BAU VON GETREIDEGROSSSILOS AUS FERTIGTEILEN
4 80 FERTIGTEILKONSTRUKT.BEI BEWAESSERUNGSKANAELEN IN SIBIRIEN
8 115 VORGEFERTIGTES MINERALDUENGERLAGER IN DER CSSR
8 491 BAUKASTENSYSTEM FUER ERRICHTUNG VON BRUECKENBAUTEN
8 492 BRUECKENTRAGWERKE AUS FERTIGTEILEN
9 97 TECHNOLOGIE DER VERTIKALEN VIBROFORMUNG V.NIEDERDRUCKROHR.
9 97 NIEDERDRUCKSTAHLBETONROHRE FUER BEWAESSERUNGSSYSTEME
9 398 BRUECKENKONSTRUKTION AUS VORGEFERTIGTEN TEILEN
9 451 LEICHTE DACHPLATTEN KONSTRUKTION UND VERWENDUNG
6 287 STAHLSCHEIBENMUEHLE ZERKLEINERUNG VON KOERNERSILAGE

STALL HINWEISE

ANBINDESTALL S.DORT
KAELBERSTALL S.DORT
HUEHNERSTALL S.DORT
PFERDESTALL S.DORT
SCHWEINESTALL S.DORT
STALLKLIMA S.DORT
KUEKENSTALL S.DORT
RINDERSTALL S.DORT
SCHAFSTALL S.DORT
OFFENSTALL S.DORT
ENTENSTALL S.DORT
PUTENSTALL S.DORT
ENTMISTEN S.DORT
LAUFSTALL S.DORT

ALLGEMEINES
7 407 PROJEKTIERUNGSKATALOG LANDWIRTSCHAFTSBAU
7 423 IMPRAEGNIERUNG VON HOLZ IN GROSS UND KLEINVIEHSTAELLEN
9 436 ERMITTLUNG VON UMBAUTEM RAUM UND AUFMASSEN
9 468 TRANSPORTABLE LUFTERHITZER MIT OELFEUERUNG

BAUTYPEN BAU
4 557 STANDARDRICHTLINIEN FUER PRAKT.ANWENDG.V.DAEMMUNGEN
4 581 VETERINAERHYGIENISCHE GRUNDLAGEN FUER DEN STALLBAU
5 659 EINFL.DER BAUL.GESTALTUNG AUF DIE WIRTSCHAFTLICHKEIT
5 675 RICHTIGE KONSTRUKTION DER SPERR UND DAEMMSCHICHTEN
5 695 AKTUELLE STALLBAUFRAGEN

5 721 STALL BAU VON KLEINTIERSTAELLEN
6 72 WENDERAUM U.DURCHFAHRTMASSE FUER TRAKTOR UND GROSSMASCHINEN
6 473 VERWENDUNG LEICHTER BAUSTOFFE BEIM BAU
6 475 VORFERTIGUNG VON HOLZBAUTEILEN MASSORDNUNG
6 481 MASTENBAUWEISE ALS VORGEFERTIGTEN LEICHTKONSTRUKTIONEN
6 496 FENSTER AUS GLAKRESIT
6 497 FENSTERKONSTRUKTIONEN AUS HOLZ BETON STAHL UND PLASTEN
6 510 TUEREN UND TORE ARBEITSBLATT
6 511 ANSCHLAGARTEN FUER STALLTUEREN ARBEITSBLATT
6 518 AKTUELLE BAUFRAGEN IN UNGARN
7 409 MIT BAUTEILEN AUS LEICHTBAUSTOFFEN
8 522 VORTEILE VON ALUMINIUMSTALLDECKEN
8 547 TYPENPROJEKTE FUER SPEZIALISIERTE VIEHWIRTSCHAFTSBETRIEBE
9 450 MONTAGEFAEHIGE DECKE RAHMENLEICHTBAUELEMENTE SYSTEM GLAGIT
9 474 VORSCHLAEGE FUER UMBAULOESUNGEN
9 502 VERWENDUNG VON TRAGLUFTHALLEN
EINRICHTUNG TECHNOLOGIE
1 579 REKONSTRUKTIONSMOEGLICHKEITEN AUF DER AGRA 67
6 55 EMPFEHLUNGEN ZUR ANWENDUNG VON KUNST UND TAGESLICHT
6 68 HEIZUNG VERWENDUNG VON FLUESSIGGAS
6 273 PROGRAMMSTEUERKASTEN FUER MASTANLAGEN UND GEFLUEGELSTAELLE
8 509 FAHRBARES HEIZAGGREGAT
8 509 EINRICHTUNGEN AUF DER DLG SCHAU IN MUENCHEN
8 510 EINRICHTUNGEN AUF DER DLG SCHAU
8 511 EINRICHTUNGEN AUF DER DLG SCHAU
KLIMAFAKTOREN
1 512 EINFLUSS DER FENSTER AUF TAGESBELICHTUNG
6 492 BESTIM.V.WAERMEENTZUG DURCH UMGEBENDE LUFT U.STALLBODENPLATTEN
9 228 GRUNDLAGEN FUER DIE WAERME UND FEUCHTIGKEITSBILANZ
STALLFENSTER S.UNTER FENSTER

STALLFUSSBODEN SPALTENBODEN S.DORT
S.AUCH FUSSBODENHEIZUNG
1 473 FUSSBODENBELAG FUER SCHWEINEMASTANSTALTEN
1 492 BITUMENKERAMSITPLATTEN FUER KUHSTAELLE
1 530 FORDERUNGEN AN FESTIGKEIT U.VET.TOXIKOLOG.GRUNDSAETZE
1 531 AUS ABFALL PVC LEISTEN MIT NUT UND FEDER
1 547 GUSSASPHALT U.GUMMI FUER LIEGEBOXEN
3 601 FUSSBOEDEN AUS BITUMEN STABILISIERTEM ERDBETON
3 618 EINFL.V.KONSTRUKTION AUF STALLMILIEU B.INTENSIVHALTUNG
4 210 IN SAUENBOXEN AUS HOLZKLOTZPFLASTER
4 582 WAERMEDAEMMUNG IN SCHWEINE UND KUHSTAELLEN
4 583 HERSTELLUNG WAERMEDAEMMENDER BITUMENBETONPLATTEN
4 584 HOLZPFLASTER FUER VIEHSTAENDE UND LIEGEBUCHTEN
4 596 FUSSBODENGEFAELLE IN SCHWEINESTALLUNGEN
5 345 MATERIALIEN FUER BODENBELAG IN KURZSTAENDEN
5 347 IN SAUEN UND FERKELBUCHTEN
5 675 SPERR UND DAEMMSCHICHTEN
5 716 ZIEGELPFLASTER IN SCHWEINEMASTSTAELLEN
5 717 AUS BETON MIT GASBETON ALS DAEMMUNG
6 492 BESTIM.V.WAERMEENTZUG BEI VERSCHIED.BAUSTOFFEN
6 512 HOLZPFLASTERBELAG FUER STAND UND LIEGEPLAETZE
6 513 LIEGEFLAECHEN AUS KUNSTSTOFF
6 521 AUS KERAMSITASPHALTBETONPLATTEN FUER RINDERSTAELLE
7 409 MIT GUTER WAERMEDAEMMUNG FUER EINSTREULOSE STAELLE
9 480 KUNSTSTOFFBELAG STALLIFLEX FUER STROHLOSE AUFSTALLUNG
STALLKLIMA HINWEISE
S.AUCH LUEFTUNG
ALLGEMEINES
1 505 MESSEN DES MIKROKLIMAS
1 506 KLIMATISIER.V.VIEH U.GEFLUEGELSTAELLEN FORTSCHRITTSBER.
1 507 KLIMATISIERUNG VON STAELLEN IN NORWEGEN
1 508 MESSUNG DES STAUBGEHALTES DER LUFT
1 509 SCHNELLE FEUCHTIGKEITS U.TEMP.BESTIMMG.MIT NEUEN GERAETEN
2 305 GUENSTIGES STALLKLIMA DURCH ZWANGSLUEFTUNG
4 3 UNTERSUCH.UEBER ENTWICKLUNG VON DUNGGASEN

4 549 STALLKLIMA INTENSIVMAST ERFORDERT VOLLKLIMATISIERUNG
4 550 INTENSIVMAST ERFORDERT VOLLKLIMATISIERUNG
4 551 OPTIMALE TEMPERATUREN UND FEUCHTIGKEITSGEHALTE
4 552 WANDAUSBILDUNG UND STALLKLIMATISIERUNG BERECHNG.METHODEN
4 553 WANDAUSBILDUNG UND STALLKLIMATISIERUNG LUEFTUNGSBEDARF
5 341 EINFLUSS AUF DAS TIERISCHE LEISTUNGSVERMOEGEN
5 342 OEKON.BEDEUTUNG V.KLIMAFAKTOREN IN DER TIER.PRODUKTION
5 676 VERGLEICHENDER EINSATZ VON STAUBSAMMELGERAETEN
5 677 VERFAHREN ZUM BESTIMM.DES KEIMGEHALTES DER STALLUFT
5 685 KOMBINIERTE STRAHLER FUER STALLANLAGEN
5 691 KOMFORTPROBLEME IN STALLGEBAEUDEN
5 691 EINFLUSS DES MIKROKLIMAS AUF PRODUKTIVITAET DER TIERE
5 693 EINFL.DER GEBAEUDE AUF PRODUKT.ERFOLGE IN DER TIERHALTUNG
5 693 KONTROLLE DES LUFTZUSTANDES IM STALLRAUM
7 406 UNTERSUCH.V.INST.FUER LANDW.BAUFORSCHUNG DER DBR
7 425 WAERMEPHYSIOL.BEWERTG.DER ZULAESS.KUEHLSTAERKE DER LUFT
8 521 VERBESSERUNG DURCH NEUE BAUSTOFFE
9 228 GRUNDLAGEN FUER DIE WAERME UND FEUCHTIGKEITSBILANZ
RINDERSTALL
1 535 PROBLEME IM LAUFSTALL
1 550 ANFORDERUNGEN BEI DER KAELBERMAST
3 607 UNTERSUCHUNG IN BULGARISCHEN OFFENSTAELLEN
7 435 PROBLEME DER MILCHVIEHHALTUNG GROSSPRODUKTIONSANLAGEN
7 436 BERUECKSICHT.DER KRITISCH.TEMP.B.BAU V.MILCHVIEHSTAELLEN
8 243 AUTOMATISCHE REGELUNG
9 486 KLIMAFORSCHUNG IN RINDERSTAELLEN
SCHWEINESTALL
3 614 MIKROKLIMATISCHE STUDIE AN EINEM VORMASTSTALLTYP F.SCHWEINE
4 599 VIERREIHIGER MASTSTALL VERBESSERUNG DES STALLKLIMAS
6 493 BAULICHER WAERMESCHUTZ UND GESUNDES SCHWEINESTALLKLIMA
9 466 TURBO VENTILATOREN BAUKASTENSYSTEM VON HELLMANN
9 493 TEMP.UND ZUGLUFTEMPFINDLICHKEIT MODERNER FLEISCHSCHWEINE
9 497 VERBESSERUNG IN SPALTENBODENSTAELLEN FUER SCHWEINE
GEFLUEGELSTALL
1 562 VERHALTEN VON BROILERN BEI HEIZUNG
1 563 IN GROSSRAUMSTAELLEN MIT TIEFSTREU FUER LEGEHENNEN
3 618 EINFL.V.FUSSBODENKONSTRUKT.AUF STALLMILIEU B.INTENSIVHALT.
3 619 INNENKLIMA EINIGER GEFLUEGELSTALLRAEUME
4 604 WAERME U.FEUCHTEBILANZ B.ZUSATZHEIZUNG UND LUEFTUNG
4 605 IN FENSTERLOSEN LEGESTAELLEN
5 720 KLIMAREGELUNG IN MASTSTAELLEN FUER BROILER U.HENNEN
6 279 REGELG.DER LUFTTEMP.U.FEUCHTE IN BRUT U.AUFZUCHTRAEUME
7 442 EINER FENSTERLOSEN GEFLUEGELAUFZUCHTHALLE
9 500 IM BATTERIESTALL FUER 1000 HENNEN
STALLMIST GUELLE S.DORT JAUCHE S.DORT
S.AUCH KOT
1 533 DUNGSTAPELPLATTEN FUER MILCHVIEHKOMPLEX IN DUMMERSTORF
1 542 DUNGSILO FUER ANBINDESTALLKOMPLEX
1 544 DUNGSILO FUER MILCHVIEHANLAGE WAGELWITZ
2 347 NPK 30 BECHERLADER
3 404 VERRING.DES ENERGIEAUFWANDES BEI ARBEIT V.GREIFERLADERN
4 253 DUNGBESEITIGUNG U.LAGERUNG KAPITALBEDARF U.KOSTEN
4 315 MASCHINE ZUM RUETTELN FUER CHAMPIGNONZUCHTBETRIEB
4 616 PHYSIKALISCHE EIGENSCHAFTEN IM MILCHVIEHLAUFSTALL
7 19 HOEHERE ARBEITSPRODUKTIVITAET DURCH SPRENGEN
9 259 VERFAHRENSTECHN.UEBERLEGUNGEN ZUR HOFDUENGERWIRTSCHAFT
1 114 STALLMISTSTREUER VON NEW HOLLAND
1 173 UNTERSUCH.DES AUSSTREUENS MIT ROTIER.ARBEITSWERKZEUGE
2 193 KLASSIFIZIERUNG NACH TECHNOL.PROZESS U.KONSTRUKTION
2 195 DUNGKOENIG 15 N PRUEFBERICHT WIESELBURG
2 196 MASCHINEN FUER DAS ZERSTREUEN VON DUNGHAUFEN
3 558 FRANZOESISCHE GERAETELISTE MIT TECHN.DATEN
4 119 BERECH.EINER TROMMEL MIT ANGELENKTEN WURFSCHAUFELN
5 229 ROTSPREADER EINSATZ ZUM AUSBRINGEN V.DICKGUELLE
5 231 FORMEN LEISTUNGSFAEHIGKEIT U.LEISTUNGSGRENZEN
5 234 FUER VIER T V.SCHROECK PRUEFBERICHT WIESELBURG

5 494 STALLMISTSTREUER FUER OBSTANLAGEN
5 653 MIT EXZENTRISCH ANGETRIEBENEN STREUZINKEN
6 132 VOM IMA GEPRUEFTE TYPEN
6 188 VORRICHTUNG AU 4 FUER KARTOFFELLEGEMASCHINE
7 71 EINSATZGRENZEN AM HANG
7 121 ANTRIEBSLEISTUNG U.ZUGKRAEFTE IN KRATZERKETTEN
7 121 MESSEN DER FOERDERLEISTENBEANSPRUCHUNG
7 398 MIT SCHWENKENDEN ZINKEN PRAEMIIERUNG
8 70 ANBAULADEGERAETE FUER EIN OD.ZWEIACHSIGE STREUER
8 72 EIN UND ZWEIACHSFAHRZEUGE MIT ZINKENSTREUWERK
8 122 RU 5 UNIVERSALSTREUER V.AGROSTROJ VEB PELHRIMOV
8 504 KEMPER MIT SCHWINGENDER STACHELWALZE
8 505 MIT ABFRAESWALZE MIT OSZILLIERENDEN ZINKEN
8 514 1968 GERAETELISTE IN FRANKREICH GEHANDELTER TYPEN
9 3 SELBSTFAHRENDE ARBEITSMASCHINEN
9 58 ANGEBOT IN DER DBR
9 130 RNS 4,0
9 177 EINSATZ FUER DEN SACKLOSEN KOERNERTRANSPORT
9 428 MIT EINER KAPAZITAET VON VIER TONNEN
8 510 AUF DER DLG SCHAU
STALLTUER S.AUCH TUER
7 434 ANFORDERUNGEN AN BAUSTOFF UND KONSTRUKTION
STALLUEFTER S.UNTER LUEFTUNG
STAMMRUECKEN S.UNTER HOLZRUECKEN UND BRINGEN
4 42 STANDARD S 278 DER ASAE FUER EINE DREIPUNKTKUPPLUNG
7 16 GRUNDBEGRIFFE DER LANDTECHN.INSTANDHALTUNG
8 15 STANDARDS DER LANDW.UND NAHRUNGSGUETERWIRTSCHAFT
3 25 STANDARDISIERUNG ENTWICKLUNG IN DER LANDWIRTSCHAFT
5 24 V.LANDMASCHINEN DER UDSSR
5 622 VON FEUERWACHTUERMEN
7 13 DER GELENKWELLE VON LANDWIRTSCHAFTLICHEN GERAETEN
STANDBUEGLER S.UNTER BLEGELN
STANDHAECKSLER S.UNTER HAECKSELN
9 361 STAPELGERAET VON PERKINS FUER KISTEN UND STEIGEN
6 127 STAPELLADER T 180 EINSATZMOEGLICHKEITEN
STAPELN VON HOLZ S.UNTER HOLZAUFBEREITUNG
8 511 STAPLER LANDTECHNISCHES ANGEBOT AUF DER DLG
3 70 STATISTIK MATHEMAT.UNTERSUCH.UEBER LEBENSDAUER V.MASCHINEN
6 46 VERFAHREN ZUR BEWERTUNG V.SPUR UND BODENFEINPROFIL
7 27 STATIST.KENNGROESSEN DES FEINPROFILS EINES BAUMWOLLFELDES
7 66 STAUB BEKAEMPFUNG MIT SPRENGVORRICHTUNG AM HUBSCHRAUBER
9 69 STAUBABSCHEIDER FUER DIE GETREIDEREINIGUNG
5 676 STAUBSAMMELGERAET VERGLEICH VON GERAETEN BEIM EINSATZ IN STAELLEN
1 364 STAUBSAUGER BAUARTEN LEISTUNG UND GEBRAUCH
4 300 MIT STAUBINDIKATOREN ODER STAUBLUPEN
4 301 MIT STAUBLUPE BZW.STAUBINDIKATOR
5 411 HR 6106 VON PHILIPS MIT STAUBINDIKATOR
5 411 VAMPYR DE LUXE UND VAMPYR SUPER V.AEG
8 192 EINSATZ ZUR REINIGUNG VON MAEHDRESCHERN
8 193 EINSATZ ZUR REINIGUNG VON MAEHDRESCHERN
STAUKANALENTMISTUNG S.UNTER ENTMISTEN
6 206 STECKRUEBE AUSSAAT V.HYBRIDSTECKRUEBEN MIT DOPPELSAEMASCH.SON 2,8
STEIGE FUER GEMUESE S.UNTER GEMUESE; AUFBEREITUNG VERPACKUNG
8 374 ERNTEAUFWAND BEI PFLUECK U.TRANSPORTBEHAELTER FUER KERNOBST
9 61 STEIGSICHTER PELZ FUER ARBEITEN IM VERSUCHSWESEN
5 143 STEILFOERDERER GAMO TYP GS MIT FANGGESTELL DLG PRUEFBERICHT
9 396 STEINBRECHER TECHN.DATEN VON ZWEI TYPEN
4 94 STEINENTFERNUNG SCHLEPPSCHLITTEN LS I UND V 100
4 94 STEINRODER U. LADER KP 100
5 185 STEINRECHEN USK 0,7 UND UKP 0.6
6 162 STEINSAMMLER MASCHINE UMP 0.6
5 185 UEBERSICHT UEBER SOWJETISCHE MASCHINEN
STEINSICHERUNG S.UNTER PFLUEGEN
6 481 STEKLOPROFILIT EIN NEUER BAUSTOFF AUS WALZGLAS
8 11 STELLWEG EINFL.AUF BODENKRAEFTE KRAFTVERLAUF
2 477 STERILISATION ZUR BEKAEMPFUNG VON INSEKTEN

6 384 STERILISIERUNG STERIFLAMME VERFAHREN FUER GEMUESEDOSEN
STERNRECHWENDER S.UNTER HEUERNTE
3 43 STETHOSKOP KONTROLLE DES MOTORZUSTANDES
5 142 STETIGLADER EINSATZMOEGLICHKEITEN UND EINSATZGRENZEN
STEUERUNGSTECHNIK S.UNTER REGELTECHNIK
STICKSTOFFDUENGUNG S.UNTER DUENGEN
STIFTENDRESCHER S.UNTER DRESCHEN
S.AUCH MAEHDRESCHER
STIFTENDRESCHTROMMEL S.UNTER DRESCHEN
7 274 STOCKRAEUMER ERFAHRUNGEN MIT DEM EINSATZ IM WEINBAU
8 336 ZUR UNKRAUTBEKAEMPFUNG IM WEINBAU
STOLLENREIFEN S.UNTER TRAKTOREN RAEDER BEREIFUNG FAHRMECHANIK
4 245 STOPFMASCHINE FUER DIE GAENSEMAST IN UNGARN
8 508 STOPPELRUEBEN ERNTEAGGREGAT VON HOLA
STRAHLUNGSHEIZUNG S.UNTER HEIZUNG VON WOHNRAEUMEN
6 53 STRAHLUNGSSCHAEDEN SCHUTZ UND REGENERATION
STRASSENBAU S.AUCH BAUMASCHINEN
FORSTSTRASSEN S.DORT
1 524 BETONBEFESTIGUNGEN LANDW.STRASSEN TGL
3 578 MOERTEL UND BETONMISCHANLAGEN
3 593 STRASSENDECKEN AUS OERTLICHEN STEINMATERIALIEN
6 502 HOCHWASSERSCHUTZ V.LAND U.ORTSTRASSEN U.NEBENANLAGEN
6 504 BEDARF V.LANDWIRTSCH.AN TIEFBAULEISTUNGEN IN DER DDR
6 505 BAUTECHNISCHE AUFGABEN IM LAENDLICHEN TIEFBAU
7 93 MASCHINEN UND GERAETE
8 543 BITUMENMINERALSTOFFGEMISCHE IN STRASSENDECKEN
9 81 VERBIND.SCHLUESSEL Z.DRAENAGEPROGR.V.LANDSTRASS.U.LANDW.
1 155 STRASSENHOBEL TECHNOLOGIE DES TERRASSENBAUES
9 392 KOMB.AUSRUESTUNG FUER LEICHTERE STRASSENBAUARBEITEN
STREICHBLECH S.UNTER PFLUEGEN
STREICHBLECHPFLUG S.UNTER PFLUEGEN
STREIFENPFLUG S.UNTER PFLUEGEN
2 157 STROEMUNG MODELLVERSUCHE ZUR ERFORSCHUNG DER FLUSSBETTFORMUNG
5 373 EIGENSCHAFTEN VON FLUESSIGEN MILCHPRODUKTEN
3 581 STROEMUNGSSONDE ZUR DIREKTEN GESCHWINDIGKEITSMESSUNG
STROH HINWEISE
S.AUCH SAMMELPRESSE
ALLGEMEINES
6 280 ANLAGE ZUR AUFBEREITUNG FUER VERFUETTERUNG
9 70 WERKZEUGE FUER EINLEGEN VON STROH IN DIE PFLUGFURCHE
9 106 EINARBEITUNG VON MAEHDRESCHERSTROH
BERGUNG
1 225 BERGUNGSVERFAHREN BERUECKSICHTIGUNG V.INNENMECHANISIERUNG
2 245 ARBEITSAUFWAND BEI VERSCHIEDENEN BERGUNGSVERFAHREN
3 179 BERGUNG MIT EINACHSIGEM LADEWAGEN FUER HANGLAGEN
3 273 PRUEFUNG VON MASCHINENSYSTEMEN FUER DIE GETREIDEERNTE
4 145 BERGUNG MIT BALLENSAMMELWAGEN
4 151 ARBEITSVERFAHREN UND AUFWAND BEI DER ERNTE
5 263 MASCHINEN FUER DIE BERGUNG IN DER SU
6 120 BERGUNG MIT LADEWAGEN IN DER CSSR
6 237 VERGLEICH DER BERGUNG ALS HAECKSEL UND PRESSGUT
8 205 BERGUNG NACH DEM MAEHDRESCHER E 512
HAECKSELVERFAHREN
1 199 ERHOEH.DER VERSCHLEISSFESTIGKEIT VON MESSERKLINGEN
1 228 VORRICHTUNG ZUM HAECKSELN IM MAEHDRESCHER
2 243 ERHOEHUNG DER VOLUMENMASSE DES HAECKSELGUTES B.GETREIDEERNTE
6 236 TRANSPORT UND LAGERUNG VON HAECKSELSTROH
8 183 BERGUNG MIT DEM FELDHAECKSLER E 065
8 190 BERGUNG MIT DEM FELDHAECKSLER E 066
9 172 BERGUNG MIT FELDHAECKSLER SCHLEGELERNTER ODER HOCHDRUCKPRESSE
9 421 HAECKSLER FUER HAECKSELN UND VERTEILEN AUS DEM SCHWAD
PRESSEN
2 244 BERGUNG MIT SAMMELPRESSE BALLENWERFER U.BALLENSCHLEUDER
3 90 VERDICHTEN VON HALMGUETERN MIT HOHEN NORMALDRUECKEN
6 227 EINSATZ VON HOCHDRUCKBALLENPRESSEN
8 170 SAMMELPRESSE NORDSTEN OH PRUEFBERICHT VOLLEBEKK

8 187 STROH BERGUNG MIT DER HOCHDRUCKPRESSE
8 190 BERGUNG MIT DER HOCHDRUCKPRESSE
9 68 BERGUNG MIT DER HOCHDRUCKPRESSE
TRANSPORT
1 226 MECHANISIERUNG DES SAMMELNS UND LADENS VON BALLEN
1 227 BALLENLADEWAGEN MIT SPEZIAL PICK UP
2 121 LADEMEISTER HS 3 LADEWAGEN MIT UND OHNE SCHNEIDWERK
2 122 LADEWAGEN KOELA EAS 31 MIT SCHNEIDWERK DLG PRUEFBERICHT
2 245 FRONTLADEGERAET ZUM BERGEN VON BALLEN
2 289 DODS 7 VORRATSFOERDERER PRUEFBERICHT POTSDAM BORNIM
3 186 ANALYSE DER ARBEITSWEISE VON FOERDERSCHNECKEN
3 269 HANDHABUNG DER PRESSHEU UND PRESSSTROHBALLEN
3 269 BALLENPALETTIERUNG MITTELS AUFSAMMELPALETTIERWAGEN
8 76 BAENDER FUER TRANSPORT LANDW.PRODUKTE AUF DEM HOF
8 206 HALMGUTFOERDERUNG MIT SCHNELLAUFENDEN FOERDERBAENDERN
8 241 BALLENLADER LPU I FUER SAMMELPRESSE
8 241 BALLENWAGEN MIT AUFNAHMEVORRICHTUNG
8 507 BALLENSAMMEL LADE UND ENTLADEGERAET BOYBALLE
9 16 GESCHWINDIGKEITSMESS.BEIM PNEUMAT.TRANSPORT V.HAECKSEL
9 172 TRANSPORT MIT NEMA GEBLAESE G 3 U.EG 35
9 426 VORRICHTUNG FUER FRONTLADER ZUM STAPELN U.TRANSPORTIER.V.BALLEN
LAGERUNG
1 229 SCHOBERSETZER ALS ANBAUGERAET ZUM TRAKTOR
1 230 HYDRAULISCHER SCHOBERSETZER FUER DEN SK 4
2 272 LAGERUNG VON HEU UND STROH FACHBEREICHSTANDARD LANDWIRTSCHAFT
5 259 VERFAHREN DER LAGERUNG IM FREIEN
8 207 OPTIMALE ARBEIT EINES FEIMENSCHNEIDERS
8 559 MEHRZWECKSCHEUNEN FUER DEN LANDW.BETRIEB
STROHSCHUETTLER S.AUCH DRESCHEN
S.AUCH MAEHDRESCHER: BAUGRUPPEN BAUTEILE
2 220 KENNWERTE EINES ROTIERENDEN STROHSCHUETTLERS
8 202 MIT LAENGSTEILUNG FUER DRESCHMASCHINEN
3 564 STUDENTENHEIM DER LANDW.HOCHSCHULE IN GOEDOELLOE UNGARN
2 466 STUETZENZAUN ARBEITSABLAUF UND AUFBAU DES ZAUNES

STUFENKAEFIGANLAGE S.AUCH HUEHNERSTALL
2 314 FUER LEGEHENNEN DER FA.KOLDEHOFF DLG PRUEFBERICHT
2 315 NEUKA FUER LEGEHENNEN DLG PRUEFBERICHT
1 3 STUFENPRODUKTION IN DER LANDWIRTSCHAFT
STURMSCHADEN S.UNTER WINDWURF
3 572 STYROLBUTADIEN MISCHUNGEN FUER OBERFLAECHENANSTRICHE
2 153 STYROMULL ANWENDUNG ALS FILTERMATERIAL IN DER DRAENTECHNIK
4 93 ZUM VERBESSERN V.BODENGEFUEGE UND WASSERHAUSHALT
1 406 STYROPOR ZUR VERPACKUNG VON TAFELOBST
1 521 FEDERNDE ZWISCHENSCHICHT AUS VERSCHAEUMTEM STYROPOR
7 411 VEDAPOR BITUMENDACHBAHNEN MIT DAEMMSCHICHT AUS STYROPOR
9 345 STEIGE ZUR GEMUESEVERPACKUNG ABSATZUNTERSUCHUNGEN
3 67 SUBTROPEN BELASTUNGSFAHRZEUG FUER TRAKTORENTESTS
3 305 SUDANGRAS ZUSATZVORRICHTUNG ZUR MAISKOMBINE CHERSONEC 3 FUER DIE ERNTE
4 376 SUEDAFRIKA PALETTISIERUNG IN DER OBSTINDUSTRIE
4 427 SUMPF MASCH.MK 1.2 FUER TROCKENLEGEN U.ERSCHLIESSUNG V.SUEMPFEN

1 573 TABAK MECHANISIERTER TROCKNUNGSANLAGEKOMPLEX
2 392 MECHANISIERUNG DER PRODUKTION
3 3 MASCHINENSYSTEM IN DEN MITGLIEDSTAATEN DES RGW
6 68 VERWENDUNG VON FLUESSIGGAS IN TROCKENANLAGEN
6 374 MASCHINE ZUR ERNTE VON STENGELGESCHNITTENEM TABAK
8 322 KOMB.BEETSAEMASCHINE FUER BREITSAAT V.FEINSAEMEREIEN U.MULCHEN
8 499 SPRITZGESTAENGE FUER ZWISCHENREIHEN U.GANZFLAECHENBEHANDLUNG
1 72 TAFELWAGEN SELBSTFAHR.MEHRZWECKTAFELWAGEN MIT TIEFER SCHWERPUNKTLAGE
5 689 TAGESSTAETTE BAU VORSCHULISCHER EINRICHTUNGEN IN DER UKR.SSR
TAGUNG
LANDTECHNIK
1 11 DER ASME
2 319 1967 ACHEMA ANLAGEN FUER MISCHFUTTERINDUSTRIE

2 320 TAGUNG 1967 ACHEMA ANLAGEN FUER MISCHFUTTERINDUSTRIE
3 33 STAHL IN DER LANDWIRTSCHAFT STAHLKONGRESS 1966 LUXEMBURG
3 213 INTERNAT.SYMPOSIUM UEBER MECHANIS.DER BEWAESSERUNG
5 83 ISO TRAKTORTAGUNG IN MOLINE USA
5 127 SYMPOSIUM UEBER DEN AGRARFLUG IN LONDON
5 258 INTERNATIONALES KOLLOQUIUM UEBER DIE HAECKSELERNTE
6 67 XII. INTERNATIONALER KAELTEKONGRESS MADRID 1967
6 70 UEBER DIE AUTOMATION VON TRAKTOREN
6 91 KOLLOQUIUM GETRIEBETECHNIK
7 1 SITZUNG DER ARBEITSGRUPPE FUER LANDW.MECH.DER ECE IN GENF
7 131 INTERNATIONALES KOLLOQUIUM UEBER DIE HAECKSELERNTE
8 124 1967 FUER GUELLEWIRTSCHAFT IN LYON
8 302 HAUSTECHNIK HEUTE UND MORGEN
9 81 IN CHATTANOOGA UEBER BEWAESSERUNGS UND DRAENAGETECHNIK
9 116 1968 FRUEHJAHRSTAGUNG DES NIAE UEBER DUENGEMITTELANWENDUNG
GARTENBAU
3 484 TAG DER PALETTIERUNG IN DER SCHWEIZ
3 485 1967 WEIHENSTEPHANER GEMUESEBAUTAG
5 492 1967 WEIHENSTEPHANER GEMUESEBAUTAG
6 372 1967 IN MONTPELLIER MECHANISIERUNG DER WEINLESE
6 391 5. INTERNATIONALER KONSERVEN KONGRESS IN WIEN
8 404 WOCHE DER MECHANISIERUNG DES WEINBAUES IN MONTPELLIER
9 364 1967 INTERNAT.KONGRESS ZUR MECH.DES GARTENBAUES IN KECSKEMET
FORSTWIRTSCHAFT
1 454 FAO ECE AUSSCHUSS FUER HOLZNUTZUNGSTECHNIK IN STOCKHOLM
1 455 SYMPOSIUM TECHNOLOGIE V.NUTZUNG AUSFORMUNG UND TRANSPORT
2 445 VI. WELTFORSTKONGRESS AUS SOWJETISCHER SICHT
4 415 XIV. IUFRO KONGRESS
4 423 19. ARBEITSTAGUNG DES FORSTTECHN.PRUEFUNGSAUSSCHUSSES
5 631 BERICHT VOM XIV. IUFRO KONGRESS MUENCHEN
6 403 SCHLUSSFOLGERUNGEN AUS VORTRAEGEN ZUR NORWEGISCHEN FORSTWOCHE
6 434 DER LANDWIRTSCHAFTSKAMMER WESTFALEN LIPPE
9 403 KWF TAGUNG IN BAD HOMBURG
BAUWESEN
4 281 7. ITALIENISCHER HEIZUNGS UND LUEFTUNGSKONGRESS
4 282 4. INTERNAT.KONGRESS FUER HEIZUNG U.KLIMATISIERUNG IN PARIS
6 515 BAUKONFERENZ UEBER PROBLEME GROSSER TIERBESTAENDE
7 94 STUDIENTAGUNG DER CIGR UEBER LANDW.WEGEBAU IN MADRID

9 81 TAINTER WEHR MESSUNGEN DES FLUSSES IN OFFENEN KANAELEN
6 504 TALSPERRE BEDARF V.LANDWIRTSCH.AN TIEFBAULEISTUNGEN IN DER DBR
TANDEMACHSE S.UNTER EINACHSANHAENGER
TANDEMMELKSTAND S.UNTER MELKSTAND
TANDEMTRAKTOR S.UNTER TRAKTOR
TANK S.AUCH MILCHTANK
3 452 FOLIENAUSKLEIDUNG V.OELTANKS AUS EINWANDIGEM STAHL
5 215 STAHLDRUCKTANKS ODER NORMALE TANKS FUER AMMONIAK
6 193 FUER DIE ZWISCHENLAGERUNG FLUESSIGER DUENGEMITTEL
7 93 WASSERTRANSPORTTANK FUER DEN STRASSENBAU

9 331 FUER HEIZOELLAGERUNG INNENAUSKLEIDUNG
5 212 TANKLAGER ZWISCHENLAGERUNG V.WASSERFREIEM AMMONIAK IN DER LANDWIRTSCH.
TANKREINIGUNGSGERAET S.UNTER MILCHTANK
1 174 TANKWAGEN FORDERUNGEN AN PUMPE V.GUELLEVAKUUMTANKWAGEN
1 175 PUMPENTANKWAGEN BSA RK 1001 DLG PRUEFBERICHT
1 333 FUER GUELLE KOMPRESSOR U.PUMPTANKWAGEN U.SCHLEUDERFASS
1 430 PZA 1 VERSORGUNG DES FAHRZEUGPARKS BEIM HOLZRUECKEN
4 120 NIEDERSCHLAGSVERTEILUNG DES GUELLEVERTEILERS
4 224 EINSATZ ALS FUTTERMISCHER
4 489 MODELL STI KRAFTSTOFFVERSORGUNG
5 228 KOMPLEXER EINSATZ V.GUELLETANKWAGEN IN KOOPERATION
5 229 ZUM AUSBRINGEN VON DICKGUELLE
5 230 ARBEITSWEISE UND EIGENSCHAFTEN DER PUMPTANKWAGEN
5 232 WRIGHT RAIN VIELZWECK TANKWAGEN NIAE TEST
5 374 MILCHMESSGERAET FUER SAMMELTANKWAGEN
5 384 FUER DEN TRANSPORT VON MILCH

6 191 TANKWAGEN FUER TRANSPORT UND AUSBRINGEN VON AMMONIAK
6 192 FUER TRANSPORT UND AUSBRINGEN VON AMMONIAK
7 118 KOMPRESSOR UND PUMPTANKWAGEN FUER GUELLE
7 120 FLUESSIGMISTPUMPTANKWAGEN TIGER PRUEFBERICHT WIESELBURG
7 394 KOPPELN VON SCHLAUCH UND VAKUUMGUELLETANKWAGEN
8 72 ZUR FLUESSIGMISTAUSBRINGUNG
8 123 FUER GUELLE AUF DEM FRANZ.MARKT
8 257 SPEZIELLE TRANSPORTWAGEN FUER MISCHFUTTERMITTEL
8 509 AUF DER DLG SCHAU IN MUENCHEN
9 117 AMMONIAKTRANSPORT UND AUSBRINGUNG IN DEN NIEDERLANDEN
9 119 GERAETE ZUM EINBRINGEN VON AMMONIAK
9 262 ZUM AUSBRINGEN VON FLUESSIGMIST
9 421 FUER GUELLE MIT ZAPFWELLENANGETRIEBENER PUMPE
9 426 MIT ZAPFWELLENBETRIEBENER JAUCHEPUMPE
9 428 FUER JAUCHE AUS GROSSBRITANNIEN
5 567 TANNE EINFLUESSE AUF DEN SPEZIFISCHEN WIDERSTAND BEIM ENTRINDEN
6 400 MASCHINE FUER DAS REINIGEN UND SICHTEN VON SAATGUT
4 381 TASMANIEN MOEGLICHKEITEN DER DIREKTEN SPAETFROSTBEKAEMPFUNG
TAUCHENTLEERUNG VON OBSTKISTEN S.UNTER OBST
TAUCHGEFRIEREN S.UNTER GEFRIER UND KUEHLKONSERVIERUNG
TAUCHKUEHLER FUER MILCH S.UNTER MILCHKUEHLEN

1 3 TECHNOLOGIE AUFGABEN UND PROBLEME IN DER LANDWIRTSCHAFT
3 16 FACHBUCH ALS DER CSSR
7 22 ENTWICKLG.DER TECHNOL.B.SPEZ.U.KONZENTRATION DER PRODUKT.
5 300 TEE PRODUKTION VON ANBAU UND ERNTEMASCHINEN IN DER SU
5 301 STRAUCHBESCHNEIDEGERAET CPR I MIT BANDMESSERWERK
6 143 APP 600 UND NVIICISK FUER DAS BESCHNEIDEN DER STRAEUCHER
6 143 MOTORGETRIEB.BANDGERAET CPR I ZUM BESCHNEIDEN DER STRAEUCHER
6 143 RAEUCHERGERAET FGS 2 FUER DIE SCHAEDLINGSBEKAEMPFUNG
6 143 MASCHINEN FUER DEN ANBAU UND DIE TEEERNTE
6 143 GERAET ADV 1.7 ZUM ERNTEN GROEBERER GRUENER TRIEBE
6 143 HYDRAUL.GESTEUERTE MASCHINE SAKARTVELO ZUR BLATTERNTE
7 87 DDA 58 WEITSTRAHLBEREGNUNGSAGGREGAT
7 162 ERNTEMASCHINE SAKARTVELO
7 163 KENNWERTE V.MESSERKETTEN DES STRAUCHBESCHNEIDEGERAETES CPR 1
7 400 ERNTEMASCHINEN ENTWICKLUNG IN DER SU
6 182 TEFLON BESCHICHTUNG VON STREICHBLECHEN FUER GRUENLANDUMBRUCH
3 104 TELEFON BETRIEB VON TELEFON UND FUNKSPRECHVERKEHR
TELESKOPSAUGGEBLAESE S.UNTER FOERDERGEBLAESE
TELLERMAEHER S.SCHEIBENMAEHER
6 444 TELLERRUETTLER PRUEFUNG V.DREI TYPEN DES FREMA TELLERRUETTLERS
1 509 TEMPERATUR SCHNELLBESTIMMUNG MIT NEUEN GERAETEN
2 64 EFFEKTIVTEMP.SUMMENZAEHLGERAET MIT KONTAKTTHERMOMETERN
5 19 THYRATRONGERAETE FUER DIE REGELUNG
5 480 INNENTEMPERATURMESSUNG BEI LEBENSMITTELKONSERVEN
6 24 ANLAGEN FUER DIE REGELUNG
8 304 MESSINSTRUMENTE FUER KUEHL UND GASZELLEN
9 14 EINFACHSCHREIBER DER ZWEI WERTE REGISTRIEREN KANN
9 464 ANFORDERUNGEN AN MODERNE ARBEITSRAEUME ERLAEUTER.ZUR TGL
9 314 TENSIOMETER ZUM BESTIMM.DES BEREGNUNGSZEITPUNKTES IM FELDGEMUESEBAU
1 364 TEPPICH GERAETE ZUM SAUGEN KLOPFEN UND SHAMPONIEREN
9 301 TEPPICHKEHRMASCHINE TEST VON KEHRMASCHINEN
3 486 TERMINOLOGIE NEUE FORSTTECHNISCHE TERMINOLOGIE
3 605 SPRACHVERWIRRUNG IM LANDWIRTSCHAFTLICHEN BAUWESEN
5 631 BERICHT VOM XIV. IUFRO KONGRESS MUENCHEN
5 631 TERRAINKLASSIFIKATION BERICHT VOM XIV. IUFRO KONGRESS MUENCHEN
TERRASSIERUNG S.AUCH HANGLAGE
1 155 TECHN.BERECHNUNG MECHANIS.ARBEITEN
4 96 OHNE SPEZIALAUSRUESTG.MIT VIERFURCHENANHAENGEPFLUEGEN
7 351 MASCHINENSATZ FUER DIE AUFFORSTUNG V.BERGHAENGEN
4 558 TGL 10686 BLATT 3 MINDESTWAERMEDAEMMWERTE
8 15 STANDARDS DER LANDWIRTSCHAFT UND NAHRUNGSGUETERWIRTSCHAFT
3 571 THERMOGLASIN AUS ABFALLGLAS HERGESTELLTES GESCHAEUMTES MATERIAL
6 305 THERMOSTAT TEMPERATURREGULIERUNG IN WARMWASSERBEREITERN
6 504 TIEFBAU BEDARF V.LANDWIRTSCH.AN TIEFBAULEISTUNGEN IN DER DDR

6 505 TIEFBAU BAUTECHNISCHE AUFGABEN IM LAENDLICHEN TIEFBAU
TIEFDECKER S.UNTER FLUGZEUG
TIEFENREGELUNG BEI DRAENMASCHINEN S.UNTER DRAENAGE
3 461 TIEFLADER FUER DEN TRANSPORT VON OBSTKISTEN
3 471 HOHENTHURM TRANSPORT VON GROSSKISTEN
7 272 MIT EINEM STUETZRAD FUER DEN OBSTTRANSPORT
7 276 EINSATZ IN BAUMSCHULEN
8 386 EINSATZ ZUM GROSSKISTENTRANSPORT IM OBSTBAU
8 457 MIT BESONDEREM STUETZ UND KUPPLUNGSSTUECK
TIEFLAUFSTALL S.UNTER LAUFSTALL
S.UNTER SCHWEINESTALL
6 149 TIEFLOEFFEL FUER BAGGER ZUR GRABENREINIGUNG
TIEFPFLUEGEN S.UNTER PFLUEGEN
TIEFSILO S.UNTER SILO
TIERHALTUNG PUTENHALTUNG S.DORT
SCHWEINEHALTUNG S.DORT
KUEKENHALTUNG S.DORT
RINDERHALTUNG S.DORT
1 46 STROHVERBRAUCH IN DEN LPG
1 516 STAND UND BEDARF AN STALLPLAETZEN IN DER CSSR
3 3 MASCHINENSYSTEM IN DEN MITGLIEDSTAATEN DES RGW
3 91 SCHUTZ GEG.RADIOAKTIVEN NIEDERSCHLAG IN LANDWIRTSCH.
3 383 HANDBUCH FUER DIE GERAETEWARTUNG IN TIERPRODUKTION.
3 384 HANDBUCH FUER DIE MONTAGE UND WARTUNG DER TECHNIK
4 201 ANTEIL DER STALLARBEIT AM LANDW.GESAMTARBEITSAUFWAND
4 202 MECH.DER VIEHWIRTSCH.BIS 1970 KOMPLETTE MASCH.SYSTEME
5 343 BEEINFL.U.SCHAEDIGUNG DES TIERKOERPERS DURCH ELEKTRIZITAET
5 348 RATIONALIS.PROBL.BEI ZUECHTUNG U.HALTUNG
5 693 EINFLUSS DER GEBAEUDE AUF PRODUKTIONSERFOLGE
6 271 PROJEKTIERUNG VON MECHANISIRUNGSMITTELN
6 271 EINSTREULOSE HALTUNG
6 515 BAUKONFERENZ UEBER PROBLEME GROSSER TIERBESTAENDE
7 9 AUTOMAT.BIOLOGISCH TECHNOLOGISCHER PROZESSE
7 243 MARTIN ELEKTROVIEHSCHERE MVS 27 DLG PRUEFBERICHT
7 403 PERSPEKTIVE DER LAND U.NAHRUNGSGUETERWIRTSCHAFT DER DDR
8 3 BETRIEBSFUEHRUNGSSYSTEM FUER VIEHWIRTSCHAFT
8 244 MECHANISIERUNG DER TIERZUCHT UNGAR.FACHBUCH
9 226 SCHRITTE IN RICHTUNG EINER VOLLAUTOMATISIERUNG
9 312 ARBEITSTEILUNG UND SCHICHTSYSTEM IN 400ER MILCHVIEHANLAGE
1 535 TIERHYGIENE PROBLEME IM LAUFSTALL
1 536 STALLHALTUNGSSYSTEM UND GESUNDHEIT VON MILCHVIEH
3 351 ERFAHRUNGEN BEI DER INDUSTRIEMAESSIGEN SCHWEINEMAST
3 612 LUFTKEIMZAHLBESTIMMUNGEN IN GROSSEN SCHWEINEMASTSTAELLEN
6 515 BAUKONFERENZ UEBER PROBLEME GROSSER TIERBESTAENDE
7 401 VOM IMA GEPRUEFTE UND ANERKANNTE VIEHPUTZMASCHINE
7 433 TIERKOERPERBESEITIGUNGSANSTALT PROJEKTIERUNG IN DER DDR
9 256 TIERPFLEGE REINIGUNGSANLAGE MIT SPRITZDUESEN FUER KUEHE
7 8 TIERZUCHT AUFWENDUNGEN FUER DIE LANDW.FORSCHUNG IN UNGARN
TISCHBUEGLER S.UNTER BUEGELN
1 371 TOMATE SPEZIALERNTEMASCHINEN U.ARBEITSTECHNOLOGIE IN DER SU
1 376 AGGREGAT ZUM BEETFORMEN UND GLEICHZEITIGEN PFLANZEN
1 385 ANBAUERGEBNISSE IN GEWAECHSHAEUSERN MIT PVC BEDACHUNG
1 387 ANBAU UNTER FOLIE IN SIZILIEN
1 388 ANBAU IN RIESENKALTHAEUSER AUS PLASTE IM SUBTROPISCHEN KLIMA
1 389 ANBAU IN GEWAECHSHAEUSERN AUS DOPPELWANDG.POLYAETHYLEN
1 403 TUNNELANLAGE MIT INFRAROTSTRAHLEN ZUR SCHAELUNG
2 411 AUTOMATISCHE ERNTE UND SORTIERUNG
3 433 AUSPFLANZEN UND BEWAESSERUNG VON FREILANDTOMATEN
3 434 BODENABDECKUNG MIT FOLIE
3 439 VOLLMECH.ANBAUVERFAHREN UNTER VERWENDUNG V.HERBIZIDEN
3 464 TECHNIK DER KUENSTLICHEN NACHREIFUNG MITTELS AETHYLEN
3 480 FROSTSCHUTZ DURCH UEBERFLIEGEN MIT HUBSCHRAUBERN
4 360 HOCHLEISTUNGSMASCHINENREIHE ZUR AUFBEREITUNG
4 362 MASCH.VST 1 5 ZUM AUSWASCHEN UND SCHLEIFEN VON SAMEN
4 364 DOSIERMASCHINE ZUM HERSTELLEN VON GEBINDEN
4 396 QUALITAETSUNTERSUCHUNG U.MASCHINELLE FARBSORTIERUNG

5 429 TOMATE TECHNOL.FRUEHTOMATENANBAU IM FREILAND IN BULGARIEN
5 430 AEROPONIC KULTUR UNTER NAEHRSTOFFHALT.SPRUEHNEBEL IM GEWAECHSH.
5 447 ANBAU IN FOLIENGEWAECHSHAEUSERN
5 475 FLACHE FRUCHTSCHALEN MIT SCHRUMPFFOLIENEINSCHLAG
5 476 BEHANDLUNG MIT KUNSTWACHS
6 335 FORTSCHRITTE BEI DER ERNTEMECHANISIERUNG IN DEN USA
6 362 ERNTEMASCH.KOSTEN U.ARBEITSAUFWAND BEIM MASCH.PFLUECKEN
6 366 VOLLERNTEMASCH.AUS DEN USA TECHNOL.U.OEKONOMIE DES EINSATZES
6 367 ARBEIT DES HAUPTSIEBES EINER ERNTEMASCHINE
7 284 GEWAECHSHAUSTYPEN FUER DEN ANBAU VERGLEICH.UNTERSUCHUNGEN
7 296 ERTRAGSAUSFAELLE BEI GASSTRAHLERHEIZUNG UNTER GLAS
7 297 ERTRAGSAUSFAELLE BEI GASSTRAHLERHEIZUNG UNTER GLAS
7 311 MASCHINEN ZUR ERNTE
7 325 GERAETEKOMBINATION ZUM BERGEN UND SORTIEREN
7 400 MASCHINEN FUER DIE SAMENGEWINNUNG
8 321 AUTOMAT.ZUSATZBELICHTUNG VON JUNGPFLANZEN
8 361 AUFBAU UND WIRKUNGSWEISE VON ERNTEMASCHINEN
8 364 AUSWAHL U.BEWERT.V.SORTEN FUER EINE EINMALIGE MECH.ERNTE
8 364 MASCHINE FUER DIE ERNTE
8 365 EINREIHIGE AMER.VOLLERNTEMASCHINE
8 366 KOMPLEXMECH.DER GROSSBETRIEBL.ERNTE IN UNGARN TECHNOLOGIE
9 332 MECH.ERNTE PROBLEME DES EINHEITLICHEN REIFEGRADES
9 334 EINSATZ V.ERNTEMASCHINEN V.BLACKWELDER AUF AUSTRAL.GROSSFARM
9 343 LEISTUNG DER KALIBRIERMASCHINE UNIFRUCT.SUPER
9 344 STAHLBEHAELTER IN FORM VON HORDEN FUER DIE MASCH.ERNTE
9 346 E 914 I UNIVERSALTRANSPORTGERAET FUER GEMUESEERNTE
9 365 MASCHINELLE ERNTE IN KALIFORNIEN
2 154 TON UMSCHLAGTECHNOLOGIE FUER TONDRAENROHRE MIT PALETTEN
2 155 HALTBARKEIT VON DRAENROHREN IN AGGRESSIVEM MILIEU
3 207 PRUEF.V.TONROHRVERLEGEEINRICHTG.FUER DRAENGRABENBAGGER
8 87 DRAENROHRE FUER SAMMLER

TONTOPF S.UNTER TOPF
8 311 TOPF TRANSPORT UND LAGERUNG VON TONTOEPFEN
TOPFMASCHINE S.UNTER JUNGPFLANZENANZUCHT
TOPFPFLANZE S.AUCH ZIERPFLANZE
2 382 SELBSTHERSTELLUNG VON ABSTELLSCHALEN AUS DRAHT
3 422 TOPFWASCHMASCHINE EINSATZ IM GARTENBAU DER DDR
TORFBODEN S.UNTER BODEN
9 7 TORSIONSFESTIGKEIT VON RAHMENKNOTEN
9 78 TOTSPRITZEN VON RUEBENSAMENTRAEGERN

9 17 TRAEGHEIT ERSCHEINUNGEN BEI BESTIMMUNG DER BODENKRAEFTE
TRAENKEN
ALLGEMEINES
7 212 VERBESSERUNG DER SELBSTTRAENKEN TYP PA I UND PA 2
7 401 SELBSTTRAENKEBECKEN V.IMA GEPRUEFT UND ANERKANNT
8 261 SELBSTTRAENKEBECKEN P 4 PRUEFBERICHT POTSDAM BORNIM
RINDER
1 324 GRUPPENWEISES AUTOMAT.TRAENKEN V.RINDERN OHNE SELBSTTRAENKEN
1 329 FUTTERAUTOMAT NURSETTE DIAMATIC FUER KAELBER
1 335 PROBLEME IM LAUFSTALL
2 339 FUTTERAUTOMATEN FUER KAELBER MIT GUMMISAUGER
2 504 TRAENKAUTOMATEN PA IA FUER RINDER
3 357 IN LAUFSTAELLEN MIT SELBSTTRAENKEN AGK 4
3 390 EINSATZ DES NEUEN KAELBERTRAENKWAGENS
4 232 MECHANISIERUNG DES VERTEILENS VON KAELBERTRAENKE
7 396 KAELBERMILCHERWAERMER
7 437 MECHANISIERUNG IN DEN MILCHVIEHFARMEN DER CSSR
8 260 ELEKTRISCHE TRAENKWASSERERWAERMUNG IN OFFENSTAELLEN
SCHWEINE
3 364 SELBSTTRAENKEN FUER SCHWEINE
3 391 GRUPPENSELBSTTRAENKE MIT SCHWIMMERLOSEM WASSERSTANDSREGLER
3 615 PRUEFUNG V.SELBSTTRAENKEEINRICHTUNGEN FUER SCHWEINE
4 210 INSTALLIERUNG VON SELBSTTRAENKEVENTILEN IN WASSERTROEGEN
5 354 ARATO TRAENKE FUER SCHWEINE

5 354 TRAENKEN MONOHOF TRAENKEN FUER SCHWEINE UND GEFLUEGEL
7 213 SUEVIA SCHWEINEDOPPELTRAENKEBECKEN MODELL 88 DLG PRUEFB.
7 214 SCHWEINETRAENKZAPFEN SUEVIA SOGER DLG PRUEFBERICHT
8 251 SELBSTTRAENKEN BEI ANBINDEHALTUNG VON SAUEN
9 232 TRAENKEBECKEN FUER SCHWEINE
GEFLUEGEL
1 565 VENTILTRAENKEN FUER HUEHNER
1 566 DURCHLAUFENDE TRAENKRINNEN IM HUEHNERSTALL
2 314 VON HUEHNERN IN STUFENKAEFIGANLAGEN
2 315 VON HUEHNERN IN STUFENKAEFIGANLAGEN
2 316 TROPFTRAENKEN AUTOMAT.RUNDTRAENKEN U.NIPPELTRAENKEN
4 217 ANWEND.V.GRUNDSAETZEN DER BEWEG.OEKONOMIK IM GEFLUEGELSTALL
4 218 AUTOMAT.TRAENKEN MAGNETVENTIL U.NIPPELTRAENKEN B.KAEFIGHALTG.
4 218 JUNGHENNENAUFZUCHT VENTILTRAENKEN MIT VORLAUFBEHAELTER
4 219 AUTOMATISCHE RUNDTRAENKEN DLG ANERKANNT
4 244 VAKUUMSELBSTTRAENKEN FUER EINTAGSKUEKEN
4 244 SELBSTTRAENKEN MIT FEDER ODER SCHWIMMERVENTILEN
5 354 JUGOSLAWISCHE ZIVINOOPREMA TRAENKE FUER GEFLUEGEL
8 253 EINRICHTUNG PKS FUER KOMPLEXE MECHANIS.IN HUEHNERSTAELLEN
8 554 TRAENKEBECKEN MIT SELBSTTAETIGER SCHWIMMERREGULIERUNG
9 234 KOMPLEXE EINRICHTUNG FUER MUTTERTIERHERDE VON PUTEN
9 500 NIPPELTRAENKEN IM BATTERIESTALL FUER 1000 HENNEN
TRAGLUFTGEWAECHSHAUS S.UNTER GEWAECHSHAUS
1 479 TRAGLUFTHALLE KUNSTSTOFFEINSATZ BEIM BAU
8 349 ERRICHTUNG VON TRAGLUFTGEWAECHSHAEUSERN
9 458 FUNKTIONELLE EIGENSCHAFTEN UND GRUENDUNG
9 502 MODERNE ENTWICKLUNGEN
9 503 GETREIDESILOS AUS BUTYL
8 385 TRAGLUFTZELT TUNNELFOERMIGE UEBERDRUCKZELTE FUER GASLAGERUNG V.OBST
TRAKTOR HINWEISE
GARAGE S.DORT
EINSTELLRAUM S.DORT
EINACHSTRAKTOR S.DORT
MASCHINENTRAEGER S.DORT
KETTENTRAKTOR S.DORT
TRIEBSATZ S.DORT
GERAETETRAEGER S.DORT
ALLGEMEINES
1 60 ENERGETISCHE BASIS DER LANDWIRTSCHAFT BIS 1980
1 62 TRAKTORTECHNISCHE BERECHNUNGSBEISPIELE
5 47 WAHL DER GEEIGNETEN GROESSENKLASSE
5 53 PLANUNG DES BEDARFES
5 83 ISO TRAKTORTAGUNG IN MOLINE USA
5 89 TYPENEIGNUNG FUER KOOPERATIONSGEMEINSCHAFTEN BEZIRK SUHL
7 4 LANDWIRTSCHAFTLICHE STOFF UND MASCHINENKUNDE
7 31 ERSATZ U.ENTWICKLUNG DER ZUGKRAFT IN DER LANDWIRTSCHAFT
8 2 ANFORDERUNGEN DER LOHNBETRIEBE
8 5 ENTWICKLUNGSTENDENZEN DER MODERNEN LANDWIRTSCHAFT
ENTWICKLUNG KONSTRUKTION EINSATZ
1 2 ERHOEHUNG DER ARBEITSGESCHWINDIGKEIT
1 3 ENTWICKLUNG UND EINSATZ IN DER LANDWIRTSCHAFT DER DDR
1 29 ANWENDUNG DER SCHICHTNORM FUER BERECH.DER ARBEITSKENNWERTE
1 30 KOEFF.FUER UMRECHN.V.ARBEITEN AUF VERRECHNUNGSHEKTAR
1 31 STRUKTUR UND ANZAHL IN KOMPLEX MECHANISIERTEN BETRIEBEN
1 74 LEISTUNG BEI AUSFUEHRUNG VON FELDARBEITEN
1 81 ENTWICKLUNG SUMPFGAENGIGER MELIORATIONSTRAKTOREN
2 3 AUSNUTZUNG DES MASCHINEN TRAKTOREN PARKES
2 48 EINFL.V.NUTZUNGSDAUER U.AUSNUTZUNG AUF KOSTEN
2 49 FORTRAN PROGR.ZUM BESTIMM.DER FARMAUSSTATTUNG
2 87 EINFL.V.PFLUGARBEIT U.REIFENBREITE AUF ENTWICKLUNG
2 88 KONSTRUKTION GROSSER TRAKTOREN
2 93 BEMESSUNG DER ARBEITSLEISTUNG NACH DEM ENRGIEAUFWAND
2 94 BERECHNUNG DER ZUGKRAFTKAPAZITAET
2 177 LEISTUNGSGRENZEN VERSCHIEDENER KLASSEN BEIM PFLUEGEN
3 55 EINSATZ ANWENDEN VON KOORDINATENNETZWERKEN
3 59 KOOPERAT.BEZIEH.IM BEZ.POTSDAM KOMPLEXEINSATZ DER TECHNIK

3 112 TRAKTOR MTZ EINSATZ V.MASCH.TRAKTOR.SCHNELLAGGREG.IN WALDSTEPPENZONE
3 115 ZUSAMMENHANG ZWISCHEN ZUGHAKENLEISTUNG UND ZUGKRAFT
3 116 ENGE WISSENSCHAFTL.ZUSAMMENARBEIT ZWISCHEN UDSSR UND DDR
3 119 BETRIEBSKOSTEN V.BENZIN PROPAN UND DIESELTRAKTOREN
3 121 GIBT ES NUR EINEN TRAKTOR IN DER ZUKUNFT DES FARMERS
3 357 MTZ 7LS EINSATZ FUER DIE LAUFSTALLMECHANISIERUNG
4 11 ERFAHRUNGEN MIT EINSATZ SCHWERER TRAKTOREN
4 21 ENTWICKLUNGSTENDENZEN IN KONSTRUKTION UND AUSRUESTUNG
4 23 VERVOLLKOMMNUNG DER AEUSSEREN FORMEN
4 23 FAHRERHAEUSER ENTSPRECH.GESUNDHEITL.BELANGEN D.TRAKTORISTEN
4 100 ARBEITSLEISTUNG BEI EINSATZ IM REISANBAU
4 104 ALLRADANTRIEB B.UNGUENSTIGEM BODENOBERFLAECHENZUSTAND
4 130 ARBEIT IN ZWISCHENREIHENKULTUREN BEI ERHOEHT.GESCHWINDIGK.
5 3 HOHE ARBEITSGESCHWINDIGKEITEN
5 86 AUSNUTZUNG
5 87 KONSTRUKTION EINIGER BAUGRUPPEN ENGL.TRAKTOREN
5 88 ANPASS.DER KONSTRUKTION AN ARBEITSBEDING.IM HOH.NORDEN
5 92 ENTWICKLUNGSGESCHICHTE DES LANDWIRTSCHAFTLICHEN TRAKTORS
5 98 ACKERTRAKTOREN IN BAU KOMMUNAL UND FORSTWIRTSCHAFT
5 110 LEGIERTER GUSSSTAHL FUER TEILE DES FAHRWERKES
5 111 DRUCKLUFTBREMSANLAGE
5 295 KORRELATION ZWISCHEN RADDRUCK UND SCHMUTZBESATZ DER RUEBEN
6 2 ZUM VIER U.SECHSRADANTRIEB BZW.PNEUMAT.GLEISBAENDERN
6 5 DYNAMISCHE EIGENSCHAFTEN V.ALLRAD UND KETTENTRAKTOREN
6 5 EINSATZKOSTEN BEZOGEN AUF DIE NENNLEISTUNG DES MOTORS
6 6 EINSATZ ZUR MECH.DER LANDWIRTSCHAFT IN TROCKENGEBIETEN
6 69 AUTOMATISIEREN DER ARBEIT V.MASCHINEN TRAKTOREN AGGREGATEN
6 70 TAGUNG UEBER DIE AUTOMATION
6 72 WENDERAUM U.DURCHFAHRTMASSE FUER TRAKTOR U.GROSSMASCHINEN
6 76 ZT 300 EINSATZ IN DER FRUEHJAHRSBESTELLUNG
6 77 DER 3 MP KLASSE WIRTSCHAFTLICHER EINSATZ
6 78 70 H.P. TRAKTOR VON MASSEY FERGUSON
6 174 BERECH.V.ZUGKRAFTBEDARF FUER TRAKTORENPFLUEGE
7 21 BEDEUTUNG V.NORMUNG FUER ERHOEHUNG DER MASCH.PRODUKTIVITAET
7 40 ENTWICKLUNG IN DER KONSTRUKTION
7 41 ENTWICKLUNGSTENDENZEN IM TRAKTORENBAU
7 42 KENNWERTE DER EINSATZBEREITSCHAFT
7 47 K 700 DER 5 MP NENNZUGKRAFTKLASSE LEISTG.B.BESTELLUNG
7 47 K 700 DER 5 MP NENNZUGKRAFTKLASSE LEISTG.B.BODENBEARBEITUNG
7 53 KONSTRUKTION GESCHWEISSTER RAHMEN
7 68 JAEHRLICHER TRANSPORTBEDARF IN DER UNGAR.LANDWIRTSCHAFT
7 99 ERHOEH.V.PRODUKTIVITAET V.LANDMASCH. TRAKTORAGGREGATEN
8 44 BESTIMMEN OPTIMALER KENNWERTE VON AGGREGATEN
8 86 MECH.V.RUEBENANBAU MIT KLEINTRAKTOREN IN JAPAN
8 101 BODENBEARBEITUNG MIT STARKEN TRAKTOREN
8 125 EINSATZMOEGLICHKEITEN FUER SUPER U.MITTELSTARKE TRAKTOREN
8 208 KOERNERTRANSPORT BEIM KOMPLEXEINSATZ DER MAEHDRESCHER E 512
8 242 ZUM FESTFAHREN DES FUTTERSTOCKES IM FLACHSILO
8 242 ARBEITSZEITBEDARF FUER ENTNAHME U.TRANSPORT VON SILAGE
8 242 EINSATZ IN DER INNENWIRTSCHAFT
8 416 SYSTEM DER UMRECH.V.TRAKTORARBEITEN IN WEICHES PFLUEGEN
9 36 OPTIMALE LEISTUNG FUER DEN BAEUERLICHEN BETRIEB
9 44 ANGLEICHEN DER KENNLINIEN V.MOTOR U.DREHMOMENTWANDLER
9 77 SYSTEME ZUR MECH.DES RUEBENANBAUES MIT KLEINTRAKTOREN
UEBERSICHTEN
1 56 SOWJ.KONSTRUKTIONEN SEIT DER OKTOBERREVOLUTION
1 57 STAND DES SOWJETISCHEN TRAKTORENBAUES
1 58 LAGE UND ZUKUNFT DES UNGARISCHEN TRAKTORENBAUES
1 59 BESTAND DER LANDWIRTSCHAFT IN UNGARN
1 63 SOWJ.KONSTRUKTIONEN SEIT DER OKTOBERREVOLUTION
1 64 BESTAENDE U.AUSNUTZUNG IN DER DDR UND DBR VERGLEICH
2 1 BESTAND DER UNGARISCHEN LANDWIRTSCHAFT
2 2 BESTAND UND TYPENAUSWAHL IN POLEN
2 4 51. JAHRESAUSGABE DES RED BOOK V.IMPLEMENT U.TRAKTOR
2 5 1967 DAS GRUENE BUCH SOMMERAUSGABE
2 91 50 JAHRE TRAKTORBAU IN DER UDSSR TEIL 11

2 92 TRAKTOR AGROTECHNISCHES KRITERIUM FUER DIE SYSTEMATIK
3 3 MASCHINENSYSTEM IN DEN MITGLIEDSTAATEN DES RGW
3 107 BAU DER UDSSR IN DEN 50 JAHREN DER SOWJETMACHT
3 108 BAU DER UDSSR IN DEN 50 JAHREN DER SOWJETMACHT
3 109 ENTWICKLUNG UND BODENBEARBEITUNG IN DER SOWJETUNION
3 110 TYPEN FUER AUSSTATTUNG DER POLNISCHEN LANDWIRTSCHAFT
3 113 HAUPTCHARAKTERISTIKA EINES ZUKUNFTSTRAKTORS
3 117 BEMERKENSWERTE DATEN DES TRAKTORENBAUS
3 118 EINHEITLICHES TRAKTORENSYSTEM ETS FORSCHUNGSABSCHLUSSBER.
3 556 AUF DEM 38. INTERNATIONALEN LANDMASCHINENSALON
3 558 FRANZOESISCHE GERAETELISTE MIT TECHN.DATEN
4 1 PRODUKTION V.MASCH.IN DER SU SEIT DER OKTOBERREVOLUTION
4 2 ENTWICKLUNGSTENDENZEN IN DEN USA
4 25 ERZEUGUNG IM DRITTEN FUENFJAHRPLAN IN UNGARN
4 26 AUF DEM NIEDERL.MARKT TABELL.UEBERSICHT V.KENNZAHLEN
4 387 TECHNIK AUF DER BUNDESGARTENSCHAU
5 2 KONZENTRATION DES MASCHINENPARKES IN POLEN ERGEBNISSE
5 82 TENDENZ DER ENTWICKLUNG IM WELTMASSSTAB
5 90 ERLAEUTERUNGEN ZU DEN TYPENTAFELN
5 94 1967 VIERRADTRAKTORTABELLE
5 654 NEUE TYPEN AUF DER LANDWIRTSCHAFTSMESSE ZUIDLAARDERMARKT
5 655 NEUE TYPEN AUF DER LANDWIRTSCHAFTSMESSE ZUIDLAARDERMARKT
6 1 PRODUKTION IN DER UDSSR
6 4 MECHANISIERUNG DER DAENISCHEN LANDWIRTSCHAFT
6 5 BESTAND IN DER ITALIENISCHEN LANDWIRTSCHAFT
6 73 TECHNISCHE DATEN VON RADTRAKTOREN DES ILR
6 162 FUER MELIORATIONSARBEITEN BESTAND IN DER SU
6 465 NEUE TYPEN AUF DER AUSSTELLUNG IN AMSTERDAM
7 2 1968 GRUENES BUCH WINTERAUSGABE
8 41 UEBERSICHT UEBER ANGEBOT VON 16 FIRMEN
8 42 TENDENZEN AUF DER DLG SCHAU IN MUENCHEN
8 43 TENDENZEN AUF DEM TRAKTORMARKT IN DER DBR
8 45 BESTAND U.WEITERENTWICKLUNG IN OESTERREICH.LANDWIRTSCHAFT
8 46 TECHNISCH OEKONOMISCHE PROBLEME BEI GROSSEN RADTRAKTOREN
8 47 225 LANDWIRTSCH.TRAKTOREN TECHNISCHE DATEN
8 502 GROSSTRAKTOREN MIT TURBOKOMPRESSOREN UND HYDRAUL.LENKHILFEN
8 510 GERAETE AUF DER DLG SCHAU
8 514 1968 GERAETELISTE IN FRANKREICH GEHANDELTER TYPEN
9 1 ENTWICKLUNG UND EINSATZ IN BELGIEN
9 30 UND ZUBEHOER AUF DER DLG AUSSTELLUNG
9 31 UND ZUBEHOER AUF DER DLG AUSSTELLUNG
9 32 UND ZUBEHOER AUF DER DLG AUSSTELLUNG
9 33 STAND UND ENTWICKLUNG DER ACKERTRAKTOREN
9 35 ANGEBOT IN MUENCHEN
9 418 ANGEBOT AUF DER UGEXPO
9 422 TENDENZEN AUF DEM LANDMASCHINENSALON IN PARIS
9 423 TENDENZEN AUF DEM LANDMASCHINENSALON IN PARIS
PRUEFBERICHTE
3 122 8 TYPEN IN DER 35 BIS 45 PS KLASSE AUSTRALIAN TEST
3 123 564 INTERNATIONAL AUSTRALIAN TRAKTOR TEST
4 12 WEITERENTWICKLUNG DER OECD PRUEFUNGEN
4 31 INTERNATIONAL 434 AUSTRALIAN TRAKTOR TEST
5 99 MF 1100 BENZIN NEBRASKA TRAKTOR TEST
6 80 EICHER KOENIGSTIGER TYP EM 300 ILR PRUEFBERICHT WAGENINGEN
6 81 VERGLEICH V.8 PRUEFBERICHTEN AN DER UNIV.MELBOURNE
6 396 FORSTTRAKTOR SMV DRIVAX PRUEFBERICHT ULTUNA
6 397 FORSTTRAKTOR TIMBERJACK 230 PRUEFBERICHT ULTUNA
7 44 AUSTRAL.PRUEFUNG VERGLEICH V.ACHT MITTELKLASSETRAKTOREN
7 46 ZT 300 EINSATZPRUEFUNG
8 22 FENDT FARMER 3 S OESO PRUEFBERICHT
8 51 FENDT FARMER 3 S PRUEFBERICHT IMA BRUGG
8 52 DAVID BROWN 770 PRUEFBERICHT VOLLEBEKK
8 53 HANOMAG PERFEKT 400 PRUEFBERICHT VOLLEBEKK
ZWEIACHSTRAKTOR
1 58 MIT 130...150 PS FUER DIE SCHWERE BODENBEARBEITUNG
1 66 MTZ 50 PL MIT HYDRAUL.DREHMOMENTWANDLER BETRIEBSKENNWERTE

1 67 TRAKTOR BOLGAR TL 30CH MIT HYDROSTATISCHEM ANTRIEB
1 68 ALLRADTRAKTOR D4K B LEISTUNGS UND BETRIEBSKENNWERTE
1 69 ZUGTRAKTOR ZT 300
2 95 NEUE TRAKTORENREIHE VON JOHN DEERE
2 96 11 TYPEN DAS PROGRAMM VON RHEINSTAHL HANOMAG
2 97 3 45 UND 4 65 ZWEI NEUE NUFFIELD TRAKTOREN
3 124 URSUS C 350 TECHNISCHE DATEN
3 545 FORD COUNTY MIT FAHRERKABINE VOR DEN MOTOR
4 27 D 538 SCHMALSPURTRAKTOR U.ALLRADTRAKTOREN VON LANZ
4 27 MF 133 VON MASSEY FERGUSON
4 27 FAVORIT 3 S VON FENDT
4 27 KL 450 VON KRAMER
4 27 NEUE PLUS REIHE VON STEYR
4 28 VORSTELLUNG NEUER TYPEN VON JOHN DEERE
4 29 BERICHT UEBER DIE NEUE TRAKTORREIHE VON HANOMAG
4 30 3 45 UND 4 65 NEUE TYPEN VON BMC NUFFFIELD
5 95 FORD 8000 MIT 105 PS
5 95 MOLINE G 900 MIT 97 PS V.MINNEAPOLIS
5 95 1950 MIT 105 PS FUER REIHENKULTUREN V.OLIVER
5 95 1256 TURBO U.856 V.INTERNATIONAL HARVESTER
5 95 4 65 U.3 45 V.BMC NUFFIELD
5 96 BESTIMM.DER OPT.LEISTUNG DES ZUKUENFTIGEN 0.6 MP TRAKTORS
5 97 KIROVEC K 700 ERHOEHUNG DER ZUVERLAESSIGKEIT
5 656 FIAT 550
5 656 FORD 9500
5 656 RENAULT R 88
5 656 MIT 90 PS LELY HYDROSTAT.GETRIEBE
5 656 COUNTY SUPER 6
6 74 SERIE 06 V.KLOECKNER HUMBOLDT DEUTZ
6 464 NEUE TYPEN VON DAVID BROWN UND MASSEY FERGUSON
6 465 TYPEN MIT HYDROSTATISCHEM ANTRIEB V.EICHER UND LELY
7 43 UE 50 UNG.ALLRADTRAKTOR TECHN.DATEN U.PRUEFERGEBNISSE
7 45 NEUE DEUTZ SERIE 06 VON 22 BIS 66 PS
7 48 VIERRADANTRIEB U.TANDEMTRAKTOR VERGL.B.VERSCHIED.BODENBEDING.
7 93 TYPEN FUER DEN STRASSENBAU
7 391 TYPEN AUF DER SMITHFIELD SHOW
7 392 TYPEN AUF DER SMITHFIELD SHOW
7 395 VARIO MIT VERLAENGERTER RADBASIS UND LADEFLAECHE
7 396 REIHE MIT 25 BIS 60 DIN PS VON RENAULT
7 397 REIHE MIT 25 BIS 60 DIN PS VON RENAULT
7 399 ENTWICKLUNGSTENDENZEN AUF DER DLG AUSSTELLUNG
8 47 DAVID BROWN 931 MIT 95 PS
8 47 FENDT FAVORIT MIT 102 PS
8 47 MINITRAKTOR MIT 6 PS
8 48 NEUE REIHE VON DEUTZ MIT SECHS TYPEN
8 49 NEUE REIHE VON STEYR MIT VIER TYPEN
8 503 REIHE MIT SIEBEN TYPEN VON SOMECA FIAT
8 503 NEUE REIHE VON RENAULT
8 504 MIT HYDROSTAT.ANTRIEB UND ELEKTROMAG.DIFFERENTIALSPERRE VALOR
8 506 1200 VON MASSEY FERGUSON MIT HYDROSTATISCHER LENKHILFE
8 507 VIERRADTRAKTOR VON INTERNATIONAL HARVESTER CO.
8 508 R 88 VON RENAULT
9 32 TYPEN MIT ALLRADANTRIEB FUER EXTREME BEDINGUNGEN
9 38 TECHNISCHE EINZELHEITEN VOM MF 1100
9 39 UNGAR.DUTRA 8000 D TECHNISCHE DATEN UND ERPROBUNG
9 61 AGRIA KLEINTRAKTOR FUER ARBEITEN IM VERSUCHSWESEN
9 420 FRONTLENKERTRAKTOR COUNTY 1004 MIT HYDRAULIKSTEUERUNG
9 424 FORD 8000 LEISTUNG
9 429 NEUE TYPEN VON DAVID BROWN

SONDERTRAKTOR

1 72 V.U.S.STEEL ALS KRAFTZENTRALE FUER 25 ARBEITSMASCHINEN
1 73 VANTAGE VON U.S.STEEL ALS ZENTRALE ENERGIEQUELLE
1 81 ENTWICKLUNG SUMPFGAENGIGER MELIORATIONSTRAKTOREN
2 95 PLANTAGENTRAKTOREN VON JOHN DEERE
2 95 1020 VU SCHMALSPURTRAKTOR VON JOHN DEERE
2 98 VANTAGE KOMBINATION VON GERAETETRAEGER UND TRAKTOR

2	378	TRAKTOR	SCHMALSPURTRAKTOREN FUER SONDERKULTUREN
3	127		TANDEMISIERUNG VON TRAKTOREN
3	128		TANDEMKOPPLUNG IN ZWEIACHSAUSFUEHRUNG MIT KNICKLENKUNG
3	129		TANDEM C 328 WIRKUNGSWEISE UND ARBEITSERGEBNISSE
3	136		FAHRZEUG MIT SCHWIMMFAEHIGEN SCHRAUBENROTOREN MODELLVERSUCHE
4	22		UMKEHRBARER VERSA TRAKTOR VON JOHN DEERE
5	546		UNIMOG PRUEFURTEILE DES FORSTL.PRUEFAUSSCHUSSES
9	219		KLEINSTTRAKTOR EICHUS FUER HUB UND TRANSPORTARBEITEN
9	428		TANDEMTRAKTOR MIT 2 TRIEBACHSEN
9	429		HOCHRADTRAKTOR VON DAVID BROWN
		FERTIGUNG	
5	23		BEDEUTUNG DER FARBE BEI DER AEUSSEREN GESTALTUNG
5	91		RENAULT TRAKTORWERK IN LE MANS
		MOTOR	
2	100		ANLASSPROZESS BEIM MOTOR S 312B UNTER BETRIEBSBEDINGUNGEN
2	101		ANLASSEN VON DIESELMOTOREN BEI NIEDRIGER TEMPERATUR
3	115		ZUSAMMENHANG ZWISCHEN ZUGHAKENLEISTG.U.MOTORLEISTUNG
4	20		LEICHT ENTFLAMMBARE ANLASSKRAFTSTOFFE FUER DIESELMOTOREN
4	32		ENTWICKLUNG DER PRODUKTION V.MOTOREN IM WERK SERP I MOLOT
5	103		ARBEIT EINES MOTORS MIT HYDRAUL.DREHMOMENTWANDLER
6	60		QUERSCHNITT DES ANSAUGKANALS VON MOTOREN
6	84		BERECHNUNG DES MOTORSCHWUNGRADES
6	85		WIRTSCHAFTLICHE NUTZUNG MOTORBETRIEB BEI TEILLAST
6	87		BEZIEH.ZWISCHEN ZUGHAKENLEISTUNG UND MOTORLEISTUNG
7	32		SELBSTTAETIG ARBEITENDES WARNGERAET FAIL PROOF
7	41		ABLOESUNG DES DIESELMOTORS DURCH ANDERE KRAFTMASCHINEN
7	49		HYDRAULIKSYSTEM ZUR MOTORBELAST.B.PRUEF.OHNE ABBREMSEN
7	397		MOTOREN VON MASSEY FERGUSON
8	37		ERHOEH.DER NUTZUNGSDAUER V.ZYLINDERBUCHSEN V.MOTOREN
8	55		ENTWICKLUNG DES DIESELMOTORS IM ACKERTRAKTOR
9	24		ERHOEHTE MOTORLEISTUNG DURCH VORVERDICHTUNGSTURBINE
9	25		ARBEIT DES DIESELS D 50 MIT TURBOAUFLADUNG
9	27		ANLASSEIGENSCHAFTEN DES DIESELS MIT BRENNRAUM CNIDI
9	28		KENNWERTE DES ZYKLUS DES GASMOTORS
9	30		MOTOREN EINHEITLICHE BAUREIHEN
9	30		VORWAERMUNG DER MOTOREN DURCH HEIZSPIRALEN IM MOTORBLOCK
9	30		UEBERWIEGEN V.MOTOREN MIT DIREKTEINSPRITZUNG AUF DER DLG SCHAU
9	31		MOTOREN EINHEITLICHE BAUREIHEN
9	31		UEBERWIEGEN V.MOTOREN MIT DIREKTEINSPRITZUNG AUF DER DLG SCHAU
9	32		UEBERWIEGEN V.MOTOREN MIT DIREKTEINSPRITZUNG AUF DER DLG SCHAU
9	33		MOTORE MIT DIREKTEINSPRITZUNG STAND UND ENTWICKLUNG
9	43		VERAENDERUNGEN AN KONVENT.DIESELMOTOREN NACHTEILE
		KRAFTUEBERTRAGUNG	
1	75		656ER MODELL VON IH MIT HYDROSTATISCHEM GETRIEBE
1	76		UNTERSUCH.V.UNTER LAST SCHALTBAREN GETRIEBEN
1	77		ERHOEHUNG DER ZUVERLAESSIGKEIT VON GETRIEBEN
1	78		MTZ 50 PL MIT HYDRAUL.DREHMOMENTWANDLER ANLAUFEIGENSCHAFTEN
1	79		ZAPFWELLENANTRIEB B.1000 U JE MIN.FUER GEZOGENE ARBEITSGERAETE
1	80		GETRIEBE DES TRAKTORS D4K B
2	102		HYDROSTATISCHE LEISTUNGSUEBERTRAGUNG ANWENDUNGSMOEGLICHK.
2	103		IH 656 HYDROSTATISCHER TRAKTOR IN SERIE
2	104		656 55 DBHP HYDROSTATIC VON IH IN DER PRODUKTION
2	106		DYNAMIK V.MASCH.TRAKTORAGGREG.BEI UNGLEICHMAESSIG.ZUGWIDERSTAN
2	114		HOEHERE ZUVERLAESSIGKEIT U.LEBENSDAUER HYDRAUL.SYSTEME
3	130		MECHANISMUS DER KUPPLUNGSFUSSHEBEL MIT REGLERHEBEL VERBINDET
3	131		UEBERBLICK UEBER DIE KRAFTUEBERTRAGUNG BEI LANDMASCHINEN
3	132		MTZ 50 BETRIEBSKENNWERTE MIT VERSCHIEDENEN GETRIEBEN
3	133		KONSTRUKTIONS U.BETRIEBSPROBLEME BEIM ZAPFWELLENBETRIEB
3	134		UNTERSUCH.UNTER LAST SCHALTBARER GETRIEBE B.VIERRADANTRIEB
3	137		ANWENDUNGSMOEGL.STUFENLOSER MECH.GETRIEBE F.PERSPEKTIVTRAKT.
3	138		KENNLINIEN V.MOTOR U.HYDRAUL.DREHMOMENTWANDLER
3	139		ENTWICKLUNGSTENDENZEN BEI TROCKENKUPPLUNGEN
3	140		ABHAENGIGKEIT DER REIBZAHL V.DRUCK IN SCHEIBENREIBKUPPLUNGEN
3	164		REGELSYSTEME DER HYDRAULISCHEN VORRICHTUNGEN
4	21		ALS FAHRBARE HYDRAULISCHE KRAFTZENTRALE
4	33		VOR UND NACHTEILE DER HYDRAUL.ANTRIEBE

4 34 TRAKTOR WACHSENDE ANFORDERUNGEN AN DIE HYDRAULIK
4 35 STUFUNG DER FAHRGESCHWINDIGKEITEN BEI ACKERTRAKTOREN
5 83 540 UND 1000 U JE MIN. BEI ZAPFWELLEN
5 104 VERBESS.V.BESCHLEUNIG.EIGENSCH.DURCH DREHMOMENTVERSTAERKER
5 105 DOPPELTE ZUGFAEHIGKEIT DURCH EXZENTR.ANTRIEB DER TRIEBRAEDER
5 106 UNTERSUCH.UNTER LAST SCHALTBARER GETRIEBE B.VIERRADANTRIEB
5 107 SYMMETRISCHES SELBSTSPERRENDES AUSGLEICHGETRIEBE
5 108 ERHOEHUNG DER NUTZUNGSDAUER VON PLANETENGETRIEBEN
6 17 VERHALTEN UNTER LAST SCHALTBAR.U.STUFENLOSER GETRIEBE
6 84 WINKELGESCHWINDIGKEIT BEI BEENDIGUNG V.KUPPLUNGSCHLUPF
6 88 MIT HYDRAUL.U.STUFENLOSEN REIBGETRIEBEN PRODUKTIVITAET
6 89 GUT ABGESTUFTES 10 GANGGETRIEBE FUER LANDW.TRAKTOREN
6 90 KARDANFEHLER IM GELENKWELLENTRIEB ZWISCH.TRAKTOR U.LANDMASCH.
6 91 KOLLOQUIUM GETRIEBETECHNIK
6 92 GETRIEBE SELECT 0 SPEED VON FORD
6 94 DEMONSTRATION DER BEWEGUNGSVERHAELTNISSE AN GELENKWELLEN
7 40 GETRIEBE DREHMOMENTWANDLER U.AUTOMATISCHE GETRIEBEVORWAHL
7 40 MIT ZWEI WAEHLBAREN ZAPFWELLENDREHZAHLBEREICHEN
7 45 DUO ZAPFWELLE DER DEUTZ SERIE
7 50 T.40 U.T 40A KRIECHGANGGETRIEBE MIT RUECKWAERTSSCHALTUNG
7 51 DT 75 ARBEIT V.GETRIEBE U.FAHRWERK IM WINTER
7 52 BESTIMMUNG DER NUTZUNGSDAUER DER KUPPLUNGSBELAEGE
7 58 EINSCHLAGWINKEL V.VORDERRAEDERN B.AUSSCHALTEN V.GETRIEBESPERR.
8 2 STUFENLOSE GETRIEBE
8 2 FORDERUNG NACH SCHNELLKUPPLER ZWEIPHASENKUPPLUNG
8 38 KUPPLUNGEN AUSLAENDISCHER TRAKTOREN
8 56 FRANZ.NEUHEIT IM GETRIEBEBAU
8 57 VERLUSTLEISTG.U.WIRKUNGSGRADE B.MECH.U.HYDROSTAT.GETRIEBE
8 58 HYDRAUL.GEWICHTSUEBERTRAGUNG VOM ANHAENGE ODER ANBAUGERAET
8 63 HYDRAULISCHE ANBAULADER AUF DEM BRITISCHEN MARKT
8 64 STEUERN V.OELDRUCK UND OELFLUSS IN HYDRAULIKSYSTEMEN
9 30 GETRIEBE MIT UMKEHREFFEKT
9 30 HYDRAULISCHE DIFFERENTIALSPERRE
9 31 GETRIEBE MIT UMKEHREFFEKT UND LASTSCHALTGETRIEBE
9 31 HYDRAULIKANLAGE MIT RADIALKOLBENPUMPEN
9 32 ANFORDERUNGEN AN DAS HYDRAULIKSYSTEM
9 32 VOLLHYDRAUL.U.HYDROSTAT.FAHRANTRIEB MECH.STUFENGETRIEBE
9 33 VIELGANGGETRIEBE STAND UND ENTWICKLUNG
9 33 ALS DUOZAPFWELLE AUSGEBILDETE UNABHAENGIGE ZAPFWELLE
9 45 BESTIMMUNG DER REIBUNGSARBEIT DER KUPPLUNG BEIM ANFAHREN
9 46 ZUGFAEHIGKEIT BEI HINTERRAD UND ALLRADANTRIEB
9 47 AUFBAU UND FUNKTION EINES HYDROSTATISCHEN ANTRIEBES
9 48 ANWENDUNG HYDROSTATISCHER GETRIEBE VOR UND NACHTEILE
9 51 BESTIMM.V.FOERDERLEISTUNG DER ZAHNRADPUMPEN V.HYDRAULIKSYSTEM
9 429 TRIEBWERKE U.GETRIEBE DLG ANERKANNT

KRAFTHEBER

2 115 HYDRAULISCHE HUBVORRICHTUNG BEIM URSUS C 4011
6 110 ZT 300 HYDRAULIKANLAGE

RAEDER BEREIFUNG FAHRMECHANIK

1 82 PROBLEME DER MECHANIK V.BODEN RAD BERECH.MIT ANALOGRECHNER
1 83 SEITENKRAEFTE AN GELENKTEN REIFEN IN LOCKEREM BODEN
1 84 EINFLUESSE AUF DIE KINEMAT.UND ENERGET.WENDEKENNWERTE
2 107 ZUG U.LENKFAEHIGK.SCHWERER TRAKTOREN MIT REGELHYDRAULIK
2 108 HYDRAUL.GESTEUERTE GREIFERRAEDER FUER HANGARBEITEN
2 111 FAHRMECH.UNTERSUCHUNG ZWEIER TRIEBREIFENGROESSEN
2 113 GELAENDEGAENGIGKEIT V.AGGREGATEN AUF UEBERFEUCHTEM BODEN
3 144 WIRKUNG DES ACHSSTANDES AUF WENDUNG DES RADTRAKTORS
3 145 HYDRAUL.GESTEUERTE GREIFERRAEDER ZUR VERHINDERG.V.RADSCHLUPF
3 146 GROSSVOLUMIGE TRIEBRADREIFEN DURCH FELGENVERBREITERUNG
3 148 BODENMECHANIK ERKENNTNISSE UEBER FAHRZEUGBEWEG.IM GELAENDE
3 148 EINFLUSS DER FAHRGESTELLANORDNUNG AUF DEN ROLLWIDERSTAND
3 150 EINFL.VERSCHIED.FAHRWERKSVARIANTEN AUF DIE BODENSPANNUNG
3 151 ZUSAMMENHANG V.SCHLUPF SCHLUPFVERLUST U.ACHSDRUCKAENDERG.
3 152 VARIABILITAET DER ZUGLEISTG.U.DYNAMISCHE EIGENSCHAFTEN
3 153 DAS VERHALTEN VON GEZOGENEN STARREN RAEDERN
3 154 ROLLWIDERSTAND VERSCHIEDENER LUFTBEREIFTER ANTRIEBSRAEDER

3 156 TRAKTOR WECHSELBEZIEH.ZWISCH.BODEN U.REIFEN EINFL.AUF FAHRVERMOEGEN
3 157 REIFEN MIT SYMMETRISCHEM U.UNSYMMETR.PROFIL FAHRVERHALTEN
3 158 UEBERTRAG.EIGENSCH.V.ZWEI TRIEBRADGROESSEN AUF STOPPELFAHRBAHN
4 37 ERWEITERUNG DES REIFENSORTIMENTS UEBERSICHT
4 39 SCHWINGUNGSVORGAENGE B.SCHNELLTRAKT.MIT ABGEFEDERT.VORDERACHSE
4 40 UNTERSUCH.DER ZUGLEISTUNG VON STOLLENREIFEN AUF SANDBODEN
4 41 ABMESS.U.AUSWIRKUNGEN DER SPUREN BEI VERSCHIED.BEREIFUNG
5 83 REIFEN FUER ACKERTRAKTOREN
5 114 T 28 MIT TRIEBACHSANHAENGER BERECH.V.ACHSBELASTUNG
5 115 T 40A KENNWERTE FUER WECHSELWIRKUNG ZWISCHEN RAD UND BODEN
5 116 BERECHNUNG DES FAHRWIDERSTANDES
5 119 RUECKWAERTSFAHREN MIT ANHAENGERN.IN STAELLEN
5 199 MTZ 52 EINFL.DER VERLAGERUNG V.TRIEBRAEDERBELAST.AUF KENNWERT
5 322 GOODYEAR TERRA REIFEN UND RAEDER
6 5 BODENHAFTUNG DER RAEDER
6 46 STATIST.VERFAHREN ZUR BEWERTUNG V.SPUR U.BODENFEINPROFIL
6 98 SCHWERPUNKT UND KIPPVERHALTEN
6 99 BERECHNUNG DES KIPPWINKELS UND DER FAHRGRENZEN
6 105 VERHALTEN DES BODENS UNTER STARREN RAEDERN
7 54 BESTIMMUNG DER OPTIMALEN NUTZUNGSDAUER VON KFZ REIFEN
7 55 VORTEILE UND EIGENSCHAFTEN DER TERRAREIFEN
7 57 ROLLREIBUNG BEI DER RADBEWEGUNG AUF VERDICHTBAREM BODEN
7 60 ERRECHNUNG BODENMECH.EIGENSCHAFTEN AUS DER ZUGKENNLINIE
7 391 LUFTWASSERPUMPE FUER FUELLEN UND ENTLEEREN V.REIFEN
8 41 SCHNELLVERSCHLUESSE FUER GITTER UND ZWILLINGSRAEDER
8 58 UMWANDLUNG VON LEISTUNG IN ZUGKRAFT
8 62 EINFL.V.REIFENLUFTDRUCK AUF ROLLWIDERSTAND U.SPURBILDUNG
BREMSEN
2 435 BACKEN ODER SCHEIBENBREMSEN FUER FORSTTRAKTOREN
3 147 DER O 6 MP KLASSE UNTERSUCHUNG DER SCHEIBENBREMSEN
9 30 SCHEIBENBREMSEN AUF DER DLG SCHAU
9 31 ZUSAETZL.VORDERRADBREMSEN U.HYDRAUL.BETAETIGTE SCHEIBENBREMSEN
LENKUNG
2 458 KNICKLENKUNG BEIM SPEZIALRUECKETRAKTOR TIMBERJACK
3 114 KABEL FERNGESTEUERTE TRAKTOREN FUER FELDARBEITEN SYSTEM
3 159 ERGEBNISSE VON UNTERSUCHUNGEN DER LENKBARKEIT
6 69 DT 54A HYDRAULISCHE LENKHILFE
6 69 ELEKTROMECHANISCHER MESSWERTGEBER FUER DAS LENKEN
6 97 MIT ANGEBAUT.BODENBEARB.GERAETEN THEORIE DER LENKBARKEIT
6 465 V.I.T.T. MIT HYDRAULISCHER FERNBEDIENUNG
9 429 LENKHILFEN OELPUMPEN UND HYDRAULISCHE LENKANLAGEN
TRAKTORLADER
1 86 FRAGE DER QUERSTABILITAET VON LADERN
1 249 LADER FUER BLATTBERGUNG AUS QUERSCHWADEN
1 494 KRAN MIT HYDRAULISCHEM ANTRIEB AUF BELARUS TRAKTOR
3 558 HECK UND FRONTLADER FRANZ.GERAETELISTE MIT TECHN.DATEN
4 238 EINSATZ DES FRONTLADERS ZUR SILAGEENTNAHME
6 109 HIAB BIMBO 293 FRONTLADEGERAET PRUEFBERICHT ULTUNA
6 127 EINSATZMOEGLICHKEITEN VON KRANEN UND TRAKTOREN
7 41 ERLEICHTERUNGEN BEI DER FRONTLADERBEDIENUNG
7 61 FRONTLADER TUR TECHN.DATEN UND LADELEISTUNG
7 79 FRONT HECKLADER BACKHOE LOADER CASE
7 114 FRONTLADER EIGNUNG FUER TRANSPORT V.MINERALDUENGER
7 391 UNIVERSELLE ANBAUHECKLADEKRAENE UND FRONTLADER
7 395 FINNISCHER HECKLADER
8 262 FRONTLADEREINSATZ BEI DER SILAGEFUETTERUNG
8 308 HUBGABELN FUER PALETTEN FUER OBSTBAUTRAKTOREN
9 52 LADEGERAETE MIT 2 SCHUBKOLBENZYLINDERN FUER LASTHUB
9 311 HUBMAST MIT HUBGABEL
9 363 LADESCHAUFEL U.TIEFLOEFFEL FUER KLEINTRAKTOREN
9 391 UEBERSICHT UEBER ZWOELF FRONTLADERTYPEN
9 392 HECKMONTIERTE FINNISCHE HUBLADER TYP SISU
9 423 HALBAUTOMATISCHE SCHNELLKUPPLUNG FUER FRONTLADER
9 427 FRONTLADER MIT VIER HYDRAUL.BETRIEB.LADEEINSAETZEN
TRAKTORGERAETE ANBAUVORRICHTUNGEN
1 89 KINEMATIK DER KOMBINATION TRAKTOR ANBAUSCHARPFLUG

1 380 TRAKTOR UNIVERSALANBAURAHMEN MIT HYDRAULISCHER BETAETIGUNG
1 462 FRADAN ANBAURAHMEN AUS BELGIEN
2 180 KRAFTEINWIRKUNG VON BODENBEARBEITENDEN ANBAUGERAETEN
2 183 KINEMATIK DER KOMBINATION TRAKTOR ANBAUPFLUG
3 13 MASCH.BAUTECHN.GRUNDLAGEN FUER MASCH.U.GERAETEREIHEN
3 57 EINFLUSS DER BELASTUNGSKENNZIFFER AUF BETRIEBSEIGENSCHAFTEN
3 120 ANALYSE DER KOPPLUNG MIT ZAPFWELLENGETRIEB.ARBEITSMASCHINE
3 152 DYNAM.EIGENSCHAFTEN V.AGGREGAT TRAKTOR ANHAENGEGERAET
3 165 INSTA HITCH AUTOMAT.KUPPLUNGSVORRICHT.F.GERAETE NIAE TEST
3 166 METHODEN ZUR DYNAM.UNTERSUCH.V.AUFHAENGUNGSSYSTEMEN
3 167 KOORDINATEN DER TRAGACHSE KINEMAT.SCHEMA V.DREIPUNKTANBAU
3 168 HYDRAUL.HUBVORRICHT.MIT AUTOMAT.REGELG.V.ARBEITSTIEFE U.HOEHE
3 233 OPTIMALE ANORDNUNG V.TRAKTOR U.PFLUG MATHEMAT.ABLEITUNGEN
3 236 KINEMATIK DER KOMBINATION TRAKTOR ANBAUPFLUG
3 529 SCHNELLKUPPLUNG ZUR MONTAGE VON ARBEITSGERAETEN V.EIKMASKIN
4 42 STANDARD S 278 DER ASAE FUER EINE DREIPUNKTKUPPLUNG
4 43 VORSCHLAG EINES NEUEN REGELSYSTEMS BEI SCHWEREN PFLUEGEN
5 83 SCHNELLKUPPLER FUER DREIPUNKTANBAUGERAETE
5 83 HYDRAULISCHE BETAETIGUNG VON ANHAENGEGERAETEN
5 93 GERAETEANBAU AM HECK INTERNAT.ENTWICKLUNGSTENDENZEN
5 112 BESCHLEUNIGEN EINES MASCH.TRAKTORAGGREGATS MATH.MODELL
5 120 SCHNELLKUPPLER FUER DEN DREIPUNKTANBAU ISO NORM
5 198 VERBINDG.ZWISCH.TRAKTOR U.ANBAU OD.ANHAENGEPFLUG
5 204 KINEMATIK DER KOMBINATION TRAKTOR ANBAUPFLUG
6 75 T 125 AGGREGATION MIT LANDMASCHINEN
6 82 ROLLPRUEFSTAND FUER GROSSE RADTRAKTOREN
6 108 GERAETEKUPPLUNGEN ZUR GEWICHTSVERLAG.
6 111 STABILITAET V.VIERGLIEDRIGEN ANBAUSYSTEMEN
7 40 VERBESSERUNG DER HYDRAULIKANLAGE
7 45 DEUTZ TRANSFERMATIC SYSTEM FUER MAX.FUENF ZUSATZGERAETE
7 62 ENTWICKLUNG DER HYDRAULIK
7 104 EINFL.DER ERHOEHTEN LEISTUNG AUF PFLUGKONSTRUKTIONEN
7 105 WECHSELBEZIEHUNG ZWISCHEN REGELHYDRAULIK UND PFLUG
7 107 3 U.4 MP TRAKTOREN VERGLEICHSPRUEFUNGEN MIT VERSCHDPFLUEGEN
7 391 AUTOMAT.KUPPLUNG FUER DREIPUNKTGERAETE V.PERRY JEFFEN HITCH
7 397 KUPPLUNGS U.ZUGVORRICHTG.FUER EINE BREITE BODENBEARBEITUNG
8 41 GELENKWELLENSCHNELLKUPPLUNGEN
8 58 UMWANDLUNG VON LEISTUNG IN ZUGKRAFT
8 59 U.ANHAENGER MIT ELASTISCHER ANHAENGEKUPPLUNG BESCHLEUNIGUNG
9 392 KOMBINATIONSAUSRUESTUNG FUER LEICHTERE STRASSENBAUARBEITEN

ZUBEHOER

1 72 ALS SICHERHEITSKABINE AUSGEBILDETE GESCHLOSSENE FAHRERKABINE
1 87 DT 45A VORRICHTUNG ZUM ERWAERMEN DES FAHRERHAUSES
1 88 FENDT SATTELSITZ DLG PRUEFBERICHT
2 89 MIT SCHWINGUNGSDAEMPFER VERSEHENE SITZE
2 89 FESTIGK.ENTLUEFTG.HEIZ. U.GERAEUSCHDAEMPFUNG V.FAHRERHAUS
2 89 FAHRKOMFORT ANFORDERUNGEN AN NEUE TRAKTOREN
3 170 VERGLEICH DES SCHWINGUNGSVERHALTENS VON ZWANZIG SITZEN
3 558 ZUBEHOER FRANZOESISCHE GERAETELISTE MIT TECHN.DATEN
3 559 NEUER FAHRERSITZ DES FAUTEUILTYPS
5 83 SICHERHEITSVERDECKE UND RAHMEN
5 122 TENDENZEN BEI DER KONSTRUKTION VON FAHRERKABINEN
5 123 REITSAMER TRAKTORENDACH RT PRUEFBERICHT WIESELBURG
5 124 FAHRERSITZ FUER FORD UND COUNTY TRAKTOREN PRUEFBER.ULTUNA
5 125 FAHRERSITZ FLOAT O MATIC PRUEFBERICHT ULTUNA
6 2 HYDRAULISCH BEWEGLICHE FAHRERKABINEN
6 113 WETTERVERDECK UND UEBERSCHLAGSCHUTZ
6 115 DT 75 ARBEITSWISSENSCH.UNTERSUCHUNG DES FAHRERHAUSES
7 41 AUSBILDUNG DURCHFEDERUNG U.SCHWINGUNGSDAEMPFUNG V.SITZEN
7 350 SITZUNTERSUCHUNGEN AN 20 FORSTTRAKTOREN IN SCHWEDEN
7 396 KABINE MIT WARMLUFTHEIZUNG
8 41 SICHERHEITS UND UNFALLSCHUTZVERDECKE
8 41 FAHRERSITZE MIT STUFENLOSER U.AUTOMAT.KOERPERGEWICHTSVERSTELL.
8 417 UNZUREICHENDE FAHRERSITZE BEI FORSTTRAKTOREN
8 509 VERDECKE MIT UEBERSCHLAGSCHUTZBUEGEL
9 429 VERDECKE MIT UEBERSCHLAGBUEGEL RUND U.FLACHSCHEIBENVERDECKE

TRAKTOR PFLEGE INSTANDSETZUNG
1 15 STEIGERUNG AN INSTANDGESETZTEN MASCH.EINHEITEN IN DER SU
1 21 KONSERVIERUNG DER INNEREN OBERFLAECHEN
1 61 AUSWERTUNG V.INFORMATIONEN UEBER ZUVERLAESSIGKEIT
1 430 FAHRBARE WERKSTAETTEN SRPM I UND SRPM 2
2 32 PROBLEME DER REPARATUR UND INSTANDHALTUNG
2 33 ORGANISATION DER TECHN.BETREUUNG V.MASCH.IN DER SU
3 34 VERBESSERUNG DES VERSCHLEISSVERHALTENS VON TEILEN
3 36 ENTWICKLUNG UND STAND DES INSTANDSETZUNGSWESENS IN DER UDSSR
3 39 ERSATZ ODER INSTANDSETZUNG VERSCHLEISSTER MASCHINEN
3 41 EINFL.V.TAGESBELASTUNG AUF UMFANG V.INSTANDSETZUNGEN
3 45 DT 55 REPARATUR VON RAHMEN
4 10 MOEGLICHKEITEN FUER ERHOEHUNG DER LEBENSDAUER
5 43 TECHNISCHE KONTROLLE BEI DER INSTANDSETZUNG
5 44 VORAUSSETZUNGEN FUER DAS SENKEN DES ERSATZTEILVERBRAUCHES
6 32 HANDBUECHER FUER DIE INSTANDSETZUNG
6 33 ORG.DES INSTANDHALTUNGSWESENS IN KOOPERATIONSGEMEINSCHAFTEN
7 14 DT 54 OPTIMALE ZUSAMMENSETZUNG DER WERKZEUGE FUER INSTANDSETZ.
7 15 KUNSTSTOFFKOMPLEX NSM GOSNITI FUER REPARATUREN
7 42 ARBEITSAUFWAND U.KOSTEN V.WARTUNG U.INSTANDSETZUNG
8 18 VORTEILE DER ZENTRALEN ERSATZTEILVERSORGUNG

ARBEITSSCHUTZ UNFALLSCHUTZ
2 90 GERAEUSCHPEGEL AMER.UNTERSUCHUNGEN AN TRAKTOREN
3 52 ANALYSE DER UNFAELLE IM BEZIRK SUHL
3 169 KONSTRUKTION EINES SICHERHEITSRAHMENS KIPPVERSUCHE
3 490 HELM UND GEHOERSCHUTZ FUER FAHRER
4 425 STOSSAKTION DER SICHERE TRAKTOR IN OESTERREICH
5 82 ERHOEHG.V.SICHERHEIT UND KOMFORT FUER TRAKTORISTEN
5 656 SICHERHEITSKABINEN KLIPPAN SIROCCO UND VAVEE
6 96 UNTERSUCH.V.WIRKSAMKEIT EINER PENDELBEGRENZUNG
6 112 ANFORDERUNGEN AN SICHERHEITSRAHMEN U.KABINEN ALLWETTERKABINEN
6 113 WETTERVERDECK UND UEBERSCHLAGSCHUTZ
6 114 SICHERHEITSKABINEN UND RAHMEN IN SCHWEDEN
6 115 PRUEFUNG DER MASSE DES TRAKTORISTEN ARBEITSPLATZES
7 41 BEDIENUNGSERLEICHT.U.GROESSERE BEQUEMLICHK.FUER DEN FAHRER
7 46 ZT 300 SICHERHEITSTECHNIK UND BETRIEBSHYGIENE
7 350 FAHRKOMFORT UNTERSUCH.V.FORSTTRAKTOREN IN SCHWEDEN
8 3 GERAET ZUR VERMINDERUNG DER GERAEUSCHE
9 370 LAERM UND VIBRATION BEI WALDARBEITEN

HANGEINSATZ
2 108 SEITLICHES ABLEITEN LANDW.AGGREGATE B.ARBEITEN AM QUERHANG
3 149 THEORET.ZULAESSIGE SCHRAEGLAGEN MIT PENDELVORDERACHSE
3 163 LENKUNG AM HANG
4 38 HANGLAGEN STABILITAET DER CSSR ZUGMASCHINEN
5 117 MTZ 50 FAHRBAHN BEI FAHRT IN SCHICHTLINIE
5 121 WASSERWAAGE ALS HILFSMITTEL FUER FAHRT IN SCHICHTLINIE
6 79 ZETOR 5647 GEBIRGSTRAKTOR TECHNISCHE DATEN
6 100 VERHALTEN IN HAENGIGEM GELAENDE MATHEMATISCHE FORMELN
6 101 BERGBAEUERL.FAHRZEUGE VORFUEHRUNG UND UNTERSUCHUNG

GARTENBAU WEINBAU
1 367 T 548 FUER DEN EINSATZ IM REBBAU PRUEFUNG
1 368 TRANSPORT IM GEMUESEBAU UNTER GLAS
1 371 SOWJET.TYPEN FUER DEN GEMUESEBAU
2 378 PROBLEM DES EINSATZES IN SONDERKULTUREN
2 379 4800 D AGRIA KLEINTRAKTOR PRUEFBERICHT WIESELBURG
3 422 EINSATZ IM GARTENBAU DER DDR
4 322 FUER DEN EINSATZ IM OBSTBAU
4 377 RATIONALISIERUNG DES TRANSPORTES IM HOLLAEND.OBSTBAU
5 418 415 V FIAT SCHMALSPUR EINSATZMOEGLICHKEITEN IM OBSTBAU
5 436 EINSATZ IM GROSSFLAECHIGEN ERDBEERANBAU
7 276 KLEINSTTRAKTOREN EINSATZ IN BAUMSCHULEN
7 397 FUER DEN WEINBAU VERBESSERUNGEN DES FAHRERKOMFORTS
8 50 BATTERIEBETRIEB.RASEN U.GARTENTRAKT.V.FARM ELECTRIF.COUNCIL
8 54 KLEINTRAKTOR T 4 K 10 DES AGROSTROJ PROSTEJOV CSSR
8 335 TL 30 EINSATZ IM WEINBAU
8 335 UE 28 EINSATZ IM WEINBAU

8 336 TRAKTOR ERFAHRUNGEN MIT MASCHINEN UND GERAETEN IM WEINBAU
8 338 HOPFENTRAKTOR PROBLEME DER WIRTSCHAFTLICHKEIT
9 31 GARTENTRAKTOR AUF DER DLG SCHAU
9 366 TYPEN VON LANZ UND KRAMER
9 366 VIERRADTRAKTOR B 25 V.HOLDER
9 366 ALLRADTRAKTOR CULTITRAC AG 35
FORSTWIRTSCHAFT
1 416 K 703 U.T 127 BETRIEBLICHE PRUEFUNG
1 417 T 54 L EINSATZ BEI DURCHFORSTUNGEN
1 418 T 127 BESCHAEDIGUNG V.UNTERWUCHS U.BODEN BEIM RUECKEN
1 440 GELAENDETRANSPORT DURCH RAHMENGESTEUERTE TRAKTOREN
1 442 SPEZIALTRAKTOR FORD COUNTY FUER DAS HOLZRUECKEN
1 454 IN DER FORSTWIRTSCHAFT INTERNATIONALES SYMPOSIUM
1 463 TYPEN AUF DER ELMIA
2 435 FORSTL.TRAKTOREN MITTLERER STAERKE MIT GEGLIEDERTEM CHASSIS
2 440 MIT KNICKSTEUERUNG EINSATZ IN ALTHOLZBESTAENDEN
2 443 EINSATZ V.RUECKETRAKTOR VALMET ZUR ALTHOLZNUTZUNG
2 448 EINSATZ DER SPEZIALRUECKETRAKTORS TREE FARMER
2 458 KANADISCHER KNICKTRAKTOR TIMBERJACK
2 459 JAP.KNICKGESTEUERTER FORSTTRAKTOR FT2 DER FA. MITSUBISHI
3 486 NEUE FORSTTECHNISCHE TERMINOLOGIE
3 491 AUSRUESTUNG MIT HOLZGASGENERATOREN
3 492 1966 FORSTTRAKTOREN AUF DER AUSSTELLUNG IN MOSKAU
3 492 BELARUS MTZ 52 MIT ALLRADANTRIEB
3 493 LAERMNIVEAU MODERNER FORSTTRAKTOREN MIT RAHMENSTEUERUNG
3 494 59 TYPEN TECHNISCHE UEBERSICHT
3 495 EINFLUESSE AUF OEKONOMIE DES FORSTTRAKTORS
3 495 MIT SECHSRADANTRIEB UND VARIABLEM ACHSABSTAND
3 506 KLEINE SPEZIALTRAKTOREN FUER DURCHFORSTUNGEN
3 529 175 MASSEY FERGUSON MODELL SUPER DER
3 529 FLEXOR DER SCHWED.AB FARMING MIT RAHMENSTEUERUNG
3 530 RUECKESCHILD IGLAND FUER DREIPUNKTAUFHAENGUNG
3 537 K 700 EINSATZ BEI DER HOLZABFUHR
3 538 VALMET UND DT 54 VERGLEICHSPRUEFUNG BEIM HOLZTRANSPORT
4 411 T 5L TECHN.DATEN UND EINSATZBERICHT
4 411 LCHT 55 TECHN.DATEN UND EINSATZBERICHT
4 411 T 54 L MIT PLAGGENHEBER PL 1 2
4 414 TECHN.DATEN VON TYPEN FUER DIE FORSTWIRTSCHAFT
4 423 SCHLUETER SUPER 900 ERGEBN.V.FORSTTECHN.PRUEFUNG
4 423 UNIMOG ERGEBN.V.FORSTTECHN.PRUEFUNG
4 423 HOLDER CULTITRAC A 20 ERGEBN.V.FORSTTECHN.PRUEFUNG
4 436 TECHN.DATEN EINES ZUKUENFTIGEN SCHWED.RADTRAKTORS
4 460 NEUER FORSTTRAKTOR L 101
4 461 HOLZRUECKEN MIT VERSCHIED.TYPEN ANALYSE DER KOSTEN
4 462 TARIFVERTRAG FUER HOLZTRANSPORT IN SCHWEDEN
4 464 PEKAZETT UF 260 FUER FORSTARBEITEN AM STEILHANG
4 465 MIT 20 PS ZUM RUECKEN VON DURCHFORSTUNGSMATERIAL
4 477 VALMET TERRA 865 B MIT HIAB WALDKRAN U.NACHLAEUFER
5 98 ACKERTRAKTOREN IN DER FORSTWIRTSCHAFT
5 505 FT 2 RAHMENGESTEUERTER RUECKETRAKTOR ARBEITSPRODUKTIVITAET
5 509 M F 165 ROBUR RUECKETRAKTOR AUS SCHWEDEN
5 509 HOLDER KLEINTRAKTOR MIT STURZRAHMEN UND POLTERSCHILD
5 523 STEYR ALLRAD DER PLUS SERIE FUER BERGLAND UND FORST
5 538 URSUS C 328 ZUM HOLZRUECKEN BEI KIEFERNDURCHFORSTUNG
5 545 MIT KNICKLENKUNG U.ALLRADANTRIEB EIGNUNG ZUM HOLZRUECKEN
5 546 SCHLUETER SUPER 900 V HOLDER CULTITRAC A 20 PRUEFBER.
5 596 MIT HYDRAUL.LADEKRAN TECHNIK DER SCHICHTHOLZBRINGUNG
5 597 SEILLOSES SCHWACHHOLZRUECKEN MIT DEM ANBAUGREIFER
5 598 VERSUCHSEINSATZ DES KRANRUECKEZUGES FREUDENSTADT
5 599 EINFACHES ANBAUGERAET ZUM RUECKEN VON STANGENHOLZ
5 600 EINSATZ STARKER FORSTTRAKTOREN MIT KNICKSTEUERUNG
5 601 EINSATZ STARKER FORSTTRAKTOREN MIT KNICKSTEUERUNG
5 602 EINSATZ STARKER FORSTTRAKTOREN MIT KNICKSTEUERUNG
5 603 MIT TELEMETRISCH BETAETIGTER WINDE ZUM HOLZRUECKEN
5 608 MIT ANHAENGER FUER DEN HOLZTRANSPORT IN NORWEGEN
5 611 LLKT MIT RAHMENSTEUERUNG U.ALLRADANTRIEB
3 507 EINSATZ IN DER NORWEGISCHEN FORSTWIRTSCHAFT

6 396 TRAKTOR FORSTTRAKTOR SMV DRIVAX PRUEFBERICHT ULTUNA
6 397 FORSTTRAKTOR TIMBERJACK 230 PRUEFBERICHT ULTUNA
6 401 PRUEFUNG NEUER RADTRAKTOREN
6 417 STAMMRUECKEN MIT TRAKTOREN ZEIT UND KOSTENAUFWAND
7 341 BELARUS MIT WINDE UND RUECKESCHILD ZUM HOLZRUECKEN
7 349 FUER DIE HOLZBRINGUNG
7 370 VORTEILE VON TRAKTOREN MIT KNICKLENKUNG
7 371 SPEZIALRUECKETRAKTOR TIMBERJACK VORFUEHRUNG IN KAERNTEN
8 416 SYSTEM DER UMRECH.V.TRAKTORARBEITEN IN WEICHES PFLUEGEN
8 417 UNZUREICHENDE FAHRERSITZE BEI FORSTTRAKTOREN
8 418 STEYR 90 TECHNISCHE DATEN
8 420 DT 20K ZUR VERWENDUNG IN BAUMSCHULEN
8 432 EINSATZ ZUM RUECKEN VON STAMMHOLZ
8 433 EINSATZ ZUM HOLZTRANSPORT IN DER ASSR KOMI
8 435 FUER DAS STAMMHOLZRUECKEN IN DEN NIEDERLANDEN
8 460 SM 662 MIT HYDRAULISCHER DIFFERENTIALSTEUERUNG
8 460 KANADISCHER RUECKETRAKTOR CLARK RANGER 666
8 460 KL 860 KOCKUM RUECKETRAKTOR
8 460 TIMBERJACK 404
8 462 MIT REGELBARER RADSTELLUNG FUER DAS RUECKEN AM HANG
8 463 STAMMRUECKEN IN NORDAMERIKA
9 31 SPEZIAL FORSTTRAKTOR AUF DER DLG SCHAU
9 374 SPEZIALRUECKETRAKTOREN MIT KNICKLENKUNG
9 376 SPEZIALTRAKTOREN MIT KNICKLENKUNG
9 392 BM VOLVO T 675 MIT FRONTLADER UND LOEFFELBAGGER
MESS UND PRUEFWESEN
1 20 ERMITTL.V.TECHN.ZUSTAND OHNE DEMONTAGE MIT MESSANLAGE MS 1
1 25 ERGEBNISSE VON PULSFREQUENZMESSUNGEN BEIM FAHRER
1 32 SCHNELLPRUEFUNG AUF PRUEFSTATION IN ODESSA
1 33 FAHRBARES LABOR FUER FAHRUNTERSUCHUNGEN
1 34 DL 30 SELBSTFAHRENDE ZUGKRAFTMESSANLAGE
1 37 EINHEITLICHE TECHNISCHE PRUEFUNGEN
2 56 T 125 FESTIGKEITSSCHNELLPRUEFUNG DES RAHMENS
2 105 BERECHNUNG DER ZUGKRAFTSDATEN LANDWIRTSCH.TRAKTOREN
3 43 KONTROLLE V.ZUSTAND MIT MESSEINRICHTUNG MS 1
3 44 ERMITTLUNG V.TECHN.ZUSTAND MIT MESSEINRICHTUNG MS 1
3 46 DEMONTAGEFREIE VERFAHREN ZUR VERSCHLEISSPRUEFUNG V.MOTOREN
3 64 METHODEN BESCHLEUNIGTER PRUEFUNGEN IN POLEN
3 65 KRAFTMESSLABOR.DES STAATL.TRAKTORFORSCHUNGSINST.NATI
3 66 PRUEFSTAENDE UND VORRICHTUNGEN FUER SCHNELLPRUEFUNGEN
3 67 BELASTUNGSFAHRZEUG FUER TESTS UNTER SUBTROP.BEDINGUNGEN
3 68 HALTBARKEITSPRUEFUNG ODER BESCHLEUNIGTE UEBERLASTUNGSPRUEFG.
3 71 SELBSTFAHR.FUNKMESSLABOR RTL 8 FUER PRUEFG.AUF DEM FELDE
3 162 RECHNERISCHE ERMITTLUNG DER NENNZUGKRAFT FORSCH.BERICHT
4 40 UNTERSUCH.DER ZUGLEISTUNG VON STOLLENREIFEN AUF SANDBODEN
4 44 GRUNDLAGEN FUER EINEN OECD TRAKTORSITZTEST
4 45 FAHRERHAUS VERFAHREN FUER PRAXISNAHE PRUEFUNGEN
5 57 WEITERENTWICKLUNG DER OECD TRAKTORPRUEFUNGEN
5 58 OECD PRUEFUNGSORDNUNG BESTIMM.UEBER UMSTURZSICHERE VERDECKE
5 60 BREMSE FUER MOTORPRUEFUNG UNTER GELAEDEBEDINGUNGEN
5 85 VERFAHREN FUER DIE UNTERSUCHUNG DER LAERMUEBERTRAGUNG
6 5 ZUGKRAFTPRUEFUNGEN VERSCHIEDENER TRAKTOREN
6 17 SITZUNTERSUCHUNGEN RESONANZFREQUENZ
6 17 VERBESS.DER TRIEBKRAFTBEIWERTE VON ACKERLUFTREIFEN
6 17 ARBEITEN DES INST.FUER SCHLEPPERFORSCHUNG IN DER DBR
6 20 DURCHFUEHRUNG DER ERPROBUNG IN DER DDR
6 43 BREMSEINRICHTUNG ZUR WERKSTATTMAESSIGEN MESSUNG DER LEISTUNG
6 64 VERFAHREN ZUM PRUEFEN DER MOTOREN UNTER FELDBEDINGUNGEN
6 71 NEUE REGELN FUER DIE OECD PRUEFUNGEN
6 86 VERFAHREN ZUM BESTIMMEN DER NENNZUGKRAFT
6 93 PRUEFSTAENDE FUER GETRIEBE
6 104 BESTIMMUNG DES RAEUML.ZUGWIDERSTANDES V.ANBAUGERAETEN
6 106 VORRICHTG.ZUR PRUEFUNG VON BODEN UNTER WIEDERHOLT.RADLASTEN
6 107 BINOMISCHE SCHLUPFZUGKRAFTGLEICHUNG FUER REIBUNGSBOEDEN
6 132 VOM IMA GEPRUEFTE TRAKTOREN
7 24 MOBILES DYNAMOMETER ZUR PRUEFUNG

7 25 TRAKTOR BESTIM.V.LEISTUNGSBEDARF AN ZAPFWELLENANGETRIEB.ANBAUGERAETEN
7 42 HAUPTKENNGROESSEN DER ZUVERLAESSIGKEIT
7 48 VIERRADANTRIEB U.TANDEMTRAKTOR VERGL.B.VERSCHIED.BODENBEDING.
7 49 HYDRAULIKSYSTEM ZUR MOTORBELAST.B.PRUEF.OHNE ABBREMSEN
7 52 T 40 PRUEFSTANDUNTERSUCHUNGEN DER KUPPLUNG
7 56 SIMULATION EINES UNGEFEDERTEN FAHRZEUGES MIT HILFE V.COMPUTER
8 22 ERLAEUTERUNG DES TRAKTORENTESTES DER OESO
8 61 EINFLUSS DER AUFSATTELANHAENGERTRIEBACHSE AUF ZUGKRAFT
9 34 ARBEITSWEISE EINER AUSTRALISCHEN PRUEFSTATION
9 50 DIFFERENTIALGLEICHUNG DES KRAEFTEGLEICHGEWICHTS
TRAKTORANHAENGER TRIEBACHSANHAENGER S.DORT
LADEWAGEN S.DORT
S.AUCH HAECKSELWAGEN
S.AUCH KIPPER KIPPANHAENGER
EINACHSANHAENGER S.DORT
SELBSTENTLADEWAGEN S.DORT
1 32 SCHNELLPRUEFUNG AUF PRUEFSTATION IN ODESSA
1 108 EINFL.V.GESCHWINDIGKEIT AUF BREMSWEGLAENGE
1 114 ZUM VERLADEN VON BALLEN VON NEW HOLLAND
1 430 PRC 8 SATTELHAENGER FUER DIE HOLZABFUHR
1 462 AUTOMATISCHE ABSAUGVORRICHTUNG FUER GRUENFUTTER
2 40 MOBILER PFLEGEDIENST IM KFL KYRITZ
2 120 10 T HAENGER FUER GETREIDE
2 273 EINSATZ FUER DEN TRANSPORT VON GRUENFUTTER
3 64 PRUEFUNG V.LEBENSDAUER UND ZUVERLAESSIGKEIT
3 141 ANALYSE UND KONSTRUKTION VON RAHMEN
3 175 ABGEFEDERTE U.NICHTGEFEDERTE HAENGER SCHWING.VORGAENG
3 177 D 35 A KASTENANHAENGER MIT ROLLBODEN
3 177 D 20 ZWEIACHSANHAENGER
3 269 GROSSRAUMAUFBAU BZW.FOERDERER DOBS 62 FUER BALLEN
3 293 VORFUEHRUNG VON TRANSPORTGERAETEN FUER KARTOFFELN
3 559 NM 5 MIT NIEDRIGER LADEFLAECHE
4 5 MIT TRIEBACHSE ODER MIT TRIEBRAEDERN
5 83 ZUGOESE
5 96 I PTS 2 ANSPRUECHE AN MOTORLEISTUNG DES TRAKTORS
5 135 ANPASSUNG DES PARKS AN DIE BEDUERFNISSE BERECH.
5 138 ERHOEH.DER DAUERSCHWINGFESTIGK.V.BEHAELTERANHAENGERN
5 139 DRUCKLUFTBREMSANLAGE DES ANHAENGERS
5 286 8 T SPEZIALANHAENGER FUER KARTOFFELN
5 598 ILON KLETTERACHSANHAENGER MIT DEICHSELMONT.HIAB KRAN
6 119 T 087 KRATZERBODENANHAENGER
6 122 THK 8 MIT ACHT T NUTZMASSE
6 122 ENTWICKLUNG FUER DEN LANDWIRTSCHAFTLICHEN TRANSPORT
7 393 AUF DER SMITHFIELD SHOW
7 396 KOERNERSAMMELWAGEN MIT ENTLADEVORRICHTUNG
8 59 MIT ELASTISCHER ANHAENGEKUPPLUNG BESCHLEUNIGUNG
8 205 EINSATZ FUER DIE STROHBERGUNG
8 208 KOERNERTRANSP.B.KOMPLEXEINSATZ DER MAEHDRESCHER E 512
8 209 GROSSRAEUMIGE SPEZIALANHAENGER FUER LOSEN KORNTRANSP.
8 225 ABLADEN VON HAECKSELGUT MIT SELBSTENTLADEWAGEN
8 389 OBSTTRANSPORT MIT LANGEN SCHMALEN WAGEN
8 514 1968 GERAETELISTE IN FRANKREICH GEHANDELTER TYPEN
9 58 ANGEBOT IN DER DDR
9 63 THK 5 FUER TRANSPORT VON ANWELKGUT
9 177 EINSATZ FUER DEN SACKLOSEN KOERNERTRANSPORT
9 204 THK 5 MOTORHYDRAUL.ABKIPPEN VON SILIERGUT

3 74 TRANSMISSIONSMESSER FUER DIE PHOTOSYNTHETISCH AKTIVE STRAHLUNG
TRANSPORT HINWEISE
LADEWAGEN S.DORT
KARTOFFEL S.DORT
GRUENFUTTER S.DORT
GETREIDE S.DORT
RUEBEN S.DORT
HOLZTRANSPORT S.DORT
HAECKSELWAGEN S.DORT

TRANSPORT IM OBSTBAU S.UNTER OBST IM WEINBAU S.UNTER WEINBAU
MILCHTRANSPORT S.DORT

LANDWIRTSCHAFT
1 27 THEORIE UND BERECHNUNG DES ERNTEPROZESSES
1 96 PLANMETHODE FUER TRANSPORTVERBUNDENE ARBEITEN
1 97 GESACKTER BZW.UNGESACKTER MISCHFUTTERMITTEL
1 98 BE UND ENTLADUNG LANDWIRTSCHAFTLICHER PRODUKTE
1 99 MECH.KETTE V.NH3 FLUESSIGDUENGUNG VERTEILBEREICH LEUNA WERKE
1 321 VON MISCHFUTTER IN LOSER FORM TRANSPORTMITTEL
2 43 ARBEITSSICHERHEIT UND LANDWIRTSCHAFTLICHER TRANSPORT
2 113 GELAENDEGAENGIKEIT V.AGGREGATEN AUF UEBERFEUCHTEM BODEN
2 120 VOM FELD ZUM FARMGEHOEFT
2 154 UND UMSCHLAGTECHNOLOGIE VON TONDRAENROHREN MIT BOXPALETTEN
2 371 VON LEBENSMITTELN IM KUEHLCONTAINER
3 51 UNFALLSCHWERPUNKT IN DER LANDWIRTSCHAFT
3 176 PROBLEME V.ENTWICKLG.DES INNERBETRIEBL.TRANSPORT IN UNGARN
4 152 LOSER SAATGUTTRANSPORT VOM SPEICHER ZUM FELD
5 129 IN DER LANDWIRTSCHAFT UND NAHRUNGSGUETERWIRTSCHAFT
5 130 GRUNDSAETZE FUER DIE ERARBEITUNG VON TRANSPORTKETTEN
5 131 ENTWICKLUNG DES LANDW.TRANSPORTS IN DER BELORUSS.SSR
5 132 ORGANISATION IN DER LANDWIRTSCHAFT
5 133 ERMITTL.DER SELBSTKOSTEN BEI ZWISCHENBETRIEBL.TRANSPORTEN
5 134 UMSCHLAGTECHNIK AN WAGENLAD.KNOTEN IN LANDW.EINZUGSBEREICHEN
5 226 SELBSTKOSTEN B.ZWISCHENBETRIEBL.TRANSPORT FEST.MINERALDUENGE
5 258 BEDEUTUNG BEI DER ERNTE VON HAECKSELGUT
5 281 ABSTIMMUNG VON ERNTE UND TRANSPORT BERECHNUNGSMETHODE
5 282 ABSTIMMUNG V.ERNTE U.TRANSPORT EINFL.V.RODEVERFAHREN
6 2 EINSATZ VON HUBSCHRAUBERN
6 21 VERBESSERUNG IN ENTWICKLUNGSLAENDERN
6 119 GESTALTUNG DES FRISCH UND TROCKENGUTTRANSPORTES
7 1 BE UND ENTLADEN VON AGRARERZEUGNISSEN
7 21 ARBEITS UND KRAFTSTOFFVERBRAUCHSNORMEN
7 68 JAEHRLICHER TRANSPORTBEDARF IN DER UNGAR.LANDWIRTSCHAFT
8 68 ERARBEITG.V.TRANSPORTKETTEN FUER LANDW.U.NGW IN DER DDR
8 76 VORRICHTUNGEN AUF DEM HOF
9 3 TECHN.TENDENZEN IN DER MECHANIS.DER AUSSENWIRTSCHAFT
9 3 SELBSTFAHR.ARBEITSMASCH.ZUM MAEHEN LADEN U.STALLDUNGSTREUEN
9 56 ANLAGEN UND MASCHINEN AUF DER DLG SCHAU
GARTENBAU
1 368 IM GEMUESEBAU UNTER GLAS
5 419 INNERBETRIEBLICHER TRANSPORT IM STAUDENBETRIEB
7 253 VEREINFACHUNG DES INNERBETRIEBL.TRANSPORTES IM GARTENBAU
8 311 UND LAGERUNG VON TONTOEPFEN
FORSTWIRTSCHAFT
5 507 BETRIEBSTECHN.ABT.AM FORSTFORSCHG.INST.NORWEGEN AUFGABEN
5 507 PLANUNG IN NORWEGEN
5 569 HYDRAUL.TRANSPORT V.HACKSCHNITZELN IN ROHRLEITUNGEN
BAUWESEN
5 670 VON GROSSFORMATIGEN BAUFERTIGTEILEN VERKEHRSSICHERHEIT
5 671 V.BAUMATERIALIEN ZUVERLAESSIGE VORRICHTUNGEN
8 528 SOWJET.GERAETE ZUM BEREITEN U.TRANSPORT V.MOERTEL U.BETON
1 110 TRANSPORTER MOTRAC T 4 PRUEFBERICHT IMA BRUGG
1 111 AEBI TP 1000 PRUEFBERICHT IMA BRUGG
3 182 TIGER 4 RS PRUEFBERICHT IMA BRUGG
5 140 MOTRAC T 4 PRUEFBERICHT IMA BRUGG
5 141 TIGER 4 RS PRUEFBERICHT IMA BRUGG
6 101 BERGBAEUERL.FAHRZEUGE VORFUEHRUNG UND UNTERSUCHUNG
6 126 PRUEFUNG SCHWEIZER MOTORLANDMASCHINEN IN OESTERREICH
6 132 VOM IMA GEPRUEFTE TYPEN
6 226 MIT SELBSTFAHRLADEWAGEN FUTTERBERGUNG IM HANGGELAENDE
8 141 ZUR MECHANISIERUNG DER OESTERREICH.HANGBETRIEBE
9 42 ALS TRANSPORTFAHRZEUGE FUER DEN BERGBAUERN
3 470 TRAUBENRUTSCHE FUER TRAUBENTRANSPORT IN STEIL U.TERRASSENLAGEN
TREIBMIST S.UNTER GUELLE
8 521 TREVIRA ZUM BAU VON GROSSRAUMBEHAELTERN DER LANDWIRTSCHAFT

5 114 TRIEBACHSANHAENGER BELASTUNG DER ACHSEN DES RADTRAKTORS
8 141 ZUR MECHANISIERUNG DER OESTERREICH.HANGBETRIEBE
TRIEBRADREIFEN S.UNTER TRAKTOR: RAEDER BEREIFUNG FAHRMECHANIK
3 126 TRIEBSATZ GEDANKEN ZUR ENTWICKLUNG
2 280 TRIEUR ARBEIT EINES VERTIKAL SCHWINGENDEN ZYLINDERTRIEURS
9 69 FUER DIE GETREIDEREINIGUNG
TRINKWASSERBEHANDLUNG S.UNTER WASSERVERSORGUNG
TRIPLEXMAEHER S.UNTER MAEHEN
TROCKENFUETTERUNG S.UNTER SCHWEINEFUETTERUNG
6 6 TROCKENGEBIET MECHANISIERUNG DER LANDW.IN SEMIARIDEN LAENDERN
1 300 TROCKENSCHNITZEL PELLETISIERUNG UND BRIKETTIERUNG
9 61 TROCKENSCHRANK HERAEUS FUER ARBEITEN IM VERSUCHSWESEN
TROCKNUNG HINWEISE
VON WAESCHE S.UNTER WASCHEN
GRUENFUTTER S.DORT
GETREIDE S.DORT
HEUBELUEFTUNG S.DORT
HEUTROCKNUNG S.DORT
VON HOLZ S.UNTER HOLZAUFBEREITUNG
MAIS S.DORT
SAATGUT S.DORT
ALLGEMEINES
1 5 LANDWIRTSCH.ERZEUGNISSE FORSCHUNGSBERICHT
1 471 INGENIEURBUEROS FUER AUFBAU KOMPLEXER ANLAGEN
3 103 NUTZUNG DER ELEKTRISCHEN ENERGIE IN DER LANDWIRTSCHAFT
5 333 ASPEKTE DES TROCKNENS VON KARTOFFELN
6 119 GESTALTUNG DES FRISCH UND TROCKENGUTTRANSPORTES
TECHNISCHE GRUNDLAGEN
2 301 TROCK.PHYSIKAL.U.WAERMETECHN.UNTERSUCH.B.PFEFFERMINZE
3 306 ANALYSISCHE DARSTELLUNG DER TROCKNUNGSKURVE
3 307 SCHAEDL.EINFL.PHYSIKAL.NEBENFAKTOREN AUF MENSCHL.ORGANISMUS
3 318 WAERMETECHN.UNTERSUCH.EINER TROMMELTROCKNERSTANDARDANLAGE
3 334 ZULAESSIGE GETREIDESAATGUTERWAERMG.BEI HEISSLUFTTROCKNUNG
4 16 WAERMEAUSDEHNUNGS U.SPANNUNGSEIGENSCHAFTEN V.MAISKOERNERN
4 172 ERMITTLUNG DER LUFTVERTEILUNG IN PERFORIERTEN ROHREN
5 321 V.KOERNERFRUECHTEN IN EINER DURCH VIBRATION GELOCK.SCHICHT
7 9 AUTOMATISIERUNG PHYSIKALISCH TECHNOLOGISCHER PROZESSE
7 179 GEKOPPELTER WAERME U.STOFFAUSTAUSCH IM BEHAELTER
8 11 TROCKNUNGSVERLAUF BEI NICHT HYGROSKOPISCHEN GUETERN
9 156 FELD DER SORPTIONSISOTHERMEN ERWEITERUNG VON TUNCER
UEBERSICHTEN
2 268 TROCKNUNGSTECHNIK JAHRESUEBERSICHT
5 481 1967 GEMUESETROCKNUNGSINDUSTRIE
6 383 HALTBARMACH.V.GARTENBAUERZEUGNISSEN STAND DER TECHNIK
8 217 ENTWICKLUNG DER HEISSLUFTTROCKNUNG LANDW.ERZEUGNISSE DER DDR
VERFAHREN
1 45 SONNENENERGIE ZUR LUFTERWAERMUNG UNTERSUCHUNG
2 128 VERFAHREN ZUR GEWINNUNG VON HOCHWERTIGEN HEUBRIKETTS
2 327 VON FUTTER UND ABFALLKARTOFFELN
2 421 KOSTEN BEI HOPFEN BEI BAND UND DARRENTROCKNUNG
2 422 LUFT U.WAERMETECHN.ZUSAMMENHAENGE BEI DER HOPFENTROCKNUNG
3 192 UND VERARBEITUNG VON LUZERNE ZU GRUENMEHL
4 251 TECHNIK DER HUEHNERKOTVERWERTUNG
4 374 UNTERSUCHUNGEN UEBER HOPFENTROCKNUNG UND GERUESTBAU
6 386 TROCKNEN DES HOPFENS MIT STARKEM BLATTLAUSBEFALL
6 392 TECHNIK DER HOPFENTROCKNUNG UND BESCHAFFENHEIT DER DARREN
8 564 VON SONNENBLUMENSAMEN MIT VORWAERMUNG
ANLAGEN
1 429 STATIONAERE ELEKTRISCHE KLENGANLAGE KONSTRUKTION
1 462 AUTOMAT.SYSTEM VON NICOLAS PRIVE SOLVENT
1 573 MECHANISIERTER ANLAGEKOMPLEX FUER TABAK
2 287 DER REISSAMEN VERGLEICHSTAB.FUER TROCKNUNGSANLAGEN
2 300 ANLAGE ZUM TROCKNEN V.MIT MAEHDRESCHERN GEERNTET.FLACHSLEIN
3 193 TROMMELTROCKNER FUER DIE LUZERNETROCKNUNG
3 304 SOWJETISCHE SPEZIALANLAGE FUER OELFRUCHTKULTUREN
3 308 LANDWIRTSCHAFTLICHE ANLAGEN IN DEN USA

3 309 TROCKNUNG ANLAGE AVM 1 5 FUER DIE BEREITUNG V.VIT.REICHEM HEUMEHL
3 310 TECHNOLOGIE DER HEUMEHLBEREITUNG IN BELORUSSLAND
3 313 TRAKTORGETRIEBENES ALLZWECKGEBLAESE NIAE TEST
3 314 HEIZ UND BELUEFTUNGSAGGREGAT FUER WARMLUFTANLAGEN PRUEFB.
3 317 MESS UND REGELTECHNIK ZUR AUTOMATISIERUNG VON ANLAGEN.
3 319 AUTOMATISIERUNG V.TROCKNERN IN DER LANDW.PRODUKTION LIT.
3 403 INVESTITIONSKOSTEN FUER EINE KOTTROCKNUNGSANLAGE
3 558 ANLAGEN FRANZOESISCHE GERAETELISTE MIT TECHN.DATEN
3 620 SAATGUT KOMB.REINIGUNGS TROCKNUNGS U.SORTIERANLAGE
4 153 MAIS SAISONLEISTUNG VON HEISSLUFTGEBLAESEN UND TROCKNER
4 174 PRODUKTION VON LUZERNEMEHL IN EINEM HEISSLUFTTROCKNER
4 175 ERZEUGUNG VON LUZERNEMEHL AUF DEM TROCKNER VSPP 1
4 176 TROMMELTROCKENANLAGE ZUR ERZEUGUNG VON HEUMEHL
4 177 AWM 04 SOWJETISCHER EINFRUCHTTROMMELTROCKNER
4 199 KARTOFFELTROCKNUNG IN DER TROMMELTROCKNUNGSANLAGE
4 221 AWM C 4 KLEINANLAGE FUER DIE HERSTELLUNG VON HEUMEHL
4 373 BANDTROCKNER MIT EINER KLIMAANLAGE FUER HOPFEN
5 303 HEIZ U.BELUEFTUNGSAGGREGAT HVL PRUEFBER.WIESELBURG
5 304 HEIZ U.BELUEFTUNGSAGGREGAT CASCADE 50 PRUEFBER.WIESELBURG
5 323 V.HUELSENFRUECHTEN IN GEGENSTROMTROCKNUNGSANLAGEN
5 339 WIRKSAME TROCKNUNGSANLAGE FUER BAUMWOLLE
6 239 ANLAGEN FUER DIE FLACHSAUFBEREITUNG
6 259 STEUERSYSTEME FUER TROCKNER
7 73 ERRICHTUNG VON ZWILLINGSTROCKNERN FUER TROCKENGRUENGUT
7 180 V.GETREIDE HUELSENFRUECHTE U.OELFRUECHTE IN MAISKAMMERTROCK.
7 182 VC 250.000 WE HEIZ U.BELUEFTG.AGGREGAT PRUEFBER.WIESELBURG
7 183 VC 150.000 WE HEIZ U.BELUEFTG.AGGREGAT PRUEFBER.WIESELBURG
7 197 DIMENSIONIERUNG VON MAMMUTPUMPEN
7 403 ANLAGEN MIT TROMMELTROCKNER
8 218 TROMMELTROCKNUNGSANLAGE MGF AUS DER VR UNGARN
8 219 SCHWEFELDIOXID AUSSTOSS LANDWIRTSCH TROCKNUNGSANLAGEN
8 509 JALOUSIE DAECHERSATZTROCKNER
8 511 ANLAGEN AUF DER DLG SCHAU
9 1 MEHRZWECKTROCKNER IN BELGIEN
9 29 FLUESSIGGAS ALS HEIZENERGIE FUER LANDW.ANLAGEN
9 61 ANLAGE SCHWARTING FUER ARBEITEN IM VERSUCHSWESEN
9 78 TROCKNEN V.RUEBENSAMEN IM SCHACHTTROCKNER
9 194 TYPENTABELLE WARMLUFTSATZTROCKNER
9 195 ERFAHRUNGEN MIT NEUEN UNGARISCHEN TROCKNERN
9 336 AUFBEREITUNGSHALLE FUER ZWIEBELN
9 418 GERAETEANGEBOT AUF DER UGEXPO
9 507 HOCHTEMPERATURTROCKNER FUER GEFLUEGELDUNG
TROEPFCHENBEWAESSERUNG S.UNTER GEWAECHSHAUS
1 328 TROGFOERDERER MECHANISIERUNG DER GRUENFUTTERZUFUEHRUNG
1 296 TROGKETTENFOERDERER MECH.BESCHICKEN U.ENTLEEREN VON LAGERSILOS
9 177 EINSATZ FUER DEN TRANSPORT VON GETREIDEKOERNERN
6 282 TROGKETTENVERTEILER ZUR FUTTERVERTEILUNG FUER RINDER
TROMMELFELDHAECKSLER S.UNTER FELDHAECKSLER
6 222 TROMMELHAECKSLER PZ CYKLON 4 PRUEFBERICHT ULTUNA
8 152 TROMMELMAEHER BENOETIGTE ANTRIEBSLEISTUNG UND ARBEITSWEISE
TROMMELTROCKNER
S.UNTER TROCKNUNG
FUER WAESCHE S.UNTER WASCHEN VON TEXTILIEN
TROMMELWASCHMASCHINE S.UNTER WASCHEN
7 402 TROPEN AUSRUESTUNG FUER DIE TROPISCHE LANDWIRTSCHAFT
8 515 AUSRUESTUNGEN FUER DIE TROPISCHE LANDWIRTSCHAFT
TROPFTRAENKE S.UNTER TRAENKEN

TUER STALLTUER S.DORT
7 420 VORGEFERTIGTE BAUELEMENTE DER FA. STOCKBUILDINGS
2 374 TULPE ARBEITSZEITBEDARF BEI ANBAU IM ACKERBAUBETRIEB
4 349 VORFUEHRUNG V.BLUMENZWIEBELERNTEMASCH.IN SOMMELSDIJK
8 325 UNKRAUTBEKAEMPFUNG MIT SIMAZIN
TURBOAUFLADUNG S.UNTER DIESELMOTOR
9 25 BEIM DIESELMOTOR D 50 ARBEITSERGEBNISSE
9 43 VERAENDERUNGEN AN KONVENT.DIESELMOTOREN NACHTEILE

TURMGEWAECHSHAUS S.UNTER GEWAECHSHAUS
TURMKRAN S.UNTER KRAN
TURMSILO S.UNTER SILO

1 56 UDSSR TRAKTORENBAU IN DEN 50 JAHREN DER SOWJETMACHT
1 63 TRAKTORENBAU IN DEN 50 JAHREN DER SOWJETMACHT
1 153 FRAGEN DER BEWAESSERUNGSWIRTSCHAFT
2 3 STAND DER TECHN.AUSRUESTUNG DER LANDWIRTSCHAFT
2 11 MECHANIS.UND ELEKTRIFIZIERUNG DER LANDWIRTSCHAFT
2 29 EINSATZ VON PLASTMATERIALIEN IN DER LANDTECHNIK
2 91 50 JAHRE TRAKTORENBAU TEIL 11
2 117 FLUGZEUGEINSATZ BEI DER DUENGUNG
2 444 VERFAHREN DER ROHHOLZBEREITSTELLUNG IN FIB
3 1 LANDTECHN.ENTWICKLUNG NACH DER OKTOBERREVOLUTION
3 2 STAND UND DIE ZIELE DER MECHANISIERUNGSPLANUNG
3 8 50 JAHRE SOWJETISCHER LANDMASCHINENBAU
3 9 50 JAHRE SOWJETISCHER LANDMASCHINENBAU
3 36 INSTANDSETZUNG VON LANDMASCHINEN UND TRAKTOREN
3 78 ANWEND.NEUER MESSMETHODEN IN LANDTECHNIK DER SU REISEBERICHT
3 95 TEMPO DER ELEKTRIFIZIERUNG DER LANDWIRTSCHAFT
3 96 ELEKTRIFIZIERUNG DER LANDWIRTSCHAFT SEIT OKT.REVOL.
3 107 TRAKTORENBAU IN DEN 50 JAHREN DER SOWJETMACHT
3 108 TRAKTORENBAU IN DEN 50 JAHREN DER SOWJETMACHT
3 109 TRAKTORENENTWICKLUNG UND BODENBEARBEITUNG
3 213 MECHANISIERUNG DER BEWAESSERUNG LANDWIRTSCH.KULTUREN
3 310 BEREITUNG VON HEUMEHL IN BELORUSSLAND
3 362 MECHANISIERUNGSGRAD IN DER SCHWEINEPRODUKTION
3 623 PROBLEME UND TENDENZEN DES SILOBAUES
3 624 PROBLEME UND TENDENZEN DES SILOBAUES
3 637 JUBILAEUMSAUSSTELLUNG LAENDL.BAUWESEN
4 1 MECHANIS.DER LANDWIRTSCHAFT SEIT DER OKTOBERREVOLUTION
4 294 STAND DER KLIMATECHNIK
4 411 ENTWICKLUNG DER MECHANISIERUNG IN DER FORSTWIRTSCHAFT
4 412 MECHANISIERUNG DER FORSTWIRTSCHAFT IM GEBIET KRASNOJARSK
4 494 ENTWICKLUNG DER FORSTWIRTSCHAFT UND HOLZINDUSTRIE
4 514 ENTWICKLUNG DES LAENDLICHEN BAUWESENS
4 515 ENTWICKLUNG DES LAENDLICHEN BAUWESENS
4 517 PROJEKTIERUNG DER DOERFER DES WOLGAGEBIETES
4 575 PROBLEME DER UMGESTALTUNG LAENDLICHER WOHNGEBIETE
4 610 BAU VON GETREIDESPEICHERN
5 1 STAND DES LANDMASCHINENBAUES
5 4 CHRONIK DES LANDMASCHINENBAUS
5 24 STANDARDISIERUNG UND NORMUNG DER LANDMASCHINEN
5 33 INSTANDSETZUNG VON LANDMASCHINEN
5 34 WARTUNG VON MASCHINEN IN DEN BETRIEBEN BELORUSSLANDS
5 131 ENTWICKLUNG DES LANDW.TRANSPORTS IN DER BELORUSS.SSR
5 189 PRODUKTION VON TRAKTORPFLUEGEN U.TRAKTORANBAUPFLUEGEN
5 191 PRODUKTION VON BODENBEARBEITUNGS UND SAEMASCHINEN
5 209 ENTWICKLUNG DER PRODUKTION VON DUENGERSTREUERN
5 235 ENTWICKLUNG VON SAE UND PFLANZMASCHINEN
5 263 ENTWICKLUNG DES SOWJETISCHEN MAEHDRESCHERBAUS
5 300 PRODUKTION VON TEE ANBAU UND ERNTEMASCHINEN
5 498 FORSTINDUSTRIE
5 534 FORSTLICHE PROJEKTIERUNG HAUPTINST.GIPROLESTRANS
5 632 ENTWICKLUNG DER PFLANZENSCHUTZTECHNIK
5 660 ENTWICKLUNG DER GENOSSENSCH.BAUORG.IM KIEVER GEBIET
5 689 BAU VORSCHULISCHER EINRICHTUNGEN IN DER UKR.SSR
5 722 PROBLEME UND TENDENZEN DES SILOBAUES
6 1 PRODUKTION VON TRAKTOREN UND LANDMASCHINEN
6 10 MECHANISIERUNG LANDWIRTSCHAFTLICHER ARBEITEN
6 29 NORMATIVE FUER WARTUNG U.INSTANDSETZUNG VON MASCHINEN
6 162 MECHANISIERUNG UND INDUSTRIALISIERUNG DES MELIORATIONSBAUES
6 250 UNTERSUCHUNG DER MECHANISIERTEN REISERNTE IM KUBANGEBIET
6 393 ENERGIEVERSORGUNG DER FORSTINDUSTRIEBETRIEBE
6 448 TECHNOLOGIE UND TECHNIK DES PFLANZENSCHUTZES

6 481 UDSSR INDUSTRIALISIERUNG DES LAENDL.BAUWESENS IN DER RSFSR
6 500 UMGESTALTUNG IN DER ARCHITEKTUR DES UKRAINISCHEN DORFES
6 531 ENTWICKLUNG DER GEFLUEGELHALTUNG IN DER UKRAIN.SSR
7 318 MECHANISIERUNG DER WEINERNTE
7 340 NTO UND OEKONOMISCHE REFORM IM FORSTKOMBINAT MAIKOP RSFSR
7 341 FORSCHUNGSARBEITEN DER NTO LETTLANDS
7 358 ENTWICKLUNG DER FORSTWIRTSCHAFT SEIT BEGRUENDUNG DER SOWJETMACHT
7 405 AUSBILDUNG DER STUDENTEN DES MOSKAUER ARCHITEKTUR INSTITUTS
7 429 PROJEKTIERUNG V.SIEDLUNGEN LANDWIRTSCH.GROSSBETRIEBE
8 67 FLUGZEUGEINSATZ BEI LANDWIRTSCHAFTLICHEN ARBEITEN
8 204 TECHNOLOGIE DER DREIPHASENERNTE VON GETREIDE
8 299 BESTRAHLUNG VON LEBENSMITTELN
8 434 HOLZGEWINNUNG IM URAL IN SIBIRIEN UND IM FERNEN OSTEN
8 542 UMGESTALTUNG DES LAENDLICHEN SIEDLUNGSNETZES
9 73 MECHANISIERUNG V.ANBAU UND ERNTE VON ZUCKERRUEBEN
9 141 KARTOFFELLEGEN MIT WEITEM REIHENABSTAND IM WESTEN DER UKR.SSR
9 459 MASCHINENAUSFALLZEITEN IN BAUVEREINIGUNGEN DER UKR.SSR
9 470 GRUNDFRAGEN DES LAENDLICHEN WOHNUNGSBAUS IN DER RSFSR
9 471 WOHNUNGSBAU IN DEN TRANSKARPATEN DOERFERN
9 499 GEFLUEGELSTALLPROJEKTE FUER SUEDLICHE GEGENDEN
UEBERLANDLEITUNG S.UNTER ELEKTROENERGIE
1 328 UEBERNACHTUNGSHEIM FUER 14 GAESTE NEUE TYPENPROJEKTE
7 6 UEBERSICHT LANDTECHNIK 1968 JAHRESUEBERSICHT
7 402 AUSRUESTUNG FUER DIE TROPISCHE LANDWIRTSCHAFT
3 47 ULTRASCHALL NEUE ANLAGEN FUER DIE REINIGUNG VON MOTORTEILEN
5 314 SAAT UND PFLANZGUTBEHANDLUNG
6 27 ANWENDUNG BEI VIBRATIONSAUFTRAGSCHWEISSUNG
7 10 AUFGABENBEREICH VON ULTRASCHALLMESSGEBER
7 176 BEHANDLUNG VON HARTEN SAMENKOERNERN
ULTRAVIOLETTSTRAHLEN S. UV=STRAHLEN
UMTOPFMASCHINE S.UNTER JUNGPFLANZENANZUCHT
UNFALLSCHUTZ S.AUCH TRAKTOR! ARBEITSSCHUTZ UNFALLSCHUTZ
1 48 ELEKTROSICHERHEIT BEI ERHOEHTER FREQUENZ
1 91 1965 UNFALLURSACHEN BEIM FLUGZEUGEINSATZ IN DEN USA
1 415 UNFALLVERHUETUNG BEI DER ARBEIT IM WALDE
3 51 TRANSPORT UNFALLSCHWERPUNKT IN DER LANDWIRTSCHAFT
UNGARN AUSSTELLUNG S.DORT
1 58 LAGE UND ZUKUNFT DES UNGARISCHEN TRAKTORENBAUES
1 302 AUSBAU DER MILCHVIEHHALTUNG
1 472 UNGAR.DORFMUSEUM I.ETHNOGRAPH.FREILICHTSAMMLUNG
2 1 TECHNISCHE ENTWICKLUNG DER LANDWIRTSCHAFT
2 8 TECHN.ENTWICKLUNG V.LANDWIRTSCHAFT BEI NEUER WIRTSCHAFTSLEITUNG
2 32 PROBLEME DER LANDMASCHINENREPARATUR UND INSTANDHALTUNG
2 485 HAUPTRICHTUNGEN IM UNGARISCHEN LANDWIRTSCHAFTSBAU
3 35 TAETIGKEIT UND AUFGABEN DER MASCHINENREPARATURSTATIONEN
3 213 MECHANISIERUNG DER BEWAESSERUNG LANDWIRTSCH.KULTUREN
4 25 TRAKTORENERZEUGUNG IM DRITTEN FUENFJAHRPLAN
4 292 HEIZUNGS LUEFTUNGS UND KLIMATECHNIK
5 1 STAND DES LANDMASCHINENBAUES
5 15 REFERATEORG.FUER INFORMAT.AUSLAEND.LESER UEBER UNGAR.LANDW.
5 658 INDUSTRIALISIERUNG DES LANDWIRTSCHAFTSBAUES
5 700 ENTWICKLUNG VON RINDERGROSSANLAGEN
6 538 STAND U.ENTWICKLG.TENDENZEN B.BAUEN LANDWIRTSCH.PROD.ANLAGEN
7 8 ORGANISIERUNG DER LANDWIRTSCHAFTLICHEN FORSCHUNG
7 68 JAEHRLICHER TRANSPORTBEDARF IN DER LANDWIRTSCHAFT
9 343 APFELAUFBEREITUNG UND LAGERUNG
5 546 UN.MOG PRUEFURTEILE DES FORSTLICHEN PRUEFAUSSCHUSSES
5 598 VERSUCHSEINSATZ DES KRANRUECKEZUGES FREUDENSTADT
UNIVERSALMUEHLE S.UNTER FUTTERZUBEREITUNG
UNKRAUTBEKAEMPFUNG

ALLGEMEINES
4 2 VERFAHREN U.MECHANISIERUNG ENTWICKLUNGSTENDENZEN
6 22 AUFGABEN DES LANDW.INGENIEURS IM SUDAN
8 1 ENTWURF EINER UNIV.MASCH.FUER ALLE FELDARBEITEN
VERFAHREN

4 133 UNKRAUTBEKAEMPFUNG MECHANISCHE UND CHEMISCHE VERFAHREN
7 1 METHODEN UND AUSRUESTUNGEN
7 78 UNIVERSALMASCH.FUER AUSSAAT PFLEGE U.BODENBEARBEIT.
8 140 KOMB.V.MECH.PFLEGE UND HERBIZIDEN
8 336 AUTOMAT.STOCKRAEUMER ODER CHEM.BEKAEMPFUNG
9 406 IM GETREIDE
CHEMISCH
1 125 HERBIZIDSPRITZUNG IN REBENKULTUREN
1 178 MIT HERBIZIDEN VOR DER MAISAUSSAAT
1 375 RUECKENSPRITZE FUER GENAUE DOSIERUNG V.HERBIZIDEN
1 406 DER BAUMSTREIFEN MIT HERBIZIDEN
1 426 AUSBRINGEN VON HERBIZIDEN VOR DER AUFFORSTUNG
2 210 EINSATZ VON HERBIZIDEN IM ZUCKERRUEBENBAU
2 211 ANWENDEN VON HERBIZIDEN BEIM MAISANBAU
2 212 GERAET FUER AUSBRING.V.HERBIZIDEN GEG.STRAUCHBEWUCH
2 213 BANDVERFAHREN NICHT FUER ALLE BOEDEN
2 425 BAUMSTREIFENBEHANDLUNG MIT HERBIZIDEN
2 467 AUSBRINGUNG VON HERBIZIDEN IM BANDSPRITZVERFAHREN
3 172 AUSBRING.V.HERBIZIDEN IN GETREIDE MIT HUBSCHRAUBER
3 438 PPL 62 ANBAUMASCHINE ZUM AUSBRINGEN V.HERBIZIDEN
3 547 ENTWICKLUNG UND AUSWAHL VON GERAETEN
4 135 TEST V.METHODEN B.ANWENDG.V.VORAUFLAUFHERBIZIDEN
4 321 SPRITZVORRICHT.MIT AUSLEGER Z.BAUMSTREIFENBEHANDLG.
4 498 OKN 2 8 GERAET ZUR AUSBRINGUNG VON HERBIZIDEN
4 498 GAN 8 U.GAN 15 UNIV.HERBIZID AMMONIAK MASCHINEN
4 498 ZUSATZGERAET PFH 2 ZUM PFLUG ZUM BODENBEGIFTEN
5 244 CHEM. UB VOR DEM AUFLAUFEN DER KARTOFFELN
5 428 HILFSMITTEL FUER DIE CHEM.UNKRAUTBEKAEMPFUNG
5 531 PFLEGEKETTE MIT HERBIZIDEN FUER EICHENKULTUREN
5 637 S 326 BANDSPRITZEINRICHTUNG
6 214 FLUGHAFERBEKAEMPFUNG IN ZUCKERRUEBEN
6 323 AUSBRINGUNG SELEKTIV WIRKENDER HERBIZIDE
6 432 IN FORSTKULTUREN SPRITZGERAET ARBOGARD
6 448 BANDSPRITZUNG UND NESTBEHANDLUNG ENTWICKLUNG
8 116 OPTIMIERUNG DES AUSBRINGENS V.DUENGER U.PESTIZIDEN
6 456 GERAET ZUR BENETZUNG V.UNKRAEUTERN MIT HERBIZIDEN
6 536 AUFBAU VON AGROCHEMISCHEN ZENTREN IN DER DDR
7 128 ANWENDUNG HERBIZIDER MIKROGRANULATE IN GETREIDE
7 129 CHEMISCHE BEKAEMPFUNG DER QUECKE
7 265 ANBAURAHMEN ZUM SPRITZEN VON HERBIZIDEN
7 385 ANWEND.V.SPRITZBALKEN B.NIEDRG.KULTUREN TECHNOL.
7 387 BUTYLESTER OHNE EMULGATOR ZUBEREITG.V.SPRITZBRUEHE
7 399 GERAETE AUF DER DLG AUSSTELLUNG
8 84 CHEM.IM MODERNEN RUEBENBAU
8 139 ANWENDUNG VON SPRUEHGERAETEN
8 325 IM ZIERPFLANZENBAU MIT SIMAZIN
8 326 CHEMISCHE IN BAUMSCHULKULTUREN
8 409 CHEMISCH IM WALDE
8 480 IM WALD
8 498 AVIOCHEMISCH IN FASERLEIN VERSUCHSMETHODIK
8 505 DOSIER U.REGELGERAET F.EINE BESTIMMTE VOLUMENMENGE
9 61 UNKRAUTSPRITZE PLATZ
9 70 CHEMISCH IM KOERNERMAISANBAU
9 76 VOLLMECHANISIERT MIT CHEM.MITTELN IM RUEBENBAU
9 153 UNTERS.V.DOSIERSYST.FUER FEINGRANULIER.HERBIZIDE
9 320 IM GARTENBAU MITTELAUFWAND DUESENWAHL
9 321 SPRITZGERAET ONK 8 ZUM AUSBRINGEN IM WEINBAU
9 403 CHEM.IM WALDE TAGUNGSBERICHT
9 410 VERGL.V.VIBRAJET U.FAECHERDUESE B.AUSBRING.V.HERBI.
MECHANISCH
1 190 TECHNOLOGIE FUER MECHANISIERUNG DER MAISPFLEGE
1 196 GANZFLAECHIGE MECH.IN ZUCKERRUEBEN
4 131 ARBEIT V.SCHEIBEN MIT RADIAL GERICHTETEN ZINKEN
4 134 PRINZIP EINES NEUEN FLAMMGERAETES
4 312 ZWISCHENACHSIG ANGEBAUTE HACKMASCHINE
5 245 GANZFLAECHIGE MECHAN.UB IN ZUCKERRUEBEN

6 68 UNKRAUTBEKAEMPFUNG DURCH ABFLAMMEN VERWENDUNG VON FLUESSIGGAS
9 73 IM HERBST DURCH HACKMASCHINEN ODER SCHARSCHAELPFLUG
9 152 MIT HILFE VON FLAMMENWERFERN
9 363 ABFLAMMGERAET
5 246 FLAMMENVERFAHREN BEI DER UB AUF DEM ACKER

5 142 UNSTETIGLADER EINSATZMOEGLICHKEITEN UND EINSATZGRENZEN
UNTENFRAESE S.UNTER ENTNEHMEN VON SILAGE
UNTERBLATTSPRITZUNG S.UNTER SPRITZEN
UNTERFLURBEWAESSERUNG S.UNTER BEWAESSERUNG
UNTERGRUNDBEWAESSERUNG S.UNTER BEWAESSERUNG
7 93 UNTERGRUNDLOCKERER FUER DEN STRASSENBAU
7 111 UNTERBODENLOCKERER FUER MOORPFLUEGE
9 5 FUER SERIENMAESSIGE ZWEIFURCHENPFLUEGE
3 429 LOCKERER MIT DUENGERKASTEN FUER OBSTANLAGEN
5 494 LOCKERER FUER OBSTPLANTAGEN
7 258 VORRICHTUNG AM HOPFENPFLUG PRWN 1,5X
8 335 AUF LOCKERER FA 3 2 MONTIERTER TIEFDUENGERSTREUER
UNTERHALTUNG VON FORSTSTRASSEN S.UNTER FORSTSTRASSEN
UNTERSETZUNGSGETRIEBE S.UNTER GETRIEBE
UNTERWASSERMOTORPUMPE S.UNTER PUMPEN
2 117 URUGUAY FLUGZEUGEINSATZ BEI DER DUENGUNG
USA TAGUNG S.DORT
2 4 51. JAHRESAUSGABE DES RED BOOK V.IMPLEMENT U.TRAKTOR
2 29 EINSATZ VON PLASTMATERIALIEN IN DER LANDTECHNIK
2 117 FLUGZEUGEINSATZ BEI DER DUENGUNG
2 304 INDUSTRIEMAESSIGE PRODUKTION TIERISCHER ERZEUGNISSE
3 308 LANDWIRTSCHAFTLICHE TROCKNUNGSANLAGEN
4 2 MASCHINEN UND GERAETEENTWICKLUNG IN DER LANDWIRTSCHAFT
4 495 HOLZABNAHME UND VERMESSUNG
5 82 1960...1964 TRAKTORENPRODUKTION
5 83 ISO TRAKTORTAGUNG
5 462 MECHANISIERUNG DER GEMUESEERNTE
5 495 BETRACHTUNGEN UEBER GEWAECHSHAUSKULTUREN
6 26 ISO LANDMASCHINEN TAGUNG
6 346 ANBAU VON ERDBEEREN IN KALIFORNIEN
6 362 MECHANISIERUNG DER ERNTE IM GARTENBAU
7 318 MECHANISIERUNG DER WEINERNTE
7 319 MECHANISIERUNG DER WEINERNTE IN KALIFORNIEN
8 3 KLIMA UND WETTERTAB.FUER DAS GEBIET VON SUEDDAKOTA
8 299 BESTRAHLUNG VON LEBENSMITTELN
8 368 STAND UND PERSPEKTIVE DER MECHANISIERTEN OBSTERNTE
8 463 STAMMRUECKEN IN NORDAMERIKA
9 248 AUTOMAT.FUTTERVORBEREITUNG UND VERTEILUNG
9 254 MECHANISIERUNG DER RINDERMAST
7 305 USAMBARAVEILCHEN WASSERGESAETT.SANDSCHICHT ZUR TOPFPFLANZENBEWAESS.
1 522 UV-STRAHLEN LAMPEN ZUR REINIGUNG VON WASSER IM LANDW.BETRIEB
2 473 ELEKTRISCHE NETZHAUTVERSUCHE MIT INSEKTEN

1 176 VAKUUMFASS SAUG UND DRUCKFASS AGW 20 PRUEFBERICHT WIESELBURG
1 177 ECKART SERVANT PRUEFBERICHT WIESELBURG
VAKUUMPUMPE FUER MELKMASCHINEN S.UNTER MELKEN
VAKUUMSILIERUNG S.UNTER SILIEREN
VAKUUMTANKWAGEN S.UNTER TANKWAGEN
VEGETATIONSHALLE S.UNTER GEWAECHSHAUS
VENTILTRAENKE S.AUCH TRAENKEN
4 218 MIT VORLAUFBEHAELTER
5 539 VERBLAUUNG VERHUETUNG EINES BLAEUEBEFALLS BEI KIEFERNHOLZ
VERBUNDBAUSTOFF S.UNTER BAUSTOFF
7 17 VERCHROMUNG ELEKTROLYTE ZUR REPARATUR VON MASCHINENTEILEN
3 72 VERDAMPFER VERWEILZEITMESSUNG MIT RADIOAKTIVEN NUKLIDEN
VERDECK FUER TRAKTOREN S.UNTER TRAKTOR: MESS UND PRUEFWESEN
2 60 VERDICHTEN MESSVERFAHREN UND GERAETE
2 465 WIRKUNGSWEISE VON VERDICHTUNGSGERAETEN IM ERDBAU

3 90 VERDICHTEN VON HALMGUETERN MIT HOHEN NORMALDRUECKEN
2 90 VERDUNSTUNG BESTIMMEN DES WASSERABFLUSSES AUS EINZUGSGEBIETEN
1 372 VEREDELN MECHANISIERUNG DER VEREDELUNG VON OBSTGEHOELZEN
1 381 MASCHINELLE REBENVEREDLUNG DURCH ZAPFENKOPULATION
3 442 STATIONAERE VEREDLUNGSMASCHINE VM PI.1
3 443 MASCHINELLE VEREDLUNG ZUR ANZUCHT VON APFELBAEUMEN
5 426 MASCH.VEREDLUNG ZUR ANZUCHT VON APFELBAEUMEN
4 317 VEREDLUNGSMASCHINE FUER APFELBAEUME VERSUCHSERGEBNISSE
4 318 FUER APFELBAEUME VERSUCHSERGEBNISSE
4 319 VMPI STATIONAERE ELEKTR.MASCH.ZUR REISERVEREDLUNG
VEREINZELN
VON RUEBEN

VERFAHREN
1 125 ANBAU AUF ENDPFLANZABSTAND ODER MECH.VEREINZELN
2 210 BLINDMECH.BLOCKVEREINZELN U.ELEKTRON.GESTEUERTES VEREINZELN
8 2 MIT PNEUMATISCHEM SCHNITT UEBER SELENZELLENSTEUERUNG
8 138 RATIONALISIERUNG DER ARBEITEN IM RUEBENBAU
MASCHINEN GERAETE
1 194 AUSDUENNER NIAE MIT ELEKTR.TASTERN U.SPRITZDUESEN
1 194 PROTOTYP V.CORNISH MIT ELEKTR.TASTERN U.SPRITZDUESEN
1 195 V 65 VEREINZELUNGSMASCHINE DLG PRUEFBERICHT
2 102 HYDROSTAT.ANTRIEB ELEKTRONISCH GESTEUERTER MASCHINEN
2 210 EINSATZ DES RUEBENAUSDUENNGERAETES P 921
4 5 ELEKTRONISCH ARBEITENDES GERAET
4 54 QUERVERHACKMASCHINE MINI VON HOWARD ROTAVATOR
4 54 EINZELKORNSAEMASCH. KOMB.MIT VERHAUMASCH.ODER VERDUENNER
4 132 ELEKTRON.CHEM.AUSDUENNUNG ZWEI VERSUCHSMASCHINEN
6 134 BLINDMECH.ARBEITENDE ELEKTRON.GESTEUERTE MASCHINEN
6 213 DLG ANERKANNTE VEREINZELUNGSMASCHINEN UEBERSICHT
7 127 BLIND ARBEITENDE MASCH.V.CRAMER U.GRUSE DLG PRUEFUNG
7 127 ELEKTRON.GESTEUERTE MASCH.MONOMAT VON FAEHSE DLG PRUEFUNG
7 399 BLINDMECHANISCHE U.AUTOMATISCHE VEREINZELUNGSGERAETE
8 137 TASTDUENNER FUER DAS RUEBENAUSDUENNEN
8 514 1968 GERAETELISTE IN FRANKREICH GEHANDELTER TYPEN
9 74 MASCHINENANGEBOT IN DER DDR
9 75 MIT ELEKTRONISCH GESTEUERTEN MASCHINEN
9 76 EINSATZ ELEKTRONISCHER MASCHINEN IN ENGLAND
9 77 MECHANISCHE AUSDUENNER ARBEITSLEISTUNG
9 148 ARBEITSERGEBNISSE VON SIEBEN AUSDUENNGERAETEN
9 149 TECHN.NEUERUNGEN AUF DEM GEBIET DES CHEM.VEREINZELNS
9 150 ELEKTRON.AUSDUENNGERAET AH 68 VON STANHAY
9 151 AUSDUENNSCHEMATA ZUM AUSDUENNGERAET PPS 6 F.BEWAESS.FLAECH.
9 424 GERAET ZUM AUSDUENNEN VON SAFARY SEBILLE
6 325 VERFORMUNG DES FRUCHTFLEISCHES BEIM TRANSPORT V.OBST UND GEMUESE
4 206 VERHALTENSFORSCHUNG UNTERSUCHUNGEN AN MILCHKUEHEN AUF KURZSTAENDEN
4 211 STUDIEN ZUR STALLHALTUNG VON SAUEN
5 698 VERHALTEN VON RINDERN IN MODERNEN STAELLEN
7 406 VERHALTEN V.JUNGRINDERN IM BOXENLAUFSTALL
3 590 VERKAUFSSTELLE FUER INDUSTRIEWAREN AUF DEM DORF
6 508 PLANUNG UND GESTALTUNG LAENDL.EINKAUFSZENTREN
9 54 VERKEHRSBEANSPRUCHUNG UND ABLAUF AUF WIRTSCH.WEGEN ERMITTL.MIT EDVA
9 55 U.ABLAUF AUF WIRTSCH.WEGEN BEGRIFFSBESTIMMUNGEN
5 670 VERKEHRSSICHERHEIT BEI BAUTRANSPORTEN MIT KRAFTFAHRZEUGEN
VERLADEGERAETE S.UNTER FOERDERN LADEN
FUER HOLZ S.UNTER HOLZVERLADEN
VERLADEN VON KARTOFFELN S.UNTER KARTOFFEL: TRANSPORT
VERLADEROEDER FUER KARTOFFELN S.AUCH KARTOFFEL: SAMMELRODER
3 288 ERNTE VON SPEISE- UND PFLANZKARTOFFELN
3 290 VERGLEICHSPRUEFUNG MIT 1 U.ZWEIREIHIGEN RODERN IN FRANKR.
2 345 VERMARKTUNG VON MASTKUEKEN FAUSTZAHLEN
3 441 VON NELKEN AKKORDBECKEN AUS VERZINKTEM BLECH
4 198 AUFBEREIT.U.LAGERZENTRALEN FUER PFLANZ U.SPEISEKARTOFFELN
4 376 PALETTISIERUNG IN DER OBSTINDUSTRIE IN SUEDAFRIKA
4 384 LAGER UND VERMARKTUNGSSTATION TYP BITTERFELD
4 391 AUSSTELLUNG FUER LEBENSMITTELVERPACKUNG IN MOSKAU

7 323 VERMARKTUNG VON GEMUESE PROBLEME UND AUFGABEN
1 349 VERPACKEN VORRICHTUNG FUER DAS EINLEGEN VON EIER IN KARTONS
VERPACKUNG ZIERPFLANZE S.DORT
V.WEINTRAUBEN S.UNTER WEINBAU
S.AUCH OBST
1 349 VORRICHTUNG FUER DAS EINLEGEN VON EIER IN KARTONS
1 350 ANLAGEN VOM TYP SKODA FUER EIER
1 406 VON TAFELOBST IN STYROPOR
2 294 VON KARTOFFELN IN SCHWEDEN
2 320 ROTIERENDE PAPIERVENTILSACK PACKMASCHINE
3 467 VON MELONEN IN GEWELLTE KARTONS
3 469 VOLLAUTOMAT.BLUMEN UND TOPFPFLANZENPACKMASCHINE
3 484 TAG DER PALETTIERUNG IN DER SCHWEIZ
4 363 UND TRANSPORT GARTENBAULICHER ERZEUGNISSE
4 364 TECHNOLOGIE DER OBST UND GEMUESEVERPACKUNG
4 365 KUEHLUNG UND VERSAND VON ERDBEERPFLANZEN
4 366 VON ZIERPFLANZEN UEBERSICHT
4 367 VERHALTEN V.VERLUSTSTEIGEN BEI TRANSPORT U.LAG.V.KERNOBST
4 368 VERHALTEN V.VERLUSTSTEIGEN B.TRANSPORT U.LAG.V.KERNOBST
4 388 BLUMENVERPACKUNGSAUTOMAT DER FA. SCHWEIKERT
4 389 BLUMENVERPACK.MASCH SUPER 11 ELECTRONIC U.MINI AUTOMATIK
4 396 VORVERPACKUNG VERSCHIEDENER GEMUESEARTEN
5 474 VERPACKUNGSSTRASSE FUER AEPFEL AUF TRAEGERSCHALEN
6 326 VERWENDUNG VON PLASTWERKSTOFFEN IN FRANKREICH
6 379 EINSATZ V.MASCHINEN IN KOOPERATIONSGEMEINSCHAFTEN
7 190 FERTIGVERPACKG.V.PFLANZKARTOFFELN FUER KLEINSTVERBRAUCHER
7 191 ANLAGEN FUER KLEINVERPACKUNG VON SPEISEKARTOFFELN
8 299 BESTRAHLUNGSSTERILISIERUNG
8 327 ANLAGE FUER MOEHRENVERPACKUNG IN PLASTIKSAECKE
8 383 NORMUNG DER VERPACKUNG FUER GARTENBAUERZEUGNISSE
8 384 NORMEN FUER BEHAELTER VON OBST UND GEMUESE
9 219 LICHTSCHRANKENGESTEUERTE KISTENFUELLGERAETE
9 332 BESCHAEDIGUNGEN B.MASCHINELLEM U.MANUELLEM VERPACKEN
9 361 NEUE MATERIALIEN UND FORMEN FUER VERLUSTPACKUNGEN
9 421 AUTOMATISCHE SACKVERSCHLIESSMASCHINE
4 540 VERPUTZEN VERWENDUNG VON KOLLOIDZEMENTLEIM
4 544 MASCHINELLES PUTZEN
4 545 VON GEBAEUDEN AUS GIPS
9 471 VON LEHMSTEINMAUERN
1 19 VERSCHLEISS SCHARE MIT AUFGESCHWEISS.SORMITSCHICHT VERSCHLEISSDIAGRAMM
1 22 FESTSCHMIERSTOFFE ZUR VERSCHLEISSMINDERUNG
1 61 BEI TRAKTORTEILEN AUSWERTUNG VON INFORMATIONEN
1 77 VON ZAHNRAEDERN UND KEILWELLEN URSACHEN
1 138 GRENZVERSCHLEISS DER REGNERDUESEN
1 199 VON MESSERKLINGEN UNTER PRAXISBEDINGUNGEN
2 58 BESTIMM.V.ZULAESS.VERSCHLEISS V.EINZELTEILEN U.BAUGRUPPEN
3 46 DEMONTAGEFREIE VERFAHREN ZUR VERSCHLEISSPRUEF.V.MOTOREN
3 66 BESCHLEUNIGTE BESTIMMUNG BEI BODENBEARBEITUNGSGERAETEN
5 27 WAHL VERSCHLEISSFESTER STOFFE FUER LANDMASCH.BAUTEILE
5 109 V.KETTENGLIEDERN MIT VERSCHIEDENEM PHOSPHORGEHALT
5 171 DER STRAHLABLENKER VON REGNERN PRUEFUNG
5 194 EINES KEILS IM BODEN EINFL.V.BEWEG.GESCHWINDIGKEIT
5 520 STANDZEITVERLAENGERUNG VON HOLZBEARBEITUNGSWERKZEUGEN
6 186 VON STAHL UND POLYMEREN DECKSCHICHTEN IN MINERALDUENGER
6 215 AN DER SCHNEIDKANTE VON MAEHMESSERKLINGEN
7 18 RADIONUKLIDE FUER VERSCHLEISS U.SCHMIERUNGSUNTERSUCHG.
7 34 V.KOLBENRINGEN U.LAGERSCHALEN BESTIM.MIT AKT.CO
7 52 DER KUPPLUNGSBELAEGE V.TRAKTOREN PRUEFSTANDVERSUCHE
8 105 SELBSTSCHAERFENDER SCHARE AUF SCHWARZERDEBODEN
8 106 EINFL.V.GESCHWINDIGKEIT U.BODENFEUCHTE B.PFLUEGEN
9 6 ERPROBUNG V.VERSCHLEISSFESTEM GUSS FUER DRILLSCHARSPITZEN
9 8 GLEITLAGER AUS DEM HARTGEWEBE VOLOKNIT
9 9 KAEMMEN V.ROLLENKETTEN M.STAHL OD.POLYKAPROAMIDZAHNRAEDERN
9 15 DER OBERFLAECHEN V.MASCH.ELEMENTEN MESSGERAET
9 94 WIRKUNG ERHOEHTER LUFTFEUCHTE AUF DIESELMOTOREN
9 105 ERFAHRUNGEN MIT DEM SCHNELLPFLUEGEN AUF VERSCHIED.BODEN

VERSCHULEN S.UNTER PFLANZEN
9 437 VERSORGUNG INDUSTRIELLE VERSORGUNGSBASIS FUER GENOSSENSCH.BAUORGANIS.
8 129 VERSUCHSFELD VARIAB.RIEMENSCHEIBE Z.REGELN DER GETREIDESAATREIH.LAENGE
8 130 UNTERSUCHG.V.REIBUNGSSAEGERAETEN FUER HUELSENFRUECHTE
9 61 MODERNE TECHNISCHE AUSRUESTUNG IM VERSUCHSWESEN
9 167 EINREIHIGE GETREIDEERNTEMASCHINE
1 184 AUTOMAT.SELBSTFAHR.DRILLMASCHINE FUER GETREIDEPARZELLEN
1 185 EINSPARUNG V.ABDREHARBEITEN BEI PARZELLENDRILLMASCHINEN
1 210 AENDERUNGEN AM SWIFT CURRENT PARZELLENERNTER
2 202 PARZELLENANBAUDRILLMASCHINE FUER AUSSAAT V.ZUCKERRUEBEN
3 196 MECHANISIERUNGSKETTEN IM NEUZEITLICHEN VERSUCHSWESEN
4 126 EINZELKORNDRILLMASCHINE FUER DIE SAATGUTZUECHTUNG
4 141 SELBSTFAHRFUTTERERNTER FUER VERSUCHSPARZELLEN
5 238 SZN 8S ANBAUPARZELLENDRILLMASCHINE
5 270 VERAENDERUNGEN AM PARZELLENAUTOHEADER
5 271 PARZELLENMAEHDRESCHER
5 642 PARZELLENSPRITZGERAET ZUR FLAECHEN U.UNTERBLATTSPRITZG.
7 177 PARZELLENERBSENMISCHER
9 61 VERSUCHSWESEN MODERNE TECHNISCHE AUSRUESTUNG
VERTEILERPUMPE S.UNTER MOTOR
1 328 VERTIKALFOERDERER DOZV 52 FUER ANBINDESTAELLE
9 488 VERZINKUNG TRENNWAENDE FUER LIEGEBUCHTEN IN MILCHVIEHLAUFSTAELLEN
4 576 VETERINAERWESEN PRUEFSTATION FUER IMPFSTOFFE IN GOEDOELLOE
7 8 AUFWENDUNGEN FUER DIE LANDW.FORSCHUNG IN UNGARN
VIBRATION GERAETE FUER DIE OBSTERNTE S.UNTER OBST
1 453 BANDARTIGE GLEISARTIGE VERFESTIGUNG MIT DER VIBROCEMMETHODE
2 250 BEI DER ZERSTOERUNG DES KARTOFFELDAMMES
3 228 ANWENDUNG ZUR VERRINGERUNG DES ZUGKRAFTAUFWANDES
3 256 ARBEITSTHEORIE VIBRIERENDER SCHNEIDVORRICHTUNGEN
4 113 BODENBEARBEITUNG MIT HILFE EINES VIBRIERENDEN KEILS
4 324 VIBRATOREN ZUR INDUSTRIEOBSTERNTE
4 343 BLAUBEERERNTEMASCHINE MIT VIBRATOR
4 350 FREQUENZ VON ERNTEMASCHINEN FUER OBST
4 351 AUSNUTZUNG ZUR BEERENOBSTERNTE
5 321 TROCKNEN V.GETREIDE IN DURCH VIBRATION GELOCKERTER SCHICHT
5 470 MASCHINE WMBF FUER DIE OBSTERNTE IN BULGARIEN
5 499 FUER PRODUKTIONSPROZESSE IN DER FORSTWIRTSCHAFT
6 27 ANWENDUNG VON ULTRASCHALL BEI VIBRATIONSAUFTRAGSCHWEISSUNG
7 112 KRUEMELN DES BODENS MIT EINEM FLACHEN KEIL
7 113 BODENVERFORMUNG MIT SCHWINGENDEM U.NICHT SCHWING.KEIL
7 375 BESTIM.SCHAEDL.EINWIRKUNGEN AUF DIE AK BEIM STRASSENBAU
8 368 EINSATZ V.VIBRATIONSGERAETEN ZUR OBSTERNTE
8 369 EINSATZ V.VIBRATIONSGERAETEN ZUR OBSTERNTE
8 483 BELASTUNG DER FAHRER VON VIBRATIONSWALZEN
8 558 FUTTERVERTEILER MIT VIBRATIONSAUSTRAGUNG
9 97 VERTIKALE VIBROFORMUNG V.NIEDERDRUCKROHREN AUS STAHLBETON
9 337 MECHANISIERUNG DER OBSTERNTE
9 340 UNTERSUCHUNG DER KELTERWEINLESE
9 370 BEI WALDARBEITEN NORWEGISCHE UNTERSUCHUNGEN
9 393 TECHN.ANGABEN UEBER ACHT VIBRATIONSSTRASSENWALZEN
9 427 SELBSTAUFNEHM.VIBRATIONSRAND FUER KARTOFFELN UND GETREIDE
5 472 FUER DIE ERNTE VON BAUMOBST ARBEITSLEISTUNG
VIBRIERZINKENKULTIVATOREN S.UNTER GRUBBERN
5 493 VIELFACHGERAET GARTENVIELZWECKGERAET FUER PFLEGEARBEITEN
VIERRADTRAKTOR
S.UNTER TRAKTOR
3 73 VISKOSIMETER ROTATIONSVISKOSIMETER FUER GROBDISPERSE SUSPENSIONEN
7 207 VISKOSITAET FLIESSFAEHIGER FUTTERMISCHUNGEN BESTIMMUNG
1 419 VITAMINMEHL ANLAGE ZUM HERSTELLEN AUS HOLZABFAELLEN
6 288 AGGREGAT AEM 0.4 ZUR HERSTELLG.V.NADELVITAMINMEHL
1 404 VOGELABWEHR IM WEINBAU NEUE VERSUCHE
2 487 VOLKSKUNDE LAENDL.BAUWEISE IM 15.U.16.JAHRH.IM SCHELDE MAAS RHEINGEB.
8 405 VOLKWIRTSCHAFT BEDEUTUNG V.AUTOMATION DER HOLZINDUSTRIE
9 8 VOLOKNIT HARTGEWEBE EIGNUNG FUER DAS FERTIGEN VON GLEITLAGERN
VORFERTIGUNG S.UNTER BAUKONSTRUKTION
VORKEIMEN VON KARTOFFELN S.UNTER KARTOFFEL: LAGERUNG

5 258 VORRÄTSDOSIERFOERDERER ZUM TRANSPORT VON HAECKSELGUT
2 273 VORRÄTSFOERDERBAND FUER DIE GRASSILAGEHANDHABUNG
1 225 VORRÄTSFOERDERER FUER DEN TRANSPORT VON STROHBALLEN
2 289 DODS 7 PRUEFBERICHT POTSDAM BORNIM
3 293 VORFUEHRUNG VON TRANSPORTGERAETEN FUER KARTOFFELN
8 205 DODS 7 EINSATZ FUER DIE STROHBERGUNG
9 63 DODS 7 EINSATZ FUER ANWELKGUT
9 172 EINSATZ ZUM STROHTRANSPORT
9 196 FUER DEN GRUENFUTTERTRANSPORT
2 478 VORRÄTSSCHUTZ BESTRAHLUNGSGERAET FUER INSEKTENBEKAEMPF.IN GETREIDE
2 479 BESTRAHLUNGSGERAET FUER INSEKTENBEKAEMPF.IN GETREIDE
2 480 ANWENDUNG VON ELEKTRIZITAET UND STRAHLUNG LIT.

2 319 WAAGE PNEUMAT.GESTEUERTE ELEKTRON.ABSACK UND ABWIEGEWAAGE
3 467 ELEKTRON.WASSERMELONENWAAGE VON TRI PAK MACH.SERVICE INC.
4 15 WIEGEEINRICHTUNGEN FUER LANDTECHN.UNTERSUCHUNGEN
4 390 VOLLAUTOMAT.ARBEITENDE WAEGE UND ETIKETTIERMASCHINEN
4 391 AUTOMATISCHE WAEGEMASCHINEN FUER OBST
5 121 WASSERWAAGE ALS HILFSMITTEL FUER FAHRT IN SCHICHTLINIE
5 474 VERPACKUNGSSTRASSE FUER AEPFEL AUF TRAEGERSCHALEN
5 475 MIT RECHENAUTOMAT U.ETIKETTIEREINRICHTUNG FUER OBSTVERPACKUNG
7 191 ANLAGEN FUER KLEINVERPACKUNG V.SPEISEKARTOFFELN
7 322 ELEKTRON.WAEGE U.PREISAUSZEICH.ANLAGE OEKON.BERECHNUNG
8 506 AUTOMAT.WIEGEEINRICHTUNG ZUR REGISTRIERUNG DES FUTTERVERBRAUCHES
9 478 FUER MILCHVIEHGROSSANLAGEN
5 476 WACHS BEHANDLUNG VON AEPFELN MIT KUNSTWACHS
WAELZEGGE S.UNTER EGGEN
WAERMEDAEMMUNG S.UNTER WAERMESCHUTZ
2 60 WAERMELEITFAEHIGKEIT MESSVERFAHREN UND GERAETE
2 72 VON KOERNERFRUECHTEN BEI LAGERN IN SCHICHT
1 355 WAERMEPUMPE NACHTSTROMSPEICHERHEIZUNG IN GEGENWART UND ZUKUNFT
1 356 PRINZIP DER WAERMEPUMPE ALS GANZJAHRESKLIMAGERAET
5 404 VON DER FA. ASK SCHNEIDER KULMBACH
1 78 WAERMESCHUTZ WIRKSAME WAERMEDAEMMSTOFFE AUS KIESELGUR
1 479 WAERME UND SCHALLDAEMMENDE RAEUME
1 554 UND AUSBAU VON SCHWEINESTAELLEN
2 490 DAEMMSTOFF AUS FLACHSSCHAEBE
2 502 WAERMEUEBERGANGSKOEFFIZIENTEN EINIGER BAUSTOFFE
3 586 GASBETON PLATTENBAUWEISE UND BAUTENSCHUTZ
3 587 WAERMEUEBERTRAGUNG DURCH GEMAUERTE WAENDE
4 528 LICHTDURCHLAESSIGES DAEMMELEMENT AUS KUNSTSTOFF
4 534 SELBSTVERANKERTE TAFELWAND AUS BETON
4 557 STANDARDRICHTLINIEN FUER PRAKT.ANWENDG.V.DAEMMUNGEN
4 558 TGL 10686 BLATT 3 MINDESTWAERMEDAEMMWERTE
4 559 WAERMEDAEMMSTOFFE IM BAUWESEN DER DDR TEIL 1
4 560 WAERMEDAEMMSTOFFE IM BAUWESEN DER DDR TEIL 2
4 561 WAERMEDAEMMSTOFFE IM BAUWESEN DER DDR TEIL 3
5 342 VON GEBAEUDEN FUER DIE TIER.PRODUKTION
5 675 SPERR UND DAEMMSCHICHTEN IN STALLGEBAEUDEN
6 473 GERAET ZUR ERMITTLUNG DES WAERMEDURCHLASSWIDERSTANDES
6 492 BESTIM.V.WAERMEENTZUG DURCH UMGEB.LUFT U.STALLBODENPLATTE
6 493 BAULICHER WAERMESCHUTZ U.GESUNDES SCHWEINESTALLKLIMA
7 409 BAUSTOFFANGEBOT AUF DER BAU 68
7 411 VEDAPOR BITUMENDACHBAHNEN MIT DAEMMSCHICHT AUS STYROPOR
7 428 KANALLOSE VERLEGUNG VON FERNHEIZUNGSLEITUNGEN
8 539 MESSMETHODEN ZUM BESTIMM.DES WAERMEDURCHLASSWIDERSTANDES
8 562 WAERMEDAEMMUNG V.OBSTLAGERHAEUSERN
9 286 WAERMEDAEMMUNG UND ELEKTRISCHE RAUMHEIZUNG
9 302 MINDESTWAERMESCHUTZ UND VOLLWAERMESCHUTZ VON BAEDERN
9 464 ANFORDERUNGEN AN MODERNE ARBEITSRAEUME ERLAEUTER.ZUR TGL
WAESCHETROCKNER S.UNTER WASCHEN VON TEXTILIEN
WAFFEL S.UNTER HEUPRESSLINGE
WAGEN LADEWAGEN S.DORT
S.AUCH TRAKTORANHAENGER
EINACHSANHAENGER S.DORT

WAGEN FUTTERWAGEN S.UNTER RINDERFUETTERUNG
1 328 FUTTERVERTEILUNG MITTELS SELBSTENTLADEWAGEN
2 412 ANHAENGEWAGEN MIT SELBSTLADEEINRICHTUNGEN FUER OBSTTRANSPORT
8 257 SPEZIELLE TRANSPORTWAGEN FUER MISCHFUTTERMITTEL
9 59 WAGGON UNIVERSALLADER MGU ZUM ENTLADEN VON SCHUETTGUT
4 416 WALDBRAND BEKAEMPFUNG FORSTL.HANDWERKZEUG VERZEICHNIS DER FAO
5 622 STANDARDISIERUNG VON FEUERWACHTUERMEN
5 623 VERSUCHE MIT FEUERLOESCHBOMBEN ZUR BEKAEMPFUNG
7 64 WASSERBOMBER ZUR BEKAEMPFUNG VON BRAENDEN
8 481 VERBESS.V.FALLSCHIRM FEUERWEHRDIENST DES WALDBRANDSCHUTZES
WALDDUENGUNG S.UNTER DUENGEN
WALDERNEUERUNG S.UNTER AUFFORSTUNG
WALDWEGE S.FORSTWEGE
1 190 WALZEN TECHNOLOGIE FUER MECHANISIERUNG DER MAISPFLEGE
2 198 KOMB.AUS ANHAENGEPFLUG SCHEIBENEGGE RINGELWALZE U.DRILLMASCH.
2 250 KLUTENZERSTOERENDE WIRKUNG GLATTER UND GITTERFOERMIGER WALZEN
4 53 FURCHENGLAETTUNG NACH DEM PFLUEGEN MIT ZINKEN U.KRUEMELWALZE
5 327 UEBERSCHWERE WALZE ZUR VERNICHTUNG VON SCHLAGFLAECHENABRAUM
5 327 UEBERSCHWERE WALZE ZUR VERNICHTUNG VON UNTERWUCHS
7 108 KOMBIGERAET MIT GEZACKTEN SCHEIBEN KRUEMELWALZE UND EGGE
7 396 GERAETEREIHE AUS RUETTELGERAET TIEF U.FEINGRUBBER CROSKILLWALZE
8 98 HERSTELLERLISTE VON BODENBEARBEITUNGSGERAETEN MIT TECHN.DATEN
8 514 1968 GERAETELISTE IN FRANKREICH GEHANDELTER TYPEN
9 6 ANWENDUNGSMOEGLICHKEITEN DES QUERWALZENS IM LANDMASCHINENBAU
9 393 TECHN.ANGABEN UEBER ACHT VIBRATIONSSTRASSENWALZEN
WALZENMUEHLE S.AUCH FUTTERZUBEREITUNG
3 385 ZERKLEINERN VON GERSTEN UND MAISSILAGE
3 386 ZERKLEINERUNG VON GETREIDE UND MAISSILAGEN
4 228 FUER DIE ZERKLEINERUNG VON KOERNERSILAGE
6 287 ZERKLEINERUNG VON KOERNERSILAGE
WALZENSORTIERER S.UNTER KARTOFFEL: SORTIEREN
1 50 WANKELMOTOR TECHN.ENTWICKLUNGSSTELLE F.WANKEL IN LINDAU
1 51 BORSIG WANKEL DREHKOLBENVERDICHTER
5 79 BERECH.V.ROTORPROFIL U.VERDICHTUNGSVERHAELTNISS
WARMLUFTSATZTROCKNER S.UNTER TROCKNUNG
WARMWASSERHEIZUNG S.UNTER HEIZUNG VON WOHNRAEUMEN
WARMWASSERVERSORGUNG ALLGEMEINES
4 278 IN LANDWIRTSCHAFTSBETRIEBEN DER DDR
9 276 IN KUECHEN
ANLAGEN GERAETE
5 461 GERAET ZUR ERWAERMUNG DES GIESSWASSERS
6 304 WIRKUNGSGRAD OELGEFEUERT.ZENTRALHEIZ.IM SOMMER
8 285 KORROSIONS UND WASSERSTEINSTOP
8 403 ANLAGEN AUF DER INTHERM
9 283 WERKSTOFFE UND KORROSIONSSCHUTZ DER GERAETE
9 284 URSACHEN U.VERHUETUNG DER KORROSION IN ANLAGEN
9 418 AUSNUTZUNG DER ABWAERME EINER MILCHKUEHLWANNE
GASBEHEIZTE GERAETE
6 68 VERWENDUNG VON FLUESSIGGAS
ELEKTRISCHE GERAETE
1 353 GERAET IN KOMPAKTBAUWEISE V.JACKSON BOILERS LTD.
4 301 THERMOFIX KOCHENDWASSERGERAET VON AEG
5 323 ELEKTRODENWARMWASSERBEREITER IN DER LANDWIRTSCH.
5 411 KOCHENDWASSERBEREITER THERMOFIX DE LUXE V.AEG
6 305 TEMPERATURREGULIERUNG IN GERAETEN
6 306 KORROSIONSSCHUTZ VON WARMWASSERBEREITERN
7 245 ELEKTRISCHE BEREITUNG V.SIEDENDEM WASSER
8 260 IN OFFENSTAELLEN HEIZKOERPER IN TRAENKRINNEN
8 286 DRUCKDURCHLAUFERHITZER DDES VON DER AEG
8 286 SIEMENS GERAETE V.TYP DS MIT THERMISCH.STEUERG.
8 358 GIESS UND SPRITZWASSERERWAERMER THERMOLUX
9 287 NUTZUNG DER ZEIT AUSSERHALB DES TAGESTARIFES
9 294 KOCHENDWASSERBEREITER VON DER AEG MIT SUMMER
WARTUNG S.AUCH INSTANDSETZUNG
FORSTSTRASSEN S.DORT
FORSTWEGE S.DORT

1 17 WARTUNG VERFAHREN FUER DAS OPTIMIEREN DER FRISTEN
1 23 BAUAUSFUEHRG.DER WASCHEINRICHT.FUER LANDW.MASCH.U.GERAETE
2 32 PROBLEME DER LANDMASCH.REPARATUR U.INSTANDHALTUNG
2 33 ORGANISATION DER TECHN.BETREUUNG V.MASCH.IN DER SU
2 36 MOD.PLANUNG U.LEITUNG IM LANDTECHN.INSTANDHALTUNGSWESEN
2 40 MOBILER PFLEGEDIENST FUER ANHAENGER IM KFL KYRITZ
2 253 INSTANDHALTUNG VON ERNTEMASCHINEN UND REINIGENDEN LADERN
3 37 WAHRSCHEINLICHKEIT V.PFLEGE U.WARTUNGSANFORDERUNGEN
3 49 GRUNDBEGRIFFE DER LANDTECHNISCHEN INSTANDHALTUNG
3 353 HANDBUCH FUER DIE GERAETEWARTUNG IN DER TIERPRODUKTION
3 354 HANDBUCH FUER WARTUNG DER TECHNIK IN DER TIERPRODUKTION
3 489 SCHWEISSEN VON SCHMALSPURSCHIENEN
5 26 KORROSIONSSCHUTZ VON STAHLFEDERN
5 33 VON LANDMASCHINEN IN DER UDSSR
5 34 VON MASCHINEN IN DEN BETRIEBEN BELORUSSLANDS
5 37 FORDERUNGEN AN DIE KONSTRUKTION V.LANDMASCHINEN
5 41 BESTIMMUNG DER VERSCHMUTZUNG V.MOTORREINIGUNGSANLAGEN
5 158 EINRICHTG.ZUR INSTANDHALTUNG VON ROHRDRAENANLAGEN
5 647 WINTERPFLEGE VON MESSINGSPRITZEN
6 29 NORMATIVE FUER DIE ORGANISATION IN DER UDSSR
6 31 DER LANDTECHNIK BERICHT UEBER EIN RGW SEMINAR
6 33 ORGANISATION IN EINER KOOPERATIONSGEMEINSCHAFT
6 34 SYSTEM ZUR RATIONELLEN MASCHINENPFLEGE
7 3 LANDMASCHINENLEHRE BD. 11
7 16 STANDARD GRUNDBEGRIFFE DER LANDTECHNISCHEN INSTANDHALTUNG
7 378 UNTERBRINGUNG UND PFLEGE DER PFLANZENSCHUTZMASCHINEN
7 444 VERSORGUNGSBASIS FUER GENOSS.BAUORGANISATION BAUPROJEKT
8 467 VERLAENGERUNG DER GEBRAUCHSFAEHIGKEIT DER DRAHTSEILE
8 468 PFLEGE VON DRAHTSEILEN
8 483 HOHER AUFWAND BEI GROSSMASCHINEN FUER STRASSENBAU
8 567 AUFBAU EINER MATERIELLTECHNISCHEN VERSORGUNGSBASIS
9 11 METHOD.HINWEISE FUER INSTANDHALTUNGSKOSTENPROGNOSE

WASCHEN HINWEISE:
VON RUEBEN S.UNTER RUEBEN
VON KARTOFFELN S.UNTER KARTOFFEL: SONSTIGE AUFBEREITUNG
VON MOEHREN S.UNTER MOEHRE
VON TEXTILIEN

ALLGEMEINES
3 420 HAUSHALTSWASCHMITTEL DES WESTDEUTSCHEN MARKTES
4 295 WAESCHEPFLEGE BEI CHEMIEFASERN
4 296 WASCHMITTEL UND WAESCHEPFLEGE

VERFAHREN
5 386 BENOETIGTER ENERGIEAUFWAND DES MENSCHEN
5 406 ARBEITSWIRTSCHAFTLICHE UEBERLEGUNGEN
5 406 ZEITAUFWAND BEIM WASCHEN MIT MASCHINEN

WASCHMASCHINEN
1 352 MASCHINEN MIT KLEINEREN AUSMASSEN
1 361 TROMMELWASCHMASCH.U.WAESCHESCHLEUDERN FUER LANDHAUSHALTE
4 297 LUXUS U.NIEDRIGPREISMASCHINEN AUF DER KOELNER FRUEHJAHRSMESSE
4 300 GERAETE AUF DER HAUSRAT UND EISENWARENMESSE KOELN
4 301 MASCHINEN AUF DER HAUSRAT UND EISENWARENMESSE KOELN
5 408 WASCHMASCHINE HOOVER AUTOMATIC
6 315 WASCHVOLLAUTOMAT CONSTRUCTA V 4 DE LUXE 100 DLG PRUEFBERICHT
6 316 WASCHVOLLAUTOMAT JUNOMAT TYP V 45 A DLG PRUEFBERICHT
6 317 WASCHVOLLAUTOMAT BAUKNECHT WA 505 K BE FREI DLG PRUEFBERC
6 322 WASCHAUTOMAT DER ZANUSSI GMBH
6 322 TROMMELWASCHMASCHINE VON HOOVER
9 298 AEG GERAET LAVALUX S MIT 11 WASCHPROGRAMMEN
9 299 BAKTERIOLOG.UNTERSUCHUNGEN AN REIHENWASCHMASCHINEN

ENTWAESSERN
4 298 HAUSHALTSWAESCHETROCKNER ELEKTROWAERME STATT SONNE U.WIND
9 298 WAESCHETROCKNER MINERVA VON DER AEG
9 300 VERBESSERUNG DES BURCO TROMMELTROCKNERS
9 305 WAESCHETROCKNER DER FA. R. THOMAS

WASCHVOLLAUTOMAT S.UNTER WASCHEN
6 336 WASSER ENTEISEN UND AUFBEREITUNG FUER OBSTBEREGNUNG

WASSERAUFBEREITUNG S.AUCH WASSERVERSORGUNG
1 522 UV LAMPEN ZUR REINIGUNG V.WASSER IM LANDW.BETRIEB
3 422 ANLAGEN EINSATZ IM GARTENBAU DER DBR
1 130 WASSERBAU FERTIGBAUTEILE FUER DIE STROMBETTBEFESTIGUNG
2 157 MODELLVERSUCHE ZUR ERFORSCHUNG DER FLUSSBETTFORMUNG
3 578 MOERTEL UND BETONMISCHANLAGEN
6 504 BEDARF V.LANDWIRTSCH.AN TIEFBAULEISTUNGEN IN DER DBR
6 505 BAUTECHNISCHE AUFGABEN IM LAENDLICHEN TIEFBAU
7 84 ZUKUNFT DER WASSERWIRTSCHAFT IN ISRAEL
7 90 BESTIMMEN DES WASSERABFLUSSES AUS EINZUGSGEBIETEN
5 450 WASSERBEHAELTER AUSKLEIDEN MIT SCHWARZER POLYAETHYLENFOLIE
6 326 VERWENDUNG VON PLASTWERKSTOFFEN IN FRANKREICH
9 506 MEHRZWECKGRUBEN PROJEKTE FUER HANDMONTAGE
9 319 WASSERBOHRER FUER GEMUESESETZLINGE AUF AUEBOEDEN
5 414 WASSERDAMPF RELATIVE DURCHLAESSIGKEIT VON PLASTFILMEN
2 454 WASSERLAGERUNG VON NADELSTAMMHOLZ
1 130 WASSERLAUF FERTIGBAUTEILE FUER DIE STROMBETTBEFESTIGUNG
WASSERMELONE S.UNTER MELONE
6 18 WASSERRINNE UNTERSUCHUNGEN UEBER DEN TRANSPORT VON KARTOFFELN
8 285 WASSERSTEIN GEGENMASSNAHMEN IN WASSERVERSORGUNGSANLAGEN
WASSERTRANSPORT VON HOLZ S.UNTER HOLZTRANSPORT
4 567 WASSERTURM UNGAR.TURMWASSERBEHAELTER AUS FERTIGTEILEN
9 313 STEUERUNGSSYSTEM
WASSERVERSORGUNG S.AUCH BRUNNEN
TRAENKEN S. DORT
1 143 FUER DIE BEWAESSERUNG IN GROSSBRITANNIEN
1 513 SOZ.ENTWICKLUNG U.BAUL.UMGESTALTUNG DER DOERFER
1 516 IN LAENDLICHEN SIEDLUNGEN DER CSSR
2 146 HYDRAULISCHE BERECHNUNG VON KAPRONSCHLAEUCHEN
2 147 EINFL.V.WIRBELN AUF LEISTUNGSFAEHIGKEIT V.ROHRLEITG.
3 7 AUTOMATISIERUNG OHNE HOCHBEHAELTER
3 199 VOR UND NACHTEILE DER SCHLAG UND DREHBOHRER
3 200 MEMBRANSCHIEBER FUER DEN BAU LANDWIRTSCH.ANLAGEN
3 215 UND SPEICHERUNG BAU VON RUECKHALTEBECKEN
3 362 MECH.GRAD IN DER SCHWEINEPRODUKTION DER SU
3 591 STAEDTISCHER KOMFORT IN DER SOWCHOSE VOLGO DON
3 595 DUENNWAND.BEHAELTER AUS ZIEGELMAUERWERK
4 567 UNGAR.TURMWASSERBEHAELTER AUS FERTIGTEILEN
5 687 WU 7 65 PUMPENSYSTEM
5 716 ANLAGE FUER GROSSE SCHWEINEMASTFARM
6 2 ENTSALZUNG VON SEEWASSER
6 51 KLEINE WASSERKRAFTWERKE FUER DIE LANDWIRTSCHAFT
6 505 BAUTECHNISCHE AUFGABEN IM LAENDLICHEN TIEFBAU
6 506 RESERVEDRUCKBEHAELTER FUER GEBAEUDE OHNE DACHSTUHL
7 64 WASSERBOMBER ZUR BEKAEMPFUNG VON BRAENDEN
7 244 ARBEITSTECHN.UNTERSUCH.V.MONTAGEVERFAH.IN HAUSTECHNIK
7 431 WASSERFASSUNGEN AUS OERTLICHEN OFFENEN QUELLEN
7 432 STATIONEN FUER DIE POLNISCHE LANDWIRTSCHAFT
8 285 KORROSIONS UND WASSERSTEINSTOP
8 403 ANLAGEN AUF DER INTHERM
8 545 VERWEND.V.HOCHSPANNUNGSENTLADG.FUER WASSERFOERDERUNG
9 233 IN DER WOLLSCHAFHALTUNG ARBEITSAUFWAND
9 281 TRINKWASSERBEHANDLG.MIT SCHWER LOESL.PHOSPHATEN
9 282 CHEMIKALIENDOSIERUNG BEI DER WASSERAUFBEREITUNG
9 313 STEUERUNGSSYSTEM FUER EINEN WASSERTURM
9 401 HYGRO MULL AUFSCHAEUMGERAETE Z.BODENVERBESSERUNG
9 478 ANLAGEN FUER MILCHVIEHGROSSSTAELLE
5 121 WASSERWAAGE ALS HILFSMITTEL FUER TRAKTORFAHRT IN SCHICHTLINIE
7 96 WASSERWIRTSCHAFT ROLLE DES MASCHINENWESENS
5 174 WASSERZAEHLER MESSEN DES AUSGEBRACHTEN WASSERS B.ROHRLEITG.BEWAESS.
8 403 ANLAGEN AUF DER INTHERM
5 314 WECHSELHOCHSPANNUNG SAAT UND PFLANZGUTBEHANDLUNG
WECHSELPFLUG S.UNTER PFLUEGEN
WEGEBAU HINWEISE
FORSTWEGE S.DORT
ALLGEMEINES

3 175 WEGEBAU LANDW.WEGE VERTEILG.GESETZ DER BODENUNEBENHEITEN
6 505 BAUTECHNISCHE AUFGABEN IM LAENDLICHEN TIEFBAU
7 93 IN DER UNGARISCHEN LANDWIRTSCHAFT
7 94 STUDIENTAGUNG DER CIGR UEBER LANDW.WEGEBAU IN MADRID
9 54 ANWENDUNG V.EDVA B.DER VERKEHRSBEANSPRUCHUNG V.WEGEN
9 55 VERKEHRSBEANSPRUCHUNG U.VERKEHRSABLAUF BEGRIFFSBESTIMMUNGEN
PLANUNG
3 225 GRUNDSAETZE FUER PLANUNG V.WIRTSCH.WEGEN IM SOZ.LANDW.BETRIEB
5 491 WEGEFUEHRUNG U.BESCHAFFENHEIT IM GARTENBAUBETRIEB
6 504 BEDARF V.LANDWIRTSCH.AN TIEFBAULEISTUNGEN IN DER DDR
BAUWEISEN BAU.
1 154 AUF TIEFGRUENDIGEN MOORBOEDEN
1 382 ELASTIZITAETSVERBESSERUNG BEI HARTPLAETZEN U.GEHWEGEN
1 406 BETONIERUNG DER FAHRSPUR IN OBSTANLAGEN
1 521 FEDERNDE ZWISCHENSCHICHT AUS VERSCHAEUMTEM STYROPOR
2 462 UEBERSICHT MECHAN.U.CHEM.BODENSTABILISIERUNG
3 226 NACHBEHANDLUNG VON HYDRAULISCHEN STABILISIERUNGEN
3 227 EINSATZ V.EIMERKETTENBAGGER ETN 171 BEIM BAU
4 568 VERWENDUNG VON ASPHALTMATTEN
5 187 FAHRBAHNEN AUS MECH.U.CHEM.STABILISIERTEN SANDGEMISCHEN
5 188 EINFACHWEGEBAU
6 503 STANDARDISIERTE ASPHALTBAUWEISE KOSTEN U.UNTERHALTG.AUFWAND
8 401 MITTEL UND VERFAHREN ZUR SPUR UND WEGEBEFESTIGUNG
8 544 LANDWIRTSCHAFTSWEGE MIT BETONBELAG IM KANTON VAUD SCHWEIZ
BAUMASCHINEN
6 440 GLEITSCHALUNGSFERTIGER FUER SCHWARZDECKEN SUPER 100 H
INSTANDHALTUNG
2 463 ERHALTUNG DER LAENDLICHEN WEGE IN OESTERREICH
7 95 UNTERSUCH.UEBER DIE RISSBILDUNG IN BITUMINOESEN DECKEN
8 16 INSTANDSETZUNG UND INSTANDHALTUNG V.WIRTSCHAFTSWEGEN
3 31 WEICHMACHER KUNSTSTOFF LEXIKON
WEIDEZAUN S.UNTER ZAUN
ELEKTROZAUN S.DORT
WEINBAU HINWEISE
S.AUCH SPRITZEN SPRUEHEN STAEUBEN
ALLGEMEINES
1 365 METHODIK FUER BESTIMMUNG DES MECHANISIERUNGSGRADES
1 381 MASCHINELLE REBENVEREDLUNG DURCH ZAPFENKOPULATION
3 3 MASCHINENSYSTEM IN DEN MITGLIEDSTAATEN DES RGW
3 423 ELEKTRISCHER WIDERSTAND DER REBEN FROSTBESTAEND.SORTEN
7 400 ANBAU UND ERNTEMASCHINEN ENTWICKLUNG IN DER SU
8 314 MECHANISIERUNG DES REBENBAUES UNG.FACHBUCH
8 336 ERFAHRUNGEN MIT MASCHINEN UND GERAETEN
8 404 WOCHE DER MECHANISIERUNG IN MONTPELLIER
9 312 EINSATZ TECHNISCHER HILFSMITTEL
9 364 FORTSCHRITTE BEI DER MECHANISIERUNG
TRAKTOREINSATZ
1 367 TRAKTOR T 548 FUER DEN EINSATZ IM REBBAU PRUEFUNG
1 380 UNIVERSALANBAURAHMEN MIT HYDRAULISCHER BETAETIGUNG
8 404 PROBLEME DES GEBRAUCHTTRAKTORS
9 423 SPEZIALTRAKTOREN AUF DEM LANDMASCHINENSALON IN PARIS
BODENBEARBEITUNG PFLEGE
1 379 MASCHINEN FUER DAS ERRICHTEN VON SPALIEREN
1 379 GERAETE U.MASCH.FUER BODENBEARBEITUNG PFLEGE U.DUENGEN
2 383 STREUMASCHINEN FUER ORGANISCHE UND MINERALDUENGER
2 390 MECH.DES REBBAUES IN WEITRAUMKULTUR ANBAURAHMEN SZ
2 391 PFLEGEGERAET PROBUS 111 U.111 L PRUEFBER.WIESELBURG
3 428 VERHINDERN V.ABRUTSCHEN DES WEINBERG GRUBBERS AM HANG
3 558 MOTORHACKEN FRANZOESISCHE GERAETELISTE MIT TECHN.DATEN
5 423 KREISELKRUEMLER HUMUS TYP KL PRUEFBERICHT WIESELBURG
5 653 REBHOLZSAMMELPRESSE
6 350 STOCKSCHUTZ DURCH DOPPELSTAB AUS STARKEM DRAHT
6 351 MECH.DES ZUDECKENS DER REBSTOECKE SOWJETISCHES AGGREGAT
7 109 ROTASPA SPATENMASCHINE PRUEFBERICHT WIESELBURG
7 259 KREISEL U.PENDELDUENGERSTREUER F.AUSBRINGUNG VON GRANULATEN
7 259 ZUFUHR ORGAN.SUBSTANZ IM WEINBERG DURCH GRUENDUENGUNG

7 274 WEINBAU ERFAHRUNGEN MIT DEM EINSATZ VON STOCKRAEUMGERAETEN
7 275 NEUE KLAMMERN FUER BEFESTIGUNG DES STRECKBOGENS IM DRAHTBAU
7 398 SAMMELPRESSE FUER REBHOLZ GARNIER PRAEMIIERUNG
8 335 SCHEIBENEGGE SZT
8 335 MECHANISCHE BEARBEITUNG BEI GROSSEN REIHENABSTAENDEN
8 336 AUSBRINGUNG VON HUMUSDUENGER MIT HECKSCHAUFELN
8 336 UNKRAUTBEKAEMPFUNG AUTOMAT.STOCKRAEUMER ODER CHEM.BEKAEMPFUNG
9 312 GERAETE ZUR REBHOLZZERKLEINERUNG
9 321 SPRITZGERAET OKK 8 ZUM AUSBRINGEN VON HERBIZIDEN
9 326 PRVN 74000 VORRICHTUNG ZUM FREILEGEN ABGEDECKT.REBSTOCKREIHEN
9 327 PNEUMAT.SCHNITT VERGLEICH MIT KOSTEN BEI SCHNITT VON HAND
NEUANLAGEN
1 379 MASCH.FUER PFLANZEN VON REBEN AUF TERRASSEN
6 372 BREITREIHENERZIEHUNG FUER EINSATZ VON ERNTEMASCHINEN
8 337 SPALIERE VOR U.NACHTEILE VERSCHIEDENER ERZIEHUNGSFORMEN
8 377 SPALIERFORMEN U.REIHENABSTAENDE FUER DIE MECHANISIERTE ERNTE
8 378 SENKRECHTE ODER HORIZONTALE SPALIERE FUER MECH.ERNTE
8 402 REBENVERMEHRUNGSSTATION IN TALLYA
9 312 DRAHTRAHMENZUBEHOER REIHENZIEHER UND DRAHTHASPELN
9 312 PFAHLRAMMEN UND PFLANZGERAETE
PFLANZENSCHUTZ
1 404 NEUE VERSUCHE ZUR VOGELABWEHR
2 428 STAND DER SPAETFROSTBEKAEMPFUNG IN DER CHAMPAGNE
2 431 PFLANZENSCHUTZGERAETE AUF DEM LANDMASCHINENSALON
3 478 TECHNIK DER SCHAEDLINGSBEKAEMPFUNG
3 480 FROSTSCHUTZ DURCH UEBERFLIEGEN MIT HUBSCHRAUBERN
4 498 SPRUEHGERAET OV 3
4 498 SERIENHERSTELLUNG DER SPRITZE OV 4
4 499 BODENBEGIFTUNGSVORRICHTUNG FPC
4 499 ANBAUSPRITZE UPP ZAGORKA
4 499 SPRITZGERAET PVN PERLA PRUEFERGEBNISSE
6 117 HUBSCHRAUBER UND STARRFLUEGLER FUER PFLANZENSCHUTZMASSNAHMEN
6 448 MEHLTAUBEKAEMPFUNG MIT SPRUEHMASCHINEN
6 448 NEUE GERAETE ZUR BODENBEGASUNG
6 453 OSU 50 UNIVERSALSTAUBEGERAET FUER OBST WEIN UND FELDBAU
6 453 ANBAUSPRITZE ON 10 FUER OBST WEIN UND FELDBAU
6 453 SPRITZE OV 4
8 113 LEISTUNGSFAEHIGE SPRITZ UND SPRUEHGERAETE
8 394 LABOR U.FELDVERSUCHE MIT DEM FRANZ.REBENSPRITZGERAET BERTOUD
8 394 UNTERSUCH.BRUEHESPARENDER SPRITZGERATE F.REB U.OBSTANLAGEN
8 395 SCHAEDLINGSBEKAEMPFUNG MIT WEITSTRAHLREGNERN
8 395 ERFAHRUNGEN MIT NEUEN U.HERKOEMML.PFLANZENSCHUTZGERAETEN
8 396 VERGL.V.HUBSCHRAUBER SPRITZ U.SPRUEHGERAETEN MITTELVERREGNUNG
8 397 GEEIGNETE SELBSTFAHRENDE SPRUEHGERAETE
9 355 HUBSCHRAUBEREINSATZ ZUM PFLANZENSCHUTZ
TRANSPORT
1 379 TRAUBENTRANSPORT IN SPEZIALBEHAELTERN UND VERLADEN
1 402 TRAUBENTRANSPORT AUF ANHAENGEWAGEN ANGEBRACH.KIPPBEHAELTER
2 378 EINSATZ VON VIERRADTRAKTOREN UND GERAETETRAEGERN
3 470 TRAUBENRUTSCHE FUER TRANSPORT IN STEIL U.TERRASSENLAGEN
7 327 LEISTG.U.KOSTEN V.TRAUBENTRANSPORT U.ABLADEVERFAHREN
9 312 TRANSPORTEINRICHTUNGEN
WEINLESE UND AUFBEREITUNG
1 379 MASCH.SYSTEME U.TECHNOLOGIEN FUER DIE TRAUBENERNTE
1 402 ANLAGEN VON UNGAR.WEINAUFBEREITUNGSBETRIEBEN
1 402 TRAUBENABBEERMUEHLEN VOM TYP BZS VIER
1 408 REBENERNTEMASCHINE FUER WAAGERECHTE SPALIERE
4 343 MASCHINEN ZUR ERNTE VON WEINTRAUBEN
4 354 TRAUBENVOLLERNTEMASCHINE VUK TERSKIJ
4 355 SOWJET.SYSTEM FUER MECHANISIERTE WEINLESE
4 377 VERARBEITUNGSBETRIEB FUER WEISSWEINTRAUBEN
4 378 TRAUBENVERARBEITUNGSBETRIEBE
6 372 PLATTFORM ZUR ERNTE U.ZUM ABTRANSPORT DES ERNTEGUTES
6 372 EINACHSANHAENGER FUER DEN ABTRANSPORT DER TRAUBEN
6 372 ERNTEMASCHINEN VORGESTELLT AUF EINER TAGUNG IN MONTPELLIER
6 373 AVN 05 GERAETESATZ FUER DIE MECHANISIERUNG DER WEINLESE

6 380 WEINBAU VERPACKUNG U.LAGERUNG V.TAFELTRAUBEN FORTSCHRITTSBERICHT
7 318 MECHANISIERUNG DER WEINERNTE IN FRANKREICH
7 319 MECHANISIERUNG DER WEINERNTE IN KALIFORNIEN
7 320 TRAUBENERNTEMASCHINE LIZENZ VON CALVET DER FA. GARNIER
7 321 WEINLESEGERAET VUA 1
8 335 NEUE METHODEN ZUR MECHANISIERUNG DER WEINLESE
8 376 TRAKTORAUFSATTELMASCHINE FUER WEINLESE IN SPALIERANLAGEN
8 377 MECHANISIERUNG DER WEINERNTE IN FRANKREICH
8 378 ERNTEMASCHINE VON GARNIER FUER HORIZONTALE SPALIERE
8 378 ERNTEMASCHINEN BESCHREIBUNG VON VIER SYSTEMEN
8 378 MECHANISIERUNG DER WEINERNTE IN FRANKREICH
8 378 ABLOESEN V.TRAUBEN U.BEEREN DURCH ANSAUGEN MIT UNTERDRUCK
8 404 MECHANISIERUNG DER WEINERNTE
9 339 MASCH.ERNTE DER SAMENLOSEN THOMPSON WEINTRAUBEN
9 340 UNTERSUCHUNG DER KELTERWEINLESE MIT VIBRATION
9 361 VOLLMECHANISCHE TRAUBENERNTEMASCHINE
9 364 PROBLEME BEI DER TRAUBENVERARBEITUNG
WEINBEREITUNG S.UNTER WEINBAU
WEITSTRAHLREGNER S.UNTER BEREGNUNG
2 71 WEIZEN REIBUNG BIEGUNG U.SCHNEIDEN VON HALMEN
2 515 KOMBINIERTE REINIGUNGS UND SORTIERANLAGE FERTIGUNGSLINIE
3 88 MESS.V.ELASTIZITAETSMODUL U.REIBUNGSKOEFF.V.WEIZENHALM
3 386 ZERKLEINERUNG VON KOERNERSILAGE
5 249 SCHWADAUFNAHME TROMMELUMFANGSGESCHWIND.U.FAHRGESCHWINDIGKEIT
5 264 VERFAHRENSKOSTEN BEI KOMPLEXEINSATZ DER ERNTETECHNIK
5 321 TROCKNEN IN DURCH VIBRATION GELOCKERTER SCHICHT
6 50 BESTIM.V.DURCHLAESSIGKEIT DER SCHALEN FUER INFRAROTSTRAHLEN
6 448 GERAET ZUR HEISSWASSERBEHANDLUNG GEGEN FLUGBRAND
7 180 VERLAUF DES TROCKNENS IN MAISKAMMERTROCKNERN
8 130 REIBUNGSSAEGERAET FUER ZUCHTGAERTEN
8 194 MAEHDRUSCHVERSUCHE KAPAZITAET BEI VERSCHIEDENEN SORTEN
8 299 ERGEBNISSE DER HALTBARMACHUNG DURCH BESTRAHLUNG
9 20 REFLEXIONSVERMOEGEN VON VERSCHIEDENEN SORTEN
9 168 MECHANISIERUNG DER ERNTE
9 170 ERNTE MIT DEM MAEHDRESCHER IN DER SCHWEIZ
WELKSILAGE S.UNTER SILIEREN
3 329 WENDELAUSLESER FUER SAATGUT BAU UND ARBEITSWEISE
WENDELSTABWAELZEGGE S.UNTER EGGEN
WENDEN S.UNTER TRAKTOR: RAEDER BEREIFUNG FAHRMECHANIK
VON GRUENGUT S.UNTER HEUERNTE
WERKSTATT S.AUCH INSTANDSETZUNG
2 5 AUSRUESTUNGEN 1967 DAS GRUENE BUCH SOMMERAUSGABE
3 558 AUSRUESTUNGEN FRANZOESISCHE GERAETELISTE MIT TECHN.DATEN
7 418 VERWENDUNG VON HOLZ ALS BAUSTOFF
7 444 VERSORGUNGSBASIS FUER GENOSS.BAUORGANISATION BAUPROJEKT
8 530 FUER GLASERARBEITEN
2 30 WERKSTOFF EINSATZ IN MODERNEN LANDMASCHINEN
2 31 VERWENDUNG NEUER WERKSTOFFE IM LANDMASCHINENBAU
5 27 UEBERSICHT UEBER DIE VERSCHLEISSFESTIGKEIT
5 389 HAUSHALTWAREN QUALITAETSPRUEFUNG UND WARENKUNDE
7 4 LANDWIRTSCHAFTLICHE STOFF UND MASCHINENKUNDE
WERTABSTUNG S.UNTER AUFASTEN
4 403 WETTBEWERB SOZIAL.WETTBEWERB ALS HAUPTMETHODE DER LEITUNG
6 394 AUFGABEN DER SEKT.SAEGE U.HOLZBEARBEITUNGSINDUSTRIE DER SU
8 3 WETTER TAB.FUER DAS GEBIET VON SUEDDAKOTA
1 222 WICKE ERFAHRUNGEN BEIM MAEHDRUSCH VON SOMMERWICKEN
2 204 EINZELKORNLEGEMASCHINE FUER SOMMERWICKEN UND ERBSEN
8 130 REIBUNGSSAEGERAET FUER ZUCHTGAERTEN
WICKELBRIKETTIERPRESSE S.UNTER HEUPRESSLINGE
WICKELVERFAHREN S.UNTER HEUPRESSLINGE
WIEDEHOPFHAUE S.AUCH: PFLANZEN
4 423 SHW ERGEBNISSE V.FORSTTECHN.PRUEFUNG
5 546 SHW PRUEFURTEILE DES FORSTL.PRUEFAUSSCHUSSES
6 446 WILDBACHVERBAUUNG PROBLEME DES SEILTRANSPORTES
5 621 WILDSCHADEN GERAETE ZUR WILDSCHADENVERHUETUNG IN FORSTKULTUREN
5 628 BAU VON SCHUTZZAEUNEN IN DER FORSTWIRTSCHAFT

8 333 WILDSCHUTZ EINZAEUNUNG VON INTENSIVEN OBSTANLAGEN
8 334 WILDVERBISSSCHUTZMASSNAHMEN FUER OBSTNEUPFLANZUNGEN
1 441 WINDE RUECKEWINDE SISU MIT SCHEIBENKUPPLUNG
1 441 KOMBINATIONSWINDE SISU ZUM STAMMRUECKEN
1 445 MIT FERNSTEUERUNG ZUM AUFLADEN VON HOLZ
1 446 VORRICHTUNGEN ZUM ABLADEN VON LANGHOLZ KOSTEN
2 435 AUSRUESTUNG MITTLERER FORSTTRAKTOREN
9 5 FUER HANGMECHANISIERUNG PRUEFUNG IN NORWEGEN
9 385 NORWEGISCHE STANDARDS FUER DRAHTSEILE
3 532 27 TYPEN TECHNISCHE DATEN
6 51 WINDENERGIE WINDKRAFTANLAGEN UND WINDPUMPWERKE FUER DIE LANDWIRTSCH.
8 31 OPTIMALE KENNWERTE V.WINDKRAFTMASCH.GERINGER LEISTUNG
8 340 ERMITTLUNG DER WINDLASTEN AN GEWAECHSHAEUSERN
8 341 ERMITTLUNG DER WINDLASTEN AN GEWAECHSHAEUSERN
5 62 WINDKANAL UNTERSUCHUNG EINES SENKRECHTEN WINDKANALS
5 350 WINDSCHUTZ WETTERSCHUTZ FUER MASTRINDER IM USA STAAT IOWA
6 326 VERWENDUNG VON PLASTWERKSTOFFEN IN FRANKREICH
7 278 WIRKUNG AUF DIE WINDLASTVERTEILUNG AN GEWAECHSHAEUSERN
9 359 WINDSCHUTZSTREIFEN SCHAEDLINGSBEKAEMPFUNG IN DEN NIEDERLANDEN
2 442 WINDWURF RATIONELLE AUFARBEITUNG DER FLAECHEN
2 446 WINTERSTURMSCHAEDEN DER LETZTEN JAHRE
2 448 STURMSCHAEDEN IM BEREICH DER OESTERR.BUNDESFORSTEN
4 420 AUFARBEITUNG VON FLAECHEN AUSBILDUNG
5 544 ARBEITSTECHNIK BEI DER AUFARBEITUNG
WINKELDREHPFLUG S.UNTER PFLUEGEN
5 599 WINKELEISEN ANBAU ZUM RUECKEN VON STANGENHOLZ
5 524 WINKELPFLANZUNG MIT DER WIEDEHOPFHAUE
5 529 MIT DER WIEDEHOPFHAUE
WINKELPFLUG S.UNTER PFLUEGEN
WIRBELWENDER S.UNTER HEUERNTE
5 503 WIRKSYSTEM BEDEUT.V.WIRKSYST.FUER NEUE ARBEITSVERFAHREN IM FORSTBETR.
WIRTSCHAFTSGEBAEUDE S.UNTER GEBAEUDE
WIRTSCHAFTSWEGEBAU S.UNTER WEGEBAU
1 2 WISSENSCHAFT UND MECHANISIERUNG DER SOZIALISTISCHEN LANDWIRTSCHAFT
6 9 U.PRODUKTION SACHL.U.MENSCHL.VERFLECHTUNG
5 689 WOCHENHEIM BAU VORSCHULISCHER EINRICHTUNGEN IN DER UKR.SSR
6 14 WOERTERBUCH LANDTECHNIK
8 502 5SPRACHIGES TECHNISCHES FACHWOERTERBUCH DER LANDTECHNIK
WOHNHAUS HINWEISE
S.AUCH DORFPLANUNG

HEIZUNG S.UNTER HEIZUNG VON WOHNRAEUMEN
ALLGEMEINES
1 472 UNGAR.DORFMUSEUM 1. ETHNOGRAPHISCHE FREILICHTSAMMLUNG
1 513 SOZIALIST.ENTWICKLUNG U.BAUL.UMGESTALTUNG DER DOERFER
2 487 LAENDL.BAUWEISE IM 15.U.16.JAHRH.IM SCHELDE MAAS U.RHEINGEB.
3 597 UEBERALTERUNG LANDWIRTSCH.WOHNGEBAEUDE DER DBR
4 510 RUECKLAEUFIGE TENDENZ DER LANDW.BAUTAETIGKEIT IN DER DBR
4 572 WOHNUNGSBAUPOLITIK FUER DAS LAND IN DER DBR
4 573 NACHHOLBEDARF BEI LANDW.WOHNGEBAEUDEN IN OESTERREICH
4 575 PROBLEME DER UMGESTALTUNG LAENDL.WOHNGEBIETE IN DER SU
6 483 PROGRAMM DER OMSKER BAUVEREINIGUNG FUER NEULANDGEBIETE
6 484 LEISTUNGEN DER BERDJANSKER GENOSSENSCH.BAUORGANISATION
7 405 STUDIENAUFGABEN MOSKAUER ARCHITEKTURSTUDENTEN
8 291 AUFGABENKOMPLEX RAUMKLIMA IN BAUTEN DER ZUKUNFT
8 546 WOHNUNGSBESTAND IN DER DBR UND IN WESTBERLIN
9 470 GRUNDFRAGEN DES LAENDLICHEN WOHNUNGSBAUS IN DER RSFSR
BAUTYPEN BAU
1 519 MEHRFAMILIENHAEUSER MIT KOMFORT FUER SOWCHOSE
1 525 TYPEN FUER LAENDLICHE SIEDLUNGEN ESTLANDS
1 526 TYPENREIHE MARKKLEEBERG U.BRANDENBURG FUER LANDWIRTSCHAFT
1 527 MODERNISIERUNG DER LAENDL.WOHNHAUSSUBSTANZ AUF DEM DORFE
3 590 KODAKI NEUES GESICHT EINES ALTEN DORFES
4 520 BAUPLAENE DES SOWJET.INST.FUER PROJEKTIERUNG
4 564 LAENDLICHE BAUTEN IM DORFGEBIET
4 569 WOHN UND KOMMUNALGEBAEUDE V.KOLCHOS U.SOWCHOSSIEDLUNGEN

4 570 WOHNHAUS FERTIGHAUSINDUSTRIE IN SCHWEDEN UND FINNLAND
4 571 BEWEGLICHKEIT IN DER PLANUNG LAENDLICHER WOHNHAEUSER
4 571 VERWENDUNG VORGEFERTIGTER TEILE
4 574 WETTBEWERB ZUR ERLANGUNG VON PROJEKTEN FUER DAS LAND
5 666 GELENKIG GELAG.KONSTRUKTION V.GROSSPLATTENWOHNGEBAEUDEN
5 688 PROJEKTIERUNG NACH DER METHODE LANDZETTEL
6 476 KONSTRUKT.EINER RAUMZELLE FUER ZWEI U.VIERFAMILIENHAEUSER
6 499 MUSTERSIEDLUNG EINER SOWCHOSE
6 500 UMGESTALTUNG IN DER ARCHITEKTUR DES UKRAINISCHEN DORFES
7 418 VERWENDUNG VON HOLZ ALS BAUSTOFF
7 429 PROJEKTIER.V.SIEDLUNGEN LANDW.GROSSBETRIEBE IN DER UDSSR
8 529 SCHEMATA FUER AUFSTELLUNG DES KRANS BEIM BAU
8 542 HOEHE DER LAENDLICHEN WOHNBAUTEN IN DER UDSSR
9 471 WOHNUNGSBAU IN DEN TRANSKARPATEN DOERFERN
EINRICHTUNG TECHNOLOGIE
3 591 STAEDTISCHER KOMFORT IN DER SOWCHOSE VOLGO DON
4 569 WOHNHEIM KOMMUNALGEBAEUDE FUER KOLCHOS UND SOWCHOSSIEDLUNGEN
5 386 WRINGEN BENOETIGTER ENERGIEAUFWAND DES MENSCHEN
1 313 WUESTE MASCHINEN FUER DIE FUTTERBERGUNG
WURFGEBLAESE S.AUCH FOERDERGEBLAESE
3 187 TYPENTABELLE VON GEBLAESEN ZUR SILOBESCHICKUNG
3 191 UNTERSUCHUNGEN DER VORGAENGE IM KRUEMMER
7 171 FUER DIE HOCHSILOFUELLUNG
7 218 ZUR SILOTURMBESCHICKUNG
WURZELFRUECHTE RUEBEN S.DORT
5 66 GLEICHUNG FUER VERFORMUNG V.WURZELFRUECHTEN DURCH SCHLAG
5 67 ABHAENGIGKEIT DER SPANNUNGEN VON VERFORMUNG
6 363 MECHANISIERUNG DER RODUNG IN DER UDSSR
8 361 WURZELGEMUESE ERNTEMASCHINE VON KEMPER

5 458 XENON LANGBOGENLAMPE EINSATZ ZUR PFLANZENBESTRAHLUNG IN KLIMAKAMMERN
XYLOTERUS LINEATUS S.BORKENKAEFER

7 10 ZAEHLEN OPTISCHE FUEHLER ZUR ZAEHLUNG
5 208 ZAHNKRUEMLER CRAMER DLG PRUEFBERICHT
9 9 ZAHNRAD KAEMMEN V.ROLLENKETTEN MIT STAHL ODER POLYKAPROAMIDZAHNRAEDERN
ZAHNRADPUMPE S.UNTER PUMPEN
6 130 INDIKATORDIAGRAMME FUER HYDRAULISCHE PUMPEN
ZAHNSTANGENLUEFTUNG S.UNTER GEWAECHSHAUS
4 412 ZANGENLADER KMZ P 2 UND P 19
1 429 ZAPFEN STATIONAERE ELEKTRISCHE KLENGANLAGE KONSTRUKTION
ZAPFWELLE S.AUCH TRAKTOR: KRAFTUEBERTRAGUNG
1 79 FUER DIE UEBERTRAGUNG VON 100 PS BEI 1000 U JE MIN.
ZAPFWELLENPUMPE S.AUCH PUMPEN
1 113 HYPRO C 7700 PRUEFBERICHT WIESELBURG
ZAUN ELEKTROZAUN S.DORT
2 466 STUETZENZAUN ARBEITSABLAUF UND AUFBAU DES ZAUNES
5 628 ZUM SCHUTZ GEGEN KANINCHEN HASEN REH UND ROTWILD
8 80 WEIDEZAEUNE UND TRIFTWEGE FACHBEREICHSSTANDARD
8 333 EINZAEUNUNG VON INTENSIVEN OBSTANLAGEN
8 493 RATIONELLER BAU DES HAENGEZAUNS
8 511 WEIDEZAUNANLAGEN AUF DER DLG SCHAU
9 435 KONSERVIERUNGSMITTEL FUER WEIDEZAUNPFAEHLE
ZBOS.UNTER BAUDURCHFUEHRUNG
6 245 ZEITLUPENKAMERA SKS IM UNTERSUCHUNG EINER ABSCHEIDESTABTROMMEL
1 309 ZEITSCHALTER ZUR HUEHNERSTALLBELEUCHTUNG
ZEITSTUDIE S.UNTER ARBEITSWIRTSCHAFT
ZELLENVERDICHTER S.UNTER MELKEN
5 498 ZELLULOSE STEIGERUNG DES PRODUKTIONSVOLUMENS IN DER SU
3 565 ZEMENT 1967 ABSATZ DER ZEMENTWERKE DER DDR
8 528 VORRICHTUNG ZUM VERLADEN AUS SILOS IN TRANSPORTMITTEL
9 438 EINSPARUNG DURCH VERBESS.V.TRANSPORT U.LAGERHALTUNG
9 438 EINSPARUNG DURCH VERWEND.V.LAUGEN B.BETON U.MOERTELHERSTELLUNG
ZENTRALHEIZUNG S.UNTER HEIZUNG VON WOHNRAEUMEN

ZENTRIFUGALDRESCHER S.UNTER DRESCHEN
ZENTRIFUGALPUMPE FUER GUELLE S.UNTER GUELLE
ZENTRIFUGALSTREUER S.UNTER DUENGEN
5 72 ZENTRIFUGE RMCP 3 V.DIESELMOTOR ABSCHEIDEN V.OELZUSAETZEN
ZERKLEINERN VON FUTTERMITTELN S.UNTER FUTTERZUBEREITUNG
2 74 LANDWIRTSCH.PRODUKTE ENERGIEBEDARF
5 223 VON MINERALDUENGER U.LANDW.ERZEUGNISSEN MASCH.PATENT
7 9 AUTOMATISIERUNG PHYSIKALISCH TECHNOLOGISCHER PROZESSE
ZERSPANER VON HOLZ S.UNTER HOLZAUFBEREITUNG
ZETTEN S.UNTER HEUERNTE
5 661 ZIEGEL SEMINAR UEBER PRODUKTION
5 671 PALETTE FUER DEN TRANSPORT
5 716 PFLASTER IN SCHWEINEMASTSTAELLEN
6 468 EMPFEHLUNGEN QUALITATIVER VERBESSERUNG BEI DER HERSTELLUNG
6 469 MODERNISIERUNG DER TECHNOLOG.AUSRUESTUNG V.ZIEGELEIEN
6 487 OPTIMALE PRODUKTIONSZIFFERN VON ZIEGELEIEN IN DER UKRAINE
7 412 HOHLBLOCKBAUSTEINE AUS SILIKAT ASBEST
ZIEGELEI S.AUCH ZIEGEL
4 541 HERSTELLUNG EINER LEHMKNETMASCHINE
4 520 ZIEGENSTALL BAUPLAENE DES SOWJET.INST.FUER PROJEKTIERUNG
ZIERPFLANZE NELKE S.DORT
TULPE S.DORT
CHRYSANTHEME S.DORT
S.AUCH BLUMENZWIEBEL
S.AUCH GEWAECHSHAUS
GLADIOLE S.DORT
ROSE S.DORT
2 382 HERSTELLUNG VON ABSTELLSCHALEN AUS DRAHT FUER TOPFPFLANZEN
3 441 AKKORDBECKEN FUER VERMARKTUNG VON SCHNITTBLUMEN
3 469 VOLLAUTOMAT.BLUMEN UND TOPFPFLANZENPACKMASCHINE
4 335 MODERNE GAERTNEREI IN HERTFORDSHIRE
4 361 BLUMENSORTIERMASCHINE OLIMEX
4 366 UEBERSICHT UEBER VERPACKUNGSMOEGLICHKEITEN
4 369 SCHNITTBLUMENLAGERUNG IN KUEHLRAEUMEN
4 388 BLUMENVERPACKUNGSAUTOMAT DER FA. SCHWEIKERT
4 389 BLUMENFACHAUSSTELLUNG IN RIJNSBURG
4 389 BLUMENVERPACKUNGSMASCH.MINI AUTOMATIK
4 389 BLUMENVERPACKUNGSMASCH.SUPER 1I ELECTRONIC
4 393 NEUENTWICKLUNGEN AUF DEN GARTENBAUTAGEN FUENFHAUSEN
5 419 INNERBETRIEBLICHER TRANSPORT IM STAUDENBETRIEB
5 425 TORFSCHEIBE JIFFY 7 PRUEFBERICHT WIESELBURG
5 473 MASCH.LAENGENSORTIERUNG VON ROSEN OEKON.BEWERTUNG
6 340 FLUESSIGDUENGUNG IM TOPFPFLANZENBAU
6 343 MECHANISIERUNG DER AUSSAAT IM GARTENBAU
6 355 ANWENDG.V.PLASTWERKSTOFFEN IN DER LANDWIRTSCHAFT DER CSSR
6 381 NEUER TOPFPFLANZENKARTON
6 390 EINTOPFEN VON TOPFPFLANZEN MASCHINEN DER DDR
6 390 PFLANZEN VON BLUMENZWIEBELN MASCHINEN DER DDR
7 253 DREHTISCHE ZUR RATIONALISIERUNG VON SORTIERARBEITEN
7 268 ENTWICKLUNGSTENDENZEN IM ZIERPFLANZENANBAU
7 339 TECHNISCHE ENTWICKLUNGEN IM ZIERPFLANZENBAU
8 325 UNKRAUTBEKAEMPFUNG MIT SIMAZIN
ZINKENEGGE S.UNTER EGGEN
ZINKENWALZE S.UNTER WALZEN
3 488 ZISTERNE REPARATUR MIT DER PASTE CELLOGEL UND EPOXYDHARZEN
2 388 ZITRUS HACKEN VON KULTUREN VERVOLLKOMMNETES ARBEITSWERKZEUG
4 364 DOSIERMASCHINE ZUM HERSTELLEN VON GEBINDEN
4 376 PALETTISIERUNG IN DER OBSTINDUSTRIE IN SUEDAFRIKA
7 307 MENSCHLICHER ENERGIEAUFWAND BEIM PFLUECKEN VON APFELSINEN
9 332 ERNTE VON FRUECHTEN MIT EINER SCHUETTELVORRICHTUNG
ZITZENGUMMI S.UNTER MELKEN
ZUCKERHIRSE S.UNTER HIRSE
3 72 ZUCKERINDUSTRIE VERWEILZEITMESS.MIT RADIOAKT.NUKLIDEN AN VERDAMPFERN
9 16 VERWEILZEIT V.RADIONUKLIDEN IN DRUCKVERDAMPFERN
8 36 ZUENDUNG MODERNE ZUENDSYSTEME FUER VERBRENNUNGSKRAFTMASCHINEN
7 31 ZUGKRAFT ERSATZ UND ENTWICKLUNG IN DER LANDWIRTSCHAFT

1 109 ZUGMASCHINE ZIN 130V MIT AUFGESATTELTEM ZEMENTBEHAELTER
5 83 ZUGOESE FUER TRAKTORANHAENGER
ZULUFTKANAL S.UNTER LUEFTUNG
ZWEIPHASENKUPPLUNG S.UNTER TRAKTOR: KRAFTUEBERTRAGUNG
1 371 ZWIEBEL SPEZIALERNTEMASCHINEN U.ARBEITSTECHNOLOGIE IN DER SU
2 248 RODEN UND ABSIEBEN DES BODENS MIT SCHWINGSIEB
2 417 MASCHINE FUER DAS SICHTEN VON STECK UND SPEISEZWIEBELN
3 438 MASCH.B902 ZUM ABTRENNEN V.LAUB UND SORTIEREN
3 438 KARTOFFELPFLUG KTN 2 ZUM RODEN
3 438 SAEMASCHINE SLS 4 ODER SLW 10 FUER STREIFENSAAT
3 454 MASCHINEN ZUR TEILMECHANISIERUNG DER ERNTE
3 454 ERNTEMASCHINE V.WATERFALL MIT KISTENTRANSPORT
3 460 ERNTEMASCHINE LLS 2M FUER AUFBAU AUF MASCHINENTRAEGER
5 432 NEUE PRODUKTIONSVERFAHREN ERTRAG UND ZWISCHENLAGER
5 462 MECHANISIERUNG DER ERNTE IN DEN USA
5 463 ERNTE MIT DER UNIVERSALMASCHINE VOM NIAE
6 344 EINSATZ EINER SOWJET.ANBAUSTECKZWIEBELLEGEMASCHINE
6 363 RODEVORRICHTUNG ZUM PFLUG PN 3 35 R MIT ZWEI MESSERN
6 376 B 902 PUTZ UND SORTIERMASCHINE
6 376 EINFL.V.ERNTE U.AUFBEREITUNGSVERFAHREN AUF LAGERFAEHIGKEIT
7 312 ANBAUGERAET ZUM SCHWADLEGEN U.ZUR SCHWADAUFNAHME
7 400 ERNTEMASCHINEN ENTWICKLUNG IN DER SU
8 299 ERGEBNISSE DER HALTBARMACHUNG DURCH BESTRAHLUNG
8 361 AUFBAU UND WIRKUNGSWEISE VON ERNTEMASCHINEN
8 379 EINFL.V.ERNTE U.AUFBEREITUNGSVERFAHREN AUF LAGERFAEHIGKEIT
8 381 ANLAGE LPS 6.0 ZUR KRAUTABTRENNUNG
9 336 PUTZ UND SORTIERMASCHINE
9 336 LOESUNG ZUR TECHNISCHEN NACHREIFE AUFBEREITUNGSHALLE
9 342 B 902 PUTZ UND SORTIERANLAGE PRUEFBERICHT BORNIM
9 365 ERNTE IN SCHWEDEN NOTWENDIGKEIT DER KUENSTL.TROCKNUNG
9 422 LEGEMASCHINE AUF DEM LANDMASCHINENSALON IN PARIS

3 329 ZYLINDERAUSLESER FUER SAATGUT BAU UND ARBEITSWEISE
ZYLINDERKOPF S.UNTER DIESELMOTOR
S.UNTER MOTOR

FSC
www.fsc.org
MIX
Papier | Fördert gute Waldnutzung
FSC® C083411

Zeitfracht Medien GmbH
Ferdinand-Jühlke-Straße 7
99095 Erfurt, Deutschland
produktsicherheit@kolibri360.de